우리가 잘못 배우고 있는 수학

Dr. rer. nat.
金庸武

KyoWooSa 教友社

Cum rosis mathematicis sinceris toto ex corde optans

Teolsuk et Bodŭltel dedico hoc libellum.

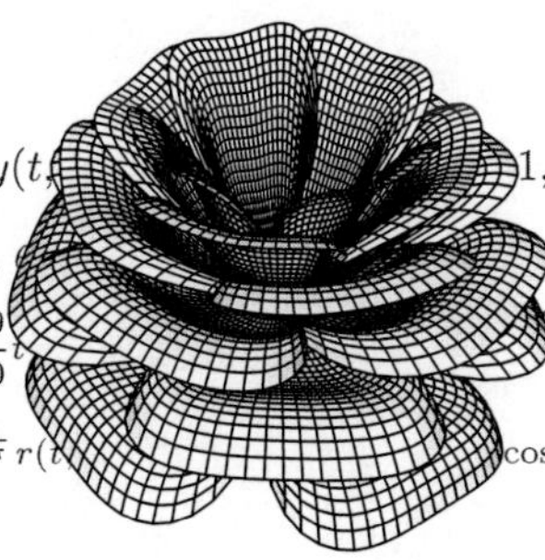

추 천 사

김용무 박사의 "우리가 잘못 배우고 있는 수학"은 학교에서 수학을 공부하는 학생들 뿐 아니라 학생들을 가르치고 있는 선생님들께 더욱 권장할 도서임이 분명합니다. '사칙연산 이외의 수학은 사회 생활 하는데 도움이 되질 않는다'라고 자신있게 말씀하실 선생님, 학부모님들은 없으실 겁니다. 그러면서도 수학 교육의 중요성과 필요성에 대해서 자신있게 설명해 주시는 분도 그렇게 많지 않습니다. 우리가 무엇 때문에 수학을 배우고 있으며, 수학을 배우고 발전시켜 나가는 것이 우리 사회에 얼마나 영향을 끼치는지 우리의 아이들에게 가르칠 의무가 있다고 봅니다. 도서 제목에서와 같이 학교를 떠나서도 아이들을 가르치는 입장에서의 어른들도 계속 수학을 배우고 있다는 것을 강조한 점이 매우 인상적입니다.

학생들에게, 특히 고등학교 학생들에게 수학을 왜 배우느냐고 물어보면 솔직한 대답으로는 '대학을 들어가기 위한 하나의 도구'라고 합니다. 심지어 제가 가르치고 있는 대학에서도 대학 신입생에게 '미·적분학을 왜 수강하느냐?'라고 물어보면 대다수 학생들의 솔직한 대답은 하나입니다. "졸업하기 위해서 입니다." 그 이외의 목적은 수학을 연구하는 제가 들어도 추상적인 대답입니다. 초등학생부터 고등학생에게 수학은 대학 입학을 위한 수단이요, 대학에 들어간 대학생에게는 수학 공부는 대학 졸업장을 취득하기 위한 도구에 지나지 않는다는 것을 대부분의 교육을 받는 학생들이 생각하는 현실입니다. 또한 수학은 추상적이고 현실과 떨어진 문제들을 해결하는 학문으로 이해하는 학생들이 많습니다. 이러한 잘못 배우고 있는 수학으로 인해 학교 이외에서 수학은 서러울 정도로 소외되어 왔습니다. '학교에서 수학을 잘못 가르치기 때문에 수학이 사회에서 소외 당해왔다' 또는 '직장에서 사회에서 수학이 소외 당하기 때문에 학교에서 수학의 중요성과 필요성을 가르칠 수 없다' 등의 논쟁이 아니더라도 분명한 것은 우리가 수학을 잘못 배우고 있는 것입니다.

이 책이 소개하고 있는 구체적인 예를 통해 이 책을 읽은 모든 이들이 수학 공부의 중요성을 현실적 측면에서 자신이 어떻게 교육 받았고 우리가 무엇을 가르쳤는가를 반성하는 기회가 되기를 바라며, 수학이 어렵지 않고 추상적이지도 않으며 생활하는데 여러 측면에서 유용하게 활용되고 있는 점이 얼마나 자녀들에게 수학 공부의 중요성을 부각시킬 수 있는가를 고민하는 계기가 되었으면 합니다. 방대한 자료와 수학을 연구하는 사람이 아니더라도 쉽게 이해할 수 있게 저술한 김용무 박사의 노력이 담긴 이 도서가 많은 이들에게 읽혀지기를 바랍니다.

한양대학교 수학과 교수 **송정환**

머 리 글

> ⋯⋯ my principal Design was to Inform, and not to amuse thee.
>
> J. Swift, *Gulliver's Travels* [83, 제4부 12장, 221쪽]

20세기 철학자로 이름을 떨친 영국 수학자이자 영연방 왕실이 수여하는 훈장〈1〉을 받기도 한 Alfred North Whitehead는 '수학 공부가 우리에게 낙담을 안겨준다' 했다〈2〉. 필자가 느끼기에도 이를 부정할 사람은 그리 많지 않으리라 여겨진다. 수학이 지닌 아름다움에 대해 들어본 바도 있고, 그 실용성이나 필요성을 어설프나마 헤아리고는 있지만 선뜻 가까이 하기 쉽지 않은 학문이자 과목이라는 이유에서도 그러하려니와, 해마다 치러지는 입시 경쟁에서 목표한 뜻을 이루기 위해 지치도록 문제 풀이에 열중한 탓도 있다. 이런 일그러진 우리의 교육 현장은 Whitehead의 선언이 그의 사견과 관계없이 옳은 주장임을 느끼게 한다. 사실이지 지난 날을 돌이켜 볼 때 열두 해를 넘는 시간 동안 우리는 수학을 입시라는 한 목표를 위해 공부했음을 부인할 수 없다. 논리적 사고력과 계산력을 높이기 위해 교육 과정에서 빼놓을 수 없는 과목인 점을 인정해야 하면서도 정작 수학 책을 펼치면 머리에 쥐가 난다며 고개를 설레설레 젓는 사람을 주위에서 자주 만날 수 있다. 한편, 실용성을 빼면 수학이란 아무 쓸모조차 없는 무의미한 학문이라 여기는 이들도 많이 있으며, 이와 달리 수학이야말로 모든 학문에서 빼놓을 수 없는 중요한 과목이라 여기는 이도 적지 않다.

2000년을 앞두고 서울대학교 수학과 池東杓 교수는 '數學을 살리자'는 신문 사설을 통해 'G7은 모두 수학 선진국〈3〉'이라며 '만일 석기시대에 응용 연구만을 지원했다면 아마도 대단히 정교한 돌도끼는 만들어 내겠지만 금속 도끼는 만들지 못했을 것이다'라고 덧붙였다〈4〉. 그는 이와 더불어 오늘날 우리 사회에서 수학이 중요한 기능을 담당하고 있는 분야로 크게 두 가지 예를 들었다.

1935년 영국 수학자이자 독일군의 Enigma 암호기가 생성한 암호를 해독한 암호해독 전문가이기도 했던 Alan Mathison Turing⟨5⟩과 1940년 Magyar[Hungary] 출신 미국인 수학자 Neumann János Lajos (John von Neumann)에 의해 논리적, 실제적 구조가 완성된 전자계산기가 그 첫 번째 예이다. 20세기를 지나 21세기를 살고 있는 우리는 전산기 개발과 보급이 끼친 엄청난 영향을 이미 주지하고 있는 바이다. 복잡한 계산과 엄청난 시간을 필요로 하는 문제를 해결하는데 인류는 이 기계의 도움을 톡톡히 보고 있는 셈이다⟨6⟩. 어디 이 뿐인가? 전산망이 거미줄처럼 전 세계 곳곳을 이어 주는 오늘의 전자정보사회에서 국가와 개인, 그리고 사회와 단체의 중요한 정보를 보호하기 위한 암호기술 또한 점점 수학의 깊은 이론을 사용하여 설계되고 있다. 세계 대전 당시 적국의 암호통신을 분석, 해독하기 위해 쓰였던 수학적 기법들이 점차 수학의 복잡한 이론을 사용하면서 오늘날 우리가 전산망을 통해 주고 받는 중요한 전자정보를 보호하는 일을 맡게 된 것이다. 특히 미국 정보 활동의 중심 기관 가운데 하나인 NSA⟨7⟩는 미국, 더 나아가 세계에서 가장 많은 수학자를 선발하는 곳으로 알려져 있다. 최근 양자계산법[quantum algorithm]을 개발한 수학자이자 전산학자인 Peter W. Shor도 현대 암호체계와 깊은 관련이 있는 소인수분해 방법에 대하여 NSA와 공동연구를 수행했던 것으로 알려졌다. 이와 비교하여 국가의 가장 중요한 정보를 다루고 있는 한국의 국가정보원이나 다른 관련 기관에 수학을 전공한 사람들이 과연 얼마나 많이 근무하고 있을지 사뭇 궁금해진다.

池東杓 교수가 든 다른 한 예는 바로 경제 분야다. 많은 파생 금융 상품이 시장에 쏟아져 나오고 있고, 이를 위해 투자자와 기업 그리고 개인들이 이 시장으로 몰리고 있다. 이런 경제 문제와 관련하여 1997년

노벨 경제학상은 '주식매입선택권', 즉 'stock option⟨8⟩'이 개입된 주식 시장에서 옵션의 가치를 결정하는 모형을 수학적으로 설명한 Canada 출신 미국 경제학자 Myron S. Scholes와 미국 경제학자인 Robert Cox Merton에게 돌아갔다. 이 모형을 설명하는 편미분방정식을 경제학이나 수학에서 '블랙/숄즈-방정식'이라 일컫는데, 이는 1995년 후두암으로 세상을 떠나 아쉽게도 노벨-상을 받지 못한 미국 경제학자이자 수학자인 Fischer Black Myron S. Scholes가 1973년에 발표한 방정식이다 [21]. 이 미분방정식은 옵션의 가치가 시간에 따라 변하는 주식 가격의 가격 변동이 위너-과정[Wiener process]⟨9⟩ 이라는 특성을 가진 브라운-운동[Brownian motion]⟨10⟩과 관계가 있다는 성질로부터 얻어졌다⟨11⟩. 뿐만 아니라, 성공한 투자 전문기관으로 알려져 있는 Renaissance Technologies Corp.의 James Harris Simons 사장은 미국 MIT와 Berkeley에 있는 California 대학교를 거친 수학 박사로 수학계와 물리학계에서는 미분기하학의 한 이론이자 양자장 게이지[quantum field gauge] 이론 등에 쓰이는 첸/시몬스-이론으로도 잘 알려진 인물이다⟨12⟩. 최근 기사에 따르면 그가 작년에 벌어들인 금액이 자그만치 미화로 약 15억 달러라 하는데, 더 놀라운 것은 그의 경영진 대부분이 수학과 물리학 분야에서 박사학위를 가진 사람들이며 그의 투자 결정은 철저하게 그들이 개발하는 수학적 방법에 의해 이루어진다는 사실이다. 이쯤 되면 수학자가 되고 싶은 꿈도 가져볼만 하지 않을까? 아뭏든 미국 금융의 중심지로 알려진 Manhattan의 Wall Street에는 수 천 명이 넘는 수학자가 금융 산업에종사하고 있는 것으로 알려져 있는데, 그들의 연구와 분석이 미국과 세계의 경제를 계산하고 그 미래를 내다보고 있는 셈이다. 최근 정부의 부동산 정책이 실패를 거듭하고 있다는 안타까운 소식을 자주 듣는데, 경제부처 곳곳에 얼마나 많은 수학자들이 활동하고 있는지 역시 궁금해지지 않을 수 없다. 많은 전문 수학자들이 경제에 참여했었다면 아마도 국제통화기금(IMF)[International Monetary Fund]의 관리를 받는 외환위기는 겪지 않았을 수도 있지 않았을까 싶다.

역시 21세기를 앞둔 1999년, 당시 미국 Microsoft-사의 선임 연구원으로 있었던 현 연세대학교 수학과 金鼎翰 교수는 한국을 방문하면서 21세기엔 수학이 기본 언어라는 내용을 담은 짧막한 글을 신문에 실었다⟨13⟩. 소프트웨어로 막강한 부를 누리고 있는 Microsoft-사가 기초 과학 육성을 위해 막대한 자금을 수학에 투자하고 있으며, 이와 더불어 20세기까지 물리와 공학이 과학의 기본 언어였다면 소프트웨어가 그 중요성을 더 발휘하는 21세기 정보통신사회에서는 수학이 기본 언어로 자리 잡을 것이라 자신의 소신을 밝혔다. 1995년 과학 전문지인 Science-지에 이산수학[discrete mathematics] 분야에서 60년이 넘도록 미해결 문제로 남아 있는 램지-수와 관련한 이론⟨14⟩을 발표하여 1997년 8월 25일 펄커슨-상[Fulkerson Prize]을 받기도 [85] 한 그의 말은 오늘날 수학의 중요성이 점차 높아지고 있음을 잘 드러낸 표현이다.

수학이 각 분야에서 중요한 도구로 그 구실을 하고 있는 것은 사실이다. 그러나 최근들어 더욱 두드러지게 들리고 있는 이런 '수학 예찬론'이나 '수학을 살리자'는 외침에 우리는 너무 심하게 현혹되어 있는 것도 사실이다. 수학을 다른 학문을 위한 도구쯤으로 여기는 일은 수학에 대한 무관심이 날로 심각해지고 있는 이 시점에서 그리 적절한 표현은 아닌 듯하다. 앞에서 예로 든 첨단 이론이나 기술들 뒤에 수학만 자리잡고 있다고 여기는 것도 큰 잘못이다. 오늘날 기술이 발전함에 따라 전산기나 암호기술은 수학 뿐 아니라 물리 이론을 비롯한 과학의 여러 지식과 이를 적용하기 위해 필요한 여러 인문학의 지원을 절실히 요구하고 있고, 앞에서 든 블랙/숄즈-방정식만 해도 그 배경에는 '브라운-운동'을 수학적으로 연구했던 불란서 수학자 Louis Bachelie의 통계적 접근 방법이 숨어 있다. 또한 수학자 입장에서 볼 때, 수학이 단순한 도구만일 수는 없다. 최근 오랜 세월 풀리지 않고 있던 난제인 '페르마-예상[Fermat conjecture]〈15〉'이나 '포엥카레-예상〈16〉'은 응용 분야와 큰 관련없이 수학 그 자체로 수학자들이 연구에 매진했던 분야이다. 그렇다고 응용 분야와 무관한 것은 아니다. 페르마-예상을 해결하는데 쓰였던 타원곡선[elliptic curve]〈17〉과 관련한 이론은 최근 암호기술 분야에서 깊게 쓰이고 있으며, 특히 그 가운데 모듈라-형식[modular form]〈18〉과 관련한 이론은 수학은 물론 물리 이론에서도 쓰이고 있다. 또한 '포엥카레-예상'은 3차원 공간을 이해하는데 큰 영향을 주었다. 오랫동안 4차원 공간의 미분구조[differential structure]는 수수께끼로 남아 있었는데, 물리학에 등장하는 양/밀스-방정식의 해를 연구하는 과정에서 Clifford Henry Taubes가 서로 다른 미분구조를 갖는 4차원 유클리드-공간이 무수히 많이 있음을 발견하면서 활기를 띠기 시작했다. 아직도 해결되지 않고 있는 '리만-예상[Riemann Hypothesis]〈19〉'은 처음에 솟수의 분포와 관련하여 연구가 시작되었으며 오늘날에는 물리 이론에서 중요한 구실을 하고 있다.

이처럼 수학은 수학 그 자체로도 한 학문 분야를 이루며, 응용성과 큰 관련 없이 수리 구조에 대한 연구 자체에 충실하고 있는 수학자도 많이 있다. 흔히 이런 분야를 순수수학이라 일컫고, 응용과 밀접한 관계를 맺고 있는 수학의 분야를 응용수학이라 일컫지만, 필자가 보기에 이는 지나친 인위적 분류로 응용성을 미리 염두에 두지 않고 전개된 이론도 응용에 깊게 쓰이는 경우가 있으며, 응용을 염두에 두고 다룬 문제가 수리 구조에 대한 해답을 제공하기도 한다. 따라서 수학의 실용성을 너무 지나치게 강조하다 보면 다른 분야에 대해 소홀하기 쉬울 뿐 아니라, 수학 자체도 제대로 이해하지 못할 수 있다. 심지어 '인간의 비밀을 풀어낸다는 게놈 프로젝트의 기초가 바로 수학의 4진법이고, 병원에서 쓰이는 CT촬영기에 연립방정식의 원리가 응용됐다〈20〉'든가 자동차를 들어올리는 잭이 '벡터의 원리를 이용한 것〈21〉'이라는 과장법도 등장하게 되며 수학이 마치 이런 기술에 쓰이는 도구로 전락한 듯한 느낌을 주기도 한다. 자동차를 들어 올리는 잭의 원리는 '벡터의 원리'가 아니라 잘 알려져 있듯이 '지레의 원리'로 이 원리를 이해하기 위해 벡터를 사용하면 설명이 쉬워진다. 당연히 벡터가 아닌 방법으로도 이 원리를 수학적으로 기술할 수 있다. 한편 CT촬영기에 연립방정식의 원리가 적용된 것이 아니라 영상자료를 처리하는 과정에 많은 연립방정식을 풀어야 하며, 영상을 얻기 전에도 대수(로그)를 사용하여 자료를 선형화하는 작업이나 푸리에-변환과 같은 물리적 성질에 바탕을 둔 수학적 기법이 쓰이는데, 이런 기법은 단순히 CT촬영에 한한 것이 아니라 다양한 영상처리에 널리 쓰이고 있는 이론이다. 한편, 지놈 프로젝트[Genom Project]는 인간 뿐 아니라 다양한 생물의 유전자 구조와 그 기능을 연구하기 위해 전 세계가 함께 수행하고 있는 대규모 연구과제이다. 유전자를 이루는 기본 인자인 DNA[deoxyribonucleic acid]는 퓨린[purine]계⟨22⟩ 염기[base]인 아데닌과 구아닌 그리고 피리미딘[pyrimidine]계⟨23⟩ 염기인 시토신과 티민으로 이루어진다. 흔히 이를 4진법 표현으로 다루기는 하지만 지놈 프로젝트에 쓰이는 기본 수학이라면 '4진법의 원리'가 아니라 수치해석법, 위상수학과 기하학의 성질, 수열을 분석하고 비교하기 위한 방법, 통계기법 그리고 방대한 자료를 처리하기 위한 전산관련 수학이 주로 쓰인다. 그렇다고 이런 이론이나 기법들이 지놈 프로젝트의 원리는 아니다. '원리(原理)'란 국어사전을 들춰보면 '사물이 근거로 하여 성립할 수 있는 근본 법칙'으로 정의하고 있다.

물론 수학이 실생활은 물론 우리 삶의 질을 바꾸어 주는 여러 분야에 깊게 관여하고 있음을 부인할 수 없다. 그러나 수학을 단순히 다른 학문이나 기술을 위한 언어라든가 이에 필요한 도구로만 여긴다면 수학 자체의 가치는 사라진다. 그렇게 되면 수학을 필요로 하지 않는 많은 사람들에게 수학은 쓸모없는 연모에 지나지 않는다. 벽에 못을 박아야 하는 사람에게 마치⟨24⟩는 필요하겠지만 나사돌리개는 필요하지 않다. 조각가의 작품이 실내 장식으로 쓰일 수는 있지만, 조각가가 실내 장식을 위해서만 조각 작품을 만들지는 않는다. 조각의 쓸모로 비석 따위만 새기는 기술에 둔다면 예술로서 조각의 가치는 사라지고 만다. 수학은 이런 연장이 가진 기능을 넘어서 오늘의 과학 문명을 있게 한 인간의 정신적, 사상적 바탕이자 원리임을 간과해서는 안된다. 수학은 수학이라는 학문으로서 더 참다운 가치가 있다. 다른 학문이나 기술을 위해서만 존재하는 것이 아니라 수 세계의 논리적 현상에 대한 철저한 탐구를 그 바탕에 깔고 있는 학문임을 다시금 깨달아야 한다. 국어학자를 소설이나 시를 쓰기 위해 있는 사람으로만 여길 수 없고, 음악가가 청중을 위해서만 곡을 만들지 않으며, 화가의 그림이 모두 어느 거실에 걸려야 할 작품으로만 태어나는 것은 아니다.

물론 오늘날 과학과 기술을 명확하게 구분짓기란 거의 불가능한 것도 사실이며, 기존의 학문의 영역이 다른 학문과 연계, 융합하는 추세를 강하게 드러내고 있는 것도 사실이다. 그렇다고 과학이 곧 기술이고 기술이 곧 과학이어야 하는 것은 아니다. 과학에 대한 깊은 연구가 자연스레 기술로 이전되기도 하며, 기술 분야나 산업 분야에서 요구하는 바가 과학으로 이어지는 경우도 흔하다. 이는 겉으로 드러난 현상일 뿐이다. 생물학 분야에서도 연구자들은 다양한 인접 학문의 이론과 연구 방법을 빌어쓰고 있다. 예를 들어 생명 현상과 생명의 기원을 밝히기 위해 생겨난 '분자 생물학'이라는 분야는 오늘날 생물학에서 활발하게 연구가 진행되고 있는 분야 가운데 하나이지만 이 또한 생명을 대상으로 하는 생물학일 뿐, 결코 생물학이 화학이 되었다거나 거꾸로 화학은 생물학을 위한 도구일 뿐이라 할 수 없다.

이제 수학을 단순히 과학의 언어나 도구로만 여기는 우리의 그릇된 시각을 떨쳐버리고, 학문 그 자체로 수학을 바라보는 자세는 수학에 대한 무관심과 몰이해가 깊어가는 작금에 더욱 절실한 태도이다. 아울러 점차 과학과 기술이 예술 분야에서 종합 예술과 비견되는 오늘날, 우리에게 필요한 과학자나 수학자란 넓은 안목을 가지고 자신의 분야를 철저히 이해하고 연구하는 박식한 전문가일 것이다. 이런 이들을 길러내기 위해 교육은 좀 더 교육다워야 하며, 수학은 그 바탕 위에서 올바른 자리를 잡아야 한다.

우리의 수학 교육이 지닌 현실을 둘러보라. 우리가 수학을 배운 열두 해 학창 시절을 되돌이켜 보면, 수학을 배우고 가르쳤다기보다 문제의 답을 구하는 기계를 양산하고 있었다는 느낌을 지울 수 없다. 그것도 곧 그 기능이 멈춰버릴 기계를 말이다. 기초 학력이 낮아지는 현상을 두고 서울대 수학과 金成基 교수는 '조만간 국내에 삼각함수, 사인 코사인 복소수 등을 모르는 공학박사들이 배출될 위기에 처했다' 한탄하기도 했다〈25〉. 서울대학교가 2006년도 이공계 신입생을 대상으로 수학 성취도를 평가한 결과 일부 서술형 문제에서 전체 응시자의 90 % 이상이 0점을 받았다는 보도도 있었다〈26〉. 서울대학교 기초교육원의 자료〈27〉에 따르면 수시 합격생을 대상으로 치루어진 2005년 12월 27일 시험과 정시 합격생을 대상으로 치루어진 2006년 2월 17일 시험의 각 평균은 49.63점과 53.35점으로 나타났으며, 특히 수학능력 시험과 서울대학교가 실시한 점수 사이의 상관계수는 수시 입시생과 정시 입시생의 경우 각각 0.39와 0.34로 그 상관도가 매우 낮은 것으로 나타났다.

한편 문항별 분석에서 증명법에 대한 이해와 기본 개념을 이용해서 풀어야 하는 문제에서 더욱 낮은 성적을 보였는데, 특히 단답형 문제는 높은 성적을 보였으나 서술형은 상대적으로 성적이 낮은 것으로 집계되었다. 이와 관련하여 정시 합격생 752명 가운데 정정분의 정의와 성질을 설명하는 11번〈28〉 (가), (나)와 주어진 조건을 만족하는 매개변수 방정식을 구하고 이로 정의된 곡선으로 둘러싸인 영역의 넓이를 정적분을 사용하여 구하는 12번⟨29⟩ 서술형 문항에서 각각 545명 (72.5 %), 611명 (81.3 %) 그리고 676명 (89.9 %)이 0점을 받았다는 통계는 충격임에 틀림없다. 이는 단답형 문제를 푸는데 혈안이 된 오늘날 공교육과 사교육이 모두 안고 있는 문제요, 자유로운 상상력과 논리적 추리력 그리고 정확한 표현력을 기르는데 지나치도록 소홀했던 교육이 낳은 결과다.

이와 달리 2003년 한국의 중학교 2학년 학생의 평균 수학 실력이 589점 (전체 평균: 466점)으로 평가되어 Singapura[Singapore]에 이어 두 번째에 들었으며, 과학 실력은 558점 (전체 평균: 473점)으로 평가되어 Singapore와 臺灣[Tāiwān]에 이어 세 번째에 들었다는 발표가 있었다 [50, 51, 65]. 이는 TIMSS⟨30⟩가 전 세계 45개 나라에 재학하고 있는 학생들을 대상으로 평가한 결과로, 무작위로 뽑힌 학생들의 평균 성적이 다른 나라보다 높다는 사실에 분명히 자긍심을 가질만 하다. 그럼에도 우리의 과학·기술 수준은 세계에서 20위 밖에서 맴돌고 있다는 지적을 자주 듣는다⟨31⟩. 이는 분명 수학이나 과학이 우리 삶에 베어들도록 제 구실을 다하지 못한 우리 교육에 문제가 있기 때문이다. 머리가 어느 민족보다 우수한 우리는 배울 때 그 성과를 빨리 그리고 우수하게 드러내지만, 배우고 나면 그 내용을 곧바로 잊을 수밖에 없는 우리의 교육 현실은 이런 답답한 현상을 부채질하고 있다. 또한 최근 朴承卿 연세대 수학과 교수가 지적했듯이⟨32⟩ 지나치게 엄격한 정부의 교과서 집필 기준으로 인해 많은 교과서들이 천편일률로 같은 내용을 담고 있고, 해방 이후 크게 바뀌지 않는 교과 내용도 문제이다. 나아가 교육에 대한 지나친 간섭과 초·중·고등학교의 문제를 대학의 입시를 통해 해결하려는 그릇된 정책 판단은 이런 사정을 더욱 악화시키고 있는 셈이다. 아울러 朴承卿 교수는 수학을 비롯하여 이공계 전임 연구원도 턱없이 부족한 실정을 문제점으로 지적하기도 했다. 사실 UNESCO 통계 자료에 따르면 2002년을 기준으로 이공계 전임 연구원 수는 독일이 26 5812명, 미국이

133 4628명, 불란서가 18 6420명, 日本이 64 6547명, 中國이 81 0525명 그리고 한국이 14 1917명으로 나타나 인구 백만 명당 전임 연구원의 수가 독일 3222명, 미국 4605명, 불란서 3120명, 中國 627명, 日本 5287명, 한국 3003으로 소위 과학·기술의 선진국에 아직 미치지 못하고 있는 실정이다. 이와 관련하여 교사들의 전문성도 매우 중요하다. 교육인적자원부 통계에 따르면 전체 초·중·고등학교 교원 36 5594명 가운데 박사학위를 소지한 사람은 2616명으로 약 0.72 %에 지나지 않는다 한다⟨33⟩. 수학을 전공하고 학위를 가진 실력있는 수학분야 전문 교원을 확보해야 하며, 이는 다른 과목도 마찬가지이다. 정부도 교육에 대한 지나친 간섭에서 벗어나 내실있는 교육 환경을 가꾸는데 더 많은 지원을 아끼지 말아야 한다. 아침 일찍 등교하여 밤 늦도록 학원과 과외 공부로 시달리고 지친 젊은이들에게 어찌 우리의 미래를 기대해 볼 수 있으며, 입시 경쟁의 일선에 서 있는 교사들에게 어찌 실력을 강요할 수 있을까. 학위를 가진 많은 젊은 강사들이 주요 학원에 몰리고 있다고 하지만, 그들이 얼마나 수학에 깊은 혜안을 갖고 있는지도 궁금하다. 설사 그들이 수학을 전공했다 하여도, 시험을 치르는 일에 몰두하고 있는 우리 교육 현장에서 얼마나 알찬 교육을 펴고 있을지 궁금하기 짝이 없다. 영어를 배워도 TOFEL이나 SAT를 준비하기 위해 배워야하고, 수학을 배워도 대학 진학을 목표로 삼아 배우고 있으니 말이다. 실험이나 관찰이 사라진 과학 수업이나 머리를 써서 생각하고 논리 정연한 추리로 주어진 문제를 해결하고자 고심하는 일은 잊은 채 참고서나 배껴 배우며 입시 유형에 맞춘 문제만 풀고 있는 수학 수업을 통해 학생들에게 어찌 깊은 과학의 세계와 수학의 아름다움을 들여다 보게 할 수 있단 말인가. 이런 병폐가 이제 '논술'이라는 새로운 요구 사항으로 번져가는 듯하여 더욱 안타깝기 그지없다.

이 글은 수학을 배우고 가르치며 필자가 폐부 깊숙이 느끼고 머리를 싸매며 고민했던 것들을 구체적인 예를 들어가며 하나하나 살펴 보기로 하여 꾸민 책이다. 수학이 마냥 응용 분야에서 중요한 도구로만 자리잡아서는 수학이 발전할 수 없으며, 아울러 수학이 발전하지 않는 이상 과학이나 다른 선진 학문도 더불어 자라날 수 없음은 이미 앞에서 언급한 池東杓 교수나 金鼎翰 교수의 언급을 따로이 예로 들 필요조차 없다. 입시와 씨름하면서 기교만 늘고, 배우고 나면 무용지물이 될 과목을 그토록 미련하게 배워 어디에 쓴단 말인가. 당연히 우리는 앞으로 논리 정연한 문제 분석 능력과 해결 능력을 키우는데 더 많은 시간과 노력을 들여야 한다. 한 과목을 온전히 제대로 배우는 일은 무척이나 힘든 일임에 틀림없다. 그러나 그 기초를 튼튼히 하는 일은 그다지 힘든 일이 아니다. 조금만 더 관심을 가지고 과목이 정한 목표와 방법에 따라 충실하게 가르치고 배우면 된다. 우리는 이를 망각한 채 그저 날로 어려워지는 시험 문제에 맞추어 어려운 문제의 답만 구하는 기교를 가르치고 있지 않은가 말이다. 도대체 초등학생들에게 고등학교 과정을 가르쳐서 경시대회에 입상해야 하는 이유가 어디에 있는가? 초등학생에게는 그들에게 어울리는 문제가 있다. 시간을 두고 곱씹으며 음미하고 수학의 세계를 탐구하지 않는다면 우리는 결코 수학을 올바로 익힐 수 없다. 이는 단지 수학에 한한 것은 아니다. 아울러 수학은 다른 과목과도 밀접한 관계를 맺고 있다. 문장력 하나도 수학 실력을 기르는데 무척이나 중요하다. 자기 생각과 주장 그리고 자신이 제시한 답의 근거를 글로 직접 적을 수 없다면 무의미한 학습이 되고 만다. 어려운 문제를 푸느라 끙끙거리기에 앞서 사고를 힘들여 하는 분위기 그리고 다른 과목과 연계한 종합적 학습이 절실하다. 뿐만 아니라, 참고서나 교재에 의존하는 교육에서 벗어나, 우수한 교사의 창의적 교재 연구와 교구 개발, 교수 방법 연구는 이와 더불어 뒤따라 주어야 한다. 도대체 삼각형의 넓이가 왜 밑변의 길이와 높이를 곱한 값의 절반인지 제대로 설명할 수 있는 사람들이 얼마나 있을지 자못 궁금하다. 그저 사각형 넓이의 반이라는 대답이라도 들을 수 있으면 다행일 것이다.

비록 부족하나마 이 글을 계기로 수학 교육과 수학을 이해하는 우리의 시각에 큰 변화가 있기를 필자는 고대한다. 특별히 수학을 전공하는 학생과 수학에 관심을 가진 많은 청소년들, 그리고 더욱이 이들을 가르치는 교사와 교사의 길을 걷고자 하는 많은 젊은이들이 이 책을 참고로 삼아 이보다 더 좋은 의견과 접근 방법으로 삐뚤어진 수학 교육의 방향을 바로 잡는데 기여하길 필자는 간절히 바란다. 필자의 일천한 식견과 부족한 글재주 탓에 짧은 분량으로 모든 것을 다 드러낼 수 없어 아쉬움이 남지만 이 글을 통해서라도 수학을 배우고 가르치는 올바른 자세가 무엇인지, 그리고 우리가 구체적으로 무엇을 잘못 배우고 있었으며 무엇을 빠뜨렸는지 다시 한 번 살펴 볼 수 있는 기회로 삼아주길 바라며, 이 책이 나오기까지 안해 내내 오직 인내 하나로 지켜봐 준 사랑하는 가족, 특히 피곤함도 잊고 교정과 라틴어 번역에 도움과 충고를 아끼지 않은 내자와 늘 필자의 곁에서 응원과 도움말을 준 착하고 총명한 아들 녀석에게 이 글을 바친다. 끝으로 귀한 자료와 조언을 아끼지 않은 고려대학교 통계학과 許明會 교수, 서울대학교 수리과학부 金泓鍾 교수, 한양대학교 수학과 宋正煥 교수, 독일 Rostock 대학교 독문학 연구소 Ralf Georg Bogner 박사, 미국 MIT의 Richard Stanley 교수, Switzerland 소재 ETH[34] 전자계산 연구소의 Ronald Peikert 교수, Canada British Columbia 대학교 Bill Casselman 교수, 東北大学(とうほくだいがく) 도서관 그리고 日本郵政公社 逓信総合博物館(ていしんそうごうはくぶつかん) (일명 ていぱーく)에 근무하는 本村(もとむら) 慈(めぐみ) 씨, 국토지리원에근무하는 김현근 씨, 교육인적자원부 민원조사담당관 이혜복 씨, 그리고 친절하게 답변을 아끼지 않은 국어연구원, 통계청, 전라북도 교육청 관계자 여러분과 도은이 아빠를 비롯한 한글 TEX 사용자 그룹[35] 관계자를 비롯하여 수학을 연구하고 가르치는 일

에 정렬을 쏟는 많은 분들께 고마움을 표하면서, 특히 여러 어려움에도 불구하고 출간을 흔쾌히 결심해 준 대표이사 吳判根 씨를 비롯한 教友社 관계자, 그리고 편집부 牟鎭淑 씨와 많은 분들의 땀과 정성에 고마운 마음을 짧은 글이지만 이로 대신 전합니다. 아울러 필자가 오류를 지적하고자 본문에 실은 참고 자료들은 그 저자나 출판사의 잘못이나 실수를 비난하거나 폄훼하고자 함이 아니라 우리 모두 저지르고 있는 실수를 바로잡아 올바른 수학 교육을 이 땅에 뿌리 내리는 계기로 삼고자 참조한 문헌에 지나지 않음을 밝히며 이와 관련한 모든 저작권은 해당 참고문헌의 저자나 출판사에 직접 문의 하기 바란다.

$43^\circ 34' 48''$N, $79^\circ 37' 28''$W,

JDN $\lfloor 10^{15150071}\pi \rfloor - 10^{7} \lfloor 10^{15150064}\pi \rfloor$

穿雪野中去 不須胡亂行

今朝我行跡 遂爲後人程

李亮淵, 野雪 (臨淵堂別集)⟨36⟩

일 러 두 기

1. 이 글은 Windows® XP 환경에서 MikTEX과⟨37⟩ WinEdt™를⟨38⟩ 사용하여 만들어졌으며, 그림과 함수의 그래프는 PSTricks와⟨39⟩ Mathematica®를⟨40⟩ 사용하여 만들어졌다.
2. 외국어 가운데 인명과 지명은 원어를 밝혀 쓰는 것을 원칙으로 삼았으며, 독자의 편의를 위해 중복된 표현인 경우 라틴 문자와 이를 사용한 발음 표기를 사용하거나 널리 사용하는 영문 표기를 사용했다.
3. 본문에 인용한 참고 도서 가운데 교재를 제외한 문헌은 참고문헌에 서지 사항을 밝혔으며, 교재의 서지 사항은 해당 문제의 끝이나 보충설명에 실었다.
4. 숫자를 적는 방법으로 '196,457'과 같은 일반적 방법을 버리고, SI의 권고와 우리말 환경에 맞추어 세 자리마다 표시하던 자리표시 점(,) 대신 네 자리마다 빈칸(␣)을 두어 '19␣6457,' 즉 '19 6457'처럼 나타냈다.
5. 이 글에 사용한 기호와 그 뜻

바른 풀이	바른 풀이 앞에
다른 풀이 (n)	바른 풀이가 여러 개 있을 때 (숫자 n은 순서)
그른 풀이	그른 풀이 앞에
■	증명이나 풀이가 끝났음을 나타내는 기호
␣	빈 칸을 나타내기 위한 기호
[n]	참고문헌 목록의 번호 n
…⟨n⟩	보충설명 목록의 번호 n
외국어, 외래어	외국어나 외래어 (고딕체)
… [어쩌구 저쩌구]	앞 말에 대한 짧은 설명이나 음역

6. 찾아보기: 쪽번호가 기울임체인 것은 보충설명을, 밑줄이 그어진 숫자는 본문의 문제를, 두터운 글자체는 정의나 설명이 있는 부분을 가리키며, '*'가 붙은 것은 그림이나 도해가 있는 곳을 가리킨다. 또한 '☞'은 가리키는 항목을 참조하라는 뜻이다.

보충 해설

⟨1⟩Order of Merit: 영연방 왕실이 수여하는 훈장으로 이 훈장을 받은 수학자로 1966년 필즈-상[Fields Medal]과 2004년 아벨-상[Abel Prize]을 받은 Michael Francis Atiyah 경 그리고 수학자이자 물리학자인 Roger Penrose 경이 있다.

⟨2⟩ The study of mathematics is apt to commence in disappointment. (중간 생략) We are told that by its aid the stars are weighed and the billions of molecules in a drop of water are counted. Yet, like the ghost of Hamlet's father, this greatest science eludes the efforts of our mental weapons to grasp it.

– **A. N. Whitehead,** *An Introduction to Mathematics* –

⟨3⟩Group 8(G8): 독일, Россия[Russia], , 불란서, 영국, Italia, 日本, Canada로 이루어진 선진국 여덟 나라 모임을 일컫는 말로, 1991년 냉전 체제가 해소되면서 줄곧 참여해 온 Russia가 1998년 G7에 정식 회원국이 되면서 회원국이 여덟 나라로 늘었다. 이들 나라의 경제 규모는 세계 경제의 약 70 %를 차지하고 있다.

⟨4⟩1999년 4월 29일자 조선일보 6면, 時論

⟨5⟩Enigma 암호기는 휴대용 암호 생성장치로 1920년대 이미 상용으로 사용되던 것이 세계 제2차 대전에서 군용 암호기로 사용되었다. 1918년 2월 23일 독일 기술자 Arthur Scherbius가 회전톱니[rotor]를 사용한 암호장치에 대한 특허를 출원했으나, 아무도 관심을 보이지 않자 특허권을 Chiffriermaschinen Aktien-Gesellschaft에 넘겼다. 그 후 군용으로 독일 해군이 1926년 처음 이 암호기를 사용하기 시작하였다. 이 암호기가 생성한 암호를 해독한 것은 1932년 Polska[Poland] 수학자 Marian Adam Rejewski와 그의 친구 Jerzy Witold Różycki, Henryk Zygalski였다. 당시 10 5456개 가능한 조합을 검사하기 위해 1938년 *Bomba Kryptologiczna*라 이름이 붙은 전기-기계장치가 만들어졌다. 미국 기밀문서 [86, 10쪽]에 따르면 암호가 해독되어 그 결과가 기계 장치로부터 나와 바닥에 떨어질 때 큰 소리를 냈기 때문에 '폭탄'을 뜻하는 'Bomba'라 이름이 붙었다 한다. Enigma 암호기와 관련하여 2000년 4월 21일 미국에서 개봉된 Jonathan Mostow 감독의 영화 'U-571'은 미해군 잠수대원들이 독일 잠수함 U-571로부터 Enigma 암호기와 부호책[Code Book]을 탈취하는 작전을 그린 116분짜리 영화였다.

⟨6⟩2006년 여름에 완성되었다는 MDGRAPE-3는 日本 理化学研究所가 개발한 초고속 전산기, 즉 수퍼 컴퓨터다. 이 계산기는 분자 역학 모형을 모의 실험하기 위해 설계된 장치로 그 처리 속도가 자그마치 1 petaFLOPS에 이르렀다 한다. 이 성능은 1초에 부동(浮動) 소수점 연산을 10^{15}-번, 즉 1경(京) 번 처리할 수 있는 빠르기다.

⟨7⟩National Security Agency: 미국 국방부 산하 기관으로 1952년 11월 4일 정식 업무를 시작했다. 정보 수집, 분석 업무를 맡은 미국의 중심 정보기관으로 그 본부는 미국 Maryland 주의 Fort George G. Meade에 있다. 2006년 1월 23일자 Business Week에서 NSA의 수학 연구조의 책임자로 있는 James Schatz는 "If the U.S. mathematics community isn't healthy, the NSA isn't healthy."라 했다. 자국인만을 선발해야 하는 기관의 특성상 해마다 수학과를 졸업하는 약 이만 명 학생 가운데 절반 이상이 외국인임을 고려하면 가히 걱정거리일 수도 있지 싶다.

⟨8⟩'옵션[option]' 이란 일정한 자산[asset]을 정해진 기간 안에 미리 정해진 가격으로 사거나 팔 수 있

는 권리를 일정한 수수료를 대가로 하여 사거나 파는 계약을 일컫는다. 이 때 팔 수 있는 권리[賣渡權]를 영어로 'put option', 살 수 있는 권리[買收權]를 'call option'이라 하며, 일정한 수수료를 'premium'이라 한다. 한편 매도권은 정해진 기일 안에만 권리를 행사할 수 있는 '유럽형'과 이에 상관없이 언제라도 권리를 행사할 수 있는 '미국형'이 있다. 옵션의 역사는 매우 오래되었는데, 특히 17세기 Nederland[Netherland]에서 튤립[tulip] 뿌리에 대한 투기가 성행하여 가격 등락이 심해지자 튤립 재배자들이 최저가 매입을 보장하는 매도권을 사들여 가격 변동에 따른 피해를 막고자 했다. 그러나 뿌리의 가격이 오를 것을 예상하여 매도권을 판매했던 투기자들은 그들의 예상과 달리 구근 가격이 폭락함에 따라 계약을 이행하지 못하게 되었고 급기야 Nederland에 공황을 불러일으키는 계기로까지 발전하였다. 본문에서 언급한 '주식매입선택권'이란 주식을 기초자산[underlying asset]으로 한 옵션으로 우리나라에서는 1997년 4월 1일 새로운 '증권거래법'이 시행되면서 도입되어 회사가 임직원에게 일정량의 자사주식을 매입한 뒤 시장에서 이를 처분할 수 있도록 권리를 부여하는 제도로 정착하였다.

⟨9⟩ 확률과정[stochastic process] 가운데 하나로 미국 수학자 Norbert Wiener에 의해 연구되었다.

⟨10⟩ 1765년 Jan Ingenhousz가 알콜에 떨어진 탄소 알갱이의 불규칙한 운동을 관찰한 데서 비롯하였다 하기도 하나, 식물학자 Robert Brown이 수면에서 불규칙하게 움직이는 꽃가루를 관찰한데서 비롯하였다는 견해가 일반적이다. 불란서 수학자 Louis Bachelie에 의해 1900년 확률과정을 사용한 접근 방법으로 그 운동이 설명되었고, 훗날 Albert Einstein에 의해 그 성질이 그 물리학적 관점에서 설명되었다.

⟨11⟩ 시간 t에 따른 옵션의 가치를 $V(t)$ 그리고 주식 가격을 $S(t)$라 하면, 이자율 r에 대해 $V(t)$와 $S(t)$는 다음 편미분방정식을 만족한다.

$$\frac{\partial V}{\partial t}+\frac{\sigma^2 S^2}{2}\frac{\partial^2 V}{\partial t^2}+rS\frac{\partial V}{\partial S}=rV.$$

따라서 옵션 만기일까지 배당이 없는 유럽형 주식 옵션에 대한 매수권과 매도권의 가치 C와 P는 기초자산의 현재가 $S_0=S(0)$, 옵션 행사 가격 K, 만기일까지 남은 기간 (연수) τ와 이자율 r, 그리고 변동성[volatility] 계수 σ를 사용하면

$$\begin{aligned} C &= S_0\Phi(d_1)_K e^{-r\tau}\Phi(d_2) \\ P &= Ke^{-r\tau}\Phi(-d_2)-S_0\Phi(-d_1) \quad \text{이고} \end{aligned}$$

여기서

$$d_1=\frac{\ln\frac{S_0}{K}+\left(r+\frac{\sigma^2}{2}\right)\tau}{\sigma\sqrt{\tau}},\qquad d_2=d_1-\sigma\sqrt{t},\quad \text{그리고}$$

$$\Phi(t)=\int_{-\infty}^{t}\frac{e^{-\frac{x^2}{2}}}{\sqrt{2\pi}}\,dx \quad \text{이다.}$$

⟨12⟩ 1974년 중국계 수학자 陈省身[Chern, Shiing-Shen]과 James Harris Simons가 발표한 이론으로 양/밀스 게이지 이론[Yang-Mills gauge theory]과 다른 게이지 이론 가운데 하나다. 이 이론에서 게이지-불변인 작용[action]을 첸/시몬스-미분형식을 다양체 전체에서 적분하므로써 정의한다.

(13) 1999년 7월 7일자 조선일보 25면 (牟泰俊 기자)

(14) 램지-수 $R(m, n)$이란 서로 아는 사람이 적어도 m명이거나 아니면 서로 모르는 사람이 적어도 n-명이 될 수 있는 모임의 참석자수의 최소값이다. 1930년 '비둘기집 원리'를 일반화한 영국 수학자 Frank Plumpton Ramsey, 그리고 1935년 Magyar 수학자 Pál Erdős와 George Szekeres가 소개한 문제로 $R(m, n) \leq R(m, n-1) + R(m-1, n)$인 관계가 있고, $m \leq n$이면

$$2^{\frac{m}{2}} \leq R(m, n) \leq \binom{m+n-2}{m-1} \quad \text{이}$$

성립한다. 특별히 $R(3, 3) = 6$이고 $R(3, 4) = 9$임이 알려져 있으나, 다른 경우에 대한 정확한 값은 알려지지 않고 있다. 金鼎翰은 1995년 논문을 통해 $R(3, n)$의 값이 적절한 상수 c_1과 c_2에 대해

$$c_1 \frac{n^2}{\log n} \leq R(3, n) \leq c_2 \frac{n^2}{\log n} \quad \text{임을}$$

증명하였다 [57].

(15) 3 이상인 자연수 n에 대해 방정식 $x^n + y^n = z^n$을 만족하고 0이 아닌 정수해 x, y, z는 존재하지 않는다는 예상으로, Διόφαντος ὁ 'Αλεξανδρεύς[Diophantus of Alexandria]가 쓴 *'Αϱιθμετιϛά*를 Claude Gaspard Bachet de Méziriac이 1621년 라틴어로 옮긴 사본으로 연구하던 불란서 법률가이자 수학자인 Pierre Fermat는 1637년 피타고라스 정리를 다룬 제2권 8장에 자신이 위 사실에 대한 놀라운 증명을 발견하였으나 풀이를 적기에 여백이 모자라 남기지 못한다는 내용만을 책 여백에 다음같이 남겨 놓았다 한다.

Cvbum autem in duos cubos, aut quadratoquadratum in duos quadratoquadratos, et generaliter nullam in infinitum vltra quadratum potestatem in duos eiusdem nominis fas est diuidere cuius rei demonstrationem mirabilem sane detexi. Hanc marginis exiguitas non caperet.

세제곱을 세제곱인 두 수로, 네제곱을 네제곱인 두 수로 그리고 일반적으로, 2보다 큰 지수를 갖는 거듭제곱을 같은 지수를 갖는 두 거듭제곱으로 가르는 것은 불가능하다. 이에 대한 놀라운 증명을 발견하였으나 여기에 적기는 빈 자리가 너무 부족하다.

– Διόφαντος ὁ 'Αλεξανδρεύς Arithmeticorum Libri II, Qvæstio VIII, Observatio Domini Petri de Fermat (1670년 판) –

그 후 많은 수학자들의 도전에도 불구하고 증명이 되지 않고 있다가 마침내 357년이 지난 1995년 영국 수학자 Andrew Wiles에 의해 대수학과 기하학의 깊은 이론을 적용하여 증명되었다. 최근

Stephen William Hawking은 자신의 책 '*God Created the Integers*' [45, 565쪽]에서 아무런 근거도 제시하지 않은 채 아랍 사람들이 $n = 3$, $n = 4$ 등에 대한 증명을 했다고 주장하고 있으나 이에 대한 증거는 알려진 바가 없다. 다만 이와 관련하여 Leonard Eugene Dickson이 밝힌 내용에 [36, 제2권, 545쪽] 대해 S. W. Hawking이 오해한 것으로 여겨진다. 위 사진의 왼쪽은 P. de Fermat 탄생 400주년을 기념하여 2001년 불란서에서 발행한 우표이고—발행국: 불란서, 발행일: 2001년 8월 19일, 도안/판화: André Lavergne, 크기: 36 mm × 21.45 mm, 천공: $13\frac{1}{4} \times 13$, 인쇄 방식: 오목판 인쇄[Engraving] 액면가: 4.50F(0.69€), Scott No.: 2836, MiNr.: 3559,—오른쪽 우표는 2000년 국제 수학의 해를 기념하여 Andrew Wiles가 페르마-예상을 증명한 것을 상징으로 Česká republika에서 발행한 우표다—발행국: Česká republika, 발행일: 2000년 5월 31일, 도안: Zdeněk Ziegler, 조각: Miloš Ondráček, 크기: 40 mm × 23 mm, 천공: $11\frac{3}{4} \times 11\frac{1}{4}$, 액면가: 7.0Kč, Scott No.: 3122, MiNr. 259. 여기서 천공(穿孔)[perforation]은 연이어 붙어있는 우표를 쉽게 떼기 위해 만든 구멍을 일컫는 말로 2 cm에 뚫려있는 천공(구멍)의 수로 그 값을 나타낸다. 한편 'Scott No.'는 Scott Standard Postage Stamp Catalogue에 실려있는 목록 번호이며, 'MiNr.'는 Michel's Stamp Catalogue에 실려있는 목록 번호다.

⟨16⟩ 

각 점 근처에서 n-차원 유클리드-공간과 위상적으로 같고, 전체 공간이 유한하며 경계를 갖지 않고, 공간에 있는 임의 점 P에 대해 P에 묶여진 끈을 부드럽게 당겨 이 점 P에 모이게 할 수 있다면, 이 공간은 n-차원 구면과 위상적으로 같다는 예상으로 20세기 초 Jules Henri Poincaré가 제시하였다. 최근 러시아 수학자 Григорий Яковлевич Перельман[G. Ya. Perel'man]이 $n = 3$인 경우에 대한 증명법을 소개하였으며 이 공로로 2006년 G. Ya. Perel'man은 필즈-상 수상자로 선정되었음에도 끝내 수상을 거부하였다. 그 뒤를 이어 Bruce Kleiner, John Lott, 曹懷東[Cao, Huai Dong], 朱熹平[Zhu, Xi Ping], John Willard Morgan, 田剛[Gang Tian]이 그의 증명법을 사용하여 완벽한 증명을 제시하였다. 이 문제에 대해 2006년 12월 22일자 Science-지는 포엥카레-예상에 대한 증명을 'Breakthrough of the Year'로 선정했다. 다른 차원 n에 대해서는 이미 해결되었는데, $n = 1$과 $n = 2$인 경우는 오래 전부터 알려져 있었으며, $n \geq 5$인 경우는 Stephen Smale이 1960년에 증명하여 1966년 필즈-상을 수상하였고, $n = 4$인 경우는 Michael Hartley Freedman이 1982년에 증명하여 1986년 역시 필즈-상을 받았다. 그러나 공간의 매끄러운 정도를 고려한다면 $n = 7$인 경우 미분구조가 서로 다른 28개 7-차원 구면이 존재함이 알려져 있다. 아직 $n = 4$인 경우, 미분구조가 다른 4차원 구면이 존재하는 지는 알려져 있지 않다. 위 사진은 J. H. Poincaré의 모습을 담아 1952년 불란서에서 발행한 우표다. 발행국: 불란서, 발행일: 1952년 10월 18일, 도안/판화: Jean Pheulpin, 크기: 21.45 mm × 36 mm, 액면가+부가세: 18F+5Fr, Scott No.: B270,

⟨17⟩ '타원곡선'이란 두 변수 x, y에 대해 $y^2 + a_1xy + a_3y = x^3 + a_2x^2 + a_4x + a_6$과 같은 꼴로 쓰여지며 특이점을 갖지 않는 곡선을 일컫는데, 곡선 위에 놓인 두 점끼리 더하거나 한 점에 상수를 곱하는 연산을 잘 정의할 수 있어 대수 구조를 갖는 곡선이 된다.

⟨18⟩ '모듈라-형식'이란 위쪽 복소 반평면 $\mathbb{H} = \{ z \in \mathbb{C} \mid \mathrm{Im}(z) > 0 \}$ 위에 정의된 해석함수로 $ad - bc = 1$을 만족하는 임의 정수 a, b, c, d에 대해서도 $f\left(\dfrac{az+b}{cz+d}\right) = (cz+d)^k f(z)$를 만족하는 k가 존재하는 함수를 일컫는다.

⟨19⟩ Riemann의 제타-함수 $\zeta(z)$는 복소수를 값으로 하는 복소 변수 함수로 $\zeta(z) = \sum_{n=1}^{\infty} \frac{1}{n^z}$를 $z \neq 1$인 모든 복소수 z로 확장하여 얻어지는데, $\zeta(z) = 0$을 만족하는 z는 실수로 $z = -2n$ $(n \in \mathbb{N})$이 있으며, 알려진 나머지 풀이는 $z = \frac{1}{2} + t\,\boldsymbol{i}$ 꼴로 주어진다. 리만-예상은 $\zeta(z) = 0$의 허근의 실수부가 모두 $\frac{1}{2}$일 것이라는 예상으로 이 결과는 자연수의 솟수 분포와 깊은 관계가 있다. 최근 미국 Clay Mathematics Institute(CMI)는 이 예상을 첫 번째로 푸는 사람에게 미화 100만 달러를 상금으로 수여하겠다 발표했다.

⟨20⟩ 안재찬의 수학 교육법, 여성동아 2004년 3월 (483호), 555∼557쪽 |preface

⟨21⟩ 안재찬, 수학거미 수학 Ⅱ(하), 화인 미디어 펴냄, 2005년, 365쪽.

⟨22⟩ 질소를 함유한 이중 고리구조를 갖는 방향족(芳香族) 유기화합물로 핵산 염기인 아데닌[adenine]($C_5H_5N_5$), 구아닌[guanine]($C_5H_5N_5O$) 그리고 요산[uric acid]($C_5H_4N_4O_3$)과 카페인[caffeine]($C_8H_{10}N_4O_2$)이 여기에 속한다.

⟨23⟩ 유기화합물의 한 종류로 벤젠-고리[benzene ring]의 1번과 3번에 위치한 탄소가 질소로 바뀐 구조를 갖는 방향족 화합물[aromatic compound]이다. 핵산 염기인 시토신[cytosine]($C_4H_5N_3O$), 티민[thymine]($C_5H_6N_2O_2$), 우라실[uracil] ($C_4H_4N_2O_2$)이 여기에 속한다.

⟨24⟩ 흔히 '망치'라고 하지만 '망치'는 마치보다 큰 도구로 단단한 물건이나 달군 쇠를 두드릴 때 쓰는 연장이다.

⟨25⟩ 2000년 7월 24일 문화일보

⟨26⟩ 서울대 신입생 서술형 수학 40점대, 2006년 7월 16일, 연합뉴스, 홍제성 기자

⟨27⟩ 『2006년 수학성취도측정시험』결과와 분석, 서울대학교, 2005년 12월(수시) 및 2006년 2월(정시) 시행

⟨28⟩ 연속함수 $f : [a,\, b] \to \mathbb{R}$에 대하여 다음 물음에 답하라.

(가) 정적분 $\int_a^b f(x)\,dx$를 정의하라.

(나) f의 부정적분을 F라 할 때, $\int_a^b f(x)\,dx = F(b) - F(a)$임을 증명하라.

⟨29⟩ 반지름이 1인 원의 둘레에 길이가 π인 실을 감아 한 끝은 고정하고 다른 한 끝에 연필을 달았다. 이 줄을 팽팽하게 당긴채로 연필을 움직여서 자취를 그리면 그림과 같다. 그림에서 빗금친 부분의 넓이를 구하라.

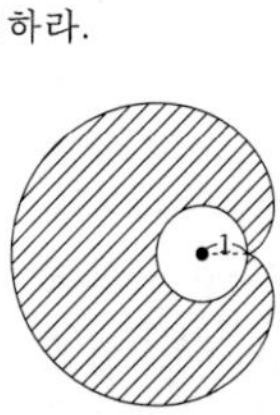

⟨30⟩ Trends in International Mathematics and Science Study

⟨31⟩ Switzerland의 Lausanne에 있는 국제경영개발원, 즉 IMD(Institute for Management Development)가 2006년 5월 11일에 발표한 '*The World Competitiveness Yearbook*'에 따르면 우리나라 국가경쟁력은 61개 대상국 가운데 38위로 2005년 29위에서 아홉 단계나 떨어졌으며, 이웃인 日本과 中國은 각각 17위와 19위를 기록해 전년도보다 네 단계와 12단계가 각각 올랐다. 또한 과학 경쟁력은 12위로 2005년도보다 세 단계가 올랐으나 기술 경쟁력은 6위로 전년도보다 네 단계나 떨어졌다. 이처럼 전반적으로 약세를 보인 원인 가운데 하나로 42위에 그친 교육 경쟁력의 영향을 무시할 수 없다. 또한 2004년을 기준으로 과학·기술 논문색인(SCI)에 게제된 논문의 수가 세계 13위로 양적인 성장을 보임에도, 논문별 평균 인용횟수는 0.22로 29위에 그치고 있는 실정이어서 상위 열 나라의 평균인 0.52에 비해 낮은 수치다.

⟨32⟩ 박승경, 中2 수학 세계2위 실력 어디로 갔나, 동아사이언스, 2006년 6월 10일

⟨33⟩ 교육인적자원부 통계자료에 따른 초·중·고등학교 교원의 최종학력 분포는 다음과 같다.

교원 최종학력 통계 (2006년 기준. 단위: 명)				
구분	학사 학위	석사 학위	박사 학위	총 인원
초등학교	11 1278 (77.96 %)	3 0971 (21.70 %)	489 (0.34 %)	14 2738 (100 %)
중학교	7 4893 (70.56 %)	3 0676 (28.90 %)	574 (0.54 %)	10 6143 (100 %)
고등학교 (일반계열)	5 3489 (66.38 %)	2 5913 (32.16 %)	1182 (1.47 %)	8 0584 (100 %)
고등학교 (실업계열)	2 3088 (63.90 %)	1 2670 (35.07 %)	371 (1.03 %)	3 6129 (100 %)
계	26 2748 (71.87 %)	10 0230 (27.42 %)	2616 (0.72 %)	36 5594 (100 %)

여기서 학사학위자 통계는 교육통계(http://std.kedi.re.kr)의 '2006 교육통계연보'의 학력 년수별 교원수에 따른 것이다.

⟨34⟩ Eidgenössische Technische Hochschule, Zürich, Switzerland

⟨35⟩ http://www.ktug.or.kr/

⟨36⟩ 흔히 이 시가 朝鮮 중기 고승이자 승군장(僧軍將)이었던 西山大師 (법명: 休靜)의 시로 알려져 있으나 그의 문집인 '淸虛堂集'에는 이 시가 실려 있지 않다. 이와 관련하여 북한의 문예출판사가 1985년에 펴낸 한시집 제2권 328쪽이나 1917년에 나온 '大東詩選' 卷之八 張三十에 朝鮮 후기 문신 임연(臨淵) 李亮淵의 작품으로 실려 있다 하며, 최근 한양대학교 鄭珉 교수는 규장각본 '臨淵堂別集' 5쪽에 '野雪'이라는 제목으로 이 시와 더불어 전부 두 수가 실려있음을 확인했다 한다. 이에 따라 이 시는 李亮淵의 시임이 밝혀진 셈이다.

⟨37⟩ Donald Ervin Knuth가 개발하여 공개 사용이 허용된 문서 작성 프로그램인 TEX[텍]과 이와 관련한 여러 환경을 통합한 Windows용 꾸러미로 Christian Schenk가 개발하였다. 이 글을 작성하는데 Leslie Lamport가 개발하여 발전한 LATEX 2_ε, 殷光熙가 LATEX 환경에서 한글을 편집하기 위해 개발한 명령어 꾸러미인 HLATEX을 사용하였다. (http://www.miktex.org/)

⟨38⟩ Windows용 편집기로 TEX을 포함하여 HTML, C, Java와 같은 여러 프로그램 작성에 널리 쓰인다. (http://www.winedt.com/)

⟨39⟩ TEX과 LATEX 환경에서 PostScirpt 명령어를 사용하여 그림을 그릴 수 있도록 개발된 명령어 꾸러미로 처음에 Timothy van Zandt가 개발하였으며 최근에는 Denis Girou, Sebastian Rahtz, Herbert Voss가 유지와 개발을 맡고 있다. (http://tug.org/PSTricks/main.cgi/)

⟨40⟩ 미국 Wolfram Research-사가 개발 판매하고 있는 문자식 계산용 프로그램이다. 영국 출신 과학자 Stephen Wolfram이 개발하였다. (http://www.wolfram.com/)

차 례

1 우리를 슬프게 하는 수학

Ein schwarzes Wasser. Immer wieder Tag für Tag und Jahr für Jahr gegen die trostlose Wand eines Hinterhauses in der Stadt sehen; Erinnerungen an Lehrer; das Lehrbuch der Mathematik: alles dies macht traurig.
A. Schnack, *Was traurig macht* [76, 247쪽]

1.1 우리를 슬프게 하는 수학

Anton Schnack

학창 시절 국어 성적이 그다지 좋지 않았던 사람이라 하더라도 가을날 포도에 뒹구는 낙엽을 보면서, Johann Sebastian Bach의 'G-선상의 아리아⟨1⟩'를 들으면서, 그리운 사람의 서한을 기다리면서, 옛 성곽의 낡은 담장을 어루만지면서, 그리고 정치가들의 표리부동을 지켜보면서 국어 교과서를 통해 배웠던 독일 문학가 Anton Schnack의 수필 '우리를 슬프게 하는 것들[Was traurig macht]'을 기억하지 못할 이는 내 나이 또래나 필자보다 연배가 위인 분들 중에 아마도 없으리라⟨2⟩. 비록 그 글이 산문이기는 해도 문체가 화려하고 시적이라는 특성으로 감수성이 예민한 사춘기 시절을 보내야 하는 학생들의 마음을 단숨에 잡아 끄는 마력을 갖고 있었다. 하지만 수학을 전공한 나로서 이 글이 지금 새삼스레 머리 속을 스쳐 지나가는 까닭은 'das Lehrbuch der Mathematik'이라는 짧막한 글귀 하나를 이 글 속에서 찾을 수 있기 때문이기도 하다. '울음 우는 아이들은 우리를 슬프게 한다'로 시작하는 청천(聽川) 金晋燮의 번역 작품 [7]을 주로 읽었던 사람들은 '재스민 향기', '오뉴월 장의행렬', '자동차에 앉은 출세한 부녀자의 좁은 어깨', '크누트 함순의 이삼절'과 같은 구절들을 기억하고 있을 지는 몰라도, 정작 이 글에 'das Lehrbuch der Mathematik', 즉 '수학 교과서'라는 표현이 실려 있다는 것을 기억하는 사람은 그리 많지 않으리라⟨3⟩. 도대체 수학 교과서가 무엇 때문에 우리를 슬프게 한단 말인가?

학창 시절 수학 과목 때문에 숱한 날을 고생했던 사람들에게 이 구절은 가슴에 절실하게 와 닿는 표현임에 틀림없다. 어디 그들 뿐이랴. 수학 성적이 좀처럼 오르지 않아 고민하는 많은 학생들을 요즘도 우리 주위에서 쉽사리 만날 수 있으니 이들 또한 이 짧은 구절에 동감할 것이다. 더욱이 수학 과목은 학창 시절 주요 과목이다 보니 학생들의 마음은 더욱 무겁기만 하다. 초등학교 과정은 그렇다 치더라도, 중학교, 고등학교 과정을 걸쳐 육 년이란 세월을 꼬박 수학과 씨름을 하고 있으니 말이다. 저학년 때 좋았던 수학 성적이 학년이 올라 가면서 곤두박질 쳐 울상짓는 학생들을 보면 필자도 안타깝기 매한가지다. 어느 정치인은 교육인적자원부 장관에 취임하면서 누구나 대학에 갈 수 있는 사회를 만들겠다 공언을 했지만 아직도 대학에 들어가는 일은 여느 때 못지 않게 어렵기만 하고, 이를 위해 높은 성적을 얻어야 하는 학생들에게 수학 과목은 늘 걸림돌일 수밖에 없다. 더군다나 오랜 세월 고등학교 수학의 경전이라 여겨져 온 '수학의 정석'을 들고 학원에 드나드는 초등학생마저 요즘들어 늘고 있다니 가히 기가 찰 노릇이다. 이 모든 것을 둘러보면 수학 교과서가 어찌 우리를 슬프게 하지 않는다 할 수 있으랴. 먼 이국, 이름도 잘 알려지지 않은 작가 Anton Schnack이 자신의 글에 담아내고자 했던 참 뜻과 설령 거리감이 있을지는 몰라도, 오늘날 한국이라는 땅에서 수학을 배우거나 이를 가르치는 사람들에게 다가서는 이 구절은 우리의 고개를 가히 끄덕이게 하고도 남음이 있다.

내 기억으로도 필자는 분명 수학을 잘 하는 수재나 오늘날같이 주위에서 흔하게 발견되는 영재는 아니었다. 물론 수학 성적이 그리 나쁘지 않았으니 수학을 못 하는 것도 아니었지만 말이다. 솔직히 말해 시험 공부 하지 않고도 좋은 성적을 받을 수 있었던 과목은 오직 수학과 과학 과목 뿐이었을 정도였다. 나이가 들은 지금 스스로 걸어 온 발자취를 되짚어 보아도 아주 어렸을 때부터 과학은 물론 수학에 남다른 흥미를 보였던 것은 틀림 없는 사실이었지만, 그 때부터 수학을 전공하리라 마음먹은 적은 한 번도 없었다. 오히려 나는 오늘날 공부 잘하는 학생들이 선호한다는 의학을 공부하여 인술을 펴는 의사가 되고 싶었다. 그 때만 해도 내게 의사라는 직업은 부와 명예를 가져다 줄 직업이라기보다, 돌보는 사람마저 없이 병들어 고생하며 힘들고 지친 이들을 보살피고 껴안아 주었던 Albert Schweitzer와 같은 사람이 걸어가는 길이라 믿고 있었다.

Albert Schweitzer

지금은 초등학교라 불리는 국민학교 시절 5학년이 되면서 나는 이미 중학교 수학을 혼자 공부하기 시작했다. 어머님께서 중학생을 위한 학습 대백과사전을 사 주신 뒤로 나는 과학이나 수학과 같은 과목을 자연스레 접할 수 있었고, 그 덕에 중학교 시절 수학 수업은 내게 그리 힘겨운 시간이 아니었다. 따라서 나는 자연스레 다른 곳으로 눈을 돌릴 기회도 많았고, 그런 기회를 틈타 고등학교 선배들이 배우는 수학이나 과학 과목에 관심을 갖기 시작했다. 초등학교 동창의 부모님께서 운영하시던 집 근처 책방은 학창시절 늘 내 공부방이나 다름없었다. 서점 안에는 내가 읽고 싶은 참고서를 비롯하여 많은 책들이 늘 즐비했고 친구의 아버님이자 서점의 주인이셨던 아저씨는 내가 책을 마음껏 읽을 수 있도록 늘 배려해 주셨다. 그 중에서도 수학 참고서나 문제집은 늘 내게 새로운 지식욕을 안겨다 주었다. 예전에는 풀 수 없을 것만 같았던 문제의 답을 단순한 기호와 숫자를 사용하여 구할 수 있다는 사실이 어린 내게 정말로 큰 놀라움이자 아름다움 그 자체였다. 이런 나의 호기심과 노력은 중학교를 졸업하기도 전에 이미 고등학교 수학 과정을 어느 정도나마 이해할 수 있는 단계까지 나를 끌어 올려놓았다. 정작 고등학교를 다니던 시절에도 고등학생의 필독서라는 '수학의 정석' 따위는 이미 내게 관심거리가 아니었다. 그저 계산 뿐인 책은 내게 더 이상 흥미를 가져다 주지 못했기 때문이었다. 수학이 정녕 무엇인지 내게 일러 줄 안내서를 나는 찾기 시작했다. 그러던 어느날 우연히 서점 진열대에 놓여있던 '수학세계[4]'라는 정기 간행물을 만났다. 한 달에 한 번씩 발행되던 이 정기 간행물은 그 시절 내게 더할 수 없는 기쁨이자 수학에 대한 필자의 갈증을 조금이나마 덜어준 생명수 같은 존재였다. 지금은 더 이상 발행되지 않지만 주로 대학 입시 준비를 위한 문제 해설을 담고 있던 그 얇은 책은 수학의 역사와 연구 동향, 그리고 흥미로운 여러 이론에 대한 대학 교수들의 짧고 평이한 글도 더불어 싣고 있었다.

수학세계 창간호

수학세계에 실린 글을 통해 나는 학교에서 배우던 수학과 다른 새로운 수학 세계를 만나고 있었다. 대학교 수학과에서 배운다는 정수론에 관한 영문 서적을 큰 맘 먹고 종로서적에서 산 것도 그 때다. 역사와 기본 지식의 배경을 간단하게 설명한 부분을 빼면 오로지 정리와 증명만 들어있는 그 책을 읽기 위해 나는 그 전까지 쳐다도 보지 않았던 영어 말광을 옆에 끼고 살아야 했다. 그 어느 것보다 하기 싫었던 영어 공부였으나 그 때 만큼은 당연히 감내해야 할 내 몫이었다. 이해하기 어려운 부분은 한글판 교재를 참고하면서 중반까지 읽었을 때, 나는 수학 세계에 한 걸음 더 깊이 빠져들고 있었다. 결국 읽기를 끝내고 책을 덮었을 때, 나는 의사가 되겠다던 꿈을 과감히 접고 수학자가 되기로 결심했다. 돌이켜 보건데 내 생애에 가장 큰 변화를 겪은 시기임에 틀림없다. 나는 가끔 내가 걸어온 그 길에 난 발자국을 되돌아 본다. 내가 그 때 수학에 빠져들지 않았다면 지금 무슨 일을 하고 있을까? 가족들은 수입이 좋은 의사나 하지, 벌이도 시원치 않는 수학을 왜 선택했냐며 쓴소리를 자주 하지만, 내가 의사가 되었다 해도 아마 나는 어느 시골 보건소에서 마을 사람들을 돌보는 시골뜨기가 되었거나, 중학교 시절부터 심취했던 법의학을 전공했을지도 모를 일이니 아예 내 삶은 돈과 깊은 관련이 없었을 것은 마찬가지였으리라. 돈과 관련한 문제 만큼은 온전히 내 탓이지 내가 전공한 학문 탓은 아니다. 수학을 전공하고도 경제적으로 풍요로운 직업을 가진 사람이 많기 때문이다. 다행히 부모님은 아들의 결정에 반대하지 않으셨다. 그러나 정작 내 결정을 만류하고 나선 것은 선생님과 벗들이었다. 성적도 좋은 놈이 장래성이 좋은 의과 대학이나 공과 대학은 안가고 뚱딴지같이 무슨 수학과냐고 말이다. 심지어 동무들은 수학 공부하면 마땅히 할 일도 없어 굶기 딱 알맞다고 놀리기도 했다. 어느 녀석은 '너가 무슨 천재인 줄 착각하냐?'며 수학은 천재들이나 공부하는 것이니 만용을 접으라고 반대를 하기도 했다. 그러나 필자는 기어이 수학과에 입학 원서를 넣었고, 수학을 공부할 수 있는 기회를 갖게 되었다. 얼마전 아들 녀석과 함께 읽은 '*Harry Potter*'에 등장하는 Albus Dumbledore⟨5⟩의 말이 떠오른다.

> It is our choices, Harry, that show what we truly are, far more than our abilities. – **Joanne Kathleen Rowling [74, 245쪽]** –

돌이켜 보면 내가 수학을 배운 곳은 학교나 학원이 아니었다. 나를 수학이라는 세계로 이끈 것은 나의 강한 호기심과 내가 읽었던 많은 책이었고, 내게 수학을 가르쳐 준 것은 그 책 속에서 만난 위대한 수학자들 이었다. 학창 시절 내게 수학이 무엇인지, 수학을 왜 하는 것인지 알려준 사람은 아무도 없었다. 굳이 손가락으로 꼽아 보라면 꼼꼼함이 수학 공부에서 가장 중요한 학습 자세라 강조하신 중학교 시절 은사님과 고등학교 시절 대학 미적분학을 공부해보라 귀띔해 주신 수학 선생님 두 분 뿐이 아니었을까 싶다. 정녕 이 두 분을 제외한다면 학창 시절 내게 수학이 무엇인지 가르쳐 준 사람은 아무도 없는 셈이다. 지금 내가 이 글을 쓰면서 다시금 슬픔에 잠기는 까닭은, 그리고 독일인 마처 거의 알지 못하는 어느 수필 작가의 작품 하나가 필자의 뇌리를 스쳐 지나가는 까닭은 필자를 수학 전공자로 이끌어 준 과목이 학교에서 배운 수학 과목이 아니었다는 사실이다. 예나 지금이나 다를 바 없이 수학은 단지 대학 입학을 위해 공부해야 할 과목일 뿐이다. 사려 깊어 보이는 사람들은 신문이나 방송을 통해 수학이 모든 학문의 기초라며 수학과 수학 교육이 얼마나 중요한지 떠들고 있지만, 정작 학생들이 학교 생활에서 맞닥뜨리는 수학 과목이란 점수를 1점이라도 더 올려야 하는, 그러기 위해 주어진 시간에 주어진 문제의 정확한 답을 척척 구하는 계산기가 되어야 하는, 지루하고 짜증나는 과목으로 전락하고 만 것이다. 이런 자녀를 둔 부모의 입장도 마찬가지다. 자녀의 성적이 오른다면 수단과 방법을 가리지 않고 아이들을 학원으로 내몰고, 엄청난 값을 치르고서라도 명성있다는 쪽집개 가정 교사를 들여야 하며, 마침내 수학을 배울 준비조차 채 안된 초등학생들에게 고등학교 과정을 어거지로 가르치려드는 어처구니 없는 현상마저 벌어지고 있다. 엄청난 사교육비 지출과 제 구실마저 점점 잃어가는 공교육 사이에서 주어진 현실을 뚫고 헤쳐 나아가려는 학생과 학부모 그리고 교사들의 안간힘이 정말로 안타깝고 답답하니 이 어찌 또한 슬프지 않을 수 있단 말인가.

1.2 국립학과(國立學科)

科學立國, 技術自立
1976년 10월 3일
朴正熙 씀

19세기가 끝으로 치닫고 있던 시절 서구 자본주의 열강들이 벌이는 수탈전 앞에 乙巳勒約과 더불어 日本에 강제로 나라를 빼앗기고 식민지로 살아야 한 암울했던 시절, 우리의 역사를 빼앗기고, 우리의 말과 글을 빼앗기고, 우리의 삶의 터전을 빼앗기고, 우리의 몸은 만신창이가 되고 목숨이 붙어있어도 죽음보다 못했던 서른여섯 해를 보내야 했다. 숱한 의사와 열사들이 투옥되거나 죽임을 당했고, 수많은 지식인과 죄없는 백성들이 피를 토하며 한 줌 흙으로 스러져 갔어도 결국 우리의 독립은 진정한 독립이 아닌 해방이란 이름으로 찾아왔다. 그러나 그런 해방의 기쁨도 잠시 뿐, 민주주의를 좇는 무리와 사회주의를 따르는 사람들로 갈라선 우리 민족은 급기야 동족의 가슴에 총을 쏘고 죽창을 꽂으며 싸워야 했다. 어느 전쟁이나 그러하듯 6·25 동족 상잔이 남긴 것이라곤 가족을 잃은 처절한 슬픔과 황폐 뿐인 조국의 산하, 그리고 찌들도록 가난했던 가시밭길 같은 삶 뿐이었다. 그렇게 조국 근대사는 쓰라린 아픔과 칠흑같은 어둠에 묻혀 피맺힌 세월로 쓰여지고 있었다. 누구도 막을 수 없는 역사의 도도한 흐름에 쓸려 떠내려갈 수밖에 없던 그 시절 ‘시일야방성대곡[6]’을 아무리 수없이 외친들 무슨 소용이 있었으랴. 벼랑끝에 선 바와 다를 것 없던 우리 역사의 가녀린 생명 줄기는 그래도 오로지 잘 살아 보자는 백성들의 강한 의지를 밑거름으로 하여 초연이 덮인 잿더미 위로 다시금 피어나 역사의 새 생명을 잉태하고 있었다. 나무 껍질과 풀뿌리로도 목숨하나 추스리기 어렵던 가난을 선진 공업국으로 바꾸어 놓은 우리 국민의 이 모질도록 강한 생명력이야 말로 우리 민족이 지닌 가장 자랑스러운 품성이 아니겠는가. 이야말로 우리 민족이 아니면 해낼 수 없는 그리고 우리 민족 스스로 해 내야만 했던 배달 겨레의 거대한 발자취임에 틀림없다.

필자가 학교에 다니던 시절 도서관 입구에는 朴正熙 전 대통령이 쓴 '과학입국(科學立國)'이라는 붓글씨가 큼직하게 걸려 있었다. 과학을 크게 일으켜야 나라가 부강해진다는 당시 지도자의 큰 뜻이 담긴 휘호였다. 나는 그 글을 보며 어려서부터 좋아했던 과학이 나라를 일으키고 외세에 굴복하지 않는 강한 나라를 만들 수 있다는 사실에 흥분과 감동 그리고 무슨 사명감 같은 것을 느끼며 도서관을 드나들었다. 그러나 나라가 어려울 때 부국강병책으로 내세웠던 과학입국이라는 구호는 세월이 흐르면서 처음 세운 뜻과 달리 그 빛이 바래져만 갔고 이에 따라 정부가 내 놓는 과학 관련 정책도 점점 시들해지는 듯했다. 군사 정권마저 국민의 강렬한 의지 앞에 무릎을 꿇었지만 정치는 늘 혼란스러웠고 경제는 눈부시게 발전했지만 자본주의가 안겨 준 빈부 격차는 날로 커 가기만 했다. 이런 빈익빈 부익부 현상은 사람들을 출세와 부를 위한 치열한 경쟁 속으로 내몰았고 가진 자와 가지지 못한 사람들 사이에 벌어진 반목 질시는 점점 더 악화되고 있었다. 교육 제도도 시대를 거쳐가며 겉으로는 수많은 변모를 거듭했지만 입시 경쟁은 해가 지날수록 더욱 치열해지기만 했고, 조령모개(朝令暮改)⟨7⟩로 바뀌는 입시 제도는 교사와 학부모 그리고 학생들을 오히려 갈팡질팡하게 만들었다. 십 년을 내다보고 백 년을 도모해야 할 교육 정책이 교육의 본질과 관련 없는 언저리만 늘 맴돌고 있었다. 일찌감치 추진한 중학교 평준화 정책으로 학교간 우열이 겉으로는 사라진 듯했으나, 해를 거듭할수록 학생들의 학력은 현저히 낮아지는 하향 평준화 현상을 드러냈다. 많은 대학이 우후죽순처럼 난립하면서 대학의 질과 수준도 아울러 낮아졌다. 지난 세월 주입식 교육이 불러온 문제점을 뜯어 고쳐본다고 했지만 여전히 교육 현실은 제자리 걸음만 하고 있고, 특히 수학과 과학 교육은 올바른 교육 목표도 따라가지 못한 채 대학 입학을 위한 도구로 전락한지 오래였다. 사교육을 통한 보충 교육이 활발하게 번져나가면서 학교는 마침내 출석 일수만 채우고 시험만 치르는 장소로 변질되기도 했다. 아울러 좋다는 교육 환경을 찾아 이민을 떠나는 가정이나 유학 길에 오르는 젊은이들은 늘

어만 가고 있다. 심지어 가족과 떨어져 자녀의 유학 길을 따라 나선 기러기 가족[8]을 필자가 사는 이곳에서도 자주 만날 수 있다. 그러나 정작 부담없는 학과 공부와 질 낮은 공교육 제도 속에서 책 한 권 따로 읽지 않고, 배워도 머리에 하나 남지 않은 채 시간만 보내며 방치되고 있는 아이들의 현실을 누가 알까? 그들 곁에 부모가 있지 않다면 그 결과는 더욱 심각한데도 말이다. 어쩌면 이런 교육 환경이 시험으로 학생들을 옥죄는 한국의 암기 중심, 기교 중심 수업보다 훨씬 더 나을지는 모르지만 말이다.

Heinrich Göbel

과학은 분명 서양 문화가 이루어 놓은 인류의 위대한 업적 가운데 하나임에 틀림없다. 언젠가 檮杌(도올) 金容沃도 문화방송(MBC)에서 가진 '우리는 누구인가'라는 강연을 통해, 서양 문화가 이루어 놓은 세 가지 우수한 업적 가운데 하나로 과학 사상을 든 적이 있다. 우리가 깜깜한 방에 밀촉(蜜燭), 육촉(肉燭), 등잔(燈盞)으로 만족하며 불편함마저 당연한 것으로 여기고 살고 있던 19세기, 식민지 건설에 혈안이 된 서구 열강들의 위협에 맞서며 근대 국가의 기틀을 닦고자 발버둥치던 그 시절, 明治維新(めいじいしん)을 통해 서양을 우리보다 먼저 배웠던 日本에게 나라마저 빼앗기고 국치를 당했던 당시는 서양 과학과 기술이 이전 어느 때보다 훨씬 더 눈 부시게 발전하던 시기였다. 그 한 예로 1854년 독일 발명가 Heinrich Göbel은 인류를 어둠에서 건져줄 전구를 오 데 콜롱[9] 향수병에 담아 세상에 처음으로 선보였다. 필자는 책상머리에 앉으면 머리 위에 환하게 빛나는 전구를 바라보며 '왜 우리는 그 시절 전구를 만들 수 없었을까?' 의문을 자주 던진다. 답은 어쩌면 아주 간단할지도 모른다. 오랜 세월을 거쳐 합리성과 논리적 사고, 그리고 분석적이면서도 자유로운 사고 활동으로 다져진 서양의 과학 사상을 우리 문화는 한 번도 제대로 가지지 못했기 때문이다. 아마 그럴 필요가 없었는지도 모를 일이다.

지금은 과학하면 미국을 가장 먼저 떠올리는 사람들이 많지만 서구 역사의 중심에 우뚝 서 있는 Europe을 제쳐놓고 서구 과학 문명을 이야기 한다는 것은 어불성설이다. 18세기 중엽 영국에서 일어난 산업혁명을 계기로 막강한 부를 축적한 서양 자본주의 국가들은 19세기 말 세계 곳곳에 식민지를 건설하기 바빴고, 연호를 光武라 하여 大韓帝國을 열고 서구 문물과 제도를 기반으로 한 근대 국가를 건설하고자 했던 朝鮮은, 幕藩體制(ばくはんたいせい)를 몰아내고 王政(おうせい)을 다시 세우면서 우리보다 앞서 근대화를 이룩했던 日本이 품었던 세계 제패라는 야욕 앞에 무참히 짓밟히는 처참한 시련을 겪어야만 했다. 이는 근대 선진국으로 나아가는데 필요했던 서양 문화와 사상을 서양이 아닌 日本이라는 제삼자로부터 배워야 하는 비운을 우리에게 안겨다 주었다. 제국주의 야욕으로 번뜩이는 피묻은 칼날 아래 이 땅에 세워진 日本의 식민지는 자랑스런 우리 민족의 과거로부터 우리를 떼어 놓았고, 눈부시게 빛날 겨레의 미래로 나아가는 길을 가로 막아 버리고 말았다. 일부 역사가나 사상가들은 日本이 이 땅에 식민지를 건설한 사실이 당시 우리 상황에서 오히려 다행이었다 주장하기도 하지만, 어찌 되었건 우리의 역사는 다시 돌이킬 수 없는 깊은 상처만 남긴 채 그가 빚어낸 교훈만이 고스란히 살아남아 오늘을 살고 있는 우리와 마주하고 있다.

과학의 본류가 아닌 언저리에서 그것도 제삼자를 통해 배울 수밖에 없었던 서양 과학에 대한 지식과 경험으로 진정한 과학 사상은 아직도 우리 삶과 문화 속에 뿌리 내리지 못한 채 늘 겉돌고 있는 느낌을 준다. 과학을 업으로 삼고 있는 많은 사람들은 물론, 사회 각계 각층이 저마다 가진 목소리로 과학 기술이 국가의 밥줄인 양 외치고 있지만, 정작 과학하는 자세와 정신이 얼마나 우리 곁에 가깝게 다가서 있는지 둘러 보면 그들이 외친 과학은 단지 발전을 위한 과학이요, 모양새만 기술이었음을 느끼게 된다. 우리가 日本을 비롯한 외세로부터 배운 것은 과학하는 자세가 아니라 서양이 이미 만들어 놓은 열매들만 따 모은데 지나지 않았기 때문이다. 필자가 국비 장학생으로 독일행 비행기에 몸을 실던 그날, 고등학교 시절부터 꿈꾸던 Europe을 만나러 간다는 설레임에 기나긴 비행시간 마저도 까맣게 잊은 채 어느덧 필자는 독일 Frankfurt am Main⟨10⟩ 공항에 두 발을 내딛고 있었다. S-Bahn⟨11⟩ 8번 노선을 타고 후배가 거처하던 학교 기숙사로 향하면서 회색빛 저녁 하늘로 숨어드는 철길가 나지막한 독일풍 집들을 바라볼 때, 나는 서양 과학의 중심에서 그들의 지식은 물론 Rhein 강의 기적을 일구고 과학과 기술을 이끌었다는 그들의 지혜와 합리로운 정신도 제대로 배워가리라 다짐했다.

다음 날 아침 필자는 일찌감치 학교 교정으로 발길을 향했다. 마침 교내는 따스한 봄을 맞아 신축 공사가 한창이었는데, 공사장 곁에 수북히 쌓아놓은 흙더미 위로 눈부신 햇살을 머금고 잔디며 잡풀들이 무성하게 자라 어느 것은 꽃까지 피우고 있었다. 그 순간 분홍빛 살결이 따가운 햇살에 붉게 타고 있는 한 독일 노무자의 모습이 그 흙더미를 뒤로한 채 내 시야에 들어왔을 때, 내 머리는 마치 무엇에 얻어 맞은 듯한 충격과 더불어 강한 인상이 각인되고 말았다. 게르만의 우수함을 외치며 세계를 향해 포문을 열었던 그들이 마침내 전쟁에 패하자 남은 잔해를 밟고 일어나 다섯 명 이상 모이고 나서야 성냥을 그어 담배에 불을 붙였다는 일화를 남긴 그들이 아니던가. Rhein 강의 기적을 일군 그들을 표본삼아 선진국 건설에 매진하던 우리의 모습을 떠올리게 한 그들의 모습을 독일 이 작은 도시의 대학 공사장에서 필자는 만나고 있었다. 성실함과 검소함 그리고 지나치리 만큼 철저하고 합리적인, 그래서 융통성이란 어느 곳에서도 찾아볼 수 없으리만치 미련해 보이는 그들을 독일에 머무는 내내 만날 때마다 그날 교정에서 만난 우람했던 독일 한 노무자의 작업 모습을 떠올리곤 했다. 그는 막 심어 놓은 나무에 버팀목을 대고 있었는데, 보통 그런 버팀목은 나무 기둥에 나무 막대를 대어 끈으로 묶어 놓는 정도가 다반사임에도 그는 연신 수준기(水準器)를 나무 막대에 올려 놓고 능숙한 손놀림으로 버팀목의 수평을 맞추고 있었다. 어찌

보면 쓸데 없는 곳에 시간과 정력을 쏟고 있다는 비판도 일 수 있으나, 보기에 무심코 지나칠 수도 있는 그의 행동을 통해 서양의 과학이 저렇듯 철저함에서 얻어진 것이 아닌가 필자는 느꼈다.

필자가 Canada에 살면서 한국에서 살 때와 달라진 것이 있다면 역시 가족들과 보낼 수 있는 시간을 더 많이 가질 수 있다는 것이다. 특히 늦둥이 아들 녀석과 저녁 시간을 즐겁게 보낼 수 있으니 이보다 더한 행복이 어디 있으랴. 집 뒤에 있는 작은 공원은 졸졸 흐르는 시내는 물론 나무들이 들어차 마치 자그마한 숲과도 같아 사시사철 산책하기 안성맞춤이다. 맑은 공기와 새소리, 여름에 녹음을 지나온 숲속 환쟁이가 그려 놓은 울긋불긋한 낙엽길을 따라 가노라면 이내 수북히 쌓인 눈 위로 나 있는 작은 동물들의 발자귀를 만나게 된다. 즐거워라 눈덩이를 뭉치곤 아빠를 향해 해맑은 웃음을 담아 던지는 아들의 모습을 바라 보며 밝은 미래를 꿈꾸는 일 쯤은 이미 흔한 일상이 되고 말았다. 더불어 이 곳에서는 과학관이나 강연회에 갈 기회가 많은데, 개인적으로 여유가 늘어난 덕도 있으려니와 일반인을 위한 강연회나 모임도 그만큼 자주 열리기 때문이다.

Perimeter Institute, Waterloo

한 번은 이웃 도시인 Waterloo에 자리잡은 Perimeter Institute⟨12⟩가 이전을 기념하여 일반인들에게 연구소를 개방한 적이 있었다. 이 연구소는 이론 물리 분야에서 Canada에서 잘 알려진 연구소 가운데 하나로 현대식 건물을 지어 새로이 문을 연 것이다. 특별히 그날은 물리학 전문 서적에서나 만날 수 있었던 물리분야 석학들의 기념 강연회도 함께 열렸는데, 이론 물리를 부전공 한 필자는 큰 기대를 안고 Waterloo를 향해 차를 몰았다. 뒤에 안 일이지만 그 연구소는 정기적으로 일반인을 위한 강연회를 열고 있었다. 전문 연구소라면 감히 일반인들이 가까이 하기 힘든 곳인 줄 알고 있지만 여기는 그렇지 않다. 늘 새로운 정보를 일반인에게 소개하고 그들과 의견을 주고 받으며 대화하고 있는 듯하다. 비가 보슬보슬 내려 제법 추운 날씨였음에도 불구하고 가족들과 함께 모여든 많은 사람들로 좁은 연구소는 발 디딜 틈조차 없었다. 어린이와 학생은 물론 나이드신 할아버지 할머니까지 연구소에서 담소를 나누며 이곳 저곳 둘러보는 재미로 즐거운 하루를 보내고 있는 모습을 보며 필자는 언제 저런 모습으로 과학이 우리 곁에 다가 설지 자뭇 궁금했다. 필자의 한 손에는 관람객들에게 나누어 준 따끈한 핫도그와 다른 한 손엔 기념 풍선을 들고 좋아하는 아들의 따스한 손이 꼬옥 쥐어져 있음을 느끼며 사진기로 부자(父子)를 찍는 아내의 사진 속에 과학과 희망 그리고 삶의 행복이 가득 찍히길 바라며 즐거운 하루를 만끽했다.

얼마전 통계청이 낮은 출산율과 빨라진 고령화로 인해 2005년 9.1 %를 차지하던 65세 이상 인구가 2050년에는 38.2 %를 차지할 것이라는 전망을 내놓은 가운데⟨13⟩, 우리 주변에 볼 수 있는 노인들의 일상이 무엇일까 궁금해진다. 가까운 경로당이나 마을 회관에 모여 무료함을 하루하루 달래고 있는 할아버지나 할머니를 자주 만나게 된다. 어느날 우연히 알게 된 RCI⟨14⟩의 강연 일정을 보고 Toronto 대학교 안에 있는 의과대학 건물을 찾아갔다. 일반인을 대상으로 하여 DNA⟨15⟩와 생물 분류에 관한 최근 연구 내용을 소개하는 자리였다. 여느 때와 다름없이 아이와 손을 잡고 강연장에 들어 서는 순간 필자는 어느 경로당에 잘못 찾아왔나 착각할 뻔 했다. 나이가 지긋한 백발 노인들이 상당히 많이 운집해 있었기 때문이었다. 물론 그들은 모두 강연을 들으러 왔다. 젊은 시절 마치 관련 분야에서 연구를 해 본 경험이 있는 듯 낯선 주제를 놓고도 강사와 토론까지 벌이는 그들을 보며 무의미한 시간들을 보내고 있는 한국의 노인들의 깊은 주름이 눈 앞을 휙 지나쳤다. 과학은 이미 그들에게 생활의 일부요 흥밋거리자 토론거리다. 모이면 술이나 마시면서 잡담이나 음담패설, 아니면 정치인과 연예인 이야기를 주제삼거나 누군가를 헐뜯는 일에 시간을 소진하는 우리 분위기와 달리 그들은 모이면 토론하고, 자신의 의견을 내놓길 주저하지 않는다. 한 번은 이런 일도 있었다. 아들 녀석이 다섯 살 때부터 우주에 깊은 관심을 보여 천체 모형이며 우주선 모형은 물론 우주에 관한 책을 많이 사주었는데, 하루는 어느 천문 관측 동호회에서 아이가 즐겨 보던 책의 지은이가 직접 강연을 한다 하여 교외로 차를 몰았다. 아니나 다를까 그곳에도 나이 든 할아버지 할머니들이 많이 모여있었다. 그 분야에 워낙 이름이 알려진 사람의 강연이라 그러려니 했지만 강연 도중에 질문을 던지며 궁금증을 해소하려는 그들을 보며 다시 한 번 감탄했다. 고속도로 정체로 강연자가 한 시간이 넘어서야 도착했는데, 그 지루한 시간 동안 불평 한마디 없이 서로 담소를 나누며 관련 정보도 교환하고 새로운 동호회 소식도 주고받고 있었다. 강연자의 도착이 점점 늦어지자 한 회원이 자청하여 자신의 경험과 지식을 발표하기도 했는데 우리 가족은 그 덕에 강연을 두 개나 들을 수 있었다.

조국 재건을 목표로 다급하게 추진해야 했던 '과학입국.' 세상이 다시 서양을 중심으로 새로운 문화 질서를 짜고 있는 이즈음 우리는 이런 변화를 능동적이면서 탄력적으로 받아들임과 동시에 그 동안 우리가 깨치지 못했던 서양을 제대로 배우되, 그들의 말과 글 그리고 그들의 몸짓을 통해 오랜 세월 그들 삶 속에 깊이 배인 과학 전통을 하나라도 올바로 습득해야 한다는 뜻에서 나는 새로운 '과학입국'을 말하고 싶다. 늦었다 생각할 때가 바로 적기라는 말도 있듯이, 근대화 과정에서 우리가 놓쳤던 많은 것들을 메워 놓지 않고 우리가 맞이할 미래는 여전히 서양을 모방한데 그친 반쪽짜리 과학문화로 이어질지도 모를 일이다. 19세기 말처럼 빗장만 걸어 두고 두려움 속에서 아무 대책도 없이 남의 손에 의해 강제로 문을 열어야 했던 어리석음을 다시 치를 수는 없기에 하루가 다르게 바뀌고 있는 세상 앞에 거침없이 나아가 굳은 의지와 번득이는 지혜를 한데 모아 우리의 슬기를 펼쳐야 한다. 저마다 자신의 자리에서 각자 가진 능력에 맞게 최선을 다해 열심을 낸다면 우리가 역사에서 보였던 배달 겨레의 위대함을 다시금 드러낼 수 있으리라. 머리 좋고 공부 잘 하는 내 딸과 아들은 모두 의과 대학에 가서 의사가 되어야 한다는 많은 얼빠진 부모들의 철없는 의식, 우선 대학에만 들어가면 된다는 미래도 없는 아둔한 우리의 판단을 올바로 잡지 않고서 수 없는 제도 개선이 무슨 소용이 있으며, 탁상공론에 지나지 않는 언쟁이 무슨 도움을 줄 수 있단 말인가. 정말 우리가 우리를 위해 지금 옳은 결단과 행동을 하고 있는지 한번쯤 되돌아 볼 일이다. 자녀의 능력과 소질을 최대한 계발하고 그들의 창의력을 이끌어낼 수 있는 바로된 교육 환경 마련과 온 국민의 올바른 의식 형성이 뼈저리게 필요한 때다.

우리와 달리 서구 문물을 서양으로부터 직접 접할 수 있었던 中國과 日本, 비록 눈을 뜬 시점은 서로 달랐지만 우리보다 훨씬 많이 그리고 아주 철저하고 진지하게 서양의 과학 전통과 문화를 이해하였기에 어제와 같은 日本이 있었고 나아가 내일을 이끌 中國이 있을지 모른다. 이와 관련하여 金容沃의 말을 옮겨 본다.

> 철학이라는 완제품의 수입은 우리나라가 자멸하는 길이다. 우리가 수입해야 할 것은 철학이라는 완제품이 아니라, 철학하는 것이라는 방법입니다. – **金容沃, 중고생을 위한 김용옥 선생의 철학강의 [5, 138쪽]** –

비록 그의 말이 철학이라는 학문에 초점을 맞추고 있지만, 이 말은 서양 과학을 아직도 걸음마 단계에서 배우고 있는 우리 입장에서 잊으면 안될 좋은 교훈이 되리라. 이제 우리는 과학이나 수학을 이미 만들어진 지식으로 여겨 베껴 외우듯 습득하던 타성을 과감히 떨치고 서양 사회 깊숙히 흐르는 그들의 과학 정신, 즉 과학과 수학을 하는 방법과 자세를 깨치고 체득해야 하며 나아가 우리 스스로 수학과 과학을 일구어 가야 한다. 교육도 포장된 지식을 단순히 전달하는데 머무르지 말고 이를 통해 자연과 사물의 이치를 논리 정연하게 살피고 바라볼 줄 아는 도량 넓은 인재를 길러내려 할 때, 그 속에서 끝없이 솟구치는 상상어린 세계는 바로 우리 미래를 밝혀줄 불씨요 원동력이다. 이와 아울러 틀에 박힌 교수법은 더 이상 허용되어서 안되며, 더욱이 참고서나 문제집에만 의존하는 교육으로는 우리의 미래를 꿈꿀 수 없다. 오로지 대학 입학을 위해 어거지로 배워야 할 입시 준비용 과목이 아니라 과학은 과학답고 수학은 수학답게 가르치고 배울 때, 그래서 배움이 우리 삶 속에서 다시 배어 나올 수 있을 때, 비로소 학문도 살고 우리의 미래도 스스로 도약할 수 있으리라.

1.3 엉뚱한 생각 많이 하십시오?

단기(檀紀)⟨16⟩ 4335년은 국제 축구연맹⟨17⟩이 주최하고 日本과 공동으로 개최한 열일곱 번째 FIFA World Cup으로 한국과 日本의 열기가 한창 뜨겁던 해였다. 필자가 살던 Toronto도 거리마다 붉은악마 복장을 한 많은 한국 젊은이들이 외치는 '대-한민국'이라는 함성과 태극기 물결로 거리마다 그 열기는 무척이나 뜨거웠다. 더욱이 日本과 함께 대회를 열었으니 日本에게 질 수 없다는 강한 의지와 함께 오랫동안 올라보지 못한 16강전에 우리 선수들이 반드시 출전하길 애타게 기대하는 온 국민의 열망이 전세계 한국인을 하나로 뭉치게 했다. 아니나 다를까 이런 국민의 염원은 현실로 이루어지고 있었다. 16강전 진출은 물론 불가능하리라 생각했던 4강전까지 무사히 올라간 것이다. 이는 분명 한국 축구가 거둔 쾌거요, 온 국민의 승리였다. 그러나 日本은 그런 우리의 환희에 아랑곳 없이 또 다른 승리를 자축하느라 바빴다. 승리의 주인공은 다름아닌 島津製作所(しまづせいさくしょ) 직원 田中 耕一(たなか こういち)였다. 그는 단백질처럼 분자량이 큰 분자의 질량을 분광분석법을 사용하여 정확하게 측정하는 기술을 개발한 공로로 노벨 화학상을 받았다. 물론 같은 해에 물리학자 小柴 昌俊(こしば まさとし)도 우주선(宇宙線) 중성미자(中性微子)[neutrino]를 검출하는데 기여한 공로를 인정받아 노벨 물리학상을 받았지만, 이와 달리 평범한 회사원이 노벨-상을 받았다는 사실은 日本 전역을 World Cup과 비교할 수 없는 감동과 흥분으로 들뜨게 했다.

小柴昌俊

田中耕一

그 즈음 나는 우연히 한국 방송을 볼 수 있는 기회가 있었는데, 4강전 진출로 들뜬 한국인들에게 日本 평사원이 노벨-상을 받았다는 소식은 아무래도 충격이었던지 국내 유명한 대학과 연구소에 근무하는 과학 분야 교수들이 모여 토론을 벌이는 자리였다. 우리가 어떻게 하면 앞으로 과학 분야에서 노벨-상을 탈 수 있으며, 그간 우리 과학 교육에 무슨 문제가 있었는지 짚어보고 대안을 만들자는 모임이었다. 이미 짐작한 바였지만 방송이 끝날 무렵까지도 긴 시간에 걸친 토론은 뚜렷한 결론이나 문제 해결을 위한 구체적인 방안을 제시하지 못했다. 쉽사리 얻어질 결론이라면 벌써 노벨-상을 수 차례 받고도 남았을 터였기 때문이다. 분명 과학 분야에서 신망받는 교수들이었지만 토론은 그저 원점을 맴돌 뿐이었다. 그도 그럴 것이 이렇다 할 통계 자료나 외국 교육의 현황, 노벨-상 수상 현황과 같은 기초 자료마저 제대로 국민들에게 제시하지 못한 엉성한 토론장이 되고 말았다. 어쩌면 日本 사람이 노벨-상을 받았다는 소식을 듣고도 수수방관만 할 수 없어 급히 마련한 생색 내기에 불과했는지도 모른다는 인상마저 들었다. 그래도 그런 자리를 마련하여 머리를 서로 맞대고 각자 가진 의견을 정리하여 새로운 길을 모색하려는 의지가 있다는 것은 정말로 다행스런 일이다. 그런데 나는 그 방송에서 무척이나 실망스러운 말을 들어야 했다. 한국 과학을 이끌어가는 한 핵심 연구소의 소장이자 오랜 세월 미국에서 연구와 교수 활동을 하여 학식과 경험이 풍부할 것으로 여겨지는 어느 교수의 발언이었다. 우리가 빠른 시일 안에 노벨 과학상을 받는 우수한 인재가 나오길 바란다면 '엉뚱한 생각'을 많이 하는 학생을 길러야 한다는 것이었다. 엉뚱한 생각을 하는 학생이라니 그게 도대체 무슨 말인가? 학식있는 교수님의 표현이 왜 그리도 유치하단 말인가? 표현은 그렇다쳐도 영향력을 가진 교수님의 발언이 정말 우리의 교육 현실을 올바로 알고 내뱉은 말인지 따지고 싶었다.

필자가 이해하기로 그 분이 전하고자 한 말의 참 뜻은 창의력이 뛰어난 사람을 많이 길러내야 한다는 뜻이 아닌가 싶다. 그렇다면 그가 쉬이 내뱉은 표현은 오늘날 우리 과학 교육이 안고 있는 문제를 깊이있게 이해하지 못한 채 겉만 보고 주장한 말임에 틀림없다. 하기야 많은 사람들, 특히 교육자나 교육학자들마저 그와 비슷한 주장만 하고 있으니, 연구에만 몰두해 온 그로서도 그럴듯한 세상 사람들의 주장을 그대로 따라 이야기 할 수밖에 없었을 지도 모를 일이다. 엉뚱한 생각 만으로 어찌 과학과 기술을 새로이 개척하고 발전시킬 수 있다는 말인가? 서양 문명이 이룩한 과학과 기술이 그저 엉뚱한 생각 만으로 이루어졌다고 믿을 사람은 아무도 없다. 과학을 발전시키는 중요한 요소로 기발한 발상만을 드는 것은 우리가 서양의 과학 문명을 수박 겉핥기식으로 배웠다는 증거다. 물론 기발한 발상이 과학과 기술을 발전시키는데 밑거름이 되었던 것만은 틀림없는 사실이다. 그러나 그것은 이미 오랜 세월에 걸쳐 비옥하게 다져진 서양의 과학 문명 토양 위였기에 가능했던 일이다. 오늘날 과학과 기술을 발전시키는데 엉뚱한 생각보다 우리에게 더 절실하고 중요한 것은 조리있게 논리 정연한 사고를 펼 수 있는 능력, 다시 말해 과학인다운 사고를 제대로 체득하지 않고서는 기발한 발상마저도 한낱 물거품에 지나지 않음을 깨달아야 한다는 점이다.

현대 물리학에서 천재로 추앙받는 유대계⟨18⟩ 독일 물리학자 Albert Einstein의 상대성 이론은 당시 과학 수준에 비추어 참으로 엉뚱한 생각임에 틀림없다. 적어도 Isaac Newton 경(卿) 이후 한층 더 견고한 위치로 자리매김한 고전 물리학이라는 틀 속에서 살고있던 당시 사람들에게 그의 이론은 아마도 허무 맹랑한 소리로 들렸을 지도 모른다. 그러나 그의 이론을 단순히 엉뚱한 생각의 소산이라 보기에는 엄청난 혁명과도 같은 그의 이론적 설명이야말로 서양 문명이 오랜 세월에 걸쳐 차곡차곡 다져온 사고 체계 위에 세워진 과학 문화와 어우러져 솟구쳐난 당연한 발상이자 논리 정연한 추론이었다. 아울러 그보다 앞서 살다 간 여러 학자들이 다져 놓은 지식과 이론이 뒷받침 되었기에 가능한 일이었다.

19세기 중엽 많은 실험을 거쳐 알려진 전기와 자기에 대한 여러 성질을 미분방정식 네 개로 엮도록 한 Scotland 출신 물리학자 James Clerk Maxwell의 설명은 곧 물리학계를 흥분과 놀라움 속으로 몰아 넣었다.

Galileo Galilei[19]

Isaac Newton 경[20]

Albert Einstein[21]

그의 방정식은 빛이 전자기파에 속하며 관찰자와 무관하게 늘 같은 빠르기로 전달된다는 사실을 설명하고 있었기 때문이었다. Italia 천문학자이자 과학자였던 Galileo Galilei 이후로 운동은 늘 상대적인 것이어서 물체의 속도는 관측자 입장에서 기술될 수밖에 없다는 믿음을 가졌던 당시 과학자들에게 이 결론은 엄청난 충격이었다. 더욱이 1887년 당시 Preußen[Prussia] 왕국이었던 오늘의 Polska[Poland]에서 태어난 과학자 Albert Abraham Michelson과 미국 과학자 Edward Williams Morley가 보여준 실험의 결과는 이를 더욱 강하게 뒷받침하고 있었기에 기존 이론으로 설명되지 않는 이 기이한 현상으로 물리학계는 고민에 빠지게 되었다. 이 앞뒤가 맞지 않아 보이는 모순과도 같은 문제에 깊게 빠져든 어린 Albert는 이 세상의 수수께끼를 꼭 풀고야 말겠다는 강한 의지를 바탕으로 논리적이고 합리적인 방법으로 복잡하고도 정밀한 실험과 계산을 머리 속에서 수없이 행했을 것이고, 마침내 그는 일약 위대한 천재 물리학자 반열에 올랐다. 도대체 무슨 엉뚱한 생각이 과학과 기술 발전에 그리 중요하단 말인가? 엉뚱하다는 그런 기발한 발상마저 이치에 어긋남이 없는 논리 정연한 추론을 통해서 이루어진 완벽한 사고 활동임을 모르고서야 밑바닥부터 어그러진 우리네 과학 교육을 어찌 바로 이끌 수 있단 말인가? 엉뚱한 생각을 평생 한들 합리적인 사고와 논리적 추론이 그 뒤를 받쳐주지 못한다면 그 엉뚱한 생각은 한낱 공상에 불과할 뿐이다. 한 때 A. Einstein은 상상이라는 것에 대해 다음같이 말한 적이 있다.

> ⋯, which [imagination] I think is more important than knowl-

edge. Knowledge is limited. Imagination encircles the world.

What Life Means to Einstein: An Interview by George Sylvester Viereck

– The Saturday Evening Post, 1929년 10월 26일 –

이는 그가 평생을 두고 해 온 '사고를 통한 실험[Gedankenexperiment]'에서 얻은 산 교훈이리라. 그러나 상상은 분명 엉뚱한 생각과 다르다. 더군다나 표현이란 관점에서 보면 말 할 나위가 없다. A. Einstein이 중요하다고 말한 '상상'이란 철 없는 아이가 한 엉뚱한 생각이 아니라 알려져 있지 않은 많은 가능성에 대한 과학자다운 탐구 과정이다. 그가 말한 상상 뒤에는 그가 겪고 배운 서양의 철저한 합리성과 과학 정신을 뒤에 깔고 한 말임을 잊어서는 안된다. 이 사회를 올바로 이끌어야 할 학식과 덕망을 갖춘 한 학자의 입에서 튀어 나온 '엉뚱한 생각'이라는 표현, 이 한마디는 한국 과학이 지금 어디로 어찌 걸어가고 있는 지를 보여주는 너무도 적나라한 표현이라는 느낌이 들어 그날 나는 마냥 암담하기만 했다.

James C. Maxwell

Albert A. Michelson

Edward W. Morley

1.4 수학은 정의에서 시작한다

어느날 신문에서 다음 우스개 이야기를 읽은 기억이 난다.

> 어느 부대에서 소대장이 졸병에게 국기 게양대의 높이를 재라고 했다. 졸병이 줄자를 가지고 국기 게양대 위에 올라가려고 끙끙 거렸다. 그 때 지나가던 병장이 궁금해 물었다.
> "야! 위험하게 거기는 왜 올라가냐?"
> "네. 소대장님이 게양대 높이를 재오라고 하셨습니다."
> 그러자 병장이 한심하다는 듯이 말했다.
> "야! 힘들게 왜 올라가! 게양대 밑에 너트를 풀어서 눕혀놓고 길이를 재면 되잖아?"
> 그러자 졸병이 인상쓰면서 하는말.
> "소대장님이 원하시는 건 높이지 길이가 아닙니다!"

시키는 대로 하기만 하면 되는 군대 생리를 묘사한 이 우스개 소리를 읽으며 필자는 그 졸병의 태도에 대해 곰곰이 생각해 보았다. 아무런 자기 판단이나 비판도 없이 시키는 대로 일을 묵묵하게 처리하는 병사의 단순하다 못해 바보처럼 보이는 모습에서 시키는 것조차 제대로 처리하지 못하는 경우가 흔한 우리 삶의 모습과 비교되어 과연 시키는대로 하는 것이 정말 나쁜 것인지 우리의 행동을 한 번쯤 뒤돌아 보게 되었다.

상관이 내린 지시에 아무런 이의도 없이 시키는대로 열심히 일하는 병사 앞을 지나치며 충고랍시고 거들어대는 상병의 모습은 졸병에 대한 무시와 함께 꾀도 좀 부려보라는 질책임에 틀림없다. 병영 생활에서 이런 잔소리 한 번 안 들어본 사람은 드물 것이다. 그러나 이런 고참의 조언에도 불구하고 졸병은 지시에 충실하리라 다잡은 자세가 확고한 듯 보인다. 필자는 수학을 공부하는 자세도 이와 다를 바 없지 않을까 느낀다. 지름길을 택하기 위해 편법을 사용하거나 내용에 대한 깊은 이해도 없이 답만 구하는 일에 몰두하는 학생들이 대부분인 현실에서 이 유머에 나오는 졸병의 자세는 귀감이 되고도 남음이 있다. 배우는 사람은 꾀보다는 우선 원칙에 충실해야 한다. 그런 원칙에 충실함이 몸에 밴 연후에 꾀를 낼 수도 있고 수준 높은 기교도 부릴 수 있다. 물론 이 말이 생각을 한 곳에 못 박아 두라는 뜻은 아니다. 그러나 기본이 제대로 잡힌 뒤에야 창의성이 돋보일 수 있음을 잊어서는 안된다.

이 우스개 이야기에서도 상관이 지시한 것은 게양대의 높이를 재라는 것이었다. 만약 상병의 조언을 따라 깃대를 바닥에 뉘어놓고 길이를 잰다면 과연 그렇게 잰 길이와 높이가 같을까? 물론 당연히 같으리라 생각할 수 있지만 이를 어떻게 논리 정연하게 설명할 수 있는가? 실제로 재어서 비교해 본다고 해도 분명 오차는 있는 법이니 말이다. 흔히 경험에 따라 두 경우 길이는 같다고 믿고 있다. 그러나 중력이 아주 센 별에 사는 병사에게 이 문제는 매우 심각하다. 세워 놓은 게양대의 길이가 중력에 의해 더 짧을 것이기 때문이다. 검증되지 않은 내용을 바탕에 두고 조언한 상병의 말을 따른다면 잘못된 결과를 이끌어낼 지도 모를 일이다. 흔히 주위에서 조언을 한답시고 엉터리 정보를 들고와 알려주는 사례가 흔이 있다. 무턱대고 그 사람의 말만 믿었다가 낭패를 당하는 경우가 왕왕 있는데, 이 때 정확하지 않은 이야기를 아무런 근거나 증거도 없이 믿은 자신의 잘못을 탓할 수밖에 없다.

수학은 정의에서 출발하는 학문이다. 그만큼 정의에 충실하지 않으면 수학의 내용을 제대로 이해할 수도 없고 문제를 제대로 풀 수도 없다. 영어와 같은 외국어를 배울 때, 낱말이나 관용 표현의 뜻을 알지 못하면 문장을 정확하게 이해할 수도 올바른 문장을 지을 수도 없는 것과 비슷한 이치다. 주어진 반지름을 갖는 원의 둘레 길이나 넓이를 구하는 식은 머리에 외우고 있어도 정작 공식에 나타나는 상수 π의 정의를 정확히 알고 있는 학생은 흔하지 않다. 이 기호가 원주율을 나타내는 것임을 알고 있어도 정작 그 뜻이 무엇인지 아는 사람은 별로 없는 셈이다. 직육면체의 부피는 가로와 세로의 길이 그리고 높이를 곱하면 얻어진다는 것을 알고 있다 하여도, 부피의 뜻이 뭐냐고 묻는다면 당황하거나 머뭇거리는 경우가 많이 있다. 부피를 어떻게 재는 것인지 제대로 알지 못하고 있기 때문이다. 이는 교육 현장에서 공식만 배우고 가르치다 보니 답을 구하는 것은 능숙하여도 그 의미와 공식이 만들어진 내용을 정확히 모르고 지나친 탓이다. 이런 상황에서 새로운 창조가 생겨날 수 없다는 것은 당연한 이치가 아니겠는가.

뿐만 아니라 미국 Chicago 대학교 교육학과 Zalman Usiskin 교수의 말처럼 수학은 기호로 이루어진 언어와 같다.

> It is often said that mathematics is a symbolic language· · · . The symbols of mathematics, like the letters or characters in other languages, form the written language of mathematics.
>
> **– Zalman Usiskin[87] –**

수학이 기호로 이루어진 가치는 “one of the subject’s most apparent and distinctive features [68, 19쪽]”라는 Canada의 Alberta 대학교 교육학과 David Pimm 교수의 표현으로 대변할 수 있다. 사실 수학을 배우면서 이곳 저곳에서 등장하는 수많은 기호를 꼼꼼하게 익혀놓지 않으면 엉뚱한 답을 구하게 된다.

과학과 더불어 수학은 서양에서 이루어진 학문 가운데 하나다. 우리가 외국 학문이나 문물을 배울 때 늘 부딪히는 문제는 바로 언어 장벽이다. 비록 수학에서 쓰이는 언어들이 그리 어렵지 않다고 하더라도 그 뒤에 숨은 뜻을 알고 그 배후와 역사를 캐려면 서양 고전어에 대한 지식도 어느 정도 필요할 때가 있다. 설사 그 정도에 미치지 못하더라도 외국 문헌을 우리글과 우리말로 옮겨 적으려면 우리가 갖고 있지 않은 표현을 새로이 만들어야 할 때도 많다. 조선말부터 해방을 맞이하던 때까지 우리에게 전해진 서구 문물과 사상은 대부분 日本을 통해 전해진 데다가, 당시 많은 지식인이나 학자들도 서양의 지식과 문화를 日本 땅에서 日本글과 말로 배운 탓에 日本 사람들이 자신의 사고 방식과 문화 바탕

위에서 이해한 서양을 우리는 지금까지 배우고 있는 셈이다. 어느 명문 국립 대학 영어영문학과에 재직하던 연세 높은 교수가 'imagism'을 '이미지주무'라 읽는 것을 듣고 학생들은 강의실이 떠날 듯 한바탕 웃었으면서도 무척이나 실망이 컸다는 이야기를 들은 적이 있는데, 그 분 또한 日本에서 들은 日本식 발음이 혀에 굳은 탓이리라. 이와 관련하여 수학에서 자주 언급되는 단어 가운데 '유리수'라는 낱말이 있다. 이 단어는 '두 정수끼리 비로 나타낼 수 있는 수'라는 의미에서 'rational'이라 한 것을[22] 日本 학자들이 단순히 '합리적'이란 형용사에서 온 단어로 여겨 이를 그대로 日本말로 옮겨 적은 탓에 원래 담고 있는 뜻과 다른 의미로 우리에게 전해진 말이다. 한자어 '有理数(ゆうりすう)'를 그대로 풀어보면 '이치에 맞는 수' 정도에 해당한다. 물론 모든 수가 유리수로 쓰여질 것을 굳게 믿었던 옛 희랍 사람들에게 이 수란 이치에 맞는 수이었을 지는 모르지만, 그래서 $\sqrt{2}$와 같은 수는 이치에 맞지 않는 수라 여길 수 있을테지만, 수학이라는 학문의 성격으로 보아 이 낱말은 좋은 번역이 아님에 틀림없다. 또한 분수와 관련하여 '분자'나 '분모'란 단순한 분수 표현 자체가 가진 특징을 나타낸 말이지만, 영어로 'numerator'나 'denominator'는 그 뜻을 확연하게 알려주는 표현이다.

해방과 함께 미국의 영향은 무척이나 컸다. 새로운 제도와 문물을 배우고 서양 문화를 직접 체득하고자 굶주리고 가난했던 시절임에도 많은 사람들이 미국으로 유학길에 올랐고 그들이 돌아와 오늘까지 학계와 지식층을 이루어 이 사회를 이끌고 있는 셈이다. 그러다보니 역시 Europe에 깊게 뿌리내린 그들 사상과 문화를 올바로 배우는데에는 한계가 있었다. 너무도 지나치게 단적인 지적일 수는 있지만 수학에서 쓰이는 낱말 가운데 'trapezoid'라는 단어가 있다. 우리는 이를 '사다리꼴'이라 옮겨 적고 있다. 미국과 Canada에서 trapezoid란 '마주하는 두 변 한 쌍만이 서로 평행한 사각형'을 일컫는데, 평행사변형같이 마주하는 두 변으로 이루어진 두 쌍들이 모두 평행한 경우는 trapezoid가 아니다.

반면에 영국에서는 trapezoid를 평행한 두 변을 갖지 않는 사각형을 일컬으니 우리가 번역한 사다리꼴이란 오히려 영국 본래 영어라기보다 미국 영어에 더 가까운 듯하다⟨23⟩. 그러나 우리가 배우고 있는 '사다리꼴'이란 '두 변이 평행한 사각형'을 뜻하므로 평행사변형이나 직사각형 따위도 모두 사다리꼴에 든다. 표현과 그 뜻이 복잡하게 얽히고 설켜있는 까닭인 즉, 첫째는 우리에게 서구 문물을 전해 준 日本이 독일이나 불란서와 같은 Europe의 나라로부터 지식을 습득한 탓에 그들의 뜻이 절로 반영된 까닭이요⟨24⟩, 둘째로 표현은 미국에서 지식을 배운 이들로부터 들어온 탓이다. 우리가 오랜 세월 배웠고 지금도 쓰고 있는 이런 표현들이 뿌리없이 마구잡이로 지어진 조잡한 말들임을 느낄 때가 많다. 이제 21세기 우리 민족은 서양 과학 문화에 대한 새롭고 깊이가 있는 연구와 탐구를 통해 우리가 배워야 할 바른 과학 정신을 받아들여야 할 때다.

⋯ καὶ γνώσεσθε τὴν ἀλήθειαν
καὶ ἡ ἀλήθεια ἐλευθερώσει ὑμᾶς.
Κατα Ιωαννην 8:32

1.5 보충 해설

⟨1⟩ Air on the G String: Johann Sebastian Bach가 작곡한 관현악 모음곡 제3번 라장조 (BWV 1068)의 제2악장인 아리아[air]를 피아노 반주를 넣은 바이올린 독주곡으로 편곡한 곡을 일컫는다. 관현악 모음곡 제3번은 1717년에서 1723년 경에 Anhalt-Köthen의 왕자이자 J. S. Bach와 평생 친분이 두터웠던 Leopold 후작(侯爵)[Fürst]을 위해 쓰여진 곡으로 Ouverture, Air, Gavotte I/II, Bourrée, Gigue 순으로 이루어져 있다. 독일 바이올린 연주자 August Emil Daniel Ferdinand Viktor Wilhelmj이 아리아 부분을 바이올린의 네 현, 즉 E, A, D, G-선 가운데 G-선을 사용한 곡으로 편곡한 데서 붙여진 이름이다.

⟨2⟩ 이 작품이 고등학교 국어 교과서에 처음 실린 것은 1953년 고등학교용 '국어2'였으며 이것이 사라진 시기는 1981년 제4차 교과서 개편 때였다. 내용이나 문장은 그 동안 한 번도 바뀌지 않았다. 이 글은 교과서에 실리기 전 1948년 청천(聽川) 金晋燮의 '생활인의 철학'이라는 책을 통해 알려졌다. 金晋燮이 독문학자였다는 점에서 독일어 원문을 사용했을 법도 하나, 번역에서 누락된 것이 많은 점으로 보아 그가 日本에서 공부하던 당시 日本語 번역으로 접했을 가능성이 더 높은 듯하다.

⟨3⟩ 필자는 고등학교 국어 수업 시간에 이 작품이 A. Schnack이 쓴 산문집 '*Jugendlegende*[젊은 날의 전설]'에 실렸다 배웠다. 필자가 독일에서 학업을 계속하는 동안, 도서관에서 '*Jugendlegende*'를 빌려 원문을 찾으려 했지만, 이상하게도 그 수필집에는 이 작품이 실려 있지 않아 원전을 찾는데 실패한 적이 있다. 국내에서 시판되고 있는 경기대학교 독문과 교수 車京雅의 번역판 [15]마저도 이 작품이 어느 작품집에 실렸는지 그 출전을 정확히 밝히지 않고 있을 뿐 아니라 마치 이 작품이 '*Jugendlegende*'에 실린 듯한 느낌마저 주기까지 해 출전을 모르는 필자로선 궁금증만 날로 더해 갔다. 이 글을 쓰면서 내친 김에 원전을 찾고자 다시 여러 자료를 뒤지던 중, 독일 Rostock 대학교 Institut für Germanistik[독문학 연구소]에 재직하고 있는 Ralf Georg Bogner의 도움으로 원문이 '*Jugendlegende*'가 아닌 '*Die Angel des Robinson*[로빈손의 천사]'이라는 산문집에 실려있다는 사실을 알았다. 그는 친절하게 그 원문을 복사하여 보내주었는데, 원문과 한글 번역문을 대조하던 필자는 적지 않게 놀라야 했다. 왜냐하면 원문과 다르게 번역된 것은 물론이요, 원문에 없는 부분이 번역본에 실려 있는가 하면, 원전에는 실려 있으나 번역조차 되지 않은 부분이 있었기 때문이다. 이 글에서 필자가 인용한 번역문에 해당하는 원문을 참고로 적어보면 다음과 같다: '울음 우는 아이들은 우리를 슬프게 한다' (Weinende Kinder machen traurig), '재스민 향기' (Der Duft von Jasmin.), '오뉴월 장의행렬' (ein Leichenzug; '오뉴월'은 원문에 없는 표현이다), '자동차에 앉은 출세한 부녀자의 좁은 어깨' (eine schmale süße Frauenschulter bei einem Knallprotz im Auto sitzend), '크누트 함순[Knut Hamsun]의 이삼절' (ein paar Sätze von Hamsun). 그러나 '횔더린[Friedrich Hölderlin]의 시', '아이헨도르프[Joseph Freiherr von Eichendorff]의 가곡', '대의원 제씨의 강연집을 읽을 때', '날아가는 한 마리 해오라기', '바이올린의 G현'과 같은 표현은 원전에 실려 있지 않으며, 'Auf einem Metzgerladen vorübergehen. Die roten blutenden Keulen, (중간 생략). Man soll nicht hinsehen und schnell vorübergehen', 'die vergebliche Sehensucht nach fernem Meer und blühenden Inseln' 따위는 번역에서 빠진 부분이다. 한때 국정 교과서에 실렸고 많은 사람들의 가슴 속에 남아 있는 이 작품이 완벽하지 못한 번역이었다는 사실도 놀라운 일이지만, 독문학을 하는 사람들 마저도 무지와 무관심 속에서 번역집을 거듭 펴내고 있다는 사실은 참으로 어이가 없고 기가 막힐 노릇이 아닐 수 없다. 문득 다음 구절이 떠오른다; *El original es infiel a la traducción.* [24]

⟨4⟩ 당시 성지사(成志社, 지금은 성지출판)에서 한 달에 한 번씩 정기적으로 발행하던 고교생을 위한 학

습지이자 수험 준비서로 1977년 4월 창간되었으며 지금은 더 이상 발행되지 않는다.

[5] Albus Percival Wulfric Brian Dumbledore

[6] 是日也放聲大哭: 大韓帝國 光武 9년 (1905년) 11월 17일 군대를 동원한 日本이 大韓帝國의 외교권을 박탈하는 乙巳勒約을 강제로 체결하자 그 해 11월 20일자 皇城新聞에 위암(韋菴) 張志淵이 실은 논설의 제목이다. 이 글을 통해 그는 日本의 흉계를 통박하고 그 사실을 온 백성에게 알렸다.

[7] 中國 漢朝의 文帝와 景帝 시절 御史大夫를 지냈던 鼂錯[Cháo Cuò]가 기원전 168년에 文帝에게 올린 헌책(獻策)인 '論貴粟疏[Lùnguìsùshū]'에 나오는 말로 훗날 清朝 때 학자 王念孫[Wáng Niànsūn]은 後漢 때 荀悅[Xún Yuè]가 지은 漢紀에 적힌 대로 '朝令而暮得'이라 고쳐야 옳다 했다. '朝令而暮得'이란 '아침에 령을 내리고 저녁에 거둔다'는 뜻이다.

[8] 외국에 유학하고 있는 아들·딸과 이들을 뒷바라지하기 위해 그들과 함께 외국에 체류하고 있는 아이들의 엄마를 위해 고국에 남아 그들의 경제를 책임지고 있는 아빠를 일컬어 '기러기 아빠'라 하며, 아이들의 엄마를 '기러기 엄마'라 한다. 기러기 암컷이 알을 낳으면 수컷은 그 둥지 주위를 돌며 가족을 지키는 습성에서 이런 이름이 붙은 듯하다.

[9] Eau de Cologne, Kölnischwasser: 1709년 Italia 향수 전문가 Giovanni Maria Farina가 선보인 향수로 증류한 에탄올[ethanol] (C_2H_5OH)에 레몬, 오렌지 기름 등을 섞어 만든다.

[10] 북위 50° 6′ 49.00″, 동경 8° 40′ 47.00″에 위치하고 있으며 독일 Hessen 주에서 가장 큰 도시로 Berlin, Hamburg, München 그리고 Köln에 이어 독일에서 다섯 번째로 큰 도시다. 독일에는 Frankfurt라는 이름이 붙은 도시가 두 곳이 있는데, 그 하나가 바로 Frankfurt am Main이요, 다른 하나는 Brandenburg에 있는 도시로 Oder 강가에 위치하고 있다(북위 52° 21′ 00″, 동경 14° 33′ 00″). 참고로 Hessen 주의 수도는 Wiesbaden이다.

[11] Stadtschnellbahn을 줄인 말로, 흔히 Schnellbahn으로 통한다. 도시와 그 주변을 연결하는 독일 철도 노선으로 1930년 12월 1일 Berlin에 첫 선을 보였다. 한국의 지하철이나 전철과 비슷하다.

[12] Perimeter Institute는 1999년 가을 Mike Lazaridis가 설립한 이론 물리학 연구소로 Mike Lazaridis 자신이 내놓은 기부금으로 설립되어 2000년 10월 23일 Waterloo에 첫 문을 열었다. 2001년 가을부터 양자중력[quantum gravity], 끈이론[string theory], 양자정보[quantum information]와 양자역학 이론 분야에서 저명한 물리학자 아홉 명이 이끄는 연구조들과 연구에 착수했다. 2004년 10월 1일과 2일에 걸쳐 새 연구소 개소식이 있었는데, 일반인이 참석한 이날 개소식에서 Steven Weinberg, Roger Penrose 경(卿), Margaret Geller, Juan Maldacena, James Hartle 그리고 Anthony Leggett가 기념 강연을 가졌다. (`http://www.perimeterinstitute.ca/`)

[13] 통계청 인구동향과가 'Cohort Component Method'를 사용하여 추계한 결과로 발표한 보고서 '장래인구추계 결과 (2006년 11월 22일)'의 6쪽에 따른 자료다. 또한 이 자료에 따르면 2005년에는 생산가능인구 7.9명이 노인 한 명을 부양했지만, 2050년에는 1.4명이 노인 한 명을 부양하는 꼴이 된다.

[14] 'The Royal Canadian Institute(RCI)'는 Canada에서 가장 오래된 과학 연합회로 1849년 당시 Sandford Fleming이 이끄는 건축가와 토목 공학자 그리고 측량 기술자들이 주축이 되어 설립한 비영리 기관이다. 현재 500여명에 달하는 회원을 가진 이 모임은 일반인들에게 과학에 대한 관심을 높여주고 과학에 대한 이해를 넓히는데 이바지하고 있다. (`http://www.psych.utoronto.ca/~rci/`)

[15] Deoxyribonucleic acid: 유전자를 이루는 주요 물질로, 인간의 세포는 상염색체 22쌍과 성염색체 1쌍, 즉 총 23쌍을 갖고 있으며 각 염색체에 들어있는 유전자 개수는 다르다.

[16] 檀君 王儉이 즉위하여 檀君 朝鮮을 개국한 해인 기원전 2333년을 원년으로 하는 우리 나라의 기원으

로 이를 줄여서 '단기'라 일컫는다. 高麗 시대 승려 목암(睦庵) 一然 (金見明)이 지은 三國遺事, 高麗 시대의 문신 동안거사(動安居士) 李承休가 지은 帝王韻記에 檀君이 阿斯達에 도읍을 정하고 朝鮮이라는 나라를 열었다 하였으며, 世宗莊憲大王實錄에 따르면 世宗 18년 (1436년) 12월 판한성부사(判漢城府事) 문숙(文肅) 柳思訥이 올린 상소에서 檀君이 도읍을 정한 때가 오늘날 우리가 사용하는 기원전 2333년이어야 옳다 했다. 牟頭婁墓誌나 廣開土大王碑에 실린 내용으로 보아도 이 주장은 어느 정도 사실에 근거를 두고 있음을 짐작할 수 있다. 단군 기원을 처음 사용한 이는 高麗 말기 문신이었던 담암(淡庵) 白文寶로 알려져 있으며, 1948년 9월 25일 제헌 의회는 대한민국 법률 제4호, 연호에 관한 법률에 '대한민국의 공용연호는 단군기원으로 한다' 그리고 그 부칙에서 '본법은 공포한 날로부터 시행한다'라 하였으나, 1961년 12월 2일 국가 재건 최고회의를 통해 법률 제775호가 만들어지면서 '대한민국 공용연호는 서력기원으로 한다'라 하고 '본법은 서기 1962년 1월 1일부터 시행한다. 법률 제4호에 관한 법률은 이를 폐지한다. 본법 시행 당시의 공문서 중 단기로 표시된 연대는 당해 연대에서 2333년을 감해 이를 서력연대로 간주한다'라 하여 단기 사용이 폐지되었다. 서기 연도 y를 단기 연도 d로 바꾸기 위해 $d = y + 2333$임을 사용하면 된다.

(17) FIFA, Fédération Internationale de Football Association

(18) 유대라는 말은 Levant 지역의 일부를 일컫는 'Judea'를 음역한 것으로 한자로 가차하여 '猶太'라고도 한다. 히브리말로 'יהודה[Yehuda]'라 하는데, ישראל[Israel]의 옛 영토, 즉 ארץ ישראל[Eretz Yisrael]의 남쪽 산악 지역을 일컫는다.

(19) Justus Sustermans 그림 (1636), Palazzo Pitti, Firenze/Italia 소장

(20) Godfrey Kneller 경 그림 (1702), National Portrait Gallery/영국 소장

(21) Hoppe, E. O. 촬영 (1921), Time Life Pictures/Getty Images

(22) Latin-말로 ratio라 한데서 온 말이다.

(23) 미국식 영어에서 trapezoid와 trapezium의 뜻은 영국식 영어와 그 뜻이 서로 반대다.

(24) 독일: Trapez, 불란서: trapèze, 日本: 台形(だいけい), 中國: 梯形(tīxíng)

2

우리가 잘못 배우고 있는 수학

La filosofia è scritta in questo grandissimo libro che continuamente ci sta aperto innanzi a gli occhi (io dico l'universo), ma non si può intendere se prima non s'impara a intender la lingua, e conoscer i caratteri ne' quali è scritto. Egli è scritto in lingua *matematica*, e i caratteri son triangoli, cerchi, ed altre figure geometriche, senza i quali mezzi è impossibile a intenderne umanamente parola; senza questi è un aggirarsi vanamente per un oscuro laberinto.

Galileo Galilei, *Il Saggiatore* [40, 119~120쪽]

2.1 집합과 논리

수학 교과서 첫 단원은 대개 집합과 명제에 관련한 내용으로 이루어져 있다. 우리가 중학교와 고등학교 수학 첫 단원에서 다루고 있는 집합과 관련한 단원이 수학 교과과정에 들어오게 된 계기는 바로 'Sputnik Crisis'다. 소련이 1950년대 은밀하게 추진한 Спутник 계획[Sputnik Program]⟨1⟩에 따라 1957년 10월 4일 인류 역사상 처음으로 발사된 인공위성 **스푸트니크** 1호는 늘 과학의 선두주자라 자부하고 있던 미국 사회 전반에 큰 충격을 안겨다 주었다. 이 충격으로 인해 그 동안 미국이 추진해 오던 과학과 수학 교육에 커다란 변화가 일어나기 시작했다. 이런 변화로 인해 미국 교육계는 자국민의 수학 실력을 향상시키고자 소위 'New

Math', 즉 '새 수학 운동'을 추진하게 되었는데, 이 운동은 단순히 계산 중심으로 이루어진 교육 과정에서 벗어나 수학의 논리적 엄밀성을 강조하는데 중점을 두었으며 새로운 수학 이론을 교과과정에 적극 반영하고자 했다. 이를 계기로 수학 교과과정 속에 집합과 논리, 그리고 이진법, 오진법과 같은 기수법이 새로이 등장하게 되었지만 이런 변화는 이내 교사와 학부모 그리고 많은 사람들의 강한 반발에 부딪히게 되었다.

G. Cantor

집합은 오늘 우리가 학교에서 배우는 것처럼 단순히 어느 특정한 모임을 생각하고자 만든 것은 아니다. 오랜 인류 지성사를 통해 무한에 대한 인간의 관념을 수학적이고 논리적으로 정리하는 과정에서 생겨났다. 무한에 대한 논리적 접근을 완성한 사람은 바로 Россия[Russia] 출신 독일계 수학자 Georg Ferdinand Ludwig Philipp Cantor다. 물론 이보다 먼저 무한에 대한 여러 논의는 끊임없이 이어져 왔다. 1869년 독일 Halle 대학교에서⟨2⟩ 정수론을 주제로 박사학위를 받은 그는 그곳에 남아 정수론과 해석학을 가르치던 중 동료 Heinrich Eduard Heine의 권유로 '주어진 함수를 삼각함수로 이루어진 무한급수로 나타내는 방법의 유일성'이라는 당시 난문제에 도전했다. 이미 1870년 초 E. H. Heine는 연속 함수⟨3⟩ $f(x)$는 삼각함수로 이루어지고 한 매무새로 수렴[uniformly convergent]하는 무한급수를 사용하여

$$f(x) = \frac{1}{2}a_0 + \sum_{n=1}^{\infty}(a_n \sin nx + b_n \cos nx)$$

같이 나타낼 수 있으며 이 표현은 오직 한 개 뿐임을 증명하였는데 [46], 일반적인 경우로 문제를 확장하는 일만이 남아 있었던 것이다. 한편 이 난제는 이미 Johann Peter Gustav Lejeune Dirichlet, Rudolf Otto Sigismund Lipschitz 그리고 Georg Friedrich Bernhard Riemann과 같은 당대 명성 높은 수학자의 손을 거쳐갔던 문제로 여전히 그 해답은 알려져 있지 않았다. 이 제안을 받아들인 G. Cantor는 1870년 4월 마침내 이 문

제에 대한 긍정적인 답을 얻는데 성공했으며 [29] 이 결과는 그가 Berlin 대학교에⟨4⟩ 다니던 시절 Karl Theodor Wilhelm Weierstraß로부터 얼마나 큰 영향을 받았는지 잘 설명해 준다. 무한을 다루는 일이 수학에서 점점 중요한 일이 되어갔지만 무한에 대해 당시까지 수학은 아무런 답을 주지 못하고 있었다. 이런 문제에 대해 깊게 몰두한 그는 무한의 크기를 잴 수 있는 수학적 방법을 찾아내기에 이르렀다.

우리가 학교에서 배우고 있는 집합에 관한 내용은 무한을 설명하고자 G. Cantor가 구성한 집합 자체가 가지는 기본 구조나 성질을 다루고자 하는 데 있는 것이 아니라, الإسكندرية[Alexandria]출신 Εὐκλείδης ὁ 'Αλεξανδρεύς[Euclid]가 집대성한 기하학의 방법론에서 출발하여 독일의 논리학자이자 수학자인 Friedrich Ludwig Gottlob Frege, 영국의 논리학자인 Bertrand Arthur William Russell, 그리고 Italia의 수학자인 Giuseppe Peano와 같은 논리주의자의 뒤를 이어 1910년 경 David Hilbert에 의해 본격적으로 일어나기 시작한 형식주의[formalism]를 바탕으로 구성된 새로운 현대 수학의 체계에 맞추어 수학을 이해하고자 하는데 초점을 맞추고 있다. 수학에서 집합은 우리가 학교에서 배우는 것처럼

> '주어진 조건에 의해 분명하게 결정할 수 있는 대상들로 이루어진 모임'

이 아니다. 수학에서 집합이란 정의없이 사용하는 용어, 즉 '무정의 용어[undefined term]'다.

일찍이 Euclid는 점을 '부분을 갖지 않는 것'으로 정의했다⟨5⟩. 언뜻 정의가 잘 이루어진 것처럼 보이지만 '점'을 정의하기 위해 '부분'이라든가 '갖는다'와 같은 표현의 뜻이 명확해야 한다. 그러기 위해 이 단어들을 이와 다른 새로운 단어를 써서 설명해야 하고, 그 새 단어들을 다시 정의하기 위해 다시 새로운 낱말이 필요하다. 결국 '점'이라는 한 단어를 정의하기 위해 우리는 무수히 많은 새로운 단어가 필요한 셈이다.

따라서 이 사실은 '점'을 정의하는 것이 논리적으로 불가능함을 뜻한다. 수학에서 일어날 이와 같은 부조리를 피하기 위해 수학자들은 수학 체계에서 가장 기본이 되는 대상에 대해 정의를 내리지 않고 그 대상이 가져야 할 성질만을 논리적으로 구성하여 놓기로 했다. 이 때 논리적으로 구성해 놓은 성질들을 '공리[axiom]'라 하며 이들 전체를 아울러 '공리계[axiomatic system]'라 한다. 말할 나위 없이 주어진 공리계는 그 구조 안에서 모순을 일으켜서는 안된다. 보기로 기하학에서 다루는 '점', '직선', 그리고 '점이 직선 위에 있다' 같은 표현들도 정의 없이 사용하는 '무정의 용어'다. 이런 무정의 용어를 사용하여 '두 점을 지나는 직선은 오직 하나 뿐이다'와 같은 공리들로 점과 직선의 성질을 정해 놓은 것이 논증 기하학의 기본 틀이다. 참고로 두 점을 지나는 직선이 오직 하나 뿐이라는 것은 일반적으로 우리가 아주 제한된 상황에서 경험하는 현상일 뿐 반드시 그런 일이 일어나라는 법은 없다.

현대 수학에서 집합이란 단순히 주어진 공리계를 만족하는 대상으로 간주될 뿐, 학교에서 배우듯 '주어진 조건에 의해 분명하게 결정할 수 있는 대상들로 이루어진 모임'같이 정의하지 않는다. 사실 따지고 보면 '모임'이라는 단어와 '집합'이라는 단어 사이에 뚜렷한 차이가 없다. 따라서 '집합'이 무엇인지 알기 위해 '모임'이 무엇인지 알아야 하고 결국 '모임'을 다시 정의해야 하지만 앞에서 설명한 바같이 이는 끝없는 새로운 정의가 필요하여 이런 식으로 대상을 정의하는 것이 불가능함을 알 수 있다. 일부 수학을 이용하는 사람들이나 수학자들 가운데서도 수학의 실용성을 크게 강조하는 사람들은 이런 공리적 접근을 애써 피하고자 한다. 그러나 수학이라는 학문의 성격상 이런 엄밀성을 배제하고 수학을 연구할 수 없다. 이런 관점에서 수학을 추상적이다 여기는 사람들이 있다면 이런 추상적 세계가 Euclid를 거쳐 D. Hilbert에 의해 완성된 공리적 접근으로부터 비유클리드 기하학의 가능성이 논리적으로 밝혀졌음을 알아 둘 필요가 있다. 또한 '주어진 조건에 의해 분명하게 결정할 수 있다'는 말이 무엇을 뜻하는지 애매모호 하기도 하다. 마찬가지로 집합론에서 '어느 집합의 원소다'라는 관계 또한 정의없이 사용하는 표현으로, 이를 특별히 '무정의 관계[undefined relation]'라 한다. 단지 학교 과정에서 이런 엄밀함이 요구되지도 않을 뿐 아니라 실제로 선험을 통해 알고 있는 모임이란 뜻으로 집합을 이해해도 학교 수학의 범위에서 충분하기에 위와 같은 설명을 정의처럼 삼고 있을 뿐이다.

이제 우리가 학교에서 배운 내용을 되짚어 가며 문제를 하나씩 살펴보자. 집합을 처음 배울 때면 늘 다음과 비슷한 문제를 늘 접하게 된다.

다음 각 모임이 집합인지 아닌지 답하시오.

1. 10 이하인 짝수들 모임
2. 아름다운 장미꽃들 모임
3. 어느 반에서 키가 160 cm 이상인 학생들 모임
4. 1과 10 사이에 있는 소수들 모임
5. 방정식 $2x = 3$을 만족하는 자연수들 모임

지금 학교를 다니는 독자나 이를 가르치는 교사라면 이 문제의 답을 구하는 일은 아주 쉬울 것이다. 아마 많은 사람들은 첫 번째 모임만 집합이라 했을 것이다. 그러나 아주 쉬워 보이는 이 문제도 찬찬히 들여다본다면 답하기 매우 애매한 문제임을 알 수 있다. 이제 이에 대하여 차근차근 살펴보기로 하자.

첫 번째 경우에서 10 이하인 짝수는 과연 무엇일까? 다음 보기를 서로 비교해 보라.

(ㄱ) $A = \{0, 2, 4, 6, 8, 10\}$

(ㄴ) $B = \{\cdots, -4, -2, 0, 2, 4, 6, 8, 10\}$

위에 든 두 집합 A와 B 가운데 어느 것이 과연 10 이하인 짝수를

모두 모은 것일까? 대부분 정규 교과과정을 제대로 이수한 사람이라면 집합 A가 조건을 만족하는 집합이라 여길 것이다. 왜냐하면 주로 교과과정에서 짝수로 음수를 고려하지 않기 때문이다. 이 관례는 고등학교에 올라가서도 거의 변하지 않는다. 그러나 가끔 음수도 짝수로 여겨야 옳은 답을 구할 수 있는 문제도 있다. 도대체 정수 -4는 짝수일까 홀수일까? 우선 홀짝성[parity]에 대한 개념을 음수까지 확장하지 않았다면 -4는 짝수도 홀수도 아니다. 그러나 홀짝성에 대한 개념을 정수 전체까지 확장한다면 상황은 달라진다. 이 때 정수 -4는 짝수다. 왜냐하면 $-4 = (-2) \times 2$같이 쓸 수 있기 때문이다. 홀짝성에 대한 개념을 실수까지 확장할 수 있을까? 그렇다면 보기로 $\frac{1}{2}$은 짝수일까 아니면 홀수일까? 물론 $\frac{1}{2} = \frac{1}{4} \times 2$같이 나타낼 수 있으니 짝수라 할지도 모른다. 그러나 홀짝성에 대한 개념을 정수를 넘어 실수나 복소수까지 확장하는 것은 무의미하다. 어느 수가 짝수인지 아닌지는 그 수를 2로 나누어 나머지가 항상 0인가 1인가에 의해 정해지기 때문이다. 정수인 경우 어느 수를 2로 나누면 그 나머지가 0이든 1이든 한 가지로 정해지지만, 아래같이 정수가 아닌 수는 그렇지 않다.

$$\frac{1}{2} = \frac{1}{4} \times 2 + 0 = -\frac{1}{4} \times 2 + 1 = \frac{1}{6} \times 2 + \frac{1}{6} = \cdots .$$

따라서 이 문제는 짝수를 무엇으로 정하느냐에 따라 답이 달라진다. 그러므로 '10 이하인 짝수들 모임'은 엄밀히 그 모임이 정확하게 정해지지 않으므로 집합이 될 수 없다. 따라서 문제를 올바로 다듬으면 '10 이하인 자연수 가운데 짝수만으로 이루어진 모임'같이 해야 바람직하다.

이제 두 번째 경우를 살펴보자. 독자들은 이 문제에 무어라 답했을까? 아마 대부분 집합이 아니라 답했으리라. 그럼 왜 이 모임은 집합이 되지 않는지 설명할 수 있을까? 아름다운 장미라는 것이 무엇인지 정확하지 않다? 아마 참고서를 통해서나 수업 시간에 그리 배웠을 것이다. 아름다운 장미가 무엇인지 저마다 견해가 다르기 때문에 대상을 정확히 규정할 수 없기 때문이다. 장미꽃 자체를 아름답지 않다고 느끼는 사람도 실제로 많이 있다. 장미를 얘기하니 Praha[Prague] 출신 독일계 시인 Rainer Maria Rilke⟨6⟩가 생각난다. 평생 장미를 아끼고 사랑했던 그가 어느 날 정원에서 장미를 다듬다 가시에 찔려 파상풍으로 고생했다는 일화는 유명하다. 백혈병으로 고생하다 죽은 그의 묘비에는 자신이 직접 고른 다음 시구가 새겨 있다.

Rose, oh reiner Widerspruch,	장미, 오 순수한 모순이여,
Lust,	수많은
Niemandes Schlaf zu sein	눈시울 아래 누구의 잠도
unter soviel	되지 않는
Lidern.	기쁨이여.

— **Rainer Maria Rilke (1925년 10월 27일 지음, Bergfriedhof von Raron, Wallis/Switzerland)** —

이제 세 번째 경우는 어떤가? 역시 많은 사람들은 이 경우도 집합이라 했으리라. 반에서 키가 160 cm 이상인 학생을 고른다는 것은 학생들의 키를 재보면 알 수 있을 터이므로 대상을 명확히 고를 수 있을 듯하기 때문이다. 참고서나 문제집 그리고 학교 시험에서도 이 문제를 자주 접하지만 분명 이 또한 자세히 살펴보면 바르지 못한 문제다. 이 모임이 집합이 된다면 과연 이 집합이 무엇을 대상으로 한 것인지 그 원소를 구체적으로 알 수 있어야 한다. 독자들은 이 집합이 구체적으로 무엇을 모은 것인지 알고 있는가? 아마 쉽사리 답을 하지 못할 것이다. 그 이유는 간단하다. 어느 반에 있는 학생들을 대상으로 하여 키가 160 cm 이상인 학생을 고른단 말인가? 비록 학급이 구체적으로 명시되었다 하더라도 그 반을 다녔던 학생은 굉장히 많다. 그 학생 모두를 원소로 해야 하는지 아니면 이 문제를 풀고 있는 지금 특정 학급에 다니는 학생을 대상으로 삼아야 하는지 애매하다. 앞으로 그 학급이 계속 운영된다면 그 학급에 속할 학생은 분명히 점점 더 늘어날 것이다. 이 문제는 얼핏 집합을 구성하기에 적합하다고 여길 수 있지만 따지고 보면 그렇지 못하다.

아무런 판단도 하지 않은 채 참고서나 교사가 일러준 답에 따라 당연한 듯 문제를 풀었던 학생들은 그들에게 속았고 지금도 속고 있는 셈이다.

이제 네 번째 경우로 넘어가자. 독자들은 이 모임이 집합이라 생각할 것이다. 구체적으로 원소가 무엇인지 나열해보자.

$$A = \{2, 3, 5, 7\}.$$

이 답에 이의가 있는 사람은 아마 없으리라. 그런데 필자는 '1과 10 사이에 있는 소수'가 구체적으로 무엇을 가리키는 것인지 궁금하다. 왜냐하면 '소수'가 '소수(小數)'인지 '소수(素數)'인지 알 수 없기 때문이다. 문제집 답안은 소수(素數)를 사용하고 있으니 모든 사람들이 소수(素數)라 믿는다. 이런 상황을 만나면 필자는 교육이 정말 필요악 일지도 모른다는 생각마저 든다. 사람의 사고를 교육자의 의도에 맞추어 고정시켜 놓기 때문이다. 어느 학생도 소수가 소수(素數)가 아닌 소수(小數)를 가리키는 것은 아닌지 의심하지 않는다. 교사들에게 이를 물어보면 당연히 소수(素數)를 가리키는 것이라 여긴다. 얼마나 무서운 일인가? 배움이 우리의 지혜를 키워주기보다 우리의 자유로운 사고를 가로막을 때도 있으니 말이다. 여기에 적은 소수가 소수(小數)면 안 되는 이유는 어디에도 없다. 이런 혼란이 생긴 원인 가운데 하나는 1988년 1월 19일 문교부 (현재 교육인적자원부)가 새로이 고시하고 1989년 3월 1일부터 적용하도록 한 '한글 맞춤법' 때문이다. 옛날 필자가 고등학교를 다닐 때는 1이 아닌 자연수로 1과 자기 자신만을 약수로 하는 수를 '솟수[素數][prime number]'라 하였고, 0.1이나 $-1.23\cdots$과 같은 것은 '소수(小數)[decimal number]'라 구분하여 적었다. 그런데 새로 만들어진 맞춤법에서는 한자어 가운데 '곳간[庫間]', '셋방[貰房]', '숫자[數字]', '찻간[車間]', '툇간[退間]', '횟수[回數]'를 제외하고 사이 시옷을 적지 않도록 규정했으므로 '素數'는 '소수'로 적도록 바뀌었다. 이런 일은 국어학자들이 어문 규정을 만들면서 전문 분야에 종사하는 다른 사람들의 의견을 충분히 반영하지 않은 탓이다. 이제라도 빨리 용어에 혼란이 없도록 국어학자와 수학자가 의견을 모아 이를 바로 잡아 주길 바라면서, 필자는 이 책에서 '素數'를 전같이 '솟수'로 쓰기로 한다. 독자들이 이 문제에 쓰인 '소수'가 솟수가 아닌 소수(小數)를 뜻한다면 답이 무엇일지 곰곰이 따져보기 바란다.

이제 마지막 경우를 살펴보자. 초등학교에서 수학을 제대로 배운 사람이라면 방정식 $2x = 3$을 만족하는 해를 구하지 못할 사람은 없으리라. 실수 범위에서 해를 구하면 $x = \frac{3}{2}$이다. 그런데 문제에서 x는 자연수여야 한다고 했으니 조건을 만족하는 x란 수학 세계에는 존재하지 않는다. 그럼 이 모임은 과연 집합일까? 조금은 엉뚱하지만 필자는 이 문제의 답을 즉각 구할 수 없다. 왜냐하면 집합이란 '조건을 만족하고 분명히 알 수 있는 대상을 모은 것'이라 했는데, 조건을 만족하는 x가 존재하지 않으니 x가 무엇인지 알 수 없기 때문이다. 이 부분에 이르면 아마 독자는 필자가 과연 수학을 전공했는지 의아해 할지도 모른다. 답은 간단히 공집합[empty set]이 아니냐고 반문할 터이기 때문이다. 그러나 집합을 무정의 용어로 사용하는 공리계에서 공집합은 다른 공리를 사용하여 그 존재를 확인할 수 있으나, 학교에서 배우는 교과과정에서 약속하고 있는 집합의 뜻만으로 공집합이 존재하는지는 확실하지 않다—그래서 공집합을 교과과정에서 따로 설명하고 있다. 공집합이 집합으로 무리없이 받아들여지려면 공집합도 집합의 정의에 잘 맞아들어야 한다. 도대체 원소를 하나도 갖지 않는 공집합은 무슨 조건을 만족하기 때문에 집합이 될 수 있을까? 일반적으로 공집합을 조건제시법으로 $\emptyset = \{\, x \mid x \neq x \,\}$같이 나타낸다. 따라서 교과과정에서 다른 설명을 하지 않지만 공집합은 조건 $x \neq x$를 만족하는 x를 모은 것으로 볼 수 있다—물론 이 때도 '모으다'라는 표현 탓에 그 의미가 선뜻 받아들여지지 않지만. 그런데 또 다른 문제가 남았다. 방정식 $2x = 3$을 만족하는 자연수로 이루어진 집합이 과연 공집합 $\emptyset$과 같은지, 즉 논리적으로

$$\{\, x \mid x\text{는 } 2x = 3\text{을 만족하는 자연수} \,\} = \emptyset$$

이라는 것을 확실히 할 필요가 있기 때문이다. 우선 설명을 간단히 하기 위해

$$A = \{\, x \mid x\text{는 } 2x = 3\text{을 만족하는 자연수} \,\}$$

라 하자. 두 집합이 같다는 것을 살피기 위해 집합의 상등에 대한 정의에 따라 이 관계를 엄밀히 살펴 볼 필요가 있다. 따라서 우리는

$$\text{‘}A \subset \emptyset \quad \text{이고} \qquad \emptyset \subset A\text{’}$$

임을 증명해야 한다. 즉, 집합 A가 공집합 $\emptyset$의 부분집합인 동시에 거꾸로 $\emptyset$이 A의 부분집합임을 보여야 한다. 우선 $A \subset \emptyset$ 임을 살펴보자. 이를 위해 명제 '$x \in A$이면 $x \in \emptyset$'가 참임을 증명하면 된다. 갑자기 논리문제로 들어섰지만 이 명제는 참이다. 이유는 가정 부분인 '$x \in A$'가 거짓이기 때문에 결론 부분인 '$x \in \emptyset$'이 참이든 거짓이든 관계없이 전체 명제는 참이기 때문이다. 마찬가지 방법으로 $\emptyset \subset A$이므로 $A = \emptyset$임을 알 수 있다. 우리가 가진 지식이 가끔 깊은 사고를 방해하기도 하는데, 위 문제같이 우리는 아무런 의심도 없이 참고서가 제시한 답이 모범답안인 양 받아들이고 있었다. 그러나 수학을 배우는데 꼼꼼히 따져 보지 않고 넘어가는 일은 수학을 배우는 것이 아니라 수학 지식만 머리에 담는 것에 지나지 않는다. 교사나 참고서가 일러주는 얘기만 믿고 그대로 따른다면 그것은 지식을 진정 깨치는 것이 아니라 다른 사람의 방식을 그대로 따라 하는 것에 불과한 일이다. 최근 들어 사람들 사이에 '저작권'에 대한 관심이 부쩍 높아져 가고 있는데, 아직도 남의 작품을 버젓이 자기 것인 양 베껴 쓰고 있고, 인용한 내용의 출처도 밝히지 않고 있으니 그 까닭인 즉 필자가 보기에 어린 시절부터 참고서에서 숙제를 베끼는 일에 무척이나 익숙했던 습성 때문이 아닌가 싶다. 엄밀히 말해 숙제나 과제를 참고서에서 베끼는 일은 분명히 표절에 해당하므로 교사들은 학생들에게 어린 시절부터 표절에 대한 경각심을 일깨워 주도록 노력해야 한다.

필자는 고등학교에 다닐 무렵 어느 참고서에서 다음 문제를 본 기억이 있다. 누군가 어설프게 만든 문제를 아래 출전은 그대로 싣고 있다.

> $S = \{x \mid x \in S$이면 $8 - x \in S, x$는 자연수$\}$인 집합 S의 개수를 구하여라.
>
> – 개념원리 공통수학, 25쪽, 연습 문제 16번 (이홍섭 지음, 디딤돌 출판사, 1997년) –

아마 많은 학생들이나 교사는 아무런 의구심도 갖지 않고 큰 어려움 없이 이 문제의 답을 구할 수 있으리라. 조건에서 자연수 x가 $x \in S$이면 $8 - x \in S$인 조건을 만족하니 S가 1을 원소로 가지면 8도 원소가 되어야 하고, 2가 S의 원소이면 7도 원소이어야 한다. 그런데 8이 S의 원소이면 $0 \in S$이어야 하나 알다시피 0은 자연수가 아니어서 $0 \notin S$이다. 이 사실로 보아 결국 $x \geq 8$이면 $8 - x \leq 0$이 되어 $x \notin S$임을 알 수 있다. 이 사실을 종합하면 이제

$$S = \{1, 2, 3, 4, 5, 6, 7\}$$

라 쉽게 결론 내릴 수 있다. 이 답안에 아무 문제가 없어 보이는가? 이 풀이가 가진 잘못은 없을까 찬찬히 살펴보라. 우선 $S = \{1, 7\}$은 답이 되는지 안되는지 생각해 보라. 분명 조건 '$x \in S$이면 $(8 - x) \in S$'을 만족하므로 이것도 답이 된다. 답이 한 가지 뿐이 아닌 듯싶다. 그럼 $S = \{1, 3, 5, 7\}$이나 $S = \{4\}$와 같은 것도 답이 될 수 있어 보인다. 그러나 필자기 보기에 여전히 어딘지 미심쩍은 곳은 있다. 다시 논리적인 부분을 꼼꼼히 살펴보자. 분명히 집합 S의 성질에 따라 S는 자연수 전체로 이루어진 집합 $\mathbb{N}$의 부분집합이다. 이제 S가 자연수로 이루어진 집합 $\mathbb{N}$의 진부분집합[proper subset]이라 하자. 그러면 $x_0 \notin S$인 자연수 x_0이 존재한다. 이제 이 x_0이 조건 'x는 자연수이고, $x \in S$이면 $(8 - x) \in S$'을 만족하는지 살펴보자. 가정에 의해 x_0은 자연수임을 우리는 알고 있으니 조건의 첫 번째 부분은 참이다. 한편 조건의 두 번째 부분 '$x_0 \in S$이면 $(8 - x_0) \in S$'도 참이다. 왜냐하면 가정 $x_0 \in S$는 거짓이기 때문이

다. 이 사실로부터 전체 조건은 참이 되고 따라서 $x_0 \in S$이어야 한다. 이는 가정에 위배된다. 이 모순은 분명히 $x_0 \notin S$인 자연수 x_0이 존재한다고 한데서 비롯되었으므로 그와 같은 자연수 x_0은 존재하지 않는다. 그렇다면 $S = \mathbb{N}$이어야 한다. 그러나 만약 $S = \mathbb{N}$이라면, 예를 들어 $x = 10 \in S$이지만 이 $x = 10$은 조건 '$x \in S$이면 $(8-x) \in S$'을 만족하지 않는다. 왜냐하면 $8 - x = -2 \notin S$이기 때문이다. 이 또한 모순이다. 따라서 문제에 주어진 표현을 만족하는 집합 S는 존재하지 않는다. 문제를 잘 살펴보면 왼쪽변에 있는 S를 정의하기 위해 오른쪽변에서 S를 다시 사용하는 잘못을 저지르고 있다. 마치 원의 정의를 '원과 닮은 도형'이라 한 것과 마찬가지 잘못을 범한 셈이다. 아직도 이 표현을 그대로 싣고 있는 참고서나 문제집을 시중에서 볼 수 있지만, 이를 올바로 잡아보면 아래같이 고쳐 쓸 수 있다.

> 조건 '$x \in S$이면 $(8-x) \in S$'을 만족하고 그 원소가 자연수로만 이루어진 집합 S는 얼마나 많이 존재하는가?⟨7⟩

이와 비슷한 잘못을 저지른 것으로 다음 예가 있다.

> 집합 $S = \left\{ x \,\middle|\, x \in S\text{이면 } \dfrac{1+x}{1-x} \in S\text{이다.} \right\}$ $2 \in S$일 때, 집합 S의 원소들의 합을 구하시오.
>
> **– Line-Up 중3 수학 대수편, 19쪽, 10번 (파워엘리트 펴냄, 2000년) –**

출전의 풀이를 살펴보자.

그른 풀이 $x \in S$이면 $\dfrac{1+x}{1-x} \in S$이므로 $2 \in S$이면 $\dfrac{1+2}{1-2} = -3 \in S$, 또 $-3 \in S$이므로 $\dfrac{1+(-3)}{1-(-3)} = -\dfrac{1}{2} \in S$, 마찬가지로 $\dfrac{1+\left(-\frac{1}{2}\right)}{1-\left(-\frac{1}{2}\right)} = \dfrac{1}{3} \in S$,

$$\frac{1+\frac{1}{3}}{1-\frac{1}{3}} = 2 \in S$$

$2 \in S$이면 다시 같은 숫자가 반복되므로 집합 $S = \left\{2,\ -3,\ -\dfrac{1}{2},\ \dfrac{1}{3}\right\}$ $\therefore\ 2 +$

$(-3)+\left(-\frac{1}{2}\right)+\frac{1}{3}=-\frac{7}{6}$ ■ ⟨8⟩

앞에 설명한 바같이 이 또한 틀린 풀이다. 아울러 풀이에서 '$2 \in S$이면 다시 같은 숫자가 반복되므로'라 하였는데, '$2 \in S$이면 같은 수가 다시 반복되므로'로 고쳐야 한다. 숫자와 수는 엄연히 다른 뜻을 갖고 있다. 최상위권을 대상으로 만들어진 참고서가 이토록 엉성하다면 최상위권 학생들의 진짜 수학 실력이 어떨지 걱정스럽다.

역시 참고서에 등장한 지 꽤 오래된 문제지만 아직도 많은 참고서나 문제집이 틀리게 싣고 있는 문제로 다음 문제가 있다.

> 집합 S가 다음 두 조건을 만족한다.
>
> ㄱ) $1 \notin S$　　　　ㄴ) $a \in S$ 이면 $\dfrac{1}{1-a} \in S$.
>
> $3 \in S$일 때, $n(S)$의 값을 구하여라.
>
> – 개념원리 공통수학, 27쪽, 문제 20번 (이홍섭 지음, 디딤돌 출판사, 2003년) –

많은 고등학생들이 이 문제를 한 번쯤 풀어 보았을 것이다. 우선 참고서가 제안한 풀이를 살펴보자.

그른 풀이 문제가 제시한 조건에 따라 $3 \in S$이므로 $\frac{1}{1-3}=-\frac{1}{2} \in S$이고, 따라서 $\frac{1}{1-\left(-\frac{1}{2}\right)}=\frac{2}{3} \in S$이다. 마찬가지로 $\frac{1}{1-\frac{2}{3}}=3 \in S$임을 얻는다. 따라서 $S=\left\{3, -\frac{1}{2}, \frac{2}{3}\right\}$이므로 $n(S)=3$이다. ■

아마도 필자가 왜 이 문제에 잘못이 있다고 하는지 아직 눈치를 채지 못한 독자들이 그렇지 않은 독자들보다 훨씬 많을 듯하다. 앞에서 살펴본 문제와 마찬가지로

$$S=\left\{3, -\frac{1}{2}, \frac{2}{3}, 2, -1, \frac{1}{2}\right\}$$

은 문제에 주어진 두 조건을 만족하고 있는가? 잘 따져 보면 문제에 주어진 조건을 모두 만족하고 있음을 알 수 있다. 일반적으로 $a \neq 0$이고

$a \neq 1$인 실수 a에 대해 집합 S는

$$S_a = \left\{ a,\ \frac{1}{1-a},\ 1-\frac{1}{a} \right\}$$

를 부분집합으로 가질 수 있다. 따라서 $S_3 \subset S$이므로 S가 유한집합이면 $n(S) \geq 3$이고 심지어 S는 무한집합일 수도 있다⟨9⟩. 이 문제를 바로잡으면 다음과 같다.

> 유한집합 S가 다음 두 조건을 만족하고 $3 \in S$이면서 원소 개수가 가장 적은 집합 S를 구하여라.

집합을 가르치면서 자주 실수를 범하는 것 가운데 하나가 원소 개수와 관련한 부분이다. 다음 문장을 살펴보자.

'두 집합 A와 B에 대해 $A \subset B$이면 $n(A) \leq n(B)$이다.'

여기서 $n(A)$는 학교에서 배운 것처럼 유한집합 A의 원소 개수를 나타낸다. 이 명제는 과연 참일까 거짓일까? 흔히 많은 참고서나 문제집은 이를 옳은 것으로 여기고 있다. 그러나 이것은 분명 거짓이다. 왜냐하면 $A = \mathbb{N}$이고 $B = \mathbb{R}$일 때, 자연수는 모두 실수이므로 $A \subset B$이지만 $n(A)$와 $n(B)$는 존재하지 않는다. 분명히 교과과정에서 원소 개수는 유한집합에 한해서 정의하고 있기 때문이다.

앞서 설명한 바같이 집합에 관한 이론을 구성했던 G. Cantor는 '흄의 원리⟨10⟩'를 사용하여 무한을 세는 방법을 고안했다. 그것은 기준이 되는 집합과 일대일대응이 가능한지 살펴보는 것이었다. 이 때 그 '집합의 원소 개수'라는 말보다 '집합의 크기'라 일컫는 것이 바람직하다. 수학에서 집합의 크기를 '집합의 농도'라 일컫기도 하며, 영어로 'cardinality'라 한다. 보기로 짝수인 자연수 전체로 이루어진 집합 E를 살펴보자. 즉,

$$E = \{\, n \in \mathbb{N} \mid n\text{은 짝수} \,\}$$

이다. 이제 다음같이 두 집합의 원소를 대응시키면 집합 $\mathbb{N}$과 E 사이에 일대일대응이 이루어진다.

$$\begin{array}{ccccccccccc} \mathbb{N}: & 1 & 2 & 3 & 4 & 5 & 6 & \cdots & n & \cdots \\ & \updownarrow & \updownarrow & \updownarrow & \updownarrow & \updownarrow & \updownarrow & \cdots & \updownarrow & \cdots \\ E: & 2 & 4 & 6 & 8 & 10 & 12 & \cdots & 2n & \cdots \end{array}$$

따라서 $\mathbb{N}$과 E는 같은 크기를 갖는 집합이 된다. 둘 다 원소를 무수히 많이 갖고 있지만, 그 많은 정도가 같다고 말할 수 있다. 자연수들 전체로 이루어진 집합 $\mathbb{N}$의 크기를 수학에서는 $\aleph_0$로 나타내며 여기서 $\aleph$는 히브리어 글자의 첫 번째 자모로 'אלף('āleph)'라 읽는다. 참고로 히브리글은 우리가 글을 왼쪽에서 오른쪽으로 써 가는 것과 달리 아랍글처럼 오른쪽에서 왼쪽으로 적는다. 따라서 기왕 히브리 글자를 빌어쓰기로 했으니 '$\aleph_0$'보다는 '${}_0\aleph$'같이 나타내는 것도 어떨까 싶기도 하다. 그러면 곱집합[Cartesian product] $\mathbb{N} \times \mathbb{N}$은 크기가 어떨까? 두 집합 A와 B의 곱집합 $A \times B$는 첫 번째 원소 a가 A의 원소이고 두 번째 원소 b가 B의 원소인 순서쌍 (a, b)들 전체로 이루어진 집합이다. 과연 집합 $\mathbb{N} \times \mathbb{N}$에서 $\mathbb{N}$으로 가는 일대일대응이 존재할까? 존재한다면 무엇일까? 이는 두 집합의 크기를 비교하기로 마음 먹은 G. Cantor에게 아주 자연스럽고 중요한 질문이었다. 이제 함수 $f : \mathbb{N} \times \mathbb{N} \to \mathbb{N}$을

$$f(m, n) = 2^{m-1}(2n-1)$$

같이 정의하자. 그러면 자연수의 소인수분해가 유일하다는 성질로부터 함수 f는 일대일대응이 된다. 한편, 함수 $g : \mathbb{N} \times \mathbb{N} \to \mathbb{N}$을

$$g(m, n) = \left(\sum_{k=0}^{m+n-2} k \right) + n = \frac{1}{2}(m+n-2)(m+n-1) + n$$

이라 정의하여도 좋다⟨11⟩. 이 관계를 알기 쉽게 그래프로 나타내면 46쪽 그림 2.1과 같다. 따라서 $\mathbb{N} \times \mathbb{N}$과 $\mathbb{N}$의 크기는 같다. 이를 크기에 대한 셈, 즉 $\aleph_0$를 사용하여 나타내면 $\aleph_0 \times \aleph_0 = \aleph_0$이 된다.

이제 유리수 전체로 이루어진 집합 $\mathbb{Q}$는 어떨까? 임의의 유리수 r은 서로 소인 두 자연수 m, n에 대해 $r = \pm\dfrac{n}{m}$같이 쓸 수 있고 여기서 $m \neq 0$이

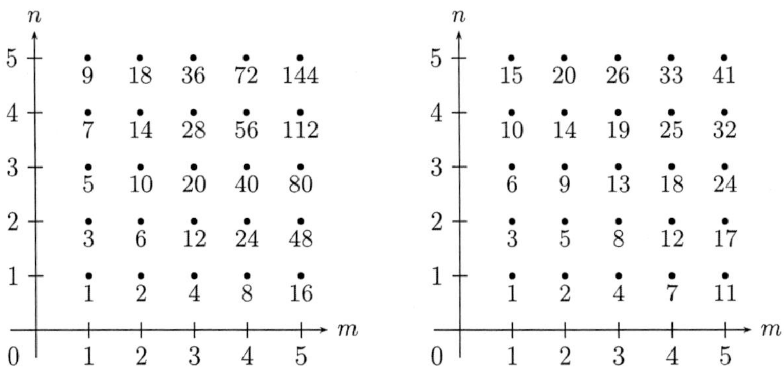

$f(m,\, n) = 2^{m-1}(2n-1)$ $\qquad$ $g(m,\, n) = \frac{1}{2}(m+n-2)(m+n-1)+n$

그림 2.1: $\mathbb{N} \times \mathbb{N}$의 크기를 재는 두 가지 다른 방법

다. 따라서 다음같이 정의한 함수 $g : \mathbb{Q} \to \mathbb{N}$은 일대일함수다.

$$g(r) = \begin{cases} 5, & r = 0\text{일 때;} \\ 2^m 3^n 7, & r > 0 \text{ 일 때;} \\ 2^m 3^n 11, & r < 0 \text{ 일 때.} \end{cases}$$

이 사실로부터 $\mathbb{Q}$는 $\mathbb{N}$보다 크기가 크지 않으며 거꾸로 항등함수 $\mathrm{id}_{\mathbb{N}} : \mathbb{N} \to \mathbb{Q}$, 즉 $\mathrm{id}_{\mathbb{N}}(n) = n$인 함수도 일대일함수이므로 $\mathbb{N}$도 $\mathbb{Q}$보다 크지 않다. 여기서 증명하기는 어렵지만 두 집합 A, B에 대해 A가 B보다 크지 않고 B가 A보다 크지 않으면 두 집합의 크기는 같다는 사실이 알려져 있는데, 이를 '칸토르/베른슈타인/슈뢰더 정리[Cantor-Bernstein-Schröder Theorem]'라 일컫는다. 따라서 $\mathbb{Q}$의 크기는 $\mathbb{N}$의 크기 즉, $\aleph_0$와 같다.

이제 실수 전체로 이루어진 집합 $\mathbb{R}$의 크기를 알아 볼 차례다. G. Cantor는 $\mathbb{R}$이 $\mathbb{N}$보다 크기가 큰 집합임을 증명하였는데 [30] 이는 무한에도 그 크기를 비교할 수 있다는 아주 놀라운 발견이었다. 이를 간단하게 살펴보기 위해 우선 실수에서 구간을 나타내는 다음 기호를 머리에 넣어 두자.

$$\begin{aligned}(0,\,1) &= \{\,x\in\mathbb{R}\,|\,0<x<1\,\},\\ [0,\,1) &= \{\,x\in\mathbb{R}\,|\,0\le x<1\,\},\\ [0,\,1] &= \{\,x\in\mathbb{R}\,|\,0\le x\le 1\,\}.\end{aligned}$$

우선 함수 $h_1 : (0,\,1) \to \mathbb{R}$를 $h_1(x) = \tan\pi\left(x - \frac{1}{2}\right)$이라 정의하면 h_1은 일대일대응이 되어 $(0,\,1)$의 크기와 $\mathbb{R}$의 크기가 같음을 알 수 있다. 한편 함수 $h_2 : [0,\,1] \to [0,\,1)$을

$$h_2(x) = \begin{cases} 2^{-n-1}, & x = 2^{-n}\text{일 때;}\\ x, & \text{나머지 경우}\end{cases}$$

같이 정의하면 h_2도 일대일대응이 되어 역시 $[0,\,1]$와 $[0,\,1)$도 크기가 같음을 알 수 있다. 이와 비슷한 방법을 사용하면 $[0,\,1]$, $[0,\,1)$, $(0,\,1)$이 모두 $\mathbb{R}$과 크기가 같음을 알 수 있다. 따라서 이제 $[0,\,1)$과 $\mathbb{R}$의 크기를 비교하면 된다. 알다시피 0과 1 사이에 있는 모든 실수는 무한소수로 나타낼 수 있으며 더욱이 유한소수인 경우 $0.25 = 0.24\dot{9} = 0.250\dot{0}$같이 두 가지 방법으로 나타낼 수 있으므로 표현을 한 가지로 고정하기 위해 9를 무한히 나열하는 방법은 제외하기로 한다. 즉 $0.25 = 0.250\dot{0}$으로 간주한다. 왜 하필 9를 무한히 나열하는 방법을 제외했는지 독자들이 곰곰이 생각해 보기 바란다. 이제 집합 $[0,\,1)$이 집합 $\mathbb{N}$과 크기가 같다고 하자. 그러면 이 두 집합 사이에 일대일대응 $h : \mathbb{N} \to [0,\,1)$이 존재하게 된다. 이제 $h(n) = 0.a_{n1}a_{n2}a_{n3}\cdots$라 하자. 즉 a_{ni}는 n 번째 소수의 소수점 아래 i 번째 자릿수이다. 이제 자연수 b_n을 다음같이 정의할 때, 실수 $s = 0.b_1b_2b_3\cdots$이 몇 번째에 드는지 살펴보자.

$$b_n = \begin{cases} 2, & a_{nn} = 1\text{일 때;}\\ 1, & a_{nn} \neq 1\text{일 때.}\end{cases}$$

예를 들어

$$\begin{aligned} h(1) &= 0.23456\cdots \\ h(2) &= 0.19283\cdots \\ h(3) &= 0.05101\cdots \\ h(4) &= 0.23000\cdots \\ h(5) &= 0.90131\cdots \end{aligned}$$

일 때, $s = 0.11212\cdots$이다. 이 때 s는 0과 1 사이에 있는 실수이므로 분명히 s는 위 목록에 나타나야 한다. 즉 이 말은 $h(m) = s$인 자연수 m이 존재해야 한다는 뜻이다. 그런데 $h(m) = s$인 자연수 m은 존재하지 않는다. 왜냐하면 모든 자연수 n에 대해 s의 소수점 아래 n 번째 자리는 $h(m)$의 n 번째 자리와 다르기 때문이다. 이 사실은 $\mathbb{N}$과 $[0, 1)$ 사이에 일대일대응이 만들어질 수 없음을 뜻하며, 따라서 $[0, 1)$은 $\mathbb{N}$보다 훨씬 큰 집합이다. G. Cantor가 사용한 이 방법을 가리켜 '**칸토르**의 사선 추출법[diagonal argument]'이라 한다.

그럼 도대체 $\mathbb{R}$은 얼마나 클까? 우리는 학교에서 원소 개수가 n-개인 유한집합 A의 부분집합이 모두 2^n-개 있음을 배웠다. 만약 A의 모든 부분집합을 다 모으면 그 집합은 당연히 집합 A보다 원소를 더 많이 갖게 된다. 이제 일반적으로 임의 집합 A에 대해 A의 모든 부분집합 전체로 이루어진 집합을 고려하자. 이 때 A는 유한집합이든 무한집합이든 상관없다. 집합 A의 모든 부분집합으로 이루어진 집합을 기호로 2^A 또는 $P(A)$라 나타내며, 이 집합을 A의 멱집합[power set]이라 한다. 이제 $2^{\mathbb{N}}$의 크기를 한 번 살펴보자. 함수 $\phi : 2^{\mathbb{N}} \to [0, 1)$을 다음같이 정의한다. 집합 $\mathbb{N}$의 부분집합 X, 즉 $X \in 2^{\mathbb{N}}$에 대해

$$\phi(X) = 0.a_1a_2a_3\cdots = \sum_{n=1}^{\infty} \frac{a_n}{10^n}$$

이라 하고, 여기서

$$a_n = \begin{cases} 1, & n \in X\text{일 때;} \\ 0, & n \notin X\text{일 때} \end{cases}$$

이다. 보기로 $\phi(\emptyset) = 0$, $\phi(\{1, 2, 3, 4\}) = 0.1111$이며 $\phi(\mathbb{N}) = 0.\dot{1} = \frac{1}{9}$이다. 이 때, 함수 ϕ는 일대일함수이고, 따라서 집합 $2^{\mathbb{N}}$은 집합 $[0, 1)$보다 크지 않다. 이제 함수 $\varphi : [0, 1) \to 2^{\mathbb{N}}$을 다음같이 정의하자. 앞에서와 마찬가지로 집합 $[0, 1)$에 속한 임의 실수 x를 9가 무한히 반복하지 않도록 무한소수로 나타내자. 즉, $x = 0.a_1a_2a_3\cdots$라 할 때,

$$\varphi(x) = \{\, 10^n a_n + 1 \mid n \in \mathbb{N} \,\} \quad \text{이라}$$

하자. 보기로 $\varphi(0) = \{1\}$, $\varphi(0.123) = \{11, 201, 3001\}$이며 $\varphi\left(\frac{1}{3}\right) = \varphi(0.\dot{3}) = \{\, 3 \cdot 10^n + 1 \mid n \in \mathbb{N} \,\}$이다. 그러면 마찬가지로 φ도 일대일함수이고 따라서 집합 $[0, 1)$은 집합 $2^{\mathbb{N}}$보다 크지 않다. 다시 **칸토르/베른슈타인/슈뢰더** 정리를 적용하면 집합 $[0, 1)$은 집합 $2^{\mathbb{N}}$은 크기가 같음을 알 수 있고, 실수 전체로 이루어진 집합 $\mathbb{R}$은 집합 $2^{\mathbb{N}}$와 같은 크기를 가진다는 사실을 알 수 있다. 이 때 $\mathbb{R}$의 크기를 '연속체[continuum]의 농도'라 하고 기호로 c로 나타낸다. 한편 일반적으로 임의 집합 A에 대해 2^A의 크기는 A의 크기보다 크다. 이 결과를 통해 우리는 무한한 정도도 여러 경우가 있음을 알 수 있다. 이와 관련하여 G. Cantor는 1874년 1월, 한 변의 길이가 1인 정사각형 위와 그 안에 있는 모든 점들이 길이가 1인 선분에 놓인 모든 점들과 일대일로 대응을 이룰 수 있는가 의문을 갖기 시작했다. 이 문제를 Julius Wihelm Richard Dedekind와 서신을 주고 받으며 고심하던 중 1877년 그는 마침내 임의 n-차원 공간에 있는 점들과 길이가 1인 선분에 놓인 모든 점들이 일대일로 대응할 수 있음을 증명하였다. 그는 이 증명을 두고 다음같이 고백했다.

> Ich kann so lange Sie mir nicht zugestimmt haben, nur sagen: *Je le vois, mais je ne le crois pas.*⟨12⟩
>
> **– G. Cantor가 R. Dedekind에게 보낸 편지, 1877년 6월 29일 [66] –**

원소 개수와 관련하여 다음같이 황당한 문제도 있다. 유명한 참고서에 실린 문제이다 보니 더욱 황당할 수밖에 없었는데, 문제를 만드는 사람들이 문제에 좀 더 신경을 써야 한다는 교훈을 남겨주는 문제다.

> 전체집합이 자연수의 집합의 부분집합이고 자연수 k의 배수의 집합을 A_k로 표시할 때, A_4, A_6, A_{12}의 원소의 개수가 각각 a, b, c라 한다. 이 때, $A_2 \cap (A_3 \cup A_4)$의 원소의 개수를 a, b, c로 나타내어라.
>
> **– 개념원리 공통수학, 24쪽, 문제 3번 (이홍섭 지음, 디딤돌 출판사, 2003년) –**

문제의 성격은 집합 A_k에 대한 정의를 제대로 이해하고 있는가, 그리고 이 정의를 사용하여 $A_k \cap A_l$이 무슨 집합인지 계산할 수 있는가를 묻는 문제에 원소 개수를 구하는 문제를 결합한 문제다. 그런데 잘 따져 보라. 원소 개수 a, b, c가 구체적으로 무엇인가? 문제에서 a는 A_4의 원소 개수라 정의했다. 여기서 집합 A_4는 자연수의 부분집합으로 4의 배수 전체로 이루어진 집합이다. 따라서 A_4는 무한집합이고 a는 값이 정해지지 않는다. 한편 $A_2 \cap (A_3 \cup A_4)$은 무슨 집합일까? 분배법칙을 사용하여 이 집합을 다시 계산하면 $A_2 \cap (A_3 \cup A_4) = (A_2 \cap A_3) \cup (A_2 \cap A_4)$이고 교집합의 정의에 따라 $A_2 \cap A_3 = A_6$이며 $A_2 \cap A_4 = A_4$이므로 $A_2 \cap (A_3 \cup A_4) = A_6 \cup A_4$로 이 또한 무한집합이다. 참고서에서 제시하고 있는 형식적인 답은

$$\begin{aligned} n\big(A_2 \cap (A_3 \cup A_4)\big) = n(A_6 \cup A_4) &= n(A_6) + n(A_4) - n(A_6 \cap n_4) \\ &= n(A_6) + n(A_4) - n(A_{12}) \\ &= a + b - c. \end{aligned}$$

이지만 이 값은 학교 범위 안에서, 즉 무한집합에 대해 생각할 수 없다. 당연한 얘기겠지만 위 관계식은 유한집합들 사이에서만 성립하는 식이다. 기호 $n(A)$를 우리가 앞에서 살펴본 바같이 집합 A의 농도로 여긴다면 $n\big(A_2 \cap (A_3 \cup A_4)\big) = \aleph_0$가 답이다. 이 때, 집합의 농도들 사이에 뺄셈은 잘 정의되지 않음도 알아두면 농도를 나타내는 a, b, c에 대

해 $a+b-c$는 그른 표현이다. 만약 자연수 N에 대해 A_k가 전체집합 $U_N = \{n \mid 1 \le n \le N, n \in \mathbb{N}\}$에 속한 k의 배수 전체로 이루어진 집합이라 할 때, 문제에 주어진 집합의 원소 개수는 무엇일지 독자들이 직접 구해보기 바란다.

많은 참고서가 가진 문제점 가운데 하나로 문제나 설명에 쓰인 표현이 정확하지 않은 곳이 많다는 점을 들 수 있다. 집합 단원에서도 습관처럼 사용하는 표현으로 다음과 같은 것이 있는데, 이런 점을 일일이 짚어주거나 고쳐주지 못하고 오히려 이를 답습하는 교사들이 많다.

> 다음 중 옳지 않은 것은?
>
> ① $A - B = A \cap B^c$
> ② $A - (B \cap A) = A \cap B^c$
> ③ $(A \cup B)^c = A^c \cup B^c$
> ④ $(A \cap B)^c = A^c \cup B^c$
> ⑤ $A \cap B = \emptyset$이면 $n(A) + n(B) = n(A \cup B)$이다.
>
> **– 에이급 수학 중1, 11쪽, 문제 17 (임대섭 지음, 에이급 출판사, 2001년) –**

문제는 집합에서 연산이 가지는 성질을 제대로 알고 있는지 묻는 문제다. 물론 원전에는 세 번째가 정답으로 실려있다. 그러나 이 문제 역시 자세히 따지면 바른지 않음을 알 수 있다. 흔히 차집합[difference set]과 여집합[complement set]이 갖는 관계를 정확하게 이해하고 있는 경우가 매우 드물다. 많은 학생들이나 교사들은 임의의 두 집합 A와 B에 대해 단순히 $A - B = A \cap B^c$가 늘 성립한다고 외고 있고 또한 그렇게 가르치고 있다. 그러나 이는 엄밀히 말해 그른 판단이다. 왜냐하면 오른쪽변에서 B^c은 B를 포함하는 전체집합이 전제되어야 정의할 수 있기 때문이다. 물론 기호로만 보면 B의 여집합을 나타낸다고 말할 수 있지만 전체집합이 없으면 여집합은 정해지지 않으며, 따라서 B^c란 무의미한 기호일 뿐이다. 또한 전체집합이 바뀔 때, B의 여집합도 바뀌기 때문에 반드시 전체집합이 전제되어야 여집합을 정확하게 정의할 수 있다. 간단한 보기로 다음 경우를 살펴보자. 집합 $B = \{1, 3, 5, 7, 9\}$에 대해, B를 포함하는 전체집합 U가 $U = \{1, 3, 5, 7, 9\}$이면 $B^c = \emptyset$이고, $U = \{x \mid x$는 10 이하인 자연수$\}$라 하면 $B^c = \{2, 4, 6, 8, 10\}$이다. 따라서 이 경우에도 문제에서 전체집합 U를 미리 정해 주어야 한다. 물론 출제자는 학생들이 임의로 전체집합을 정하고 그에 맞추어 문제를 풀기를 요구할 지는 모르지만, 답안에도 그런 의도가 적혀있지 않으며, 현장에서도 그렇게 따져 보는 일이 흔하지 않음을 감안하면 문제를 출제함에 더욱 신중해야 한다. 한편 답안으로 미루어 보아 마지막 항목, 즉 관계식 $A \cap B = \emptyset$이면 $n(A) + n(B) = n(A \cup B)$이 임의 두 집합 A와 B에 대해 항상 성립하는 것처럼 문제에서 적고 있지만 앞에서 언급했듯이 교과과정에서 $n(A)$란 집합 A의 원소 개수를 나타내는 표현이므로 여기서 두 집합 A, B는 모두 유한집합이어야 한다. 아울러 이 문제와 관련하여 지적하고 싶은 것은 질문 형식이다. 단순하게 '옳지 않은 것'이라 하면 그 뜻이 애매하다. 문제의 의도로 보아 여기서 '옳지 않은 것'이란 '항상 옳다고는 할 수 없는 것'을 뜻하는 것으로 볼 수 있지만, 반대로 '항상 옳지 않은 것'을 뜻한다 볼 수도 있기 때문이다. 출전에서 답으로 채택한 세 번째 항목에서 관계식 '$(A \cup B)^c = A^c \cup B^c$'은 예를 들어 $A = B$인 경우 A와 B를 포함하는 전체집합에 관계없이 참이지만, 전체집합 $U = \{1, 2, 3\}$과 부분집합 $A = \{1\}$, $B = \{2, 3\}$에 대해 $(A \cup B)^c = \emptyset$임에도 $A^c \cup B^c = U$가 되어 조건에 관계없이 항상 성립하는 식은 아니다. 따라서 이런 혼동을 피하기 위해 문제를 아래처럼 바꾸거나 적어도 각 항목에서 '임의 집합 A와 B에 대해$\sim$'같이 바꾸는 것이 적절하다.

> 전체집합 U와 U의 두 부분집합인 유한집합 A와 B에 대해 다음 관계식 가운데 항상 성립하지는 않는 것을 고르시오.

다음 문제는 주어진 집합의 특정한 조건을 만족하는 부분집합이 모두 몇 개인지 구하는 문제로 역시 표현에서 정확성이 떨어지는 문제다.

> 집합 $A = \{ a_1, a_2, a_3, a_4, a_5 \}$에서 a_1, a_2가 들어있는 부분집합의 개수를 구하여라.
>
> **– 개념원리 공통수학, 14쪽, 필수예제 4 (이홍섭 지음, 디딤돌 출판사, 2003년) –**

이 문제에 대해 많은 독자들은 답을 쉽게 찾았으리라. 참고서가 제시하고 있는 답은 물론 '8개'이다. 그러나 이 문제도 자세히 따져 보면 어딘지 미심쩍은 곳이 있다. 우선 집합 $X = \{a, b, c\}$를 살펴보자. 사람에 따라서 집합 X를 영어 자모의 처음 세 자모를 모은 집합으로 볼 수도 있고, 서로 다른 세 상수를 모은 것으로 볼 수도 있다. 그러나 이 때 a, b, c를 변수로 보아 $a = 1, b = 2, c = 4$이면 $X = \{1, 2, 4\}$일 수도 있고, $a = b = 1, c = -3$이면 $X = \{1, -3\}$으로 볼 수도 있다. 더욱이 $a^2 + b^2 + c^2 = -1$인 실수 a, b, c에 대해 $X = \emptyset$이다. 다시 원래 문제로 돌아와 보자. 이 경우 A가 구체적으로 무엇인지 주어진 문장만으로 정확히 이해하기란 무척 어렵다. 만약 $a_3 = a_4 = a_5$이고 a_1, a_2 그리고 a_3은 서로 다르다면 집합 A는 원소를 세 개만 갖는 집합이 되고 만다. 너무 트집을 잡으려만 든다고 할 이도 있겠지만, 수학은 그만큼 엄밀성과 논리적 타당성을 따지는 과목이요 학문임을 안다면 필자의 의도를 이해할 수 있으리라. 문제의 표현을 더욱 정확하게 다듬으면 다음과 같다.

> 서로 다른 원소로 이루어진 집합 $A = \{ a_1, a_2, a_3, a_4, a_5 \}$에 대해, a_1과 a_2를 모두 원소로 갖는 A의 부분집합은 모두 몇 개인가?

잠시 머리를 식히는 뜻에서 집합을 나타내는 표현과 관련한 짤막한 이야기를 하나 소개해 본다. 지금까지 발행된 많은 참고서는 공집합을 나타내는 기호로 '$\emptyset$' 또는 '$\varnothing$'을 사용하는 대신 희랍 자모 ϕ (φι, phi)를 사용하고 있다. 실제로 지금도 대다수 교과서나 참고서에서 사용하는 글꼴을 보면 대부분 ϕ를 대신하여 쓰고 있고, 교사들 가운데도 이를 '파이'라 읽는 사람들도 많다⟨13⟩. 그러나 공집합을 나타내는 기호는 ϕ와 아무 관계가 없는 기호다. 이와 비슷한 경우로 독일어로 쓰여진 국내 인쇄물 가운데 독일어 자모인 ß (Eszett, scharfes s)와 희랍 자모 β (βητα, beta)를 구분하지 못해 ß를 쓸 자리에 β를 쓰는 경우도 허다하다⟨14⟩. 즉 '발[足]'을 뜻하는 독일어 단어 'Fuß'를 아직도 많은 인쇄물들이 'Fuβ'로 적고 있으니 금속활자를 처음 만든 민족임을 떳떳이 얘기 하기 부끄럽기 짝이 없다. 아무리 금속활자 역사가 세계에서 가장 오래 되었다⟨15⟩ 하여도 외국 글자 하나 제대로 구분하지 못하는 인쇄 기술이라면 옛 자랑거리만 늘어 놓는 속 빈 강정 꼴일 수밖에 없다. 이런 일은 전문가들의 작품에서도 볼 수 있다. 최근 영국의 이론 물리학자인 Stephen William Hawking이 발표한 책에서 G. Cantor가 연속체의 농도로 사용했던 기호 '𝔬' (독일어 소문자 o)를 [31] 0으로 잘못 적고 있는 것도 이런 실수 가운데 대표할 만한 예다⟨16⟩.

공집합을 나타내는 기호 $\emptyset$이 문헌에 처음으로 등장한 곳은 N. Bourbaki 학파⟨17⟩가 편찬한 책이다.

> la partie qu'elles définissent est appelée la *partie vide* de E, et designée par la notation $\emptyset$.⟨18⟩ — **N. Bourbaki [22, 4쪽]** —

아울러 이 기호를 도입한 사람은 바로 불란서 수학자이자 N. Bourbaki 학파의 일원이었던 André Weil로 그는 자서전에서 다음같이 밝히고 있다.

> Wisely, we had decided to publish an installment establishing the system of notation for set theory, rather than wait for the detailed treatment that was to follow: (중간 생략) Much later, my own part in these discussions earned me the respect of my daughter Nicolette, when she learned the symbol $\emptyset$ for the empty set at school and I told her that I had been personally responsible for its

adoption. The symbol came from the Norwegian alphabet, with which I alone among the Bourbaki group was familiar.

– **André Weil [90, 91]** –

이 글로 보아 공집합을 나타내는 기호 $\emptyset$는 희랍 자모 ϕ가 아닌 Norway-어[norsk, Norwegian]의 28 번째 자모 'Ø' 에서 온 것임에 분명하다⟨19⟩.

> 다음은 두 학생 갑과 을 사이의 집합에 관한 논쟁 중에서 그 일부를 적은 것이다.
>
> 갑: 우리가 생각할 수 있는 집합들 전체의 집합을 S라 하자.그러면 <u>S는 S 자신을 원소로 갖는다</u>(가). 그렇지?
>
> 을: 그건 말도 안돼. 그런 게 어디 있냐?
>
> 갑: 좋아. 그러면 <u>자기 자신을 원소로 갖지 않는 집합들 전체의 집합</u>(나)은 어떠냐?
>
> 위의 논쟁 중에서 밑줄 친 부분 *(가)*, *(나)*를 수학식으로 나타내어라⟨20⟩. – **1996년도 대학입학 수학능력 시험 (수리탐구 영역 (I), 인문, 예·체능계 16번) (1995년 11월 22일 실시)** –

위 문제는 1996년도 대학 입학 수학능력 시험 문제로 출제된 문제다. 집합에 대한 역사와 집합론의 깊은 내용을 배울 수 있는 계기를 제공하고 있지만, 늘 그렇듯 문제만 풀고 넘어가는 학과 공부가 되고 있어 안타깝기만 했던 문제다. 시험이란 배운이의 지식을 가늠하는 잣대 구실을 하는 것은 분명하지만 그저 잣대로 사용하는데서 그친다면 시험을 치르는 의미는 사라지고 만다. 우선 (가)를 기호로 쓰면 당연히 $S \in S$라 쓸 수 있다. 그럼 과연 갑이 주장하는 것처럼 S가 집합일까? 집합 S가 모든 집합을 원소로 하고 있으니 S가 집합임에 의심이 들지 않는다. 왜냐하면 학교 수학에서 집합이란 특정한 조건을 만족하는 원소를 모두 모은 것으로 여기고 있으니 이는 집합이 되어야 한다. 그렇다면 당연히 '$S \in S$'가 성립할 것이다. 그러나 을이 의심하는 것같이 자기 자신을 원소로 갖는 집합은 어딘지 자연스럽지 않은 듯하다. 이를 깊게 따지기는 이 글의 범위를 넘어서지만 간단하게 설명하자면 다음과 같다.

집합론을 구성하는 기본 공리⟨21⟩ 가운데 '정규성 공리[Axiom of Regularity]'라 이름 붙은 공리를 적용하면 조건 $A \in A$를 만족하는 집합 A는 존재하지 않음을 증명할 수 있다. 정규성 공리는 종종 '기초 공리[Axiom of Foundation]'라 불리기도 하는데, 공집합인 아닌 집합은 항상 자신과 서로소인 집합을 반드시 원소로 갖는다는 공리다. 이제 임의 집합 A에 대해 집합 $X = \{A\}$을 생각하자. 집합 X는 공집합이 아니므로 정규성 공리에 따라 X와 서로 소, 즉 공통인 원소를 갖지 않는 집합이 X 안에 존재한다. 집합 X는 원소가 A 뿐이므로 $\emptyset = A \cap X = A \cap \{A\}$이고 따라서 $A \notin A$다. 따라서 갑이 처음에 주장한 S는 $S \in S$를 만족해야 하므로 집합이 될 수 없다. 그럼 (나)는 어떨까? (나)를 기호로 나타내면

$$A = \{ X \mid X\text{는 집합이고 } X \notin X \}$$

이다. 이것은 집합이 될까? A가 집합이라면 분명 $A \in A$이거나 아니면 $A \notin A$이다. 만약 $A \in A$이면 집합 A의 성질에 따라 A는 집합이고 동시에 $A \notin A$가 되어 모순이다 (물론 집합론의 공리로 따지면 $A \in A$이면 A는 집합이 아니지만, 그 공리를 쓰지 않아도 이 경우 모순을 발견할 수 있다. 집합론 발달의 순서로 따지자면 이 모순이 발견됨에 따라 집합론의 공리계에 정규성 공리가 추가된 셈이다.). 이와 반대로 만약 $A \notin A$이고 A가 집합이면 A의 원소가 만족해야 할 조건 '$X \notin X$'을 만족하므로 결국 $A \in A$가 되어 역시 모순이다. 초기 집합론이 체계를 갖추기 전 영국의 철학자이자 논리학자인 B. A. W. Russell은 1901년 늦가을 논리학의 명저 '*Principles of Mathematics*'을 집필하는 과정에서 이 역설을 발견했다. 우리는 이 역설을 **러쎌**의 역설[Russell's Antinomy,

Russell's Paradox]이라 일컫는다. Giuseppe Peano의 조수로 있었던 Cesare Burali-Forti도 이보다 앞선 1897년 이와 비슷한 역설을 발견했다. 그러나 B. A. W. Russell의 발견은 C. Burali-Forti가 발견한 역설과 달리 순서수[ordinals]나 집합의 크기와 같은 개념이 들어있지 않아 집합을 구성함에 있어 가장 근본적으로 부딪히는 모순이었다. 이 사실로부터 '포괄원리[comprehension principle]'라 불리는 집합에 대한 정의, 즉 우리가 학교에서 배우고 있는 집합에 대한 정의는 집합 이론을 구성함에 있어 모순을 일으킨다는 사실이 알려지게 되었다. 집합을 처음으로 구상했던 G. Cantor도 우리가 사용하는 방법으로 집합을 정의했다.

> Unter einer „Menge“ verstehen wir jede Zusammenfassung M von bestimmten wohlunterschiedenen Objekten m unsrer Anschauung oder unseres Denkens (welche die „Elemente“ von M genannt werden) zu einem Ganzen.⟨22⟩ **– G. Cantor [31] –**

시험이 끝나고 이 문제를 놓고 교사와 학생이 모여 앉아 집합론의 역사와 함께 집합에 대해 한 번이나마 진지하게 토론해 보았는지 궁금하다. 문제의 답만 알고 넘어가려는 어리석은 공부 방법이나 지도 방법을 이제 과감히 버리길 필자는 바라면서 이 문제를 한 번 다루어 보았다.

역설에 대한 얘기가 나온 김에 역설에 대해 한 번 살펴보자. 역설로 널리 알려진 것 가운데 하나가 역시 B. A. W. Russell이 제안한 '이발사의 역설[barber's paradox]'이 있다. 어느 마을에 사는 이발사는 자기 스스로 면도할 수 없는 사람들을 항상 면도해 주고, 그렇지 않은 사람은 면도해 주지 않는다는 원칙을 세우고 있었다. 과연 이런 원칙을 가진 이발사가 존재할 수 있을까? 만약 이발사가 스스로 면도할 수 없다면, 자신의 규칙에 따라 이발사인 자신이 면도해야 하며, 자신이 스스로 면도할 수 있다면 자신이 면도하지 않아야 하니 어느 경우든 그가 세운 원칙의 앞과 뒤가 맞지 않는다. 이와 비슷한 역설로 제1차 세계 대전이 끝난 뒤 Österreich[Austria]와 독일을 중심으로 일어났던 철학의 한 갈래인 논리

실증주의[Logischer Positivismus]를 따르는 베를린 학파[Berliner Gruppe]에 속한 독일 논리 학자 Kurt Grelling과 인식론을 논리적으로 구성하는 것이 불가능하다는 주장을 폈으며 'Neue Fries'sche Schule[신 Fries-학파]'를 열었던 수학자이자 철학자, 논리학자인 Leonard Nelson이 밝힌 역설이 있다. 그 역설은 미국의 유명한 철학자이자 논리학자인 Willard van Orman Quine가 그의 저서 [71]에서 소개한 것으로 다음과 같다. '자신의 성질을 직접 설명하고 있는 낱말'[autological word]과 '자신의 성질에 반대되는 뜻을 가지고 있는 낱말'[heterological word]을 살펴보자. 보기로 'short'라는 낱말은 단어 자체가 짧아 자신의 성질을 설명하는 단어로 여길 수 있지만 'long'은 그렇지 않다. 'English'는 자신이 영어로 되어 있으니 앞의 예에 해당하지만, 'German'은 뒤의 예에 해당한다. 그럼 이제 'heterological'이라는 단어는 어떤가 살펴보자. 이 단어는 자신이 전자에 속하면 후자에 속하게 되고, 후자에 속하면 전자에 속하게 되는 오류를 가진 단어다. 만약 누군가 '내가 하는 말은 모두 거짓말이다'고 하면 그는 과연 거짓말을 한 것일까 아니면 참말을 얘기한 것일까? 이와 더불어 옛 희랍 시대 Κρήτη[Crete] 섬 Κνωσός[Cnossus] 출신인 'Επιμενίδης[Epimenides]가 'Κρῆτες ἀει φεύσται (Cretans, always liars)'라 한 말이 왜 모순을 일으키는지 독자들이 한 번 곰곰이 따져 보기 바란다.

사람들은 수학을 흔히 논리 정연한 학문이라 일컫는다. 일찍이 중세 시대 기초 교과과정인 삼과(三科, artes sermocinales)는 '문법[Grammatica]', '수사[Rhetorica]', '논리[Dialectica]'로 구성되었다. 이 과목을 모두 성공리에 끝마치고 나서야 비로소 quadrivium, 즉 사과(四科, artes reales 또는 physicæ)인 '산술[Arithmetica]', '기하[Geometria]', '천문[Astronomia]' 그리고 '음악[Musica]'을 배울 수 있었고 이것이 끝나야 '신학[Theologia]'과 '철학[Philosophia]'을 배울 수 있었다. 이 때 삼학을 가리키는 Latin-어 'trivium'은 영어로 '하찮은 것' 또는 '사소한 일' 따위를 뜻하는 명사 'trivia'와 깊은 관련이 있다. 영어 'trivia'란 3을 뜻하는 'tri'와 방법을 뜻하는 'via'로 이루어진 단어로 바로 trivium을 의미한다⟨23⟩. 이 사실로부터 알 수 있듯이 논리란 다른 여러 과목을 습득하는데 제일 먼저 알아야 할 기본 지식이었다. 흔히 논리는 '직관'과 반대되는 뜻으로 쓰이기도 하며, 확실함이 밝혀진 주장들을 열거해 놓는 것으로 이해되기도 한다. 또한 논리는 정답을 구하기 위한 표준 방법이자 확실하다고 알고 있는 주장을 사용하여 새로운 주장이 옳고 그름을 정하는 과정을 의미하기도 한다. 이런 논리는 옛 희랍의 궤변론자들에 의해 본격적으로 연구되기 시작한 이래 오늘날 수학에서 매우 형식적으로 정착되었다. 설득하려는 상대가 주장하는 바를 의심 없이 받아들이고 인정하게끔 만드는 도구로 궤변론자들은 논리를 사용했다. 1605년 Francis Bacon 경은 논리와 수사를 다음같이 비교하기도 했다.

> Logic differeth from rhetoric···, in this, that logic handleth reason exact and in truth, and rhetoric handleth it as it is planted in popular opinions and manners.
>
> – **Francis Bacon,** *The Advancement of Learning*, **제2권, 1605년** –

독일 Düsseldorf에 있는 Heinrich-Heine 대학교 철학 연구소[Philosophisches Institut]의 교수인 Lutz Geldsetzer가 언급한 논리에 대한 다음 설명을 되뇌어 본다.

> Die Logik ist die gemeinsame Methodologie aller Wissenschaften. Ihre Verwendung in einer Wissenschaft ist ein wesentliches Kriterium der Wissenschaftlichkeit einer Wissenschaft oder Disziplin. „Wissenschaft" ohne Logik ist keine Wissenschaft!⟨24⟩
>
> – **Lutz Geldsetzer,** *Elementa logico-mathematica* **(2006)** –

수학이 논리적 사고를 함양하는데 도움을 준다면, 수학 교육은 배우는 이의 논리적 사고 능력을 함양하는데 그 목적을 두어야 할 것이며, 이를 위한 어떠한 방법이나 도구도 이 목적을 거슬러서는 안된다. 흔히 학교 교육이 수학 문제를 다룸에 있어 답만 구하는 일에 매달리고 있음을 지적한다. 이는 방대한 분량에 달하는 교과 내용을 짧은 시간에, 그것도 입시를 위해 가르치다 보니 생겨난 현상이며, 이를 따라갈 수밖에 없는 사회 분위기 탓이다. 많은 내용을 결실없이 가르치기보다 적은 분량이나마 알차게 가르치는 교육 환경이 시급히 필요함을 지적하면서, 이제라도 하루바삐 이런 어처구니 없는 일에서 벗어나 올바른 교육 환경을 만드는데 우리 모두 힘을 모아야 한다.

다음 중 주어진 두 집합 사이에 일대일 대응이 존재하지 않는 것은?

① 자연수의 집합과 실수의 집합
② 실수 전체의 집합과 양의 실수의 집합
③ 3의 배수의 집합과 4의 배수의 집합
④ 자연수의 집합과 홀수의 집합
⑤ 자연수의 집합과 정수의 집합

– 명품수학 고등학교 시리즈 수학거미 10-나(상), 356쪽, 1번 (안재찬 지음, 화인미디어 펴냄, 2004년) –

우선 저자가 출전에 제시한 풀이를 살펴보자.

그른 풀이

② $f(x) = 2^x$에서 실수 전체의 집합과 양의 실수의 집합은 일대일 대응이다.
③ $f(n) = \frac{4}{3}n$
④ $f(n) = 2n - 1$
⑤ $f(n) = \begin{cases} \frac{-n+1}{2} & (n\text{이 홀수}) \\ \frac{n}{2} & (n\text{이 짝수}) \end{cases}$ ■

저자가 제시한 풀이는 ②에서 ⑤까지 보기에 제시된 경우는 일대일 대응을 구성할 수 있으므로 ①이 정답이고 따라서 자연수의 집합과 실수의 집합 사이에 일대일대응이 존재하지 않는다 주장한 것과 다를 바 없다. 세상에 이런 억지 주장이 어디에 있단 말인가. 이를 보고 배우는 이들은 물론 가르치는 이들도 이 답안을 그대로 따를 터이니 수학을 배우는 것이 아니라 답을 고르는 연습만 시키는 꼴이다. 보기 ①이 정답인 이유는 전혀 밝히지 않은 채 다른 것이 답이 아니니 남은 하나가 답이라 가르친다면 이를 어찌 수학 교육이라 할 수 있을까. 필자가 앞에서 설명한 바같이 Cantor의 사선 추출법을 사용하면 ①이 정답임을 알 수 있다. 비록 이는 분명 교과과정을 넘어서는 문제임에 틀림없지만 기왕 등장한 문제이니 Cantor의 사선 추출법 정도를 풀이에 넣어 완벽에 가까운 답안을 만드는 것이 교육자가 할 일이요 글쓰는 이의 바른 자세다. 물론 교과과정 밖에 실린 내용을 다루는 일이 교육자의 처지에서 못마땅하다면 이런 문제를 일반 학생들을 위해 출제하는 일을 자제해야 한다. 저자가 자신의 책에 실린 모든 풀이를 직접 꼼꼼히 따져 보기란 쉬운 일은 아니지만 이런 풀이를 버젓이 실어 놓고 수학 교육의 새 패러다임을 논한다는 것은 독자가 바라볼 때 정말 웃기지 않을 수 없다. 이와 비슷한 예는 다른 참고서에서도 쉽게 찾을 수 있다.

> 다음 중 옳지 않은 것은?
>
> ① $\sqrt{2}$와 $\sqrt{3}$ 사이에는 유리수가 있다.
> ② $\frac{1}{3}$과 $\frac{1}{2}$ 사이에는 유리수가 있다.
> ③ 1과 2 사이에는 무한개의 유리수가 있다.
> ④ 서로 다른 두 무리수의 합은 항상 무리수이다.
> ⑤ 서로 다른 두 무리수 사이에는 무한개의 무리수가 있다.
>
> **– 개념원리 중학수학 3학년, 19쪽, 15번 (이홍섭 지음, 디딤돌 출판사 펴냄, 2002년) –**

출전은 이 문제의 풀이로 답인 ④에 대한 반례를 들어 이것만 틀린 것, 즉 이 문제의 답이라 주장하고 있다. 그럼 나머지 식이나 표현은 틀리든 아니든 살피지 않아도 옳다는 뜻인가? 이런 풀이를 가르치고 있는 참고서가 어찌 수학을 올바로 가르치는 교재라 할 수 있을까. 참고서가 일러주는 획일적 풀이법에 따라 답을 고르는 기교만 배우고 있는 한국 학생들을 보고 있노라면 우리의 미래가 정말 걱정스럽기만 하다. 이런 교육이 낳은 결과일까? 정당한 것, 올바른 것을 스스로 판단하여 떳떳한 삶을 누리길 포기하고 상황에 따라 눈치껏 그리고 유행과 인기를 좇아 살아가는 우리의 삶을 한 번쯤 되돌아 보며 반성해야 한다. 처음 두 보기는 옳음이 거의 당연해 보인다. 첫 번째 경우 $\sqrt{2} < 1.5 < \sqrt{3}$이고 $1.5 = \frac{3}{2}$이므로 유리수이기 때문이다. 마찬가지로 $\frac{1}{3} < 0.4 < \frac{1}{2}$이므로 두 번째 경우도 당연히 옳은 문장이다. 그럼 1과 2 사이에 무리수가 무수히 많다는 것이 옳음을 어떻게 논리 정연하게 그리고 수학식을 사용하여 설명할 수 있을까? 이는 다섯 번째 경우와 비슷하게 서로 다른 두 유리수 사이에 무리수가 무수히 많이 존재한다는 명제의 특수한 경우다. 이를 위해 다음 풀이를 소개한다.

바른 풀이

1. 서로 다른 임의 두 유리수 사이에 무수히 많은 무리수가 존재한다.
   증명: 서로 다른 임의 두 유리수를 각각 p, q라 하고 아울러 $p < q$라 가정하자. 임의 자연수 $n \geq 1$에 대해 $a_n = p + \frac{q-p}{n\sqrt{2}}$라 하면, $\sqrt{2}$는 무리수이고 n과 p, q는 유리수이므로 a_n은 모든 자연수 n에 대해 서로 다른 무리수이며 동시에 $p < a_n < q$이므로 위 주장은 옳다. ■

2. 서로 다른 임의 두 무리수 사이에 이와 다른 무리수가 무수히 많이 존재한다.
   증명: 서로 다른 임의 두 무리수를 각각 a, b라 하고 아울러 $a < b$라 가정하자. 이 때 $N > \frac{1}{b-a} > 0$인 자연수 N이 존재하므로 임의 자연수에 대해 $a_n = a + \frac{1}{Nn}$이라 하면 a_n은 무리수이고 $a < a_n < b$이다. 따라서 위 주장은 옳다. ■

서로 다른 임의 두 유리수 또는 서로 다른 임의 두 무리수 사이에도 유리수가 무수히 많이 존재함을 독자들이 직접 증명해 보기 바란다. 앞에 설명한 유리수나 무리수의 이런 성질을 일컬어 '조밀하다[be dense]' 한다.

요즘들어 초등학생 시절부터 어려운 문제를 푸는데 익숙하게 하려는 부모나 교사들을 자주 만날 수 있다. 심지어 기초도 준비되지 않은 초등학생들에게 고등학교 교과 내용을 가르치려는 지나친 욕심으로 늘 곱고 발랄해야 할 동심에 힘겨움만 안겨주고 있으니 옆에서 이를 바라보는 필자의 마음도 늘 아린다. 이런 세태를 그대로 드러내 보이기나 하듯 유명 서점은 물론 동네 서점에서도 초등학생용 경시대회 문제집이나 이와 관련한 교재를 쉽게 만날 수 있다. 그러나 많은 교재가 답을 구하는데 급급할 뿐 정작 논리 정연한 풀이를 소개하거나 올바른 답안 작성법을 일러주는데 터무니 없이 부족한 것이 요즈음 실정이다. 다음 문제는 비록 초등학생용 교재에서 취한 것은 아니지만 그 풀이가 너무도 황당하기에 여기에 싣는다.

> 다음과 같이 표시하기로 약속하였을 때 $\langle 8^{99}+8^{98}\rangle$의 값을 구하시오.
>
> $$\langle 1\rangle = 1,\quad \langle 2\times 3\rangle = 6,\quad \langle 3\times 5\rangle = 5,\quad \langle 32\rangle = 2$$
>
> **– Line-Up 중3 수학 대수편, 33쪽, 유제 5번 (파워엘리트 펴냄, 2000년) –**

출전의 풀이 일부를 살펴보자.

그른 풀이 문제에서 $\langle 1\rangle = 1$, $\langle 2\times 3\rangle = 6$, $\langle 3\times 5\rangle = 5$, $\langle 32\rangle = 2$는 10으로 나눈 나머지를 표시하고 있으므로 $8^{99}+8^{98} = 8^{98}(8+1) = 9\cdot 8^{98}$ (이하 생략)

필자는 기호의 의미를 어떻게 찾을까 고심했는데, 답안은 묶음표 안에 있는 값을 10으로 나눈 나머지를 기호의 값으로 한다 하니 어이가 없었다. 누가 그렇다 했단 말인가? 필자는 출전의 풀이와 다른 예를 찾아보기로 했다⟨25⟩.

임의 자연수 n에 대해 n의 양인 약수를 크기 순으로 늘어 놓아 그 개수가 짝수이면 맨 가운데 오는 두 수를 순서대로 a, b라 하고, 그 개수가 홀수이면 맨 가운데 오는 수를 $a = b$라 한다. 이 때 $\langle n \rangle = \frac{1}{2}(-15a+20b-3ab)$라 하면 보기로 $n = 1$일 때 $a = b = 1$이고 $n = 6$이면 $a = 2$, $b = 3$이며, $n = 15$이면 $a = 3$, $b = 5$이다. 끝으로 $n = 32$이면 $a = 4$, $b = 8$이다. 그러면 $\langle n \rangle$은 문제의 조건을 만족하고, 이 경우 $n = 8^{99} + 8^{98}$의 양인 약수 $(294 + 1)(2 + 1) = 885$-개 가운데 가장 가운데 오는 것은

$$\begin{aligned} a = b = \sqrt{8^{99} + 8^{98}} &= \sqrt{9 \cdot 8^{98}} = 3 \cdot 8^{49} \\ &= 535217884764734955396857238543560676143529984 \end{aligned}$$

이므로

$$\begin{aligned} \langle 8^{99} + 8^{98} \rangle &= \frac{3 \cdot 8^{49}}{2}(5 - 9 \cdot 8^{49}) \\ &= -429687276258055658822250262398853205846794112 \\ &\quad\ 950863715956723487543546709059927146101735424 \end{aligned}$$

이다. 이 경우 $\langle n \rangle$의 뜻은 한 가지로 정해지지 않는다. 좀 복잡하지만

$$\langle n \rangle = \frac{1070}{431613}n^3 - \frac{19265}{143871}n^2 + \frac{790168}{431613}n - \frac{100610}{143871}$$

이라 해도 문제의 주어진 조건을 만족한다. 아무런 근거도 없이 주장한 것을 내세워 풀이로 소개하는 것은 수학을 가르치는 방법으로도 적절치 않다. 이 경우 바른 풀이를 한다면

'기호 $\langle n \rangle$을 n을 10으로 나누어 얻은 나머지로 본다면……'

처럼 보기로 들어 설명하고 반드시 다른 풀이가 있음을 예로 보여 주는 것이 바람직하다. 이제는 더 이상 추측을 확실한 진실로 주장하는 교재가 없어지길 간절히 바란다.

잘못은 참고서 뿐 아니라 교과서에서도 자주 볼 수 있다. 다음은 현행 교과서에 실린 잘못이다.

명제「$\sqrt{2}$는 무리수이다.」는

「$x = \sqrt{2}$이면 x는 무리수이다.」

또는

「$x = \sqrt{2} \longrightarrow x$는 무리수」

와 같이 나타낼 수 있으므로 가정은「$x = \sqrt{2}$」, 결론은「x는 무리수」이다. – **수학 10-가, 19쪽 보기 (최봉대 외 6명, 중앙교육진흥연구소 편, 2003년)** –

위 보기는 임의 명제를 두 명제 p, q가 있어 'p이면 q이다', 즉 $p \to q$의 꼴로 나타낼 수 있음을 설명하기 위해 든 것이다. 그런데 가만히 살펴보면 어딘지 이상하다. 우선 작은따옴표와 같은 기능을 갖는 낫표(「 」)는 세로쓰기에 쓰도록 한글 맞춤법에 규정하고 있음에도 국가가 검사하여 인증하는 교과서에 맞춤법 규정을 어기고 낫표를 사용한 것은 바르지 못하다. 그 뿐이 아니라 주어진 명제 '$\sqrt{2}$는 무리수이다'가 조건명제 '$x = \sqrt{2} \to x$는 무리수'와 같다고 한 것은 더더욱 잘못이다. 우선 $\mathbb{I}$를 무리수 전체로 이루어진 집합이라 할 때, 주어진 명제를 식으로 나타내면 '$\sqrt{2} \in \mathbb{I}$'요, '$x = \sqrt{2} \to x \in \mathbb{I}$'는 조건명제다. 처음 명제는 가정과 결론이 없는 단순명제요, 뒤에 든 것은 가정과 결론이 엄연히 존재하는 명제로 x 값에 따라 참과 거짓이 결정되기 때문이다. 물론 이 경우 x가 무엇이든 조건명제는 참임을 알 수 있다. 이런 조건명제를 '항진명제[tautology]'라 한다.

이제 이 명제들의 부정이 무엇인지 살펴보자. 처음 명제의 부정은 당연히 '$\neg(\sqrt{2} \in \mathbb{I})$', 즉 '$\sqrt{2} \notin \mathbb{I}$' 또는 다른 표현으로 '$\sqrt{2} \in \mathbb{Q}$'다. 이 부정명제는 항상 거짓이다. 그런데 조건명제의 부정은 무엇일까? 논리학에서 명제 $p \to q$는 명제 $\neg p \vee q$와 논리적으로 동치이다. 따라서 명제에 대한 드·모르간의 법칙, 즉

$$\neg(p \to q) \equiv \neg(\neg p \vee q) \equiv= \neg(\neg p) \wedge (\neg q) \equiv p \wedge (\neg q)$$

를 적용하면 조건명제의 부정은

$$\begin{aligned}\neg(x=\sqrt{2}\to x\in\mathbb{I}) &\equiv \neg[\neg(x=\sqrt{2})\vee(x\in\mathbb{I})]\\ &\equiv (x=\sqrt{2})\wedge\neg(x\in\mathbb{I}) \equiv (x=\sqrt{2})\wedge(x\notin\mathbb{I})\\ &\equiv (x=\sqrt{2})\wedge(x\in\mathbb{Q})\end{aligned}$$

이다. 물론 이 부정명제도 항상 거짓이다. 따라서 이 명제도 주어진 명제의 부정명제다. 이제 주어진 명제의 부정을 말로 적으면 '$\sqrt{2}$는 무리수가 아니다' 즉 $\sqrt{2}\notin\mathbb{I}$이므로 교과서의 방법을 따르면 이 명제는

$$\text{‘}x=\sqrt{2}\longrightarrow x\text{는 무리수가 아니다’}$$

와 동일하다 볼 수 있다. 이 경우 $x=\sqrt{2}$이면 이 명제는 거짓이고, $x\neq\sqrt{2}$이면 이 명제는 늘 참이다. 따라서 이는 주어진 명제와 동일한 것으로 볼 수 없고 따라서 교과서의 보기의 설명은 적절하지 않다. 그럼 교과서가 소개하고 있는 두 명제는 어떻게 다른 것일까? 첫 번째 주어진 명제 '$\sqrt{2}$는 무리수이다'는 실수 체계에서 유도되는 정리다. 그러나 두 번째 조건명제 $x=\sqrt{2}\to x\in\mathbb{I}$는 x 값에 따라 정해지는 조건명제다. 엄밀히 따지면 우리가 $\sqrt{2}\in\mathbb{I}$라는 사실을 모르는 상황이면 이 조건명제의 참, 거짓을 결정할 수 없다. 왜냐하면 $x=\sqrt{2}$일 때 가정은 참이지만 결론은 우리가 알 수 없기 때문이다⟨26⟩. 그러나 $\sqrt{2}\in\mathbb{I}$이 참이라고 알고 있다면 이제 주어진 조건명제는 참임을 알 수 있다. 예를 들어 $x=\{1\}$, $y=\{2\}$이고 $z=\{x\}=\{\{1\}\}$일 때, 조건명제 '$x=y\to x\in z$'은 참이나 '$y\in z$'은 거짓이므로 일반적으로 두 논리식을 동일한 명제로 다룰 수 없다. 따라서 논리적으로 두 표현 '$x=y\to x\in z$'과 '$y\in z$'은 같지 않다. 즉, 두 명제를 논리적 입장에서 같은 것으로 취급하는 것은 옳지 않다⟨27⟩. 그러나 거꾸로 논리적으로 $(y\in z)\vdash(x=y\to x\in z)$, 즉 $y\in z$은 '$x=y\to x\in z$'을 유도하므로 $y=\sqrt{2}$, $z=\mathbb{I}$에 대해 $\sqrt{2}\in\mathbb{I}$가 참이면 조건명제 $x=\sqrt{2}\to x\in\mathbb{I}$도 참이다.

이 문제를 다루고 있으니 성균관 대학교가 실시한 1995학년도 대학별 고사에 출제된 문제가 떠오른다.

> 영벡터가 아닌 세 공간 벡터 $\vec{a}$, $\vec{b}$, $\vec{c}$가 모든 실수 x, y, z에 대하여
>
> $$|x\vec{a}+y\vec{b}+z\vec{c}| \geq |x\vec{a}|+|y\vec{b}|$$
>
> 을 만족할 때, $\vec{a}\perp\vec{b}$, $\vec{b}\perp\vec{c}$, $\vec{a}\perp\vec{c}$임을 증명하여라.
>
> **– 1995학년도 성균관 대학교 대학별 고사 수학 II, 7번 (1995년 1월 13일 제3교시) –**

이 문제는 한 교수의 인생에도 큰 좌절을 안겨 주었고 이로 인해 외국 전문 정기 간행물인 Science⟨28⟩와 Mathematical Intelligencer⟨29⟩에도 기사로 실리는 안타까운 일이 벌어지기도 했다. 무엇이 문제가 되었는지 출제자측이 제시한 이 문제의 답안을 살펴보자.

그른 풀이 준식에서 $|x\vec{a}+y\vec{b}+z\vec{c}| \geq |x\vec{a}|$
양변을 제곱하여 정리하면,

$$|y\vec{b}+z\vec{c}|^2+2x\vec{a}\cdot(y\vec{b}+z\vec{c}) \geq 0$$

위의 식이 모든 실수 x에 대하여 성립하므로

$$\vec{a}\cdot(y\vec{b}+z\vec{c})=0$$

즉,

$$y(\vec{a}\cdot\vec{b})+z(\vec{a}\cdot\vec{c})=0$$

위의 식이 모든 실수 y, z에 대해 성립하므로 $\vec{a}\cdot\vec{b}=0$

$$\therefore\ \vec{a}\perp\vec{b} \qquad \cdots\cdots ①$$ ■

결론부터 말하면 우선 이 풀이의 전개에는 큰 문제가 없다. 단지 결론을 완전히 끝맺지 않고 '$\vec{a}\perp\vec{b}$'만 언급한 것이 흠이라면 흠이리라. 가정에서 $\vec{a}\neq\vec{0}$이고 $\vec{b}\neq\vec{0}$이므로 $\vec{a}\cdot\vec{b}=0$이면 $\vec{a}\perp\vec{b}$이 성립한다. 아울러 $\vec{a}\cdot\vec{c}=0$이므로 $\vec{c}\neq\vec{0}$으로부터 $\vec{a}\perp\vec{c}$임을 알 수 있다. 한편 마찬가지 방

법으로 주어진 식에서 $|x\vec{a}+y\vec{b}+z\vec{c}| \geq |y\vec{b}|$이므로 이를 제곱하여 정리하면

$$|x\vec{a}+z\vec{c}|^2+2y\vec{b}\cdot(x\vec{a}+z\vec{c}) \geq 0$$

이고 이 식은 임의 실수 y에 대해 성립하므로

$$\vec{b}\cdot(x\vec{a}+z\vec{c})=0, \quad \text{즉} \quad x(\vec{b}\cdot\vec{a})+z(\vec{b}\cdot\vec{c})=0$$

이어야 한다. 또한 이 식은 임의의 실수 x와 z에 대해서도 성립하므로 $\vec{b}\cdot\vec{c}=0$이고 가정에 의해 두 벡터 $\vec{b}$와 $\vec{c}$는 영벡터가 아니므로

$$\vec{b}\perp\vec{c}$$

이다. 그런데 이 문제는 오류를 범한 문제다. 우리는 다행인지 불행인지 정할 수는 없지만 이런 오류를 가진 증명 문제를 자주 다루어 볼 기회가 거의 없거나 대부분 그럴 기회를 갖지 못했다. 수학을 배우거나 가르치는 입장에서 이런 잘못이 있는 문제를 다룰 수 있는 기회는 어찌보면 다행한 일일지도 모른다. 증명이란 주어진 가정 p를 통해 결론 q를 이끌어 내는 수학적 과정으로 이 과정에서 우리는 $p \to q$가 참이라는 것을 보이고, p가 참이고 $p \to q$가 참이면 q도 참이라는 연역적 추론 방법을 따른다. 흔히 학교 과정에서 다루는 증명에서 p는 엄밀하게 따져 보지 않아도 참인 것으로 간주한다. 이 문제도 가정 p, 즉 세 벡터가 영벡터가 아니라는 조건을 참으로 간주하고 증명을 전개했다. 그렇다면 우리가 얻은 결론 세 벡터는 서로 수직인 셈이다. 그러나 문제를 조건 p의 참·거짓을 세밀하게 따져 보면 문제에 제시된 x, y, z에 대한 절대부등식을 만족하는 세 벡터는 모두 영벡터가 되어야 한다는 사실을 알 수 있어 조건 p는 거짓임을 알 수 있다. 따라서 위 증명은 명제 '$p \to q$'가 참임을 증명한 것이지 결론 'q'가 참임을 증명한 것은 아니다. 문제에서 요구하는 것은 $p \to q$가 참임을 증명하는 것이 아니라 q가 참임을 증명하라는 것이므로 이 풀이는 문제에 대한 증명으로 올바르지 못하다. 이와 관련하여 성균관 대학교 측은 다음 답안을 추가로 발표하였는데 아쉽게도 이

는 틀린 주장이다. 당시 성균관 대학교 자연과학대학 수학과 교수였던 李又英⟨30⟩과 蔡泳到가 작성한 것으로 알려진 다음 주장을 보고 있으면 그들이 과연 수학을 전공하고 가르치는 교수인지 의심스럽기까지 하다. 무슨 외압이 그들에게 작용했을지 모를 일이지만 1995년 1월 16일 채점 과정에서 발견한 문제의 잘못을 밝혔던 당시 수학과 조교수요 채점 위원이었던 金明浩가 재임용에서 탈락하는 불이익이 가해지는 일도 벌어졌다. 상세한 내용은 필자도 알 수 없어 이 사건이 적법한 절차에 따른 재임용 심사였다 볼 수도 있으나, 金明浩의 주장처럼 문제의 잘못을 대외적으로 밝혔다는 이유 만으로 학교측이 그를 교단에서 쫓아 버렸다면 이 어찌 학문을 가르치는 전당이라 할 수 있을까. 더욱이 한국의 전통인 유교의 본산이요, 한국의 정신 문화를 이끄는 산실인 그 곳에서 말이다. 그의 양심어린 행동을 마땅히 학자가 지녀야 할 올바른 자세로 받아들여야 함에도 본인이나 여러 사람들이 주장하고 있듯 학교의 명예나 다른 교수의 명예에 누를 끼쳤다는 이유 하나 만으로 내부 고발자에게 불이익을 가하는 '조폭문화'였다면 그들은 모든 일에 책임을 지고 교단을 떠나야 옳다. 특히 출제한 문제에 잘못이 있다면 떳떳이 이를 밝히고 시정하는 것이 학자요, 교육자의 바른 자세임에도 엉터리 풀이로 혹세무민하고 자신의 잘못을 덮으려는 안일한 자세를 지켜보며 개탄스럽기 이를 데 없다. 최근 金明浩가 재임용 탈락에 불복하여 제기한 교수지위확인 소송이⟨31⟩ 연거푸 기각되자 2007년 1월 15일 사건을 맡았던 朴洪佑 담당 부장판사에게 석궁으로 부상을 입힌 어처구니 없는 일이 발생하였다는 소식이 언론을 통해 알려졌다. 잘못 출제된 문제 하나로 빚어진 이 안타까운 사고를 지켜보며 답답한 마음이 가시지 않는다. 이제 수학과 두 교수가 작성했다는 엉터리 억지 주장을 살펴보면서 정의가 늘 승리하고 약자가 피해받지 않는 세상이 되길 빌며, 소원에 대한 판결이 옳다면 이에 승복하는 자세가, 판결에 잘못이 있었다면 이에 대한 옳고 그름이 속히 가려지길 기원하는 바이다.

그른 풀이 준식에서 $x=1$, $y=1$, $z=0$을 대입하고, 양변을 제곱하면

$$|\vec{a}+\vec{b}|^2 \geq (|\vec{a}|+|\vec{b}|)^2$$

즉,

$$\vec{a}\cdot\vec{b} \geq |\vec{a}||\vec{b}| \quad \text{(위의 식을 정리한 것임)}$$

$\vec{a}$와 $\vec{b}$가 이루는 각을 θ라 하면

$$|\vec{a}||\vec{b}|\cos\theta \geq |\vec{a}||\vec{b}|$$

$$\vec{a}\neq 0,\ \vec{b}\neq 0 \text{ 이므로 } \cos\theta \geq 1$$

$$\cos\theta \leq 1 \text{ 이므로 } \cos\theta = 1$$

$$\therefore\ \theta = 0 \cdots\cdots ②$$

①, ②에 의하여

$\vec{a}=0$ 또는 $\vec{b}=0$ $\cdots\cdots$ ③

이제, 가정과 결론을 만족하는 진리집합을 각각 P, Q라고 하면 ③에 의하여

$$P=\emptyset$$

따라서, $P\subseteq Q$이므로 주어진 명제는 참이다.
(가정은 항상 거짓이므로 주어진 명제는 항상 참이다.) ■

이 주장에서 '주어진 명제가 참'이라 결론 짓고 있으나, 엄연히 시험 문제는

$$\text{'}\vec{a}\perp\vec{b},\quad \vec{b}\perp\vec{c},\quad \vec{a}\perp\vec{c}\text{ 이'}$$

참임을 증명하라는 문제다. 따라서 $P\subseteq Q$가 참이라 하여도 거짓인 조건 p를 전제로 한 경우 결론 q는 참일 수도 아닐 수도 있다. 그러므로 마지막 묶음표 안에 적은 결론에서 '주어진 명제'가 '$p\to q$'를 가리킬 경우 수학적으로 옳은 주장이지만, 시험 문제가 의도한 결론 q를 의미할 경우 이는 분명 틀린 주장이다. 가끔 수학에서도 영벡터까지 확장하여 수직을 언급하기도 하지만 이는 논리 전개상 필요하고 논리적으로 모순이 없는 경우에 한하여 적용하는 방법으로 고등학교 교과과정만을 지식으

로 가진 수험생을 대상으로 한 질문에는 합당하지 않다. 이런 점에서 볼 때, 두 교수가 작성하였다는 이 답안은 필자가 보기에도 교수가 작성했다고 보기 어려울 정도로 잘못을 은폐하려는 억지 주장이다. 한편 기호에서도 '$\vec{a} = \vec{0}$'으로 해야 옳음에도 '$\vec{a} = 0$'으로 한 것은 교수가 외부에 배포하고자 작성했다고 하기에 너무 미숙한 표현임에 틀림없다. 참고로 이 풀이는 李又英 교수와 蔡泳到 교수가 당시 수험생을 위한 수험 정보지 '進學'에 발표한 풀이라 한다 [9].

Giordano Bruno

이런 물의와 관련하여 머리에 쉽게 떠오르는 이야기가 있다. 우리에게 매우 잘 알려진 Giordano Bruno와 Galileo Galilei에 얽힌 이야기다. G. Bruno는[32] 1548년 Italia, Campania-지역에 위치한 도시 Nola에서 군인이었던 아버지 Giovanni Bruno의 아들로 태어났다. 그는 Polska[Poland] 천문학자요 수학자였던 Mikołaj Kopernik (Nicolaus Copernicus)의 천체에 관한 연구와 Πλάτων[Plato], Sanctus Thomas Aquinas에 큰 관심을 가졌다. 1584년에 쓴 '*Cena de le Ceneri*[The Ash Wednesday Supper]에서 그는 N. Copernicus를 지지하였고, 같은 해에 쓴 '*De l'Infinito, Universo e Mondi*[On the Infinite Universe and Worlds]에서 우주는 무한하며 우주에 있는 별들은 우리의 태양과 같으며, 우주의 어딘가에는 우리처럼 지능을 가진 존재가 있을 것이라 주장했다[33]. 그는 120여 편에 달하는 논문을 통해 아리스토텔레스식 자연과학을 비판하고 여러 홍보물을 통해 구교도[Catholic] 수학자인 Fabrizio Mordente에 대항했다. 그는 이로 인해 1586년 그가 머물고 있던 Paris를 떠나 독일로 향해야 했고, 마침내 Italia의 도시 Padova[34]에 들어갔다. 그러나 그가 바라던 Padova 대학의[35] 자리가 G. Galilei에게 돌아가자 다시 Venice로 떠났고 1592년 5월 22일 결국 붙잡혀 Roma로 보내졌다. 그의 죄목은 신에 대한 불경죄, 교리에 반하는 이단, 그리고 천문학과 철학에 관련한 여러 주장이었다. 교황 Clement Ⅷ[36]와 접견마저 거절된 그는 추기경

Roberto Bellarmino의⟨37⟩ 처벌 철회 조건을 거부한 채 Roma에 있는 광장 Campo de' fiori에서 입에 재갈이 물린 채 벌거벗겨진 상태에서 거꾸로 매달려 화형당했다. 그 날이 1600년 2월 17일이었다. 1606년 그의 모든 작품은 금서목록⟨38⟩에 올랐고 교황 John Paul Ⅱ⟨39⟩에 이르러 그에 대한 처형에 잘못이 있었음이 인정되었다. 지구가 돈다는 사실을 확고히 믿었던 그는 구제 가능성도 무시한 채 신념에 따라 죽음을 택한 것이다.

반면에 Galileo Galilei는 1564년 2월 15일 역시 Italia, Toscana[Tuscany] 지역에 위치한 Pisa에서 수학자이자 음악가였던 Vincenzo Galilei의 일곱 아들 가운데 첫째 아들로 태어났다. 일찍이 공부를 시작했던 그는 Pisa 대학교에⟨40⟩ 들어갔고 1589년부터 그곳에서 수학을 가르쳤다. 그는 곧 Padova 대학으로 옮겨 기하학, 역학, 천문학을 가르쳤으며, 1612년 Roma로 간 그는 Accademia dei Lincei의 회원이 되어 태양의 흑점을 관찰하였다. 그해 그가 지지를 보내던 N. Copernicus의 이론에 대한 반발이 일기 시작하여 마침내 1614년 Santa Maria Novella 설교단에 의해 지구가 돌고 있다는 위험한 의견에 대한 이단성이 논의되었다. 그는 이에 대한 변론을 위해 Roma로 갔으며, 추기경 Roberto Bellarmino는 기독교의 교리에 위배되는 N. Copernicus의 천문 이론을 다시는 강의하지 않는다는 조건으로 더 이상 그의 죄를 묻지 않기로 했다. 이에 앞서 1610년 1월 7일 그는 목성의 세 위성 Io, Europa, Callisto를, 나흘 뒤인 1월 11일에 다른 위성 Ganymede를 발견했고⟨41⟩ 이를 '*Siderevs Nvncivs*[Starry Messenger]'에 발표했다. 그는 금성이 달처럼 차고 기우는 현상을 목격했으며 이 현상을 들어 태양이 지구를 중심으로 돈다고 믿었던 설[Geocentric model]을 깨고 지구는 태양을 중심으로 돈다는 설[Heliocentric model]을 증명했다. 그는 또한 1600년대 초반 물 속에서 온도 변화에 따라 공기가 든 유리공이 오르내리도록 만든 온도계를 개발했고⟨42⟩, 굴절식 망원경도 개발했다⟨43⟩. 운동에 관하여 관성에 관한 법칙을 발견하였고 Pisa의 성당에 달

그림 2.2: 사진은 목성에서 가까운 순서대로 왼쪽부터 위성 Io, Europa, Ganymede, Callisto로 Io와 Ganymede 사진은 1996년 6월에, Europa 사진은 1996년 9월에 우주선 Galileo가 찍은 것이며, Callisto 사진은 1979년 우주선 Voyager가 근처를 지나며 찍은 사진이다.

려있는 등이 흔들리는 것을 보고 진자의 운동법칙을 발견하기도 하여 과학에 혁명을 몰고 왔던 그가 교회와 타협하고 나오는 길에 'Eppur si muove[44]'라 중얼거렸다는 일화는 후대를 살아가는 우리 모두에게 G. Bruno의 당당한 학자의 올바른 모습과 비교되면서 학자의 올바른 삶의 자세를 일러주는 본보기가 되고 있다.

다음 명제의 역, 이, 대우를 말하고 참, 거짓을 조사하여라.

1. x가 8의 약수이면 x는 16의 약수이다.
2. $x^2 = 9$이면 $x = 3$이다.

– 개념원리 공통수학, 30쪽, 개념체크 18번 (이홍섭 지음, 디딤돌 출판사, 2003년) –

위 문제는 문제를 만드는 과정에서 세심한 고려가 필요함을 단적으로 일러주는 좋은 예이기도 하다. 흔히 많은 교사들은 시험 문제를 출제함에 있어 참고서에만 의존하는 경우가 많은데, 이는 바르지 못한 자세이다. 우선 이 문제가 사용한 문체는 문제로 적절하지 않다. 이를 시험에 그대로 사용한다면 아마 학생들의 불만이 있을지도 모른다. '다음 명제의 역, 이, 대우를 말하라' 했으니 답지에 답을 쓰지 않고 시험 도중에 큰 소리로 자신의 답을 떠벌일지도 모른다. 무슨 하찮은 딴지냐고 그럴 사람도 있을테지만, 논리를 다루는 학문인 만큼 문제도 논리적이어야 한다는 뜻에서 언급해 보았다. 그건 그렇고 참고서가 소개하고 있는 풀이를 살펴보자.

그른 풀이

1. 8의 약수의 집합: $\{1, 2, 4, 8\}$,
   16의 약수의 집합: $\{1, 2, 4, 8, 16\}$
   $\{1, 2, 4, 8\} \subset \{1, 2, 4, 8, 16\}$ 따라서 주어진 명제는 참이다.
   (이하 생략)
2. $x^2 = 9$에서 $x = \pm 3$, $\{-3, 3\} \not\subset \{3\}$ 따라서 주어진 명제는 거짓이다. (이하 생략) ■

필자가 왜 이 문제를 거론하려 하는지 눈치 챈 독자가 있을까? 이 풀이는 널리 알려진 방법이요, 모두 정답으로 알고 따라하는 방법이다. 그러나 자세히 읽고 들여다 보면 수학 문제로서 좋은 점수를 받을 수 없는 문제이다. 우선 첫 번째 문제에서 8의 약수나 16의 약수를 다룸에 있어 x는 양인 정수, 즉 자연수만 다루고 있는데 비해 두 번째 문제에서 $x^2 = 9$의 해를 음수까지 확장하여 다루고 있다. 한 문제에 딸린 여러 문항에서 같은 문자 x를 사용함에 있어 일관성을 가지고 설명하지 않고 있기 때문에 문제와 풀이는 엄연히 문제가 있다. 이런 어색함은 문제가 변수 x에 대한 범위를 정하고 있지 않기 때문에 발생한 현상이다. $x^2 = 9$인 x가 늘 -3이거나 늘 3이 아니듯 8의 약수에는 -1이나 -4처럼 음수도 있을 수 있다. 따라서 이 문제를 바르게 고친다면 변수 x의 범위를 먼저 정해야 한다. 물론 경우에 따라 풀이도 달라져야 함은 당연하다. 변수에 대해 언급하였으니 이에 대해 한 마디 덧붙이자면 흔히 학교에서 변수로 x만을 사용하는 경우가 있는데, 다양한 문자를 사용하여 식의 다양성을 학생들에게 일깨우도록 하는 것이 바람직하다. 특히 방정식을 풀 때 미지수로 x나 y 만을 사용하여 식을 세우기보다 직사각형의 가로와 세로의 길이를 w와 l로 하거나 물건의 가격은 p로, 속력은 s로, 개수는 n으로 한다면 복잡한 식을 다루는 과정에서 각 변수나 미지수의 뜻을 쉽게 기억할 수 있어 좋다. 즉, w나 l은 'with', 'length'를 뜻하고 p는 'price'이며 s는 'speed', n은 'number of ~' 등으로 연상할 수 있기 때문이다.

이와 비슷한 문제를 살펴보자.

> 다음 $\square$ 안에 필요, 충분, 필요충분 중에서 알맞은 말을 써 넣어라.
>
> (1) $x = y = 0$은 $x + y = 0$이 되기 위한 $\square$조건이다.
>
> (2) $(A \cap B) \subset (A \cup B)$은 $A = B$가 되기 위한 $\square$조건이다.
>
> (3) $a^2 + b^2 = 0$은 $a = 0$이고 $b = 0$이 되기 위한 $\square$조건이다. (단, a, b는 실수)
>
> (4) $|x + y| = |x| + |y|$가 되기 위하여 $xy > 0$는 $\square$조건이다.
>
> (5) $\angle A = 60°$는 $\triangle ABC$가 정삼각형이기 위한 $\square$조건이다.
>
> **– 개념원리 공통수학, 34쪽, 필수예제 22 (이홍섭 지음, 디딤돌 출판사, 2003년) –**

우선 출전이 제시하고 있는 풀이를 살펴보자.

그른 풀이

(1) $x = y = 0 \underset{\times}{\overset{\bigcirc}{\rightleftarrows}} x + y = 0$ (반례: $x = 2$, $y = -2$) $\therefore$ **충분**

(2) $(A \cap B) \subset (A \cup B)$이면 반드시 $A = B$는 아니다. 역 「$A = B$이면 반드시 $(A \cap B) \subset (A \cup B)$이다.」는 성립한다.
따라서, $(A \cap B) \subset (A \cup B) \underset{\bigcirc}{\overset{\times}{\rightleftarrows}} A = B$ $\therefore$ **필요**

(3) $a^2 + b^2 = 0$이면 반드시 $a = 0$, $b = 0$이다.
역 「$a = 0$, $b = 0$이면 반드시 $a^2 + b^2 = 0$이다.」도 성립한다.
따라서 $a^2 + b^2 = 0 \underset{\bigcirc}{\overset{\bigcirc}{\rightleftarrows}} a = 0$, $b = 0$ $\therefore$ **필요충분**

(4) 가정을 앞에, 결론을 뒤에 놓는다.
$xy > 0$는 $|x + y| = |x| + |y|$가 되기 위한 $\square$조건이다.

여기서 $|x+y|=|x|+|y|$의 양변을 제곱하여 정리하면

$$x^2+2xy+y^2=x^2+2|xy|+y^2$$

$$xy=|xy|$$

$$\leftarrow |A^2|=A^2,\ |A||B|=|AB|,\ |A+B|^2=(A+B)^2$$

$\therefore\ xy \geq 0$

따라서 $xy>0 \underset{\times}{\overset{\bigcirc}{\rightleftarrows}} xy \geq 0$ (반례: $x=y=0$) $\quad\therefore$ **충분**

(5) $\angle A=60^\circ \underset{\bigcirc}{\overset{\times}{\rightleftarrows}} \triangle ABC$가 정삼각형 (반례: $\angle B=90^\circ$이면 직각삼각형)
$\therefore$ **필요** ■

이제 출전이 범하고 있는 잘못이 무엇인지 하나씩 짚어보자.

(1) 이 경우 변수 x, y에 대한 범위를 정하고 있지 않다. 만약 $x,\ y \in \mathbb{R}$이면 출전이 제시한 반례가 존재하여 답은 충분조건이 되지만, 만약 x, y를 음이 아닌 실수로 제한하면 반례가 생기지 않고 필요충분조건이 답이 된다. 따라서 명제가 옳고 그름을 따지기 위해서 전체집합이 반드시 먼저 전제되어야 함을 명심해야 한다.

(2) 출전의 표현 '$(A\cap B)\subset(A\cup B)$이면 반드시 $A=B$는 아니다'는 어딘지 어색하고 정확하지 않은 표현이다. 표현에 따르면

> '만약 $(A\cap B)\subset(A\cup B)$이 성립하면 항상 $A\neq B$이다'

라는 뜻으로 해석될 수도 있으나 이의 참·거짓은 출전이 제시한 답안과 다르다. 왜냐하면 $A=B$일 때도 관계 $(A\cap B)\subset(A\cup B)$는 항상 성립하기 때문이다. 문제에 알맞게 문장을 고치면

> '관계 $(A\cap B)\subset(A\cup B)$이 성립하면 $A=B$가 항상 성립하는 것은 아니다.'

문장을 쓸 때, 전체부정인 경우와 부분부정인 경우를 잘 구별해야 한다. 다음같이 고치는 것이 뜻을 더욱 정확하게 나타낼 수 있어

좋다.

$(A \cap B) \subset (A \cup B)$이면 $A = B$가 항상 성립하는 것은 아니다.

다음 두 문장을 연습삼아 독자들이 그 뜻을 해석해 보기 바란다.

(가) 실수 a가 항상 0이 아니다.

(나) 실수 a가 항상 0인 것은 아니다.

(3) 이 경우 변수 a, b가 실수라 하였으니 문제의 풀이는 옳다. 만약 a, b가 복소수이면 이 경우는 어떻게 될까? 이제 네 실수 p, q, r, s에 대해 $a = p + q\boldsymbol{i}$, $b = r + s\boldsymbol{i}$라 하자. 그러면

$$0 = a^2 + b^2 = (p^2 + r^2 - q^2 - s^2) + 2(pq + rs)\boldsymbol{i}$$

이므로 복소수 상등에 관한 정의로부터 $p^2 - q^2 = s^2 - r^2$이고 $pq = -rs$이다. 따라서 $a^2 + b^2 = 0 \overset{\not\longrightarrow}{\longleftarrow} a = 0,\ b = 0$이므로 $a^2 + b^2 = 0$은 $a = 0$이고 $b = 0$이기 위한 필요조건이다.

(4) 이 경우도 변수 x, y의 범위가 정확하지 않다. 변수 x, y를 양인 실수로 제한하면 답은 필요충분조건이 된다. 만약 x, y가 복소수라면 이 경우는 어떨까? 현행 교과과정에는 실려 있지 않지만 수학에서 복소수 $z = u + v\boldsymbol{i}$의 절대값은 $|z| = \sqrt{u^2 + v^2}$으로 정의하고 있다. 이는 복소수 평면에서 원점으로부터 복소수 z를 나타내는 점까지 이르는 직선 거리로 이해할 수 있다. 이제 네 실수 p, q, r, s에 대해 $x = p + q\boldsymbol{i}$, $y = r + s\boldsymbol{i}$라 하자. 그러면 $x + y = (p + r) + (q + s)\boldsymbol{i}$이므로 $|x + y| = |x| + |y|$라면

$$\sqrt{(p + r)^2 + (q + s)^2} = \sqrt{p^2 + q^2} + \sqrt{r^2 + s^2}$$

이다. 양변을 제곱하여 정리하면 $pr + qs = \sqrt{(p^2 + q^2)(r^2 + s^2)} \geq 0$이고 이 식의 양변을 다시 제곱하여 정리하면 $2pqrs = p^2s^2 + q^2r^2$, 즉 $(ps - qr)^2 = 0$이 되므로 $ps = qr$이다. 따라서 $|x + y| = |x| +$

$|y|$이기 위한 필요충분조건은 $ps = qr$이고 $pr + qs \geq 0$이다. 한편 $xy = (pr - qs) + (ps + qr)\boldsymbol{i}$이므로 $xy > 0$으로부터 $ps + qr = 0$이고 $pr > qs$다. 이로부터 $x = y = \boldsymbol{i}$이면 $|x + y| = |x| + |y|$이지만 $xy < 0$임을 알 수 있고, $x = 1 + \boldsymbol{i}$, $y = 1 - \boldsymbol{i}$이면 $xy = 2$이지만 $|x + y| = |2| = 2$이고 $|x| + |y| = 2\sqrt{2}$이므로 $|x + y| \neq |x| + |y|$다. 따라서 이 경우는 아무 관계도 아니다.

(5) 이 경우 얼핏보면 아무 문제가 없는 듯하지만 $\angle A = \angle BAC$라는 보장이 없다. 문제만 보고 답을 달자면 두 명제는 아무 관계도 없다는 것이 답이다. 그럼 무어라 고치면 출전의 답안에 일치하는 문제가 될까? 다음같이 바꾸면 된다.

> 삼각형 ABC에서 $\angle BAC = 60°$인 것은 $\triangle ABC$가 정삼각형이 되기 위한 무슨 조건인가?

이제 어려운 문제 하나를 다루어 보자. 다음 문제는 1987년 Cuba의 Havana에서 열린 제28회 International Mathematical Olympiad(IMO)에 출제되었던 문제이다.

> Prove that there is no function f from the set of non-negative integers into itself such that $f(f(n)) = n + 1987$ for every n.
>
> **– 제28회 IMO, 4번 문제, (1987년 7월 11일 (둘째 날), Havana/Cuba) –**

이 문제와 관련하여 국내 참고서에 소개된 풀이 하나를 살펴보기로 한다. 해당 풀이의 출전은 안일도 외 학원 강사 네 명이 함께 지은 '디딤돌 경시수학', 기본편으로 문제와 풀이는 59쪽에 실려있다⟨45⟩. 출전에서는 문제에 나오는 1987 대신 2001을 사용하고 있어 풀이를 원래 문제에 맞추고자 출전에 실린 2001 대신 1987을 사용했다.

그른 풀이

(i) $f(n_1) = f(n_2)$이면 $f(f(n_1)) = f(f(n_2))$이므로

$n_1 + 1987 = n_2 + 1987 \qquad \therefore n_1 = n_2$
따라서 f는 일대일 함수이다.

(ii) $f(f(n)) = n + 1987 \geq 1987$ 따라서 $f(f(n))$은 1987 이상의 정수값만을 가질 수 있다.

(iii) z_0^+는 음이 아닌 정수 전체의 집합, $R(f)$는 f의 치역, $\bar{z}_f = z_0^+ - R(f) = \{ a_1, a_2, a_3, \ldots, a_k \}$라 하면 $f(f(n)) = a_i$ $(1 \leq i \leq k)$인 음이 아닌 정수 n은 존재할 수 없다.

(iv) $f(f(n)) = f(a_i)$ $(1 \leq i \leq k)$라 하면 (i)에 의해 f^{-1}가 존재하므로 $f^{-1}(f(f(n))) = f^{-1}(f(a_i))$이고 $f(n) = a_i$가 되어서 (iii)에 모순이므로 $f(f(n))$은 $f(a_i)$가 될 수 없다.

(v) (iii), (iv)에 의해

$$\begin{aligned} \bar{z}_{f\circ f} &= z_0^+ - R(f \circ f) \\ &= \{ a_1, a_2, \ldots, a_k, f(a_1), f(a_2), \ldots, f(a_k) \} \end{aligned}$$

이고 $1 \leq i \leq k$인 모든 자연수 i에 대해 $f(a_i) \notin \{a_1, a_2, \ldots, a_k\}$이므로 $n(\bar{z}_{f\circ f}) = 2k$이다. 한편, $f(f(n)) = n + 1987$이므로 $R(f \circ f) = \{n \mid n \geq 1987\}$이므로 $\bar{z}_{f\circ f} = \{ 0, 1, 2, \ldots, 1986 \}$이고, 여기서 $n(\bar{z}_{f\circ f}) = 1987$이므로 $n(\bar{z}_{f\circ f}) = 2k = 1987$이 되어 모순이다. 따라서 $f(f(n)) = n+1987$을 만족하는 함수 f는 존재하지 않는다. (증명끝) ∎

우선 풀이의 문제점을 짚어보자. 우선 $\bar{z}_f$가 유한집합임을 명백하게 밝히지 않고 있다. 증명의 (ii)에서 $f\big(f(n)\big) = n + 1987$이므로 분명히 $R(f)$는 1987 이상인 자연수를 모두 포함하고 있다. 즉, $\{ 1987, 1988, \ldots \} \subset R(f)$이다. 따라서

$$\bar{z}_f = z_0^+ - R(f) \subset \{ 0, 1, 2, \ldots, 1985, 1986 \}$$

이다. 이 사실로부터 $\bar{z}_f$은 유한집합이고 $\bar{z}_f \neq \emptyset$이면 출전의 증명처럼

$$\bar{z}_f = \{ a_1, a_2, a_3, \ldots, a_k \}$$

라 놓을 수 있다. 그런데 만약 $\bar{z}_f = \emptyset$이면 어떻게 할까? 이에 대한 설명은 없지만 당연하게 $\bar{z}_f \neq \emptyset$이다. 왜냐하면 $\bar{z}_f = \emptyset$이라는 뜻은 f가 z_0^+ 위로 대응하는 함수, 즉 전사함수[surjection]라는 것을 의미하므로 $f \circ f$도 전사함수여야 한다. 그러나 분명히 $f \circ f$는 전사함수가 아니다. 이와 관련하여 (iv)에서 f^{-1}이 존재한다고 하였는데, 원래 IMO 문제에서 보듯이 'function f from the set of non-negative integers *into* itself'라 되어 있으므로 f가 집합 z_0^+ 위로 가는 함수로 전제하고 있지 않다. (이 풀이가 실린 출전은 원래 문제와 달리 '정의역과 치역이 모두 음이 아닌 정수들의 집합인 함수 중에서'라 하였으므로 f는 z_0^+ 위로 가는 함수, 즉 전사함수가 되어 위와 같은 복잡한 증명도 필요없이 조건을 만족하는 함수 f는 당연히 존재하지 않음을 알 수 있다. 이는 원문을 우리글로 옮기는 과정에서 생긴 잘못으로 보인다.) 그러나 f^{-1}을 f의 치역에 속하는 값에 취하고 있으므로 f^{-1}을 f의 치역에서 정의된 역함수로 보는 것은 무방하다. 뿐만 아니라 부등식 $1 \leq i \leq k$을 만족하는 모든 자연수 i에 대해 a_i와 $f(a_i)$는 $R(f \circ f)$의 원소가 아니다. 즉,

$$\bar{z}_{f \circ f} \supset \{\, a_1,\, a_2,\, \ldots,\, a_k,\, f(a_1),\, f(a_2),\, \ldots,\, f(a_k)\,\}$$

이다. 그럼 과연 (v)에 밝힌 바같이 왼쪽과 오른쪽의 집합이 똑같아야 할까? 위 설명은 정확히 밝히지 않고 있지만 두 집합은 상등이다. 그러나 이에 대한 증명이 없는 한 증명은 완벽하지 않다. 이제 다른 풀이를 만들어 보자.

바른 풀이 우선 $\mathbb{N}_0$을 음이 아닌 정수 전체로 이루어진 집합이라 하고, 홀수 $k \geq 1$에 대해 $f\big(f(n)\big) = n + k \geq k$를 만족하는 함수 $f : \mathbb{N}_0 \to \mathbb{N}_0$가 존재한다고 하자. 만약 $f(a) = f(b)$이면, $f\big(f(a)\big) = f\big(f(b)\big)$이고 따라서 $a + k = b + k$로부터 $a = b$임을 알 수 있어 함수 f는 일대일함수임을 알 수 있다. (앞에서 지적했듯이 f는 일대일대응이 아니다.) 이제 $\mathbb{N}_0$의 임의 부분집합 X에 대해 $f(X) = \{\, f(n) \mid n \in X \,\}$ 라 할 때, $A = \mathbb{N}_0 - f(\mathbb{N}_0)$, $B = f(A)$라 하자. 당연히 f가 전사함수가 아니므로 $A \neq \emptyset$이고 따라서 $B \neq \emptyset$이며, 앞에서 살핀 바같

이 A가 유한집합이므로 B도 유한집합이다. 이 사실로부터 f가 일대일함수이므로 $n(A) = n(B)$이다. $B = f(A) \subset f(\mathbb{N}_0)$이고 $A \subset \big(f(\mathbb{N}_0)\big)^c$이므로 분명히 $A \cap B = \emptyset$이다. 우선 $B = f(\mathbb{N}_0) - f\big(f(\mathbb{N}_0)\big)$임을 증명하자.

1. 만약 $a \in B$이면 $f(b) = a$이고 음이 아닌 자연수 $b \in A$가 존재한다. 만약 $a \in f\big(f(\mathbb{N}_0)\big)$이면 $a = f\big(f(c)\big)$이고 음이 아닌 자연수 c가 존재하므로 f가 일대일함수라는 성질로부터 $b = f(c) \in A$이다. 그러나 A는 f의 값을 포함하지 않으므로 이는 모순이고 따라서 $a \notin f\big(f(\mathbb{N}_0)\big)$이며, 결국 $a \in f(\mathbb{N}_0) - f\big(f(\mathbb{N}_0)\big)$이다.

2. 거꾸로 $a \in f(\mathbb{N}_0) - f\big(f(\mathbb{N}_0)\big)$라 하자. 그러면 $a = f(b)$이고 음이 아닌 자연수 $b \in \mathbb{N}_0$가 존재한다. 이제 만약 $b \in f(\mathbb{N}_0)$이라면 역시 $b = f(c)$이고 음이 아닌 자연수 $c \in \mathbb{N}_0$가 존재한다. 따라서 $a = f(b) = f\big(f(c)\big)$이므로 $a \in f\big(f(\mathbb{N}_0)\big)$이 되어 가정에 위배되므로 $b \notin f(\mathbb{N}_0)$, 즉 $b \in A$이다. 따라서 $a = f(b) \in f(A) = B$이다.

한편 $f\big(f(\mathbb{N}_0)\big) \subset f(\mathbb{N}_0)$이므로 $A \cup B = \mathbb{N}_0 - f\big(f(\mathbb{N}_0)\big)$이고 $f\big(f(\mathbb{N}_0)\big) = \{n \mid n \geq k\}$이므로 $A \cup B = \{n \mid 0 \leq n \leq k-1\}$이다. 따라서 $n(A \cup B) = k$는 홀수이고 $A \cap B = \emptyset$으로부터 $n(A \cup B) = n(A) + n(B) = 2 \times n(A)$는 짝수이므로 모순이 되어 조건을 만족하는 함수 f는 존재하지 않는다. ■

이제 독자들이 $k \geq 0$가 짝수일 때는 $f\big(f(n)\big) = n + k$를 만족하는 함수 $f : \mathbb{N}_0 \to \mathbb{N}_0$가 존재하는지 직접 따져 보기 바란다.

2.2 수의 성질과 연산

오늘날 우리는 십진법을 사용하여 수를 적고 있다. 십진법[decimal representation]이란 자릿수를 사용한 표기법 가운데 하나로 말 그대로 열이 되면 수를 한 자리 올려 적는 방법이다. 따라서 우리는 영에서 아홉까지 수를 사용하고 이를 나타내기 위해 0부터 9까지 숫자 열 개를 사용한다. 따라서 아홉 다음에 오는 수인 열을 나타내기 위해 로마 숫자에서 X나 희랍 숫자에서 Δ나 ι'같이 새로운 기호를 사용하지 않고 자릿수를 한 자리 올려 1을 밝혀 적음으로써 10을 나타내는 것이다. 그런데 수가 커지면 수를 읽는데 여러 어려움이 있으므로 천을 한 단위로 수를 읽는 서구 여러 나라는 관습에 따라 세 자리마다 자리를 끊어 반점(,)이나 온점(.)을 적거나 빈칸 (␣)을 두기도 한다. 비롯한 여러 나라에서는 자리표시 쉼표를 쓰고 있으며, 반면에 독일이나 불란서와 같은 유럽 여러 나라에서는 자리표시 마침표를 주로 사용하고 있다. 보기로 미국이나 여러 다른 나라에서는 숫자 16039649를 16,039,649같이 적는 반면에 유럽 여러 나라에서는 이를 16.039.649처럼 적는다⟨46⟩. 그러나 한국이나 日本 그리고 中國 사람들은 만(萬)을 한 단위로 하여 수를 읽으므로 세 자리마다 자리표시를 하는 것은 수를 읽는데 많은 불편을 준다. 이미 익숙하거나 작은 수인 경우에는 큰 어려움이 없지만 수가 조금이라도 커지면 수를 읽는데 어려움을 겪는 경우가 자주 있다. 세 자리마다 나타내는 자리표시 쉼표는 이제 우리가 가진 수 표현에 맞게 네 자리마다 표시하도록 바로 잡는 것이 바람직하지 않은가 싶다. 보기로 세 자리씩 끊어 나타낸 자연수 $128,468,643,043,731,391,252$를 읽으려면 자리값을 먼저 세어 보아야 하지만, 네 자리씩 끊어 쓴 $1,2846,8643,0437,3139,1252$은 자리값을 쉽게 찾을 수 있어 읽기가 훨씬 쉽다⟨47⟩. 네 자리마다 새로운 자리값을 설정하면 되기 때문이다. 이를 우리말로 읽으면

> '일해(垓) 이천팔백사십육경(京) 팔천육백사십삼조(兆) 사백삼십칠억(億) 삼천백삼십구만(萬) 천이백오십이'

이다. 만을 한 단위로 하여 수를 읽는 우리는 수에 대한 감각에 있어 서양 사람들보다 뛰어난 인지 능력과 셈 능력을 가지고 있음에 틀림없다. 더욱이 세 자리마다 찍힌 자리표시 쉼표를 놓고도 만을 단위로 수를 읽을 수 있는 사람들이 많은 것은 우리의 수에 대한 감각이 매우 뛰어남을 보여주는 것이 아닐까? 또한 대부분 단위가 한자어임에도 천을 '즈믄', 만을 '거믄' 또는 '골', 억을 '잘' 그리고 조를 '올'로 나타낸 순수 우리 표현이 있었다 하는 것도 우리가 눈여겨 봐야 할 부분이다[48].

우리 말에 쓰이는 수사를 정리하면 표와 같다 [2, 3, 4]. 이 표에서 주의 깊게 살펴 봐야 할 것은 소수를 나타내는 '분', '리' 따위와 비율을 나타내는 할푼리[割分厘] 방식에 대한 사항이다. 흔히 두 경우를 혼동하고 있으나 이는 엄연히 구분해야 한다. 개화기에 소개된 많은 교과서들은 예외 없이 수사를 사용하여 소수를 읽고 있다. 그러나 日本 강점기를 거치면서 영어를 비롯한 외국어와 같은 읽기 방식을 따라 소수점 아래 자리는 자릿수 이름, 즉 명수사를 붙이지 않고 읽게 되었다. 할푼리는 日本에서 사용하는 비율 단위로 우리나라에서는 日本 교과서를 번역하다시피 하여 만든 李命七의 '新訂教科 算學通編' (1908년 日韓印刷株式會社)에서 처음 사용하기 시작했다. 그러나 1907년 Alex A. Pieters (필하와)가 쓰고, 申海永이 번역한 '고등산학신편'에는 백분율만 소개하고 있다. 日本 교과서에서는 '어느 수와 같은 종류의 어느 다른 수에 대한 비를 歩合(ぶあい) 또는 割合(わりあい)라 부르며, 이는 比(ひ)와 같은 의미로 比라는 말은 주로 수학에서 쓰이고 歩合이나 割合이라는 말은 일상 생활에서 주로 쓰인다' 밝히고 있다 [2]. 이에 덧붙여 '대개 日本 사람들은 열에 대한 하나를 기준으로 하여 이를 1割(わり)라 하고 이보다 작은 비를 分(ぶ), 厘(りん) 따위를 사용한다' 하고 있다[49] [2, 3, 4]. 한편 日本 강점기에 林鶴一이 지은 '新式 實用算術教科書' (1913, 東京 開成館 펴냄)에 따르면 '소수 제1자리를 기본으로 하여 이것을 割이라 부르고, 割의 $\frac{1}{10}$, $\frac{1}{100}$, $\frac{1}{1000}$을 각각 分, 厘, 毛라 부른다' 하였다. 아울러 '歩合의 分, 厘, 毛 등은 소수의 分, 厘, 毛

수사(數詞)	(가)	(나)	(다)	수사(數詞)	(가)	(나)	비고
즈믄, 천(千)	10^{3}	10^{3}	10^{3}	분(分)	10^{-1}	10^{-1}	푼
만(萬)	10^{4}	10^{4}	10^{4}	리(釐)	10^{-2}	10^{-2}	리(厘)
억(億)	10^{8}	10^{8}	10^{8}	호(毫)	10^{-3}	10^{-3}	모(毛)
조(兆)	10^{16}	10^{12}	10^{12}	사(絲)	10^{-4}	10^{-4}	
경(京)	10^{24}	10^{16}	10^{16}	홀(忽)	10^{-5}	10^{-5}	
해(垓)	10^{32}	10^{20}	10^{20}	미(微)	10^{-6}	10^{-6}	
자(秭)	10^{40}	10^{24}	10^{24}	섬(纖)	10^{-7}	10^{-7}	
양(穰, 壤)	10^{48}	10^{28}	10^{28}	사(沙)	10^{-8}	10^{-8}	
구(溝)	10^{56}	10^{32}	10^{32}	진(塵)	10^{-16}	10^{-9}	
간(澗)	10^{64}	10^{36}	10^{36}	애(埃)	10^{-24}	10^{-10}	
정(正)	10^{72}	10^{40}	10^{40}	묘(渺)	10^{-32}	10^{-11}	
재(載)	10^{80}	10^{44}	10^{44}	막(漠)	10^{-40}	10^{-12}	
극(極)	10^{88}	10^{48}	10^{48}	모호(糢糊, 模糊)	10^{-48}	10^{-13}	
항하사(恒河沙)	10^{96}	10^{56}	10^{52}	준순(逡巡)	10^{-56}	10^{-14}	
아승기(阿僧祇)	10^{104}	10^{64}	10^{56}	수유(須臾)	10^{-64}	10^{-15}	
나유타(那由他)	10^{112}	10^{72}	10^{60}	순식(瞬息)	10^{-72}	10^{-16}	
불가사의(不可思議)	10^{120}	10^{80}	10^{64}	탄지(彈指)	10^{-80}	10^{-17}	
무량수(無量數)	10^{128}	10^{88}	10^{68}	찰나(刹那)	10^{-88}	10^{-18}	
				육덕(六德)	10^{-96}	10^{-19}	
				허(虛)	10^{-104}		
				허공(虛空)		10^{-20}	
				공(空)	10^{-112}		
				청(淸)	10^{-120}		
				청정(淸淨)		10^{-21}	
				정(淨)	10^{-128}		

(가) 삼국시대에서 18세기까지 [2]

(나) 一石 李熙昇 [11]

(다) 李尙爀의 借根方蒙求 (1854)와 혜천(惠泉) 南秉吉의 算學正義 (1867) 이후 [2]

등보다 한 자리씩 낮다'고 적고 있다[50]. 따라서 할푼리[割分厘] 방식은 日本 강점기를 거치면서 日本 사람들이 사용하던 비를 들여온 것으로 예로부터 자릿수 이름으로 사용했던 분, 리, 호, 사 따위와 구별해야 한다. 보기로 0.236은 비로 '2할 3푼 6리'라 읽지만 명수사를 사용하여 수로 읽을 때는 '幾零 二分 三厘 六毫'라 읽었다. 아울러 명수사 이야기가 나온 김에 지적하고 싶은 것은 천재교육사가 펴낸 고등학교 수학I 수학 교과서[51]의 37쪽을 보면 '광년[light year]'이나 '천문단위[astronomical unit]' 그리고 'parsec'을 수사라 하고 있으니 정말 수학을 공부한 사람이 쓴 글인지 의심스럽다. 이들은 수사가 아니라 천문학에서 길이를 재는 단위다. '1광년'은 빛이 1년, 즉 31556925.9747초 동안에 간 거리를 일컫는 말로

$$1광년 = 9.4605284048793588126 \times 10^{12}\,\text{km},$$

즉 약 9조 4610만 km다. 빛이 태양을 떠나 지구에 다다르는데 걸리는 시간은 약 8.3분이며 태양을 빼고 가장 가까운 별인 적색왜성 Proxima Centauri까지는[52] 약 4.22광년 떨어져 있다. 우리 은하계의 지름이 약 8만에서 10만 광년이고, 삼각형자리 은하[Triangulum Galaxy] (M33, NGC 598)는[53] 맨눈으로 볼 수 있는 가장 먼 천체로 259만 광년 떨어져 있다. 또한 '1천문단위'는 태양과 지구 사이의 평균거리로 오늘날 이 값은

$$1천문단위 = 149597870.691\,\text{km},$$

즉 약 1억 5천만 km로 정해져 있다. 국제 천문연합(IAU)은[54] 단위로 au를 쓰기를 권고하고 있고, 국제표준 ISO 31-1은 AU를 체택하고 있다. 또한 별까지 거리를 재는 단위로 쓰이는 'parsec'은 'parallax of one arc second'를 줄여 만든 단위로 각거리가 1초인 곳까지 거리를 뜻하며

$$\begin{aligned} 1\text{ pc} &= (\cot 1'' \times 1)\,\text{AU} = 206264.8062454803\cdots\,\text{AU} \\ &= 3.0856775812\cdots \times 10^{13}\,\text{km}, \end{aligned}$$

즉 약 31조 km 또는 약 3.26광년이다. 단위로 흔히 'pc'를 쓴다. 2004년

2월 18일자 NASA 발표에 따르면 Chandra X-ray 우주 관측선과 XMM-Newton 우주 관측선이 관측한 결과를 검토한 결과 검은구멍[black hole]이 있을 것으로 확실시 되는 구상성단 RXJ1242-11은⟨55⟩ 처녀자리[Virgo]에서 보이는데, 지구에서 약 2억 pc 떨어진 곳에 위치하고 있고⟨56⟩, 우리에게 가장 친숙하고 우리 은하에서 가장 가까이 있는 Andromeda 나선은하 (M31, NGC 224)는⟨57⟩ 약 252만 광년 또는 77만 pc, 즉 0.77 Mpc 떨어진 곳에 있다.

수를 나타내는 방법으로 우리가 십진법을 사용하고 있는 것과 달리 오늘날 우리가 널리 사용하고 있는 전산기는 십진법을 사용하지 않는다. 셈법으로만 따지면 전산기는 자릿수로 0과 1만 알 수 있는 기계로 이진법, 즉 2가 되면 자리를 한 자리 올려 적는 방법을 택하고 있는 셈이다. 이리하여 우리가 십진법에서 쓰고 있는 0과 1만 사용하면 모든 수를 나타낼 수 있다. 보기로 2는 $10_{(2)}$, 3은 $11_{(2)}$, 4는 $100_{(2)}$처럼 말이다. 여기서 각 자리는 오른쪽부터 '1의 자리', '2의 자리', 2^2, 즉 '4의 자리', 2^3, 즉 '8의 자리'같이 값이 매겨져 있다. 따라서 이진법으로 씌여진 수 $11101_{(2)}$는

$$11101_{(2)} = (2^4 \times 1) + (2^3 \times 1) + (2^2 \times 1) + (2^1 \times 0) + (1 \times 1) = 29$$

다. 이런 방법을 사용한다면 삼진법, 사진법같이 여러 표현법을 만들어 쓸 수 있다. 그럼 십일진법, 십오진법, 백진법과 같은 것도 가능할까? 실제로 전산학에서 십육진법을 많이 사용한다. 전산기에서 사용하는 이진법의 한 자리 한 자리를 bit라 일컫는데 이는 'binary digit'를 줄인 말이다⟨58⟩. 그러나 bit 하나 하나를 사용하면 단위가 너무 작아 정보를 나타내는데 어려움이 있다. 이는 한 bit가 나타낼 수 있는 가능한 방법이 0 아니면 1로 오직 두 개 뿐이기 때문이다. 아마 독자들도 ASCII라는 말을 들어 본 적이 있으리라. 이는 영문 'American Standard Code for Information Interchange'를 줄인 말로 bit 일곱개를 하나로 묶어 한 정보를 나타내는 방식을 일컫는다. 영문자 'A'를 나타내기 위해 bit 일곱

개를 사용하는데, 이는 $1000001_{(2)}$로 십진법으로 65에 대응하는 값이다. 그러면 이 부호를 사용하여 나타낼 수 있는 정보는 모두 $2^7 = 128$개다. ASCII는 0에서 127까지 128개 부호를 사용하여 전산기에 필요한 기본 정보를 나타내고 있는데, 우리가 화면으로 볼 수 있는 것은 오직 32개 뿐이다. 특히 이 부호는 영문자 대문자와 소문자가 서로 쉽게 호환될 수 있도록 만들어져 있어, 대문자는 맨 오른쪽에서부터 여섯 번째 자릿수, 즉 $2^5 = 32$의 자리가 0인 반면 소문자는 1로 되어져 있다. 보기로 영문자 'Q'를 나타내는 값은 81, 즉 $1010001_{(2)}$이므로 소문자 'q'는 $1110001_{(2)}$에 해당한다. 십진법으로 보면 32가 더 더해지는 셈이다. 그러나 초기 이런 방식은 나타내야 할 단위 정보가 늘어남에 따라 한계를 드러내기 시작했다. 이를 위해 고안된 것이 bit 여덟 개를 묶어 한 단위 정보를 나타내는 방식이다. 이 방식을 흔히 '확장 ASCII'라 부르는데 기존 ASCII 체제를 유지하면서 $2^8 = 256$개 단위 정보를 나타내는 방식이다. 예를 들어 독일어 문자 'Ä'는 기존 ASCII로 나타낼 수 없는 기호였으나 확장 ASCII로 $10001110_{(2)}$을 사용하여 나타낼 수 있다. 이처럼 Latin 문자를 주로 사용하는 나라에서는 256개 부호로 필요한 문자를 나타낼 수 있었으나, 전산기가 동양권에 보급되면서 엄청나게 많은 문자를 사용하는 中國, 한국, 日本과 같은 나라에서 이 부호를 사용하여 문자를 나타내기 불가능했다. 中國 최대 자전(字典)이라 불리우는 康熙字典[Kāngxīzìdiān]⟨59⟩에 실린 한자가 이체자를 제외하여도 무려 4 7035자에 달하고, 1994년 中國友誼出版公司[Zhōngguó Yǒuyì Chūbǎngōngsī]가 출간한 中華字海[Zhònghuázìhǎi]에는(冷玉龍[Lěng Yùlóng], 韋一心[Wéi Yīxīn] 편집) 약 8 5568자가, 전산망에 올라 있는 今昔文字鏡에⟨60⟩ 2002년 10월을 기준으로 10 1936자가 수록되어 있다⟨61⟩. 이를 다 표현하기 위해 엄청나게 큰 부호가 필요함은 말할 나위가 없다. 어디 이 뿐일까. 한국, 中國, 日本에서 쓰는 한자가 서로 다를 뿐 아니라 中國은 배우기 어렵고 쓰기 힘든 한자를 더욱 간단히 하고자 简化字[jiǎnhuàzì]라는 새로운 한자를 만들어 쓰고 있는 실정으로 전산기가 나타내야 할 글자 수는 더욱 늘어난 셈이다. 한글도 이런 사정에 한 몫 한다. 한글은 모아쓰기 방식을 체택하고 있는 글자로 각 자모를 초성, 중성, 종성으로 결합하여 사용할 경우 이론적으로 가능한 모든 글자를 만들 수 있는 장점은 있으나, 모아쓰기가 형태를 구현하기 어려운 단점 또한 갖고 있어 이미 만들어진 글자에 부호를 하나씩 대응시키는 방법을 사용하기도 한다⟨62⟩. 이처럼 엄청난 문자를 다 다룰 수 있도록 하기 위해 전 세계가 함께 만들고 있는 것으로 'Unicode'라는 것이 있다⟨63⟩. 이는 16 bit를 한 단위로 하여 단위 정보를 나타내는 방식으로 $2^{16} = 65536$개 정보를 다룰 수 있다. 주어진 수를 십육진법으로 나타내기 위해서는 16개 기호가 필요하다. 이를 위해 흔히 영문자 a에서 f까지 사용하는데, 대문자 소문자를 가리지 않고 한 종류로 쓴다. 보기로 $2a3c_{(16)}$에서 a는 10을, c는 12를 나타내기 때문에

$$2a3c_{(16)} = 16^3 \times 2 + 16^2 \times 10 + 16 \times 3 = 1 \times 12 = 10812$$

이다. Bit 네개를 nibble이라 하고 bit 여덟 개를 byte⟨64⟩ 또는 octet라 부른다. 전산기에 사용되는 중앙처리장치(CPU)가 빠르게 발전하고 저장장치 기술이 발달함에 따라 전산기 성능 또한 엄청난 빠르기로 성장하고 있다. 늘어나는 정보처리 용량을 나타내기 위해 bit나 byte에 국제 표준에서 사용하는 접두어를 붙이고 있으나 이는 아직 표준은 아니며 그 의미도 조금 다르다. 국제 표준 단위에서 kilo는 1000을 뜻하는 반면, kilobit나 kilobyte에 쓰이는 kilo의 뜻은 사실상 $2^{10} = 1024$를 뜻하기 때문이다. 이런 혼선을 막고자 IEC⟨65⟩는 'kibi-', 'mebi-', 'gibi-', 'tebi-', 'pebi-', 'exbi-' (이는 순서대로 2^{10}, 2^{20}, 2^{30}, 2^{40}, 2^{50}, 2^{60}을 뜻한다)와 같은 접두어를 제안하고 있으나 아직 널리 사용되고 있지 않다. 한편 IEEE⟨66⟩나 CIPM⟨67⟩ 등에서는 이를 권장하고 있다⟨68⟩.

역사적으로 이진법[binary system]을 처음으로 사용한 것은 기원전 5세기 경으로 Φιλόλαος[Philolaus]가 남긴 문헌에 나타나 있다. 한편, 인도에서도 기원전 이미 이진법을 사용한 흔적이 있는데 पिङ्गल[Piṅgala]가 쓴 छन्दस् शास्त्र[Chandahs-śāstra]에서 그 기록을 찾을 수 있다. 태극기와 周

易[Zhōuyì]에 등장하는 팔괘나 육십사괘도 이진법을 응용한 것으로 볼 수 있는데⟨69⟩, 이진법을 사용한 연산을 개발했던 Gottfried Wilhelm von Leibniz는 이를 이진법의 원형으로 보기도 했다 [37, 4권 1, 152-164쪽], [93, 275-286쪽]

이제 이진법과 관련한 문제를 살펴보자.

> 1g, 2g, 4g, 8g짜리 저울 추가 각각 1개씩 있다. 이들 저울 추로 13g의 물체를 달 때, 사용되지 않는 저울 추는 어느 것인가?
>
> – 고난도 탄탄수학 (7-가), 85쪽, 문제 4번 (오명식 지음, 탄탄교육 출판사) –

이 문제는 중학교 과정에서 기수법을 다루는 장이면 반드시 한 번씩 풀어보는 문제로 기수법을 이해하는데 도움을 주는 문제이기도 하다. 우선 문제에서 사용한 표현을 먼저 지적하고 싶다. 지문에서 단위를 나타내는 g을 1g, 4g, 13g같이 숫자에 붙여 쓰고 있는데 이는 틀린 표기법이다. 도량형에 관하여 국제 표준 단위계에서 정한 규정에 따르면 각의 크기를 나타내는 단위 (°, ′, ″)를 제외한 단위와 양을 나타내는 수나 기호는 반드시 띄어 쓰게 되어 있다. 따라서 이 규정에 따르면 '15␣°C', '32°␣27′␣35″', '2␣kg'은 맞으나 '15°C', '32␣°␣27␣′␣35␣″', '2kg' 따위는 틀린 표현이다. 온도를 재는 표준 단위인 kelvin, 즉 'K'와 전류의 크기를 재는 단위인 ampere, 즉 'A'를 제외한 모든 단위는 소문자로 문장 첫머리에서도 대문자로 적지 않으므로 '2␣Kg'은 틀린 표현이며, 기울임체[italic], 즉 '2␣*km*'같이 적지 않는다. 아울러 한국도 이 표준을 그대로 따라서 한국 표준으로 정하고 있다. 따라서 '1g', '2g' 따위가 아니라 '1␣g', '2␣g'같이 적어야 옳다. 한편 '%'도 숫자와 띄어 적도록 규정하고 있어 '50%'가 아니라 '50␣%'로 적어야 한다. 그런데 불행하게도 이를 지키는 책은 찾아보기 힘드니 어찌된 일인가. 한편 문장에서 사용한 '달 때'는 타동사 '달다'에서 온 표현으로 '물체를 달 때'라는 표현은 '물체를 어디에 매어 늘어뜨린다'는 뜻을 가지므로 '물체의 무게 또는 질량을 달 때'라 하는 것이 옳은 표현이다. 물론 저울의 종류에 따라 무게를 잴 수 있는 것도 있고 질량을 잴 수 있는 것도 있다. 교과서도 이를 정확히 구분하지 않은 것을 종종 보는데, 보기로 고려출판사가 펴낸 중학교 7-가 수학책〈70〉 51쪽에 양팔저울을 쓰는 사진을 싣고서도 무게를 측정한다 적고 있다. 이 경우 무게 대신 질량을 잰다고 하는 것이 옳은 표현이다. 그리고 '저울추'는 한 단어이므로 '저울 추'같이 띄어 쓰지 않고 '저울추'같이 붙여쓴다. 교재이기에 더욱 그러하려니와 그렇지 않더라도 표기법 하나하나 세심한 주의를 기울이는 습관을 들여야 한다. 이제 문제 내용으로 들어가 보자. 문제의 의도를 잘 파악해 보면 이진법으로 십진법 13을 나타내 보라는 뜻으로 여겨진다. 이제 13을 이진법으로 나타내면 $13 = 1101_{(2)}$이고 여기서 0은 2의 자리를 의미하므로 2 g짜리 추는 사용되지 않음을 알 수 있다. 그러나 이 문제를 기수법과 관련한 단순한 문제로만 보고 답을 구했다면 수학을 올바로 배우고 있다 할 수 없다. 이미 누가 정해 놓은 답과 일치하는 답을 빠른 시간 안에 제대로 고를 수 있는 능력으로 수학 실력이 가늠되어서는 안되며, 주어진 문제를 파악하고 분석하는 능력으로 실력이 평가되어야 마땅하다. 우리 교육의 현실이 이를 충분히 뒷받침해 주지 못하고 있으니 무척이나 안타깝기 그지없다.

문제를 차근차근 자세히 들여다 보자. 지금 저울과 저울추 그리고 13 g짜리 물체로 무엇을 하고 있는 상황일까? 문제로 보아 13 g짜리 물체의 무게 또는 질량은 알려져 있지 않거나 물체의 질량이나 무게가 13 g이라는 정보는 있지만 사실인지 모르는 채 이 물체의 무게나 질량을 저울과 저울추를 사용해서 재려고 하는 듯하다. 그럼 이 문제는 과연 옳은 문제일까? 정말 2 g은 쓰이면 안되는 것일까? 이 문제에 이런 물음을 던져 본 사람은 과연 얼마나 될까? 필자는 정말 2 g이 쓰이면 안되는 것인지 궁금해졌다. 저울추를 사용하여 물체의 무게나 질량을 달려고 하는 것으로 보아 저울은 분명 앉은뱅이저울이 아니라 접시천칭(天秤) 또는 양팔저울과 같은 저울을 사용함에 틀림없다. 그렇다면 이 문제는 기수법만 가지고 풀 수 있는 문제가 아니다. 예를 들어 양팔저울의 왼쪽 접시에 13 g짜리 물체와 1 g짜리 저울추를 올려 놓고 오른쪽 접시에 나머지 세 저울추를 모두 올려 놓으면 평형이 되니 왼쪽 접시에 올려진 물체의 질량이 13 g임을 확인할 수 있다. 따라서 2 g짜리 저울추를 사용하지 말라는 법은 없다. 이 문제를 기수법과 관련하여 적절한 문제로 바꾸려면 다음같이 고치는 것이 옳다.

> 1 g, 2 g, 4 g, 8 g짜리 저울추가 각각 한 개씩 있다. 이 저울추와 수평이 맞춰진 양팔저울을 사용하여 13 g짜리 물체의 질량을 달 때 사용되지 않는 저울추는 어느 것인지 고르시오. 단, 물체는 접시의 한 쪽에만 올리고 저울추는 다른 접시에만 올리기로 한다.

이런 문제를 기수법에 의해서 답만 구하고 만다면 답을 구하는 기술만 익힌 셈이지 수학을 수학답게 배웠다 할 수 없다. 더욱이 이런 문제는 실생활과도 밀접한 관련이 있어 단순하게 답만 구하고 말면 수학을 통해 우리가 얻을 것이 거의 없다. 이런 질문은 어떨가? 과연 추를 사용하는 방법이 한 가지 뿐일까? 기수법이라는 측면에서 보면 주어진 수는 한 가지 방법으로 표현될 것으로 보이므로 사용할 추는 정해질 것이 뻔한 듯한데, 실제 사용할 추를 보면 꼭 그럴 것 같지도 않아 꼼꼼히 따져 보고 싶은 욕구가 솟아나야 한다. 이런 문제를 다루는 교사나 교재는 이런 점에 더 관심을 가져야 올바른 수학을 가르칠 수 있다. 이와 비슷한 다음 문제를 살펴보자.

> 1g, 3g, 9g, 27g, 81g의 5개의 분동과 2개의 접시가 있는 양팔 저울을 이용하여 잴 수 있는 무게는 모두 몇 가지인지 구하여라. (단, 분동을 접시 위에 올려 놓지 않을 때도 있다.)
>
> **– 디딤돌 경시수학 기본편 32쪽, (안일도 외 네 명 지음, 디딤돌 넷스쿨 펴냄, 2001년) –**

이 문제는 출전에 따르면 불란서 어느 시험에 출제되었던 것으로 보인다. 문제의 출처로 '프랑스'라고만 적어 놓은 이유가 어디에 있는지 알 수 없다. 아마 저자 자신도 출처를 정확히 몰랐나 보다. 자료를 다룸에 있어 그 출처를 정확히 밝히는 일 하나부터 우리의 과학 역량을 키우는 일임을 다시금 깨닫자. 이 문제도 앞에 제시한 문제와 매우 흡사한 문제다. 우선 문장부터 살펴보자. 日本 강점기를 오랫동안 지낸 탓인지, 영어를 끔찍하게 사랑한 탓인지 제 나라 글과 말 하나도 바르게 나토지 못하는 이들이 많아 우리 문화의 갈 길이 어딜지 궁금하기만 하다. '… 81g의 5개의 분동'이라는 표현을 읽고 있으면 어쩐지 숨이 가쁘다. 무슨 '~의'가 그리도 많은지. 마치 日本 글을 읽고 있는 듯한 착각마저 든다. '… 81 g짜리 저울추 다섯 개'라 쓰면 읽기도 수월하고 더욱 우리 글 답다. 한편 앞에서 지적했듯 질량 단위 g은 숫자와 띄어 써야 옳다. 꽤나 낯선 '분동(分銅)'이란 낱말은 천칭의 한 쪽 접시에 올려놓아 물건의 무게를 재는 추를 일컫는다. 아울러 접시천칭 또는 양팔저울을 사용한다면 무게라는 단어보다 질량이라는 표현이 적절하다. 그 이유는 독자들이 필자보다 더 잘 알고 있으리라. 이제 문제로 돌아가 보자. 언뜻 보아 이 문제도 기수법과 관련이 있는 듯하다. 저울추의 값을 보면 삼진법과 관련이 있음에 틀림없다. 그러나 이 분동으로 2 g을 재려면 문제가 있다. 물체가 올려져 있지 않은 다른 쪽 접시에만 저울추를 올린다면 2 g은 잴 수 없기 때문이다. 그러나 저울추를 어느 접시에 올려도 괜찮다면 2 g은 잴 수 있다. 즉 왼쪽 접시에 1 g을 올리고 다른 접시에 3 g을 올린다면 2 g도 아무 문제없이 잴 수 있기 때문이다. 그럼 이제 풀이에 다가서 보자. 보기로 52 g을 어떻게 잴 수 있을지 살펴보자. 우선 52 g을 삼진법으로 나타내면 $52 = 1221_{(3)}$이다. 만약 저울추가 각각 두 개씩 있다면 1 g짜리 한 개, 3 g짜리와 9 g짜리 각 두 개 그리고 27 g짜리 저울추 한 개를 한 쪽 접시에 올려서 52 g을 달 수 있다. 그런데 저울추는 종류별로 한 개씩 뿐이므로 이 방식으로 질량을 잴 수 없다. 따라서 3 g과 9 g짜리 저울추를 모두 내려 놓고 이제 27 g짜리 저울추 대신 81 g짜리 저울추를 올리면 저울추는 모두 82 g이 되어 30 g이 모자란다. 따라서 물체가 올려 있는 접시에 30 g, 즉 27 g짜리와 3 g짜리를 함께 올리면 저울이 평형을 이루므로 52 g을 달 수 있다. 이제 이 관계를 삼진법을 통해 알아보자.

$$\begin{aligned} 1221_{(3)} &= 3^3+2\cdot 3^2+2\cdot 3+1 \;=\; 3^3+(3-1)\cdot 3^2+(3-1)\cdot 3+1 \\ &= 3^3+3^3-3^2+3^2-3+1 \;=\; 2\cdot 3^3-3+1 \\ &= (3-1)\cdot 3^3-3+1 \;=\; 3^4-3^3-3+1 \end{aligned}$$

삼진법으로 씌여진 $1221_{(3)}$의 각 자리를 -1, 0, 1을 사용해 나타낸다고 할 때, 표현을 간단히 하기 위해 $-1=\bar{1}$이라 하면, $52=1221_{(3)}=1\bar{1}0\bar{1}1_{(3)}$이다. 이제 이 표기법에서 $\bar{1}$이 놓인 자리는 각각 3의 자리와 27의 자리이므로 3 g과 27 g짜리 추는 물체와 함께, 그리고 나머지 추는 다른 접시에 올리면 된다는 사실을 나타내고 있음을 알 수 있다. 삼진법이라고 자릿수를 0, 1, 2로만 나타내기보다 -1, 0, 1을 사용하여 나타낼 수도 있고 이로부터 문제를 이해하거나 해결하는데 큰 도움을 준다는 사실을 배울 수 있다. 결국 이런 방법을 사용하면 접시천칭으로 잴 수 있는 최대 질량이 $1+3+9+27+81=121$이므로 1 g에서 121 g까지 자연수값을 갖는 질량은 모두 잴 수 있다. 따라서 문제의 출전에서 제시하고 있는 답처럼 잴 수 있는 질량은 모두 121가지이다. 자, 이제 한 걸음 더 나아가 문제를 분석해 보자. 그렇다면 이 접시천칭과 주어진 다섯 개 저울추를 사용해서 122 g은 잴 수 없을까? 문제를 푸는 것만큼 문제를 만드는 일도 중요하다. 그 이유는 앞에서 얘기 했듯이 답을 아는 것보다 문제를 파악하고 분석하는 능력이 과학이나 수학을 배우는데 더욱 중요하기 때문이다. 과연 122 g을 잴 수 있는지 아니면 없는지 그리고 얼마나 큰 질량까지 잴 수 있으며 그렇다면 어떻게 이것이 가능할 수 있는지 독자들이 곰곰이 따져 보기 바란다.

자연수란 말 그대로 인류가 세월을 거쳐오는 동안 자연스레 알아낸 셈에 그 기초를 두고 있다. 그런데 우리가 늘 쓰고 있는 0은 자연수 무리에 들지 못한다. 그래서 그런지 학생들은 0이 자연수인지 아닌지, 만약 자연수가 아니라면 왜 그런지 자주 묻는다. 오늘날 일상 생활에서 0을 빼고 살 수 없듯이 0이란 어찌 보면 아주 자연스러운 수임에 틀림없거늘 수학에서는 도대체 왜 0을 자연수라 하지 않을까? 물론 수학에서 0을 자연수라 하지 않는다는 주장도 그리 정확한 표현은 아니다. 정수 0을 자연수로 여기느냐 아니냐는 문화적, 철학적, 심리적 문제에 달려있는 것이지 완전히 수학이 떠안을 문제는 아니기 때문이다. 처음에는 0을 자연수로 여기지 않았던 G. Peano 자신도 그랬던 것처럼 자연수 체계를 설정함에 있어 1대신 0을 사용하고 있고, 그래도 큰 문제를 일으키지 않기 때문이다.

자연수란 옛 희랍 시대 철학자 Πλάτων[Plato] 말했듯⟨71⟩ 구체적이고 감각으로 느낄 수 있는 사물이 몇 개 있는지 나타내는 것인만큼, 0이 자연수라면 0도 이에 해당하는 구체적이고 감각으로 느낄 수 있는 대상이 있어야 한다. 그러나 흔히 '없다', '비어있다', '존재하지 않는다'와 같은 개념을 대표해 사용하는 수 0은 구체적인 대상을 나타내는 수로 보기 어려우니 0을 자연수 무리에 넣을 수 없었던 것도 당연한 듯하다. 그리고 실제로 0은 연산에서 꽤나 골치 아픈 존재기도 하다. 왜냐하면 $1 \div 0$이나 $0 \div 0$, 0^0같이 표현상 자연스럽게 보이는 식조차도 그 값을 정할 수 없기 때문이다. 그러나 문화적 측면에서만 본다면 0은 자연수에 속해야 마땅하다. 수에 대한 이름이 언급된 인도 기록에 범어로 씌여진 천문에 관한 책 **लोकविभाग**[Lokavibhāga]가 있다. 저자가 적어 놓은 연대를 바탕으로 오늘날 연대로 바꾸면 458년 8월 25일에 기록된 것으로 보이는 이 기록에는 여러 숫자의 이름이 실려있는데, 여기에서 0을 범어로 '텅 빈'이란 뜻을 가진 **शून्य**(śūnya)로 읽고 있다 [52, 419쪽]. 한편 기원전 200년경에 쓰인 것으로 추정되는 Piṅgala의 *Chandaḥs-śāstra*에도 0을 나타내는 기호가 쓰이고 있으며 200년 경 씌여진 **बख्स्हाली**[Bakhshālī]⟨72⟩ 필사본에도 계산에 0이 쓰인 곳이 있고 **वराहमिहिर**[Varāhamihira]가 505년에 쓴

पञ्चसिद्धान्तिका[*Pañcasiddhāntikā*]의 여러 곳에도 0에 대한 언급이 있다 [34, 75-83쪽]. 또한 중앙아메리카에 찬란한 문화를 이루었던 것으로 알려진 Maya 문명에서도 0에 해당하는 기호를 사용하였다.

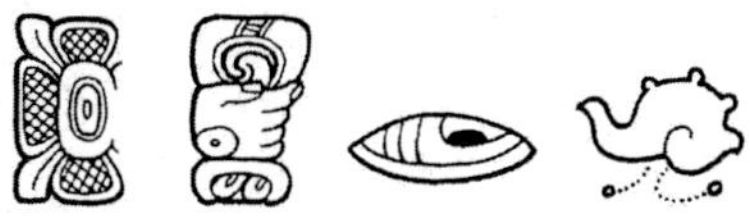

수 0을 나타내는 Maya 문자들

수학에서 이론을 구성하거나 셈을 편리하게 하기 위해서도 0은 매우 쓸모있는 대상이다. 보기로, 방향과 크기를 가진 양인 **벡터**[vector]끼리 연산을 하기 위해 방향이 정해지지 않는 영**벡터**를 생각하면 연산이 간편해진다. 집합론을 구성하거나 수 체계를 대수적 방법으로 합리화하기 위해 0은 필요한 대상이다. 아울러 0이라는 표현을 만들어 냈던 옛 인도인들은 유한한 수 개념에서 벗어나 자릿수를 늘림으로써 무수히 많은 수를 나타낼 수 있었던 것은 분명히 현실 감각에서 느끼는 수가 아닌 개념 속에 자리 잡고 있는 수로 그 의미를 확장했던 그들의 지혜덕이었으리라. 일찍이 Olmec⟨73⟩ 사람들은 0에 해당하는 기호를 사용한 흔적이 남아 전하고, 이것이 Maya 숫자에 영향을 주기도 했지만 이것이 단순히 자리를 나타내기 위한 수단이었는지 아니면 구체적인 값이나 의미를 담고 있던 문자였는지는 알려진 바가 아직 없다. 학교 과정에서 0을 자연수로 취급하지 않지만, 양인 정수와 음인 정수 그리고 0으로 정수를 이미 구분하고 있으니 자연수에 0을 포함시키는 것이 오히려 자연스럽지 않을까 필자는 느낀다. 이와 관련하여 0과 자연수를 아울러 'whole numbers'라 일컫기도 한다 [23, 44]

0이나 자연수 발견처럼 음수도 누가 언제부터 사용했는지 정확하게 알려진 바가 거의 없다. 1세기경 後漢 시대 체계를 갖추기 시작하여 적어도 2세기 경에 완전한 체계를 갖춘 것으로 보이는 中國 수학서 '九章算術[Jiǔzhāngsuànshù]'의 方程章에서 正負術이라 불리는 방법을 사용하여 음수를 다루고 있다. 비록 음수를 수로 취급하지 않고 방정식을 푸는 과정에서만 사용했지만 양수와 음수를 사용한 연산을 다루고 있음은 틀림없다. 九章算術의 내용이 기원전 100년에서 200년 사이에 이루어진 수학적 발전을 담고 있음으로 보아 기원전부터 이미 음수를 계산에 사용한 것으로 볼 수도 있다 [6]. 한편 인도에서는 628년 ब्रह्मगुप्त[Brahmagupta]가 쓴 ब्रह्मस्फुटसिद्धांत[Brahmasphūtasiddhaṁta]나 महावीर[Mahāvīra]가 850년에 쓴 गणित सार संग्रह[*Gaṇita Sāra Saṁgraha*]에 양수와 양수끼리, 음수와 음수끼리, 그리고 양수와 음수끼리 더하는 방법을 소개하고 있다 [34, 20-21쪽]. 한편 Brahmagupta는 Brahmasphūtasiddhaṁta에서 큰 수에서 작은 수를 빼면 양수가 되고, 작은 수에서 큰 수를 빼면 음수가 되는데 음수를 빼는 경우 더하는 것과 같다는 것을 언급하고 있다. 그는 또한 부호가 같은 수를 곱하면 양수가 되고, 부호가 다른 수를 곱하면 음수가 되며 이는 나눗셈에도 같다고 했다. 이런 부호에 관한 법칙이 중국에서 쓰인 것은 1299년 元朝[Yuáncháo]의 수학자 朱世傑[Zhū Shìjié]이 쓴 '算學啓蒙[Suànxuéqǐmēng]'이 처음이었다.

서양에서도 오랫동안 음수를 수로 인정하지 않은 듯하다. 275년 희랍 수학자 Διόφαντος ὁ 'Αλεξανδρεύς[Diophantus]는 $x = -4$를 근으로 갖는 $4x + 20 = 4$와 같은 방정식은 무의미하다[ἄτοπος] 했다. 오늘날 대수학의 아버지로 불리는 아랍 수학자 الخوارزمي[Al-Khwarizmi]⟨74⟩는 음수에 대한 개념을 도입하였고 이 전통은 후대 수학자들에게 이어졌다. 그러나 *Liber Abaci*를 써서 동양 수학을 서양에 전한 Leonardo Pisano는 아랍 사람들도 음수에 그다지 관심을 갖지 않았다 전하고 있으며 그는 음수를 금전 관리와 관련하여 부채로 여기고 있다. 그 뒤 1225년에 출간된 *Flos*라는 책에서 음수는 금융 계산에서 이득이 아닌 손해를 나타낸다 했다. 서양에서는 16세기가 들어서야 음수를 제대로 다루기 시작했는데 그 시초는 Girolamo Cardano였다. 그는 1545년 쓴 그의 저서 *Ars Magna*에서 방정식의 음수근을 인정하였으며 음수에 관한 법칙을 명확히 설명하고 있다. 1544년 독일 수학자 Michael Stifel은 음수는 0보다 작다 하였다 [79, Ⅱ, 257-258쪽].

우리는 흔히 음수를 '손해', '감소', '영하'같이 부족함이나 모자람을 나타내는 의미로 사용한다. 길이나 넓이 따위에 음수값은 없으며 시간을 재는데 음수를 쓰지 않는다. 반면에 방향을 나타내는 양에 음수를 붙여 주어진 방향과 반대임을 나타내기도 한다. 서울에서 경부고속도로를 타고 부산까지 110 km/h로 달린다고 하자. 만약 반대로 부산에서 경부고속도로를 타고 서울까지 110 km/h로 달린다면 빠르기는 같을지언정 방향은 반대다. 물리에서 방향을 고려하지 않은 빠르기를 '속력[speed]'이라 하고, 방향까지 고려한 빠르기를 '속도[velocity]'라 하는데, 부산에서 서울까지 방향을 양인 방향으로 할 때, 서울에서 부산으로 향하는 차량의 속도는 -100 km/h라 할 수 있다. 이런 양을 물리에서 흔히 '벡터양'이라 일컫는데, 변위[displacement], 가속도, 자기장이나 전기장, 그리고 토오크[torque] 따위가 여기에 속한다. 그러나 우리가 생각하는 것처럼 음수가 항상 부족함을 나타내는 것도 아니다. 우리가 늘 사용하고 있는 온도 단위인 섭씨 단위(°C)는 Sverige[Sweden] 천문학자인 Anders Celsius가 1742년 스웨덴 왕립 과학 협회에〈75〉 제출한 제안서에서 소개하고 있는 단위다. 그는 온도 단위를 정하면서 물이 어는점을 100도로, 물이 끓는점을 0도로 하여 그 사이를 100등분함으로써 섭씨 단위의 눈금을 정했다. 그가 죽은 뒤 이 방법은 오늘날처럼 정해져 0도보다 낮은 온도를 음수로 나타내게 되었다. 그러니 음수를 반드시 부족하거나 영하라는 의미를 갖는다 받아들이는 것은 옳은 태도는 아니다.

음수를 도입하면 방정식 $4x + 20 = 4$는 음수근을 갖는다. 그런데 음수를 다룸에 있어 학생들이 궁금하게 여기는 것이 바로 음수 두 개를 곱하면 양수가 된다는 점이다. 이 성질이 성립해야 하는 이유로 다음 근거를 들 수 있다.

1. 첫 번째 근거로 덧셈과 곱셈은 분배법칙이 성립해야 한다는 사실

에 있다. 즉 임의 세 정수 a, b, c에 대해서도

$$a(b \pm c) = ab \pm ac \qquad \text{이고} \qquad (b \pm c)a = ba \pm ca$$

이 성립해야 한다. 따라서 이 성질을 사실로 받아들인다면 $(-3)(-2) = (-3)(5-7)$이므로 이 성질로부터

$$\begin{aligned}(-3)(-2) = (-3)(5-7) &= [(-3) \times 5] - [(-3) \times 7] \\ &= -15 - (-21) = 6\end{aligned}$$

임을 알 수 있다. 물론 음수와 양수를 곱하면 음수가 될 것임은 그리 꺼려지는 성질이 아니므로 당연히 성립한다고 받아들일 수 있다. 이 부분에 조금 의심이 생긴다면 '$(-3) \times 2$'란 -3을 두 번 더하는 것이므로 $(-3) \times 2 = (-3) + (-3) = -6$임으로 이해하면 된다.

2. 초등학교에서 배웠던 것처럼 정수는 0과 1의 위치가 정해진 수직선(數直線) 위에 일정한 간격으로 늘어놓을 수 있다. 이제 다음과 같은 수열을 생각하자.

$$(-5) \times 3,\ (-5) \times 2,\ (-5) \times 1,\ (-5) \times 0,\ \ldots$$

값을 각각 밝혀 적으면 수열은 $-15, -10, -5, 0, \ldots$가 되어 수가 5씩 늘어나고 있음을 알 수 있다. 이 수열의 다음 항은 $(-5) \times (-1)$일 것이고 따라서 이에 대응하는 값은 0에서 5가 더해진 5가 되어야 한다. 즉 $(-5) \times (-1) = 5$임을 느낄 수 있다. 이는 수직선 위에서 수가 일정한 방향으로 늘어가는 것을 고려하여 얻을 수 있는 근거다.

3. 두 음수를 곱하면 양수인 것을 실재 상황을 통해 살펴보면 다음과 같다. 회사원인 빠꼼씨는 신문값을 미리 준비해 두고 매일 아침 700원짜리 조간신문을 산다. 3주 동안 하루도 빠지지 않고 신문을 샀더니 준비해 둔 신문값이 동났다. 3주 전에 빠꼼씨가 준비해

두었던 신문값은 얼마인가? 3주는 21일이므로 3주 전에 준비해 두었던 신문값은 $(-21) \times (-700) = 14700$이다. 여기서 -21은 '21일 전'을 뜻하며 -700은 매일 700원씩 소비했음을 뜻한다.

4. 18세기 Switzerland 수학자Leonhard Euler는 '$(-1) \times (-1)$'이 1과 -1 가운데 한 값을 가져야 하는데 '$(-1) \times 1 = -1$'임은 명백하므로 이와 다른 '$(-1) \times (-1)$'마저 -1이 될 수 없으니 남은 다른 값인 1일 수밖에 없다 설명했다.

어느 영남지역 수학 교사는 양수를 착한 사람에, 음수를 나쁜 사람에 비유하면서 양수와 양수를 곱하는 것을 비유하길 '착한 사람을 착하다고 하면 착하제?', 음수와 음수를 곱하는 것을 비유하면서 '나쁜 사람을 나쁘다고 하면 착하제?', 양수와 음수를 곱하는 것을 일러 '착한 사람을 나쁘다 카고 나쁜 사람을 착하다 카면 나쁘제?'하며 음수끼리 곱셈을 우스갯소리로 아이들에게 가르쳤다는 재미난 얘기를 들은 적이 있다. 경상도 사투리까지 섞인 이 이야기를 들으며 얼마나 우스웠는지 필자는 한참이나 웃어야 했다. 매우 재미있는 비유임에 틀림없다. 그러나 이런 접근은 항상 궁금증을 더욱 남겨 놓게 마련이다. 왜냐하면 이는 수학의 이론이 아닌 우리의 감각에 의존하기 때문이다. 무슨 좋은 방법이 없을까? 당연히 이 성질이 성립함을 정수에 정의된 연산의 기본 성질로부터 유도될 수 있으리라 보인다. 그렇지 않다면 이 사실을 우리가 늘 참인 양 쓸 수 없는 성질이 되고 만다.

정수들 전체로 이루어진 집합 $\mathbb{Z}$는 다음과 같은 성질을 갖고 있다.

1. 임의 정수 a에 대해서 세 조건 $a > 0$, $a = 0$, $a < 0$ 가운데 오직 한 조건만을 반드시 만족한다.

2. 임의 두 정수에 대해 덧셈과 곱셈에 대한 교환법칙이 각각 성립한다. 즉 a, b가 정수이면

$$a + b = b + a \text{ 이고 } a \times b = b \times a$$

이다.

3. 임의 세 정수에 대해 덧셈과 곱셈에 대한 결합법칙이 각각 성립한다. 즉 a, b, c가 정수이면

$$(a+b)+c = a+(b+c) \text{ 이고 } (a\times b)\times c = a\times(b\times c)$$

이다.

4. 임의 세 정수에 대해 덧셈에 대한 곱셈의 분배법칙이 성립한다. 즉 a, b, c가 정수이면

$$a\times(b+c) = (a\times b)+(a\times c) \text{ 이고 } (b+c)\times a = (b\times a)+(c\times a)$$

이다.

5. 임의 정수 a에 대해 $a+0 = a = 0+a$이다. 이 때 0을 덧셈 연산에 대한 항등원이라 일컫는다.

6. 임의 정수 a에 대해 $a\times 1 = a = 1\times a$이다. 이 때 1을 곱셈 연산에 대한 항등원이라 일컫는다.

7. 각 정수 a마다 $a+x = x+a = 0$을 만족하는 x가 존재하고, 이를 덧셈에 대한 a의 역원이라 일컫는다. 이 때 $x = -a$로 나타낸다.

한편 이 성질로부터 $a\times 0 = 0\times a = 0$임을 알 수 있다. 왜냐하면 성질 5에 의해 $0 = 0+0$이므로

$$a\times 0 = a\times(0+0) = (a\times 0)+(a\times 0)$$

이다. 이제 두 변에 $(a\times 0)$의 역원 $-(a\times 0)$을 더하면, 역원의 성질에 의해 왼쪽 변은 $(a\times 0)+[-(a\times 0)] = 0$이고 오른쪽 변은

$$\begin{aligned}[(a\times 0)+(a\times 0)]+[-(a\times 0)] &= (a\times 0)+\big[(a\times 0)+[-(a\times 0)]\big] \\ &= (a\times 0)+0 = a\times 0\end{aligned}$$

이다. 이 사실로부터 $a \times 0 = 0 = 0 \times a$임을 알 수 있다.

이제 두 음수를 곱하면 양수가 되는지 살펴보자. 즉 임의의 두 정수 a, b에 대해 $(-a)(-b) = ab$임을 증명한다. 우선 b와 $-b$는 역원 관계에 있으므로 $(-b) + b = 0$이다.

$$(-a) \times [(-b) + b] = (-a) \times 0 = 0$$

이다. 한편 분배법칙에 의해 이 식을 다음같이 바꿔 쓸 수 있다.

$$(-a)(-b) + (-a)b = 0.$$

비슷한 방법으로 $[(-a) + a] \times b = 0 \times b = 0$이고 따라서

$$(-a)b + ab = 0$$

이다. 위 두 식으로부터 등식 $(-a)(-b) + (-a)b = (-a)b + ab$를 얻고 $(-a)b$의 역원을 두 변에 더하면 앞에서와 같은 이유에서 $(-a)(-b) = ab$임을 알 수 있다. 음수 얘기가 나왔으니 -2를 어찌 읽어야 하는지 살펴보자. 흔히 사람들은 '마이너스 이'아니면 '빼기 이'로 읽고 있으나 이는 잘못이다. 등식 $3 - 2 = 1$에서 '−'는 뺄셈기호이고 -2에서 '−'은 음수 부호다. 따라서 -2는 '음수 이'라 읽어야 한다. 그런데 문제가 있다. 숫자가 아닌 문자식인 경우 $-a$는 어떻게 읽어야 할까? 만약 a가 음수이면 $-a$는 양수이기 때문에 '음수 a'라 읽는 것이 부적절하다. 아직 이에 대한 정확한 분석이 없으므로 '음수 a'란 표현 말고 다른 대안은 머리에 잘 떠오르지 않지만 영어로 'negative two'나 'negative a'라 읽고 있고 형용사 'negative'는 '반대로 한'이란 뜻이 있으므로 $-a$인 경우 '음수 a'라는 표현보다 '음수 부호를 붙인 a'나 '부호를 반대로 바꾼 a'라 해석하여 '반부호 a'나 '역부호 a'라 하면 어떨까 싶다.

연산을 생각하니 옛 기억이 떠오른다. 필자가 초등학교 4학년 때 일이다. 당시 어머님께서 필자를 위해 일일 학습지를 풀게 하셨다. 매일 받은 시험지에 실린 문제를 풀어서 제출하면 빨간 색연필로 채점을 해

서 돌려주는 일일 학습지였다. 그러던 어느 날 문제가 생겼다. 학교에서 돌아오니 어머니가 시험지 성적이 안 좋다며 놀란 표정을 하고 계셨다. 필자도 당황하여 시험지를 받아들고 다시 계산을 했지만 필자의 답은 틀리지 않았다. 어머니께 제 답이 맞다고 다음 날 오시는 선생님께 얘기해달라고 부탁을 드렸다. 그런데 다음 날 받아든 시험지에 필자의 답이 틀린 이유가 빼곡이 적혀 있었다. 어머님은 방문교사와 한참이나 실랑이를 하신 듯했다. 답안지에 적혀있던 문구는 정확히 떠오르지 않지만 선생님의 가르침이란 계산을 할 때 괄호가 있으면 괄호 안에 식을 먼저 계산하고 그 다음에 곱셈과 나눗셈을 순서대로, 그리고 나서 덧셈과 뺄셈을 순서대로 해야 한다는 내용이었다. 괄호가 있으면 그 식을 먼저 셈하라는 뜻이니 이를 먼저 한다는 사실은 이미 알고 있었던 바였으나, 왜 곱셈을 먼저해야 하는지 도대체 이해가 되지 않았다. 학교에 가서 선생님께 여쭈어도 보았지만 정말로 내 방법은 틀린 것이었다. 필자는 오랜 세월 이 문제와 씨름을 했다. 어느 책에도 이렇다 할 명쾌한 해설이 있는 것도 아니고 말이다. 결국 반쯤 체념을 하고 오랜 세월 속에 묻어 두고 지냈다. 마침내 대학에 들어가 수학을 전공하면서 내 스스로 그 비밀을 알아냈다. 알고 나면 당연한 것인데 말이다. 독자들은 왜 곱셈과 나눗셈을 먼저 해야 한다고 생각하는가? 그것이 연산의 법칙인지 정수가 갖는 성질인지 독자 나름대로 한 번 곰곰이 따져 보기 바란다. 음수에 음수를 곱하면 양수가 되는 것은 정수 자체의 성질이 아니라 연산의 법칙임을 알아야 한다. 많은 사람들은 수만 고려하여 음수 두 개를 곱해 양수가 된다는 사실을 무척 신기해 하지만 이는 엄연히 연산의 법칙이지 정수 자체가 가지는 성질이 아니다. 연산을 바꾸면 음수와 음수를 곱해도 음수일 수 있으나 정수 자체는 변하지 않는다. 사실 우리가 사용하는 곱셈이란 덧셈을 간단히 하고자 고안한 새로운 연산이다. 즉 2×3, 즉 2를 세 배하는 것은 2를 세 번 더하는 것과 같으므로 $2 \times 3 = 2+2+2$인 셈이다. 당연히 곱셈을 통해 이 값을 알고나야 덧셈이라는 원래 셈이 가능하다. 물론 영어로 이 식의 의미는 반대다. 영어로 식 2×3을 읽으면 'two times three'가 되니 3을 두 배 한 것으로 3을 두 번 더한 셈이다. 그러니 $2 \times 3 = 3 + 3$이다. 곱셈은 다행스럽게 교환법칙이 성립하니 우리말이나 영어나 그 뜻을 이해하는데 혼동이 없다. 그러나 자연에서는 곱셈이라는 연산이 교환법칙을 항상 만족하지는 않는 경우가 많이 있다⟨76⟩.

흔히 교과서를 비롯하여 참고서에서 십진법 전개식을 우리말에 맞지 않게 나타내고 있는데 이는 바로 잡아야 한다. 보기로 4235를 십진법 전개식으로 나타내길

$$\begin{aligned} 4235 &= 4 \times 1000 + 2 \times 100 + 3 \times 10 + 5 \times 1 \\ &= 4 \times 10^3 + 2 \times 10^2 + 3 \times 10 + 5 \times 1 \end{aligned}$$

라 하여⟨77⟩ 마치 4가 천 번 더해지고, 2가 백 번 더해지는 것으로 나타내고 있으나, 1000이 네 번, 100이 두 번 더해지는 것으로 나타내야 하는 십진법 전개식은

$$\begin{aligned} 4235 &= 1000 \times 4 + 100 \times 2 + 10 \times 3 + 1 \times 5 \\ &= 10^3 \times 4 + 10^2 \times 2 + 10 \times 3 + 1 \times 5 \end{aligned}$$

로 나타내어야 한다. 무조건 외국 교과서를 옮기다 보면 이런 하찮은 실수를 범할 수도 있고, 곱셈에 대한 정확한 이해가 없다면 이런 실수도 눈에 들어오지 않는 법이다.

연산 얘기가 나왔으니 이항연산과 관련한 문제를 살펴보자.

> -1을 제외한 실수의 집합에서 $a \circ b = ab + a + b$로 정의할 때, 연산 $\circ$에 대한 2의 역원을 구하여라.
>
> **– 개념원리 공통수학, 45쪽, 필수예제 4 (이홍섭 지음, 디딤돌 출판사, 2003년) –**

이와 비슷한 문제를 여러 참고서나 문제집에서 자주 볼 수 있다. 출전의 풀이를 살펴보자.

그른 풀이 연산 $\circ$에 대한 항등원을 e라 하면 $a \circ e = e \circ a = a$

따라서, $ae+a+e=a$에서 $(a+1)e=0$ $\therefore e=0$ $(\because a \neq -1)$ 또 연산 $\circ$에 대한 2의 역원을 x라 하면 $2 \circ x = 0$에서

$$2x+2+x=0 \qquad \therefore x=-\frac{2}{3} \quad \blacksquare$$

겉으로 보기에 풀이는 틀린 곳이 없어 보인다. 그러나 논리적으로 중대한 실수를 범하고 있다. 공집합이 아닌 임의 집합 A에 정의된 이항연산 $*$이란, $* : A \times A \to A$인 함수로 순서쌍 $(a, b) \in A \times A$의 함수값을 간단히 $a * b$라 적는다. 이 때 이 함수값은 반드시 A의 원소이어야 한다. 한편, 임의 원소 $a \in A$에 대해서도 등식 $a * e = e * a = a$을 만족하는 A의 원소 e가 있을 때, 이 e를 연산 $*$의 항등원이라 한다. 또한 이 항등원 e와 한 원소 $a \in A$에 대해 등식 $a * x = x * a = e$를 만족하는 A의 원소 x가 존재하면 x를 연산 $*$에 대한 a의 역원이라 한다. 따라서 항등원은 A에 있는 모든 원소에 대해 등식이 성립해야 하는 항등식에 의해 정의된 셈이고, 역원은 특정한 값에 대해 만족하는 방정식의 해인 셈이다. 문제에서 -1을 제외한 실수의 집합, $A = \mathbb{R} - \{-1\}$에서 정의된 연산 $\circ$을 고려하고 있다. 그렇다면 $a \circ b = -1$인 a, b가 A에 존재하면 안된다. 풀이는 이를 보이지 않고 있다. 또한 $(a+1)e=0$에서 $a \neq -1$이므로 $e=0$이라는 것은 이 경우 타당한 주장이지만, 항등원을 구하는 연습을 해야 하는 학생들에게 적절하지 않은 표현이다. 이 경우 '$(a+1)e=0$은 임의 $a \in A$에 대해서도 성립해야 하므로 $e=0$'이라 결론지어야 한다. 실제로 연산 $\circ$이 A가 아닌 실수 전체로 이루어진 집합 $\mathbb{R}$에서도 잘 정의된다. 아울러 표현에서 문제를 지적한다면, '연산 $\circ$에 대한 항등원을 e라 하면'이란 표현은 적절하지 않다. 증명이 되지 않은 상태에서 항등원이 존재하는지 알지 못하기 때문이다. 마찬가지로 '연산 $\circ$에 대한 2의 역원을 x라 하면'이란 표현도 고쳐야 한다. 참고로 임의로 주어진 실수 r, s에 대해 실수 위에서 연산 $\circ$을 임의 실수 a, b에 대해

$$a \circ b = r(ab) + s(a+b)$$

라 정의하면, 모든 실수 a, b에 대해 $a \circ b = b \circ a$이므로 교환법칙이 r, s에 관계없이 성립하며,

$$[(a \circ b) \circ c] - [a \circ (b \circ c)] = s(s-1)(a-c)$$

이므로 $s = 0$이거나 $s = 1$일 때, 그리고 그 때만 결합법칙이 성립한다. 따라서 문제에 주어진 연산은 교환법칙과 결합법칙을 모두 만족함을 알 수 있다.

이제 문제에 알맞은 풀이를 만들어 보자.

바른 풀이 우선 연산 $\circ$이 잘 정의되었는지 살펴보자. 등식 $a \circ b = -1$을 만족하는 두 실수 $a, b \in A$가 존재하면 $ab + a + b = -1$이므로 $(a+1)b = -a-1$로부터 $a \neq -1$이므로 $b = \dfrac{-(a+1)}{a+1} = -1 \notin A$이므로 이는 잘못이다. 따라서 $a \circ b = -1$을 만족하는 $a, b \in A$는 존재하지 않으므로 연산은 잘 정의되었다. 한편 이 연산은 위에서 살펴본 바같이 교환법칙을 만족한다. 이제 임의 $a \in A$에 대해 $a \circ e = e \circ a = a$을 만족하는 $e \in A$가 있다면 $ae + a + e = ea + e + a = a$이므로 $(a+1)e = 0$을 만족한다. 임의 a에 대해 이 등식이 성립하려면 $e = 0$이고 $0 \in A$이므로 0은 이 연산의 항등원이다. 이제 $2 \circ r = r \circ 2 = 0$이라 하면 $2r + 2 + r = 0$에서 $r = -\dfrac{2}{3}$이고 이는 A의 원소이므로 $-\dfrac{2}{3}$이 연산 $\circ$에 대한 2의 역원이다. 일반적으로 $a \neq -1$이면 $r = -\dfrac{a}{a+1}$이 연산 $\circ$에 대한 a의 역원이다.■

연산에 관한 다음 문제를 살펴보자.

> 두 수 a, b에 대하여 연산 $a * b = a^2 b$라 정의할 때, 다음 물음에 답하여라. (단, a, b, $c \neq 0$)
>
> (1) 교환법칙 $a * b = b * a$가 성립하기 위한 조건을 구하여라.
>
> (2) 결합법칙 $(a * b) * c = a * (b * c)$가 성립하기 위한 조건을 구하여라.
>
> — 개념원리 공통수학, 44쪽, 필수예제 1 (이홍섭 지음, 디딤돌 출판사, 2003년) —

이 문제는 표현에 문제가 있다. '두 수 a, b에 대하여'라 하고 뒤에 조건 '단, a, b, $c \neq 0$'을 다는 것도 어색한 표현이지만 더욱 적절하지 않

은 표현은 '교환법칙'이나 '결합법칙'이란 표현이다. 왜냐하면 특정한 조건에서 만족하는 성질을 일러 법칙이라 하는 것은 적절하지 않기 때문이다. 연산이 교환법칙이나 결합법칙을 만족한다는 것은 임의 세 원소 a, b, c에 대해 $a*b=b*a$나 $(a*b)*c=a*(b*c)$이 만족한다는 것이지 특정한 원소에 대해 $a*b=b*a$나 $(a*b)*c=a*(b*c)$이 성립한다고 이를 교환법칙이나 결합법칙이라 할 수 없기 때문이다. 단순히 '조건 $a*b=b*a$이 성립할 a와 b의 조건을 구하여라'로 하면 된다.

'연산[operation]'이란 보통 '이항연산[binary operation]'을 일컫는데, 수학에서 이는 주어진 집합 A에 대해 정의역이 $A \times A$이고 공역이 A인 함수로 정의한다. 따라서 '연산'이란 단어를 사용할 때는 반드시 그 정의가 정확할 경우에만 써야 한다. 다음 문제는 이를 무시한 문제이다.

> 연산 $\circ$를 $a \circ b = \dfrac{3a+2b}{2a+3b}$로 정의한다. $a \circ b = \dfrac{4}{3}$일 때, $b \circ a$의 값을 구하여라.
>
> – 개념원리 공통수학, 46쪽, 연습문제 38 (이홍섭 지음, 디딤돌 출판사, 2003년) –

이 경우 이항연산 $a \circ b = \dfrac{3a+2b}{2a+3b}$이 정의된 집합이 무엇인지 명확하지 않다. 물론 이 연산은 실수의 집합 $\mathbb{R}$ 위에서 정의되지 않는다. 이 연산이 정의되기 위해서는 분모 $2a+3b$는 0이 아니어야 하므로 $a \in A$에 대해 $-\frac{2}{3}a \notin A$이어야 하기 때문이다. 또한 위 연산이 정의되는 집합을 찾기란 그리 쉽지 않다⟨78⟩. 따라서 이 문제는 연산과 관련한 문제로 출제할 것이 아니라 다음같이 함수와 관련하여 출제하는 것이 바람직하다.

> 집합 $A = \{(x, y) \mid 2x+3y \neq 0,\ x, y \in \mathbb{R}\}$ 위에 정의된 함수 $f(x, y) = \dfrac{3x+2y}{2x+3y}$에 대해 $f(a, b) = \dfrac{4}{3}$을 만족하는 $(a, b) \in A$에 대해, $f(b, a)$를 구하여라.

다음 문제도 이와 비슷한 잘못을 범하고 있다.

> $A = \{0, 1, 2\}$, $B \subset A$, $a, b \in B$일 때 $a * b = a + 2b$로 정의한다. 이때 교환법칙이 성립하는 집합 B를 구하여라.
>
> — 개념원리 공통수학, 46쪽, 연습문제 41 (이홍섭 지음, 디딤돌 출판사, 2003년) —

출전은 답으로 $B = \{0\}, \{1\}, \{2\}$를 제시하고 있다. 그러나 이 문제는 연산을 다루는 단원에 출제되었을 뿐만 아니라 연산의 교환법칙 따위를 고려하고 있으므로 연산 $*$이 우선 제대로 정의되어야 하는데, 그러려면 $B = \{0\}$일 수밖에 없다. 왜냐하면 만약 B가 0이 아닌 수 a를 포함하면 $a \in A$이므로 $a \geq 1$이고 따라서 $a * a = a + 2a = 3a \geq 3$도 B의 원소이어야 하나 이는 모순이다. 물론 $B = \{0\}$인 경우 B위에 제한한 연산 $*$은 교환법칙을 만족한다. 문제 하나를 다듬어 만든다는 일이 쉽지 않은 일임을 여기서도 잘 알 수 있다.

연산과 관련하여 초등학생을 대상으로 한 경시대회 문제였던 아래 문제가 떠오른다.

> 수 a를 b번 곱하는 것을 $a \uparrow b$와 같이 나타낸대. $2 \uparrow 3 = 2 \times 2 \times 2 = 8$, $3 \uparrow 2 = 3 \times 3 = 9$, $5 \uparrow 1 = 5$이다. $2 \uparrow x \uparrow 3 = 512$를 만족하는 x를 구하여라.
>
> — 제1회 한국 초·중생 연례수학 시험 결선문제 30번 (1999년 시행, 영재수학서당 출제) —

영재 수학서당에서 2003년에 펴낸 '영재수학 예상문제'에 따르면 이 문제의 정답은 $x = 3$으로 나와 있다. 그러나 차근차근 문제를 따져 보면 다듬어야 할 곳이 있다. 일반적으로 연산이 주어지면 그 연산을 왼쪽에서 오른쪽으로 순서대로 하기로 되어 있어 이 경우도 아마 이런 관행을 그대로 따른 듯하다. 답에 따르면 문제에서 구하라는 식 '$2 \uparrow x \uparrow 3$'은 '$(2 \uparrow x) \uparrow 3$', 즉 $2^x \times 2^x \times 2^x = 2^{3x}$를 뜻하는 것으로 이해하고 있다. 따라서 $512 = 2^9$이므로 $2^{3x} = 2^9$이고 $3x = 9$이므로 $x = 3$을 얻을 수 있다. 그러나 연산에 대해 별도 규정이 없이 왼쪽에서 오른쪽으로 연산 하도록 한 것은 덧셈, 뺄셈, 곱셈, 나눗셈과 같은 우리가 늘 사용하는 연산에 한하고 있다. 아무런 근거도 없이 일반 연산마저도 왼쪽에서 오른쪽으로 순서를 따라 셈하라는 것은 억측일 뿐이다. 아마도 이런 연산법이 자연스러워 보일 수는 있지만 이는 그저 단순한 느낌일 뿐 정확한 판단은 아니다. 따라서 이 경우 주어진 식 $2 \uparrow x \uparrow 3$은 문제의 해답같이 $(2 \uparrow x) \uparrow 3$로 인식할 수도 있지만 $2 \uparrow (x \uparrow 3)$로 인식할 수도 있다. 뿐만 아니라 식 $2 \uparrow x \uparrow 3$은 삼항연산으로 볼 때, 문제에서 정의하고 있는 이항연산 '↑'와 반드시 관련이 있으라는 법도 없다. 특히 일반적으로 $(a \uparrow b) \uparrow c \neq a \uparrow (b \uparrow c)$이므로 이 경우에는 계산의 순서를 밝혀 두는 것이 옳다. 아울러 x가 자연수임도 밝혀 두는 것이 바람직하다. 만약 $2 \uparrow (x \uparrow 3) = 512$로 이해한다면 $2^{x^3} = 512$이므로 $x^3 = 9$이고 따라서 $x = \sqrt[3]{9}$임을 알 수 있다. 물론 이 답은 초등학생의 실력 범위를 넘지만, 오늘날처럼 고등학교 과정을 공부하는 초등학생들이 늘고 있는 상황이라면 이에 따른 문제점도 발생할 소지가 다분하다.

초등학생을 대상으로 한 다른 경시대회 문제를 살펴보자.

다음에서 $*$, $\odot$의 연산 규칙을 찾아 주어진 식을 계산하여라.

$$\{7 \odot (0.5 * 2)\} * 2$$

$1 * 2 = 1$	$1 * 3 = 1$	$1 * 4 = 1$
$2 * 2 = 4$	$2 * 3 = 8$	$2 * 4 = 16$
$3 * 2 = 9$	$3 * 3 = 27$	$3 * 4 = 81$
$1 \odot 1 = \frac{3}{3} = 1$	$1 \odot 2 = \frac{5}{3}$	$1 \odot 3 = \frac{7}{3}$
$2 \odot 1 = \frac{4}{3}$	$2 \odot 2 = \frac{6}{3} = 2$	$2 \odot 3 = \frac{8}{3}$
$3 \odot 1 = \frac{5}{3}$	$3 \odot 2 = \frac{7}{3}$	$3 \odot 3 = \frac{9}{3} = 3$

– 1999년도 해법수학 5학년 경시대회, 10번 문제 –

독자들도 직접 규칙을 찾아 계산해 보라. 규칙을 쉽게 찾을 수 있을까? 연산 $*$의 규칙은 조금 쉬워 보인다. 아마 양인 실수 a, b에 대해 $a*b=a^b$일 것으로 짐작할 수 있다. 다음으로 연산 $\odot$는 어떤가? 조금 어렵다. 초등학교 5학년 학생이 미리 준비를 하지 않은 상황에서 주어진 시간 안에 연산 $\odot$의 규칙을 찾기는 그리 쉽지 않다. 주최측은 규칙을 발견하는 과정에 대한 언급은 없이 규칙만 적어 놓았는데, 풀이에 따르면 양인 실수 a, b에 대해 $a\odot b=\dfrac{a+2b}{3}$이다. 실제로 이 규칙은 분모는 항상 3이니 분자들과 연산 결과를 비교하여 찾을 수 있다. 따라서 구하는 답은 다음과 같다.

$$\begin{aligned}\{7\odot(0.5*2)\}*2 &= (7\odot 0.25)*2\\ &= 2.5*2\\ &= 6.25.\end{aligned}$$

이제 풀이가 말끔하게 끝난 듯하다. 과연 그럴까? 이 문제는 성격상 연산 규칙을 하나 찾는 훈련을 하기 위한 것이다. 학습 현장에서 학생들이 수나 도형 또는 물체가 일정한 규칙을 갖고 배열된 경우 그 규칙을 찾는 훈련을 하도록 도와 주기 위한 연습용 문제다. 단지 $a*b$나 $a\odot b$같이 두 변수가 함께 변하는 수에 대해 규칙을 찾도록 요구하고 있어 초등학생에게 경시대회에서나 볼 수 있는 다소 까다로운 문제라 할 수 있다. 그러나 이런 문제는 수학 시험에 적절하지 않다. 그 이유는 한 마디로 답이 한 개가 아니기 때문이다. 6.25가 아닌 다른 답을 제시한 학생들에게 얼마나 점수를 주었는지 필자는 알 수 없지만 (이 문제의 배점은 3점이었다.) 답은 6.25만 될 수 있는 것은 아니다. 다음 연산을 생각해 보자. 양인 실수 a와 임의 실수 b에 대해,

$$\begin{aligned}a*b &= 11a^3-60a^2+85a-\frac{36}{a}+a^b,\\ a\odot b &= \frac{a^3-4a^2+11a-6-(a^3-6a^2+7a-6)b}{6a},\end{aligned}$$

그리고 $a\leq 0$일 때 임의 실수 b에 대해 $a*b=0$, $a\odot b=1$이라 정의하

면 계산기를 사용하여 이 규칙도 문제에 주어진 관계를 모두 만족한다는 것을 쉽게 알 수 있다. 이 경우

$$\begin{aligned}[7 \odot (0.5 * 2)] * 2 &= \left[7 \odot \left(-\frac{343}{8}\right)\right] * 2 = \frac{2775}{28} * 2 \\ &= \frac{205835683877253}{20305600} \\ &= (1.0136892476 \cdots) \times 10^7\end{aligned}$$

이다. 비록 연산 규칙이 매우 복잡해서 초등학생은 물론 수학을 전공한 사람도 이 관계식을 찾아내기 쉽지 않지만, 중요한 것은 규칙이 하나로 결정되지 않는다는 점이다. 추측이나 직감은 수학을 공부하거나 연구하는데 중요한 시발점이 된다. 그러나 수학은 추측한 것을 아무 근거도 없이 옳다고 주장하는 학문이 아니다. 추측한 내용이 근거가 충분한지, 다른 사항들과 모순을 일으키지는 않는지 세심하게 따져 봐야 한다. 이런 문제를 아무 설명없이 답만 구하다 보면, 마치 추측한 것이 늘 맞는 답인 양 믿게 되고, 결국 반쪽짜리 공부만 하고 만 셈이다. 아울러 이 문제에서 두 연산이 마치 자연수에 대해 정의된 듯한 느낌을 주면서 답을 구해야 하는 문제는 $(0.5 * 2)$같이 유리수 범위까지 확장된 것은 한 번 짚어볼 필요가 있다. 물론 이 점에 대해 큰 논의를 할 것은 아니지만 연산을 자연수에서 어떻게 유리수나 실수, 더 나아가 복소수까지 확장할 수 있는가 하는 점은 한 번쯤 깊이 따져 봐야 할 문제다. 따라서 연산에 대한 규칙이 있다 하여도 이를 아무런 근거도 없이 유리수로 확장할 수 없다는 점을 잊어서는 안된다.

자연수를 1, 솟수 그리고 합성수로 구분할 수 있음은 다 아는 사실이다. 솟수[素數, prime number]란 1이 아닌 자연수로 그 약수가 1과 자기 자신 뿐인 수를 일컫는다. 예를 들면 2, 3, 5, 7, 11 따위가 있다. 솟수는 자연수를 구성하는 기본 요소로 볼 수 있다. 왜냐하면 1이 아닌 임의 자연수는 솟수만을 사용하여 곱으로 분해할 수 있기 때문이다. 즉 $12 = 2 \times 2 \times 3 = 2^2 \times 3$이다. 뿐만 아니라 이 분해방법은 곱셈의 순서를

무시할 때 오직 한 가지 방법밖에 없다. 따라서 자연수를 이해하거나 계산을 손쉽게 하려면 주어진 수를 솟수만으로 이루어진 곱으로 나타내는 일이 필요하다. 이 방법을 소인수분해[prime factorization]라 한다. 그럼 자연수를 구성하는 이 솟수가 얼마나 많은지 궁금할 수밖에 없다. 이를 처음으로 답한 수학자는 Euclid로 알려져 있다. 수학사를 통해 가장 널리 알려져 있고 가장 훌륭한 스승으로 평가받는 그의 생애는 안타깝게도 알려진 바가 거의 없다. 흔히 그가 Μέγαρα[Megara]에서 출생하였다는 설이 있으나 이는 Euclid보다 약 100년 가량 앞서 살았던 Σωκράτης[Socrates]의 제자이자 철학자였고 같은 이름을 가진 Euclid와 혼동한데서 온 것이다. 그는 대략 기원전 230년 경 Πτολεμαίος Α΄ Σωτήρ[Ptolemy I Soter]가 치세하던 'Αλεξάνδρεια[Alexandria]⟨79⟩ 활동했다. 흔히 '기하학의 아버지'로도 일컬어지는 그는 당시 알려진 수학을 체계적으로 정리하여 Στοιχεία[Stoikeia]라는 13권짜리 책을 썼다. 흔히 영어로 '*Elements*'라 불리는 이 책에서 그는 솟수가 무수히 많음을 귀류법[reductio ad absurdum]⟨80⟩이라는 방법을 사용하여 증명하고 있다. 즉 그는 솟수가 유한 개 뿐일 때 발생하는 모순을 지적함으로써 솟수가 무수히 많을 수밖에 없다는 성질을 증명하고 있다. 솟수가 존재하는 것은 이미 다 알고 있으니 이제 솟수들이 유한개, 즉 n-개밖에 없다고 하자. 그것을 나열하여 $p_1, p_2, \ldots, p_n$이라 하고, 이제 자연수 $P = p_1p_2\cdots p_n + 1$을 고려해 보자. 이 수는 $P > 1$이므로 솟수이든가 합성수이든가 둘 중에 반드시 하나다. 그런데 이 수가 솟수라 해도 P는 이미 존재하는 p_k와 다르고, 합성수라 해도 p_k와 다른 소인수를 가져야 하기 때문에 솟수가 p_k들 뿐이라는 사실에 맞지 않는다. 따라서 솟수는 무수히 많이 존재해야 한다.

주어진 자연수가 솟수인지 아닌지 알아내는 일은 느낌처럼 그리 쉬운 일은 아니다. 주어진 수가 작은 수라면 큰 문제가 없지만 그렇지 않다면 아주 어려운 문제가 된다. 특히 계산에 필요한 양은 주어진 수가 커짐에 따라 점점 커질 수밖에 없다. 솟수와 관련한 다음 문제를 살펴보자.

> 다음 중 소수인 것은?
>
> (**A**) 111 (**B**) 121 (**C**) 131 (**D**) 141 (**D**) 161
>
> – 개념원리 중학수학 **7-**가, **32**쪽, 문제 **2**번 (이홍섭 지음, 개념원리 연구소 출판) –

참고서가 제시하고 있는 풀이는 매우 간단하다. $111 = 3 \times 37$, $121 = 11^2$, $141 = 3 \times 47$, 그리고 $161 = 7 \times 23$이므로 이들은 솟수가 아니라는 설명만 달아 놓았다. 실제로 이 문제를 푸는 많은 학생들은 131이 솟수인지 아닌지 판단하기에 앞서, 솟수가 아닌 것을 골라 놓고 끝에 남은 것을 답으로 고르는 경향을 보이는데, 이 경우 131이 답이 되어야 하는 것이다. 답이 충실하게 실려있는 한국 참고서와 달리 서구 교과서나 참고서에는 답이 없거나 있어도 풀이가 실려있지 않은 것이 많다. 풀이를 싣지 않은 저자가 너무 무성의한 것이 아닌가 불만을 품을 수도 있지만 풀이가 없다는 사실은 학생들에게 골똘이 따져 보고 궁리할 수 있는 시간 여유를 만들어 주는 좋은 점이 있다. 많은 학생들은 답이 금방 얻어지지 않음을 핑계 삼아 교사에게 답을 가르쳐 달라며 무척이나 쉽게 '몰라요'라 말한다. 그러나 이는 좋은 학습태도가 아니다. 비록 정답을 얻을 수 없어도 답에 접근하려는 노력이 반드시 필요함을 잊어서는 안된다. 교사는 학생의 길을 열어주는 사람이지 문제의 답을 알려주는 기계가 아니다. 수학을 진정 올바로 공부하고자 한다면 답을 구하는 일 자체를 중요하게 여길 것이 아니라 어떻게 그 답까지 도달할 수 있는지 늘 머리를 써가며 합리적으로 생각하고 논리적으로 판단하는 습관을 길러야 한다. 끈기있게 답에 도달해 보려는 정신은 사라지고, 답만 알고 넘어가려는 조급함만 가르치는 한국의 교육현장을 늘 목도해온 필자의 마음은 그래서 더 애닯다. 참고서의 답만 읽고 넘어가면 그 뿐인 수학 교육이라면 차라리 하지 말라 필자는 외친다. 다른 네 수가 솟수가 아니라 해서 나머지 한 수가 솟수라 주장할 근거는 아무데도 없다. 그럼에도 실전에 처한 학생들이나 이를 가르치는 교사들은 이런 부분에 너무도 무관심하고 안이하기 이를데 없다.

다른 네 수가 솟수가 아니니 이제 남아있는 131이 진짜 솟수인지 알아볼 차례다. 어떻게 131이 솟수임을 증명할 수 있을까? 1과 130 사이에 있는 모든 솟수로 131을 나누어 보는 방법이 우선 뇌리에 떠오른다⟨81⟩. 이 방법을 **에라토스테네스**의 채질법[Sieve of Eratosthenes]⟨82⟩이라 한다. 그러나 조금 머리를 더 쓰면 이보다 간단히 131이 솟수인지 아닌지 알 수 있다. 일반적으로 자연수 n이 합성수라면 n은 반드시 $\sqrt{n}$보다 작은 소인수를 가져야 한다는 사실이 알려져 있다. 만약 모든 소인수가 $\sqrt{n}$보다 크다면 n이 합성수이므로 n의 가장 작은 소인수 p에 대해 $n = pn'$이고 가정에 의해 $p > \sqrt{n}$ 이고 $n' \geq p > \sqrt{n}$이므로 결국 $n > \sqrt{n} \times \sqrt{n} = n$이 되어 모순을 일으키기 때문이다. 그러니 만약 131이 합성수라면 $\sqrt{131}$보다 작은 소인수를 반드시 가질 것이므로 $\sqrt{131} < \sqrt{144} = 12$라는 사실로부터 솟수 2, 3, 5, 7, 11로 131이 나누어 떨어지는지 살피면 충분하다. 계산은 독자들이 직접하기 바라며, 계산 결과에 따라 131이 솟수임을 알 수 있다⟨83⟩.

다음은 소인수분해와 관련한 문제로 학교 과정에서 다루기 적절하지 않으며 심지어 수학 문제풀이 대회용으로도 적절하지 못한 문제다.

> $2^{80} - 1$은 1000과 2000 사이의 두 자연수에 의해 나누어 떨어진다. 이 두 자연수를 구하여라.
>
> – 중학 왕수학 중학교 **3**학년 (교사용) **53**쪽 유제 **2-2** (왕수학 연구소, 도서왕출판) –

일반적으로 주어진 수를 인수분해하는 일은 수가 커질 수록 어렵다. 1000과 2000사이에 드는 $2^{80} - 1$의 약수를 찾기란 주어진 수가 크므로 쉬운 일이 아님에 틀림없다. 우선 참고서가 제시한 풀이를 살펴보자.

그른 풀이 항등식 $a^2 - b^2 = (a - b)(a + b)$를 사용하여 주어진 수를 인수분

해하면

$$\begin{aligned} 2^{80}-1 &= (2^{40}-1)(2^{40}+1) = (2^{20}-1)(2^{20}+1)(2^{40}+1) \\ &= (2^{10}-1)(2^{10}-1)(2^{20}+1)(2^{40}+1) \\ &= 1023 \times 1025 \times (2^{20}+1)(2^{40}+1) \end{aligned}$$

이므로 1000과 2000 사이에 있는 $2^{80}-1$ 두 약수는 1023과 1025이다. ■

이와 비슷한 문제가 여러 참고서, 특히 선행 학습을 원하거나 수학 문제 풀이 대회를 준비하는 학생을 위한 참고서에 자주 등장하는 유형이다. 그러나 어느 문제집, 참고서 할 것 없이 풀이는 거의 이 방법을 택하고 있다. 작은 수라면 시간을 들여 직접 약수를 다 구할 수도 있지만, 이처럼 계산이 손으로 쉽지 않은 것은 다루기 어렵다. 반면에 $2^{20}+1$과 $2^{40}+1$은 인수분해가 더 될지도 모르는데 풀이를 끝까지 마치지 않고 성급하게 결론을 내려 1023과 1025만 정답으로 하다니 수학을 가르치는 사람으로 매우 무책임하다는 생각마저 든다. 이 교사용 교재를 보고 많은 교사들이 학생들에게 이런 방법으로 가르쳤을 것이고, 그렇게 배운 학생들은 학교를 다니는 동안에는 이 방법만 따라 엉터리 방법으로 답을 구해 놓을 것이 눈에 불보듯 선하다. 선행 학습이나 경시대회를 준비한다는 핑계로 논리적이지도 않고 타당하지도 않은 편법으로 출제자가 미리 정해 놓은 답만 구하면 된다는 그른 판단은 서양의 과학 사상을 이 땅에 온전히 펼치는데 가장 큰 적임을 우리는 다시금 뼈저리게 깨달아야 한다.

우선 $2^{80}-1$을 십진법으로 쓰면 어떻게 될까? 계산기를 사용하지 않고 조금 끈기를 가지고 차근차근 곱셈을 한다면

$$2^{80}-1 = 1208925819614629174706175$$

임을 알 수 있다. 십진법으로 전부 스물다섯 자리 수이니 휴대용 계산기로는 정확한 값을 얻는 것조차 어렵다. 이제 차근차근 이 수를 소인수분해 해보자. 손으로 과정 하나하나를 정확히 따지려면 많은 계산이 필요

하고, 좀 더 쉬운 방법은 고등학교 과정을 벗어난다. 주어진 수가 커질수록 소인수 분해는 점점 더 어려워진다.

바른 풀이 우선 앞에 제시한 풀이로부터 다음과 같은 인수분해를 얻는다.

$$2^{80}-1=1023\times 1025\times(2^{20}+1)(2^{40}+1)$$

한편 쉽사리 $1023=3\cdot 11\cdot 31$이고 $1025=5^2\cdot 41$임을 알 수 있다. 문제는 $2^{20}+1$과 $2^{40}+1$을 인수분해하는 것이다. 지수 n이 홀수일 때 성립하는 항등식

$$\begin{aligned}a^n+b^n=(a+b)\big[&a^{n-1}-a^{n-2}b+a^{n-3}b^2-\cdots\\&+a^2b^{n-3}-ab^{n-2}+b^{n-1}\big]\end{aligned}$$

을 적용해 보자. 이 항등식으로부터 $2^{20}+1$을 인수분해하면

$$\begin{aligned}2^{20}+1 &= (2^4)^5+1^5 = (2^4+1)\big[(2^4)^4-(2^4)^3+(2^4)^2-(2^4)+1\big]\\&= 17\big[(2^4)^3(2^4-1)+2^4(2^4-1)+1\big]\\&= 17\big[(2^4)^3\cdot 15+2^4\cdot 15+1\big] = 17\big[2^4\cdot 15[(2^4)^2+1]+1\big]\\&= 17(16\cdot 15\cdot 257+1) = 17\cdot 61681\end{aligned}$$

이고 $2^{40}+1$을 인수분해하면

$$\begin{aligned}2^{40}+1 &= (2^8)^5+1^5 = (2^8+1)\big[(2^8)^4-(2^8)^3+(2^8)^2-(2^8)+1\big]\\&= 257\big[(2^8)^3(2^8-1)+2^8(2^8-1)+1\big]\\&= 257\big[(2^8)^3\cdot 255+2^8\cdot 255+1\big] = 257\big[2^8\cdot 255[(2^8)^2+1]+1\big]\\&= 257(256\cdot 255\cdot 65537+1) = 257\cdot 4278255361\end{aligned}$$

임을 알 수 있다. $\sqrt{61681}<\sqrt{62500}=250$이므로 250이하인 솟수 53개로 일일이 나누어보면 61681이 솟수임을 알 수 있다⟨84⟩. 문제는 4278255361이 솟수인지 합성수인지 알아내는 일인데, 비록 고등학교 과정에서는 배우지 않지만 수학은 물론 전산학에서 잘 알려져 있는 방법을 적용하여 계산을 해보면 4278255361은 솟수이고⟨85⟩, 따라서 $2^{80}-1$을 소인수분해하면

$$2^{80}-1=3\cdot 5^2\cdot 11\cdot 17\cdot 31\cdot 41\cdot 257\cdot 61681\cdot 4278255361$$

이다. 따라서 $2^{80}-1$의 양인 약수는 전부 $(1+1)(2+1)(1+1)^7=768$개 있는데, 그 가운데 1000과 2000 사이에 있는 약수는 아래같이 전부 여덟 개다.

$3\cdot 11\cdot 31=1023$	$5^2\cdot 41=1025$	$31\cdot 41=1271$	$3\cdot 5^2\cdot 17=1275$
$5\cdot 257=1285$	$3\cdot 11\cdot 41=1353$	$3\cdot 17\cdot 31=1581$	$5\cdot 11\cdot 31=1705$

■

인수분해와 관련한 다른 문제를 하나 더 살펴보자.

두 자연수 $2^{34}-1$과 $2^{85}-1$의 최대공약수를 구하여라.

– 1990학년도 학력고사 (1989년 12월 15일 시행) –

다음 풀이는 개념원리에 실린 풀이로 많은 참고서들이 이를 따라 답을 구하고 있으나 이는 잘못된 풀이다⟨86⟩.

그른 풀이 $x=2^{17}$로 놓으면 $2^{34}=(2^{17})^2=x^2$, $2^{85}=(2^{17})^5=x^5$. 따라서 $2^{34}-1=x^2-1=(x-1)(x+1)$, $2^{85}-1=x^5-1=(x-1)(x^4+x^3+x^2+x+1)$. 여기서 $f(x)=x^4+x^3+x^2+x+1$이라 하면 $f(-1)=1\neq 0$이므로 $x+1$과 $x^4+x^3+x^2+x+1$은 서로소다. 그러므로 $2^{34}-1$과 $2^{85}-1$의 최대공약수는 $x-1=2^{17}-1$. ■

풀이가 아주 자연스럽고 간단해서 좋아 보인다. 그러나 우연하게 답은 맞았지만 풀이는 옳지 않다. 왜냐하면 x^2-1과 x^5-1의 최대공약수가 $x-1$이라 하여 x^2-1과 x^5-1에 특정한 값을 x에 대입하여 얻어진 두 수의 최대공약수가 $x-1$에 그 수를 넣은 값이 된다는 보장이 없기 때문이다. 보기로 x^2+1과 $x+1$은 서로 소지만 $x=3$에 대해 $3^2+1=10$과 $3+1=4$의 최대공약수는 2가 되기 때문이다. 일반적으로 다항식에서 $f(x)$와 $g(x)$의 최대공약수가 $d(x)$라 하여 $f(n)$과 $g(n)$의 최대공약수가 $d(n)$이 되지 않는다. 또한 이 풀이에 따르면 x^2-1과 x^5-1은 이미 다항식이 아니다. 따라서 $x+1$과 $x^4+x^3+x^2+x+1$이 (다항식으로 보아) 서로 소라는 주장은 풀이 전개로 보아 적절하지 않다. 왜냐하면 이미 $x=2^{17}$으로 상수이기 때문이다. 즉 풀이에서 x가 상수임에도 $x+1$과

$x^4+x^3+x^2+x+1$을 다항식으로 보아 두 식이 서로 소라 한 것은 어불성설이다. 참고로 정수 전체에 주어진 연산구조, 즉 덧셈, 뺄셈, 곱셈은 다항식 전체에 주어진 연산구조와 매우 다르다. 이제 다항식을 사용한 올바른 풀이와 함께 정수에 주어진 연산구조를 사용한 풀이를 아울러 만들어보자.

바른 풀이 우선 두 다항식 x^2-1과 x^5-1을 다음같이 인수분해하자.

$$\begin{aligned} x^2-1 &= (x-1)(x+1) \\ x^5-1 &= (x-1)(x^4+x^3+x^2+x+1). \end{aligned}$$

이제 $f(x)=x+1$, $g(x)=x^4+x^3+x^2+x+1$이라 하고, 계산을 간단히 하기 위해 $a=2^{17}$이라 놓자. 이제 $f(a)=a+1$과 $g(a)=a^4+a^3+a^2+a+1$은 1보다 크므로 솟수 p를 이 두 수의 공통 소인수라 가정하면 $a+1$은 p로 나누어 떨어지므로 적절한 정수 u에 대해 $a=pu-1$이라 쓸 수 있다. 따라서 적절한 정수 r, s, t에 대해

$$\begin{aligned} g(a) &= g(pu-1) \\ &= (pu-1)^4+(pu-1)^3+(pu-1)^2+(pu-1)+1 \\ &= (pr+1)+(ps-1)+(pt+1)+(pu-1)+1 \\ &= p(r+s+t+u)+1 \end{aligned}$$

임을 알 수 있어 $g(a)$는 p로 나누어 떨어지지 않는다. 따라서 $f(a)$와 $g(a)$는 서로 소이고 따라서 $2^{34}-1=(a-1)f(a)$와 $2^{85}-1=(a-1)g(a)$로부터 최대공약수가 $a-1=2^{17}-1=131071$임을 알 수 있다. ■

이와 달리 직접 인수분해를 하여 얻을 수도 있다.

다른 풀이 (1) 첫 번째 수 $2^{34}-1$을 인수분해하면 (소인수분해는 아니다)

$$2^{34}-1=(2^{17})^2-1=(2^{17}-1)(2^{17}+1)$$

이고, 두 번째 수 $2^{85}-1$을 인수분해하면

$$2^{85}-1=(2^{17})^5-1=(2^{17}-1)\left[(2^{17})^4+(2^{17})^3+(2^{17})^2+2^{17}+1\right]$$

이다. 이 때, $a = 2^{17}+1$이라 하면

$$\begin{aligned}
&(2^{17})^4 + (2^{17})^3 + (2^{17})^2 + 2^{17} + 1 \\
&= (2^{17})^3(2^{17}+1) + 2^{17}(2^{17}+1) + 1 \\
&= (2^{17}+1)[(2^{17})^3 + 2^{17}] + 1
\end{aligned}$$

이므로 $(2^{17})^4+(2^{17})^3+(2^{17})^2+2^{17}+1$과 $2^{17}+1$은 서로 소다. 따라서 $2^{34}-1$과 $2^{85}-1$의 최대공약수는 $2^{17}-1$이다. 참고로 $2^{17}-1 = 131071$은 솟수이다. 참고로 주어진 두 수를 소인수분해 하면 아래와 같다.

$$\begin{aligned}
2^{34}-1 &= 3 \cdot 43691 \cdot 131071 \\
2^{85}-1 &= 31 \cdot 131071 \cdot 9520972806333758431 \quad \blacksquare
\end{aligned}$$

위에 든 두 문제는 주어진 조건을 꼼꼼하게 따져 보지 않고 얻은 결과를 정답으로 여긴 잘못을 범하고 있다. 시중에 나도는 이런 풀이를 통해 학생들이 배우고 있는 것은 무엇일까. 이런 엉터리 풀이만 경험한 학생들의 사고 능력은 바르게 자랄 수 없고, 이런 풀이를 늘 가르치고 있는 한 우리는 그들에게 과학하는 올바른 자세를 심어줄 수 없다. 인간의 이성은 백지상태[tabula rasa]로 태어나며 경험을 통해 메워진다 주장한 17세기 영국 철학자 John Locke의 말이 문득 떠오른다.

> Mathematical proofs, like diamonds, are hard as well as clear, and will be touched by nothing but strict reasoning.– **John Locke [59]** –

정수 얘기를 하고 있으니 나머지와 관련한 문제들을 살펴보기로 하자. 인류 역사를 통해 나타났다 스러져 간 찬란했던 여러 문명들이 예외없이 큰 강을 끼고 일어났던 것처럼 中國 땅을 가로지르는 黃河[Huánghé]는 中國 문명을 잉태했던 中國 문명의 젖줄이다. 中國에서 두 번째로 긴 강으로 青海省[Qīhǎishěng]에 있는 巴顏喀喇山[Bāyánkālāshān] 북쪽 기슭에서 발원하여 아홉 개 성(省)과 자치구(自治區)를⟨87⟩ 가로질러 渤海[Bóhāi]로 흘러 들어가는 총 길이 5464 km에 달하는 강이다. 주변 약 75만 km^{2}에 걸친 지역을 흐르는 이 강은 농업을 일으킨 기반임과 동시에 불규칙하게 발생하는 어마어마한 홍수로 늘 中國의 걱정거리였다. 또한 황토로 이루어진 주변 지역은 극심한 여름의 가뭄과 혹독한 겨울 추위로 인해 이를 터전으로 삼고 살았던 그들에게 黃河는 시련 그 자체였다. 자비로운 長江[Cháng Jiāng]⟨88⟩ 대신 악마와도 같은 黃河를 선택해야 했던 中國은 따라서 옛 中國의 상고시대 이전부터 물을 다스리는데 온갖 노력을 다 기울여야 했다. 따라서 中國의 수학은 이런 치수사업과 관련한 여러 토목공사와 밀접한 관련을 맺고 자라났다. 中國 산학서로 算經十書[Suànjīngshíshū]⟨89⟩ 가운데 하나인 孫子算經[Sūnzǐsuànjīng] 下卷 26번 항목에 다음과 같은 문제가 실려있다.

> 今有物, 不知其數. 三三數之, 賸二; 五五數之, 賸三; 七七數之, 賸二. 問物幾何? (물건이 있는데 그 개수는 모른다. 셋씩 세면 둘이 남고, 다섯씩 세면 셋이 남으며, 일곱씩 세면 둘이 남는다. 물건의 수는 어찌되는가?)

한편 첫 번째 **आर्यभट**[Āryabhaṭa]의 수학책 **आर्यभटीयम्**[*Āryabhaṭīya*]에 대해 첫 번째 **भास्कर**[Bhāskara]가 629년에 쓴 해설서 **आर्यभटीयभाष्य**[*Āryabhaṭīya-bhāṣya*]의 수학 관련 장(**गणितपाद**[Gaṇitapāda])에 다음과 같은 문제가 실려있다 [17, Part 2, 134쪽, 310쪽].

> **द्व्याद्यैः षट्पर्यन्तैरेकाग्रः योऽवशिष्यते राशिः ।**
> **सप्तभिरेव स शुद्धो वद शीघ्रं को भवेद् गणक ॥ ४ ॥**
> (dvayāghaiḥ ṣaṭparyaṃnatairekāgraḥ yīạvaśiṣyate rāśiḥ
> saytabhireva sa śuddhī vada śīghraṃ kī bhaved gaṇaka (4))
> (아! 수학자여, 2에서 시작하여 6에서 끝나는 수들로 나누면 나머지가 1이 남고, 7로는 나누어 떨어지는 수가 무엇인지 얼른 일러주시오.)
> – आर्यभटीयभाष्य, गणितपाद, कुट्टाकार(४) –

뿐만 아니라 Brahmagupta의 *Brahmasphūtasiddhaṁta*에도 비슷한 문

제가 실려있다. 이와 같은 형태를 갖는 문제에 대한 체계적인 풀이는 中國南宋 출신 수학자 秦九韶[Qín Jiǔsháo]가 1247년 저술한 數書九章[Shùshūjiǔzhāng]에 잘 실려있는데 이런 연유에서 오늘날 이 문제의 풀이법을 '중국 사람의 나머지 정리[Chinese remainder theorem]'라 부른다. 이 방법은 Alexander Wylie가 쓴 글을 통해 서양에 알려졌고 [92] 그 글은 1856년 K. L. Biernatzki에 의해 독일어로 번역되기도 했으며 [36] L. Matthiessen은 J. C. F. Gauß가 1801년에 쓴 '*Disquisitiones Arithmeticae*'에서 소개하고 있는 방법과 [42] 유사하다고 지적했다 [62]. 그러나 1958년 Kurt Mahler는 L. Matthiessen의 지적이 옳지 않음을 설명했다 [60]. 오늘날 나머지 정리는 약수, 배수를 다루는 중학교 수학 단원에서 자주 다루고 있으며, 대수학, 특히 정수론을 다루는 수학 분야에서 중요한 정리로 알려져 있다.

孫子算經에 실린 풀이를 오늘날 사용하는 식을 써서 따라가 보자. 우선 두 정수 a, b에 대해 $a-b$가 1보다 큰 자연수 n으로 나누어 떨어지면 n을 나눔법[modulus, *pl.* moduli]으로 하여 두 수가 합동[congruent]이 말하고 기호로 $a \equiv b \pmod{n}$이라 나타낸다. 이 개념은 정수론 연구에 새 방법을 제시한 J. C. F. Gauß가 그의 명저 '*Disquisitiones Arithmeticae*'에 소개하였다. 이 기호를 사용하면 자연수 N을 n으로 나누어 나머지가 r이면 $N \equiv r \pmod{n}$으로 나타낼 수 있다. 이제 위 문제를 일반화하여 셋씩 세면 r_1이 남고, 다섯씩 세면 r_2가 남으며, 일곱씩 세면 r_3이 남는다 하자. 그러면 구하고자 하는 수 N은

$$
\begin{array}{lll}
a \equiv 1 \pmod{3} & a \equiv 0 \pmod{5} & a \equiv 0 \pmod{7} \\
b \equiv 0 \pmod{3} & b \equiv 1 \pmod{5} & b \equiv 0 \pmod{7} \\
c \equiv 0 \pmod{3} & c \equiv 0 \pmod{5} & c \equiv 1 \pmod{7}
\end{array}
$$

을 만족하는 세 수 a, b, c에 대해

$$N = 105k + ar_1 + br_2 + cr_3$$

임을 알 수 있다. 여기서 $105 = 3 \cdot 5 \cdot 7$로 3, 5, 7 세 수의 최소공배수이다. 즉 a는 $5 \cdot 7 = 35$의 배수로 3으로 나눌 때 1이 남는 수요, b는 $3 \cdot 7 = 21$의 배수로 5로 나눌 때 1이 남는 수며, c는 $3 \cdot 5 = 15$의 배수로 7로 나눌 때 1이 남는 수다. 孫子算經에서는 이 조건을 모두 만족하는 $a = 70, b = 21, c = 15$를 사용하여 $k = 0$일 때, $(2 \cdot 70) + (3 \cdot 21) + (2 \cdot 15) = 233$을 얻고 여기서 $2 \times 105 = 210$을 빼 가장 작은 자연수 23을 얻었다. 이 방법은 오늘날 이와 관련한 여러 문제를 푸는 기본 방법이다. 이 방법에 대해 中國 明朝 수학자 程大位[Chéng Dàiwèi]는 1592년에 완성한 算法統宗[Suànfǎtǒngzōng]에서 시로 설명하고 있으며 Leonardo Pisano의 *Liber abaci*에도 실려 있고, 100년 경 희랍 수학자 Νικόμαχος ὁ Γερασηνός[Nicomachus]도 같은 문제에 대한 답으로 23을 제시하고 있다 [36].

이제 *Brahmasphūtasiddhaṁta*에 실린 문제를 이 방법을 사용하여 풀어보자. 구하는 수를 N이라 하고 문제가 제시한 조건을 수학식으로 고치면

$$N \equiv 1 \pmod 2, \quad N \equiv 1 \pmod 3, \quad N \equiv 1 \pmod 4,$$
$$N \equiv 1 \pmod 5, \quad N \equiv 1 \pmod 6, \quad N \equiv 0 \pmod 7$$

이다. 이 문제가 孫子算經이 제시한 문제와 다른 점은 서로 소가 아닌 나눔법을 쓰고 있다는 점이다. 즉, 3과 6, 2와 4와 6은 서로 소가 아니다. 따라서 우선 필요하지 않은 식을 없애야 한다. 분명히 4로 나누어 1이 남는 수는 홀수이므로 2로 나누어 1이 남는다. 또한 6으로 나누어 1이 남는 수는 3으로 나누어도 1이 남는다. 이로부터 첫 번째 두 식은 불필요한 식임을 알 수 있다. 즉 우리는

$$N \equiv 1 \pmod 4, \quad N \equiv 1 \pmod 5,$$
$$N \equiv 1 \pmod 6, \quad N \equiv 0 \pmod 7$$

을 만족하는 N을 찾으면 충분하다. 또한 첫 번째와 세 번째 식으로부터

N은 12로 나누어 1이 남는 수임을 알 수 있다. 따라서 이제

$$N \equiv 1 \pmod 5, \quad N \equiv 0 \pmod 7, \quad N \equiv 1 \pmod{12}$$

를 풀면 된다. 이 경우 나눔법들의 최소공배수는 $5 \cdot 7 \cdot 12 = 420$이다. 앞에서 한 것처럼

$$\begin{aligned} a_1 &\equiv 1 \pmod 5), & a_2 &\equiv 0 \pmod 7, & a_3 &\equiv 0 \pmod{12}, \\ a_1 &\equiv 0 \pmod 5, & a_2 &\equiv 1 \pmod 7, & a_3 &\equiv 0 \pmod{12}, \\ a_1 &\equiv 0 \pmod 5, & a_2 &\equiv 0 \pmod 7, & a_3 &\equiv 1 \pmod{12} \end{aligned}$$

을 만족하는 수 a_1, a_2, a_3을 골라

$$N = 420k + 1 \times a_1 + 0 \times a_2 + 1 \times a_3 = 420k + a_1 + a_3$$

이라 하자. 여기서 a_1은 $7 \cdot 12 = 84$의 배수로 5로 나누어 1이 남는 수이므로 $a_1 = 336$, a_2는 60의 배수로 7로 나누어 1이 남는 수이므로 $a_2 = 120$, a_3는 35의 배수로 12로 나누어 1이 남는 수이므로 $a_3 = 385$를 고를 수 있다. 이로부터 $N = 420k + 721$임을 알 수 있어 가장 작은 자연수 N은 $k = -1$일 때 301이다. 참고로 *Brahmasphūtasiddhaṁta*에는 721을 답으로 적고 있으며 12세기 सूर्यदेव यज्वा[Sūryadeva Yajvā]는 답으로 301을 적고 있다. 이후 الهيثم[Al-Haytham]⟨90⟩의 필사본이나 Leonardo Pisano의 *Liber abaci* [39]에서도 똑같은 문제를 다루고 있다 [36]. 특히 Al-Haytham은 서로 다른 두 방법을 사용하여 721과 301을 얻고 있다.

بن الهيثم

Leonardo Pisano

나눔법이 쌍마다 서로 소[pairwise relative prime]인 경우 孫子算經에서 소

개한 방법을 그대로 사용할 수 있다. 이 방법을 '大衍求一術'이라 불렀는데, 오늘날 수학식으로 정리하면 아래와 같다.

> 쌍마다 서로 소인 자연수 $m_1, m_2, \ldots, m_k$에 대해 $M = m_1m_2\cdots m_k$라 하면, 각 i마다
>
> $$\alpha_i \equiv 0 \pmod{\frac{M}{m_i}} \qquad \text{이고} \qquad \alpha_i \equiv 1 \pmod{m_i}$$
>
> 인 k-개 정수 α_i에 대해 $x = \alpha_1 r_1 + \alpha_2 r_2 + \cdots + \alpha_k r_k$는 연립 합동방정식[congruence equation] $x \equiv r_i \pmod{m_i}$ $(1 \le i \le k)$의 한 해이며 이 방정식의 모든 해는 나눔법을 M으로 하여 합동이다.

한편 나눔법이 Brahmagupta가 제시한 문제같이 쌍마다 서로 소가 아닌 경우는 中國 승려였던 一行大師[Yīxíngdàishī]가 717년에 완성한 역서 大衍曆[Dàiyǎnlì]에서 자세히 다루고 있다 [64, 63]. 이 때 다음 성질이 성립한다.

> 일반적으로 1보다 큰 자연수 $m_1, m_2, \ldots, m_k$에 대해 M을 m_i들의 최소공배수, 즉 $M = \text{lcm}(m_1, m_2, \ldots, m_k)$이라 할 때, 연립 합동방정식 $x \equiv r_i \pmod{m_i}$ $(1 \le i \le k)$의 해가 존재할 필요충분조건은 서로 다른 임의 두 i, j에 대해서도 $g_{ij} = \gcd(m_i, m_j)$가 $r_i - r_j$의 약수인 것이며, 만약 이 방정식이 해가 존재하면 모든 해는 M를 나눔법으로 하여 합동이다.

다음은 중국인의 나머지 정리와 관련하여 참고서에 실린 문제다.

> 어떤 수를 4로 나누면 3이 남고, 5로 나누면 4가 남고, 6으로 나누면 5가 남는다고 한다. 이러한 수에서 가장 작은 세 자리의 자연수를 구하여라. – **개념원리 중학수학 7-가, 46쪽, 8번 (이홍섭 지음, 개념원리 수학연구소)** –

참고서에 실린 답안은 이 문제를 쉽게 접근하는 좋은 방안을 제시하고 있어 눈길이 간다. 다음은 참고서에 실린 답안을 표현만 바꾸어 적은 것이다.

바른 풀이 어느 수 N을 4, 5, 6으로 각각 나누면 나머지가 3, 4, 5가 남으니 이 수에 1을 더한 수, 즉 $N+1$을 4, 5, 6으로 각각 나누면 나누어 떨어진다. 그러므로 $N+1$은 4, 5, 6의 공배수이고 이런 수 중에서 가장 작은 세자리 수를 찾아야 하므로 $N+1=120$이다. 따라서 $N=119$임을 알 수 있다. ■

이 문제와 유사한 문제가 대교 교육정보 연구소가 주최한 제4회 (1992년) 전국 초등학생 수학 올림피아드 5학년 문제로 실린 적이 있다. 초등학생에게 이런 문제는 그리 쉽지 않은 문제다. 물론 수학 올림피아드라는 대회명이 보여주듯 이 대회를 위해 준비를 많이 한 실력있는 학생들에게는 이미 그 해법이 잘 알려져 있을 테지만 말이다.

풀이법은 나름대로 간단하고 이해하기 쉬워 모범답안으로 볼 수 있다. 그러나 이런 종류 문제를 배우는 첫걸음에 있는 학생에게 이런 방법만 가르친다면 이처럼 특별한 상황에 놓인 문제가 아닌 경우 제대로된 해법을 구하기 어렵다. 문제에 대한 깊이 있는 이해는 젖혀놓고 답만 잽싸게 구하는 요령을 가르치고 배우는 일은 결코 수학을 가르치고 배우는 올바른 자세가 아님을 명심해야 한다. 첫걸음은 원리대로, 원리와 문제의 내용을 완전히 파악한 뒤에는 문제에 따라 특이한 방법을 스스로 개발할 수 있도록 가르치는 일이 중요하다. 필자는 다음 풀이법을 소개하고 싶다.

바른 풀이 구하고자 하는 자연수를 N이라 하면, 문제 조건에 따라 음이 아닌 적절한 정수 a, b, c가 존재하여

$$N = 4a + 3 = 5b + 4 = 6c + 5$$

라 놓을 수 있다. 두 번째 식은 5로 나눈 나머지를 보여주고 있으므로 첫 번째 식에 있는 a를 5를 기준으로 하여 분류해 보자. 나머지 정리에 의해 $a = 5a' + r$처

럼 쓸 수 있고 자연수 r은 a를 5로 나눈 나머지이므로 $0 \leq r \leq 4$다. 따라서

$$N = 4a + 3 = 4(5a' + r) + 3 = 20a' + (4r + 3)$$

이고 이것을 5로 나누었을 때 나머지가 4이기 위해서는 $r = 4$이어야 한다. 즉 $a = 5a' + 4$이고 따라서 $N = 20a' + 19$이다. 또한 세 번째 식은 N을 6으로 나누어 5가 남음을 뜻하고 있으므로 $N = 20a' + 19$에서 a'을 3을 기준으로 분류해 본다. 이 때 6이 아닌 3을 기준으로 분류한 이유는 a'의 계수 20이 이미 2의 배수이기 때문이다. 이제 $0 \leq s \leq 2$일 때 $a' = 3a'' + s$라 하면,

$$\begin{aligned} N = 20a' + 19 &= 20(3a'' + s) + 19 = 60a'' + (20s + 19) \\ &= 6(10a'' + 3s + 3) + (2s + 1) \end{aligned}$$

이므로 N을 6으로 나누어 나머지가 5이기 위해서 $s = 2$임을 알 수 있다. 이 사실로부터 $N = 60a'' + 59$이고 세자리 자연수로 가장 작은 N은 $a'' = 1$일 때, $N = 60 + 59 = 119$임을 알 수 있다. ■

나머지와 관련한 문제가 나왔으니 다음 표현을 살펴보자. 아래 문제는 1989년도 국제 수학 경시대회에 출제된 문제를 우리글로 옮겨 출전이 싣고 있는 문제다.

> 나머지가 없이 7과 8로 나누어지는 수 중 가장 큰 세 자리의 수는 얼마인가? – **초등학교 수학올림피아드, 135쪽, 16번 (한국 초등수학 교육연구회 편저, 재능교육 펴냄, 2000년)** –

이 문제의 답은 7과 8의 최소공배수 56의 배수 가운데 가장 큰 세 자리 자연수 N을 찾으면 된다. $N = 56n \leq 999$에서 $n \leq \dfrac{999}{56} = 17.83928571\dot{4}\dot{2} < 18$이므로 $n \geq 17$이고 $n = 17$일 때, $N = 56 \times 17 = 952$가 최대값이 된다. 이 문제에서 필자가 지적하고 싶은 것은 표현이다. 국제 수학 경시대회 문제의 원문이 무엇인지 필자는 모르지만, 여기서 '나머지가 없이 7과 8로 나누어지는···'이라 한 것은 올바르지 못한 표현이다. 이 문제 뿐 아니라 많은 참고서와 교사들이 이 문제처럼 정수

로 정수를 나누어 나머지가 0인 경우 나머지가 없다고 하는데, 여기서 나머지는 일반적으로 사용되는 '우수리'라는 양을 이야기 하는 것이 아니라 수학에서 사용되는 용어이므로 '자연수 7과 8로 나누어 나머지가 0인···'이라 하는 것이 수학에서 올바른 표현이다. 뭐 그것이 대단한 것이냐 반문할 이도 있겠지만 수학에 쓰이는 용어가 정확하지 않다면 수학을 배우는 까닭이 어디에 있단 말인가? 겉으로 보기에 하찮은 것 같은 것이 결국 큰 이론을 만들어 가는데 걸림돌이 되기도 한다.

필자가 중학생이었던 시절 약수, 배수와 관련한 문제 가운데 다음과 같은 문제는 정말로 이해할 수 없는 문제였다.

> 가로의 길이가 18cm, 세로의 길이가 16cm인 타일이 있다. 이것을 붙여서 제일 작은 정사각형을 만들 때, 모두 몇 개의 타일이 필요한가?
>
> – 고난도 탄탄수학 7-가, 67쪽, 5번 문제 (오명식 지음, 탄탄교육 출판사) –

이 문제가 요구한 대로 정사각형을 만들기 위해 타일을 어떻게 붙여야 할지 먼저 살펴보자. 문제에 따르면 직사각형 모양을 한 타일을 어떻게 이어 붙여 정사각형을 만들 것인지 언급이 없어 그 방법이 정확하지 않고 따라서 풀이도 까다로워진다. 문제를 중학생 수준에 맞게 간단하게 만들기 위해 '타일이 모든 방향을 향하도록 나란히 이어 붙일 때'같이 설명하면 이해가 훨씬 쉽고 풀이도 간단해진다. 설명에 앞서 참고서가 제시한 풀이를 살펴보자.

그른 풀이 구하는 정사각형 한 변의 길이는 18과 16으로 나누어 떨어져야 한다. 다시 말해 정사각형 한 변의 길이는 18과 16의 공배수다. 한편 18과 16의 최소공배수는 144이므로 가장 작은 정사각형의 한 변은 길이가 144cm이어야 한다. 이 때, 가로로 8장 씩 그리고 세로로 9장 씩 놓아야하므로, 전부 타일은 72이 필요하다. ■

필자는 중학생 시절 이 문제의 풀이가 제시하듯이 구하고자 하는 정사각형 한 변의 길이가 왜 18과 16의 공배수이어야 하는지 납득이 가지 않았다. 타일을 일정한 형태로 나란히 이어 붙인다면 가능한 일이지만, 정사각형의 넓이를 가장 작게 만들기 위해 반드시 이처럼 타일을 붙여야 하는지 알 수 없었기 때문이었다. 타일의 방향을 90°씩 돌려가며 붙이면 안될까? 필자는 이에 대한 풀이를 결국 얻지 못하고 중학교를 졸업했다. 좀 더 중학생에게 알맞은 문제를 만들고자 했다면 분명히 '타일이 모두 같은 방향을 향하도록 나란히 이어 붙일 때'와 같은 조건을 달아주어야 옳다. 이런 문제는 벽돌을 쌓는 문제로 확장할 수 있는데, 이 경우도 마찬가지로 모든 벽돌이 일정한 방향을 향하도록 쌓는다는 조건을 달아주어야 문제가 쉬워지고 약수와 배수를 다루는 단원에서 고려할 만한 문제가 된다. 실제로 가로와 세로의 길이가 각각 3 cm, 2 cm인 직사각형으로 아래 그림처럼 배열하여도 정사각형을 만들 수 있다. 물론 넓이는 가장 작은 정사각형이 되지 못하지만, 이처럼 방향을 바꾸어 가며 이어 붙여서 가장 작은 정사각형은 과연 안 생기는 것인지 엄밀히 따지지 않는다면 위 문제에 대한 올바른 풀이는 아니다.

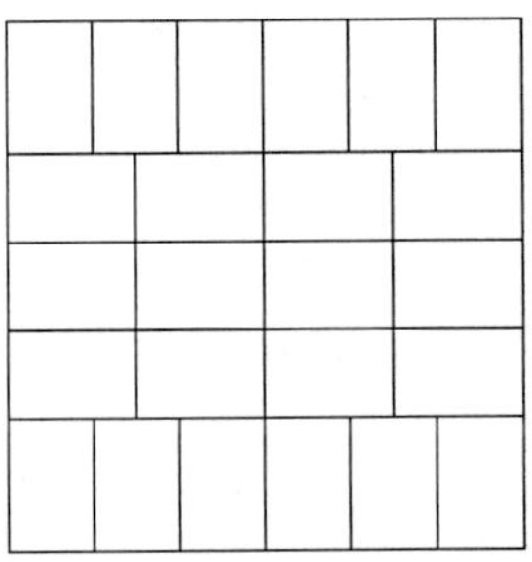

미지수를 x, y로 갖는 방정식 $ax+by=n$을 선형 부정방정식[linear Diophantine equation]이라 일컫는다. 476년에 태어난 것으로 알려진 인도 수학자 첫 번째 Āryabhaṭa와 522년에 태어난 첫 번째 Bhāskara는 이와 같은 방정식의 해를 구하는 방법을 소개하고 있다. 한편 5내지 6세기 경에 씌여진 張邱建算經[Zhāngqiūjiànsuànjìng] 하권 38번 항목에 다음과 같은 문제가 등장하고 있다.

> 今有鷄翁一 值錢伍 鷄母一 值錢三 鷄雛三 值錢一 凡百錢買鷄百隻 問鷄翁母 雛各幾何.
> (수탉 한 마리가 다섯 전이요, 암탉 한 마리가 세 전이요, 병아리 세 마리가 한 전이다. 백 전으로 닭 백 마리를 살 때, 수탉, 암탉, 병아리는 가각 몇 마리씩 살 수 있는가?)– **張邱建算經 下卷, 38번 항목** –

흔히 百鷄術로 알려진 이 문제를 오늘날 수학식으로 옮기면 삼원 일차 연립 부정방정식

$$\begin{cases} x+y+z=100 \\ 5x+3y+\dfrac{z}{3}=100 \end{cases}$$

이다. 이 문제의 답은 $n=1, 2, 3$에 대해 $x=4n$, $y=25-7n$, $z=75+3n$이다⟨91⟩.

두 정수 a, b에 대해 부정방정식 $ax+by=n$은 a, b의 최대공약수를 $g=\gcd(a, b)$라 할 때, n이 g의 배수일 때에만 해를 가지며, 그 때 $x=x_0$, $y=y_0$을 이 방정식의 한 해라 하면, 일반해는

$$x=x_0+\frac{b}{g}k \qquad y=y_0-\frac{a}{g}k \quad \text{로}$$

주어진다. 여기서 k는 정수이고 한 해 (x_0, y_0)을 구하기 위해 다음에 설명할 유클리드 나눗셈을 사용하면 된다. 옛 희랍 수학자 Euclid는 Stoikeia 제7권에서, 주어진 두 수의 최대공약수를 구하는 방법을 설명하고 있는데, 이는 오늘까지 최대공약수를 구하는데 널리 쓰이는 방법이다. 주어진 두 양수 a, b에 대해 $a \geq b$라 하면 $r_0=a$, $r_1=b$라 놓을 때,

$$r_i=r_{i+1}q_{i+1}+r_{i+2} \qquad (0<r_{i+2}<r_{i+1},\ i=0,\ 1,\ 2,\ m-2)$$

이고 $r_{m+1}=0$인 가장 작은 자연수 m이 존재하여 $r_m=\gcd(a, b)$다. 이는 a를 b로 나눌 때 몫 q와 나머지 r에 대해

$$a=bq+r \qquad \text{이고} \qquad 0 \leq r < b$$

이며 더욱이 $\gcd(a, b)=\gcd(b, r)$이 성립한다는 사실에 바탕을 두고 있다. 또한 나눗셈으로 얻어지는 나머지 r_i는 감소하는 수열로 자연수로 이루어진 집합은 항상 최소수를 가지기 때문에 0이 아닌 r_i 전체로 이루어진 집합도 가장 작은 수를 가져야 하고 결국 나눗셈을 몇 번 거듭한 뒤 $r_{m+1}=0$이 됨을 알 수 있다. 보기로 $a=1128$와 $b=768$에 대해 다음

처럼 나눗셈을 거듭한다. 마지막 나눗셈에서 얻어진 나머지가 $r_5 = 0$이므로 바로 앞에서 한 나눗셈으로부터 얻어진 나머지 24가 1128과 768의 최대공약수다.

$$1128 = 768 \times 1 + 360 \quad 768 = 360 \times 2 + 48$$
$$360 = 48 \times 7 + 24 \quad 48 = 24 \times 2 + 0.$$

한편 두 양수 a, b에 대해 앞에 제시한 방법처럼 **유클리드 나눗셈**으로부터 $r_{m+1} = 0$이라 하고 이 때 얻어지는 몫들을 $i = 1, 2, \ldots, m-1$에 대해 q_i라 하면 $s_0 = t_1 = 1$과 $s_1 = t_0 = 0$을 초기 조건으로 하고 귀납식

$$s_i = s_{i-2} - q_{i-1}s_{i-1}, \quad t_i = t_{i-2} - q_{i-1}t_{i-1} \qquad (i = 2, 3, \ldots, m)$$

으로 정의된 수열 s_n과 t_n에 대해

$$\gcd(a, b) = s_m\, a + t_m\, b$$

이다. 보기로 두 수 $a = 1128$와 $b = 768$에 대해 앞에서 얻은 결과에 따라 $m = 4$이므로 아래 계산에 따라

$$24 = 15 \times 1128 + (-22) \times 768 \quad \text{이다.}$$

$$
\begin{array}{ll}
s_0 = 1 & t_0 = 0 \\
s_1 = 0 & t_1 = 1 \\
s_2 = s_0 - s_1q_1 = 1 - 0 \times 1 = 1 & t_2 = t_0 - t_1q_1 = 0 - 1 \times 1 = -1 \\
s_3 = s_1 - s_2q_2 = 0 - 1 \times 2 = -2 & t_3 = t_1 - t_2q_2 = 1 - (-1) \times 2 = 3 \\
s_4 = s_2 - s_3q_3 = 1 - (-2) \times 7 = 15 & t_4 = t_2 - t_3q_3 = (-1) - 3 \times 7 = -22
\end{array}
$$

이제 두 인접한 변의 길이가 각각 자연수 a, b인 직사각형을 사용하여 넓이가 가장 작은 정사각형을 만드는 문제로 다시 돌아가 보자. 이 문제는 종종 한 꼭지점을 공유하는 세 모서리의 길이가 정해져 있는 직육면체를 쌓아 부피가 가장 작은 정육면체를 만드는 문제로 출제되기도 한다. 이를 더욱 일반화하면 우리는 d-차원 직육면체를 쌓아 d-차원 부

피가 가장 작은 d-차원 정육면체를 만드는 문제로 바꿀 수 있다. 우선 $d = 2$인 경우 넓이가 가장 작은 정사각형 한 변의 길이가 $\operatorname{lcm}(a, b)$이어야 함을 완전히 해결한 사람은 Nicolaas Govert de Bruijn [25]과 David A. Klarner [58]였다. 그들은 일반적으로 가로와 세로의 길이가 각각 자연수 a, b인 직사각형을 사용하여 가로와 세로의 길이가 각각 자연수 m, n인 직사각형을 빈틈없이 그리고 겹치지도 않게 완전히 메울 수 있기 위한 필요충분조건을 다음같이 제시했다.

1. mn은 ab의 배수다.

2. 두 등식 $m = av + bw$, $n = ax + by$를 만족하는 음이 아닌 정수 v, w, x, y가 존재한다. 다시 말해 첫 번째 가로줄과 첫 번째 세로줄을 직사각형들로 메울 수 있다.

3. a는 m이나 n의 약수이고 b도 m이나 n의 약수이어야 한다.

이제 $m = n$이면 세 번째 조건으로부터 n은 a와 b의 공배수이므로 가장 넓이가 작은 정사각형의 한 변의 길이 n은 a와 b의 최소공배수여야 한다. 세 번째 성질은 임의 차원으로 확장될 수 있는데, 각 변의 길이가 $a_1, a_2, \ldots, a_d$인 d-차원 직각 다면체를 차곡차곡 쌓아 d-개 변의 길이가 모두 n인 d-차원 직각 정다면체를 만들 수 있으면 n은 모든 k에 대해 a_k의 배수이어야 하므로 부피가 가장 작은 d-차원 직각 정다면체의 한 변의 길이는 $n = \operatorname{lcm}(a_1, a_2, \ldots, a_d)$이어야 한다 [25, 82].

가로와 세로의 길이가 각각 a, b인 직사각형을 빈틈없이 이어 붙여 한 변의 길이가 n인 정사각형을 만든다 하자. 두 수 a와 b의 최대공약수와 최소공배수를 각각 $g = \gcd(a, b)$, $l = \operatorname{lcm}(a, b)$라 하면 $ab = gl$임이 알려져 있다. 앞에서 언급한 바같이 $n = l$일 때는 정사각형을 만들 수 있음이 알려져 있으므로 $n \leq l$라 가정하자. 이 때 얻어진 정사각형의 한 변에 나란한 직선으로 잘랐을 때, 직선 위에 놓인 직사각형으로 직선에 나란한 변의 길이가 a인 직사각형이 x-개, 변의 길이가 b인 직사각형이

y-개 놓인다면 이는 방정식 $ax + by = n$을 만족한다.

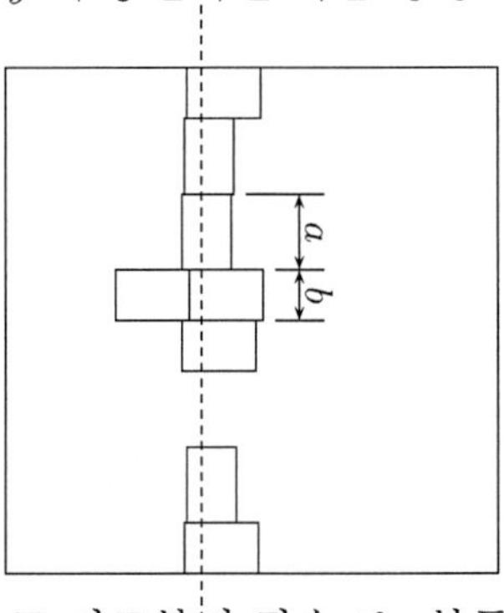

그러면 앞에 설명한 바같이 적절한 해 (x_0, y_0)에 대해

$$x = x_0 + \frac{b}{g}t \qquad y = y_0 - \frac{a}{g}t$$

이며, 여기서 $g = \gcd(a, b)$는 두 수 a, b의 최대공약수이고 t는 임의 정수를 나타내는 매개변수이다. 이 때 $x \geq 0$이고 $y \geq 0$이므로 이로부터 정수 t는 부등식

$$-\frac{g}{b}x_0 \leq t \leq \frac{g}{a}y_0$$

을 만족한다. 한편

$$\frac{g}{a}y_0 - \left(-\frac{g}{b}x_0\right) = \frac{gax_0 + gby_0}{ab} = \frac{g(ax_0 + by_0)}{ab} = \frac{gn}{ab} \leq \frac{gl}{ab} = 1$$

이므로 이를 만족하는 정수 t는 많아야 두 개 뿐이다. 만약 $n = l$이면 분명히 $(x, y) = \left(0, \frac{a}{g}\right)$와 $(x, y) = \left(\frac{b}{g}, 0\right)$은 서로 다른 두 근이므로 $ax + by = l$은 오직 이 두 근만 갖고 따라서 이 때 정사각형을 만들 수 있는 방법은 회전에 따른 대칭성을 고려하면 오직 한 가지 뿐이다. 이 한 가지 방법이 바로 모든 직사각형을 한 방향으로 향하도록 늘어 놓는 것이다.

주어진 영역을 적절한 도형으로 메우는 문제를 다루었으니 이와 비슷한 다음 문제를 살펴보자.

The diameter of a coin is $\frac{3}{4}$ inches. Coins are placed on a rectangular sheet measuring 6 inches by 12 inches. If no coins overlap or overhang the edge of the sheet what is the largest number of coins that may be arranged on the sheet?

– Gauss Contest (Canada) 20번 문제 (1976년) –

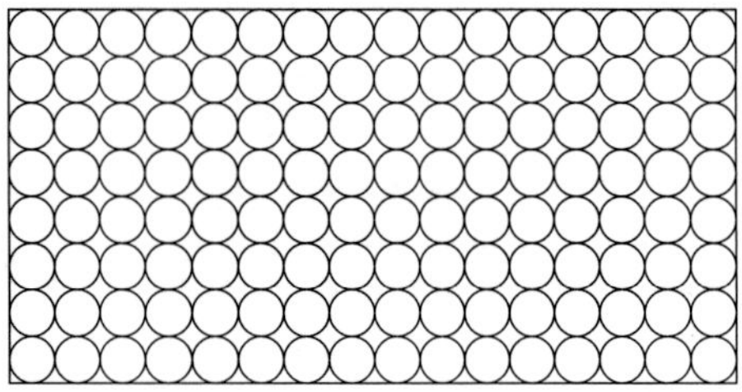

그림 2.3: 네 동전의 중심들이 정사각형을 이루도록 늘어 놓는 방법

이 문제는 Canada에 있는 Waterloo 대학교 수학과에서 실시하는 수학 문제풀이 대회인 Gauss Contest에 실렸던 문제다. Canada 학제로 7학년과 8학년 학생을 대상으로 한 이 문제는 주어진 직사각형 안에 일정한 크기를 갖는 원을 겹치지 않고 얼마나 많이 넣을 수 있는가 하는 문제와 동일하다. 7학년이나 8학년이 대상이었던 만큼 풀이는 그리 복잡하지 않았다. 주최측이 제공한 풀이를 살펴 보자[92].

그른 풀이 The number of coins that may be placed along the width of the sheet is $6 \div \frac{3}{4} = 8$. The number of coins that may be placed along the width of the sheet is $12 \div \frac{3}{4} = 16$. Therefore the maximum number of coins that can be placed on the sheet, with no overlapping or overhanging is $8 \times 16 = 128$. ■

이 풀이에 따라 동전을 늘어 놓으면 그림 2.3과 같다. 그러나 그림 2.4같이 동전을 늘어 놓으면 문제가 제시한 조건을 모두 만족하면서 더 많은 동전을 늘어 놓을 수 있다. 실제로 동전 개수를 헤아려 보면 140개다. 7학년이나 8학년 학생에게 어렵지 않은 문제가 되도록 신경을 쓴 점은 좋았지만, 결과로 보면 출제자가 제시한 문제의 답은 틀린 답이다. 이 문제는 유명한 **케플러** 문제와 관련이 있다.

독일 수학자이자 천문학자인 Johannes Kepler는 1611년 출간한 *Strena sue de nive sexangula*[육각형 눈결정에 관하여]라는 책에서 영국 수학자이자 천문학자였던 Thomas Harriot과 주고 받은 서신을 바탕으로 공을 쌓는 문제를 언급했다. T. Harriot은 작가이자 탐험가였던 Walter Raleigh

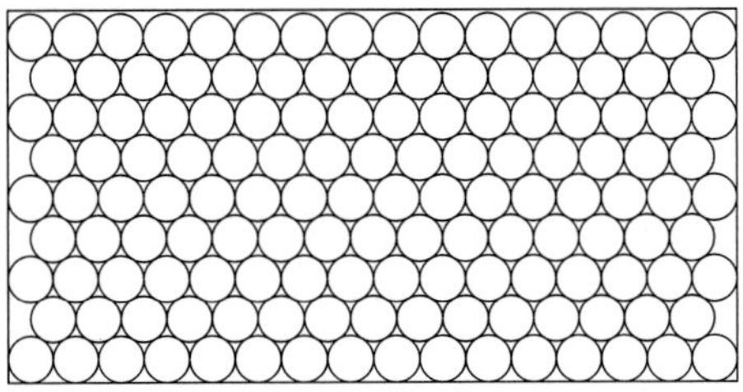

그림 2.4: 세 동전의 중심들이 정삼각형을 이루도록 늘어 놓는 방법

경의 조수였는데 W. Raleigh 경은 그에게 갑판에 공 모양을 한 포환을 어떻게 하면 가장 잘 쌓을 수 있는지 물었다. 이 문제를 평면에 적용하면 원을 평면에 가장 잘 배열할 수 있는 방법을 찾는 것이었다 [84]. 이 문제는 J. C. F. Gauß와 László Fejes Tóth에 의해 완벽하게 해결되었다. 그러나 삼차원 공간에 공을 쌓는 문제는 오랜 세월 풀리지 않은 채 남아있다. 1998년 Thomas Callister Hales는 전산기를 사용하여 가능하지 않은 유형을 하나씩 지워나가는 방식으로 삼차원 공간에 가장 적절하게 공을 쌓는 방법은 공의 중심이 정육면체의 꼭지점과 정육면체 각 면의 중심에 놓이도록 쌓는 것, 즉 '면심 육면체 쌓기'[face-centred-cubic packing, FCC]⟨93⟩라는 것을 증명했으나, 아직 학자들의 검토가 끝나지 않은 상태다. 물론 학자들은 그의 증명에 오류가 없을 것으로 거의 믿고 있지만, 이론적인 증명이 아니라 그의 증명이 설사 옳다손 치더라도 수학자들 마음 한 구석에는 여전히 미련 어린 숙제로 남아있게 된다.

J. Kepler⟨94⟩

우선 일차원인 경우 문제는 너무나 쉬워 논할 여지가 없다. 일차원에서 공에 해당하는 것이라면 바로 선분이다. 선분을 한 줄로 쭉 이어 놓으면 전체 공간을 틈이 없이 완전히 다 메울 수 있다. 다음은 이차원 평면인 경우다. 이 문제는 Giuseppe Lodovico Lagrangia⟨95⟩에 의해 격자 배열과 같은 규칙적인 배열을 할 경우 가장 좋은 쌓기는 한 원에 접하는 여섯 개 원의 중심이 정육각형의 꼭지점이 되도록 쌓는

것[hexagonal packing]임이 증명되었다. 1773년 그는 Friedrich II세의 궁정에서 일하고 있을 때, *Recherche d'arithmétique*라는 이원 이차형식, 즉 $ax^2 + bxy + cy^2$에 관한 논문을 집필하였다. 여기서 그는 이원 이차형식의 축약형을 얻는 방법을 고안했고 이 사실로부터 규칙적으로 원을 평면에 배열 (훗날 J. C. F. Gauß는 격자[Gitter, lattice]라 불렀다)할 경우에 대한 Kepler 문제는 완전히 해결되었다. 그러나 여전히 숙제는 남아 있었다. 규칙적인 배열이 항상 좋은 쌓기를 보장해 줄 것인가 하는 문제다. 세월이 한참이나 흘러 Magyarország[Hungary] 출신 수학자 László Fejes Tóth가 1940년 *Über einen geometrischen Satz*[어느 기하학 정리에 관하여]라는 논문을 통해 불규칙한 배열을 고려하여도 한 원에 접하는 여섯 개 원의 중심이 정육각형의 꼭지점이 되도록 쌓는 것이 가장 좋은 쌓기가 된다는 것을 증명함으로써 이차원 케플러 문제는 종지부를 찍게 되었다. 이때 쌓기 밀도는 $\dfrac{\sqrt{3}}{6}\pi = 0.9068996821\cdots$ 이다.

1831년 이름이 거의 알려져 있지 않았던 수학, 물리학 전공 교수 Ludwig August Seeber는 삼원 이차형식에 관한 책자[96]를 발표하였다. 이는 Kepler의 추측과 간접적으로 관련이 깊은 책이었는데, 그의 스승이었던 J. C. F. Gauß는 이 책에 대한 서평을 *Göttingische gelehrte Anzeigen*에 실으면서 L. A. Seeber가 완전히 증명하지 못하고 추측으로만 남겨 두었던 문제를 완벽하게, 그리고 아주 간결하게 증명하였다. 분명히 천재다운 면모를 볼 수 있는 증명임에 틀림없었고, 이는 삼차원 케플러 문제에 대한 가장 진전된 증명으로 규칙적인 배열만을 고려할 때 공의 중심이 정육면체의 꼭지점과 각 면의 중심에 오도록 쌓는 것, 즉 FCC가 가장 좋은 쌓기가 된다는 것을 보여 주었다. 한편 이 증명은 정수론을 사용하여 기하학과 관련한 정리를 매끈하게 해결한 셈이 되었다. 이차원인 경우와 마찬가지로 여전히 불규칙한 배열로 공을 쌓을 경우를 고려해야 했다. 그러나 이 경우는 이차원일 때보다 훨씬 어렵고 복잡했다. 여러 수학자들이 이 문제에 도전장을 냈지만 쓰디 쓴 고배만 마셔야 했기 때문이다.

J. L. de Lagrange[97]

L. F. Tóth

T. C. Hales[98]

마침내 1998년 Thomas Callister Hales는 'Annals of Mathematics'라는 전문지에 삼차원 **케플러** 문제에 대한 논문을 기고했다. 250여 쪽이 넘는 논문과 3 GB가 넘는 전산 **프로그램**을 면밀하게 검토해야 그의 이론이 완전하게 받아들여질 테지만, 현재 그의 논문은 아직도 검토 중이다. 그에 따르면 이차원인 경우와 비슷하게 불규칙한 배열을 고려하여도 공의 중심이 정육면체의 꼭지점과 면의 중심에 놓이도록 쌓는 것이 가장 좋은 쌓기라는 사실이다. 이 때 쌓기 밀도는 $\frac{\sqrt{2}}{6}\pi = 0.7404804896\cdots$ 이다. 뿐만 아니라 이 밀도를 갖는 불규칙한 쌓기 배열도 아울러 존재한다.

문제같이 직사각형 안에 원을 넣는 경우같이 유한한 영역을 주어진 도형으로 메우는 경우에는 반드시 규칙적인 배열이 가장 많은 도형으로 메울 수 있는 것은 아니다. 실제로 불규칙한 배열이 더 좋은 결과를 보여주기도 한다. 심지어 그림같이 메우는 도형이 서로 접하지 않을 수도 있다. 이런 문제에 대한 연구는 무한히 넓은 공간에 대한 앞의 연구보다 그 역사가 짧다. 수학자나 전산학자들은 이 문제를 전산기를 사용하여 풀고 있으며, 이를 위한 좋은 계산법, 즉 **알고리듬**[99]을 찾는 일 또한 중요한 연구 과제이기도 하다.

수에 대해 다루고 있으니 문득 유명한 두 수학자의 말이 뇌리에 떠오른다. 다음 말은 1866년 독일 Berlin에서 열린 'Vereinigung deutscher Naturforscher und Ärzte'에서 Leopold Kronecker가 한 말이라 전해지는데, L. Kronecker를 기리는 Heinrich Weber의 글을 통해 전해지고 있

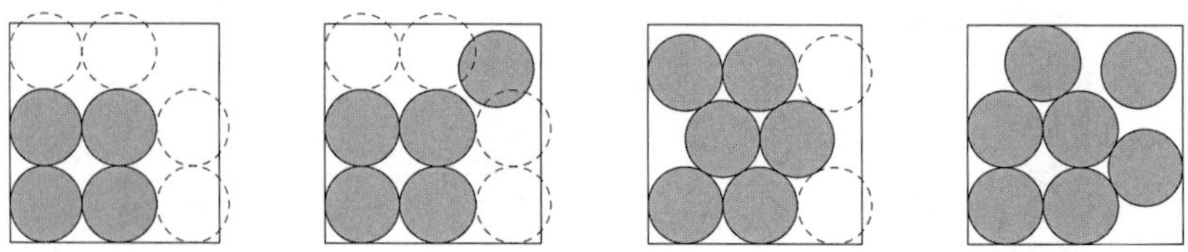

그림 2.5: 최대 일곱 개 원으로 메워지는 가장 작은 정사각형⟨100⟩

다⟨101⟩.

> Die ganzen Zahlen hat der liebe Gott gemacht, alles andere ist Menschenwerk⟨102⟩.
>
> – **Leopold Kronecker [89, 19쪽]** –

한편 독일의 수학자 Julius Wihelm Richard Dedekind는 다음같이 말했다.

> Die Zahlen sind freie Schöpfungen des menschlichen Geistes, sie dienen als ein Mittel, um die Verschiedenheit der Dinge leichter und schärfer aufzufassen⟨103⟩.
>
> – **Julius Wihelm Richard Dedekind [35, Vorwort]** –

수학자들은 최근까지도 수를 신의 창조물로 여겼나보다. 그러나 필자는 그렇게 생각하지 않는다. 수란 J. W. R. Dedekind의 말처럼 인간이 필요에 의해 만들어낸 대상일지도 모르며, 이미 L. Kronecker의 말처럼 세상이 생겨나면서 그 안에 이미 존재하고 있었을 지도 모를 일이다. 누가 수를 만들었는지 따지기 전에 수란 인간이 볼 때 매우 신비로운 성질을 많이 가지고 있고 분명히 우리 삶 속에서 유용하게 쓰이고 있다는 점에 우리는 주목할 필요가 있다. 이제 유리수와 관련한 내용을 살펴보자.

어린 시절 분수를 배우던 기억을 아마 다들 지니고 있으리라. 사과 한 개를 동생과 둘이서 똑같은 양으로 나누어 먹었다면 동생이 먹은 양은 과연 얼마일까? 만약 이 물음이 동생이 먹은 사과의 양이 원래 사과와

L. Kronecker

J. W. R. Dedekind⟨104⟩

비교하여 얼마인지 묻는다면 그 답은 $\frac{1}{2}$이 될 것이요, 만약 동생이 먹은 사과의 양을 답하라면 $\frac{1}{2}$ 개가 답이 될 것이다. 그러나 $\frac{1}{2}$ 개란 정확한 양이 아니다. 왜냐하면 수량사인 '개'가 이미 정확한 양을 재는 단위가 아니기 때문이다. 아무튼 우리는 여기서 $\frac{1}{2}$이란 분수를 사용한다. 역사를 통해 옛 **이집트** 사람들도 이미 분수를 만들어 쓰고 있었는데, 그들이 쓴 분수는 오늘날 분수와 조금 색다르게 분자가 1인 분수를 주로 사용했다. 그들은 기준이 되는 양을 1로 잡아 그에 대한 비를 생각했던 모양이다. 즉 $\frac{1}{3}$, $\frac{1}{4}$같이 말이다. 1858년 مصر[Miṣr, Egypt] 남부에 있는 الأقصر[Luxor]에서 Scotland 출신인 Alexander Henry Rhind가 구입하여 세상에 알려지게 된 **파피루스**⟨105⟩에 쓰여진 옛 Egypt 문서에는 이러한 분수를 사용한 여러 계산법이 소개되어 있고, 특히 $\frac{2}{n}$꼴 분수를 분자가 1인 분수로 나타내고 있다. 현재 British Museum에 보관되어 있는 이 사료를 흔히 첫 소장자의 이름을 따서 '**린드 파피루스**⟨106⟩'라 일컫기도 한다⟨107⟩. 길이가 565 cm요, 폭이 33 cm인 이 두루마리 종이는 [*W3st*, Θῆβαι, Thebes]에 있는 한 무덤에서 발견된 것으로, 기원전 약 1600년 경 [Ahmes]라는 필경사에 의해 기록되었다. 그러나 그 내용은 이보다 훨씬 오래 전에 이미 알려져 있었을 것으로 여겨진다.

옛 Egypt 사람들은 분자가 1인 분수를 사용하여 계산하였는데, 오늘날 수학에서 이를 '**이집트 사람의 분수**[Egyptian fraction]'라 일컫는다. 그림 2.6에서 볼 수 있듯이 **린드 파피루스**는 $\frac{2}{5}$를 나타내는 대신 $\frac{1}{3}+\frac{1}{15}$라

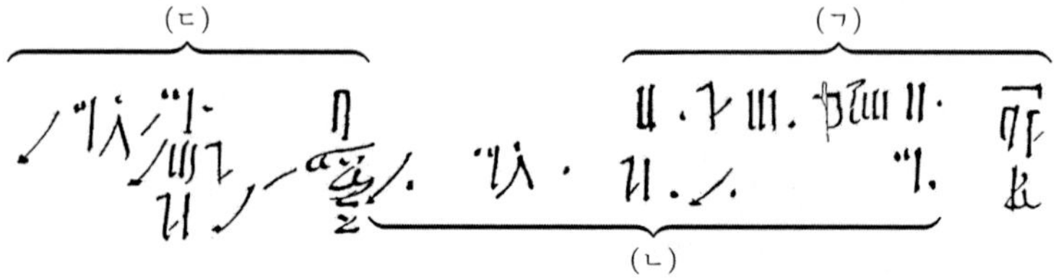

(ㄱ) 3에 작용하여(즉 3을 곱하므로써) 2를 얻는다.
3의 $\frac{2}{3}$는 2이다.

(ㄴ) 5의 $\frac{1}{3}$은 $1+\frac{2}{3}$이고, 5의 $\frac{1}{15}$은 $\frac{1}{3}$이다.

(ㄷ) 계산:

1	5
$\frac{2}{3}$	$3+\frac{1}{3}$
✓$\frac{1}{3}$	$1+\frac{2}{3}$
✓$\frac{1}{15}$	$\frac{1}{3}$

그림 2.6: Rhind Papyrus, Plate 2: ‘2를 3, 5로 나누기’

적고 있다. 뿐만 아니라 린드 파피루스에는 여러 문제들이 실려 있는데, 보기로 여섯 번째 문제에는 남자 열 명이 빵 아홉 개를 나누어 가지면 저마다 $\frac{2}{3}+\frac{1}{5}+\frac{1}{30}$ 씩 가진다고 했다. 이 값은 다 알고 있듯이 $\frac{9}{10}$을 나타내는 값이다. 참고로 그들은 특별히 분자가 2인 분수 $\frac{2}{3}$ ([*rwỉ*])를 즐겨 사용했으며, 잘 쓰이지는 않았지만 분자가 3인 분수 $\frac{3}{4}$ ([*ẖmt-rw*])도 사용했다. 아마도 그들은

$$\frac{2}{n}=\frac{2}{n+1}+\frac{2}{n(n+1)}$$

이라는 관계식을 사용했을지도 모른다.

주어진 분수를 단위분수끼리 합으로 나타내는 문제는 그리 쉬운 문제가 아니며 더욱이 1보다 큰 임의 자연수 n에 대해 $\frac{4}{n}$를 세 자연수 a, b, c를 사용하여 $\frac{4}{n}=\frac{1}{a}+\frac{1}{b}+\frac{1}{c}$같이 나타낼 수 있는지는 아직도 알려져 있지 않다⟨108⟩. 한 분수를 분자가 1인 분수로 나타내는 방법이 한 가지 뿐인 것은 아니다. 보기로 이집트 사람의 분수를 계산하는 여러 방법을

사용하여 계산하면

$$
\begin{aligned}
\frac{3}{7} &= \frac{1}{7}+\frac{1}{7}+\frac{1}{7} && \text{초등학생 계산법}\\
&= \frac{1}{7}+\frac{1}{8}+\frac{1}{56}+\frac{1}{8}+\frac{1}{56} &&\\
&= \frac{1}{7}+\frac{1}{8}+\frac{1}{9}+\frac{1}{56}+\frac{1}{57}+\frac{1}{72}+\frac{1}{3192} && \text{단순 분해법}\\
&= \frac{1}{3}+\frac{1}{11}+\frac{1}{231} && \text{Fibonacci/Sylvester 계산법}\\
&= \frac{1}{3}+\frac{1}{15}+\frac{1}{35} && \text{Golomb 계산법}\\
&= \frac{1}{4}+\frac{1}{8}+\frac{1}{28}+\frac{1}{56} && \text{이진 계산법}\\
&= \frac{1}{6}+\frac{1}{7}+\frac{1}{15}+\frac{1}{21}+\frac{1}{210} && \text{Bleicher/Erődos 계산법}
\end{aligned}
$$

같이 $\frac{3}{7}$은 적어도 일곱 가지 다른 표현법이 있음을 알 수 있다⟨109⟩.

다음은 **이집트** 사람의 분수와 관련한 문제로 수학문제 풀이 대회에 출제되었던 문제다.

> 다음에서 ㉠, ㉡, ㉢은 자연수로 ㉠ < ㉡ < ㉢이다. ㉠ + ㉡ + ㉢의 최소값을 구하여라.
>
> $$\frac{11}{120} = \frac{1}{㉠} + \frac{1}{㉡} + \frac{1}{㉢}$$
>
> **– 1997년 10월 제7회 초등학교 5학년 대상 해법수학 경시대회 3번 문제 –**

해법수학 경시대회는 1991년 제1회를 시작으로 해마다 초등학생과 중학생을 대상으로 실시되는 수학문제 풀이 대회로 국내에서는 널리 알려진 대회 가운데 하나이다. 언제부터인지 사설 학원이나 여러 단체에서 주관하거나 주최하는 수학 문제 풀이 대회가 우후죽순처럼 생겨나기 시작했다. 마치 경시대회에 입상이라도 하면 수학을 잘 하는 아이로 대우받는 세상이 된 셈이다. 그러나 분명한 것은 경시 대회에서 좋은 성적을 거두었다고 반드시 그 사람이 수학을 잘 한다고 보기 힘들다는 점이다. 내 아이는 수학을 잘 한다는 부모를 자주 만날 수 있는데, 정작 그 자녀와 대화를 나누어 보면 그저 학교 공부를 잘 하는 학생임을 알게 된다. 수학을 잘한다는 뜻은 성적이 좋다는 사실 만으로 평가할 수 있는 것이 아님을 알아 두기 바란다.

우선 위 문제에 대한 출제자의 답안을 살펴보자[110].

그른 풀이 120의 약수: 1, 2, 3, 4, 5, 6, 8, 10, 12, 15, 20, 24, 30, 40, 60, 120.
120의 약수 중 합이 11이 되는 경우

(1, 2, 8) 일 때, ㉠ + ㉡ + ㉢ = 195

(1, 4, 6) 일 때, ㉠ + ㉡ + ㉢ = 170

(2, 3, 6) 일 때, ㉠ + ㉡ + ㉢ = 120

(2, 4, 5) 일 때, ㉠ + ㉡ + ㉢ = 114 ■

따라서 위 문제의 답은 114라는 결론에 도달하고 있다. 풀이가 쉽사리 이해되지 않으므로 설명을 덧붙여 보자. 우선 120의 서로 다른 약수 가운데 그 합이 11이 되는 경우는 위에 든 네 경우 뿐이다. 보기로 (1, 2, 8)인 경우

$$\frac{11}{120} = \frac{1+2+8}{120} = \frac{1}{120} + \frac{1}{60} + \frac{1}{15}$$

이므로

㉠ = 15, ㉡ = 60, 그리고 ㉢ = 120

임을 알 수 있다. 이 경우 분모를 모두 더한 값은 $15 + 60 + 120 = 195$이다. 겉으로 보기에 답안에 아무 문제가 없어 보인다. 그러나 이 답안은 심각한 오류를 범하고 있다. 물론 답도 틀렸다. 왜냐하면 $\frac{11}{120}$을 분자가 1인 세 분수끼리 합으로 나타내는 방법이 이 밖에도 많이 있다는 사실을 출제자와 답안은 간과하고 있기 때문이다. 1999년에 열린 해법수학 경시대회에도 유사한 문제가 출제되었고 이에 대한 천재교육 측의 풀이

도 역시 이와 비슷하다. 다행이 점검해 본 결과 답은 맞았지만, 수학이 답만 맞추는 과목이 아니므로 올바른 풀이를 제시하지 못한 것은 분명 신중한 검토가 없었기 때문이리라. 위 문제에서 출제자가 제시한 방법으로 구할 수 없는 경우가 있다. 보기로

$$\frac{11}{120} = \frac{1}{24} + \frac{1}{36} + \frac{1}{45}$$

은 위와 같은 방법으로 구할 수 없는 표현이다. 왜냐하면 36이나 45는 120의 약수가 아니기 때문이다. 이 경우 $24 + 36 + 45 = 105$는 114보다 작으므로 답은 105 이하이어야 한다. 실제로 전산기를 사용하여 문제를 검토하면 최소값은 105임을 알 수 있다. 이제 다소 복잡하나마 최소값을 구하는 과정을 정리하면 아래와 같다.

이제 $1 \le a \le b \le c$인 세 자연수 a, b, c에 대해

$$\frac{11}{120} = \frac{1}{a} + \frac{1}{b} + \frac{1}{c}$$

라 하자. (문제에서 제시한 조건은 $a < b < c$이지만 일반성을 고려하여 $a \le b \le c$라 놓는다.) 그러면 $\dfrac{11}{120} = \dfrac{ab + bc + ca}{abc}$이므로

$$ab + bc + ca = 11k \qquad \text{이고} \qquad abc = 120k$$

인 자연수 $k \ge 1$가 존재한다. 이 때, 두 번째 식으로부터 $ab = \dfrac{120k}{c}$이므로 이를 첫 번째 식, 즉 $ab + (a + b)c = 11k$에 대입하여 정리하면

$$a + b = \frac{11k - ab}{c} = \frac{(11c - 120)k}{c^2}$$

이고, 이차방정식의 근과 계수가 갖는 성질로부터 a와 b는 x에 대한 방정식

$$c^2x^2 - k(11c - 120)x + 120kc = 0$$

의 두 근이다. 한편 a, b는 모두 실수이므로 판별식에 대한 조건으로부터

$$D = (11c - 120)^2k^2 - 480c^3k \ge 0$$

이고 이를 k에 대해 정리하면

$$k \geq \frac{480c^3}{(11c-120)^2} \tag{2.1}$$

임을 알 수 있다. 한편 $S = a+b+c = \dfrac{c^3+11kc-120k}{c^2}$이므로 S의 최소값을 구하면 된다. 앞에서 살펴본 바에 따라 $a+b+c \leq 114$인 경우만 살피면 되므로 $c \leq 112$인 경우만 살피면 충분하다. 또한 산술평균과 조화평균이 갖는 대소 관계로부터

$$\frac{a+b+c}{3} \geq \frac{3}{\frac{1}{a}+\frac{1}{b}+\frac{1}{c}} = \frac{3}{\frac{11}{120}} = \frac{360}{11},$$

즉 $a+b+c \geq \dfrac{3\cdot 360}{11} = 98.\overline{18}$이므로 $a+b+c \geq 99$이고, $a+b+c \leq 3c$이므로

$$c \geq 33 \tag{2.2}$$

이다. 한편 $a+b+c = \dfrac{c^3+11kc-120k}{c^2} \leq 114$이므로 $(11c-120)k \leq c^2(114-c)$이고 $c \geq 33$, 즉 $c^2(114-c) > 0$ 이므로

$$k \leq \frac{c^2(114-c)}{11c-120} \tag{2.3}$$

이다. 부등식 (2.1)과 (2.3)에 의해 $\dfrac{480c^3}{(11c-120)^2} \leq \dfrac{c^2(114-c)}{11c-120}$이며, 따라서 $(c-114)(11c-120)+480c \leq 0$이고, 이를 만족하는 c의 존재 범위는

$$\begin{aligned} 20.4453337975\cdots &= \frac{3}{11}(149-3\sqrt{609}) \\ \leq \quad c \quad &\leq \frac{3}{11}(149+3\sqrt{609}) = 60.8273934751\cdots \end{aligned}$$

즉, 부등식 (2.2)와 (2.3)으로부터

$$33 \leq c \leq 60 \quad \text{이고} \qquad \left\lceil \frac{480c^3}{(11c-120)^2} \right\rceil \leq k \leq \left\lfloor \frac{c^2(114-c)}{11c-120} \right\rfloor$$

임을 알 수 있다⟨111⟩. 이제 이 범위에 드는 1422개 순서쌍 (c, k)에 대해 주어진 조건을 만족하는 순서쌍을 적으면 다음 표와 같고 $a<b<c$일 때 $a+b+c$의 최소값은 105임을 알 수 있다.

a	b	c	k	$a+b+c$	a	b	c	k	$a+b+c$
30	30	40	300	100	24	40	40	320	104
24	36	45	324	105	24	30	60	360	114

위에 든 문제는 보기에 간단해 보이나 검토해야 할 내용은 매우 복잡한 문제이다. 초등학생에게 중요한 것은 간단한 논리적 추리력과 계산 능력과 같은 기초적 능력이 더 중요하다. 기초를 닦는 일에 소홀한 채 어려운 문제만 풀고 배우게 한다면 이는 교육이 파행으로 가는 지름길이요, 나라와 개인의 과학 역량을 점점 더 낮추는 일임을 수학자와 교육자 모두 절실히 깨달아야 한다.

분수 얘기가 나왔으니 분수와 관련한 문제를 살펴보자. 다음 문제는 필자가 중학교 시절에도 풀었고, 지금도 그대로 숫자만 바뀌어 참고서에 실리고 있는 문제다.

어떤 기약분수를 소수로 나타내는데 A군은 분모를 잘못 보아 $1.\dot{1}\dot{2}$를 얻고, B군은 분자를 잘못 보아 $0.97\dot{2}$를 얻었다. 옳은 분수를 순환소수로 나타내어라.

– 고난도 탄탄수학, 중2학년 1학기, 19쪽, 문제 6번 (오명식 지음, 탄탄교육 출판사) –

우선 참고서에 실린 답안을 적으면 다음과 같다.

그른 풀이 A군이 본 분수는

$$1.\dot{1}\dot{2} = \frac{112-1}{99} = \frac{111}{99} = \frac{37}{33}$$

A군은 분모만 잘못 보았으므로 처음 분수의 분자는 37이다. 이고, 한편 B군이 본 분수는

$$0.97\dot{2} = \frac{972-97}{900} = \frac{875}{900} = \frac{35}{36}$$

이고, B군은 분자만 잘못 보았으므로 처음 분수의 분모는 36이다. 이 사실로부터 처음 분수는 $\frac{37}{36}$이고 따라서 $\frac{37}{36} = 1.02\dot{7}$이다. ■

필자가 중학교 시절 처음 이 문제를 접하고 아무리 답을 구하려해도 답을 구할 수 없었던 기억이 난다. 결국 답을 보았지만 답안 자체도 이해할 수 없었다. 답은 맞는 듯한데 어딘지 모르게 어색한 풀이였다. 이 궁리 저 궁리를 하면서 끙끙거리다가 이 문제는 틀린 문제라는 결론을 내린 것은 한참이나 지난 뒤였다. 이 글을 읽는 여러분은 이 문제의 어디가 틀렸는지 알 수 있을까? 다음 문장을 읽기 전에 혼자 답을 구해보는 것도 바람직하리라. 우선 본론에 앞서 문제에 사용한 표현에 대해 잠깐 언급하자. 문제의 첫머리에 쓰인 '어떤 기약분수'라는 표현은 적절하지 않다. '여' 불규칙 형용사 '어떠하다'는 일의 성질이나 상태가 어찌되어 있음을 나타내는 말로, 이 문제는 기약분수의 성질을 드러내는 것이 아니라 여러 기약분수 가운데 정해지지 않은 하나를 가리키는 것이므로 '어느 기약분수'라 해야 옳다. 한편 이 문제의 의도에 맞추려면 'A군은 분모만 잘못 보아' 그리고 'B군은 분자만 잘못 보아'같이 표현을 좀 더 정확하게 하는 것이 바람직하다. 그리고 문제에 정성을 조금 더 들이려면 'A군'이나 'B군'이라는 표현보다 '영희'나 '철수'같이 구체적인 이름을 쓰는 편이 문제에 사실감을 더해주므로 좋지 않을까?

바른 풀이 위에 소개한 풀이는 틀린 답안이다. 왜냐 하면 A군과 B군이 푼 문제에 제시된 분수의 분자와 분모가 각각 37과 36이라 주장을 할 근거가 아무데도 없기 때문이다. 실제로 문제에 주어진 분수가 $\frac{37}{72}$이라 해도 문제는 성립한다. A군이 분모 72를 33으로 보고 풀었다면 이 경우 계산에 사용한 분수는 $\frac{37}{33} = 1.\dot{1}\dot{2}$이고 B군이 분자 37을 70로 보고 풀었다면 그가 사용한 분수는 $\frac{70}{72} = 0.97\dot{2}$이기 때문이다. 한마디로 이 문제는 정답을 하나로 정할 수 없다. 답을 하나로 정하려면 다른 조건이 더 필요하다. ■

오랜 세월을 지나오면서 수 많은 교사들이 이 문제를 다루었을 것이고, 많은 학생들이 참고서나 학교 시험에서 풀었음에 틀림없을 이 문제가 아직 참고서에 고쳐지지 않은 채 버젓이 실리고 있는 것을 보면 정보 교류가 없는 것인지 아니면 아무도 생각조차 하고 있지 않은 것인지 참으로 기이한 노릇이 아닐 수 없다. 아무런 거부감도 느끼지 못한 채 교사가 그리고 학원 강사가 들려주는 풀이에만 귀 기울이고 있는 학생들을 키우고 있는 교육 현장에서 이제 누구를 탓할 것 없이 우리 모두 책임자임을 자처해야 한다.

다음 문제도 출제와 풀이에 주의를 기울였으면 하는 마음에서 여기에 싣는다.

> 어떤 수에 $4\frac{1}{26}$을 곱하거나, $2\frac{17}{65}$을 곱해도 자연수가 된다고 한다. 어떤 수 중에서 가장 작은 수를 기약분수로 답하시오.
>
> – **Line-Up 초등6 수학, 20쪽, 5번 (파워엘리트 펴냄, 2000년)** –

출전의 풀이를 살펴보자.

그른 풀이 $4\frac{1}{26} = \frac{105}{26}$이고 $2\frac{17}{65} = \frac{147}{65}$이다. 두 수를 곱해서 모두 자연수가 된다고 하면 분모인 26, 65가 모두 약분되어야 한다. 따라서 26과 65의 최소공배수 130이고 두 수에 130을 곱하면 525, 294가 되므로 공약수 21이 생기는 수이다. 따라서 가장 작은 기약분수는 $\frac{130}{21}$이다. ■

풀이 자체는 그리 큰 문제가 없다. 그런데 엄밀히 수학을 가르친다면 유리수를 곱해 자연수가 되기 위해 곱해지는 수는 무리수가 아닌 유리수이어야 함을 설명해야 한다. 물론 이 문제는 초등학생을 위한 것이나 중학교 참고서도 이와 유사한 문제를 싣고 있다. 따라서 풀이에서 곱해지는 수가 유리수임을 언급해야 모범답안이 된다. 이런 어려움을 줄이기 위해 문제 출제자는 이 문제를 접할 대상의 실력을 고려하여 다음같이 바꾸는 편이 바람직하다.

> 어느 분수에 $4\frac{1}{26}$이나 $2\frac{17}{65}$을 곱해도 자연수가 된다. 이런 수 중에서 가장 작은 수를 기약분수로 답하여라.

역시 다음 문제도 분수와 관련한 문제이다.

$\dfrac{4}{5}$보다 크고 $\dfrac{5}{6}$보다 작은 분수 중 분모의 크기가 가장 작은 분수를 구하여라. – **초등학교 수학올림피아드 예상문제집, 138쪽, 12번 (이재철 지음, 재능교육 펴냄, 2000년)** –

이 문제는 아들이 풀다가 발견하여 필자에게 들려준 문제다. 출전이 제시한 풀이를 살펴보자.

그른 풀이 $\dfrac{4}{5} = \dfrac{24}{30} = \dfrac{48}{60}$, $\dfrac{5}{6} = \dfrac{25}{30} = \dfrac{50}{60}$이므로 $\dfrac{49}{60}$는 $\dfrac{4}{5} = \dfrac{48}{60}$보다 크고 $\dfrac{5}{6} = \dfrac{50}{60}$보다 작은 분수 중 크기가 가장 작은 분수이다. ∎

풀이를 읽다보면 마치 분모를 같게 해 놓고 분자를 비교하여 두 분수 사이에 있는 가장 작은 분수를 구한 듯하다. 그러나 두 분수 사이에 무수히 많은 유리수가 존재하므로 가장 작은 분수란 존재하지 않는다. 실제로 이 문제의 답은 $\frac{9}{11} = 0.\dot{8}\dot{1}$이다. 왜냐하면 $\frac{4}{5} = 0.8$이고 $\frac{5}{6} = 0.8\dot{3}$이니 조건을 만족하고 아래 풀이에 따라 분모의 크기가 가장 작은 분수이기 때문이다. 왜 이런 일이 발생하였을까? 두 분수의 분모가 같거나 분자가 같은 경우에 두 분수의 크기는 분자나 분모를 각각 비교하면 되지만 일반적으로 두 분수의 대소가 분모나 분자의 대소에 의해 결정되지는 않는다. 이 문제는 다음같이 풀어야 옳다.

바른 풀이 서로 소인 두 자연수 a, b에 대해 $\dfrac{4}{5} < \dfrac{b}{a} < \dfrac{5}{6}$라 하자. 그러면

$$4a < 5b, \quad 6b < 5a, \quad b < a$$

이므로 $\dfrac{6}{5}b < a < \dfrac{5}{4}b$이 성립한다.

b	$\frac{6}{5}b$	$\frac{5}{4}b$	a	b	$\frac{6}{5}b$	$\frac{5}{4}b$	a
1	1.2	1.25	•	6	7.2	7.5	•
2	2.4	2.5	•	7	8.4	8.75	•
3	3.6	3.75	•	8	9.6	10	•
4	4.8	5	•	9	10.8	11.25	11
5	6	6.25	•	10	12	12.5	•

따라서 $a = 11$, $b = 9$이고 구하는 분수의 분모는 11이다. ∎

우리는 비와 비율을 초등학교 시절부터 배웠다. 그런데 비와 비율이 무엇인지 정확하게 구분할 수 있는 사람은 그리 흔하지 않은 듯하다. 막연히 두 수 a와 b의 비란 $a : b$같이 쓰여진 것을 일컫는 것으로 착각하는 사람이 있다. 비와 비율이란 각기 적절한 단위를 가지는 양을 비교하는 방법으로, 비란 단위가 같은 두 양을 비교하는 방법이요, 비율이란 단위가 다른 두 양을 비교하는 방법이다. 예를 들어 물이 각각 2 L와 3 L가 든 두 통 (가)와 (나)를 비교하여 다음같이 말한다.

1. 통 (나)에 든 물의 양에 대한 통 (가)에 든 물의 양이 이루는 비는 $2 : 3$이다.
2. 통 (가)에 든 물의 양에 대한 통 (나)에 든 물의 양이 이루는 비는 $3 : 2$이다.

이를 우리는 분수를 사용하여 이 비들을 $2 : 3 = \frac{2}{3}$, $3 : 2 = \frac{3}{2}$같이 나타내기도 한다. 이 때 비교하는 두 양을 재는 단위는 부피나 들이의 단위인 'L'로 같다. 한편 두 시간에 126 km를 달린 자동차에 대해 다음같이 말한다.

1. 한 시간에 자동차가 달린 평균 거리는 63 km다. 이를 우리는 간단히 63 km/h로 나타낸다.
2. 이 자동차가 1 km를 달리는데 걸린 평균 시간은 $\frac{1}{63}$ 시간이다. 이를 잘 쓰지는 않지만 단위를 살려 $\frac{1}{63}$ h/km로 쓸 수 있다.

이를 비율이라 하는데 여기서 두 양을 재는 단위는 각각 'km'와 '시간'으로 서로 다르다. 이 개념을 확장하면 다음과 같은 연비[multi-term ratio]도 가능하다.

1. 한국에서 현재 유통되는 50원짜리 동전은 재료로 양백(洋白)[German silver]⟨112⟩을 사용하는데 그 질량이 4.16 g으로 구리가 2.9120 g, 아

연이 0.7488 g, 니켈이 0.4992 g 들어있다. 이 때 50원짜리 동전에 들어있는 구리, 아연, 니켈의 질량 함량비는 35 : 9 : 6이다.

2. 순수한 물 (증류수) 300 g의 온도를 3 °C 올리는데 필요한 열량이 300 cal라 한다. 이 때, 물 1 g의 온도를 1 °C 올리는데 필요한 열량을 비열[specific heat]이라 한다. 물의 비열은 1 cal/(g·°C)이다. 이를 국제 표준 단위계로 바꾸면 1 cal = 4.1860 J이고 섭씨 온도 1도 차이는 절대온도로 1도 차이와 같으므로 물의 비열은 4186 J/(kg·K)다. 이 값을 굳이 ':' 을 써서 나타내자면 이는 (4186 J : 1 kg) : 1 K 또는 4186 J : (1 kg : 1 K^{-1})을 뜻한다. 이는 세 항으로 이루어진 연비가 아님을 주의해야 한다.

3. 다섯 시간에 308 km를 달린 자동차가 소비한 연료의 양은 27.5 L다. 이 때 이 차가 한 시간마다 주행한 평균 거리는 61.6 km/h이고, 이 차가 1 L로 주행한 평균 거리는 11.2 km/L다⟨113⟩. 이 때, 거리와 연료 소비량 그리고 주행 시간을 ':'을 사용하여 나타내면 '308 km : 56 L : 5 시간'으로 이는 세 항으로 이루어진 연비다.

> Two cylinders have radii in the ratio 6 : 5 and heights in the ratio 7 : 9. Find the ratio of:
>
> a) their volumes; b) their surface areas.
>
> **– Mathematics 11 , 90쪽, 8번 (Brendan Kelly 외 두 명 지음, Addison Wesley 펴냄, 1986년) –**

이 문제의 출전이 달아 놓은 답은

a) 28 : 25 b) 39 : 35

이다. 문제에서 밑면의 반지름 비가 6 : 5라 했으므로 두 원기둥 밑면의 반지름은 양수 r에 대해 각각 $r_1 = 6r$, $r_2 = 5r$이라 할 수 있고, 높이의 비가 7 : 9라 했으므로 두 원기둥의 높이는 양수 h에 대해 각각 $h_1 = 7h$, $h_2 = 9h$라 할 수 있다. 따라서 처음 원기둥의 부피는 $V_1 = \pi r_1^2 h_1 = \pi(6r)^2(7h) = 252\pi r^2 h$이고 두 번째 원기둥의 부피는 $V_2 = \pi r_2^2 h_2 = \pi(5r)^2(9h) = 225\pi r^2 h$이므로 $V_1 : V_2 = 28 : 25$로 출전의 답은 옳다. 그러나 겉넓이의 비는 출전이 착각한 셈이다. 보기로 $r_1 = 6$, $r_2 = 5$이고 $h_1 = 14$, $h_2 = 18$이라면 첫 번째 원기둥의 겉넓이는 $S_1 = 2\pi r_1(r_1+h_1) = 240\pi$이고 두 번째 원기둥의 겉넓이는 $S_2 = 2\pi r_2(r_2 + h_2) = 230\pi$이기 때문에 $S_1 : S_2 = 24 : 23$으로 출전의 답과 다르다. 두 번째 질문은 바르지 못한 질문이다. 답이 일정하게 정해지지 않기 때문이다. 출전과 같은 답이 나오길 바란다면 문제를 다음같이 바꾸는 것이 옳다.

> b) their surface areas, when the ratio of the radius to the height of the first cylinder is 6 : 7.

비례식을 계산하는 경우 종종 풀이에 신경을 쓰지 않으면 틀린 답을 정답으로 하는 경우가 있다. 다음은 비례식을 계산함에 있어 참고서나 교사들이 자주 간과하는 문제다.

> $\dfrac{x+y}{2} = \dfrac{y+z}{4} = \dfrac{z+x}{5}$일 때, 다음 비의 값 및 분수식의 값을 구하여라. 단, $xyz \neq 0$이다. *(이하 생략)*
>
> – **수학의 정석 (실력) 10-가, 154쪽, 필수 예제 10-7 (洪性大 지음, 성지출판사)** –

지은이가 제시한 풀이의 일부를 살펴보면 다음과 같다.

그른 풀이 $\dfrac{x+y}{2} = \dfrac{y+z}{4} = \dfrac{z+x}{5} = k$ (k는 상수)로 놓으면

$$x + y = 2k \qquad y + z = 4k \qquad z + x = 5k$$

위 세 식을 x, y, z에 관해 연립하여 풀면 $x = \dfrac{3}{2}k$, $y = \dfrac{1}{2}k$, $z = \dfrac{7}{2}k$. (이하 생략) ■

전체적으로 풀이에 큰 문제는 없다. 그러나 한 가지 흠이라면 비례

식의 값을 k라 놓고 이를 상수라 한 점이다. 위 문제를 푸는데 큰 지장은 없지만 k는 상수가 아니라 x, y, z에 따라 값을 달리하는 함수다. 즉 $(x, y, z) = (3, 1, 7)$이면 $k = 2$이고 $(x, y, z) = \left(1, \frac{1}{3}, \frac{7}{3}\right)$이면 $k = \frac{2}{3}$이다. 기왕 비와 관련한 식이 나왔으니 비와 관련한 문제 하나를 살펴보자. 다음 문제는 1982학년도 학력고사에 출제되었던 문제이다.

> x에 관한 이차방정식 $x^2 - 3px + 4q + 2 = 0$의 두 근의 비가 $1 : 2$가 되도록 하는 실수 p, q에 대하여 q의 최소값은?
>
> **– 1982학년도 학력고사 (1981년 11월 24일 시행) –**

일반적으로 다음과 같은 풀이가 가능하다.

그른 풀이 주어진 방정식의 두 근을 α, $\beta = 2\alpha$라 놓으면, 근과 계수가 만족하는 관계식에서

$$\alpha + \beta = 3\alpha = 3p \quad \text{이고} \quad \alpha\beta = 2\alpha^2 = 4q + 2$$

이다. 첫 번째 관계식으로부터 $\alpha = p$이고, 이를 두 번째 식에 대입하면 $2p^2 = 4q + 2$이다. 이 때 $4q + 2 \geq 0$이므로 $q \geq -\frac{1}{2}$이고, 따라서 q의 최소값은 $-\frac{1}{2}$이다. ■

얼핏 답안에 아무 잘못이 없어 보이지만 과정상 과연 $q = -\frac{1}{2}$일 수 있는가 하는 점을 검토하지 않은 것이 흠이다. 실제로 $q = -\frac{1}{2}$이면 $p = 0$이고 따라서 $\alpha = 0, \beta = 2\alpha = 0$이 된다. 이 경우 $\alpha : \beta = 1 : 2$라 할 수 있는지 의문이 생긴다. 비를 초등학교 수준에서 바라본다면 분명히 $1 : 0$은 분수로 쓸 수 없으니 비로 볼 수가 없다. 그러나 비의 개념을 더 확장하여 다음같이 일반적으로 생각할 수 있다. 우선 곱집합 $\mathbb{R} \times \mathbb{R}$을 다음같이 정의한다.

$$\mathbb{R} \times \mathbb{R} = \{\, (a, b) \mid a \in \mathbb{R}, b \in \mathbb{R}. \,\}$$

이 때 $(0, 0)$이 아닌 두 순서쌍 (a, b)와 (a', b')에 대해 0이 아닌 실수 k가 존재하여 $a' = ka$이고 $b' = kb$일 때 두 순서쌍은 '동등하다' 정의하고 기

호로 $(a, b) \sim (a', b')$으로 쓰기로 한다. 이 때

$$(a : b) = \{ (a', b') \mid (a', b') \sim (a, b) \}$$

라 정의하고 이를 두 실수 a와 b의 비라 정의하면 이는 우리가 아는 비의 성질을 다 가지면서 $1 : 0$이나 $0 : 2$와 같은 특수한 비도 정의할 수 있다. 단, $a : 0$인 경우는 이를 유리수로 나타낼 수 없는 반면 비로 이해할 수는 있다. 이는 마치 좌표평면 위에 놓인 직선에 대해 y-축과 나란하지 않은 직선의 기울기는 실수로 나타낼 수 있는 반면, y-축과 나란한 직선의 기울기는 실수로 정의되지 않는 현상과 비슷하다. 이 기울기에 대한 개념을 확장하여 직선의 **방향벡터**[directional vector] (α, β)를 정의하면 임의 직선의 기울기를 유리수가 아닌 방향벡터를 사용하여 이해할 수 있다. 즉 $\alpha \neq 0$이면 방향벡터가 (α, β)인 직선의 기울기는 $\dfrac{\beta}{\alpha}$가 된다. 이 때 이 직선에 방향벡터와 수직인 **법선벡터**[normal vector]는 $(\beta, -\alpha)$ (또는 $(-\beta, \alpha)$)가 되어 직선을 나타내는 식은 $\beta x - \alpha y + \gamma = 0$과 같은 표준형으로 쓸 수 있다. 즉, 직선에 대한 식을 기울기와 y-절편을 사용하여 나타내던 방법에서 법선벡터 (α, β)를 도입함으로써 좌표평면 위에 놓인 모든 직선을 다 나타낼 수 있는 일반형—그래서 이를 우리는 '표준형'이라 일컫는다—$\alpha x + \beta y + \gamma = 0$을 얻는다. 이처럼 비를 $(a, b) \neq (0, 0)$인 모든 순서쌍 (a, b)로 이해하고 이와 동등한 순서쌍을 대표로 $a : b$라 나타낼 수 있다. 여기서 $a < 0$이거나 $b < 0$이면 이 때 이 비는 부호를 가지므로 '부호를 갖는 비[signed ratio]'라 일컫고 특히 기하학에서 이를 방향비[directional ratio]라 일컫는다. 좌표평면 위에 놓인 서로 다른 두 점 $P_1(x_1, y_1)$, $P_2(x_2, y_2)$를 지나는 직선 위에서 두 양수 m과 n에 대해 선분 P_1P_2를 $m : n$으로 내분하는 점 A 또는 외분하는 점 B는 다음과 같다.

1. $A\left(\dfrac{mx_2 + nx_1}{m+n}, \dfrac{my_2 + ny_1}{m+n}\right)$
2. $B\left(\dfrac{mx_2 - nx_1}{m-n}, \dfrac{my_2 - ny_1}{m-n}\right)$ (단, $m \neq n$)

그러나 이 때 방향비 개념을 사용하여 0이 아닌 임의 실수 m, n에 대해 $m+n \neq 0$이면 P_1P_2를 $m:n$으로 나누는 점 X를 다음같이 정의한다. 이 때 점 P_1에서 점 P_2로 향하는 방향(그림에서 오른쪽 방향)을 양인 방향으로 여긴다. 따라서 선분 $\overline{P_1P_2}$을 점 P_1에서 점 P_2로 향하는 선분으로 간주하고, $\overline{P_2P_1}$를 점 P_2에서 점 P_1로 향하는 선분으로 간주한다. 이를 '유향선분'이라 부른다. 아울러 유향선분의 길이를 고정된 양인 방향과 같은 방향을 갖는 유향선분의 길이는 양수로 이와 반대 방향, 즉 음인 방향을 갖는 유향선분의 길이는 음수로 정의한다. 그러면 $\overline{P_1P_2} = -\overline{P_2P_1}$ 등과 같다. 이는 마치 벡터 개념을 도입한 듯해 보인다. 그러나 엄밀히 벡터는 아니다. 왜 그런지 독자들이 설명해 보라.

1. 만약 $m > 0$이고 $n > 0$이면, 점 X는 선분 P_1P_2를 $m:n$으로 내분하는 점으로 $\overline{P_1X} : \overline{XP_2} = m : n$이다. 한편 이 때 점 X는 유향선분 P_1P_2를 $m:n$으로 내분하는 점 또는 유향선분 P_2P_1를 $(-n):(-m)$으로 내분하는 점이라 정의한다. 따라서 부호를 갖는 길이로 나타내면

$$\overline{P_2X} : \overline{XP_1} = (-n) : (-m)$$

이다.

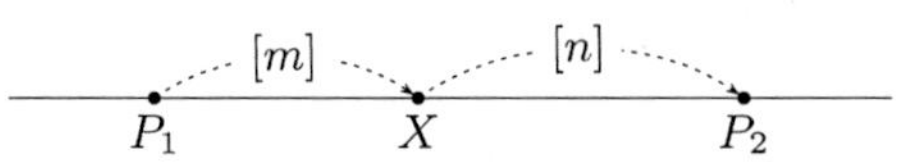

2. 만약 $m > 0$이고 $n < 0$이고 $|m| \neq |n|$이면, 점 X는 선분 P_1P_2를 $|m| : |n|$으로 외분하는 점으로

   - $|m| > |n|$이면, 점 X는 점 P_2에서 양인 방향에 놓인다. 점 X는 유향선분 P_1P_2을 $m:n$으로 외분하는 점 또는 유향선분 P_2P_1을 $(-n):(-m)$으로 외분하는 점이라 하기도 한다. 부호를 갖는 길이를 사용하면 $\overline{P_1X} : \overline{XP_2} = m : n$이고

$$\overline{P_2X} : \overline{XP_1} = (-n) : (-m)$$

이다.

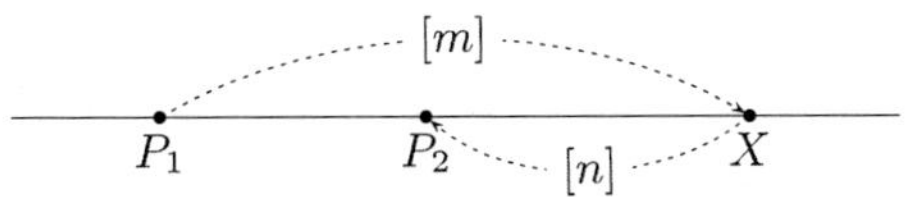

- $|m| < |n|$이면, 점 X는 점 P_1에서 음인 방향에 놓이며, 점 X는 유향선분 P_1P_2을 $(-m) : (-n)$으로 외분하는 점 또는 유향선분 P_2P_1을 $n : m$으로 외분하는 점이라 하기도 한다. 부호를 갖는 길이를 사용하면 $\overline{P_1X} : \overline{XP_2} = (-m) : (-n)$이고

$$\overline{P_2X} : \overline{XP_1} = n : m$$

이다.

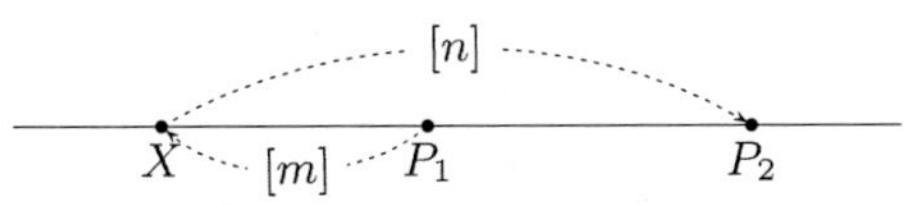

그러면 점 X의 좌표는 m, n의 부호에 상관없이 $m + n \neq 0$이면

$$X\left(\frac{mx_2 + nx_1}{m+n}, \frac{my_2 + ny_1}{m+n}\right) \quad \text{이다.}$$

한편 학교 수준에서 비의 개념에 접근하려는 정기 간행물 '수학세계'는 비에 대한 가능한 정의를 아래와 같은 두 가지 경우로 보고 서로 다른 두 가지 해석을 내 놓기도 했다.

1. 두 등식 $a = a'k$와 $b = b'k$를 동시에 만족하는 0이 아닌 수 k가 존재할 때, 두 비 $a : b$와 $a' : b'$이 같다고 한다.

2. 등식 $ab' = a'b$이 성립할 때, 두 비 $a : b$와 $a' : b'$이 같다고 한다.

첫 번째 정의에 따르면 $0 : 0$과 $1 : 2$는 같을 수 없다. 그러나 두 번째를 정의로 삼는다면 $0 : 0 = 1 : 2$일 수 있다는 뜻이다. 일반적으로 음수가 아닌 두 실수 a와 b에 대해 $b \neq 0$일 때, $a : b$는 $\frac{a}{b}$로 정의하기 때문에 $0 : 0$과 같은 비는 아예 존재하지 않고, 이 경우 두 정의는 동등한 것으로 볼 수 있다. 그러나 곰곰이 따져 보면 두 번째 성질은 비 자체가 갖는 성질이 아니라 비를 유리수로 나타낼 수 있는 경우, 즉 $b \neq 0$인 경우 $a : b = \frac{a}{b}$로 나타낼 수 있는 경우 유리수의 성질로부터 얻어진 법칙이다. 따라서 두 비의 상등을 두 번째로 해석하는 것은 바람직하지 않다. 물론 위 두 문장은 당연히 비에 대한 정의로 볼 수 없으며, 비를 다룸에 있어 0 : 0은 아예 정의하지 않는다. 연비도 앞에서 설명한 것과 같은 방법으로 정의하면 '0 : 0 : ⋯ : 0'를 것을 제외하고 항에 0이 들어간 연비를 포함하여 모든 연비가 자연스레 정의된다. 문제 자체가 가질 수 있는 오류를 정확히 검증하지 않고 문제를 출제하지 않도록 모두 주의해야 한다.

이제 비를 포함한 다른 문제를 살펴보자.

$\frac{x+y}{12} = \frac{y+z}{13} = \frac{z+x}{5}$에서 $x : y : z$를 구하여라.

– 개념원리 공통수학, 112쪽, 필수예제 69 (이홍섭 지음, 디딤돌 출판사, 2003년) –

참고서에 실린 풀이를 살펴보자.

그른 풀이 $\frac{x+y}{12} = \frac{y+z}{13} = \frac{z+x}{5} = k$라 놓으면

$$x + y = 12k \qquad y + z = 13k \qquad z + x = 5k$$

이 세 식을 더하면 $2(x+y+z) = 30k \therefore x+y+z = 15k$

$$\therefore x = 2k, \quad y = 10k, \quad z = 3k$$

$$\therefore x : y : z = 2k : 10k : 3k = 2 : 10 : 3 \quad ■$$

이 풀이 또한 많은 참고서나 교사들이 문제를 풀어주는 과정에서 자주 잊고 넘어가는 부분 가운데 하나이다. 주어진 비례식을 k라 놓고 x, y, z를 구하는 과정에는 아무 무리가 없다. (앞에서 설명한 바같이 k는 상수가 아니다.) 그러나 $x : y : z$를 구하는 과정에서 주어진 값을 바로 대입하여 푸는 것은 논리적으로 정확하지 않다. 이 경우 $k = 0$이면 비

의 값은 없기 때문이다. 따라서 '$k \neq 0$일 때

$$x : y : z = 2k : 10k : 3k = 2 : 10 : 3$$

이고 $k = 0$, 즉 $x = y = z = 0$이면 비는 존재하지 않는다'라 답을 해야 정확한 풀이와 답이 된다. 이 부분과 관련하여 엉뚱한 주장을 하는 참고서도 있다.

> $abc = 1$일 때, 다음 분수식의 값을 구하여라.
>
> $$P = \frac{a}{ab+a+1} + \frac{b}{bc+b+1} + \frac{c}{ca+c+1}$$
>
> **– 수학의 정석 (실력) 10-가, 148쪽, 필수예제 10-3, (1) (洪性大 지음, 성지출판사) –**

이 문제에 대한 풀이는 출전인 '수학의 정석' 뿐 아니라 많은 수학 참고서들이 한결같이 아래와 같은 풀이법을 택하고 있다.

그른 풀이 조건 $abc = 1$로부터 $c = \frac{1}{ab}$이므로 이를 주어진 식에 대입하면

$$\begin{aligned} P &= \frac{a}{ab+a+1} + \frac{b}{bc+b+1} + \frac{c}{ca+c+1} \\ &= \frac{a}{ab+a+1} + \frac{b}{b \cdot \frac{1}{ab}+b+1} + \frac{\frac{1}{ab}}{\frac{1}{ab} \cdot a + \frac{1}{ab} + 1} \\ &= \frac{a}{ab+a+1} + \frac{ab}{1+ab+a} + \frac{1}{a+1+ab} \\ &= \frac{ab+a+1}{ab+a+1} = 1 \end{aligned}$$

이다. ■

이 문제와 함께 실린 $abc = -1$일 때, 식

$$Q = \frac{a+b}{(a+1)(b+1)} + \frac{b+c}{(b+1)(c+1)} + \frac{c+a}{(c+1)(a+1)}$$

의 값을 구하라는 문제에 대해 수학 정석의 저자는 $a = b = c = -1$일 때, 이 문제에 주어진 조건 $abc = -1$을 만족함에도 Q는 정의되지 않으

므로 조건 $abc = -1$에 추가로 '단, $a \neq -1$, $b \neq -1$, $c \neq -1$'라 단서를 다는 것이 정확하지만, 문제에 이런 조건이 없어도 문제 중에 '분수식이라는 말이 있으면 분모는 0이 아니다'라는 뜻이 들어 있다 판단하여 처리하면 된다 적고 있다. 그러나 아쉽게도 그의 설명은 아무 근거도 없이 대충 답을 구하도록 하길 권장하는 표현이라 수학을 전공한 사람다운 표현도 아니요 교육자가 갖추어야 할 바른 자세도 아니다. 주어진 조건과 관련없이 출제자가 만든 답에 맞추어 적당히 답을 유도하라는 뜻 밖에는 안된다. 만약 거꾸로 Q의 값이 먼저 주어져 있을 때, 이를 만족하는 a, b, c의 값을 구하라 한다면, 당연히 분수식에서 분모가 0일 수 없으니 $a \neq -1$, $b \neq -1$, 그리고 $c \neq -1$일 것이다. 그러나 문제는 조건 $abc = -1$을 만족하는 a, b, c를 Q에 대입하여 얻어지는 Q의 값을 묻고 있으므로 $a = b = c = -1$이나 $a = -1$, $b = 2$, $c = \frac{1}{2}$과 같은 경우에 Q의 값은 존재하지 않는다. 실제로 문제를 풀다 보면, 식의 값이 존재하지 않는 경우가 언제인지 일일이 따져서 결정해야 할 경우가 허다함에도 주어지지 않은 조건을 아무 근거도 없이 무조건 추가하여 출제자가 미리 정한 답에 맞추라고 가르치는 사람들이 있는 한 우리의 과학 수준은 늘 제자리 걸음만 하고 있을 것이 뻔하다. 이제 위 문제의 올바른 풀이를 달아보자.

바른 풀이 조건 $abc = 1$로부터 $c = \frac{1}{ab}$을 얻어 식에 대입할 때, 분수식 P에 들어있는 분모가 0이 되는 경우가 있다면 P의 값은 존재하지 않는다. 그러면 $abc = 1$이면서

$$(ab + a + 1)(bc + b + 1)(ca + c + 1) = 0$$

이 되는 경우가 있는지 알아본다. 우선 $ab + a + 1 = 0$이라 하자. 양변에 c를 곱하면

$$0 = (ab + a + 1)c = abc + ac + c = ca + c + 1$$

이고, 이를 거듭하여 $ca + c + 1 = 0$의 양변에 b를 곱하면 $(ca + c + 1)b = abc + bc + b = bc + b + 1 = 0$이다. 따라서 세 식 $ab + a + 1$, $bc + b + 1$과 $ca + c + 1$ 가운데 하나가 0이면 나머지 두 식도 더불어 0이 됨을 알 수 있다. 따

라서 $ab+a+1=0$인 경우만 살펴도 일반성을 잃지 않는다. 이 경우 $c=k\neq 0$이라 하면 $ab=\dfrac{1}{c}=\dfrac{1}{k}$로부터 $a=-1-ab=-1-\dfrac{1}{k}=-\dfrac{k+1}{k}$이고, 더욱이 $k\neq -1$이면 $b=\dfrac{1}{ac}=\left(-\dfrac{k+1}{k}\times k\right)^{-1}=-\dfrac{1}{k+1}$이다. 즉 0도 -1도 아닌 임의 k에 대해

$$(a,\,b,\,c)=\left(-\frac{k+1}{k},\,-\frac{1}{k+1},\,k\right)$$

이면 P의 값은 존재하지 않는다. 한편 $c=-1$이면 $ab=-1$이므로 $ab+a+1=a=0$이 되어, 이는 $abc=1$과 맞지 않으므로 이런 경우는 생기지 않는다. 나머지 경우는 출전에서 밝힌 풀이에 따라 $P=1$임을 알 수 있다. 즉 답은

$$P=\begin{cases} 1, & (ab+a+1)(bc+b+1)(ca+c+1)\neq 0\text{일 때;} \\ \text{값이 없다,} & \left\{\begin{array}{l} (ab+a+1)(bc+b+1)(ca+c+1)=0\text{일 때, 즉} \\ k\neq 0\text{이고 } k\neq -1\text{인 임의 복소수 } k\text{에 대해} \\ (a,\,b,\,c)=\left(-\dfrac{k+1}{k},\,-\dfrac{1}{k+1},\,k\right)\text{일 때} \end{array}\right. \end{cases}$$

라 해야 옳다. ∎

이 문제를 조금 더 논리적으로 살펴보자. 만약 $P=1$이면 식

$$\frac{a}{ab+a+1}+\frac{b}{bc+b+1}+\frac{c}{ca+c+1}=1$$

양변에 $(ab+a+1)(bc+b+1)(ca+c+1)$을 곱하여 식을 정리하면 $(abc-1)^2=0$이 성립하고 따라서 $abc=1$이다. 하지만 앞에서 살펴본 바 같이 $abc=1$이라도 $P=1$이 되는 것은 $(ab+a+1)(bc+b+1)(ca+c+1)\neq 0$일 때 뿐이다. 이 사실로 미루어 $abc=1$은 $P=1$이기 위한 필요조건이지만 충분조건은 아님을 알 수 있고 따라서 두 사실은 논리적으로 동치가 아니다. 문제가 제시한 조건을 충분히 활용하고 빠뜨린 조건이 없는지 꼼꼼히 따져 보는 것은 수학을 가르치고 배우는 이의 기본 자세임을 잊어서는 안된다. 답만 구하고자 문제를 논리에 맞지 않게 해석하거나 이해하는 태도는 수학을 배우고 가르치는 이의 바른 자세가 아니다.

순환소수와 관련하여 학생들이 의구심을 갖는 것 가운데 하나가 $0.\dot{9}=1$이 옳은가 하는 문제이다. 많은 경우 $0.\dot{9}<1$이라 생각한다. 이는 인간

의 사고가 무한히 많은 것을 다루는데 익숙하지 않기 때문이다. 9를 아무리 소수점 뒤에 이어 놓아도 1이 결코 되지 않는다는 것이다. 그러나 이런 주장은 소수점 뒤로 9가 여전히 유한개 뿐이라 여기기 때문에 가지는 느낌일 뿐이다. 그러나 잠시 더 깊이 들여다보면 $0.\dot{9} = 1$일 수밖에 없다는 것을 느낄 수 있다. 물론 이 과정에서 모든 수는 소수로 나타낼 수 있다는 사실을 염두에 두어야 한다. 십진법에서 각 자릿수는 9보다 클 수 없으므로 $0.\dot{9} < r < 1$인 수 r이 있다면 $0.\dot{9} \neq r$이므로 $r = (0.a_1a_2a_3\cdots)_{(10)}$에서 $a_i < 9$인 a_i들이 존재한다. 이런 것 가운데 제일 처음 나타나는 것을 a_k라 하면 $1 \leq i < k$에 대해 $a_i = 9$이지만 $a_k < 9$이므로 $r < 0.\dot{9}$라는 결론에 이른다. 여기서 잊어서 안되는 것은 r이 유한소수일 수 없다는 사실이다. 만약 r이 유한소수이면 r의 소수점 아래 자리에 0이 아닌 수가 끝없이 나타난다는 사실이다. 이 사실로부터 $0.\dot{9}$와 1 사이에는 다른 수가 올 수 없다. 임의 서로 다른 두 수 사이에는 이들과 다른 수, 예를 들어 두 수의 평균이 반드시 있어야 하므로, 이 사실로부터 $0.\dot{9} = 1$임을 알 수 있다. 또한, $(1.000\cdots) - (0.999\cdots)$를 계산하려 하면, 빼어지는 수의 소수점 아래 각 자릿수 0에서 빼는 수의 해당 자릿수 9를 뺄 수 없으므로 빼어지는 수의 정수부분인 1에서 10을 빌려와 빼야하고, 이에 따라서 차의 소수점 아래 자리는 순서대로 0으로 채워지며 유한소수인 경우 맨 끝의 자릿수는 1이 되어야 하지만 (예를 들어, $1.000000 - 0.999999 = 0.000001$), 자릿수가 무수히 많은 탓에 끝의 자릿수는 존재하지 않아 결국 1이 나타날 자리는가 없으므로 차의 모든 자릿수는 0이어야 함을 짐작할 수 있다. 이는 $0.\dot{9} = 1$이어야 함을 뜻한다. 어느 참고서⟨114⟩는

$$\begin{aligned} 0.\dot{9} &= 0.9 + 0.09 + 0.009 + \cdots = 0.9(1 + 0.1 + 0.01 + \cdots) \\ &= \lim_{n\to\infty} 0.9\frac{1 \times \left(1 - \frac{1}{10}\right)^n}{1 - \frac{1}{10}} = \lim_{n\to\infty}\left(1 - \frac{1}{10^n}\right) = 1 \end{aligned}$$

이라 증명하면서 '$\lim_{n\to\infty} \frac{1}{10^n} = 0$으로 계산하도록 약속하고 있다'는 엉터

리 주장을 하기도 하는데, 이는 약속이 아니라 실수의 여러 성질에서 나온 해석학의 결과이다. 이제 유리수에 대해서는 이만 살피기로 하고 무리수와 관련한 문제로 넘어가 보자.

다음은 대학 입학 수학능력 시험에 출제되었던 문제이다.

> 고대 인도의 수학자 바스카라는 다음과 같은 식을 사용하였다.
>
> $$\sqrt{a+\sqrt{b}} = \sqrt{\frac{a+\sqrt{\square}}{2}} + \sqrt{\frac{a-\sqrt{\square}}{2}}$$
>
> $\square$안에 알맞은 것은? (단, $a \geq b \geq 1$)
>
> ㉠ b ㉡ a^2-b ㉢ a^2+b ㉣ $a+b$ ㉤ $a-b$
>
> **– 2000학년도 대학수학능력시험 (1999년 11월 17 시행) 수리탐구 영역 (I), 인문/자연/예체능계 홀수형 8번 –**

이 문제의 정답은 ㉡으로 a^2-b가 정답이다. 문제는 매우 흥미롭다. 옛 인도의 수학자로 **भास्कर**[Bhāskara]라는 이름으로 알려진 사람은 두 사람이 있다. 첫 번째 사람의 이름은 흔히 '첫 번째 Bhāskara[Bhāskara I]'로 나타내어지는데 7세기 경, 즉 약 600년에서 680년 사이에 살았던 수학자이다. 그는 인도 수학자인 첫 번째 **आर्यभट**[Āryabhaṭa]의 수학책 **आर्यभटीयम्**[*Āryabhaṭīya*]에 대한 해설서로 **महाभास्करीय**[*Mahābhāskarīya*](Bhāskara의 대저), **लघुभास्करीय**[*Laghubhaskariya*](Bhāskara의 소책자)와 주석서 **आर्यभटीयभाष्य**[*Āryabhaṭīyabhāṣya*]를 지은 것으로 알려져 있다. 그는 *Mahābhāskarīya* 7장에서 $0 \leq x \leq \frac{\pi}{2}$인 x에 대해 $\sin x$에 대한 근사식

$$\sin x \approx \frac{16x(\pi-x)}{5\pi^2-4x(\pi-x)}$$

를 소개했는데⟨115⟩, 오차의 최대 절대값은 $0.00163\cdots$로 매우 정확한 식임을 알 수 있다. 그는 책에서 이 관계를 시로 읊어 놓았다. 시험 문제에서 언급하고 있는 수학자는 두 번째 Bhāskara[Bhāskara II]로 흔히 '**भास्कराचार्य**[Bhāskarācārya]라 불려지며 그 뜻은 'Bhāskara 선생'이란 뜻을 갖고 있다.

그는 1114년에서 1185년 사이에 살았던 것으로 알려져 있으며 **लीलावती** [Līlāvati], **बीजगणित** [Bījagaṇita]와 같은 저서를 남기고 있다. 그는 *Bījagaṇita*에서 0으로 0이 아닌 수를 나누면 무한한 값이 된다 설명하기도 했다.

문제에서 Bhāskara는 '다음과 같은 식을 사용하였다' 적고 있다.

$$\sqrt{a \pm \sqrt{b}} = \sqrt{\frac{a + \sqrt{a^2 - b}}{2}} \pm \sqrt{\frac{a - \sqrt{a^2 - b}}{2}}.$$

실제로 오늘날처럼 근호 $\sqrt{\ }$를 사용한 사람은 L. Euler로 알려져 있다. 그는 이 기호가 '근(根)'을 뜻하는 단어 *radix*의 첫 글자 'r'을 따서 만들었다고 추측하고 있다⟨116⟩. 이보다 앞선 문헌에서는 점을 사용하고 있는데, Christoff Rudolff는 1525년 그의 책 '*Coss*'에서 근호를 나타내는 기호와 점을 연관짓고 있다 [27, 366-379쪽]. 그의 책에 실린 기호는 굵은 점에 위로 기울여 올라간 선을 연결하여 근호 $\surd$와 매우 비슷하다 [27, 135쪽]. 그러니 12세기에 살았던 Bhāskara가 이 기호를 썼을 리 없다. 그가 문제에 실린 관계식을 알고 있었지만 그는 결코 위 식을 사용하여 관계를 설명하지 않았다. 그는 *Bījagaṇita*에서 위 관계식을 다음같이 읊고 있다.

> वगै करण्या यदि वा करण्यीस्तुल्यानि रूपाण्यथवा बहूनाम् ।
> विशीधयेद्रूपकृतेः पदेन शेषस्य रूपाणि युतीनितानि ॥
> पृथक्तदधै करणीढूयं स्यान्मूलेऽथ बह्वी करणी तयीयाॅ ।
> रूपाणि तान्येवमतीऽपि भूयः शेषाः करण्यी यदि सन्ति वगै ॥ ४१ ॥
>
> (vagai karaṇyā yadi vā karaṇyīstulyāni rūpāṇyathavā bahūnāṃ
> viśīdhayedūpakṛteḥ padena śeṣasya rūpāṇi yutīnitāni
> pṛthaktadadhai karaṇīḍhūyaṃ syānmūle'tha bahvī karaṇī tayīyõ
> rūpāṇi tānyevamatī'pi bhūyaḥ śeṣāḥ karaṇyī yadi santi vagai (41))⟨117⟩
>
> – भास्कराचार्य, बीजगणित [18, 15쪽] –

국가가 공식적으로 치르는 시험에 정확하지 않은 표현이 실린다는 것은 매우 실망스러운 일이다. 더욱이 Bhāskara라는 이름을 쓰는 수학자가 두 명임에도 이에 대한 구분조차 하지 않은 점은 적절하지 않다.

위 문제를 올바르게 바꾸면 다음처럼 바꾸는 것이 바람직하다.

> 12세기 경에 활약한 인도의 수학자 바스카라는 다음과 같은 관계를 설명하였다. (이하 동일)

참고로 위 관계를 일반화 하면 다음과 같다. 세 유리수 a, b, q에 대해 $a^2 - qb^2 = d^2$을 만족하는 양인 유리수 d가 존재하면 이중근호 $\sqrt{a+b\sqrt{q}}$는

$$\sqrt{a+b\sqrt{q}} = \sqrt{\frac{a+d}{2}} + \mathrm{sgn}(b)\sqrt{\frac{a-d}{2}}$$

이다. 여기서 $\mathrm{sgn}(x)$는 x의 부호를 나타내는 함수로 $x > 0$이면 1, $x = 0$이면 0 그리고 $x < 0$이면 -1을 값으로 갖는다. 보기로 $a = 8$, $b = 2$, $q = 15$이면, $8^2 - 15 \times 2^2 = 4 = 2^2$으로 $d = 2$이며 따라서

$$\sqrt{8+2\sqrt{15}} = \sqrt{\frac{8+2}{2}} + \sqrt{\frac{8-2}{2}} = \sqrt{5} + \sqrt{3}$$

이다. 또한 이와 비슷한 방법은 대수를 사용하지 않고 기하학적으로 무리수를 다룬 Euclid에 의해 Stoikeia의 제10권에도 실려 있다. 만약 $a^2 - qb^2 = d^2$인 유리수 d가 존재하지 않는다면 문제는 매우 복잡해지며, 네제곱근을 사용해야 한다. 이 경우 이중근호를 푸는 방법에 대해 알려진 좋은 계산 방법이 있으나 이는 이 책이 다루고자 하는 내용에서 벗어나므로 간단한 보기만 언급하고 넘어가기로 한다. 예를 들면 $\sqrt{4+3\sqrt{2}} = \sqrt[4]{2}(1+\sqrt{2})$같이 변형할 수 있다. 이와 관련하여 특히 흥미로운 것은 1927년 인도 수학자 ஸ்ரீனிவாஸ ஐயங்கார் ராமானுஜன் [S. A. Ramanujan]이 소개한 다음 관계식들이다 [72]. 독자들이 계산기로 두 식이 같은지 검증해 보기 바란다.

$$\begin{array}{rclrcl}
\sqrt[3]{\sqrt[3]{2}-1} &=& \sqrt[3]{\frac{1}{9}} - \sqrt[3]{\frac{2}{9}} + \sqrt[3]{\frac{4}{9}} & \sqrt[4]{\frac{3+2\sqrt[4]{5}}{3-2\sqrt[4]{5}}} &=& \frac{\sqrt[4]{5}+1}{\sqrt[4]{5}-1} \\
\sqrt{\sqrt[3]{5}-\sqrt[3]{4}} &=& \frac{1}{3}(\sqrt[3]{2}+\sqrt[3]{20}-\sqrt[3]{25}) & \sqrt{\sqrt[3]{28}-\sqrt[3]{27}} &=& \frac{1}{3}(\sqrt[3]{98}-\sqrt[3]{28}-1) \\
\sqrt[6]{7\sqrt[3]{20}-19} &=& \sqrt[3]{\frac{5}{3}} - \sqrt[3]{\frac{2}{3}} & \sqrt[3]{\sqrt[5]{\frac{32}{5}}-\sqrt[5]{\frac{27}{5}}} &=& \sqrt[5]{\frac{1}{25}} + \sqrt[5]{\frac{3}{25}} - \sqrt[5]{\frac{9}{25}}
\end{array}$$

학교 과정에서 수의 범위를 복소수까지 확장하는 방법으로 '제곱하여 -1이 되는 수를 i로 나타낸다' 설명한다. 중앙 교육 진흥 연구소가 펴낸 고등학교 수학 교과서 수학 I의 36쪽에는

> 제곱하여 -1이 되는 새로운 수를 하나 생각하여 $\sqrt{-1}$로 쓴다. 이것을 기호로 i로 나타내고, 이를 **허수단위**라고 한다.
>
> **– 수학 교과서 수학 I, 36쪽 (최봉대 외 여섯 명 지음, (주)중앙교육진흥연구소, 2003) –**

이것이 고등학교에서 배우는 i의 정의인 셈이다. 그런데 가만히 들여다 보자. i라는 새로운 대상을 정의하기 위해 '제곱하여 -1이 되는 수'라는 표현을 쓰고 있다. 도대체 제곱해서 -1이 되는 수가 어디에 존재한단 말인가? 그냥 상상하여 수를 하나 만들고 이를 배우도록 교과서는 가르친다. 도대체 상상 속에나 존재하는 수를 왜 그토록 열심히 배운단 말인가. 이전까지 배운 지식으로 실수 안에는 이런 수란 존재하지 않는다. 실수는 제곱하면 음수가 될 수 없기 때문이다. 우리의 인지 범위에서 한참이나 벗어난 정의가 아닐 수 없다. 사실 이것을 정의로 사용해서는 안된다. 알다시피 제곱하여 -1이 되는 수는 복소수 범위에서 두 개가 있는데 무엇을 i로 할 것인지 애매하기 때문이다.

Italia 수학자 Rafael Bombelli는 Girolamo Cardano의 공식을 사용하여 삼차방정식 $x^3 = 15x+4$를 풀면 $x = \sqrt[3]{2+\sqrt{-121}} + \sqrt[3]{2-\sqrt{-121}}$을 해로 얻을 수 있는데, 그는 이 값이 원래 방정식의 해인 4가 되어야 한다고 생각했으며⟨118⟩, 후에 *Algebra*라는 자신의 책에서 복소수를 다루는 방법을 소개하기도 했다. 한편 Girolamo Cardano는 '*Ars Magna*'에서 더하여 10이 되고 곱하여 40이 되는 수를 구하는 문제를 허수를 사용하여 풀고 있다. 두 수는 $5+\sqrt{-15}$와 $5-\sqrt{-15}$였는데, 그는 $(\sqrt{-15})^2 = -15$라 여겼다. 이는 분명 존재하지 않는 수에 의한 조작과도 같았고 이 풀이를 본 많은 사람도 이 사실을 믿으려 하지 않았다. 사람들은 이미 이차방정식을 풀면 $\sqrt{-1}$과 같은 표현을 피할 수 없음을 알고 있었고, 1세기경 활동한 희랍 시대 수학자 Ηρων ὁ 'Αλεξανδρεύς[Heron]도 똑바른 정사

각뿔대의 부피를 계산하는 과정에서 음수의 제곱근이 등장하는 경우가 있다는 사실을 알고 있었으며⟨119⟩ 이 경우는 실제 해가 아니므로 무시해야 한다고 믿었다. 마치 Diophantus가 일차방정식 $4x + 20 = 4$을 풀면 해가 없다고 한 것과 마찬가지로 말이다. 비록 음수를 제대로 이해하고 있었던 인도의 수학자 두 번째 Bhāskara도 음수의 제곱근은 존재하지 않는다 주장했다⟨120⟩ [34, 2권, 24쪽]. 그러나 R. Bombelli의 결과로 실제로 존재하는 해 4를 구하기 위해 제곱근 기호 안에 음수가 나타나는 일을 피할 수 없음을 점점 수학자들은 깨닫기 시작했다. 유령과도 같은 존재였던 음수의 제곱근이 그 존재성을 드러내는 순간이었다. 즉 수학자에게 음수의 제곱근은 절실히 필요한 존재로 받아들여지기 시작한 셈이다.

다음 재미있는, 그러나 좀 안타까운 얘기 하나를 해보자⟨121⟩. 어느 청년이 집안에 대대로 내려오던 문서를 정리하던 중 섬에서 귀양살이한 먼 조상이 자신이 귀양 살던 섬에 보물을 남기고 왔다는 사실을 알았다. 문서에는 다음같이 적혀있었다.

> 내가 귀양살이를 하던 섬으로 가면, 그 섬의 북쪽에 탁 트인 너른 들판이 있다. 거기에 소나무 한 그루와 오동나무 한 그루가 있을 터이니 이 두 나무를 모두 볼 수 있는 위치에 서면 천하대장군 장승이 서 있을 것이다. 그 장승에서 걸음수를 세면서 오동나무를 향하여 똑바로 가라. 오동나무에 다다르면 오른쪽으로 90° 돌아서 걸어온 걸음수 만큼 걸어가 거기에 말뚝을 박아라. 다시 장승에서 소나무를 향하여 걸음수를 세면서 똑바로 걸어가라. 소나무에 이르면 이번에는 왼쪽으로 90°돌아 걸어 온 발걸음수 만큼 걸어가 거기에 말뚝을 박아라. 이제 말뚝의 중간지점을 파면 너는 보물을 얻을 수 있다.

청년은 바로 섬으로 갔다. 아니나 다를까 조상이 문서에 남겨 놓은대로 잘 자란 소나무와 오동나무가 섬 북쪽 평원에 풍상을 이기고 서 있었다.

그러나 세월이 너무나 많이 흐른 탓일까. 조상이 언급했던 장승은 어디에도 보이지 않았다. 보물에 탐이 났던 청년은 섬의 이곳 저곳을 팠지만 결국 보물은 발견하지 못한 채 백발 노인으로 반 미친 사람이 되어 고향에 돌아와야 했다. 독자가 청년과 같은 처지라면 조금은 더 현명하게 문제에 대응하여 보물을 꼭 찾길 필자는 바란다. 여러 방법이 있지만 복소수를 사용해서 보물의 위치를 찾아보자.

바른 풀이 우선 오동나무와 소나무가 있는 위치를 지나는 직선을 실수축으로 하고 두 나무의 위치를 각각 −1과 1로 잡는다. 두 나무의 중간지점을 지나 실수축에 수직인 직선을 허수축으로 잡는다. 정승이 있던 자리를 모르니 이 자리를 $z = a + b\boldsymbol{i}$라 놓고 조상이 일러준 대로 따라가 보자. 그러면 오동나무를 따라가 말뚝을 박아야 할 지점이 $(1 + z)\boldsymbol{i} + 1$임을 알 수 있다. 복소수에서 $\boldsymbol{i}$를 곱하는 것은 그 복소수를 나타내는 복소수 평면 위에 있는 점을 원점을 중심으로 시계바늘 도는 반대방향으로 회전시키는 것과 같다. 따라서 $(1+z)\boldsymbol{i}+1$은 정승의 위치를 오동나무의 위치를 중심으로 시계바늘 도는 반대방향으로 회전시킨 점이 가리키는 복소수가 된다. 마찬가지로 하면 두 번째 말뚝을 박아야 할 곳은 $(1 - z)\boldsymbol{i} - 1$이 된다. 그럼 조상이 일러준대로 두 말뚝이 있는 곳의 중간 지점은

$$\frac{[(1 + z)\boldsymbol{i} + 1] + [(1 - z)\boldsymbol{i} - 1]}{2} = \boldsymbol{i}$$

이다. ■

불쌍한 청년의 조상은 지혜롭게도 장승의 위치에 관계없이 보물을 찾도록 계산해 둔 것이다. 오랜 세월이 지나 풍상에 스러져 버릴 장승의 운명을 생각했을지도 모를 일이요, 아예 처음부터 정승은 없었을 수도 있다. 고등학교 수준에 달하는 수학 실력만 있었어도 청년은 아마 많은 보물을 갖고 집에 돌아올 수 있었을텐데.

앞에서 복소수에 $\boldsymbol{i}$를 곱하는 효과를 기하학적 측면에서 잠시 살펴보았다. 1874년 Switzerland 수학자 Leonhard Euler는 '*Introductio in analysin infinitorum*'이라는 책에서 함수에 대한 더욱 정확한 연구를 행하면서 곡선의 기하학적 특성이 아닌 함수적 특성에 더 깊이있는 연구

를 했다. 이 과정에서 그는

$$e^{ix} = \cos x + i \sin x$$

라는 관계를 얻었다. 여기서 $e = 2.7182818284\cdots$는 '오일러의 수'라 일컬어진다. 물론 이 관계식은 이보다 먼저 영국 수학자 Roger Cotes가 아르키메데스-나선⟨122⟩과 P. Fermat가 처음 제안했던 아폴로니우스의 포물선⟨123⟩을 연구하는 과정에서 적용한 관계식이었다. 그러나 이 관계를 그는 결코 달가워하지 않은 것으로 보인다. 이런 연구에도 불구하고 복소수는 늘 유령 취급을 받았다. 수로서 가져야할 실제 의미가 모호했기 때문이다. 그러던 가운데 Norge[Norway] 측량 기사이자 수학자였던 Caspar Wessel과 불란서 설계사였던 Jean Robert Argand는 1797년과 1806년에 각각 복소수가 평면 위에서 회전변환과 관계가 있음을 보임으로써 유령으로 여겨졌던 복소수는 명실 상부한 수로서 인정받게 되었다. 그 후 Augustin Louis Cauchy, Augustus De Morgan, Johann Carl Friedrich Gauß 등에 의해 복소수는 더욱 깊이 연구되었고, J. C. F. Gauß는 모든 다항 방정식이 복소수 안에서 항상 해를 가진다는 사실을 박사학위 논문에서 증명하기도 했다. 마치 다항식을 고려함에 있어 대수적으로 완벽한 수 체계를 찾은 듯 보였다. 그러나 비록 복소수의 의미가 확실해졌다고 하여도 대수적으로 완벽한 구조를 갖추고 있음을 파악하기에는 아직 부족함이 있었다. Éire[Ireland] 수학자였던 William Rowan Hamilton 경은 '*Theory of Algebraic Couples*'이라는 책을 통해 복소수를 대수적으로 다룰 수 있는 새로운 정의를 소개하였다.

복소수를 배움에 있어 학생들이 곤란을 겪는 것 가운데 하나가 i가 과연 무엇인가 하는 문제다. 비록 덧셈, 뺄셈, 곱셈, 나눗셈을 하는 방법을 이해하였다 하여도 복소수 자체를 이해했다고 하기 어려운 것이 그 존재가 불확실하기 때문이다. 이 점에서 필자는 교육자들의 무관심을 탓하고 싶다. 초등학교에서 자연수를 배우면서 '사과 한 개', '감 네 개' 같이 수사로 수를 익혔던 것과 달리 제곱하여 -1이 되는 수를 i라 주장하고는 -1의 제곱근에 $\boldsymbol{i}$와 $-\boldsymbol{i}$ 두 개가 있다고 한다. 도대체 우리가 $-\boldsymbol{i}$를 $\boldsymbol{i}$와 어떻게 구분할 것인가? -1의 제곱근이 왜 하필 두 개가 있어야 하며 이 중에서 어느 것을 과연 $\boldsymbol{i}$라 했을까? 양수 a의 제곱근은 실수 범위에서 두 개가 있고 그 가운데 양수를 $\sqrt{a}$로 나타내고 음수를 $-\sqrt{a}$로 나타내기로 했다. 그럼 -1의 두 제곱근 가운데 양수가 $\boldsymbol{i}$인가? 자세히 살펴보면 복소수 전체에는 실수에 주어진 부등호 관계를 보존하는 부등호 관계가 주어지지 않음을 알 수 있다. 즉 $\boldsymbol{i}$가 양수인지 음수인지 알 수 없다는 뜻이다. 이 때 우리에게 필요한 것은 자연수를 수직선에 나타내어 양수와 음수의 개념을 가르쳤던 것처럼 복소수 평면을 놓고 복소수의 사칙연산이 무슨 의미를 갖는지 가르치고 이를 통해 $\boldsymbol{i}^2 = -1$임을 자연스레 깨닫게 가르쳐야 한다. 실수부와 허수부를 두 축으로 하는 평면좌표를 복소수 평면이라 하고 복소수 평면 위에 놓인 점을 복소수라 해야 한다. 단순히 복소수를 $a + b\boldsymbol{i}$같이 정의하면 a와 $b\boldsymbol{i}$를 결합하고 있는 $+$이 무슨 뜻을 갖는지 애매하다. 실제로 이 덧셈기호는 덧셈을 나타내는 기호가 아니라 a와 $b\boldsymbol{i}$를 결합했다는 의미일 뿐이다. 한편 a와 $-b\boldsymbol{i}$를 결합한 것을 $a + (-b\boldsymbol{i})$라 쓰는 대신 $a - b\boldsymbol{i}$같이 간단히 쓰는 것이다. 복소수를 대수적인 측면과 기하적 측면에서 함께 배운다면 그 존재에 대한 의구심은 생기지 않을 것이며, 허수와 실수가 무척이나 다른 존재임을 인식할 수도 있다.

복소수는 대수적으로 복소수 평면에 있는 점들과 이들 사이에 만족하는 연산법칙으로 이루어진다. 이들은 두 실수로 이루어진 순서쌍 (a, b)로 나타낼 수 있고, 이 때 첫 좌표값 a를 이 복소수의 실수부[real part], 두 번째 좌표값 b를 허수부[imaginary part]라 부른다⟨124⟩. 우리가 사용하고 있는 $\boldsymbol{i}$는 좌표 $(0, 1)$에 해당하고 실수는 $(a, 0)$과 같은 꼴로 나타나므로 복소수는 실수를 포함하고 그 범위를 확대한 것임을 짐작할 수 있다. 또한 연산은 다음같이 정의한다. 단, 나눗셈에서 $(a', b') \neq (0, 0)$이

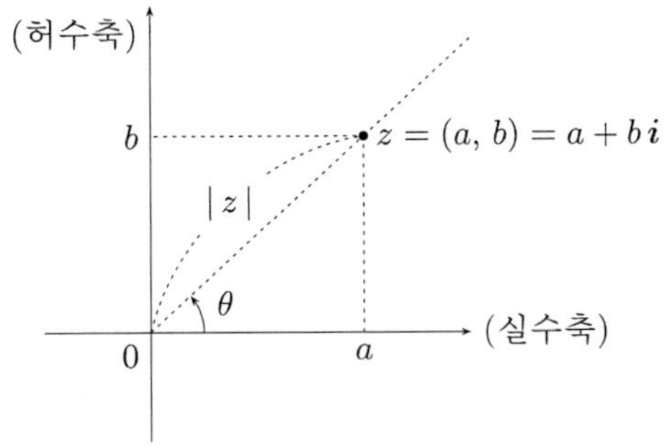

복소수 평면

다.

$$
\begin{aligned}
(a,\, b) + (a',\, b') &= (a + a',\, b + b') \\
(a,\, b) - (a',\, b') &= (a - a',\, b - b') \\
(a,\, b) \times (a',\, b') &= (aa' - bb',\, ab' + ba') \\
(a,\, b) \div (a',\, b') &= \left(\frac{aa' - bb'}{a'^2 + b'^2},\, \frac{ab' + ba'}{a'^2 + b'^2} \right).
\end{aligned}
$$

이제 $(0,\, b)$를 기호로 $b\boldsymbol{i}$같이 나타내고 $(a,\, b) = a+b\boldsymbol{i}$라 적는다⟨125⟩. 물론 여기서 +는 단순한 결합기호가 아니라 덧셈이 된다. 왜냐하면 덧셈의 정의로부터 $(a,\, b) = (a,\, 0)+(0,\, b) = a+b\boldsymbol{i}$가 성립하기 때문이다. 이제 $2\boldsymbol{i}$의 기하학적 의미를 살펴보자. 이는 실수 $2 = (2,\, 0)$와 $\boldsymbol{i} = (0,\, 1)$을 곱한 것으로 이해하면, 즉 $2\boldsymbol{i} = (0,\, 2) = (2,\, 0) \times (0,\, 1)$이므로 $2\boldsymbol{i}$는 2를 가리키는 점을 복소수 평면의 원점 $0 = (0,\, 0)$을 중심으로 시계 바늘이 도는 방향과 반대 방향으로 $90°$만큼 돌려 놓은 점임을 알 수 있다. 즉 복소수 $\boldsymbol{i}$를 곱한다는 것은 주어진 복소수를 나타내는 점을 시계 바늘 도는 방향과 반대방향으로 원점을 중심으로 $90°$ 만큼 돌려 놓는 효과를 준다. 한편 복소수끼리 덧셈은 좌표 성분끼리 더한 것으로, 즉 $(a,\, b)+(c,\, d) = (a+c,\, b+d)$이기 때문에 복소수를 더한다는 의미가 바로 복소수 평면에 있는 임의 점을 원점에서 더하려는 복소수에 이르는 방향으로 나란히 움직인 효과

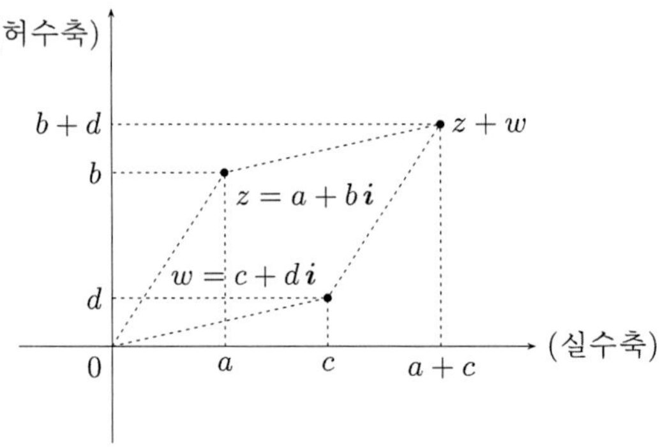

두 복소수의 합: $z + w = (a + c) + (b + d)\,\boldsymbol{i}$

를 준다. 이 개념은 복소수를 이해하는데 매우 중요한 사실로, 실제 응용 문제에서 이런 복소수의 성질을 쓰면 문제를 간단하게 해결할 수 있다. 한편 $\boldsymbol{i}^2$은 $\boldsymbol{i}$를 다시 시계 바늘 도는 방향과 반대방향으로 돌려 놓은 것이니, 그 값은 $-1 = (-1, 0)$이 된다. 자연스럽게 $\boldsymbol{i}^2 = -1$임을 쉽게 알 수 있다.

복소수가 갖는 이런 기하학적 변환 성질은 평면에 주어진 대수적 구조에 대한 새로운 해석이다. 역사적으로 음수의 제곱근에서 출발한 복소수가 현실 세계에 존재하는 수로 사람들 뇌리에 자리잡은 것이다. 이제 허수란 그 말이 지닌 뜻처럼 허깨비가 아니라 실수처럼 실제로 존재하는 수임을 알 수 있다. 학교 현장에서도 복소수가 마치 존재하지 않는 수를 가상하여 만든 수인 양 지도하는 것은 옳지 않다. 한편 복소수의 기하학적 의미를 들여다 보면 원점을 중심으로 하고 반지름이 1인 원 위에 놓인 점들이 나타내는 복소수들은 특별한 의미를 갖는다. 복소수 평면이 기하학적으로 보통 평면과 같은 구조를 가지므로 원점에서 임의 점까지 거리는 **피타고라스** 정리를 사용하여 구할 수 있다. 따라서 원점에서 복소수 $z = (a, b)$까지 거리 $|z| = \sqrt{a^2 + b^2}$이라 약속할 수 있다. 그러면 복소수 평면 위에서 원점이 아닌 임의 복소수 z는 원점에서 z의 위치에 이르는 방향으로 $|z|$만큼 떨어진 곳에 놓여있고 그 거리가 1인

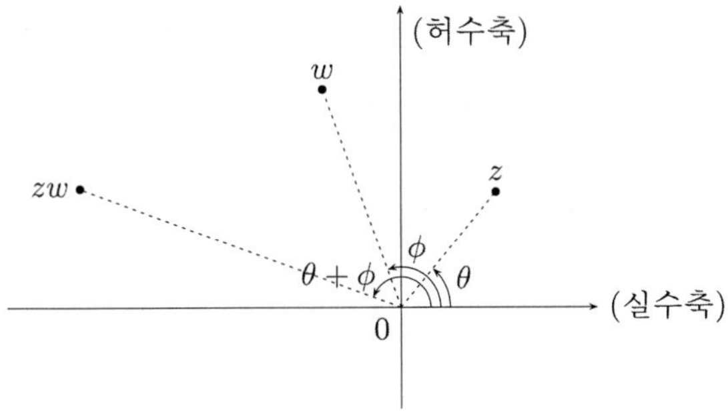

두 복소수의 곱: $zw = |z|\,|w|\,\boldsymbol{e}^{(\theta+\phi)\boldsymbol{i}}\,\boldsymbol{i}$

복소수 ζ에 대해 $z = |z|\zeta$같이 쓸 수 있다. 복소수에 실수 r을 곱하는 것은 복소수를 원점에서 복소수에 이르는 방향으로 그 거리를 r-배 되도록 늘인 점에 있는 복소수가 되기 때문이다. 이 때 ζ는 반지름이 1이고 중심이 원점에 있는 원의 둘레에 위치한 복소수다. 이 복소수 ζ의 위치를 원점과 ζ를 연결한 직선이 실수축의 양인 부분과 이루는 각을 θ라 할 때, $\zeta = \boldsymbol{e}^{\theta\boldsymbol{i}}$라 약속한다. 이 약속은 아무렇게 만들어진 것이 아니라 이미 L. Euler가 소개했던 바같이 복소수를 함수적으로 접근하여 얻었던 관계다. 이 때 θ를 이 복소수 z의 '방향각[argument]' 또는 '편각(偏角)'이라 하고 r을 복소수 z의 '크기'[magnitude]라 일컫는다. 그러면 이제 0이 아닌 임의 복소수 z는 $z = r\boldsymbol{e}^{\theta\boldsymbol{i}}$같이 나타낼 수 있고, 여기서 $r = |z|$는 원점에서 복소수 z까지 거리를, θ는 원점에서 복소수 z를 잇는 직선이 실수축의 양인 부분과 이루는 각을 각각 나타낸다. 이 표현을 복소수의 '극형식(極形式)[polar representation]'이라 일컫는다. 그러면 자연스럽게 $z = (r\cos\theta,\, r\sin\theta)$인 관계로부터 $z = \boldsymbol{e}^{\theta\boldsymbol{i}} = r(\cos\theta + \boldsymbol{i}\sin\theta)$가 성립함을 알 수 있다.

이 책의 범위에 들지는 않지만 복소수 평면이 함수적 측면에서 더욱 흥미로운 기하학적 구조를 갖는데 직교좌표계라는 측면에서 복소수는 (a, b)같이 한 가지 표현을 갖지만, 극좌표계라는 측면에서 복소수는 임의 정수 n에 대해서도 $e^{\theta i} = e^{(\theta+2n\pi)i}$같이 여러 표현법을 갖게 되어 기하학적으로 복잡한 형태를 띈다. 따라서 복소수 위에 정의된 함수의 특성마다 기하학적 구조가 달리 이해되는데 수학에서 이에 대해 연구를 했던 독일의 수학자 Georg Friedrich Bernhard Riemann의 이름을 따 이 구조를 '리만-면[Riemann surface]'이라 일컫는다. 간단한 보기로 $f(z) = z^2$은 복소수 평면 위에 잘 정의된 함수지만, 이 함수의 역 관계인 $f^{-1}(z) = \sqrt{z}$는 단일 복소수 평면을 가지고 이해하면 함수가 되지 않는다. 왜냐하면 $f(1) = f(-1)$로 f가 일대일대응이 아니기 때문이다. 또한 $\sqrt{z}$는 더 이상 양수 음수를 따질 수 없으므로 $w^2 = z$인 복소수 w에 대해 $\sqrt{z} = w$일 수도 $\sqrt{z} = -w$일 수도 있다. 이를 방지하고자 서로 다른 두 복소수 평면을 특정한 선을 공유하도록 붙여 놓는데 흔히 실수축의 음인 부분을 공유하도록 하여 만든다. 이는 f의 역함수, 즉 $f^{-1}(z) = \sqrt{z}$의 값을 구할 때, 복소수의 방향각 θ를 $-\pi < \theta \leq \pi$로 제한함을 뜻한다. 따라서 보기로 $-1 = e^{\pi i}$이므로 $\sqrt{-1} = e^{\frac{\pi}{2} i} = i$가 되어 $-1 = e^{-\pi i}$로 보아 $\sqrt{-1} = e^{-\frac{\pi}{2} i} = -i$로 구해지는 것을 막을 뿐 아니라 $f(z) = -1$인 z가 두 개 생기는 것을 막아 $f(z) = \sqrt{z}$는 각 리만-면에서 역함수로 잘 정의되도록 한다. 이제 원래 함수 $f(z)$는 복소수 평면이 아닌 새로운 리만-면 위에서 일대일대응을 이루는 함수가 되는 셈이다. 실제로 리만-면은 함수 $w = f(z)$의 그래프이며 이는 4차원 공간에 존재하는 곡면으로 전산기를 사용하여 이를 그려보면 그림 2.7에서 볼 수 있듯이 4차원에서 서로 만나는 곳이 없는 한 곡면임을 알 수 있다.

G. B. Riemann

복소수와 관련하여 유명한 문제가 하나 있다. 바로 복소수를 사용하면 $1 = -1$이 된다는 증명 아닌 증명이다. 이 문제는 아주 오래 전 어느 대학 본고사에도 출제된 것으로 필자는 기억하고 있는데, 복소수 단원에서 약방의 감초처럼 빠지지 않고 등장하고 있다. 복소수가 실수와 매우 다른 성질이 있음을 알려주는 좋은 보기이다.

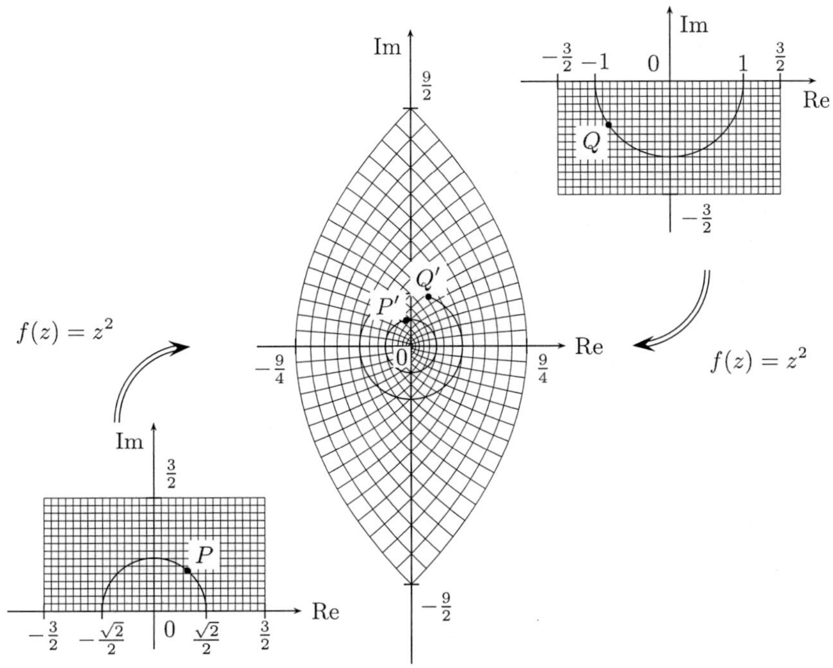

$f(z) = z^2$, $(-1.5 \leq \mathrm{Re}\, z, \mathrm{Im}\, z \leq 1.5)$

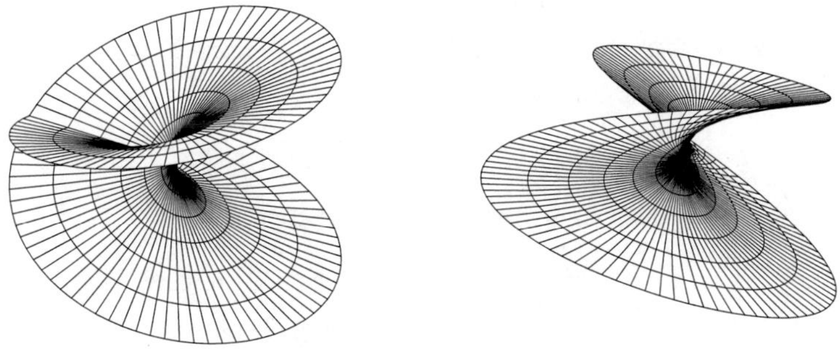

함수 $f(z) = z^2$에 대한 Riemann-면
(3차원 공간 (왼쪽)과 4차원 공간(오른쪽)에서 각각 본 모습)

그림 2.7: 리만-면에 대한 이해

> 다음과 같은 방법으로 $1 = -1$이다.
>
> $$1 = \sqrt{1} = \sqrt{1 \times 1} = \sqrt{(-1) \times (-1)} = \sqrt{-1} \times \sqrt{-1} = \boldsymbol{i} \times \boldsymbol{i} = \boldsymbol{i}^2 = -1.$$

얼핏 식을 보면 설명에 아무 문제가 없는 것도 같고 결과를 보면 말도 되지 않는 주장 같은 이 증명은 복소수를 다룸에 있어 신중을 기해야 함을 알려주는 문제이다. 일반적으로 고등학교 과정에서 이해하고 있는 수준으로 본다면 식의 중간 부분인 $\sqrt{(-1) \times (-1)} = \sqrt{-1} \times \sqrt{-1}$은 성립하지 않는 식이다. 그 이유야 간단하다. 좌변은 1인데 우변은 -1이기 때문이다. 제곱근 안에 들어가는 식이나 값이 음수인 경우에는 제곱근끼리 곱이나 몫을 다루는데 주의해야 한다. 위 식을 앞에서 살핀 기하학적 의미로 보면 $\boldsymbol{i} \times \boldsymbol{i}$란 실수 1을 복소수 평면에서 시계 돌아가는 반대 방향으로 $90°$씩 두 번 돌린 것이니 전부 $180°$ 회전한 셈이 되어 값이 -1이 된다. 변환이라는 측면에서 위 등식의 처음 세 부분은 실수끼리 곱셈과 관련되어 한 방향으로 늘이거나 줄이는 (이 경우는 변화가 없지만) 변환에 해당하고 비록 네 번째 식에서 $(-1) \times (-1)$은 실수축 위에서 원점을 대칭의 중심으로 하여 대칭변환을 두 번 하는 것에 해당하여 전반적으로 값에 아무런 변화를 주지 못하지만, 다섯 번째 식부터는 회전변환으로 바뀌어 다른 식이 됨을 알 수 있다. 일반적으로 $\sqrt{ab} = \sqrt{a}\sqrt{b}$는 $a < 0$이고 $b < 0$인 경우를 제외하고 성립하는 관계식이며, 비슷하게 $\sqrt{\frac{b}{a}} = \frac{\sqrt{b}}{\sqrt{a}}$은 $a < 0$이고 $b > 0$인 경우를 제외하고 성립하는 관계식임을 우리는 잘 알고 있다. 아울러 복소수 연산과 일반 연산에 관련하여 한 가지 지적하고 싶은 것이 있다. 다음 두 문제를 살펴보자.

> 다음 식을 간단히 하여 그 값을 구하여라.
>
> (1) $\dfrac{1}{1+\sqrt{3}}$　　　(2) $\dfrac{1}{1+3\boldsymbol{i}}$

이 정도 간단한 문제는 쉽게 답을 구할 수 있으리라 믿어 풀이는 생략하고 많은 참고서들이 주로 택하는 답안을 적는다.

(1) $\dfrac{\sqrt{3}-1}{2}$ (2) $\dfrac{1-3\boldsymbol{i}}{10}$

어디에 문제점이 있을까? 첫 번째 값은 더 이상 간단히 하기 어렵다. 이대로 두어도 무방하며 $\dfrac{\sqrt{3}}{2}-\dfrac{1}{2}$이라 해도 상관없다. 그러나 두 번째 표현은 이와 다르다. 복소수란 $a+b\boldsymbol{i}$꼴로 쓰여진 것을 가리키는 말로 정의되어 있다. 따라서 답으로 제시된 두 번째 식은 복소수 표현으로 값을 얻은 것이 아니라 복소수 $1-3\boldsymbol{i}$를 복소수 10으로 나누고 있는 식이므로 이 값을 구해야 한다. 따라서 이 답안은 모범 답안이 아니며, 이를 바로 잡으면 (2)의 답은 $\frac{1}{10}-\frac{3}{10}\boldsymbol{i}$이 올바르다.

고등학교 저학년 과정에서 복소수는 주로 이차방정식과 관련지어 있다. 계수가 실수로만 이루어진 x에 대한 이차방정식 $ax^2+bx+c=0$의 근을 구하는 공식은 이미 중학교 과정에서 다루고 있다. 이는 고등학교 과정에서도 마찬가지로 이 이차방정식의 근은

$$x=\frac{-b\pm\sqrt{b^2-4ac}}{2a}$$

으로 주어지고 이를 '이차방정식의 근을 구하는 공식'이라 일컫는다. 이 공식은 교과과정에서 가장 기본이 되는 공식들 가운데 하나로, 학교를 졸업한 많은 학생들은 이 결과를 잘 기억하고 있다. 주로 인수분해가 어려운 이차방정식을 푸는데 적용하는데, 이 때 이차방정식의 계수는 모두 실수일 경우에 한하여 적용하는 것이 바람직하다. 다음 문제는 이차방정식의 계수가 실수가 아닌 경우다.

> 다음 이차방정식의 근을 복소수 범위에서 구하여라.
>
> 1. $x^2-(1-2\boldsymbol{i})x-1-\boldsymbol{i}=0.$ (197쪽, 유제 13-4 (2))
> 2. $(2-3\boldsymbol{i})x^2-(4+2\boldsymbol{i})x+\boldsymbol{i}=0.$ (209쪽, 연습문제 13-2 (2))
>
> – 수학의 정석 (실력) 10-가 (洪性大 지음, 성지출판사) –

이 문제를 접한 학생들은 비록 이차식의 계수가 허수를 포함하고 있지만 아무런 거리낌 없이 공식을 사용할 것이 분명하다. 인수분해를 하기 까다롭기 때문이다. 다음 풀이가 그 보기이다.

그른 풀이

1. 문제에서 $a = 1$, $b = -1 + 2\boldsymbol{i}$, 그리고 $c = -1 - \boldsymbol{i}$이므로

$$\begin{aligned} x &= \frac{-(-1+2\boldsymbol{i}) \pm \sqrt{(1-2\boldsymbol{i})^2 - 4 \cdot 1(-1-\boldsymbol{i})}}{2 \cdot 1} \\ &= \frac{1 - 2\boldsymbol{i} \pm \sqrt{-3 - 4\boldsymbol{i} + 4 + 4\boldsymbol{i}}}{2} \\ &= \frac{1 - 2\boldsymbol{i} \pm 1}{2} = \begin{cases} 1 - \boldsymbol{i} \\ -\boldsymbol{i}. \end{cases} \end{aligned}$$

따라서 방정식의 근은 $x = -\boldsymbol{i}$ 또는 $x = 1 - \boldsymbol{i}$이다.

2. 마찬가지로 문제에서 $a = 2 - 3\boldsymbol{i}$, $b = -4 - 2\boldsymbol{i}$, 그리고 $c = \boldsymbol{i}$이다. 그런데 이차식의 판별식을 계산하면

$$D = b^2 - 4ac = (-4 - 2\boldsymbol{i})^2 - 4(2 - 3\boldsymbol{i})\boldsymbol{i} = 8\boldsymbol{i}$$

로 복소수가 되어 근의 공식을 쓰면

$$x = \frac{-(-4 - 2\boldsymbol{i}) \pm \sqrt{8\boldsymbol{i}}}{2 \cdot (2 - 3\boldsymbol{i})} = \frac{4 + 2\boldsymbol{i} \pm \sqrt{8\boldsymbol{i}}}{4 - 6\boldsymbol{i}}$$

처럼 근호 안에 복소수가 들어간다. 아무튼 방정식의 근은

$$x = \frac{4 + 2\boldsymbol{i} + \sqrt{8\boldsymbol{i}}}{4 - 6\boldsymbol{i}} \quad \text{또는} \quad x = \frac{4 + 2\boldsymbol{i} - \sqrt{8\boldsymbol{i}}}{4 - 6\boldsymbol{i}}$$

이다. ■

첫 번째 문제는 그런데로 답이 나온 듯하다. 그러나 두 번째 문제는 어쩐지 께름칙하다. 문제를 풀고 나서도 어딘지 모르게 석연치 않은 곳이 있다. 근호 안에 허수가 들어가도 과연 괜찮을까? 고등학교를 졸업할 때까지도 근호 안에 허수가 들어가는 것을 본 적이 없다. 근호 안에 허수가 들어가는 것을 어찌 처리하면 좋을까 곰곰이 생각해 보기로 하자. 원점으로 다시 돌아가 우리가 고등학교 과정 범위 안에서 이차방정

식의 근을 구하는 공식을 쓸 수 있는 경우는 오직 계수가 모두 실수일 때 뿐이라는 사실을 염두에 두자. 그렇다면 고등학생 수준에서 이 문제를 풀기 위해 근을 구하는 공식을 쓸 수 없다는 뜻이다. 그럼 어찌 이 방정식을 풀 수 있다는 말인가? 문제는 우리가 공식을 구하기 위해 어떻게 했는가 그 원리를 알아야 한다. 그 원리란 이차식을 완전제곱이 들어간 식, 즉 '$a(x-p)^2+q$' 꼴로 바꾸는 것인데 이는 이차방정식은 물론 이차함수를 다루는데도 매우 중요한 식이다. 근을 구하는 공식만 머리에 기억하고 있는 학생들이 대부분인데, 언제든지 이차식을 완전제곱이 들어간 식으로 바꿀 수 있도록 연습해 둘 필요가 있다. 아울러 허수의 제곱근을 복소수 범위에서 다룰 때, 리만-면을 고려해야 함도 아울러 지적해 둔다. 이제 이 방법을 사용하여 문제를 다시 풀어보자.

바른 풀이

1. 왼쪽변에 있는 이차식을 완전제곱식으로 바꾸면,

$$x^2-(1-2i)x-1-i=\left(x-\frac{1-2i}{2}\right)^2-\frac{1}{4}$$

이므로 $\left(x-\frac{1-2i}{2}\right)^2-\frac{1}{4}=0$, 즉 $\left(x-\frac{1-2i}{2}\right)^2=\frac{1}{4}$로부터 $x-\frac{1-2i}{2}=\pm\frac{1}{2}$임을 알 수 있다. 따라서 방정식의 근은 $x=\pm i$이다.

2. 마찬가지로 왼쪽변에 있는 이차식을 완전제곱식으로 바꾸면,

$$\begin{aligned}&(2-3i)x^2-(4+2i)x+i\\ &=\ (2-3i)\left(x-\frac{1+8i}{13}\right)^2-\left[\frac{(2-3i)(1+8i)^2}{13^2}-i\right]\end{aligned}$$

이므로 결국 방정식

$$(2-3i)\left(x-\frac{1+8i}{13}\right)^2-\left[\frac{(2-3i)(1+8i)^2}{13^2}-i\right]=0$$

을 풀면 된다. 마지막 부분을 오른쪽 변으로 옮기고 양변에 $13(2+3i)$를 곱하면, $(2-3i)(2+3i)=13$ 이므로

$$(13x-1-8i)^2=(1+8i)^2-13i(2+3i)=-24-10i.$$

두 실수 a와 b에 대해 복소수 $z = a + b\boldsymbol{i}$가 $z^2 = (a^2 - b^2) + 2ab\boldsymbol{i} = -24 - 10\boldsymbol{i}$를 만족한다고 하면, $a^2 - b^2$과 $2ab$는 실수이므로

$$a^2 - b^2 = -24 \qquad \text{그리고} \qquad 2ab = -10$$

으로부터 $b = -\dfrac{5}{a}$이므로 $a^2 - \left(-\dfrac{5}{a}\right)^2 = a^2 - \dfrac{25}{a^2} = -24$ 이고, 따라서 $a^4 + 24a^2 - 25 = (a^2 + 25)(a^2 - 1) = 0$이다. 두 수 a와 b는 실수이므로

$$(a,\, b) = (1,\, -5) \qquad \text{또는} \qquad (-1,\, 5)$$

즉, $z = 1 - 5\boldsymbol{i}$ 또는 $z = -1 + 5\boldsymbol{i}$이다. 이제 $13x - 1 - 8\boldsymbol{i} = 1 - 5\boldsymbol{i}$로부터 $x = \dfrac{2 + 3\boldsymbol{i}}{13}$이고 $13x - 1 - 8\boldsymbol{i} = -1 + 5\boldsymbol{i}$로부터 $x = \boldsymbol{i}$임을 얻는다. 따라서 이 방정식의 근은 $x = \dfrac{2 + 3\boldsymbol{i}}{13}$ 또는 $x = \boldsymbol{i}$이다. ■

물론 과정은 단순하게 근의 공식을 사용하는 것보다 복잡함에 틀림없다. 그러나 중요한 것은 근호 안에 허수가 나타나는 것을 피할 수 있다는 점이다. 무턱대고 공식을 사용하기에 앞서 원리와 기본 방법을 우선 사용하는 것이 수학을 제대로 익히는데 중요한 첫걸음임을 잊어서는 안 된다. 아울러 두 번째 문제에서 이차식의 최고차항 계수가 허수 $2-3\boldsymbol{i}$이기 때문에 계산이 복잡해 짐을 알 수 있다. 이제 이차항의 계수를 실수로 만들면 계산이 간단해짐과 동시에 다른 정보도 함께 얻을 수 있을지도 모른다.

다른 풀이 (1) 두 번째 문제에서 등식의 양변에 이차항의 계수 $2 - 3\boldsymbol{i}$의 켤레 복소수 $2 + 3\boldsymbol{i}$을 곱하면

$$13x^2 - 2(1 + 8\boldsymbol{i})x + \boldsymbol{i}(2 + 3\boldsymbol{i}) = 0$$

을 얻는다. 여기서 식을 자세히 살펴보면 상수항이 두 수를 곱한 꼴로 되어 있으므로 인수분해 가능성을 살필 수 있다.

$$13x^2 - 2(1 + 8\boldsymbol{i})x + \boldsymbol{i}(2 + 3\boldsymbol{i})$$

$13 \quad \times \quad -(2 + 3\boldsymbol{i}) \longrightarrow -13\boldsymbol{i}$

$1 \qquad\qquad -\boldsymbol{i} \longrightarrow -2 - 3\boldsymbol{i}$

$-2 - 16\boldsymbol{i} = -2(1 + 8\boldsymbol{i})$

위 관계를 사용하여 좌변의 이차식을 인수분해하면 방정식은

$$(x - \boldsymbol{i})[13x - (2 + 3\boldsymbol{i})] = 0$$

와 같으므로, 이 방정식의 근은 $x = \dfrac{2+3\boldsymbol{i}}{13}$ 또는 $x = \boldsymbol{i}$임을 쉽게 알 수 있다. ■

문제의 출전인 '수학의 정석'이 제시한 답안을 살펴보면 근을 구하는 공식을 사용할 경우 $x = \dfrac{4+2\boldsymbol{i} \pm \sqrt{8\boldsymbol{i}}}{4-6\boldsymbol{i}}$이므로 실수 a와 b에 대해 $\sqrt{8\boldsymbol{i}} = a + b\boldsymbol{i}$라 놓고 양변을 제곱해서 a와 b를 구하라는 설명을 덧붙여 놓고 있다. 고등학생에게 수학을 가르치는 처지에서 살펴보면 이 표현은 바람직한 설명이 아니다. 왜냐하면 고등학교 과정에서 $\sqrt{8\boldsymbol{i}}$이 무엇을 뜻하는지 아예 언급하지 않고 있기 때문이다. 따라서 출전의 주장같이 $\sqrt{8\boldsymbol{i}} = a + b\boldsymbol{i}$라 놓을 수 있다는 확실한 근거는 어디에도 없다. 단지 짐작으로 $\sqrt{8\boldsymbol{i}}$이 복소수이어야 하지 않을까 느낄 뿐이다. 설령 이 방법으로 문제를 푼다고 하더라도 $\sqrt{8\boldsymbol{i}} = \pm(2+2\boldsymbol{i})$가 되어 $\sqrt{8\boldsymbol{i}}$의 값이 하나로 주어지지 않는다. (이 경우 앞에서 설명한 리만-면이 필요하다.) 실제로 복소수의 대수적 성질과 기하학적 성질을 보존하는 16차원 대수[sedenion algebra]에서 $(2\varepsilon + 2\boldsymbol{i_0})^2 = 8\boldsymbol{i}$다⟨126⟩. 따라서 단순히 $\sqrt{8\boldsymbol{i}} = a + b\boldsymbol{i}$라 가르치는 일은 올바르지 않다. 반면에 위에서 밝힌 풀이를 따르면 방정식 $(13x - 1 - 8\boldsymbol{i})^2 = -24 - 10\boldsymbol{i}$로부터 우리가 구하고자 하는 x는 복소수이므로 $13x - 1 - 8\boldsymbol{i}$도 복소수이고, 따라서 $(a + b\boldsymbol{i})^2 = -24 - 10\boldsymbol{i}$라 놓아 자연스럽게 실수 a와 b를 구할 수 있음을 알 수 있다. 아무런 근거도 없이 성급하게 추측만 가지고 문제에 접근하는 것은 바람직하지 않다.

2.3 식 계산하기와 방정식

수학에서 무엇보다 중요한 것이 있다면 계산력을 꼽을 수 있다. 물론 오늘날 계산기가 발달하여 문자식도 척척 계산해 주는 여러 도구들이 있다⟨127⟩. 이런 계산 도구가 나올 수 있었던 것도 당연히 수학자와 여러 기술자들이 노력한 덕이다. 그러나 계산력이란 식의 값을 제대로 구하는 능력에만 국한하지 않는다. 계산력이란 식을 보고 이해하는 능력, 식을 자유자재로 바꾸어 의도하는 방향으로 식을 변형하는 능력 따위도 함께 평가되어야 한다. 암산 능력을 갖고 있다면 식을 대하기 훨씬 수월함은 당연하다. 그러나 암산을 잘 하는 것을 마치 수학에 뛰어난 소질이 있는 것처럼 성급하게 판단하는 것은 옳지 못하다. 오늘날 계산력을 길러주고 수학에 흥미를 돋우어 준다는 미명하에 얄팍한 상술이 더해져 19-19단을 외우는 것이 유행처럼 퍼지고 있다 들었다. 물론 즐겁게 표를 외워 셈에 사용할 수 있다면 나무랄 것은 없다. 그러나 그것이 마치 두뇌를 계발시켜 준다고 떠드는 교육자를 보면서 지구상에 살다 간 많은 천재들이 그 표를 외워 그리도 머리가 좋았을까 싶다. 외우는 머리는 좀 빨리 발달할 지는 모르지만 수학을 잘 하는 능력을 키우기 위해서라면 그런 무모한 짓은 삼가해야 한다. 그렇게 머리가 좋아진다면 왜 하필 19-19단을 외우는가. 아예 1999-1999단을 외운다면 세계에서 제일 뛰어난 천재가 될텐데.

계산 능력은 어찌보면 기술이라 할 수 있다. 물리와 전자기 이론, 회로 이론 따위에 정통한 공학박사라 하여도 순돌이 아빠⟨128⟩가 가진 전자 제품 수리 능력을 따라갈 수 없을 수도 있다. 마찬가지로 수학을 이론적으로 잘 알고 있는 사람이라 하더라도 100자리 수를 100제곱하라 한다면 두 손과 두 발을 다 들고 말것이 분명하다. 행여 $(10^{100})^{100}$ 정도라면 몰라도. (이 값을 암산할 수 없는 사람은 수학 공부 다시해야 한다.) 1988년 미국에서 개봉된 영화 Rain Man은 자폐증세를 가지고도 뛰어난 지적 능력을 보여주는 한 인물을 소개하고 있다. 영화 배우

Dustin Hoffman이 열연한 주인공 Raymond Babbitt이 바로 그다. 극작가 Ronald Bass와 Barry Morrow가 자폐증세를 갖고 있으면서 뛰어난 기억력과 계산력을 지닌 현존 인물 Kim Peek의 실화를 바탕으로 하여 만든 이 영화는 1988년 네 개 분야에서 Oscar-상을 받았다⟨129⟩. 다음은 영화에 속에 나오는 대사로 Charlie와 Raymond가 Walbrook으로 돌아가는 기차 안에서 서로 나누는 대화이다.

Charlie:	I'm going to see you in 2 weeks now how many days is that before we'll be together?
Raymond:	14 days from today, today's Wednesday.
Charlie:	Hours?
Raymond:	336 hours.
Charlie:	Mystifying.
Raymond:	Course that's 20,160 minutes. 1,290,600, six hundred seconds.

– **Rain Man** –

계산 능력에 탁월한 소질을 보이는 예는 자주 보도되었다. 오랫동안 Switzerland의 Geneva 근처에 있는 CERN⟨130⟩에서 계산기의 결과를 검사하고 수정하던 Amsterdam 출신 Wim Klein은 암산에 뛰어난 능력을 보여 1974년 10월 8일 200자리 수의 23제곱근을 18분 7초 안에 구해내는 등 많은 놀라운 기록을 보유하고 있다. 독일 공영 방송인 ZDF⟨131⟩에서 방영하는 *Wetten, Dass..?*라는 방송을 통해 1994년 1월 15일 독일 사람 Rüdiger Gamm이 87^{12}을 암산으로 정확한 답을 구하던 장면을 필자는 지금도 생생하게 기억한다⟨132⟩. 도대체 어떻게 불가능에 가까운 계산을 할 수 있을까 의심 반, 호기심 반으로 지켜보았다.

계산을 잘 한다는 것은 곱셈 구구를 잘 외워야 하는 것도 필요하지만 이를 얼마나 계산에 잘 사용하는가 하는 것도 이에 못지 않게 중요하다. 계산기를 사용하지 않고 계산을 정확하고 빠르게 하려면 식을 적절히 정리하여 복잡한 계산 과정을 많이 줄여야 한다. 간단한 보기로

$13^2 - 2^4 \cdot 3^2$을 계산한다 하자. 많은 학생들은 심지어 고등학교 과정에서 인수분해와 전개 공식을 달달 외우고 있으면서도

$$13^2 - 2^4 \cdot 3^2 = 169 - 16 \times 9 = 169 - 144 = 25$$

같이 계산한다. 오늘날 곱셈 19-19단을 외우는 학생들이 있으니 이쯤은 누워서 떡먹기일 지는 모르지만 이보다

$$13^2 - 2^4 \cdot 3^2 = (13 + 2^2 \cdot 3)(13 - 2^2 \cdot 3) = (13 + 12)(13 - 12) = 25$$

같이 배운 지식을 적절히 사용한다면 식을 쉽게 계산할 수도 있다. 식을 계산한다고 하면서 무조건 수를 다 곱하여 큰 수로 만들어 놓으면 식을 다루기 힘들어진다. 적절히 식을 묶어도 보고 약분을 해 보기도 하고, 필요한 항을 더하고 빼어 보기도 하면서 식을 다루는 능력을 키우는 일이 곱셈 구구보다 더 중요하다. 이를 제대로 연습하지 않으면, 문자식을 다루는데 불편이 따르기 마련이다. 한편 주어진 식을 적절히 바꾸어 봄으로써 식이 가지는 의미를 더욱 잘 깨달을 수도 있다. 보기로 첫항이 a이고 끝항이 l인 등차급수의 합을 나타내는 공식 $S = \dfrac{n(a+l)}{2}$이 담고 있는 의미를 살펴보기 위해 $S = \dfrac{a+l}{2} \times n$처럼 바꾼다면 등차급수의 합은 첫항과 끝항의 평균을 항수만큼 더한 값과 일치함을 알 수 있다. 아주 간단한 변형으로도 식이 담고 있는 의미를 파악할 수 있어 문제를 더욱 올바로 그리고 깊게 이해할 수 있다. 이런 기본기가 갖추어지지 않은 상태에서 아무리 복잡하고 어려운 지식을 쌓아 기교로 문제를 푼다 하여도 결국 그것은 사상누각에 지나지 않는다. 물론 Roma가 하루 아침에 이루어지지 않았듯 이런 계산 능력도 금새 이루어지지 않는다. 오랜 경험과 깊은 관찰, 그리고 많은 훈련이 필요하다.

필자가 사는 Canada는 수업 시간이나 시험에서 학생들이 전자 계산기를 쓰도록 허용하고 있고, 어느 교사는 이를 장려하기도 한다. 그러다 보니 어릴적부터 계산기만 사용해 온 많은 학생들은 간단한 덧셈 하나도 못하는 경우가 허다하며, 어른이 되어서도 계산기가 없으면 답을 구

하지 못한다. 어느 날 한 고등 학생이 계산식을 적어 놓고 계면쩍은 듯 머리를 긁적이며 무언가 망설이고 있었다. 왜 그러는가 가까이 가서 보니 8 + 5를 계산해야 하는데 내 앞에서 계산기를 쓰자니 멋쩍어 머뭇거리고만 있었던 것이다. 한참이나 그러고 있던 그 학생은 할 수 없다는 듯 가방에서 계산기를 꺼내고 나서야 답 13을 구할 수 있었다. 오늘날 곱셈 19-19단을 외우는 한국 학생들과 비교할 때 너무도 큰 차이가 남에 틀림없다. 학교를 졸업하면 대부분이 수학을 많이 쓰는 전공에 종사하기보다 생업에 더 많이 종사할 터이니 굳이 어려운 계산을 머리와 손을 써가며 하기보다 계산기로 계산을 하는 것이 더 편리하다는 것이 사람들이 가진 생각이요, 그 시간에 생각하는 훈련을 더 하라는 배려이기도 하다. 어린 시절을 돌이켜 볼 때 어릴 적 배웠던 주판을 사용한 계산, 즉 주산은 계산을 빠르게 해줌과 동시에 암산 능력도 키워주었으니 오늘날 우리가 사용하는 단순한 전자 계산기에 비해 학습 효과가 훨씬 높았다 여겨진다. 그 시절 암산과 계산기가 벌인 국제 경기에서 한국 학생이 우승하는 일이 기사에 실렸던 것을 나는 아직도 기억한다. 1976년 4월 4일 서울특별시 시민회관 별관에서 열린 제1회 국제 계산기능 올림픽에서 주산 10단이었던 李春德(당시 서울 여자상업 고등학교 3학년에 재학)씨가 우승한 기사를 보면 다음과 같다.

> 더하기, 빼기, 곱하기, 나누기 등 최고 12단위까지의 20문제가 출제된 주산과 전자계산기의 대결에서 이양은 1분 45초만에 정답을 써넣었고 전자계산기 등을 갖고 나온 다른 선수들은 이양보다 3초 이상 늦게 정답을 계산, 주산이 전자계산기보다 빠르고 정확함을 입증해 주었다. 이 날 이양과 대결한 日本 선수 타케노부유기양은 전자계산기를 이용해서도 이양보다 20초나 계산이 늦었다.
>
> **– 동아일보, 1976년 4월 5일 –**

전자 계산기가 널리 보급되면서 아쉽게도 2002년부터 초등학교 교과과정에서 주산과 관련한 내용이 빠지고 주산 분야 국가 검정 시험도 사라져, 한 때 이 분야에서 강국을 자랑하던 일은 이제 추억으로만 남게 되었다. 암산과 관련하여 불란서 학생 Alexis Lemaire는 2004년 12월 17일 100자리 자연수의 13제곱근을 3.625초만에 구해 이 분야에서 새로운 기록을 수립한데 이어 2005년 4월 6일 200자리 자연수의 13제곱근을 513.55초만에 구해 역시 이 분야 최고 기록을 세웠다니 한 때 암산에서 타의 추종을 불허했던 우리 시절이 생각난다.

$$\sqrt[13]{\begin{array}{l}83689566882369569398373286622256452247267804664938\\36677497357558157303507570408962528802385783156837\\68029349382010563433638555959315144504151494907094\\19097704449305660268402771869624155688082648640933\end{array}} = 2391481494636373.$$

외우는 능력이 어느 누구보다 탁월한 한국 사람들 정도라면 곱셈 19-19단을 뛰어넘어 삼각비표나 로그표, 정규분포표 등을 모조리 외워서 계산할 수 있는 사람이 언젠가 나타날지도 모를 일이다.

요즈음 학생들은 $\sqrt{2}$나 $\sqrt{12.345}$ 따위를 손으로 계산해야 하는 불편함을 겪지 않는다. 좋은 휴대용 계산기가 널리 보급되었기 때문이다. 필자가 중학생이던 시절은 사정이 조금 달랐다. 기본적으로 $\sqrt{2}$와 같은 무리수의 근사값은 머리에 넣어두고 있어야 했고, 필요하다면 $\sqrt{12.345}$와 같은 무리수는 손으로 계산할 수 있어야 했다. 필자도 중학교 시절 외운 제곱근의 값을 잊지 않고 지금도 사용하고 있다. 당시 학원 강사였던 김동주가 지은 '노래로 배우는 중학 수학'에 실린 노래를 따라 $\sqrt{2}$에서 $\sqrt{10}$까지 값을 소수점 아래 셋째 자리 근사값으로 외웠다. 중학교 시절 제곱근의 값을 손으로 계산하는 방법을 배운 내 또래 많은 사람들도 그 방법을 기억하는 사람은 거의 없을 것이다. 필자도 오랫동안 쓰지 않은 탓에 새로이 설명하려면 이리저리 따져 봐야 하는 것이 사실이지만 아들 녀석에게 이 방법을 가르쳐 주기 위해 그동안 이해하고 있는 원리를 사용하여 그 방법을 되살릴 수 있었다. 수학에서 그 원리를 알고 있다면 잊었던 공식이나 계산 방법을 언제든 쉽게 복원할 수 있다. 수학은 원리를 배우는 과목이지 방법이나 공식만 외우는 과목이 아니다. 많은 학생들이 그 많은 공식을 어떻게 외울 수 있는지 필자에게 물어오지만, 그리고 유달리 기억력이 나쁜 필자가 수학 공식만은 잘도 외우고 있는 것을 신기해 하는 안해의 궁금증에 대해 답할 수는 없지만, 아마도 수학을 해야하는 팔자 탓만 하기는 좀 무리가 아닌가 싶다. 원리를 정확하게 이해하고 있는 것, 그것이 수학을 배우는 첫 걸음임에 틀림없다. 가끔 학생들은 $\sqrt{2}$ 따위를 계산기를 사용하지 않고 구할 수 있는지, 아니면 계산기가 어떻게 $\sqrt{2}$의 값을 계산하는지 묻는다. 이제 잠시 짬을 내어 제곱근을 구하는 방법을 살펴보자.

주어진 수의 제곱근을 구하는 방법에 널리 알려진 방법으로 개평법(開平法)이라 불리는 방법이 있다. 옛 교과과정에서 가르쳤던 이 방법은 항등식 $(a+b)^2 = a^2 + b(2a+b)$에 근거한 방법이다[133]. 이 방법은 옛 인도에서 알려진 방법으로 500년 경에 활동한 인도 수학자 첫 번째 **आर्यभट**[Āryabhaṭa]가 쓴 **आर्यभटीयम्**[Āryabhaṭīya]에 전해진다. Āryabhaṭīya는 천문학과 수학에 대한 이론을 다룬 책으로 Āryabhaṭa는 수학을 다루고 있는 **गणितपात**[Gaṇitapāta]의 네 번째 시에 다음과 읊고 있다 [54].

> **भागं हरेदवर्गान्नित्यं द्विगुणेन वर्गमूलेन ।**
> **वर्गाद्वर्गे शुद्धे लब्धं स्थानान्तरे मूलम् ॥ ४ ॥**
> (bhāgaṁ haredavargānnityaṁ dviguṇena vargamūlena
> vargādvarge śuddhe labthaṁ sthānāntare mūlam)[134]
>
> – आर्यभटीयम्, गणितपात, ४ –

보기로 $\sqrt{123456.789}$를 소수점 아래 넷째 자리에서 반올림하여 세째 자리까지 이 방법을 사용하여 구해보자. 다음 방법은 Āryabhaṭa의 설명을 개량한 것이다.

1. 우선 소수점을 기준으로 왼쪽과 오른쪽으로 두 자리씩 끊는다.

2. 맨 첫 번째 두 자리 12에 들어가는 제곱수 중 가장 큰 9의 제곱근 3을 찾아 12 위에 적고 왼쪽 여백에 3을 12와 같은 줄에 적는다.

3. 3^2을 12에서 빼고 나머지 3을 9 아래에 적고 다음 두 자리인 34를 내려 적어 334를 얻는다.

4. 여백에 적힌 3으로부터 $3\times 2 = 6$을 계산하고 $(6\times 10 + b)\times b < 334$인 한 자릿수 b 가운데 가장 큰 수를 찾는다. 이 경우 $b = 5$가 된다.

5. $(6 \times 10 + b) \times b = 65 \times 5 = 325$를 계산하여 334에서 뺀 나머지 9를 아래에 적고 그 다음 두 자릿수를 내려 적어 956을 얻는다.

6. $(6\times 10 + b) + b = 65 + 5 = 70$을 여백에서 계산하고, $(70\times 10 + b)\times b < 956$인 한 자릿수 b 가운데 가장 큰 수를 찾는다. 이 경우 $b = 1$이 된다.

7. 마찬가지 방법으로 원하는 자리가 나올 때까지 계산을 거듭한다.

	3 5 1. 3 6 4 1
3	$\sqrt{123456.78900000}$
+ 3	9
65	334
+ 5	325
701	956
+ 1	701
7023	255 78
+ 3	210 69
70266	45 0990
+ 6	42 1596
702724	2 939400
+ 4	2 810896
7027281	12850400
+ 1	7027281
7027282	5823119

따라서 $\sqrt{123456.789} \approx 351.364$임을 알 수 있다⟨135⟩.

조선 正祖때 문장가요 경학자였던 항해(沆瀣) 洪吉周가 쓴 '幾何新說'은 '數理精蘊[Shùlǐjīngyùn]'에서 골라 뽑은 문제를 스스로 개발한 방법을 사용하여 풀어간 수학책으로 현재 '孰遂念' 제14관(觀)에 전한다⟨136⟩. 이 책의 두 번째 부분인 '開放蒙求'에서 그는 주어진 수의 제곱근, 세제곱근 따위를 푸는 방법을 소개하고 있는데, 이는 數理精蘊이나 算學啓蒙[Suànxuéqǐmēng]이 채택하고 있는 방법과 전혀 달리 뺄셈과 나눗셈과 곱셈을 사용한 방법으로 이 방법을 쓰면 어리석고 둔한 아이도 제곱근을 구할 수 있다고 밝히고 있다⟨137⟩. 연암(燕巖) 朴趾源과 형인 연천(淵泉) 洪奭周로부터 사상과 학문에 많은 영향을 받았으나 열여섯 나이로 초시(初試)에 합격하고 22세에 생원(生員)과⟨138⟩ 진사(進士)가⟨139⟩ 되었음에도 부질없는 논의만 일삼는 과거 문장의 무용함과 이에 따른 국력 소진을 비판하면서 26세에 과거를 포기하였던 그의 독창적인 방법은 다음과 같다. 만약 $\sqrt{441}$을 구하려고 하면 $d = \frac{441}{2} = 220.5$에서 1부터 차례로 자연수를 빼어간다. 그 값이 음수가 되면 바로 전에 얻은 값을 두 배하면 441의 제곱근이 된다. 즉 $220.5 - (1+2+\cdots+20) = 10.5 > 0$이나 $220.5 - (1+2+\cdots+20+21) = -10.5 < 0$이므로 $10.5 \times 2 = 21$이 구하는 수의 제곱근이 된다. 그러나 이 방법은 완전제곱수가 아닌 수의 제곱근을 구하기에 적합하지 않다. 왜냐하면 그 오차가 상당히 크기 때문이다. 보기로 $\sqrt{38}$을 이 방법으로 구하면 $19 - (1+2+3+4+5) = 4$이고 $19 - (1+2+3+4+5+6) = -2$이므로 제곱근은 $4 \times 2 = 8$이어야 하지만 실제로 $\sqrt{38} = 6.1644140029\cdots$이다. 지난 2007년 6월 7일 치러진 2008학년도 대학수학능력시험 모의평가 수리영역 가형과 나형의 16번 문제로 이와 관련한 내용이 출제되기도 하였다. 수학을 배우면서 수학의 역사와 그 발전 과정을 틈틈이 살피는 것은 매우 중요하다. 그 속에서 수학이 살아 움직이는 모습을 실감할 수 있으며 수학의 내용과 의미를 새롭게 발견할 수 있기 때문이다. 안타까운 것은 학교 현장에서 이를 실천하기 불가능하다는 현실이다.

이와 비슷한 방법으로 다음 방법도 널리 알려져 있다. 만약 주어진 수가 어느 정수의 제곱이라는 사실을 안다면 처음 n-개 양인 홀수를 모두 더한 값은 n^2이 된다는 성질을 사용하여 주어진 수의 제곱근을 구할 수 있다. 보기로 $\sqrt{289}$의 값을 구해보자. 주어진 수 289에서 홀수 1, 3, 5를 차례로 빼어 값이 0이 될 때, 뺄셈을 한 회수가 바로 289의 양인 제곱근이 된다. 이 방법에 따르면 $289 = 1+3+5+\cdots+33$, 즉 1부터 17개 홀수를 차례로 더한 값이므로 $\sqrt{289} = 17$임을 알 수 있다. 한편 일반적으로 임의 양수 s에 대해 $\sqrt{s}$을 구하는 방법으로 다음과 같은 것이 알려져 있다.

1. 우선 $a = 5s$와 $b = 5$라 하고 순서쌍 (a, b)를 고려한다.

1	$289-1=288$	2	$288-3=285$	3	$285-5=280$
4	$280-7=273$	5	$273-9=264$	6	$264-11=253$
7	$253-13=240$	8	$240-15=225$	9	$225-17=208$
10	$208-19=189$	11	$189-21=168$	12	$168-23=145$
13	$145-25=120$	14	$120-27=93$	15	$93-29=64$
16	$64-31=33$	17	$33-33=0$		

표 2.2: 제곱수의 제곱근을 구하는 방법

2. (R 1) 만약 $a \geq b$이면, $(a, b) \to (a-b, b+10)$으로 바꾼다.
3. (R 2) 만약 $a < b$이면, (a, b)에서 a에 0을 두 개 이어 붙이고, b의 십의 자리와 1의 자리 사이에 0을 넣어 새로운 (a, b)를 고려한다. 즉
$$(a, b) \to \left(100a, b + 90\left\lfloor \frac{b}{10} \right\rfloor\right).$$
이 때 b의 맨 마지막 자리는 늘 5다.
4. 원하는 근사값을 얻을 때까지 (R 1) 또는 (R 2)를 거듭 반복하여 b를 근사값으로 택한다. 이 때 소수점의 위치를 적절히 정해 $\sqrt{s}$의 근사값을 구한다.

보기로 $s = 2$일 때, $\sqrt{s} = \sqrt{2}$의 값을 소수점 아래 넷째 자리까지 구해보자. 초기 설정에서 $a = 10$이고 $b = 5$이므로 단계 1과 단계 2를 거듭 적용하면 다음과 같은 순서쌍을 얻는다.

$$\begin{aligned}(10,5) &\stackrel{\text{R1}}{\to} (5,\ 15) \stackrel{\text{R2}}{\to} (500,\ 105) \stackrel{\text{R1}}{\to} (395,\ 115) \stackrel{\text{R1}}{\to} (280,\ 125) \stackrel{\text{R1}}{\to} (155,\ 135)\\ &\stackrel{\text{R1}}{\to} (20,\ 145) \stackrel{\text{R2}}{\to} (2000,\ 1405) \stackrel{\text{R1}}{\to} (595,\ 1415) \stackrel{\text{R2}}{\to} (59500,\ 14105)\\ &\stackrel{\text{R1}}{\to} (45395,\ 14115) \stackrel{\text{R1}}{\to} (31280,\ 14125) \stackrel{\text{R1}}{\to} (17155,\ 14135)\\ &\stackrel{\text{R1}}{\to} (3020,\ 14145) \stackrel{\text{R2}}{\to} (302000,\ 141405) \stackrel{\text{R1}}{\to} (160595,\ 141415)\\ &\stackrel{\text{R1}}{\to} (19180,\ 141425) \stackrel{\text{R2}}{\to} (1918000,\ 1414205)\end{aligned}$$

따라서 소수점의 위치를 고려하면 $\sqrt{2} \approx 1.4142$임을 알 수 있다. 이 방법은 흔히 Newton의 근사법이라 알려진 다음 계산법보다 그 수렴 정도가 느리다.

이제 **뉴턴의 근사법**[Newton's method]을 살펴보자. 주어진 양수 s에 대해 수열 x_n을 다음 귀납식

$$x_0 = s_0, \qquad x_n = \frac{1}{2}\left(x_{n-1} + \frac{s}{x_{n-1}}\right) \qquad (n \geq 1)$$

처럼 정의하면 x_n은 $\sqrt{s}$에 수렴한다는 사실이 알려져 있다. 이 방법은 Isaac Newton 경이 1669년에 쓴 '*De analysi per aequationes numero terminorum infinitas*'와 1671년에 쓴 '*De metodis fluxionum et serierum infinitarum*'에 그 기초가 대수적 방법으로 소개되었고, 1685년 John Wallis가 쓴 '*A Treatise of Algebra both Historical and Practical*'에 소개되었다. 이를 사용하여 $\sqrt{2}$의 근사값을 소수점 아래 열째 자리까지 구해보자. 아래 표에서 소수값은 참값을 소수점 아래 21 번째 자리에서 반올림하여 20 번째 자리까지 구한 것이다.

n	x_n (분수)	x_n (소수)
0	1	1.00000000000000000000
1	$\frac{3}{2}$	1.50000000000000000000
2	$\frac{17}{12}$	1.41666666666666666667
3	$\frac{577}{408}$	1.41421568627450980392
4	$\frac{665857}{470832}$	1.41421356237468991063
5	$\frac{886731088897}{627013566048}$	1.41421356237309504880
6	$\frac{1572584048032918633353217}{1111984844349868137938112}$	1.41421356237309504880

이로부터 $\sqrt{2} \approx 1.4142135623$임을 알 수 있다. 참고로 옛 Babylonia 사람들이 사용한 방법도 이 방법과 매우 흡사한 방법이었다⟨140⟩.

해석학의 방법을 따르면 함수 $f(x) = \sqrt{1+x}$은 $|x| < 1$인 경우 다음과 같은 급수 전개가 가능함이 알려져 있다. 이 급수를 테일러 급

수[Taylor's series]라 한다⟨141⟩.

$$\begin{aligned} f(x) &= \sqrt{1+x} = 1+\sum_{n=1}^{\infty}\frac{(-1)^{n+1}(2n-2)!}{n!(n-1)!2^{2n-1}}x^n \\ &= 1+\frac{x}{2}-\frac{x^2}{8}+\frac{x^3}{16}-\frac{5x^4}{128}+\frac{7x^5}{256}-\frac{21x^6}{1024}+\frac{33x^7}{2048} \\ &\quad -\frac{429x^8}{32768}+\frac{715x^9}{65536}-\frac{2431x^{10}}{262144}+\cdots \end{aligned}$$

따라서 $\sqrt{2}=2\sqrt{1-\frac{1}{2}}$임을 사용하면 $x=-\frac{1}{2}$일 때, 이 급수의 처음 11개 항을 택해 대입하면

$$\begin{aligned} \sqrt{2} &\approx 2\times\frac{189814409}{268435456}=\frac{189814409}{2^{27}} \\ &= 1.4142275527119636535644453125 \end{aligned}$$

임을 알 수 있으며 이 값은 소수 넷째 자리까지 정확하다.

이제 본격적으로 식을 계산하는 문제로 들어가 보자. 교과과정에서 다루는 다항식이나 유리식, 그리고 무리식과 같은 식은 대수식 자체를 다루기보다 함수식 개념을 강조하여 숫자가 아닌 문자는 변수로 취급하는 경향이 강하다. 이는 엄밀한 대수식 자체가 그리 실생활에 필요하지도 않을 뿐 아니라 학생들이 지나치게 논리적인 것에 얽매이지 않도록 하기 위한 것이다. 중학교 교과과정에서 우리는 문자와 숫자를 구분하여 배운다. 그런데 곰곰이 따져 보라. 글자 '3'이 숫자임은 이미 알고 있지만 이것이 문자가 아니라 주장할 수 있을까? 인류가 기록을 위해 고안한 여러 기호들은 결국 문자 범주에 든다. 고대인들이 남겨 놓은 동굴 벽화를 문자로 볼 것인지 단순한 예술품으로 볼 것인지는 어려운 문제일 수도 있으나, 3이 문자가 아닌 숫자라는 주장은 쉽사리 이해할 수 없다. 만약 그렇다면 문자식은 순전히 영어 자모만 들어가는 것이 바람직할 터이니 $x+1$과 같은 것은 문자식이 아니란 말인가? 따라서 문자와 숫자를 놓고 식을 구분하는 방법은 적절하지 못하다. 앞에서도 말했듯이 우리는 학교 과정에서 배우는 x^2-3x+2와 같은 식을 순수히 대수적

의미에서 다루는 다항식으로 보기보다 다항함수를 나타내는 함수식으로 이해하고 있다. 물론 순수한 의미에서 대수적 구조를 무시하지는 않지만 이를 순수히 대수적 대상으로 다루기 위해서는 x 따위가 무엇인지 엄밀히 따져 봐야 하는 문제가 발생한다. 따라서 이제 우리가 다루려는 식에 쓰이는 x 따위는 '문자냐? 숫자냐?' 하는 구분이 아니라 변수인가 아니면 상수인가로 구분하는 것이 바람직하다. 이런 구분 방법을 따르면 3은 분명히 상수요, a가 특정한 값을 갖도록 정해져 있다면 역시 이 또한 상수다. 그러나 x^2-3같이 x에 임의 수나 값 그리고 식을 넣어 계산하도록 한 점에서 x 따위는 변수라 해야 옳다. 항등식과 방정식을 어느 x 값에 대해 성립하느냐에 따라 구분하는 점을 보아도 이해할 수 있다.

이제 과연 두 다항식이 서로 같다는 의미가 무엇일까? 예를 들어 다항식 $f(x)=x+1$과 유리식 $g(x)=\dfrac{x^3+x^2+2x+2}{x^2+2)}$를 고려하자. 순수히 대수적 관점에서 본다면 $g(x)=\dfrac{(x^2+2)(x+1)}{x^2+2}=x+1$이므로 이 두 식은 같은 다항식이다. 그러면 실수 전체에서 정의된 함수식으로 보면 어떠한가? 임의 실수 x에 대해 두 함수식의 값이 같으므로 함수식으로 보아도 두 식은 역시 같다. 그러면 다음 식을 살펴보자. 유리식 $h(x)=\dfrac{x^2-1}{x-1}$은 결국 순수히 대수적 의미에서 $h(x)=\dfrac{(x-1)(x+1)}{x-1}=x+1$로 $f(x)$와 같은 다항식이다. 그러나 함수식으로 본다면 상황은 달라진다. 왜냐하면 $f(x)$나 $g(x)$는 $x=1$에서 값이 2로 정해지는 반면 $h(1)$은 정의되지 않기 때문이다. 그러나 만약 $f(x)$나 $g(x)$의 정의역을 제한하여 이 정의역과 $h(x)$의 정의역이 같도록 설정한다면, 즉 보기로 $D=\mathbb{R}-\{1\}$을 정의역으로 한다면 이 두 식은 함수식이라는 관점에서도 같은 식이다. 두 다항식이 항등식이 되도록 값을 모르는 상수 계수의 값을 정하기 위해 '계수비교법'이나 '수치대입법'을 사용한 기억이 독자들은 있을 것이다. '계수비교법'이란 두 다항식을 순수히 대수적 관점에서 바라 본 풀이 방법이요, '수치대입법'이란 두 식을 함수식으로 바라 본 접근 방법이다.

이를 요약하면 다음과 같다.

1. 두 다항식 $p(x)$와 $q(x)$가 다항식으로 서로 같다고 하면 이는 다항식이라는 대수적 관점에서 등식을 이해한 것이다. 따라서 보기로 $p(x) = 3x^2 - ax + 1$이고 $q(x) = bx^2 + 2x - c$가 이런 의미에서 같으려면 $a = -2$, $b = 3$, $c = -1$이어야 한다. 이 때 사용한 방법이 바로 계수비교법이고 $p(x) = q(x)$에서 등호는 대수적 의미에서 두 다항식이 같다는 것을 의미한다.

2. 임의 실수 a에 대해서도 두 다항식 $p(x)$와 $q(x)$는 같다는 것은 $x = a$일 때 $f(a) = g(a)$가 같다는 뜻에서 두 식이 같다 한 것이다. 즉 이 때 우리는 $f(x)$와 $g(x)$를 다항함수로 이해하고 있는 셈이다. 이 때 $f(a) = g(a)$에서 등호는 실수로서 두 값이 서로 같다는 의미를 나타내어 준다. 따라서 $f(x) = g(x)$라는 표현에서 등호는 두 함수가 서로 같다는 주장인 셈이다.

3. 두 다항식 $p(x)$, $q(x)$에 대해 $p(x) = q(x)$를 만족하는 실수 $x = a$가 존재한다고 하면 우리는 $p(x)$와 $q(x)$를 다항함수로 취급하고 있는 것이다. 이 경우 등식 $p(x) = q(x)$를 특별히 '방정식'이라 일컫고 $x = a$를 구하는 작업을 '방정식을 푼다'라고 한다.

앞에서 살펴본 바같이 항등식이란 등식의 의미에 따라 이해하여야 한다. 다음 보기를 보자.

> 다음 분수식을 간단히 하여라.
>
> $$\frac{1}{x(x+2)} + \frac{1}{(x+2)(x+4)} + \frac{1}{(x+4)(x+6)}$$
>
> **– 수학의 정석 (실력) 10-가, 146쪽, 필수예제 10-1, (2) (洪性大 지음, 성지출판사) –**

이 문제에 대한 풀이는 아주 잘 알려져 있으므로 풀이는 생략하고 출전이 제시한 답만 옮겨 적어본다. 이 문제의 답은 $\dfrac{3}{x(x+6)}$으로 구하는 방법은 $\dfrac{1}{x(x+2)} = \dfrac{1}{2}\left(\dfrac{1}{x} - \dfrac{1}{x+2}\right)$같이 각 항을 부분분수[partial fraction]로 나타내면 중간에 오는 항들이 차례로 소거된다는 성질을 사용한다. 이런 급수를 영어로 'telescoping series'라 일컫는다. 이제 주어진 문제의 식과 그 답을 함께 적어보자.

$$\frac{1}{x(x+2)} + \frac{1}{(x+2)(x+4)} + \frac{1}{(x+4)(x+6)} = \frac{3}{x(x+6)}.$$

이 등식의 의미는 무엇인가? 왼쪽변에 오는 식은 유리식이고 오른쪽 변에 오는 식도 유리식이다. 따라서 이 때 등식은 순수히 대수적 관점에서 바라 보았을 때 두 유리식이 같다는 뜻이다. 그러나 이를 함수식으로 바라 본다면 틀린 답안이다. 왜냐하면 왼쪽변에 놓인 함수식은 $a \in \{0, -2, -4, -6\}$인 a에서 함수값을 갖지 않지만, 오른쪽변에 놓인 유리함수는 $a \neq 0$이고 $a \neq -6$이기만 하면 함수값을 갖기 때문이다. 즉 두 함수는 정의구역이 다른 셈이다. 따라서 함수식으로 위 등식을 이해하여 올바른 답을 달면 다음과 같다.

$x \neq 0, -2, -4, -6$인 실수 x에 대해

$$\frac{1}{x(x+2)} + \frac{1}{(x+2)(x+4)} + \frac{1}{(x+4)(x+6)} = \frac{3}{x(x+6)}.$$

이제 방정식에 대해 조금 더 자세히 살펴보기로 하자. 우리는 $3 = 3$이나 $1 + 2 = 3$이라는 등식에 낯설지 않다. 그러나 엄밀히 말해 두 표현은 다른 의미를 갖고 있다. 처음 등식 $3 = 3$은 왼쪽변과 오른쪽변이 완전히 같은 식이라는 뜻을 담고 있지만, 두 번째 등식 $1+2 = 3$은 그렇지 않다. 덧셈에 대한 정의에 따라 $1 + 2 = 3$이기도 하고 $1 + 2 \neq 3$이기도 하기 때문이다. 따라서 등식 $1 + 2 = 3$은 왼쪽변이 나타내고 있는 의미 또는 그 값이 오른쪽변이 나타내고 있는 의미나 값과 동등함을 나타낸다. 그렇다면 등식 $3x = 2$는 무엇을 의미하는 것일까? 대수적 관점에서 이해하면 $3x \neq 2$이다. 왜냐하면 두 다항식 $3x$와 2는 다르기 때문이다. 두 다항

식의 차수부터 틀릴 뿐 아니라 동류항도 아니다. 물론 함수로 이해해도 같은 결과이다. 왼쪽변에 있는 함수 $3x$는 x가 변하면 값이 변하지만 오른쪽 변에 있는 함수는 상수함수이기 때문이다. 만약 x를 문자로 해석한다면 $3x$란 x를 세 배 한 것을 나타내므로 문자 x를 세 배 해야 한다. 문자를 세 배 한다면 문자의 크기를 세 배로 한다는 것인가? 분명 이는 아닐 것 같다. 여기서 x는 문자가 아니다. 만약 x를 문자로 이해하고 식을 다룬다면 문자를 세 배 하는 것에 대한 엄밀한 해석이 필요하다⟨142⟩. 앞에서 언급한 바같이 여기서 x는 문자가 아니라 문자를 써서 나타낸 수, 즉 변수이다. 그런데 x의 값은 변하는 값이니 $3x = 2$라는 의미가 무엇일까? 만약 x가 변한다면 $3x$도 변할 것이고 그 값이 2와 다를 수도 있으니 $3x \neq 2$이어야 옳지 않을까? 그렇다. 이런 해석을 하고 나면 $3x \neq 2$이 옳다. 그러나 이 등식을 'x는 $3x = 2$를 만족하는 값'이라 해석하면 이 등식은 의미가 있다. 이 경우 이 등식을 우리는 특별히 방정식이라 부른다. 그러나 만약 x를 방정식 $3x = 2$를 만족하는 상수로 여긴다면 문제가 생긴다. 예를 들어 방정식 $x^2 = -1$에서 x를 이 방정식을 만족하는 실수 상수로 여긴다면 실수 안에서 x는 존재하지 않으므로 존재하지 않는 대상을 상수라 놓는 것이 자연스럽지 못하기 때문이다. 그러나 그 존재가 확실하다면 어떨까? 즉 복소수 범위에서 $x^2 = -1$은 해를 가지므로 x를 상수라 여길 수 있을까? 방정식을 만족하는 해 하나를 x로 여겨 상수라 할 수 있으나, 일반적으로 방정식의 해는 여러 개가 있으므로 x가 하나로 정해지지 않는 문제가 발생한다. 이제 방정식을 조금 더 논리적으로 엄밀하게 표현한다면 이 식은 $\{x \mid 3x = 2 \text{ 이고 } x \in \mathbb{R}\}$을 줄여 나타낸 것으로 보면 된다. 논리식 $3x = 2$에서 x는 변수가 되고 조건명제 '$3x = 2$ 이고 $x \in \mathbb{R}$' 논리적으로 $x = \dfrac{2}{3}$와 동등하다. 이 동등한 논리식을 구하는 작업 또는 위 집합을 구체적으로 구하는 과정을 우리는 '방정식을 푼다'라고 하는 셈이다.

방정식을 푸는 과정에서 미지수 x에 대한 조건은 매우 중요하다. 보기로 방정식 $x^2 = -1$은 무슨 의미를 가질까. 앞에 설명한 방법을 사용하여 집합으로 나타내 보자.

(ㄱ) $A = \{ x \mid x^2 = -1, x \in \mathbb{R} \}$

(ㄴ) $B = \{ x \mid x^2 = -1, x \in \mathbb{C} \}$

어느 경우가 정확히 방정식 $x^2 = -1$을 나타내고 있을까? 엄밀히 말해 '방정식 $x^2 = -1$을 풀어라'와 같은 표현은 온당하지 못하다. 경우에 따라 A가 되기도 하고 B가 되기도 하기 때문이다. 따라서 '실수 범위 안에서 방정식 $x^2 = -1$을 풀어라' 또는 '복소수 범위 안에서 방정식 $x^2 = -1$을 풀어라'같이 미지수 x의 범위를 정해주어야 한다. 그러므로 복소수를 배운 고등학생이라면 방정식 $x^2 = -1$의 답을 '$x = \boldsymbol{i}$ 또는 $x = -\boldsymbol{i}$'라 할 것이요, 복소수를 모르는 중학생이라면 그런 x는 없다 할 것이다. 물론 대학에서 수학을 더 배운 사람이면 복소수 대신 행렬을 사용하여 '$x = \begin{bmatrix} 0 & -1 \\ 1 & 0 \end{bmatrix}$ 또는 $x = \begin{bmatrix} 0 & 1 \\ -1 & 0 \end{bmatrix}$'라 할 수도 있다⟨143⟩. 또한 정수를 계수로 하는 사원수[quaternion] 범위에서 '$x = \pm\boldsymbol{i}$, $x = \pm\boldsymbol{j}$, $x = \pm\boldsymbol{k}$'라 할 수도 있다. 이처럼 방정식을 어느 범위에서 푸느냐에 따라 방정식을 만족하는 x가 존재할 수도 있고 그렇지 않을 수도 있다. 현대 수학은 이런 문제를 집합이라는 개념을 써서 설명하기도 한다. 전체집합을 실수 전체로 할 때 $x^2 = -1$을 만족하는 x는 존재하지 않아 결국 해집합은 공집합이 되고, 복소수 범위에서 다루면 해집합은 $\{ \boldsymbol{i}, -\boldsymbol{i} \}$이다.

앞에서 설명하였듯 방정식을 풀 때 해를 어느 범위에서 구해야 하는가 하는지 명확히 할 필요가 있다.

> 다음 무리방정식을 풀어라.
>
> $$\sqrt{x-1} + \sqrt{x-4} = \sqrt{x-9}$$

이 문제는 고등학교 수학 Ⅱ과정에서 다루는 무리방정식과 관련한 문제이다. 우선 일반적인 풀이를 살펴보자.

바른 풀이 주어진 방정식의 양변을 제곱하면

$$(x-1)+2\sqrt{x-1}\sqrt{x-4}+(x-4)=x-9,$$

즉 $x+4=-2\sqrt{x-1}\sqrt{x-4}$. 다시 양변을 제곱하면 $(x+4)^2=4(x-1)(x-4)$로부터 $x(3x-28)=0$을 얻어 $x=0$ 또는 $x=\frac{28}{3}$이다. 한편 $x=\frac{28}{3}$이면 주어진 방정식의 왼쪽변은

$$\sqrt{x-1}+\sqrt{x-4}=\frac{5\sqrt{3}}{3}+\frac{4\sqrt{3}}{3}=3\sqrt{3}$$

이고, 오른쪽변은

$$\sqrt{x-9}=\frac{\sqrt{3}}{3}$$

이므로 $x=\frac{28}{3}$은 근이 아니다. 또한 $x\geq 9$이어야 하므로 $x=0$도 근이 아니다. 따라서 주어진 방정식의 근은 존재하지 않는다. ■

이 풀이 방법은 보통 많은 참고서들이 택하고 있는 방법이다. 방정식을 푼다는 것은 앞에서 언급한 바같이 어느 조건 아래에서 근을 구할 것인가에 따라 답이 달라진다. 보통 고등학교 교과과정에서 방정식을 푸는 경우 다항방정식을 제외하고 실수 범위에서 근을 구하도록 제한하고 있다. 그런데 위 문제에서 $x=0$이면 주어진 방정식의 왼쪽변은 $\sqrt{x-1}+\sqrt{x-4}=\boldsymbol{i}+2\boldsymbol{i}=3\boldsymbol{i}$이고 오른쪽변은 $\sqrt{x-9}=3\boldsymbol{i}$이므로 실수인 $x=0$을 근으로 택해야 할 듯하다. 그러나 마찬가지로 교과과정은 무리식의 값이 실수가 되는 범위에서, 즉 실수값을 갖는 실변수 함수로 생각하여 답을 구하도록 하고 있으므로 양변이 허수값을 갖게되는 $x=0$은 근으로 처리하지 않을 수도 있다. 그럼 이 경우 어떻게 답을 해야 할까? 간단한 예를 들어 살펴보자. 만약 양수 범위에서 방정식 $\frac{1-2x}{5}=\frac{1-3x}{8}$를 풀고자 한다고 하자. 어렵지 않게 $x=3$이 근임을 알 수 있다. 그러나 $x=3$은 양변을 모두 -1로 하니 이 방정식의 근은 없다고 하는 것이 맞을까? 이 경우 양변에 있는 식을 함수식으로 이해하여 두 함수의 치역이 모두 양수로 이루어진 집합의 부분집합으로 간주한다면, 즉 왼쪽변의 함수식은 정의역이 $D_1=\left\{x \,\middle|\, x<\frac{1}{2},\, x\in\mathbb{R}\right\}$이

고 오른쪽변의 함수식의 정의역이 $D_2 = \left\{ x \,\middle|\, x < \frac{1}{3},\ x \in \mathbb{R} \right\}$인 것으로 한다면, $x = 3$이 근이 아니요, 단순하게 x가 양수인 경우인 조건만 고려한다면 $x = 3$도 답이 된다. 그러나 보통 방정식이라 하면 특별한 조건이 없는 한 이를 대수방정식으로 보아 미지수의 범위만 한정하는 것이 보통이므로 이 경우 $x = 3$을 답으로 보는 것이 타당하다. 마찬가지로 처음 문제의 경우에도 x가 실수 범위에 들기만 하면 답으로 간주하여 $x = 0$을 답에 포함시키는 것이 바람직하다. 이런 혼동을 피하기 위해 문제 출제에 세심한 주의가 필요함을 다시금 일깨워 주는 예이다.

비슷한 문제로 다음 문제를 살펴보자.

> 다음 무리방정식을 풀어라.
>
> $$\sqrt{2x^2 + 1} = x$$

풀이는 위에 제시한 방법과 비슷하다.

바른 풀이 주어진 방정식의 양변을 제곱하면 $2x^2 + 1 = x^2$이므로 $x = \pm\boldsymbol{i}$이다. 그런데 $\sqrt{2x^2+1}$은 실수이므로 이 방정식의 해는 존재하지 않는다. ■

그러나 역시 자세히 들여다보면 $x = \boldsymbol{i}$일 때 주어진 방정식의 왼쪽변은

$$\sqrt{2x^2 + 1} = \sqrt{2\boldsymbol{i}^2 + 1} = \sqrt{-1} = \boldsymbol{i} \qquad \text{이므로}$$

방정식을 만족함을 알 수 있다. 따라서 복소수 범위에서 위 방정식의 해는 $x = \boldsymbol{i}$이다. 그러나 고등학교 교과과정에 따르면, 실수 범위에서 해를 구하도록 하고 있으므로 $x = \boldsymbol{i}$는 해에 들지 않는다. 한편 복소수와 관련하여 앞에서 설명했던 것같이 이 방정식을 $(2x^2 + 1)^{\frac{1}{2}} = x$로 본다면 복소수 범위에서 $x = -\boldsymbol{i}$도 해라 할 수도 있다. 이런 혼선이 없도록 하려면 문제를 단순히 '다음 무리방정식을 풀어라'같이 하기보다 '다음 무리방정식을 실수 범위에서 풀어라'고 하는 것이 바람직하다.

복소수 범위에서 해를 다룬 다른 보기를 살펴보자.

> 다음 무리방정식을 풀어라.
>
> $$\sqrt{6x^2+4x+8}=2x+2$$

마찬가지 방법으로 문제를 풀면 다음과 같다.

바른 풀이 주어진 방정식의 양변을 제곱하면 $6x^2+4x+8=4x^2+8x+4$, 즉 $x^2-2x+2=0$이므로 $x=1\pm\boldsymbol{i}$이다. 그런데 $\sqrt{6x^2+4x+8}\geq 0$으로 실수이므로 이 방정식의 해는 존재하지 않는다. ■

이 경우 $x=1+\boldsymbol{i}$를 주어진 방정식의 왼쪽변과 오른쪽변에 각각 넣으면

$$(\text{왼쪽변})=\sqrt{12+16\boldsymbol{i}},\qquad(\text{오른쪽변})=4+2\boldsymbol{i}$$

이고 $(4+2\boldsymbol{i})^2=12+16\boldsymbol{i}$임을 알 수 있다. 마찬가지로 $x=1-\boldsymbol{i}$를 주어진 방정식의 왼쪽변과 오른쪽변에 각각 넣으면

$$(\text{왼쪽변})=\sqrt{12-16\boldsymbol{i}},\qquad(\text{오른쪽변})=4-2\boldsymbol{i}$$

이고 $(4-2\boldsymbol{i})^2=12-16\boldsymbol{i}$임을 알 수 있다. 고등학교 과정에서 근호 안에 허수가 들어 있는 경우는 아예 정의를 하고 있지 않으니 답은 복소수 범위에서도 없다고 함이 타당하다. 그러나 대학교 과정에서 복소수 함수를 배우고 나면 극형식으로 $\tan\theta=\dfrac{4}{3}$인 θ에 대해

$$12+16\boldsymbol{i}=20\boldsymbol{e}^{\theta\boldsymbol{i}}$$

이기 때문에 $-\pi<\theta_0\leq\pi$인 $\theta_0=\arctan\dfrac{4}{3}$와 정수 $n\in\mathbb{Z}$에 대해 $\theta=\theta_0+2n\pi$같이 쓸 수 있으므로

$$(12+16\boldsymbol{i})^{\frac{1}{2}}=\sqrt{20}\boldsymbol{e}^{\left(\frac{\theta_0}{2}+n\pi\right)\boldsymbol{i}}$$

이다. 이제 $-\pi<\theta\leq\pi$인 θ를 취하면, 즉 $n=0$이면 $(12+16\boldsymbol{i})^{\frac{1}{2}}=4+2\boldsymbol{i}$이고 $\pi<\theta\leq 3\pi$인 θ를 취하면, 즉 $n=1$이면 $(12+16\boldsymbol{i})^{\frac{1}{2}}=$

$-(4+2\boldsymbol{i})$이다. 따라서 어느 범위에서 $\sqrt{6x^2+4x+8}$을 $(12+16\boldsymbol{i})^{\frac{1}{2}}$의 기본값으로 택할 것인가에 따라 $x=1\pm\boldsymbol{i}$이 근이 되기도 하고 안되기도 한다. 다시 말하자면 $\sqrt{12\pm16\boldsymbol{i}}=4\pm2\boldsymbol{i}$로 본다면 근이 존재하지만, $\sqrt{12\pm16\boldsymbol{i}}=-(4\pm2\boldsymbol{i})$로 본다면 근은 존재하지 않는다. 물론 앞의 경우와 마찬가지로 주어진 방정식을 $(6x^2+4x+8)^{\frac{1}{2}}=2x+2$로 본다면 $x=1\pm\boldsymbol{i}$은 모두 근이 된다.

무리방정식이나 유리방정식을 다항 방정식으로 바꾸어 푸는 경우 원래 방정식을 만족하지 않는 근, 즉 무연근(無緣根)[extraneous root]이 나타나는 경우가 있다. 다음 문제는 무연근의 성질을 묻는 문제로 독자들이 먼저 어디에 잘못이 있는지 살펴보기 바란다.

> 무리방정식 $f(x)=g(x)$의 근을 구하기 위하여 양변을 제곱하여 풀었더니 실근 a와 무연근 b가 나왔다. 이 때, 다음 보기 중 옳은 것을 모두 고르면?
>
> 보기
>
> Ⅰ. $f(a)+g(a)=0$ Ⅱ. $f(b)+g(b)=0$
>
> Ⅲ. $f(a)f(b)+g(a)g(b)=0$
>
> ① Ⅰ ② Ⅱ ③ Ⅰ, Ⅱ ④ Ⅱ, Ⅲ ⑤ Ⅰ, Ⅱ, Ⅲ
>
> **– 명품수학 고등학교 시리즈 수학거미 Ⅱ(상), 40쪽, STEP 11 (안재찬 지음, 화인미디어 펴냄, 2004년) –**

독자들은 이 문제의 답이 무엇이라 여기는가? 출전이 제시하였듯 ④, 즉 Ⅰ, Ⅱ가 항상 옳다고 답으로 골랐다면 무리방정식을 다시 공부해 보기 바란다. 우선 이 문제는 문장 자체부터 정확하지 않은 흠이 있다. '양변을 제곱하여 풀었더니 실근 a와 무연근 b가 나왔다'고 하였는데 실근 a가 원래 방정식의 근이라는 뜻인지 아니면 제곱하여 푼 근이 실근이라 하는지 명확하지 않다. 문제의 성격상 원래 방정식의 근이 실근으로 구해졌다는 뜻으로 이해해야 이 문제에 접근할 수 있지만 이런 추측은 지나치게 주관적이다. 우선 이 부분을 바로 잡으면 다음과 같다.

> ··· 양변을 제곱하여 풀었더니 원래 방정식을 만족하는 실수 근 a와 원래 방정식을 만족하지 않는 무연근 b를 얻었다.

이제 무연근이 무엇인지 살펴보자. 흔히 무연근이 나타나는 이유로 다음과 같은 설명을 택한다. 우선 간단한 경우로 주어진 무리방정식 $f(x) = g(x)$의 양변을 제곱하면 양변이 모두 다항식으로 되는 경우를 살펴보자. 이 경우 양변을 제곱하여 오른쪽변을 왼쪽변으로 이항하여 인수분해 하면

$$[f(x)]^2 - [g(x)]^2 = [f(x) + g(x)][f(x) - g(x)] = 0$$

이므로 이 방정식의 근은 $f(x) + g(x) = 0$을 만족하거나 아니면 $f(x) - g(x) = 0$을 만족한다. 따라서 원래 방정식의 근은 방정식 $f(x) - g(x) = 0$의 해집합에 속하나 $f(x) + g(x) = 0$의 해집합에는 속하지 않을 수 있다. 따라서 이 경우 $f(x) + g(x) = 0$으로부터 무연근이 생길 수 있다. 따라서 이 경우 무연근이 $f(b) + g(b) = 0$을 만족할 수 있다. 그러나 무연근은 $f(x) - g(x) = 0$의 근 중에도 있을 수 있다. 다음 무리방정식을 양수 범위에서 풀어보자.

$$\sqrt{x} = \sqrt{x^4 + 2x^3 - 2}.$$

양변을 제곱하고 오른쪽변을 왼쪽변으로 이항한 뒤 간단히 하면

$$x^4 + 2x^3 - x - 2 = (x - 1)(x + 2)(x^2 + x + 1)$$

이므로 이 사차방정식의 해집합은 $\{-2, 1, \omega, \bar{\omega}\}$다. 여기서 ω는 1의 허수인 한 세제곱근이고 $\bar{\omega}$는 ω의 켤레복소수다. 이를 원래 방정식에 대입하여 정리하면 오직 $x = 1$ 만이 이 방정식의 근임을 알 수 있다. 비록 $x = -2$에 대해 $\sqrt{-2} = \sqrt{2}\boldsymbol{i}$이고 $\sqrt{(-2)^4 + 2(-2)^3 - 2} = \sqrt{-2} = \sqrt{2}\boldsymbol{i}$이어

서 $\sqrt{x}=\sqrt{x^4+2x^3-2}$를 만족하지만 해를 양수 범위에서 구하도록 하였으므로 $x=-2$는 원래 방정식의 근이 아니고 따라서 무연근이다. 그러므로 위 문제의 답같이 b가 무연근이라 하여 항상 $f(b)+g(b)=0$을 만족하는 것은 아니다. 무연근이란 방정식을 푸는 과정에서 원래 방정식의 근이 되지 않는 근이 얻어졌을 때, 그 근을 일컫는 말이지 반드시 $f(x)+g(x)=0$을 만족하기 때문에 무연근이라 하는 것은 아니다. 무연근에 대한 그른 인식이 이런 틀린 문제를 만들게 한 것이다.

이에 덧붙여 같은 출전에 실린 다음 문제를 살펴보자.

> 방정식 $\sqrt{-f(x)}=g(x)$를 양변을 제곱하여 풀었다. 다음 중 옳은 것은? (단, $f(x)$와 $g(x)$는 유리식이다.)
>
> ①무연근이 나타나지 않는다.
> ②무연근이 나타나면 그것은 $g(x)=\sqrt{-f(x)}$의 근이다.
> ③무연근이 나타나면 그것은 $g(x)=-\sqrt{-f(x)}$의 근이다.
> ④무연근이 나타나지 않으면 그것은 $g(x)=\sqrt{-f(-x)}$의 근이다.
> ⑤무연근이 나타나지 않으면 그것은 $g(x)=-\sqrt{-f(x)}$의 근이다.
>
> **– 명품수학 고등학교 시리즈 수학거미 II(상), 59쪽, 26번 (안재찬 지음, 화인미디어 펴냄, 2004년) –**

출전은 답을 ③으로 하고 있다. 이 또한 앞에서 저지른 잘못을 되풀이 하고 있는 것이다. 다시 한 번 더 강조하지만 무연근이라 하여 반드시 $f(x)=-g(x)$ 따위의 근이 되어야 하는 것은 아니다.

지금까지 앞에서 다룬 무리방정식은 고교과정에서 실수값을 갖는 실함수로 여기어 다루어지지만, 복소수 함수로 그 정의역과 치역을 확장할 경우 허수도 근으로 가질 수 있음을 보여준다. 이와 비슷한 경우로 지수가 변수인 함수에도 이런 경우가 있다.

다음 방정식을 풀어라.

$$(x+1)^x = 3^x$$

일반적인 풀이는 다음과 같다.

그른 풀이 우선 $x \neq 0$이면 주어진 방정식의 왼쪽변의 밑이 0이 아니므로 두 변의 밑이 서로 같아야 한다는 성질로부터 $x+1=3$, 즉 $x=2$를 얻으며 $x=0$인 경우도 방정식을 만족하므로 근은 $x=0$과 $x=2$이다. ■

우선 이 문제가 흔히 교과과정에서 다루는 지수방정식에 해당하는가 하는 문제를 따져 보자. 지수방정식을 지수함수에 국한하여 생각한다면 방정식의 왼쪽변은 지수함수가 아니므로 고등학교 과정에서 다루고자 하는 범위를 약간 벗어난다. 그러나 흔히 택하는 정의같이 지수에 미지수가 있는 경우를 지수방정식으로 본다면 이 또한 지수방정식이라 볼 수 있다. 이 문제가 중요한 이유는 지수방정식을 지수함수에 국한한다면 $(x+1)^x$의 정의역을 다시 생각해야 하기 때문이다. 즉 일반적으로 두 함수 $f(x)$와 $g(x)$에 대해 합성함수 $p(x) = f(x)^{g(x)}$의 정의역이 무엇인지 따져 봐야 하기 때문이다. 그러나 흔히 지수방정식의 의미를 뒤에 것으로 따르고 있는 상황이라면 고교과정에서 다루는 범위 안에서 생각하는 것이 무방할 듯하다. 왜냐하면 거듭제곱에서 지수 r이 정수가 아닌 경우에 a^r은 꽤나 다루기 힘들기 때문이다. 즉 $(-1)^{\frac{1}{3}} = \sqrt[3]{-1}$로 본다면 이 값을 -1로 할 수 있지만 그렇지 않고 복소함수에서 다루는 기본값으로 택한다면 $(-1)^{\frac{1}{3}} = \dfrac{-1+\sqrt{3}\,i}{2}$일 수 있기 때문이다. 이런 혼동을 피하기 위해 고교 과정에서는 거듭제곱에서 밑을 양수로 제한하여 지수를 확장하고 있다. 다시 본론으로 들어가면 위에 제시한 풀이는 타당하다. 그런데 공교롭게도 $x=-4$가 근이 될 수 있음을 안다. 왜냐하면 주어진 방정식의 왼쪽변은 $(-4+1)^{-4} = (-3)^{-4} = \dfrac{1}{81}$이고 오른쪽변도

$3^{-4} = \dfrac{1}{81}$이기 때문이다. 값을 대입하여 근을 하나씩 찾아야 한다면 이 방정식의 근이 더 있지 말라는 보장도 없다. 이제 이 방정식을 만족하는 복소수 z에 무엇이 있는지 살펴보자. 분명히 $z = -1$은 근이 아니므로 -1이 아닌 복소수 $z = a + b\boldsymbol{i}$에 대해 $z + 1 = r\,\boldsymbol{e}^{(\theta_0 + 2k\pi)\boldsymbol{i}}$이라 하고, 이때

$$r = |\,z\,| = \sqrt{(a+1)^2 + b^2}, \quad -\pi \le \theta_0 < \pi, \quad k \in \mathbb{Z}$$

이다⟨144⟩. 이 경우 $z \ne -1$일 뿐 아니라 $z = 0$은 주어진 방정식의 근이므로 $z \ne 0$이라 가정하자. 그러면 복소수의 거듭제곱에 대한 정의로부터 적절한 정수 $n \in \mathbb{Z}$에 대해 등식

$$z \ln(z+1) = z \ln 3 + 2n\pi\,\boldsymbol{i}$$

이 성립하므로 다음 연립방정식을 얻는다⟨145⟩.

$$b \ln \frac{r}{3} + a\,\theta_0 = 2n\pi \qquad \text{이고} \qquad a \ln \frac{r}{3} - b\,\theta_0 = 0. \tag{2.4}$$

이제 $ab \ne 0$이라 하면 $\ln \dfrac{r}{3}$을 소거하여⟨146⟩

$$\theta_0 = \frac{2an\pi}{a^2 + b^2} \tag{2.5}$$

을 얻고, 이를 첫번째 식에 대입하여

$$r = 3\,\boldsymbol{e}^{\frac{2bn\pi}{a^2+b^2}}$$

을 얻는다. 따라서 $z+1$의 실수부와 허수부를 비교하면 다음 등식이 성립함을 알 수 있다.

$$a + 1 = 3\boldsymbol{e}^{\frac{2bn\pi}{a^2+b^2}} \cos\left(\frac{2an\pi}{a^2+b^2}\right) \text{ 이고 } \quad b = 3\boldsymbol{e}^{\frac{2bn\pi}{a^2+b^2}} \sin\left(\frac{2an\pi}{a^2+b^2}\right).$$

관계식 (2.4)과 (2.5)의 **그래프**를 (203쪽에 실린 그림 2.8) 그려보면⟨147⟩ 실근 외에도 무수히 많은 허근이 존재함을 알 수 있다. 보기로 $n = 1$일 때 허수

$$x = a + b\,\boldsymbol{i} = (-2.1863081786885430\cdots) - (0.6584069085217178\cdots)\,\boldsymbol{i}$$

은 등식

$$(x+1)^x = 3^x = (0.06787304623687323\cdots)-(0.05993079709117257\cdots)\,i$$

을 만족하여 $(x+1)^x = 3^x$의 근임을 알 수 있다. 이미 알고 있듯이 이 방정식의 실근, 즉 $b=0$인 경우는 오직 $x=2,\ -4$와 $x=0$ 뿐이다.

필자가 중학생이었던 시절 아래 문제를 처음 보았을 때 그 답이 무척이나 신기해 보였던 기억이 떠오른다.

> 방정식 $x\sqrt[x]{x} = x^x$을 풀어라. (단 , $x>0$)
>
> **– α 테크닉 難題數學 II, 11쪽, 11번 (殷敏杓, 朴安鐘 지음, 百萬社, 1996년) –**

출전의 풀이를 살펴보자.

[그른 풀이] 주어진 방정식을 변형하여,

$$x\cdot x^{\frac{1}{x}} = x^x \ \cdots\cdots ① \qquad \therefore\ x^{1+\frac{1}{x}} = x^x$$

$x\neq 1$ 일때 , $1+\dfrac{1}{x} = x \therefore\ x^2-x-1=0$

$$\therefore\ x = \frac{-1\pm\sqrt{5}}{2}$$

그런데, $x>0$이니까 $x=\dfrac{1+\sqrt{5}}{2}$

$x=1$ 일때, ①은 확실히 성립하므로 $x=1$은 근이다. ■

풀이는 그럴듯하고 답도 틀린 듯하지 않다. 그러나 실제로 구한 x를 방정식의 왼쪽변에 대입하면 $x=1$인 경우 $\sqrt[x]{x}=\sqrt[1]{1}$이고 $x=\dfrac{-1+\sqrt{5}}{2}$ 이면 $\sqrt[x]{x} = \sqrt[\frac{-1+\sqrt{5}}{2}]{\frac{-1+\sqrt{5}}{2}}$이다. 그러나 어느 경우나 다 $\sqrt[n]{a}$의 정의에 어긋나 있다. 고교 과정에서 다루는 일반적인 표현 방법에 따르면 $\sqrt[n]{a}$는 $n\geq 2$인 자연수에 한해 사용하는 기호이므로 표현상 주어진 문제의 답은 없다고 해야 한다. 특히 $n=2$이면 $\sqrt[2]{a}=\sqrt{a}$로 나타낸다는 것은 이미 다 알고 있는 사실이다. 또한 풀이에서 $x=1$이 등식 ①을 만족한다고 하였는데, 이 경우 $x=1$을 ①에 대입하여 확인하는 것은 일반적으로

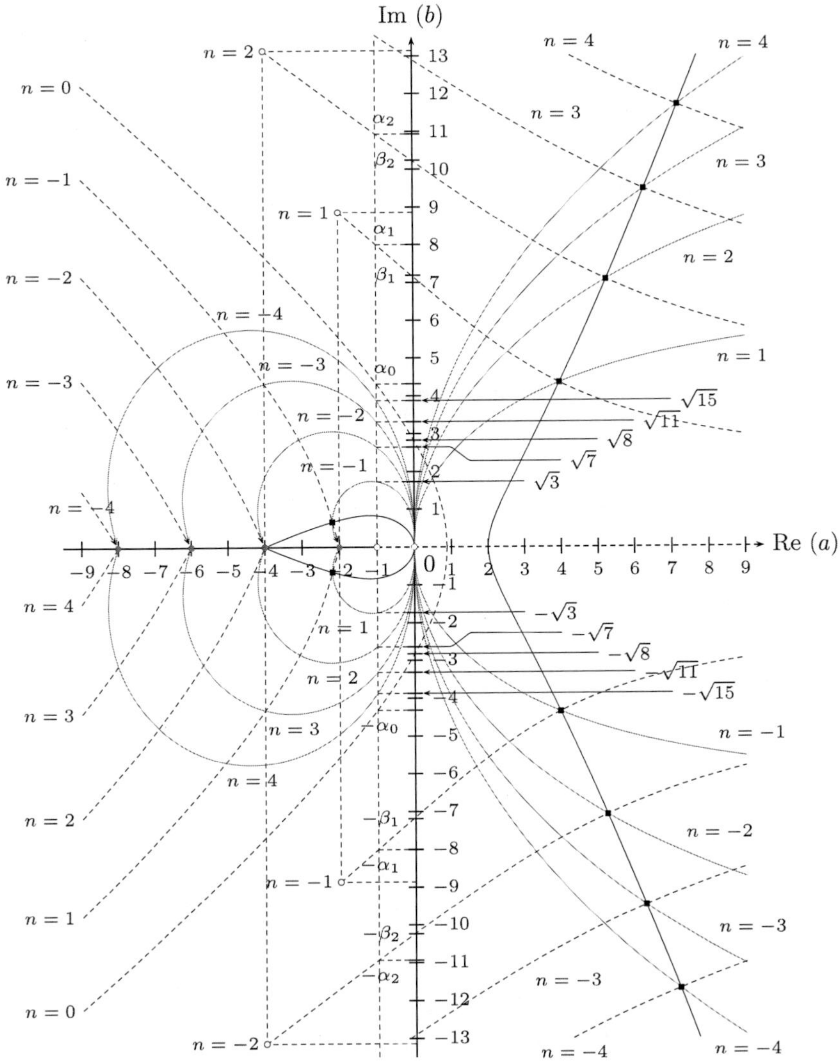

- 범 례 -

$$a \ln \frac{\sqrt{(a+1)^2+b^2}}{3} - b\theta_0 = 0,\ (a,\, b) \neq (0,\, 0),\ (-1,\, 0)$$

$$b \ln \frac{\sqrt{(a+1)^2+b^2}}{3} + a\theta_0 = 2n\pi,\ (a,\, b) \neq (0,\, 0),\ (-1,\, 0),\ n \in \mathbb{Z}$$

$$\frac{2an\pi}{a^2+b^2} = \theta_0,\ (a,\, b) \neq (0,\, 0),\ (-1,\, 0)$$

그림 2.8: $(x+1)^x = 3^x$의 실근 $x = -4,\ 0,\ 2$와 허근들(■)

오류를 범할 수 있다. 답의 정당성을 검증하려면 항상 문제에 주어진 원래 식에 대입하는 것이 바람직하다.

방정식의 근과 관련한 다음 문제를 살펴보자.

> 이차방정식 $x^2-(2m-1)x-2m=0$의 두 근의 차가 5일 때, 상수 m의 값을 구하여라.
>
> – 수학의 정석 (실력) 10-가, 236쪽, 필수예제 16-2, (3) (洪性大 지음, 성지출판사) –

우선 저자가 소개한 풀이를 살펴본다.

그른 풀이 작은 근을 α라 하면, 큰 근은 $\alpha+5$이므로 근과 계수와의 관계로부터

$$\alpha+(\alpha+5)=2m-1 \qquad \alpha(\alpha+5)=-2m$$

첫 번째 식에서의 $\alpha=m-3$을 두 *번째* 식에 대입하면

$$(m-3)(m-3+5)=-2m \quad \therefore m^2+m-6=0$$

$\therefore$ **$m=-3,\ 2$** ∎

중학교에서 배운 지식 수준으로 문제를 접근한다면 위 풀이는 정답으로 볼 수도 있다. 그러나 고등학교 수준에서 문제를 본다면 문제나 풀이가 마땅하다 여겨지지 않는다. 우선 '두 수의 차'가 무엇인가 생각해 보아야 한다. 이 의미를 정확하게 하지 않는다면 풀이 방향을 올바로 잡을 수 없다. 두 실수 a, b에 대해 그 차는 $|a-b|$임을 모두 알고 있다. 즉 큰 수에서 작은 수를 빼서 얻은 값이다. 그러나 복소수에서 두 수의 차라는 것이 무엇일지 생각해 봐야 한다. 고등학교 과정은 이차방정식을 복소수 범위에서 다루고 있기 때문이다. 따라서 중학교 수준에서 문제를 다룬다면 두 근이 반드시 실수이어야 함을 알 수 있고 따라서 위 풀이 방법은 그다지 틀리지 않았다. 그렇다면 고등학교 수준에서 이 문제의 풀이에 올바로 접근하도록 유도하려면 '두 근의 차'라는 표현대신 '두 실근의 차'라 해야 옳다. 이런 조건 아래에서 근과 계수가 만족하

는 성질을 따져 보면 m은 당연히 실수가 되므로 문제의 풀이는 위같이 하면 된다. 단지 구한 m의 값이 주어진 이차식의 판별식에 대한 조건 $D = (2m-1)^2 + 8m > 0$을 만족하는지 따져 보지 않은 것이 풀이의 흠이라 하겠다. 다행히 m의 값에 관계없이 $D = 25$로 주어진 방정식이 실근을 가짐을 알 수 있어 구한 m이 모두 정답이 된다.

이제 복소수 범위에서 두 수의 차가 무엇인지 따져 보자. 수학에서 흔히 그 개념을 확장하여 더 널리 활용하기 위한 방법으로 기존 개념과 호환성을 유지해야 한다는 관례가 있다. 물론 꼭 관례를 따르라는 제약은 어디에도 없지만 관례가 편의성과 유용성을 갖도록 해주므로 관례를 따르길 많은 사람들이 권장하고 있다. 물론 이는 어느 정도 타당성을 주기 때문에 무리없는 이론 전개에 도움을 주기도 한다. 그 대표적인 예로 거듭제곱에서 지수의 범위를 확장하는 것이 이에 해당한다. 실수에서 두 수의 차란 수직선 위에서 두 수를 나타내는 두 점 사이의 거리로 이해할 수 있다. 왜냐하면 실수의 절대값은 수직선 위에 그 실수를 나타내는 점이 원점, 즉 0을 나타내는 점에서 얼마나 멀리 떨어져 있는지 나타내기 때문이다. 이런 맥락에서 두 복소수 z, w의 차도 $|z-w|$같이 정의하는 것이 무리없는 약속이라 하겠다. 흔히 복소수 z의 크기를 나타내는 $|z|$는 복소평면 위에서 z를 나타내는 점이 원점, 즉 0에서 얼마나 멀리 떨어져 있는지 나타낸다. 그렇다면 위 문제의 풀이는 실수에 국한하여 풀어서 안되며 또한 작은 근을 α라 놓고 큰 근을 $\alpha+5$라 놓는 것도 불가능하다. 왜냐하면 두 허수 사이에 대소 관계는 정해지지 않기 때문이다. 한편 상수 m에 대해서도 아무 제약이 없으므로 m도 복소수 범위에 드는 상수로 여기는 것이 고등학교 수준에서 문제를 파악하는 능력이다.

바른 풀이 주어진 방정식의 왼쪽변을 인수분해하면 $(x+1)(x-2m) = 0$이므로 한 근으로 실근 -1을 반드시 가지며 나머지 한 근은 $2m$이다. 문제의 조건으로부터 $|2m-(-1)| = |2m+1| = 5$이므로 두 실수 p와 q에 대해 $m = p+q\boldsymbol{i}$라

하면 $(2p+1)^2+(2q)^2=25$, 즉

$$\left(p+\frac{1}{2}\right)^2+q^2=\frac{25}{4}$$

를 만족한다. 따라서 구하는 m은 복소평면에서 중심이 $-\frac{1}{2}$이고 반지름이 $\frac{5}{2}$인 원 위에 놓인 복소수이다. 특히 주어진 방정식이 실근만 가진다면, 즉 $q=0$이면 $p=4$이거나 $p=-6$이 되어 $m=2$ 또는 $m=-3$이므로 실수 근만 고려한 첫 번째 풀이와 일치함을 알 수 있다. ■

아울러 이 풀이에서 보듯이 근과 계수가 만족하는 관계를 굳이 쓸 필요도 없다. 수학을 공부함에 있어 여러 가지 가능한 풀이를 궁구해 보는 과정은 반드시 필요하며, 이 과정에서 수학에 참 매력을 느낄 수도 있다.

이제 다항식을 계산하는 과정에서 흔히 저지르는 실수를 살펴보자.

> $x^2-4x+1=0$일 때, $f(x)=x^4-3x^3-2x^2-5x+5$의 값을 구하여라.
>
> – 수학의 정석 (실력) 10-가, 169쪽, 필수예제 11-5, (1) (洪性大 지음, 성지출판사) –

이에 대해 출전이 제시한 풀이를 살펴보자.

그른 풀이

$$x^2-4x+1=0$$

$f(x)$를 x^2-4x+1로 나눈 몫은 x^2+x+1, 나머지는 $-2x+4$이므로

$$f(x)=(x^2-4x+1)(x^2+x+1)-2x+4$$

첫 번째 식을 두 번째 식에 대입하면 $f(x)=0\times(x^2+x+1)-2x+4=-2x+4$
그런데 첫 번째 식에서 $x=2\pm\sqrt{3}$이므로

$$f(2\pm\sqrt{3})=-2(2\pm\sqrt{3})+4=\pm2\sqrt{3} \quad ■$$

실제로 위 출전 뿐 아니라 이름난 참고서나 많은 교사들조차 위와 같은 풀이에 익숙하다. 얼핏 보기에 틀린 곳이 없는 듯한 이 풀이의 그릇

된 곳을 독자들은 지적할 수 있을까? 흔히 변수 x를 다항식에 사용하고 있어 x가 변수로 알고 있으나, 위 문제에서 x란 상수값을 갖는다. 즉 $x = 2+\sqrt{3}$이거나 $x = 2-\sqrt{3}$이다. 따라서 $f(x)$도 다항식이 아닌 다항식의 값이다. 그런데 $f(x)$를 $x^2 - 4x + 1 = 0$으로 나눈다니 0으로 어느 수를 나눌 수 있던가? 답만 구하다보니 풀이 하나하나에 꼼꼼한 배려를 기울이지 못한 답안이다. 또한 이 경우같이 많은 문제들이 상수를 다루고 있음에도 왜 굳이 x를 사용하는지 그 이유가 궁금하다. 이해를 돕기 위해 흔히 x, y, z와 같은 것은 미지수나 변수로 사용하며 a, b, c 따위는 상수로 주로 쓰여진다. 단원이 주로 다항식을 이용한 계산을 다루다보니 그럴 수도 있겠다 싶지만 변수로 x를 주로 써 온 학생들에게 혼돈을 줄 수 있는 대목이다. 여기서 x 대신 a나 b같이 상수로 주로 쓰이는 문자를 쓰는 것이 도움이 될 듯하다. 그러나 x를 썼다고 탓할 이유는 없다. 문제를 올바로 이해하고 풀이를 올바르게 작성할 수 있으면 되기 때문이다. 올바른 풀이를 만들어 보자.

바른 풀이 다항식 $f(t) = t^4 - 3t^3 - 2t^2 - 5t + 5$를 $t^2 - 4t + 1$로 나눈 몫은 $t^2 + t + 1$, 나머지는 $-2t + 4$이므로

$$f(t) = (t^2 - 4t + 1)(t^2 + t + 1) - 2t + 4$$

이고, 따라서

$$\begin{aligned} f(x) &= (x^2 - 4x + 1)(x^2 + x + 1) - 2x + 4 \\ &= 0 \times (x^2 + x + 1) - 2x + 4 = -2x + 4 \end{aligned}$$

이다. 한편 x는 식 $x^2 - 4x + 1 = 0$을 만족하므로 $x = 2 \pm \sqrt{3}$이고, 따라서

$$f(x) = f(2 \pm \sqrt{3}) = -2(2 \pm \sqrt{3}) + 4 = \pm 2\sqrt{3}$$

이다. ∎

우리가 쓰는 표현 하나하나가 얼마나 중요한 가는 '말 한마디로 천냥 빚을 갚는다'는 속담을 떠올리면 쉽게 이해할 수 있으리라. 잘못 내

뱉은 말이 자신은 물론 주위 사람들을 곤경에 빠뜨리기도 하고 심지어 그들의 목숨마저 빼앗아 갈 수 있다는 세상 살이에 견주어 본다면 식을 잘못 쓴 경우 엄청난 과오를 저지르게 될지도 모른다는 느낌을 가질 수 있다. 사소한 것 하나 제대로 챙기지 못한 전산기 개발자들의 실수로 전 세계를 시끌벅적하게 했던 '2000년 문제'를 우리는 기억한다⟨148⟩. 우주 탐사에 나서는 우주선을 설계하는 과정에서 하찮은 실수를 범함으로써 막대한 예산 낭비는 물론 귀중한 우리의 목숨을 앗아갈 수도 있지 않는가⟨149⟩. 과학과 수학을 가르치고 배우는 목적은 합리적이고 논리 정연한 사고를 깨치는데 있는 것이지 결코 답이나 잘 맞추어 대학에 가고 보자는 안일함에 있지 않음을 오늘 많은 교사와 학생들, 그리고 이들을 위해 책을 만드는 많은 분들이 명심해야 할 일이다. 더욱이 교직을 평생의 업으로 삼고자 준비하는 많은 사람들에게 필자는 이제라도 올바른 교육을 하기 위한 준비를 해야 함을 일러주고 싶다.

> 등식 $1 = 2$가 성립함을 증명하여라.

갑자기 무슨 뚱딴지⟨150⟩ 같은 소리를 하는가 싶다. 필자는 이 문제를 중학교 1학년 수학 수업 시간에 수학 선생님으로부터 들었다. 참 신기하기도 하면서 진짜 $1 = 2$일지도 모른다는 환상에 얼마 동안 젖어 있기도 했다. 그럼 어떻게 이를 증명했는지 살펴보자.

그른 풀이 우선 $a = b \neq 0$라 하고 이 등식의 양변에 a를 곱한다. 등식에 임의 수를 곱해도 등식은 성립하므로 $a^2 = ab$다. 이 식의 양변에서 이제 b^2을 빼고 양변을 인수분해하면 $a^2 - b^2 = ab - b^2$으로부터 $(a+b)(a-b) = b(a-b)$를 얻는다. 이제 $(a-b)$로 양변을 나누면 $a + b = b$이고 가정에서 $a = b$라 하였으므로 $b = a + b = b + b = 2b$이며, $b \neq 0$이므로 바로 $1 = 2$임을 얻는다. ∎

독자들은 이 증명의 어디가 잘못되었는지 ($1 = 2$일 수도 있다고 믿지 않는다면) 쉽게 찾을 수 있으리라. 다른 곳은 다 옳았는데 큰 실수, 즉 양변을 $a - b = 0$으로 나눈 중대한 실수를 범했다. 다 알다시피 0으로 나누는 것은 수학에서 허용되지 않으며 $a-b=0$이라는 가정을 한 번쯤 다시 머리에 새겨 두었다면 이런 오류는 범하지 않았을 것이다.

다음의 값을 구하여라.

$$(1)\quad \sqrt{2\sqrt{2\sqrt{2\sqrt{2\cdots}}}}$$

$$(2)\quad \sqrt{6-\sqrt{6-\sqrt{6-\sqrt{6-\cdots}}}}$$

$$(3)\quad 2+\cfrac{3}{2+\cfrac{3}{2+\cfrac{3}{2+\cdots}}}$$

– (1), (2): 개념원리 공통수학, 125쪽, 연습문제 147 (이홍섭, 디딤돌 출판사, 2003년)/(3): 10-가, 137쪽, 146번-(2) (이홍섭, 개념원리 출판사, 2004년) –

문제집이나 참고서를 대하다 보면 교과과정에서 벗어나는 문제를 다루는 경우를 자주 본다. 이에 대해 반대 의견을 가진 사람도 있지만 배운 지식을 사용해 새로운 문제를 분석하고 해결하는 능력을 기를 수 있다는 점에서 이런 문제도 수학을 이해하는데 큰 도움을 줄 수 있다. 단, 올바른 접근과 올바른 이해를 전제했을 때 얘기지만 말이다. 그러나 잊어서 안될 것은 이처럼 평범하지 않은 문제를 출제하여 학생의 능력을 평가하고 이를 토대로 점수를 매기는 일은 올바른 교육 평가 방법이라 여길 수 없다. 당연히 시험 문제는 교과과정 범위 안에서 출제되어야 마땅하다. 한편 선행 학습을 핑계 삼아 학생들의 수준에 맞지 않는 것을 억지로 가르치는 일은 이제 사라져야 할 우리의 악습이다. 위에 든 문제도 이런 문제들 가운데 하나로 수수께끼로도 자주 다루어진다. 그러나 이를 수학의 틀 안에서 다루려면 이에 따른 엄밀한 정의와 계산 방법을 사용해야 한다. 충분히 학습하지도 않고 수수께끼를 풀 듯 문제의 답만 구하려는 교육의 세태를 우리는 뼈저리게 반성해야 한다. 우선 출전의 풀이를 살펴보자.

그른 풀이

(1) 식의 결과를 x라 하면

$$\sqrt{2\boxed{\sqrt{2\sqrt{2\cdots}}}}=x$$

$\boxed{}$ 인 부분도 x이므로 $\sqrt{2x}=x$ $(x>0)$

$2x=x^2$, $x^2-2x=0$, $x(x-2)=0$ $\therefore$ $x=2$

(2) (생략)

(3) 식의 결과를 x라 하면

$$2+\cfrac{3}{\boxed{2+\cfrac{3}{2+\cdots}}}=x$$

$\boxed{}$ 인 부분도 x이므로 $2+\dfrac{3}{x}=x$

양변에 x를 곱하면 $x^2-2x-3=0$, $(x-3)(x+1)=0$ $x=3$, -1 그런데 $x>0$이므로 $x=3$ ■

흔히 이런 문제는 출전이 소개한 방법같이 식의 결과를 x로 놓아 주어진 식 안에 x와 똑같은 부분이 반복한다는 성질을 써서 풀이를 단다. 그러나 이는 수학을 다 깨치고 나서나 할 수 있는 기교이다. 처음부터 이런 식으로 학생들을 가르친다면 학생들은 이것이 논리적으로 타당한 방법이라 여기게 될 것 아닌가. 이 문제는 고등학교 1학년을 대상으로 한 참고서에 실린 것으로 교과과정에서 벗어난 문제이다. 근호가 들어 있는 식이라는 점에서 출전은 무리식과 관련한 장에서 다루고 있지만 엄격히 이는 무리식의 특징을 다룬 것이 아니라 수열의 수렴성을 다룬 문제다. 문제를 풀기에 앞서 우선 이 식이 무슨 뜻을 나타내고 있는 식인지 올바로 알아야 한다. 첫 번째 식은 $a_1=\sqrt{2}$, $a_{n+1}=\sqrt{2a_n}$으로 정의된 수열 a_n에 대해 $\lim_{n\to\infty}a_n$을 뜻하며, 두 번째 식은 $b_1=\sqrt{6}$, $b_{n+1}=\sqrt{6-b_n}$으로 정의된 수열 b_n에 대해 $\lim_{n\to\infty} b_n$을 뜻한다. 끝으로 세 번째 식을 흔히 무한 연분수[infinite continued fraction]라 일컫는데, 이 또한 유한 연분수의 극한으로 정의한다. 즉, $c_1 = 2$, $c_{n+1} = 2 + \dfrac{3}{c_n}$에 대해 주어진 식은 $\lim_{n\to\infty} c_n$이다. 이제 이를 사용하여 문제의 올바른 답안을 만들어 보자.

바른 풀이

(1) 앞에서 정의한 수열 a_n에 대해 $n \geq 2$이면 $a_n^{2^{n-1}} = 2^{2^{n-2}} a_{n-1}^{2^{n-2}}$ 임을 알 수 있다. 따라서 $n \geq 2$인 모든 자연수 n에 대해

$$\begin{aligned} a_1 &= \sqrt{2} \\ a_2^2 &= 2a_1 \\ a_3^4 &= 2^2 a_2^2 \\ a_4^8 &= 2^4 a_4^4 \\ &\vdots \\ a_n^{2^{n-1}} &= 2^{2^{n-2}} a_{n-1}^{2^{n-2}} \end{aligned}$$

이 성립하므로 이를 모두 변끼리 곱하면

$$\begin{aligned} a_n^{2^{n-1}} &= \sqrt{2} \cdot 2 \cdot 2^2 \cdot 2^4 \cdots 2^{2^{n-2}} = \sqrt{2} \times 2^{1+2+4+8+\cdots+2^{n-2}} \\ &= 2^{\frac{1}{2}} \times 2^{2^{n-1}-1} \end{aligned}$$

이고, 따라서

$$\begin{aligned} a_n &= \left(2^{\frac{1}{2}} \cdot 2^{2^{n-1}-1}\right)^{\frac{1}{2^{n-1}}} = 2^{\frac{1}{2^n}} \cdot 2^{1-\frac{1}{2^{n-1}}} \\ &= 2^{1-\frac{1}{2^{n-1}}+\frac{1}{2^n}} = 2^{1-\frac{1}{2^n}} \end{aligned}$$

이다. 이로부터 $\lim_{n\to\infty} a_n = 2$임을 얻는다.

(2) 이 경우는 첫 번째 경우와 달리 수열 b_n의 일반항을 구하기 그리 쉽지 않다. 아래 풀이는 고등학교 과정을 넘어서지만 수학에 실력이 있는 학생은 고등학교 과정에서 이해할 수 있다. 우선 수열 b_n의 정의에 의해 모든 자연수 n에 대해 $b_n \geq 0$이고, $b_n^2 = 6 - b_{n-1}$이다. 만약 수열 b_n이 실수 β에 수렴한다면 $\lim_{n\to\infty} b_n = 6 - \lim_{n\to\infty} b_{n-1}$이어야 하므로 $\beta^2 = 6 - \beta$이어야 하

며 $\beta \geq 0$이므로 $\beta = 2$이다. 이제 실제로 이 수열 b_n이 2에 수렴하는지 증명해 보자. 모든 자연수 n에 대해 $b_n \geq 0$이므로 $b_n + 2 \geq 2$이고 따라서 다음 부등식이 $n \geq 2$인 모든 자연수 n에 대해 성립한다.

$$|b_n - 2| = \left|\frac{b_n^2 - 4}{b_n + 2}\right| = \left|\frac{2 - b_{n-1}}{b_n + 2}\right| \leq \frac{1}{2}|b_{n-1} - 2|.$$

한편 $n \geq 2$인 자연수 n에 대해 $b_n = 2$이면 $2 = \sqrt{6 - b_{n-1}}$이므로 $b_{n-1} = 2$가 되어 결국 $b_1 = 2$이어야 하므로 모든 자연수 n에 대해 $b_n \neq 2$이다. 따라서 처음 $(n-1)$-개 부등식을 변끼리 곱하여 정리하면

$$|b_n - 2| \leq \left(\frac{1}{2}\right)^{n-1}|b_1 - 2| = \left(\frac{1}{2}\right)^{n-1}\left|\sqrt{6} - 2\right|$$

이다. 따라서 임의 양수 $\varepsilon > 0$이 주어질 때마다 $n > \left|1 + \log_2 \frac{\sqrt{6}-2}{\varepsilon}\right|$를 만족하는 모든 자연수 n에 대해 $|b_n - 2| < \varepsilon$이다. 이 부분에 대한 자세한 계산 과정은 독자들이 직접해 보기 바란다. 따라서 충분히 작은 양수 ε에 대해서도 이 부등식이 항상 성립하므로 $\lim_{n\to\infty}|b_n - 2| = 0$이고 결국 $\lim_{n\to\infty} b_n = 2$이다.

(3) 우선 $c_n \geq 2$이므로 모든 자연수 n에 대해

$$|c_{n+1} - 3| = \left|\frac{3}{c_n} - 1\right| = \frac{|c_n - 3|}{|c_n|} \leq \frac{1}{2}|c_n - 3|$$

이다. 만약 어느 자연수 $n \geq 2$에 대해 $c_n = 3$이면, $2 + \frac{3}{c_{n-1}} = 3$이고 따라서 $c_{n-1} = 3$이 되어 결국 $c_1 = 3$에 이르므로 모든 자연수 n에 대해 $|c_n - 3| \neq 0$이다. 앞에세 계산한 것처럼 $n \geq 2$인 모든 자연수 n에 대해

$$|c_n - 3| \leq \left(\frac{1}{2}\right)^{n-1}|c_1 - 3| = \left(\frac{1}{2}\right)^{n-1}$$

이므로 주어진 임의 양수 $\varepsilon > 0$마다 $n > |1 - \log_2 \varepsilon|$인 모든 자연수 n에 대해 $|c_n - 3| \leq \left(\frac{1}{2}\right)^{n-1} < \varepsilon$이 성립하여 결국 $\lim_{n\to\infty} c_n = 3$이다. 이 경우 독자들이 직접 c_n의 일반항을 구해보기 바란다. ■

출전이 제시한 것과 같은 풀이는 논리적으로 정확하지 않으며 오류를 범할 수 있다. 예를 들면

$$\alpha = \sqrt{1 - \sqrt{1 - \sqrt{1 - \sqrt{1 - \cdots}}}}$$

에 대해 $\alpha = \sqrt{1-\alpha}$인 관계가 성립하므로 $\alpha^2 = 1 - \alpha$이고 따라서 $\alpha \geq 0$이므로 $\alpha = \dfrac{-1+\sqrt{5}}{2}$라 주장하면 틀린다. 이 관계는 주어진 무한 연제곱근[continued radicals]이 수렴할 경우에만 성립하기 때문이다. 실제로 $a_1 = 1$, $a_{n+1} = \sqrt{1-a_n}$이라 하면

$$a_1 = 1, \quad a_2 = 0, \quad a_3 = 1, \quad a_4 = 0, \quad \cdots$$

이므로 주어진 무한 연제곱근은 수렴하지 않는다. Walter S. Sizer에 따르면 모든 자연수 n에 대해 음이 아닌 실수 a_n으로 이루어진 무한 연제곱근

$$\sqrt{a_1 + \sqrt{a_2 + \sqrt{a_3 + \sqrt{a_4 + \cdots}}}} \quad \text{이}$$

수렴하기 위한 필요충분조건은 실수 B가 존재하여 모든 자연수 n에 대해 부등식 $\sqrt[2^n]{a_n} < B$이 성립하는 것임을 증명하였다 [78]. 이를 더 일반화 하면 임의 자연수 n에 대해 x_n은 음이 아닌 실수이고 $0 < p < 1$인 실수 p에 대해

$$a_1 + \left(a_2 + \left(a_3 + (a_4 + \cdots)^p\right)^p\right)^p \quad \text{이}$$

수렴하기 위한 필요충분조건은 실수 B가 존재하여 모든 자연수 n에 대해 부등식 $(a_n)^{p^n} < B$이 성립하는 것임을 증명하였다 [47, 56].

다음 문제를 살펴보자.

> 다음 방정식을 만족하는 양인 실수 x를 구하여라: $x^{x^{x^{\cdot^{\cdot^{\cdot}}}}} = 2$.

눈치가 빠른 학생이라면 이 문제를 앞에서 설명한 것처럼 간단하게 다음같이 풀 것이다.

그른 풀이 일반적으로 양인 실수 $k > 0$에 대해 방정식

$$x^{x^{x^{\cdot^{\cdot^{\cdot}}}}} = k$$

을 풀어보기로 하자. 이 방정식을 만족하는 양인 실수 $a > 0$는 식 $a^{a^{a^{\cdot^{\cdot^{\cdot}}}}} = k$를 만족하므로, 따라서 $a^k = k$가 성립하여 $a = k^{\frac{1}{k}}$이다. 따라서 주어진 방정식의 근은 $k = 2$일 때, $x = 2^{\frac{1}{2}}\sqrt{2}$가 된다. ■

복잡할 듯한 문제인데 비록 조금은 미심쩍은 풀이이지만 제법 간단하게 문제가 풀렸다. 그런데 이 풀이를 잘 살펴보면 $k = 2$일 때도, $k = 4$일 때도 방정식의 근은 $x = \sqrt{2} = \sqrt[4]{4}$으로 똑같음을 알 수 있다. 그럼 $x = \sqrt{2}$일 때, $x^{x^{x^{\cdot^{\cdot^{\cdot}}}}}$는 과연 2일까 아니면 4일까? 도대체 왜 이런 문제가 발생했을까? 이 경우 양수 x에 대해 귀납식

$$a_1(x) = x \quad \text{와} \qquad a_n(x) = x^{a_{n-1}(x)} \qquad (n \geq 2)$$

으로 정의된 무한 수열 $\{\, a_n(x) \,\}_{n=1}^{\infty}$은 x에 따라 수렴하기도 하고 발산하기도 한다. 여기서 $a_n(x) = \underbrace{x^{x^{x^{\cdot^{\cdot^{\cdot^{x}}}}}}}_{x\text{가 } n\text{-개}}$이고, 이를 기호로 간단히 $a_n(x) = x \uparrow\uparrow n$같이 나타낸다. 이 기호를 '크누스[Knuth]의 화살표 기호'라 일컫는다. 이 때

$$f(x) := x \uparrow\uparrow \infty := x^{x^{x^{\cdot^{\cdot^{\cdot}}}}} := \lim_{n \to \infty} a_n(x)$$

라 하면, 함수 f는 $e^{-e} \leq x \leq e^{e^{-1}}$인 x에 대해 값을 가진다는 사실이 Ferdinand Gotthold Max Eisenstein에 의해 이미 알려져 있고, $e^{-1} \leq f(x) \leq e$임도 알려져 있다. 따라서 $f(x) = 2$의 실수해는 존재하여 $x = \sqrt{2}$이지만 $f(x) = 4 > e$인 실수해는 존재하지 않는다. 그러므로 $f(\sqrt{2}) = 2$이다. 원칙과 바른 방법을 통해 지식을 배워야지 편법을 써서 그저 출제자가 만들어 놓은 답안만 찾아내는 기술을 배워서는 올바른 학습을 할 수 없다.

다음 문제는 어느 학력평가에 출제되었던 것으로 풀이에 오류가 있었던 문제이다.

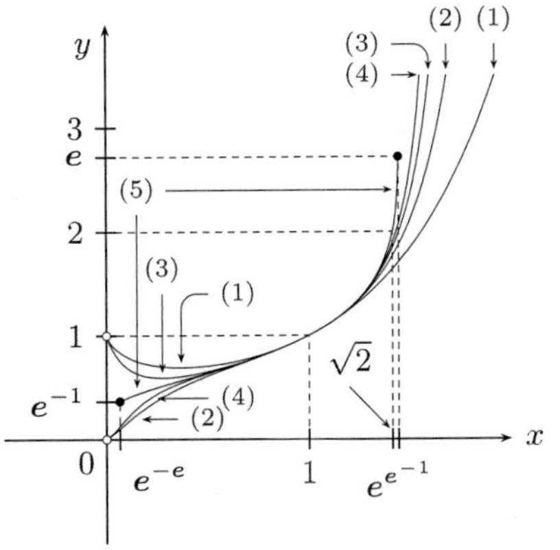

$y = x \upuparrows n$, $(n = 2, 3, 4, 5, \infty)$

(1) $n = 2$, (2) $n = 3$, (3) $n = 4$, (4) $n = 5$, (5) $n = \infty$

그림 2.9: $y = x^x$, $y = x^{x^x}$, $y = x^{x^{x^x}}$, $y = x^{x^{x^{x^x}}}$, $y = x^{x^{x^{\cdot^{\cdot^{\cdot}}}}}$ 의 그래프

> x에 관한 방정식 $2^{2x} + (m-1)2^{x+1} + 2(m^2-1) = 0$이 실근을 갖기 위한 실수 m의 범위를 구하여라.
>
> – 제3차 전라북도 학력평가 수학 60번 문제 –

이 문제와 관련하여 당시 수학세계는 $X = 2^x$라 놓을 때 $X^2 + 2(m-1)X + 2(m^2-1) = 0$이라는 이차방정식이 양수인 근을 가지면 충분함에도 $X > 0$이므로 이 이차방정식의 두 근이 모두 양수이어야 한다고 주장했다⟨151⟩. 그러나 이는 옳지 않은 주장이다. X에 관한 이차방정식이 양수 근을 적어도 한 개만 가지면 주어진 지수 방정식은 실근을 갖기 때문이다. 이 경우 근의 분리와 관련한 성질을 써도 좋지만 $X = 1 - m \pm \sqrt{4-(m+1)^2}$이므로 $X > 0$으로부터

$$\sqrt{4-(m+1)^2} > m-1 \quad \text{또는} \quad -\sqrt{4-(m+1)^2} > m-1$$

라는 사실을 사용하여 **그래프**를 그려보면 $-3 \le m < 1$임을 알 수 있다. 수학세계가 채택한 답 $-3 \le m < -1$은 원래 방정식이 근을 갖기 위한 충분조건이지 필요조건은 아니다. 예를 들어 $m = 0$이면 이차

방정식은 $X = 1 \pm \sqrt{3}$을 근으로 가지며 이 때 $2^x = 1 + \sqrt{3}$으로부터 $x = \log_2(1+\sqrt{3})$이 실근임을 알 수 있다. 참고로 위 방정식의 실수해는 다음과 같다.

$$x = \begin{cases} 2, & m = -3\text{일 때;} \\ \log_2[1 - m \pm \sqrt{4-(m+1)^2}], & -3 < m < -1\text{일 때;} \\ \log_2[1 - m + \sqrt{4-(m+1)^2}], & -1 \le m < 1\text{일 때;} \\ \text{실근은 없음,} & \text{나머지 경우.} \end{cases}$$

이와 비슷한 풀이를 역시 유명 참고서에서 발견할 수 있다.

다음 x에 관한 지수방정식을 만족시키는 실수가 오직 하나뿐일 때, 그 실수를 구하여라.

$$4^{x+a} - 2^{x+b} + 2^{2a+2} = 0 \quad (\text{단, } a,\ b\text{는 실수})$$

– 수학의 정석 (기본), 수학 I, 65쪽, 기본문제 5-3-(2) (洪性大 지음, 성지출판사) –

출전이 소개한 풀이를 살펴보자.

그른 풀이 $4^{x+a} - 2^{x+b} + 2^{2a+2} = 0$에서 $4^a \cdot (2^x)^2 - 2^b \cdot 2^x + 2^{2a+2} = 0$
여기서 $2^x = t$로 놓으면 $t > 0$이고, $4^a t^2 - 2^b t + 2^{2a+2} = 0$ ······①
이 방정식이 중근을 가져야 하므로

$$D = (-2^b)^2 - 4 \cdot 4^a \cdot 2^{2a+2} = 0 \qquad \therefore\ 2^{2b} = 2^{4a+4} \qquad \therefore\ b = 2a+2$$

이 때 ①의 값은 근의 공식에 의해

$$t = 2^x = -\frac{(-2^b)}{2 \cdot 4^a} = 2^b \cdot 2^{-1} \cdot 2^{-2a} = 2^{b-2a-1} = 2^{2-1} = 2 \qquad \therefore\ x = 1 \ ■$$

이 경우도 풀이에서 얻은 이차방정식 $4^a t^2 - 2^b t + 2^{2a+2} = 0$이 왜 중근을 가져야 하는지 설명이 충분하지 않다. 실변수 t에 대한 이차함수 $y = 4^a t^2 - 2^b t + 2^{2a+2}$의 그래프는 아래로 볼록한 모양으로 대칭축의 방정식은 $t = -\dfrac{(-2^b)}{2 \cdot 4^a} = 2^{b-2a-1}$이므로 대칭축의 t-좌표는 양수이고 이 함수의 y-절편도 $2^{2a+2} > 0$이다. 따라서 이 함수의 t-절편이 있다면 이는 모두 양수일 수밖에 없다. 따라서 주어진 지수방정식이 근을 오직 한 개만 가지려면 이차방정식 $4^a t^2 - 2^b t + 2^{2a+2} = 0$이 중근을 가질 수밖에 없는 것이다. 참고로 이 지수방정식의 실근은 다음과 같다.

$$x = \begin{cases} b - 2a - 1 + \log_2(1 \pm \sqrt{1 - 4^{2a-b+2}}), & b > 2a+2\text{일 때;} \\ 1, & b = 2a+2\text{일 때;} \\ (\text{존재하지 않는다}), & b < 2a+2\text{일 때.} \end{cases}$$

방정식 얘기를 했으니 이제 부등식 문제를 하나 살펴보자.

> 연립부등식 $2x < -\dfrac{5x-a}{4} < \dfrac{1}{2}$의 해가 $-3 < x < b$일 때, a, b의 값을 구하여라.
>
> **– 개념원리 8-가, 131쪽, 10번 (이홍섭 지음, 개념원리 연구소 펴냄, 2005년) –**

우선 출전의 풀이를 살펴보자.

그른 풀이 $2x < -\dfrac{5x-a}{4}$에서 $x < \dfrac{a}{13}$

$-\dfrac{5x-a}{4} < \dfrac{1}{2}$에서 $x > \dfrac{a-2}{5}$

$\therefore\ \dfrac{a-2}{5} < x < \dfrac{a}{13}$ 이 부등식의 해가 $-3 < x < b$이므로

$\dfrac{a-2}{5} = -3 \therefore a = -13$

$\dfrac{a}{13} = b \therefore b = -1$ ■

이와 같은 풀이를 보고 있으면 수학을 가르친다고 하는 사람들의 사고가 얼마나 잘못되었는지 느끼게 된다. 중학교 과정에서 배우는 부등식이란 학생들이 부등식을 올바로 다룰 수 있도록 하고자 하는 데 그 목적이 있음에도, 위 풀이는 이를 철저히 무시하고 문제와 답만 연관지어 문제를 다루고 있기 때문이다. 입시 준비나 학교 내신 성적을 준비하기 위한 교육임을 이 풀이만 보아도 잘 알 수 있다. 이 풀이를 바로잡으면 다음과 같다.

바른 풀이 첫 번째 부등식 $2x < -\dfrac{5x-a}{4}$으로부터 $x < \dfrac{a}{13}$이고, 두 번째 부

등식 $-\frac{5x-a}{4} < \frac{1}{2}$으로부터 $x > \frac{a-2}{5}$이다. 따라서 다음 두 가지 경우로 나누어 풀 수 있다.

(1) $\frac{a}{13} \le \frac{a-2}{5}$인 경우, 즉 $a \ge \frac{13}{4}$인 경우, 이 부등식의 해는 존재하지 않는다.

(2) $\frac{a-2}{5} < \frac{a}{13}$인 경우, 즉 $a < \frac{13}{4}$인 경우, 이 부등식의 해는

$$\frac{a-2}{5} < x < \frac{a}{13}$$

이다. 따라서 주어진 연립부등식의 해가 $-3 < x < b$와 같은 꼴이기 위해서는 $a < \frac{13}{4}$이고 동시에 $\frac{a-2}{5} = -3$, $\frac{a}{13} = b$이어야 한다. 따라서 a에 관한 방정식 $\frac{a-2}{5} = -3$으로부터 $a = -13$이고 이는 부등식 $a < \frac{13}{4}$을 만족하므로 아울러 $b = -1$이다. ■

부등식을 풀어야 하는 문제임에도 부등식을 푸는 것은 제쳐 놓고 답만 끼워 맞추고자 노력하는 많은 참고서 저자들과 이를 애용하는 많은 교사들에게 필자가 간곡히 조언하고 싶은 것은 수학을 올바로 가르치는 일에 몰두하라는 것이다. '족집게 선생'이 되어 부와 명성을 누리고 학생들이 원하는 학교에 그들을 입학시키는 일도 필요할지 모르지만, 이는 학과목을 가르치는 일에 전념해야 할 교사로서 할 일이 아니다.

다른 예를 하나 더 살펴보자.

> $-1 < a < 2$일 때, $b < 3-2a < c$이다. 이 때 $b-3c$의 값을 구하여라.
>
> **– 개념원리 8-가, 112쪽, 6번 (이홍섭 지음, 개념원리 연구소 펴냄, 2005년) –**

이 문제는 부등식의 조건과 관련한 문제로 문제 자체가 엉성하여 답을 구하기 난감한 경우다. 우선 출전이 제시한 풀이부터 살펴보자.

그른 풀이 $-1 < a < 2$에서 각 변에 -2를 곱하면 $2 > -2a > -4$ ······㉠
㉠의 각 변에 3을 더하면 $5 > 3-2a > -1$, 즉 $-1 < 3-2a < 5$
$b < 3-2a < c$이므로 $b = -1$, $c = 5$
$\therefore b-3c = -1-15 = -16$ ■

이 문제는 a의 범위에 대한 조건 $-1 < a < 2$에 대하여 $3-2a$의 범위를 구하는 문제로 이해하여 풀이를 달고 있다. 그러나 곰곰이 생각해 보라. $-30 < 3-2a < 1000$이라 하여도 부등식이 틀렸다 할 수 없다. 왜냐하면 $3-2a$의 범위가 출전의 풀이대로 $-1 < 3-2a < 5$이기 때문이다. 따라서 주어진 조건을 만족하는 b, c는 $b \le -1$, $c \ge 5$이면 된다. 그러니 $b-3c$를 구할 수 없는 것은 당연하다. 이 문제는 다음같이 고치고 풀이도 다음처럼 다는 것이 바람직하다.

> 부등식 $-1 < a < 2$를 만족하는 모든 실수 a에 대하여 부등식 $b < 3-2a < c$을 만족하는 b의 최대값과 c의 최소값을 구하여라.

이에 대한 풀이는 다음과 같다.

바른 풀이 위 출전의 풀이같이 부등식 $-1 < a < 2$와 $-1 < 3-2a < 5$는 동치다. 따라서 부등식 $b < 3-2a < c$이 $-1 < a < 2$를 만족하는 모든 실수 a에 대해 항상 성립하기 위해서는 $b \le -1$이고 $c \ge 5$이어야 한다. 따라서 b의 최대값은 -1이고 c의 최소값은 5다.

필자가 학창 시절 가장 흥미를 가졌던 수학의 분야는 방정식과 관련한 부분과 도형을 다루는 부분이었다. 이런 흥미가 결국 수학의 여러 분야 가운데서도 정수론과 대수 기하학과 관련한 분야를 공부하도록 이끌었을지도 모를 일이다. 식, 특히 변수가 들어있는 식을 계산하기 위해 우리는 인수분해와 전개라는 것을 교과과정 초기부터 배운다. 이차식 정도야 기본 공식과 기본 풀이 방법만 잘 터득하면 되지만 삼차 이상인 식, 그것도 변수를 여러 개 가진 다항식을 인수분해하는 것은 그리 쉽지 않다. 학교 교과과정에서 다항식을 인수분해하는 것은 주로 유리수 범위에 한정하고 있다. 즉, 인수의 계수가 모두 유리수인 범위에서 인수분해를 하도록 권장하고 있다. 그러나 인수분해를 꼭 유리수 범위 안에서 하라는 규정은 없다. 인수분해를 어느 범위에서 하느냐 하는 문제는 전적으로 문제의 상황에 달린 일이기 때문이다. 고등학교에서 배

우는 다항식의 인수분해 가운데

$$\begin{aligned} a^3+b^3+c^3-3abc &= (a+b+c)(a^2+b^2+c^2-ab-bc-ca) \\ &= \frac{1}{2}(a+b+c)[(a-b)^2+(b-c)^2+(c-a)^2] \end{aligned}$$

은 아주 특이한 형태를 띠고 있어 쉽게 기억하기도 어렵다. 왼쪽변을 변형하여 오른쪽변에 있는 식같이 인수분해 하는 일도 그리 만만하지 않은 식이다. 이 식을 복소수 범위까지 넓혀 인수분해하면 답이 무엇일까? 필자는 고등학교 시절 이 궁금증을 풀기 위해 무척 애썼던 기억이 있다. 그 결과는 다음과 같다.

$$a^3+b^3+c^3-3abc=(a+b+c)(a+\omega b+\bar{\omega}c)(a+\bar{\omega}b+\omega c).$$

여기서 $\omega=\dfrac{-1+\sqrt{3}\boldsymbol{i}}{2}$이고 $\bar{\omega}=\omega^2=\dfrac{-1-\sqrt{3}\boldsymbol{i}}{2}$는 ω의 켤레복소수이다. 이 때 ω와 $\bar{\omega}$는 $x^3=1$의 두 허근임을 이미 고등학생들은 다 알고 있으리라. 필자의 취향에 따르면 이 식이 유리수 범위에서 구한 인수분해 결과보다 더 멋있어 보인다. 물론 직접 구했다는 희열이 강하여 그럴 수도 있을 터이지만 말이다.

주어진 다항식을 인수분해하는 일은 그리 쉬운 작업이 아니다. 필자가 고등학교 시절 청계천로에있던 어느 중고책 판매점에서 구입한 'α 테크닉 難題數學'에 다음 문제가 실려 있었는데, 그 풀이가 보통 방법과 무척이나 달라 꽤나 흥미로웠던 기억이 난다.

> 다음 식을 인수분해 하여라.
>
> $$a(b-c)^5+b(c-a)^5+c(a-b)^5$$
>
> **– α 테크닉 難題數學, 18쪽, 문제 12번 (殷敏杓 지음, 百萬社 펴냄, 1980년) –**

일반적으로 자연수 n에 대해 다항식

$$P_n(a,\,b,\,c)=a(b-c)^n+b(c-a)^n+c(a-b)^n$$

을 인수분해하는 것은 $n = 1, 3$일 때 잘 알려져 있다. 그 결과를 적으면 다음과 같다.

$$P_n(a,\ b,\ c) = \begin{cases} 0, & n = 1\text{일 때;} \\ (a-b)(b-c)(c-a)(a+b+c), & n = 3\text{일 때.} \end{cases}$$

한편 $n = 2$일 때는 $P_2(a,\ b,\ c) = (a+b)(b+c)(c+a) - 8abc$로 유리수 범위 안에서 인수분해가 되지 않으며, $n = 4$일 때는

$$P_4(a,\ b,\ c) = (a^2 + b^2 + c^2 - ab - bc - ca)P_2(a,\ b,\ c)$$

이다.

출전이 제시한 풀이를 살펴보기 전에 기본 지식을 점검하기로 한다. 학교 교과과정에서 배우지 않는 부분이므로 잘 되새겨 볼 필요가 있다. 우선 주어진 $P_3(a,\ b,\ c)$같이 한 변수를 제외한 두 변수를 맞바꾸어 식의 부호가 바뀌는 식을 교대식[alternated polynomial]이라 한다. 여기서 n이 홀수이면

$$P_n(a,\ c,\ b) = P_n(b,\ a,\ c) = P_n(c,\ b,\ a) = -P_n(a,\ b,\ c) \qquad \text{이다.}$$

수학에서 임의 교대식은 기본 교대식 $(a-b)(b-c)(c-a)$로 나누어 떨어짐이 알려져 있다. 따라서 홀수 n에 대해 적절한 다항식 $S_n(a,\ b,\ c)$가 존재하여 $P_n(a,\ b,\ c) = (a-b)(b-c)(c-a)S_n(a,\ b,\ c)$이다. 이 때 $S_5(a,\ b,\ c)$는 각 변수에 대해 3차식이고 교대식 두 개를 곱하여 만들어지지 않으니 $S_5(a,\ b,\ c)$는 세 변수의 순서를 바꾸어도 값이 바뀌지 않는 대칭식[symmetric polynomial]이다. 세 변수로 이루어진 대칭식에는 $a + b + c$, $ab + bc + ca$, abc가 있으며 이를 기본 대칭식[elementary symmetric polynomial]이라 한다. 수학에서 임의 대칭식은 기본 대칭식에 대한 다항식으로 나타낼 수 있음이 잘 알려져 있다.

이제 출전의 풀이를 따라가 보자.

그른 풀이 준식은 $a,\ b,\ c$의 6차의 교대식 이니까, 3차의 대칭식 $S(a,\ b,\ c)$와 최간교대식 $(a-b)(b-c)(a-c)$의 곱이고

$$S(a,\ b,\ c) = A(a+b+c)^3 + B(ab+bc+ca)(a+b+c) + Cabc$$

로 놓을 수 있으니

$$\begin{aligned} a(b-c)^5 + b(c-a)^5 + c(a-b)^5 \ &= \ (a-b)(b-c)(a-c) \\ &\times\{A(a+b+c)^3 + B(ab+bc+ca)(a+b+c) + Cabc\} \end{aligned}$$

$a=0$이라 놓으면 ← 수치대입법

$$bc^5 - cb^5 = bc(b-c)\{A(b+c)^3 + Bbc(b+c)\}$$

$\therefore\ c^4 - b^4 = A(b^2-c^2)(b+c)^2 - Bbc(b^2-c^2)$ ← bc로 나눴다.

$\therefore\ c^2 + b^2 = -A(b+c)^2 - Bbc$ ← b^2-c^2으로 나눴다.

$= -Ab^2 - Ac^2 - (2A+B)bc$

$\therefore\ A=-1,$ 또, $2A+B=0$ $B=2$

이때, 1식은

$$\begin{aligned} a(b-c)^5 + b(c-a)^5 + c(a-b)^5 \ &= \ (a-b)(b-c)(a-c) \\ &\times\{-(a+b+c)(a^2+b^2+c^2) + Cabc\} \end{aligned}$$

2식에서 $a=1,\ b=2,\ c=-1$라 놓으면, $180 = 72 + 12C$ 즉 $C=9$ 따라서,

$$\begin{aligned} &a(b-c)^5 + b(c-a)^5 + c(a-b)^5 \ = \\ &= \ (a-b)(b-c)(c-a)\{(a+b+c)(a^2+b^2+c^2) - 9abc\} \ \blacksquare \end{aligned}$$

이 문제를 처음 풀 때는 굉장히 잘 된 풀이라는 느낌을 가졌는데, 자꾸 들여다 볼수록 어딘지 미심쩍은 곳이 발견된다. 임의 동차인 교대식은 기본 교대식을 인수로 갖는다든가 동차인 대칭식은 기본 대칭식에 대한 다항식으로 나타낼 수 있다는 것은 둘째치고, $P_5(a,\ b,\ c)$의 인수를

추측하여 만든 식에 값을 대입하여 두 식이 같다고 한 점이다. 보기로 다음 식이 항등식이라 하고 수치대입법을 사용하여 A, B를 구해보자.

$$(a+b+c)^5 \\ = A(a^2+b^2+c^2)(a^3+b^3+c^3)+B(a+b+c)(a^4+b^4+c^4).$$

양변에 $a=1$, $b=1$, $c=1$을 대입하면 $243=9A+9B$, 즉 $A+B=27$이고, 양변에 $a=1$, $b=1$, $c=2$를 대입하여 $1024=60A+72B$, 즉 $15A+18B=256$이다. 이 두 식을 연립하여 풀면 $A=\frac{230}{3}$, $B=-\frac{149}{3}$이다. 그러나 두 식은 항등식이 아니다. 왜냐하면, 양변에 $a=1$, $b=c=0$을 대입할 때, 왼쪽변은 1이지만 오른쪽변은 $A+B=27$이기 때문이다. 이처럼 수치대입법을 적용함에 있어 문제에 주어진 등식을 사용할 경우라면 문제에 틀린 곳이 없는 한 주어진 등식이 항등식이 된다 가정하고 문제를 푼다. 그러나 이 경우같이 풀이 과정에서 항등식을 추정했다면 수치대입법으로 구한 각 계수는 가정한 등식이 항등식이기 위해 반드시 만족해야 할 조건, 즉 필요조건이므로, 추정한 등식이 진짜 항등식인지는 두 식을 직접 비교함으로써만 확인할 수 있다. 실제로

$$P_5(a\ b,\ c)=(a-b)(b-c)(c-a)[A(a+b+c)^3+B(ab+bc+ca)^2+Cabc]$$

라 놓고 $(a, b, c)=(1, 0, 0), (1, 1, 1), (3, 2, 1)$을 대입하면 $A=0$, $B=-\frac{60}{67}$, $C=\frac{540}{67}$을 얻는다. 그러나 위 관계식은 항등식이 아니다. 학교 과정에서 항등식이 되기 위해 값이 정해지지 않은 계수, 즉 미정계수[unknown coefficients]를 수치대입법을 사용하여 구하여 필요조건만 찾는 것에 그치고 있지만 주어진 등식이 진짜 항등식이 되는지 확인을 하지 않는 것은 논리적 오류를 범하는 일이다. 이런 식으로 답만 찾으면 된다는 안일한 학습 활동은 학생들에게 수학을 배우고 깨치는 올바른 자세를 길러주지 못한다. 끝으로 위 문제의 답안을 말끔히 마무리 하기 위해 복잡하긴 하지만 결과로 얻은 등식의 왼쪽변과 오른쪽변을 전개하여 서로 비교함으로써 풀이에서 추정했던 식이 진정 올바른 식임을 확인할

수 있다⟨152⟩. 어차어피에 식을 전개해야 할 상황인 만큼 차라리 전개한 식을 차근차근 인수분해하는 방법을 따르는 것도 좋을 듯하다. 이 경우 차수가 가장 낮은 변수를 기준으로 정리한다는 기본 원리를 쓰면 된다. 아울러 이 기회에 차수가 높은 다항식을 인수분해할 때 왜 차수가 가장 낮은 변수를 기준으로 정리하는 것이 좋은지 독자들이 곰곰이 따져 보기 바란다. 한편 출전에서 이 문제의 풀이에 덧붙여 인수분해한 식의 마지막항이 더 이상 유리수 범위 안에서 인수분해가 되지 않음을 확인해 둘 필요가 있다고 주장하고 있다. 그러나 이를 정확하게 확인하기에는 고등학생에게 그리 쉬운 일이 아니다. 단지 인수분해하라는 문제라면 이 정도 답안을 구한 것만으로도 만점을 주는 것이 바람직하다. 만약 문제에서 '유리수 범위에서 완전히 인수분해 하여라'라 하지 않았다면 말이다. 실제로 점검을 해보면 마지막항 $(a+b+c)(a^2+b^2+c^2)-9abc$은 유리수 범위 뿐 아니라 복소수 범위 안에서 더 이상 인수분해되지 않는다.

인수분해를 할 때 어느 범위에서 인수분해를 할 것인지 명확히 해둘 필요가 있다. '수학의 정석 (실력) 10-가' 103쪽에 실린 복이차식[biquadratic polynomial]에 대한 인수분해는 이런 관점에서 완전하지 않은 인수분해이다. 저자는 다항식 $x^4-7x^2y^2+y^4$을 실수 범위에서 인수분해하면

$$x^4-7x^2y^2+y^4=(x^2-y^2+\sqrt{5}xy)(x^2-y^2-\sqrt{5}xy)$$

이라 적고 있으나 이는 실수 범위에서 완전한 인수분해가 아니다. 왜냐하면 각 인수는 실수 범위에서 기약다항식이 아니기 때문이다. 우변에 있는 두 인수는 인수분해를 더 할 수 있어 결국

$$x^4-7x^2y^2+y^4=(x+\alpha y)(x+\bar{\alpha}y)(x+\beta y)(x+\bar{\beta}y)$$

이 실수 범위에서 완벽한 인수분해이다. 여기서 $\alpha=\dfrac{3+\sqrt{5}}{2}$, $\bar{\alpha}=\dfrac{3-\sqrt{5}}{2}$는 $x^2-3x+1=0$의 두 근이고, $\beta=\dfrac{-3+\sqrt{5}}{2}$, $\bar{\beta}=\dfrac{-3-\sqrt{5}}{2}$는

$x^2+3x+1=0$의 두 근이다. 우리가 교과과정에서 다루는 인수분해는 유리수 범위에서 인수분해하는 것에 그친다. 또한 실제로 유리수든 실수든, 아니면 복소수 범위에서 인수분해를 하든 그 표현법은 곱하는 순서를 무시할 때 한 표현밖에 없음이 알려져 있다. 그러나 다음과 같은 경우는 인수분해가 한 가지로 정해지지 않는다.

> $x^4-2x^2-1-\dfrac{2}{x^2}+\dfrac{1}{x^4}$을 인수분해 하여라.
>
> **– 에이급 수학 중3 (9-가, 9-나), 61쪽, 19번 (임대섭 지음, 에이급 출판사) –**

출전의 풀이를 살펴보자.

그른 풀이

$$
\begin{aligned}
& x^4-2x^2-1-\frac{2}{x^2}+\frac{1}{x^4} \\
&= x^4+\frac{1}{x^4}-2\left(x^2+\frac{1}{x^2}\right)-1 \\
&= \left(x^2+\frac{1}{x^2}\right)^2-2\left(x^2+\frac{1}{x^2}\right)-3 \\
&= \left(x^2+\frac{1}{x^2}-3\right)\left(x^2+\frac{1}{x^2}+1\right) \\
&= \frac{1}{x^4}(x^4-3x^2+1)(x^4+x^2+1) \\
&= \frac{1}{x^4}(x^2+x-1)(x^2-x-1)(x^2+x+1)(x^2-x+1) \quad \blacksquare
\end{aligned}
$$

이같이 교과과정에서 벗어난 문제를 다루려면 늘 신중을 기해야 한다. 고등학교 과정에서조차 이런 문제를 다루지 않는데, 중학교용 참고서에 버젓이 실려있는 이 문제를 대할 때면 학생들에게 무엇을 일러 주어야 할지 필자는 고민에 빠진다. 우선 이 식을 어느 범위에서 인수분해할 것인지 결정해 보자. 학교 교과과정에 충실하다면 유리수 범위 안에서 인수분해하면 될 듯하다. 그렇다면 출전의 인수분해에는 무리가 없다. 문제는 인수분해를 어떻게 해야 하는가 하는 문제다. 문제의 이해를 돕기 위해 정수에서 인수분해를 하는 경우를 살펴보자. 우리가 초등학교에서부터 익히 배워 알듯이 정수에서 소인수분해는 곱하는 순서를 무시할 때 그 표현법이 한 가지 뿐이다. 이 점에서 다항식들 전체도 이와 비슷한 성질이 있다. 그러나 정수를 포함한 유리수 안에서 인수분해는 것은 사정이 다르다. 정수 안에서 $15 = 3 \times 5$이었던 것이

$$\begin{aligned} 15 = 3 \times 5 &= 2 \times \frac{15}{2} \\ &= 51 \times \frac{13}{51} \\ &= \cdots \end{aligned}$$

같이 무수히 많은 표현을 얻을 수 있기 때문이다. 그 까닭은 유리수 안에서 솟수라 불릴 대상을 더 이상 찾아볼 수 없기 때문이다. 유리수는 0이 아니면 항상 곱셈에 대한 역원을 갖기 때문에 유리수 안에서 솟수는 존재하지 않는다. 심지어 정수에서 솟수였던 2, 3, 5, 따위도 유리수 범위 안에서는 더 이상 솟수가 아니다. 즉, 솟수라는 개념도 그 대상을 어느 범위 안에서 고려하느냐에 따라 정해지는 개념이다. 다항식을 정수에 비견한다면 유리식은 유리수에 비견할 수 있다. 이제 $f(x) = x^4 - 2x^2 - 1 - \frac{2}{x^2} + \frac{1}{x^4}$이라 하면 $f(x)$는 유리식이다. 그런데 유리식에서는 유리수에서 솟수에 대한 개념이 없는 것과 마찬가지로 다항식에서 기약다항식이라 일컬었던 것에 해당하는 대상, 즉 기약식이 존재하지 않는다. 즉 다항식 전체에서 기약다항식이었던 $x+1$ 따위는 유리식 범위 안에서 더 이상 기약식이 아니다. 따라서 유리식 범위에서 $f(x)$를 인수분해한다면 유리수에서 인수분해하던 것같이 무수히 많은 방법으로 $f(x)$를 인수분해 할 수 있다.

$$\begin{aligned} f(x) &= x^4 - 2x^2 - 1 - \frac{2}{x^2} + \frac{1}{x^4} \\ &= \left(x + \frac{1}{x} - 1\right)\left(x + \frac{1}{x} - 1\right)\left(x - \frac{1}{x} + 1\right)\left(x - \frac{1}{x} - 1\right) \\ &= \frac{x^3 + 2x^2 - 1}{x(x-1)} \cdot \frac{x^3 - 2x^2 + 1}{x(x+1)} \left(x + \frac{1}{x} + 1\right)\left(x + \frac{1}{x} - 1\right) \\ &= \cdots \end{aligned}$$

위 문제는 학생들의 계산 능력을 키워주는데 도움이 될 수 있는 문제이지만 중·고등 수학과정에서 다루기 위해서는 문제를 조금 다듬을 필요가 있다. 출전이 밝힌 식을 답으로 채택하고 싶다면 다음같이 바꿀 수도 있다.

> 유리식 $x^4-2x^2-1-\dfrac{2}{x^2}+\dfrac{1}{x^4}$을 서로 소인 두 다항식 $f(x)$, $g(x)$에 대해 $\dfrac{g(x)}{f(x)}$와 같은 유리식으로 나타낼 때, $f(x)$와 $g(x)$를 유리수 범위에서 기약 다항식끼리 곱으로 인수분해하시오.

식을 정의할 때 늘 신경써야 하는 것이 식 자체가 잘 정의되었나 하는 것이다. 식 자체가 올바로 정의되어 있지 않다면 문제의 답은 엉뚱한 결과를 낳고 만다.

> 다항식 $f(x)$가 임의의 실수 x, y에 대하여
>
> $$f(x)f(y)=f(x+y)+f(x-y),\qquad f(1)=1$$
>
> 을 만족할 때, $f(2^k)$의 값을 구하여라. (단, k는 자연수)
>
> **– 세대교체 심화수학, 49쪽, 19번 (송춘근 외 5명, 영인기획 펴냄, 1999년) –**

이 문제의 풀이를 출전은 어찌 제시하고 있는지 우선 살펴보자.

그른 풀이 $x=1$, $y=0$이면 $f(1)f(0)=2f(1)$에서 $f(0)=2$
$x=1$, $y=1$ 이면 $f(1)f(1)=f(2)+f(0)$
$\therefore\ f(2)=f(2^1)=\{f(1)\}^2-f(0)=-1$ $x=2$, $y=2$ 이면 $f(2)f(2)=f(4)+f(0)$
$\therefore\ f(4)=f(2^2)=\{f(2)\}^2-f(0)=-1$
$f(2^k)\cdot f(2^k)=f(2^k+2^k)+f(2^k-2^k)$이므로 $f(2^k)=-1$이라 하면 $\{f(2^k)\}^2=f(2^{k+1})+f(0)$에서 $f(2^{k+1})=(-1)^2-2=-1$
즉, 모든 자연수 k에 대하여 $f(2^k)=-1$ ■

이 풀이를 읽고도 아무런 의심이 들지 않는 사람이 있다면 그는 수학

을 헛배웠다 생각해도 좋다. 문제에서 $f(x)$는 다항식이라 했음에도 답은

$$f(2) = f(4) = f(8) = \cdots = f(2^k) = \cdots = -1$$

이라 했으니 다항 방정식 $f(x)+1=0$이 무수히 많은 해를 가진다는 뜻이 되기 때문이다. 왜 이런 일이 생겼을까? 그 이유는 주어진 관계식을 만족하는 다항식 $f(x)$가 실제로 존재하지 않기 때문이다. 만약 $f(x)$가 n-차다항식이라면 주어진 조건에서 $x = y$일 때, 왼쪽변 $f(x)f(y) = f(x)f(x) = [f(x)]^2$의 차수는 $2n$-차이지만 오른쪽변은 $f(x+y)+f(x-y) = f(2x)+f(0)$으로 n-차다항식이 되고 만다. 따라서 $n = 0$이어야 하고 그러므로 $f(x)$는 0이 아닌 상수다항식이다. 이제 음이 아닌 어느 실수 c에 대해 $f(x) = c$라 하면 주어진 관계식에서 $c^2 = 2c$이고 $c \neq 0$이므로 $c = 2$이어야 하나 이는 $1 = f(1) = c$에 모순이 된다. 또한 상수다항식 $f(x) = 0$도 주어진 조건을 만족하지 않는다. 즉 이 조건을 만족하는 다항식은 존재하지 않는다. 식을 정의할 경우 그 정의가 얼마나 타당한지 반드시 따져 봐야 한다. 이런 문제에서 가장 좋은 방법이란 가능하다면 직접 $f(x)$를 구하는 것이다. 실제로 수학에서 주어진 조건을 만족하는 $f(x)$가 무엇인지 찾는 일이 $f(2)$나 $f(4)$ 따위의 값을 구하는 일보다 더 중요하다.

이제 주어진 조건을 만족하는 함수 f가 무엇인지 궁금해지지 않는가? 물론 f를 구하는 일은 교과과정을 조금 벗어나는 일이므로 궁금증을 가진 독자들을 위해 답만 적어본다. 일반적으로 모든 정수 x, y에 대해 조건 $f(x)f(y) = f(x+y)+f(x-y)$를 만족하고 $f(1) = c$인 함수를 f라 하면, 이 함수는 $y = 1$일 때 $f(x)f(1) = cf(x) = f(x+1)+f(x-1)$을 만족한다. 한편 $x = 1$, $y = 0$이라면 처음 조건으로부터 $f(1)f(0) = cf(0) = f(1)+f(1) = 2c$가 되어 $c \neq 0$일 때 $f(0) = 2$이다. 따라서 $c \neq 0$이면 구하는 함수는

$$f(x) = 2^{-x}\left[\left(c+\sqrt{c^2-4}\right)^x + \left(c-\sqrt{c^2-4}\right)^x\right]$$

이고 이는 임의 실수 x, y에 대해 함수 방정식

$$f(x)f(y) = f(x+y) + f(x-y)$$

를 만족한다. 특히 문제에 주어진 조건 $f(1) = c = 1$이 성립할 경우 $f(x) = 2\cos\frac{\pi x}{3}$이다. 뿐만 아니라 $c = 0$이면 $f(x) = 0$, 즉 f가 영함수[zero function]이거나 $f(x) = 2\cos\frac{\pi x}{2}$이다. 물론 이 식이 주어진 관계식을 만족하는지 반드시 확인해 두어야 한다. 이는 영민한 독자들이 해결하기 바란다. 참고로, $0 \le c < 2$이면 f는 $\theta_c = \cos^{-1}\frac{c}{2}$에 대해 $f(x) = 2\cos\theta_c x$인 주기함수이고 (이 경우 $c^2 - 4 < 0$이므로 $\sqrt{c^2-4} = \sqrt{4-c^2}\,\boldsymbol{i}$는 허수고 따라서 복소수 함수에 대한 리만-면을 고려해야 한다), $c = 2$이면 모든 x에 대해 $f(x) = 2$인 상수함수이다.

다음 문제는 유명 참고서에 실린 설명이다.

> 함수 f가 다음 두 조건
>
> (i) $f(1) = 2$
> (ii) 임의의 x, y에 대하여 $f(x+y) = f(x) + f(y)$
>
> 를 만족할 때, 함수 f는 어떤 함수가 되는지 살펴보자.
>
> **– 명품수학 고등학교 시리즈 수학거미 10-나(하), 96쪽 (안재찬 지음, 화인미디어 펴냄, 2004년) –**

출전이 제시한 풀이를 다 실을 수는 없으나 출전이 구한 함수 $f(x) = 2x$다. 그러나 출전의 풀이 방식대로 임의 정수 n에 대해서 $f(n) = 2n$이라 하여 임의 실수 x에 대해 함수가 반드시 $f(x) = 2x$이어야 할 필요는 없다. 실제로 $f(x) \neq 2x$인 실수 x가 존재하는 함수 f를 구성할 수 있음이 까다로운 증명을 통해 알려져 있기 때문이다. 여기서 $f(x) = 2x$임을 보장받기 위해서는 함수 f가 연속이라는 조건이 반드시 따라 주어야 함을 참고로 알아두기 바란다. 이런 똑같은 오류를 위 출전은 97쪽에도 싣고 있다.

오늘날 많은 사람들은 시간에 쫓기듯 살아가고 있다. 시간하면 생각나는 유명한 작품에 영화로도 만들어진 România[Rumania] 출신 작가이자 신부인 Constantin Virgil Gheorghiu의 문제작 *Ora 25*[25시]가 있다. 그는 이 작품을 통해 당시 Nazi[Nationalsozialismus]와 Большевик[Bolshevik]의 잔혹상을 세상에 고발하고자 인간성이 사라진 '25시'라는 시각을 설정하여 구세주조차 구원할 수 없는 절망에 빠진 시간을 그리면서 서구 문명의 몰락을 환상어린 시각으로 비유하였다. 아울러 C. V. Gheorghiu와 더불어 România 하면 떠오르는 예술가가 있다. 현대 조각가인 Constantin Brâncuşi가 바로 그다. 1926년 미국 New York의 Brummer 화랑에서 작품 전시를 하고자 들여온 '*Bird in Space*'라는 작품이 세관에 걸려 소송까지 치르는 곤욕을 치르기도 한 그의 작품은 이를 감상하는 사람들에게 실용성을 떠나 무척 추상적이라는 인상을 남겨준다. 이런 세간의 평에 대해 그는 다음같이 답했다.

> Il y a des imbéciles qui définissent mon œuvre comme abstraite, pourtant ce qu'ils qualifient d'abstrait est ce qu'il y a de plus réaliste, ce qui est réel n'est pas l'apparence mais l'idée, l'essence des choses⟨153⟩.
>
> – **Constantin Brâncuşi** –

시간과 관련한 문제들이 초등학교나 중학교 시험 문제로 자주 등장한다. 다음 문제를 살펴보자.

> 5월 5일 오후 5시에 시계를 보니 5분 늦게 가고 있었는데, 다음날 오후 5시에 시계를 보니 7분 빨리가고 있었다. 이 시계가 하루동안 정확한 시각을 가리킬 때는 언제인가?
>
> – **해법수학 경시대회 4학년 (실전편), 47쪽, 20번 (해법수학 영재교육연구소 편, 천재교육(주))** –

우선 출전이 제시한 풀이를 살펴보자.

그른 풀이 하루에 $7+5=12$(분) 빨라진다. 2시간에 1분 빨라지므로 $5\times 2=$

10(시간)

$$\text{오후 5시} + 10\text{시간} = \text{오후 15시} = \text{다음날 오전 3시}$$

답: 5월 6일 오전 3시 ■

문제는 초등학교 4학년생에게 까다로운 문제지만 답안은 초등학교 4학년생에게 어울리는 답안이다. 그러나 문제와 풀이는 모두 엉성하기 그지없다. 우선 하루에 12분 빨라진다 했는데 이 뜻이 무엇일까? 이제 두 시계 (가)와 (나)를 다음같이 설정하자. 5월 5일 오후 5시를 기다려 시계 (가)를 보자. 시계 (가)로 정각 오후 5시에 시계 (나)를 보았더니 4시 55분이었다. 이 정황을 바탕으로 이 시계에 대해 무엇을 말할 수 있을까? 우리는 흔히 이런 경우 시계 (나)가 (가)보다 5분 늦다는 말을 한다. 그러나 이 경우 시각이 5분 차이를 보인다는 뜻이지 시계 바늘이 다른 시계에 비해 빠르거나 느리게 움직인다 단정하기는 이르다. 두 시계가 늘 5분 차이를 보이도록 맞추어져 있었을 수도 있기 때문이다.

시계가 정확하지 않을 경우는 두 가지로 볼 수 있는데, 하나는 시각[time point]이 정확하지 않은 경우로 시계가 빠르게 또는 느리게 동작하는 경우도 있지만 단순히 시각을 잘못 맞추어 생기는 경우도 있다. 한편 시간[time interval]이 정확하지 않은 경우가 있는데, 이 경우는 시계가 정확한 시계에 비해 빠르거나 느리게 동작하므로 일어나는 경우다. 우리는 흔히 '이 시계는 다른 시계보다 5분이 빠르다'느니 아니면 '10분이 느리다'느니 말하지만 자세히 따지면 이는 정확한 표현이 아니다. 이 표현에 따르자면 시각에 관계없이 두 시계가 일정한 시각 차이를 보여야 하지만 이는 시계가 잘 못 맞추어진 경우이지 시계가 재고 있는 시간[time interval]이 정확한 시계와 차이를 보이는 경우는 아니다. 시간이 정확하지 않은 시계인 경우 '시계는 (다른 시계보다) 두 배 빠르다 또는 두 배 느리다'처럼 말 해야 옳은 표현이다. 또한 재는 시간은 같지만 가리키는 시각이 앞서 있는 경우 '시계는 (다른 시계보다) 5분 빨리 간다' 또는 '시계는 (다른 시계보다) 5분 앞서 간다'해야 옳다.

이제 다시 원래 문제로 돌아와 보자. 두 시계로 읽은 시각 t와 t' 사이의 관계를 일반적으로 $t' = f(t)$라 할 수 있다. 시각 만이 틀린 시계인 경우 수식으로 $t' = t + h(t)$인 관계가 성립하지만, 재는 시간이 다른 경우는 $t' = h(t)t$인 관계가 있고, 일반적으로 $h(t)$는 상수함수로 여긴다. 우선 설명을 간편하게 하기 위해 문제에 주어진 두 시계를 각각 (가), (나)라 하면, 시계 (가)가 5월 5일 오후 5시를 가리킬 때, 시계 (나)는 4시 55분을 가리키고 있고 (가)가 다음날 오후 5시일 때 시계 (나)는 오후 5시 7분을 가리키고 있다. 문제를 쉽게 이해하고자 어느 시점에서 두 시계 (가)와 (나)의 시각을 일치시켰다 가정하자. 시각 t는 시계 (가)로 읽은 시각이라 하고, t'은 시계 (나)로 읽은 시각이라 하자. 그렇다면 문제의 조건에서 $t'_1 - t'_0 = h_1 t_1 - h_0 t_0$인 관계가 성립하고 시계 바늘의 각속도가 일정하다면 $h := h_0 = h_1 > 0$이므로

$$t'_1 - t'_0 = h(t_1 - t_0)$$

이다. 여기서 $t_1 - t_0 = 24$ (시간)일 때 $t'_1 - t'_0 = 24\frac{12}{60} = \frac{121}{5}$ (시간)이므로 $h = \frac{121}{120} = 1.008\dot{3}$임을 알 수 있다[154]. 따라서 시계 (나)는 시계 (가)에 비해 거의 1.0083배 빨리간다. 이제 시계 (가)가 가리킨 5월 5일 오후 5시로부터 시계 (가)로 재어 m 시간이 흘러 두 시계의 시각이 $t'_2 = t_2$로 일치했다면, 등식 $t'_2 - t'_0 = \frac{121}{120}(t_2 - t_0)$에서 $t_2 - t_0 = m$이고 $t'_0 = t_0 - \frac{5}{60}$이므로 m에 대한 방정식 $m + \frac{5}{60} = \frac{121}{120}m$을 얻고 따라서 $m = 10$ (시간)임을 알 수 있다. 따라서 시계 (가)가 가리키는 시각 5월 5일 오후 5시로부터 10시간 뒤인 5월 6일 오전 3시에 두 시계가 가리키는 시각은 같아진다. 우리는 문제를 이해하기 쉽도록 두 시계의 시각을 일치시켰던 것으로 간주했으나 문제에서 시계 (가)가 오후 5시를 가리킬 때, 시계 (나)를 4시 55분에 일치시켰다 가정하여도 무방하다. 한편 더욱 정확하게 문제를 다루려면 바늘로 시각을 알리는 시계인 경우 12시간 차이마다 같은 시각을 알려주므로 음이 아닌 정수 k에 대해 $t'_2 = t_2 + 12p$라 하여야 한다. 따라서 $m = 1440p + 10$이고, 보기로 만약 $p = 1$, 즉 1450시간이 지

나면 두 시계는 시계의 바늘이 서로 일치한다. 이 경우 (가)가 가리키는 시각은 6월 5일 오전 3시이고, (나)가 가리키는 시각은 6월 5일 오후 3시로 두 시계는 정확하게는 12시간 차이를 보이지만 시계만 봐서는 이를 분간할 수 없다. 따라서 정확한 시각이 날짜와 오전, 오후가 모두 일치하는 경우로 제한한다면 $p = 0$인 경우만 다루면 된다.

위 문제는 단순히 비례식을 푸는 문제가 아니라 시각과 시간을 구별하는 안목을 길러주는 문제이어야 함에도 불구하고 많은 참고서들이 단순히 비례식 하나만 제시하여 답을 구하고 있다. 이는 바람직한 수학 교육이 될 수 없다. 물론 이런 풀이는 초등학생에게 어려운 것이 사실인 만큼 실제 교과과정 범위 안에서 문제를 만들려면 더 쉬운 문제를 추려야 한다. 위 문제의 지문과 풀이가 가진 문제점을 정리하면 다음과 같다.

(1) 5시에 시계를 보기 위해 정해 놓은 시계가 정확한지 확실하지 않다. 따라서 정확한 시각을 가리키는 때를 논리적으로 정할 수 없다. 즉 두 시계가 모두 정확하지 않을 경우 정확한 시각을 구할 수 없으므로 둘 중에 하나는 반드시 시간을 정확히 잴 수 있는, 즉 기준이 될 시계이어야 한다. (물론 이 경우 시각이 표준시계와 일치할 필요는 없다.)

(2) 하루에 12분 빨리 간다는 표현 자체는 애매한 표현이다. 이 표현은 두 시계가 시각에서 차이를 보일 뿐 두 시계로 잰 시간이 같을 때도 쓸 수 있는 표현이기 때문이다. 굳이 이 표현을 살리려면 '하루마다 12분씩 시각의 차이가 늘어난다'로 하는 것이 바람직하다. 문제의 답안과 맞추려면 이 경우 하루란 5시에 시계를 보기 위해 정한 시계로 24시간을 뜻해야 한다. 이는 정확한 시계로는 24시간이 아닐 수도 있다. 한편 빨리 간다고 설정한 시계가 오히려 정확한 시계일 수도 있으므로 이 경우에는 처음 시계가 하루마다 12분씩 늦게 가는 셈이다. 또한 시계가 빨라지거나 늦어지는 정도가 과연 일정한지 문제를 풀기 위해 정해져야 옳다.

(3) 정확한 시각이 나타내는 의미가 모호하다. 출전이 제시한 답안으로 미루어 짐작하자면 5시에 시계를 보기 위해 정한 시계가 정확한 것으로 간주해야 할 듯하다. 따라서 이 시계는 시간을 정확하게 재는 시계이어야 한다. 그러나 시계만 고려한다면 두 시계의 바늘이 같은 시각을 가리키는 경우로도 볼 수 있다. (일반적으로 바늘이 달린 시계에는 날짜와 오전, 오후가 표시되지 않기 때문이다.)

원하는 답이 무리없이 나오도록 문제를 다듬으면 다음과 같다.

> 바늘이 달려있고 멎지 않은 두 시계 (가)와 (나)가 있다. 5월 5일 시계 (가)가 오후 5시를 가리킬 때 시계 (나)는 5분 늦게 가고 있었고, 시계 (가)로 24시간이 지난 다음 시계 (나)를 다시 보니 (나)는 7분 빨리가고 있었다. 두 시계 각각 일정한 빠르기로 작동하고 시계 (가)가 정확한 시계라면, 두 시계가 이 이후 처음으로 같은 시각을 가리키는 것은 언제이겠는가?

이와 비슷한 오류를 가진 문제로 1996년도 경시대회 문제를 살펴보자.

> 한 시간에 3분씩 빠르게 가는 시계와 한 시간에 1분씩 느리게 가는 시계가 있다. 두 시계를 동시에 정확한 시각에 맞춘 후 일정한 시간이 흘러 느린 시계가 10시를 가리킬 때, 빠른 시계는 11시 12분을 가리켰다. 이 때의 정확한 시각을 구하여라.
>
> **– 1996년도 해법수학 경시대회 4학년, 28번 –**

주최측이 제시한 풀이를 살펴보자.

그른 풀이

– 해법수학 경시대회 4학년 (실전편), 풀이 45쪽, 28번 (해법수학 영재교육연구소 편, 천재교육(주)) –

정확한 시간의 한 시간 뒤에 두 시계는 4분 차이가 난다. 그러므로 두 시계의 시간이 72분 차이가 나려면 정확한 시각에 시간을 맞춘지 18시간이 지난 후가 된다. 이 때 빠른 시계는 54분 빠르고, 느린 시계는 18분 늦는다. 따라서 정확한 시각은 10시 18분이다. ■

이 문제에 시계는 세 개 등장한다. 정확한 시간을 잴 수 있는 시계와 느리게 가는 시계, 그리고 빨리 가는 시계이다. 정확한 시계로 한 시간이 지나면 정확하지 않은 두 시계의 시각은 4분 차이를 보인다. 그러나 답안이 제시한 것같이 정확한 시계와 시간을 맞춘 뒤 정확하지 않은 시계가 시각으로 72분 차이를 보이기 때문에 정확한 시계로 18시간 차이가 나는 것이라 할 수 없다. 바늘이 달린 시계는 보통 0시에서 12시 사이에 오는 시각만 구분할 수 있기 때문이고, 24시를 모두 나타내는 시계라 하더라도 24시간 차이밖에는 구분할 수 없기 때문이다. 문자판이 1에서 12까지 있는 시계를 기준으로 한다면 두 시계가 보이는 시각의 차이는 단순히 72분이 아니라 음이 아닌 정수 p에 대해 $(72 + 12 \cdot 60p)$-분이다. 문제의 풀이가 고려한 것은 오직 $p = 0$일 때 뿐이다. 이제 $p = 1$인 경우는 실제로 792분 차이가 있으므로 같은 시각으로 맞춘 지 198시간이 지난 뒤이다. 이 경우 빠르게 가는 시계는 정확한 시각보다 594분, 즉 9시간 54분 빨리 가있고, 느린 시계는 198분, 즉 3시간 18분 늦어있다. 따라서 11시 12분에서 9시간 54분 전은 1시 18분이고, 10시에서 3시간 18분 뒤는 역시 1시 18분이다. 따라서 정확한 시각은 이 경우 1시 18분이다. 실제로 가능한 또 다른 정확한 시각은 4시 18분, 7시 18분으로 모범답안은 이 네 개를 다 적어야 옳다.

식을 계산할 때, 변수가 어느 범위에 있는지 정확히 따져 보지 않는 경우가 많은데, 다음 문제의 풀이도 그런 경우에 속한다.

> $x + y = -4$, $xy = 2$일 때, $\sqrt{\dfrac{x}{y}} + \sqrt{\dfrac{y}{x}}$의 값을 구하여라.
>
> **– 1990학년도 학력고사 문제, 1989년 12월 15일 –**

다음은 널리 알려져 있는 풀이로 중학생용 참고서 에이급 수학에서 옮긴 것이다⟨155⟩.

그른 풀이

$$\left(\sqrt{\frac{x}{y}}+\sqrt{\frac{y}{x}}\right)^2=\frac{x^2+y^2}{xy}+2=\frac{(x+y)^2-2xy}{xy}+2=\frac{12}{2}+2=8$$

$$\therefore\ \sqrt{\frac{x}{y}}+\sqrt{\frac{y}{x}}=2\sqrt{2}$$

$$(\because\ \sqrt{\frac{x}{y}}+\sqrt{\frac{y}{x}}>0)\ \blacksquare$$

이 풀이가 지닌 결함은 왼쪽 변을 제곱하여 오른쪽 변을 얻기 전에 x, y가 무슨 수인지 따져 보지 않은데 있다. 얼핏보아 두 수의 곱 $xy=2$는 양수이고, 두 수의 합 $x+y=-4$는 음수이므로 x, y가 모두 음수라고 성급하게 단정 지을 수도 있다. 그러나 이는 x, y가 실수일 때 한한 것이므로 이 연립방정식이 실근을 갖는지 확인하지 않은 상황에서 식을 계산하는 것은 비약이다. 뿐만 아니라 풀이의 마지막 부분에 답을 $2\sqrt{2}$로 채택한 이유를 밝혀 놓았지만 왜 부등식의 오른쪽 변이 양수이어야 하는지 설명은 없다. 식을 계산함에 있어 너무 기교만 살리면 수학에서 정작 배우고 알아야 할 것을 놓치게 되고 경우에 따라서는 엉뚱한 답을 얻을 수도 있다. 결국 x, y가 실수이고 이 값이 모두 음수임을 확인하기 위해 x, y를 구하는 편이 오히려 정확하고 실수를 줄일 수 있다.

바른 풀이 방정식을 풀면 $\{x,\ y\}=\{-2-\sqrt{2},\ -2+\sqrt{2}\}$이고 구하는 식이 x와 y에 대해 대칭식이므로

$$\begin{aligned}\sqrt{\frac{x}{y}}+\sqrt{\frac{y}{x}} &= \sqrt{\frac{-2-\sqrt{2}}{-2+\sqrt{2}}}+\sqrt{\frac{-2+\sqrt{2}}{-2-\sqrt{2}}}\\ &= \sqrt{\frac{(-2-\sqrt{2})^2}{(-2+\sqrt{2})(-2-\sqrt{2})}}+\sqrt{\frac{(-2+\sqrt{2})^2}{(-2-\sqrt{2})(-2+\sqrt{2})}}\\ &= \frac{2+\sqrt{2}}{\sqrt{2}}+\frac{2-\sqrt{2}}{\sqrt{2}}\\ &= \frac{4}{\sqrt{2}} = 2\sqrt{2}.\ \blacksquare\end{aligned}$$

위 풀이에서 교과과정에서 주의 깊게 살펴보아야 할 두 관계식, 즉 $x<0$이면 $\sqrt{x^2}=-x$이라는 성질과 '$x<0$이고 $y>0$'이 아닌 경우만 등식 $\sqrt{\frac{y}{x}}=\frac{\sqrt{y}}{\sqrt{x}}$가 성립한다는 사실을 사용하였다. 이제 풀이의 출전이 제시한 풀이를 좀 더 논리적으로 잘 다듬으면,

다른 풀이 (1) 문제에서 x, y는 t에 대한 이차방정식 $t^2+4t+2=0$의 두 근으로 $D=4^2-4\cdot1\cdot2=8>0$이기 때문에 이 방정식은 서로 다른 두 실근을 가지며 $x+y<0$, $xy>0$인 사실로부터 $x<0$, $y<0$임을 알 수 있다. 따라서 주어진 식 $\sqrt{\frac{x}{y}}+\sqrt{\frac{y}{x}}$는 실수이며 그 값은 양수다. 이 식을 제곱하여 정리하면,

$$\begin{aligned}\left(\sqrt{\frac{x}{y}}+\sqrt{\frac{y}{x}}\right)^2 &= \left(\sqrt{\frac{x}{y}}\right)^2+\left(\sqrt{\frac{y}{x}}\right)^2+2\sqrt{\frac{x}{y}}\times\sqrt{\frac{y}{x}}\\ &= \frac{x}{y}+\frac{y}{x}+2\sqrt{\frac{x}{y}}\times\sqrt{\frac{y}{x}}\\ &= \frac{x}{y}+\frac{y}{x}+2 = \frac{(x+y)^2-2xy}{xy}+2\\ &= \frac{12}{2}+2=8\end{aligned}$$

이고 $\sqrt{\frac{x}{y}}+\sqrt{\frac{y}{x}}>0$이므로

$$\sqrt{\frac{x}{y}}+\sqrt{\frac{y}{x}}=2\sqrt{2}$$

이다. ■

다음 문제는 많은 교사들과 학생들이 그 의미를 정확하게 구분하지 않고 사용하는 삼각비와 삼각함수에 대한 문제이다.

> 이차방정식 $2x^2+ax-1=0$의 두 근이 $\sin\theta$, $\cos\theta$일 때, 상수 a의 값을 구하여라. 또 이 때 $\tan\theta$, $\frac{1}{\tan\theta}$을 두 근으로 하는 이차방정식을 구하여라. **– 에이급 수학 중 3, 211쪽, 17번 (임대섭 지음, 에이급 출판사 –**

우선 출전의 풀이를 살펴보자.

그른 풀이 근과 계수와의 관계로부터

$$\sin\theta + \cos\theta = -\frac{a}{2}$$
$$\sin\theta\cos\theta = -\frac{1}{2}$$

첫 번째 식의 양변을 제곱하면 $1 + 2\sin\theta\cos\theta = \frac{a^2}{4}$ 여기에 두 번째 식을 대입하면, $a = 0$ 또, $\tan\theta$, $\frac{1}{\tan\theta}$을 두 근으로 하는 x의 이차방정식은

$$x^2 - \left(\tan\theta + \frac{1}{\tan\theta}\right)x + \tan\theta\frac{1}{\tan\theta} = 0$$

이다. 여기에서

$$\tan\theta + \frac{1}{\tan\theta} = \frac{\sin\theta}{\cos\theta} + \frac{\cos\theta}{\sin\theta} = \frac{1}{\sin\theta\,\cos\theta} = -2$$

$$\therefore\ x^2 + 2x + 1 = 0 \quad ■$$

이 문제는 중학생을 대상으로 실린 문제임을 잊어서는 안된다. 중학교에서는 직각삼각형의 두 변이 이루는 비 여섯개 가운데 기본 삼각비 세 개를 배운다. 그것이 바로 **사인**, **코사인**, **탄젠트**이다. 따라서 삼각형으로부터 얻을 수 있는 삼각비에서 다루는 각 θ는 $0° < \theta < 90°$이다. ($\theta = 0°$나 $90°$에 대한 삼각비의 값은 따로 정하고 있다.) 그러나 풀이가 얻은 $a = 0$으로부터 $\sin\theta + \cos\theta = 0$이어야 하는데, 삼각비의 값은 늘 양수이므로 이런 일이 일어나지 않는다. 그러니 이 경우 a는 존재하지 않는다고 해야 옳다. 참고로 이 문제를 삼각함수와 관련한 고등학생용 문제로 보아 θ를 구하면 모든 정수 n에 대해 $\theta = \theta_0 + 360°n$이고 이 때 $\theta_0 \in \{60°, 120°, 240°, 300°\}$이다. 이 문제와 관련하여 필자가 한 마디 하자면, 무분별하게 고등학교용 문제를 중학생들에게 가르치려는 사람들은 이 기회에 한 번쯤 교육과 수학에 대해 깊게 생각하는 시간을 갖기 바란다.

삼각비와 삼각함수에 관련한 문제를 하나 더 살펴보자.

$\dfrac{\sin^2 x}{1-\cos x} = 1+\cos x$를 증명하여라.

– 수학의 정석 (기본) 10-나, 258쪽, 유제 15-1, (5) (洪性大 지음, 성지출판사) –

출전의 풀이를 살펴보자.

그른 풀이

$$\begin{aligned}(\text{좌변}) &= \frac{\sin^2 x(1+\cos x)}{(1-\cos x)(1+\cos x)} = \frac{\sin^2 x(1+\cos x)}{\sin^2 x}\\ &= 1+\cos x = (\text{우변}) \blacksquare\end{aligned}$$

언뜻 보기에 풀이는 아무 문제가 없는 듯하다. 그러나 조금 더 세심히 주의를 기울이면 답이 정확하지 않다는 것을 알 수 있다. 문제에서 $\cos x = 1$, 즉 각 자연수 k에 대해 $x = 2k\pi$이면 문제의 식은 같지 않다. 이 때 왼쪽변은 값이 존재하지 않지만, 오른쪽변의 값은 2이기 때문이다. 따라서 문제에서 '$x \neq 2k\pi$ (k는 임의 자연수)'와 같은 단서가 붙어야 올바른 문제가 된다. 이 조건이 따르지 않는다면 문제의 등식은 성립하지 않는다. 왜냐하면 이 등식은 함수식으로 같다는 뜻을 갖고 있기 때문이다. 왼쪽변을 변형하여 오른쪽 변으로 식을 바꿀 때, 각 단계마다 등식이 성립하는지 반드시 따져 봐야 한다. 위 출전이 제시한 풀이는 첫 번째 등식이 $1+\cos x \neq 0$일 때만 성립함을 간과하고 있다. 아울러 표기에 대해 덧붙이자면 풀이에 나오는 '$\sin^2 x(1+\cos x)$'은 '$(\sin^2 x)(1+\cos x)$'으로도 '$\sin^2[x(1+\cos x)]$'로도 이해될 수 있으므로 문제의 풀이에 맞게 '$(\sin^2 x)(1+\cos x)$' 또는 '$(1+\cos x)\sin^2 x$'같이 고치는 것이 바람직하다.

방정식의 근과 관련한 다음 문제를 살펴보자.

이차방정식 $x^2 - 3ax + 2a = 0$ $(a > 0)$의 두 근을 각각 α, β라 할 때, $\dfrac{\alpha+\beta}{\alpha^2} + \dfrac{\alpha+\beta}{\beta^2}$의 최소값은?

– 명품수학 고등학교 시리즈 수학거미 10-나(하), 116쪽, STEP 6 (안재찬 지음, 화인미디어 펴냄, 2004년) –

우선 출전의 풀이를 살펴보자.

그른 풀이 이차방정식 $x^2 - 3ax + 2a = 0$의 두 근이 α, β이므로 $\alpha + \beta = 3a$, $\alpha\beta = 2a$ 또, $\alpha > 0$, $\beta > 0$ ($\because a > 0$)이므로

$$\frac{\alpha+\beta}{\alpha^2} > 0, \quad \frac{\alpha+\beta}{\beta^2} > 0$$

산술평균과 기하평균의 관계에서

$$\begin{aligned} \frac{\alpha+\beta}{\alpha^2} + \frac{\alpha+\beta}{\beta^2} &\geq 2\sqrt{\frac{\alpha+\beta}{\alpha^2} \cdot \frac{\alpha+\beta}{\beta^2}} = 2\sqrt{\frac{(\alpha+\beta)^2}{\alpha^2 \cdot \beta^2}} \\ &= 2 \cdot \frac{\alpha+\beta}{\alpha\beta} = 2 \cdot \frac{3a}{2a} \\ &= 3 \end{aligned}$$

따라서, 최소값은 3이다. ■

우선 필자는 이 문제를 왜 굳이 산술평균과 기하평균을 사용하여 풀었는지 이해가 가지 않는다. 근과 계수가 만족하는 관계[Viète formulae]를 사용하여 식을 변형하면 되는데 말이다. 그리고 $a > 0$이라는 조건 하나만 가지고 $\alpha + \beta = 3a$와 $\alpha\beta = 2a$이므로 $\alpha > 0$, $\beta > 0$라 주장한 것도 논리적으로 타당하지 않다. 이 관계가 성립하기 위해서 두 근은 반드시 실수여야 하기 때문이다. 따라서 방정식이 실근을 가질 조건도 따지지 않은 기본적 실수를 저지른 셈이다.

$$\begin{aligned} \frac{\alpha+\beta}{\alpha^2} + \frac{\alpha+\beta}{\beta^2} &= (\alpha+\beta)\left(\frac{1}{\alpha^2} + \frac{1}{\beta^2}\right) \\ &= (\alpha+\beta) \cdot \frac{\alpha^2+\beta^2}{\alpha^2\beta^2} \\ &= \frac{(\alpha+\beta)}{(\alpha\beta)^2}[(\alpha+\beta)^2 - 2\alpha\beta] \\ &= \frac{3a}{4a^2}[9a^2 - 4a] \\ &= \frac{27}{4}a - 3 \end{aligned}$$

이고 이 때, $a > 0$에 대해 이 식의 최소값은 존재하지 않는다. 만약 두 근이 실수라는 조건을 단다면 판별식 $D = 9a^2 - 8a = a(9a - 8) \geq 0$에

서 $a > 0$이므로 $a \geq \frac{8}{9}$이고 따라서 이 때 식의 최소값은 $a = \frac{8}{9}$일 때, $\frac{27}{4} \cdot \frac{8}{9} - 3 = 3$이다. 물론 산술평균과 기하평균을 사용하려면 주어진 식의 각 항이 양수이어야 한다. 그러기 위해서는 $\frac{\alpha + \beta}{\alpha^2}$이 양수이어야 하는데, 주어진 방정식이 실계수 방정식이므로 방정식이 허근을 가지면 즉, $0 < a < \frac{8}{9}$에 대해 α, β는 켤레복소수다. 즉 두 실수 u, v에 대해 $\alpha = u + v\boldsymbol{i}$이면 $\beta = u - v\boldsymbol{i}$이고, 따라서 α^2과 β^2이 실수이어야 하므로 $uv = 0$, 즉 $u = 0$이거나 $v = 0$이어야 한다. 그런데 두 근은 허근이므로 $v \neq 0$이고 $u = 0$이다. 이 때 $\alpha^2 = (v\boldsymbol{i})^2 = -v^2 < 0$이므로 각 항은 양수일 수 없다. 따라서 주어진 식의 각 항이 양수이려면 두 근은 실근이어야 하고, 따라서 $a \geq \frac{8}{9}$이어야 한다. 아주 간단한 문제이지만 중요한 부분을 무심코 넘어가면 엄청난 실수를 범하게 된다.

다음 문제 역시 식의 의미를 제대로 살피지 않고 다루고 있는 문제이다.

다음 식에서 $m + n$의 값을 구하여라.

1) $(x^m y^3)^n = x^{10} y^6$ 2) $\left(\frac{ab^m}{a^n b^3}\right)^3 = \frac{b^9}{a^3}$ 3) $\frac{(x^2 y)^2}{(xy^m)^3}$

– 개념원리 중학수학 7-가, 52쪽, 5번 (이홍섭 지음, 개념원리 연구소 펴냄, 2005년) –

출전의 풀이를 살펴보자.

그른 풀이

(1) $x^{mn} y^{3n} = x^{10} y^6$에서

y의 지수: $3n = 6$ $\therefore n = 2$

x의 지수: $2m = 1$ $\therefore m = 5$

$\therefore m + n = 7$

(이하 (2), (3)의 풀이는 생략) ■

이와 비슷한 다음 문제와 비교해 보자.

Determine all values of x for which $12^{2x+1} = \left(2^{3x+7}\right) \cdot \left(3^{3x-4}\right)$

– **Canadian Mathematics Competition, Vol. 8, p. 3, #13, (2002) CEMC, Univ. of Waterloo, Canada** –

마찬가지로 출전의 풀이를 먼저 살펴보자.

바른 풀이

$$
\begin{aligned}
12^{2x+1} &= \left(2^{3x+7}\right)\left(3^{3x-4}\right) \\
12^{2x+1} &= (4 \times 3)^{2x+1} \\
&= 4^{2x+1} \times 3^{2x+1}
\end{aligned}
$$

But $4^{2x+1} = \left(2^2\right)^{2x+1} = 2^{4x+2}$

Therefore $12^{2x+1} = 2^{4x+2} \times 3^{2x+1}$ and $2^{4x+2} \times 3^{2x+1} = 2^{3x+7} \times 3^{3x-4}$

$$
\begin{aligned}
\frac{2^{4x+2}}{2^{3x+7}} &= \frac{3^{3x-4}}{3^{2x+1}} \\
2^{x-5} &= 3^{x-5} \\
\frac{2^{x-5}}{3^{x-5}} &= 1 \\
\left(\frac{2}{3}\right)^{x-5} &= 1.
\end{aligned}
$$

Therefore, $x - 5 = 0$ and $x = 5$. ■

얼핏 보기에 유형이 같은 문제인 것으로 보이지만 그 성격은 엄연히 다르다. 첫 번째 문제는 중학생용 문제이므로 거듭제곱의 지수를 자연수 범위에서만 다루는 것이 바람직하며, 두 번째 문제는 고등학생용 문제로 거듭제곱의 지수를 실수 범위에서 다룰 수 있다. 물론 지수가 취할 범위를 고려하여 첫 번째 문제를 고등학교에서, 두 번째 문제를 중학교에서 다룰 수도 있지만, 두 번째 문제를 중학교 교과과정에서 다루려면 풀이는 이보다 더 복잡해질 수밖에 없다. 특히 $2^{x-5} = 3^{x-5}$를 만족하는 x는 중학교 범위에서 다룰 수 없는 경우이다. 왜냐하면 고등학교 과정에서 볼 때, $x = 5$가 답이어야 하지만, 이 경우 $2^0 = 3^0$이 되어 중학교 교과과정을 넘어서기 때문이다. 가끔 중학교 참고서에서 a^0의 값을 묻는 문제를 볼 수 있는데, 이는 엄밀히 말해 중학생들에게 적절하지 않은 문제다. 이를 위해 '영제곱'에 대한 정의와 그 필요성, 그리고 연산 규칙을 엄밀히 해 두어야 함에도 무작정 $a^0 = 1$이라는 식으로 가르치고 있으니 한국 교육은 수학을 올바로 배우고 가르치는 데 그 뜻을 두지 않고 백과사전처럼 지식만 머리에 담아 주는 일에 몰두하고 있는 셈이다. 또한 첫 번째 문제는 단항식 연산을 다루는 단원이나 지수를 정수 전체까지 확장하여 유리식을 다루는 단원에서 배울 수 있는 문제로 여길 수 있으며, 두 번째 문제는 거듭제곱을 다루는 단원에서 다루어질 문제이다. 다시 말해 전자는 다항식이나 유리식과 관련있는 문제요, 후자는 실수와 관련있는 문제이다. 또한 앞에서도 언급한 바같이 교과과정에서 일반적으로 단항식과 다항식 그리고 유리식을 사용한 연산 그 자체, 즉 이들의 대수적 성질을 배우는데 중점을 두지 않고, 함수식 또는 주어진 값을 식에 대입하여 식의 값을 계산하는데 초점을 두고 있으므로 이런 관점에서 첫 번째 풀이는 그다지 올바른 풀이라 할 수 없다. 따라서 만약 $x^{mn}y^{3n} = x^{10}y^6$을 단항식에 관한 항등식으로 이해 한다면 단항식의 정의로부터 $mn = 10$이고 $3n = 6$이어야 하므로 출전의 풀이는 옳다. 그러나 이 등식을 임의 실수 x, y에 대해 항상 성립하는 식, 즉 실변수 항등식으로 바라보거나, 특정한 실수 x, y에 대해 성립하는 식으로 여긴다면 위 풀이는 올바르지 않다. 이처럼 문제를 해석하는 방법에서 오는 혼동을 피하기 위해 문제는 좀 더 정확하고 꼼꼼하게 제시되어야 한다. 이 문제는 '임의 실수 x, y에 대해 다음 식이 항상 성립하도록$\cdots$'같이 바꾸는 것이 바람직하다. 이제 이런 조건 아래에서 풀이를 올바로 다듬어 보자.

바른 풀이

(1) 임의 실수 x, y에 대해 $x^{mn}y^{3n} = x^{10}y^6$이 항상 성립하므로 $x = 1, y = 2$이면 $2^{3n} = 2^6$이고 따라서 $3n = 6$, 즉 $n = 2$이다. 또한 가정에 의해 주어진

식은 $x = 2$, $y = 1$에 대해서도 성립하므로 $2^{mn} = 2^{10}$, 즉 $2^{2m} = 2^{10}$이므로 $2m = 10$, 즉 $m = 5$이다. 이 경우 명백히 $x^{mn}y^{3n} = x^{10}y^{6}$은 임의 실수 x, y에 대해 성립하므로 $(m, n) = (5, 2)$가 구하는 해이고, 따라서 $m+n=7$이다. 여기서 특수한 값을 대입하여 얻은 결과가 다른 값에 대해서도 성립한다는 것을 언급하지 않으면 완전한 풀이가 아니다. (이하 (2), (3)의 풀이는 생략) ■

만약 이 문제를 '주어진 x, y에 대해 다음 등식이 성립할 때⋯'라 한다면 풀이는 다음같이 달라져야 한다.

바른 풀이 앞에서 한 것처럼 첫 번째 문제만 다루어 보기로 한다. 이제 주어진 x, y에 대해 등식 $x^{mn}y^{3n} = x^{10}y^{6}$이 성립한다 하자.

(가) $xy = 0$일 경우:

이 경우 임의 자연수 m, n에 대해 이 등식은 항상 성립하므로 구하는 해는

$$\{(m, n) \mid m, n \in \mathbb{N}\}$$

이다.

(나) $xy \neq 0$일 경우:

이 경우는 중학생이 배우는 지식 수준에서 문제를 다루기 쉽지 않다. 풀이에 필요한 수식을 간단히 하기 위해 계산에 나타나는 지수는 음수나 0까지 가능한 것으로 하자.

ㄱ. 우선 $x > 0$, $y > 0$인 경우부터 다루어 보자. 양변을 $x^{10}y^{3n}$으로 나누고 그 식의 양변에 상용대수를 취하면

$$(mn - 10)\log x = (6 - 3n)\log y$$

이다. 만약 $x \neq 1$일 때 주어진 자연수 n에 대해 m을 구하면

$$m = \frac{1}{n}\left[(6-3n)\frac{\log y}{\log x} + 10\right] \quad \text{이다.}$$

이제 $k = \dfrac{\log y}{\log x}$라 하자. 만약 k가 무리수일 때 $6-3n \neq 0$이면 임의 자연수 n에 대해서도 m은 무리수이므로 $6-3n = 0$, 즉 $n = 2$이어야 하

고 따라서 주어진 등식을 만족하는 자연수쌍은 오직 $(m,\, n) = (5,\, 2)$ 뿐이다. 이제 k가 유리수라 하자. 즉 서로 소인 두 정수 $p,\, q$에 대해 $k = \frac{q}{p}$라 놓으면, 이 경우 $x^q = y^p$이고 $m,\, n$에 관한 위 식은 $m = \frac{(6-3n)q+10p}{np}$, 즉 $6q + 10p = n(mp+3q)$와 똑같다. 따라서 주어진 등식을 만족하는 자연수쌍 $(m,\, n)$은 $n(mp+3q) = 6q+10p$인 자연수 $m,\, n$들로 이루어진다. 물론 $(m,\, n) = (5,\, 2)$는 이들 가운데 항상 들어있다. 예를 들어 두 양수 $x,\, y$가 $x = y^3$이고 $x \neq 1$이면 $k = \frac{1}{3}$이므로 방정식 $36 = n(3m+3)$으로부터

$$(m,\, n) = (1,\, 6),\, (2,\, 4),\, (3,\, 3),\, (5,\, 2),\, (11,\, 1)$$

이 항등식 $x^{mn}y^{3n} = x^{10}y^6$을 만족하는 순서쌍이다. 참고로 $1 \leq p,\, q \leq 100$이고 서로 소인 두 양수 $p,\, q$로 이루어진 순서쌍 $(p,\, q)$ 6047쌍 가운데 오직 171쌍에 대해서만 이 경우 $(m,\, n) \neq (5,\, 2)$인 순서쌍 $(m,\, n)$을 해로 갖는다. 만약 $x = 1$이면 $y^{3n} = y^6$이므로 $y \neq 1$일 때 $n = 2$이고 m은 임의 자연수이다. 또한 $x = y = 1$이면 임의 자연수 $m,\, n$이 모두 이 식을 만족한다.

ㄴ. $xy < 0$인 경우 주어진 등식의 오른쪽변은 항상 양수이므로 x가 음수이면 mn이 짝수이어야 하고 y가 음수이면 $3n$이 짝수, 즉 n은 짝수이어야 한다. 따라서 $|x| \neq 1$인 경우 등식

$$m = \frac{1}{n}\left[(6-3n)\frac{\log|y|}{\log|x|} + 10\right]$$

으로부터 역시 $k = \frac{\log|y|}{\log|x|}$가 무리수이면 주어진 등식을 만족하는 자연수쌍은 $(m,\, n) = (5,\, 2)$ 뿐이고, $k = \frac{q}{p}$로 유리수이면, 부정방정식 $6q + 10p = n(mp + 3q)$를 만족하면서 $m,\, n$ 가운데 $x,\, y$에 따라 홀짝성을 만족하는 것이 해이다. 보기로 $|x|^4 = |y|^3$인 관계에 있고 $x < 0,\, y > 0$이면 부정방정식 $54 = n(3m + 12)$로부터 $(m,\, n) = (2,\, 3),\, (5,\, 2),\, (14,\, 1)$이고 $x < 0$이므로 mn이 짝수이어야 한다는 조건을 모두 만족하므로 이 순서쌍이 모두 해가 된다. 한편 $|x| = 1$인 경우는 첫 번째 경우에 따라 처리하면 된다.

ㄷ. $x < 0$이고 $y < 0$인 경우 n은 짝수이어야 하며 m은 홀짝성에 상관하지 않는다. 마찬가지로 부정방정식

$$m = \frac{1}{n}\left[(6-3n)\frac{\log|y|}{\log|x|} + 10\right]$$

을 풀면, $k = \frac{\log|y|}{\log|x|}$가 무리수일 때, 주어진 등식을 만족하는 자연수쌍은 오직 $(m, n) = (5, 2)$ 뿐이고, $k = \frac{q}{p}$로 유리수이면, $x < 0$으로부터 n은 짝수이어야 하고 $n = 2n'$인 자연수 n'이 존재한다. 따라서 부정방정식 $6q+10p = n(mp+3q) = 2n'(mp+3q)$, 즉 $3q+5p = n'(mp+3q)$로부터 m과 n'을 구하면 $(m, 2n')$이 해가 된다. 예를 들어 두 음수 x, y가 $x = y^3$이고 $|x| \neq 1$이면 $k = \frac{1}{3}$이므로 방정식 $36 = n(3m+3)$으로부터

$$(m, n) = (1, 6), (2, 4), (3, 3), (5, 2), (11, 1)$$

이며 $x < 0$이므로 n이 짝수인 것만 고르면 $(m, n) = (1, 6), (2, 4), (5, 2)$가 해가 된다. 한편 $|x| = 1$인 경우는 첫 번째 경우에 따라 처리하면 된다. ■

만약 지수를 임의 실수까지 확장하고 밑을 양수에 제한하면 순서쌍 (m, n)은 무수히 많이 존재할 수도 있다. 따라서 $2^x3^y = 1$의 해는 $1 = 2^03^0$이므로 $x = y = 0$이 해가 되는 것이 아니라 임의 실수 x에 대해 관계식 $y = (-\log_3 2)x$를 만족하는 순서쌍 (x, y)가 모두 해가 된다. 이런 현상은 복소수를 살피면 금방 이해할 수 있다. 보기로 ω를 $\omega^3 = 1$을 만족하는 한 허수라 하면 임의 정수 k에 대해 비록 지수는 달라도

$$\omega = \omega^4 = \omega^7 = \cdots = \omega^{3k+1} = \cdots \quad \text{이다.}$$

이제 연립방정식과 관련한 문제들을 살펴 보기로 하자.

A지점에서 B지점을 가는 데는 산을 넘어야 한다. A지점에서 산의 정상까지는 6km이고, 정상에서 B지점까지는 12km라고 한다. A지점에서 B지점까지 갈 때는 4시간, B지점에서 A지점까지 갈 때는 5시간이 걸린다고 할 때, 내리막길과 오르막길에서의 시속을 구하여라.

– 고난도 탄탄수학, 8-가, 97쪽, 필수예제 3 (오명식 지음, 탄탄교육 출판사) –

처음 문제를 대하면 이 문제에서 구하라는 '시속'이 무엇일까 궁금해진다. 실제로 산을 오르고 내려오는 동안 사람이 걷는 속력이 항상 일정하지 않다. 산을 오르다 힘이 들면 쉬기도 하고, 좋은 경치나 볼만한 거리가 있다면 발을 멈추게 마련이다. 산행에서 오르는 것보다 내려가는 것이 더 위험하고 힘들다는 것은 아마 산에 다녀온 경험이 있는 사람이라면 다 알 것이다. 가파른 곳에서 조심하여 속력이 줄 수도 있고, 뛰어내려가기 적절한 곳에서 달릴 수도 있다. 그렇다면 이 문제가 요구하는 시속이란 도무지 구할 수 없다. 순간마다 속력은—더 정확히 말해 속도가— 순간순간 바뀌기 때문이다. 그렇다면 이 출전이 제시하고 있는 답은 무엇을 의미할까? 출전의 풀이를 살펴보자.

그른 풀이 오르막길에서의 속도를 $x$km/시, 내리막길에서 속도를 $y$km/시라고 하면,

A에서 B까지 가는 데 걸리는 시간은 $\frac{6}{x}+\frac{12}{y}=4$ …… ㉠

B에서 A까지 가는 데 걸리는 시간은 $\frac{12}{x}+\frac{6}{y}=5$ …… ㉡

(중간 생략) 즉 오르막길에서의 속도는 3km/시, 내리막길에서의 속도는 6km/시 ■

풀이를 살펴보면 지적할 곳이 있다. 우선 문제에서 구하는 것이 속도인지 속력인지 하는 문제이다. 물리량인 속도[velocity]란 방향과 크기를 가진 양으로 흔히 이를 **벡터량**이라 하며, 속력[speed]은 속도의 크기를 가리키는 말로 흔히 이를 **스칼라량**이라 이른다. 이 문제는 빠르기와 관련한 문제로 '속도'라는 말 대신 '속력'이란 말로 바꾸어야 옳다. 수학이 과학의 기초라고 하면서 과학 지식을 무시하고 문제를 다루는 것은 앞뒤

가 맞지 않는 얘기이다. 이제 풀이로 돌아가 보면 A에서 B까지 가는 데 걸리는 시간이 네 시간이므로 $\frac{6}{x}+\frac{12}{y}=4$인 관계가 성립한다고 했다. 그러나 이 식은 움직인 속력이 일정할 때, 즉 x와 y가 시간 t에 관계없이 일정한 상수함수일 때 가능한 얘기이다. 따라서 이 풀이는 문제의 요구에 맞지 않다. 사실 문제의 요구에 알맞은 풀이는 불가능하다. 왜냐하면 앞에서도 설명한 바같이 순간마다 속력이 다르기 때문이다. 이 경우 문제는 시속이라는 말 대신 '평균 속력'이라는 말을 사용해야 한다. 이 때 풀이도 '오르막길과 내리막길에서 평균 속력을 각각 x km/h, y km/h라 하자'같이 시작하면 된다.

다음 문제는 오랜 세월 여러 문제집에서 다루어지는 아주 오래된 유형이다. 그러나 자세히 살펴보면 물리 상식에서 벗어나는 문제이다. 그럼에도 불구하고 이를 지적하는 이가 없는 듯하니 이상한 일이다.

> 보트로 강을 5km 오르는데 1시간, 내려가는 데 30분 걸렸다. 강물의 흐르는 속도를 구하여라. 또, 강물이 정지하고 있을 때의 보트의 속도를 구하여라.
>
> **– 고난도 탄탄수학, 8-가, 101쪽, 2번 (오명식 지음, 탄탄교육 출판사) –**

출전의 풀이를 살펴보자.

그른 풀이 강물의 속도를 $x$km/시, 강물이 정지하고 있을 때의 보트의 속도를 $y$km/시라고 하면

올라갈 때: 강물의 속도만큼 보트의 속도가 떨어지므로

$$\frac{5}{y-x}=1 \therefore y-x=5\cdots\cdots ㉠$$

내려갈 때: 강물의 속도만큼 보트의 속도가 빨라지므로

$$\frac{5}{y+x}=\frac{1}{2} \therefore y+x=10\cdots\cdots ㉡$$

㉠ + ㉡: $2y=15$

$$\therefore y=7.5$$

㉡에 대입하면 $x = 2.5$ 따라서

(가) 강물의 속도는 2.5km/시

(나) 보트의 속도는 7.5km/시 ■

이 풀이가 지닌 문제점은 바로 ㉠과 ㉡에 대한 논리적 근거이다. 우선 강물을 거슬러 올라갈 때와 내려갈 때 배의 속력이 어떻게 변하는지 문제는 충분한 설명을 하지 않고 있으며, 풀이 방법도 물리 법칙을 충분히 고려하고 있지 않다. 문제에서 **보트**라는 말을 한 점으로 보아 나룻배 정도로 이해한다면 근사적으로 비슷한 결론을 얻을 수 있을지 모르지만, 일반적으로 흐르는 물 위에서 움직이는 물체는 물과의 마찰력, 배의 질량 그리고 주변 물리 현상과 깊은 관계를 맺고 있다. 물리적으로 아무런 근거도 없는 단순한 추측으로 문제를 풀려는 태도는 이제 버려야 한다. 한편 강물은 얼지 않는 이상 정지하지 않으므로 강물이 정지하고 있을 때 배의 속력을 구하라는 요구는 현실성이 없는 문제이다. 이 경우 배의 속력이 강물의 빠르기에 의해서만 변한다면 강물의 속력에 대한 배의 속력을 구하도록 하는 것이 옳다. 아울러 **보트**의 속도라 질문하면 배가 움직이는 방향도 아울러 고려하여야 하므로 적절하지 않다. 이제 문제를 연립방정식과 물리법칙에 크게 어긋나지 않도록 만들려면 적절한 표현과 더불어 다음같이 고쳐야 한다.

> 거룻배로⟨156⟩ 강을 5 km 거슬러 올라가는데 1시간이, 그리고 강을 따라 내려가는데 30분이 걸렸다. 강물 위에서 배의 속력은 강을 거슬러 올라갈 때 강물의 속력만큼 줄고, 강을 따라 내려올 때 강물의 속력만큼 늘어난다 하자. 배와 강물의 속력이 일정하다 가정할 때, 강물의 흐르는 속력과 배가 강을 거슬러 올라갈 때 강물에 대한 배의 속력을 구하여라.

이제 연립방정식과 깊은 관련이 있는 행렬에 대해 살펴보자.

행렬[matrix]은 일차 연립방정식을 푸는데 유용하다. 다음은 일차 연립방정식의 해와 관련한 문제이다.

In the following system of equations, k is a real number.

$$\begin{aligned} -2x+y+z &= k+1 \\ kx+z &= 0 \\ y+kz &= 0 \end{aligned}$$

For what value(s) of k does the system

(i) have no solutions?

(ii) have exactly one solution?

(iii) have an infinite number of solutions?

– **Canadian Mathematics Competition, Vol. 8, p. 9, #28 (2002)**

CEMC, Univ. of Waterloo, Canada –

출전은 이 문제에 대한 풀이로 두 가지 방법을 소개하고 있다. 첫 번째 방법은 식을 적절히 변형하여 각 변수를 소거함으로써 x에 대한 방정식 $(k+1)(k-2)x = k+1$을 얻고 따라서 다음과 같은 답을 얻었다.

(i) 해가 존재하지 않는 경우: $k = 2$

(ii) 해가 유일하게 한 개 있는 경우: $k \neq -1, 2$인 임의 실수 $k \in \mathbb{R}$

(iii) 해가 무수히 많이 존재하는 경우: $k = -1$

이 풀이에는 문제가 없으나 두 번째로 소개하고 있는 풀이는 논리적으로 문제가 있다. 이 방법은 행렬을 사용한 방법으로 흔히 '**가우스**-소거법[Gauß elimination]'으로 알려져 있다. '**가우스**-소거법'은 행렬에 대한 세 가지 기본 열변환 규칙[fundamental row operations]으로 이루어져 있다.

(i) 각 행에 0이 아닌 임의 수를 곱할 수 있다.

(ii) 서로 다른 두 행을 골라 서로 열을 맞추어 더하여 얻은 새로운 행을 처음 두 행 가운데 한 행과 맞바꿀 수 있다.

(iii) 서로 다른 두 행의 위치를 맞바꿀 수 있다.

이를 적절히 사용하여 행렬을 다루기 좋은 형태, 즉 행-사다리꼴[row-echelon form]로 바꾸는 작업이다. 우선 출전의 두 번째 풀이를 살펴보기로 하자.

그른 풀이 Expressing the system in matrix form and row-reducing, we get

$$\left[\begin{array}{ccc|c} -2 & 1 & 1 & k+1 \\ k & 0 & 1 & 0 \\ 0 & 1 & k & 0 \end{array}\right] \sim \left[\begin{array}{ccc|c} -2 & 1 & 1 & k+1 \\ 0 & k & k+2 & k^2+k \\ 0 & 1 & k & 0 \end{array}\right]$$
$$\sim \left[\begin{array}{ccc|c} -2 & 1 & 1 & k+1 \\ 0 & k & k+2 & k^2+k \\ 0 & 0 & k+2-k^2 & k^2+k \end{array}\right]$$

The bottom row is equivalent to $(-k^2+k+2)z = k^2+k$. Factoring gives, $-(k-2)(k+1)z = k(k+1)$. Follow the analysis as in solution 1. ■

출전이 제시한 풀이에서 첫 번째 붙임행렬[augmented matrix]을 두 번째 붙임행렬로 바꾸기 위해 주어진 붙임행렬의 첫 번째 행에 $\frac{k}{2}$를 곱하여 두 번째 행에 더한 것을 두 번째 행과 맞바꾸고 다시 이 행을 두 배했다. 이제 두 번째 붙임행렬의 세 번째 행에 $-k$를 곱하여 두 번째 행에 더해 얻은 행을 세 번째 행과 맞바꾸면 마지막 붙임행렬을 얻을 수 있다. 어디가 잘못된 것일까? 민혜한 독자들은 이미 필자의 생각을 읽고 있으리라. 변환규칙 첫 번째에서 행에 곱하는 수는 절대 0이어서는 안된다. 생각해 보라. 연립방정식을 이루는 한 방정식에 0을 곱하고 나면 유효한 방정식 개수는 줄어들고 원래 방정식과 다른 연립방정식이 되고 만다. 따라서 변환규칙에서 행에 0을 곱하는 것은 허락하지 않는다. 그런데 곱하는 것이 이 문제같이 k를 포함하고 있을 때는 반드시 $k=0$인 경우와

$k \neq 0$인 경우로 나누어 풀어야 한다. 이제 가우스-소거법을 사용한 올바른 풀이를 작성해 보자.

바른 풀이 만약 $k=0$이면 두 번째 행과 세 번째 행을 바꾸어 다음같이 행-사다리꼴[reduced row-echelon form]을 얻는다.

$$\left[\begin{array}{ccc|c} -2 & 1 & 1 & 1 \\ 0 & 0 & 1 & 0 \\ 0 & 1 & 0 & 0 \end{array}\right] \sim \left[\begin{array}{ccc|c} -2 & 1 & 1 & 1 \\ 0 & 1 & 0 & 0 \\ 0 & 0 & 1 & 0 \end{array}\right]$$

따라서 이 경우 주어진 방정식은

$$-2x+y+z=1, \qquad y=0, \qquad \text{그리고} \qquad z=0$$

과 동치이며 따라서 해가 $(x,\ y,\ z)=\left(-\frac{1}{2},\ 0,\ 0\right)$으로 오직 해를 한 개 갖는다.

이제 $k \neq 0$이면 앞의 풀이가 제시하고 있는 것처럼 첫 번째 행에 $\frac{k}{2}$를 곱하여 두 번째 행에 더한 것을 두 번째 행과 맞바꾸고 다시 이 행을 두 배한 뒤, 세 번째 행에 $-k$를 곱하여 두 번째 행에 더해 얻은 행을 세 번째 행과 맞바꾸면 다음과 같은 행-사다리꼴을 얻는다.

$$\left[\begin{array}{ccc|c} -2 & 1 & 1 & k+1 \\ k & 0 & 1 & 0 \\ 0 & 1 & k & 0 \end{array}\right] \sim \left[\begin{array}{ccc|c} -2 & 1 & 1 & k+1 \\ 0 & k & k+2 & k^2+k \\ 0 & 1 & k & 0 \end{array}\right]$$
$$\sim \left[\begin{array}{ccc|c} -2 & 1 & 1 & k+1 \\ 0 & k & k+2 & k^2+k \\ 0 & 0 & k+2-k^2 & k^2+k \end{array}\right]$$

따라서 주어진 연립방정식은 k-값에 관계없이 처음 방정식과 동치인 연립방정식으로 바뀐다.

$$\begin{aligned} -2x+y+z &= k+1 \\ ky+(k+2)z &= k^2+k \\ -(k^2-k-2)z &= k^2+k. \end{aligned}$$

따라서 마지막 방정식 $-(k^2-k-2)z=k^2+k$, 즉 $-(k-2)(k+1)z=k(k+1)$에 주목하면

(i) 해가 존재하지 않는 경우: $k = 2$

(ii) 해가 유일하게 한 개 있는 경우: $k \neq -1, 2$인 임의 실수 $k \in \mathbb{R}$에 대해

$$(x,\ y,\ z) = \left(\frac{1}{k-2},\ \frac{k^2}{k-2},\ -\frac{k}{k-2}\right)$$

이다.

(iii) 해가 무수히 많이 존재하는 경우: $k = -1$일 때 임의 실수 t에 대해 $(x,\ y,\ z) = (t,\ t,\ t)$이다.

이처럼 방정식을 다룰 때, 식에 0을 곱하는 것은 동치인 연립방정식을 얻지 못한다는 사실을 잘 주지해야 한다. 행렬에 관한 얘기가 나왔으니 행렬에 관한 다음 문제를 살펴보자.

다음은 이차정사각행렬 A가 $A^2+A+E=O$를 만족시킬 때, $A+2E$의 역행렬을 구하는 과정이다. (단, O는 영행렬, E는 단위행렬이다.)

> $A+2E$의 역행렬을 B라고 하면 $(A+2E)B = [(가)]$
>
> $\therefore\ AB = [(가)] - 2B$
>
> $A^2+A+E=O$의 양변의 오른쪽에 B를 곱하면
>
> $A^2B + AB + B = O$ $\cdots$ ㉠
>
> 그런데 A^2B를 $A,\ B,\ E$로 나타내면 $A^2B = [(나)]$
>
> ㉠에서 $[(나)] + ([(가)] - 2B) + B = O$이므로 B를 A와 E로 나타내면 $B = [(다)]$이다. 따라서, $A+2E$의 역행렬은 $[(다)]$이다.

위의 과정에서 (가), (나), (다)에 알맞은 것을 순서대로 적으면?

– 명품수학 고등학교 시리즈 수학거미 수학-I(상), 209쪽, STEP 7 (안재찬 지음, 화인미디어 펴냄, 2004년) –

고등학교에서 행렬에 대해 배운 학생은 얼른 답을 구할 수 있으리라. (가), (나), (다)에 들어갈 값을 차례대로 적으면 E, $A+4B-2E$, $\frac{1}{3}(E-A)$다. 그런데 어쩐지 석연하지 않은 곳이 있다. 만약 이 문제를 바꾸어 $A+2E$의 역행렬을 구하라는 문제가 있을 때, 이 답안은 완벽

한 답안이 될 수 없다. 어디가 잘못된 곳일까? 그렇다. 이 증명과정은 $A+2E$의 역행렬이 존재한다는 근거도 없이 그 역행렬을 B라 놓고 B를 구한 것이다. 과연 $A+2E$의 역행렬은 존재하는 것일까? 이제 이 부분을 증명해보자.

바른 풀이 우선 행렬 A는 복소수를 원소로 갖는 행렬이라 가정하자. 이 때 $(A+2E)^2=(A+2E)(A+2E)=A^2+4A+4E$이므로 $(A+2E)^2-3A-3E=A^2+A+E=O$이다. 따라서 이 관계식의 왼쪽변을 적절히 바꾸면

$$(A+2E)^2-3A-3E=(A+2E)^2-3(A+2E)+3E=O$$

이 되어 $X=A+2E$는 $X^2-3X+3E=0$을 만족한다. 다항식 $f(x)=x^2-3x+3$은 복소수 범위에서 $f(x)=(x-\alpha)(y-\bar{\alpha})$같이 인수분해 되므로, 행렬 X는 $X=\alpha E$이거나 $X=\bar{\alpha}E$, 즉 이 때 행렬식의 값은 각각 α^2이거나 $\bar{\alpha}^2$이고, 아니면 X의 행렬식의 값은 케일리/해밀턴 정리에 따라 3이 된다. 여기서 $\alpha=\frac{1}{2}(3+\sqrt{3}\,i)$이고 $\bar{\alpha}$는 허수 α의 켤레복소수이다. 이로부터 우리는 복소수 위에서 정의된 행렬 $A+2E$가 역행렬을 가짐을 알 수 있다. 실제로 $A^2+A+E=O$을 만족하는 이차 정사각행렬 A를 구해보면 0이 아닌 임의의 복소수 b, c에 대해 다음과 같다. 여기서 허수 ω, $\omega^2=\bar{\omega}$는 1의 세제곱근이고, $a=\frac{1}{2}[-1\pm(-3-4bc)^{\frac{1}{2}}]$이다.

$$\begin{bmatrix}\omega & 0\\ 0 & \omega\end{bmatrix},\ \begin{bmatrix}\bar{\omega} & 0\\ 0 & \bar{\omega}\end{bmatrix},\ \begin{bmatrix}\omega & 0\\ 0 & \bar{\omega}\end{bmatrix},\ \begin{bmatrix}\bar{\omega} & 0\\ 0 & \omega\end{bmatrix};$$
$$\begin{bmatrix}\omega & b\\ 0 & \bar{\omega}\end{bmatrix},\ \begin{bmatrix}\bar{\omega} & b\\ 0 & \omega\end{bmatrix},\ \begin{bmatrix}\omega & 0\\ c & \bar{\omega}\end{bmatrix},\ \begin{bmatrix}\bar{\omega} & 0\\ c & \omega\end{bmatrix};\ \begin{bmatrix}a & b\\ c & -a-1\end{bmatrix}\ \blacksquare$$

여기서 b, c가 실수이고 $bc\le-\frac{3}{4}$일 때만 행렬 A는 모든 원소가 실수인 행렬이 된다. 고등학교 교과 범위에서 허수를 원소로 갖는 것은 잘 다루지 않으므로 문제에서 행렬 A가 실수를 원소로 갖는 행렬임을 밝혀 두는 것이 더 좋을 듯하다. 만약 그렇지 않다면 A가 3으로 나눈 나머지로 이루어진 체[field]⟨157⟩, 즉 $\{0, 1, 2\}$의 원소를 행렬의 원소로 가질 때⟨158⟩,

행렬 $A=\left[\begin{smallmatrix}2&1\\2&0\end{smallmatrix}\right]$에 대해 $A^2+A+E=O$을 만족하지만 $A+2E=\left[\begin{smallmatrix}1&1\\2&2\end{smallmatrix}\right]$가 되어 $\det(A+2E)=0$으로 역행렬을 갖지 않는다.

다음 문제는 예비고사에 출제되었던 것으로 많은 학생들이 틀린 답을 달았던 문제다. 공식을 습관처럼 쓰도록 가르친 교육의 결과였다.

> 임의 실수 x에 대하여 부등식 $x^2-a|x|+b\geq 0$이 성립하기 위한 필요충분조건을 실수 a, b에 대하여 나타낸 것은?
>
> ㄱ) $b\geq\frac{1}{4}a^2$　　ㄴ) $b\geq\frac{1}{4}(|a|+a)^2$
>
> ㄷ) $b\geq\frac{1}{16}(|a|+a)^2$　　ㄹ) $b\geq\frac{1}{16}(|a|-a)^2$
>
> **– 1980년 11월 20일 실시 81학년도 예비고사 4번 문제 –**

이차부등식에 익숙한 독자라면 한 번쯤 풀어볼 수 있는 문제이다. 문제가 그리 까다로와 보이지 않지만 사실 공식에 익숙해 있는 학생들에게 함정이 있었던 문제로 수식의 의미는 뒷전인 채 공식만 외워서 문제의 답을 고르는 기교만 가르친 결과였다. 우선 다음 풀이를 살펴보자.

그른 풀이 우선 $t=|x|$라 놓으면 주어진 부등식은 $x^2=|x|^2$이므로 주어진 이차부등식을

$$t^2-at+b\geq 0 \tag{2.6}$$

같이 바꾸어 쓸 수 있다. <u>모든 t에 대해 이 부등식이 만족하니</u> 왼쪽변에 있는 이차식의 판별식 D가 양수가 아니면 된다. 따라서 $D=a^2-4b\leq 0$을 풀면 $b\geq\frac{1}{4}a^2$이 되어 답은 ㄱ)이 된다. ■

그러나 불행하게도 ㄱ)은 정답이 아니다. 그럼 어디서 잘못을 저지른 것일까? 우선 풀이 1에서 밑줄 그은 부분을 살펴보자. 문제는 임의 실수 x에 대해 부등식이 성립한다고 했지만 $t=|x|$라 놓았을 때, t는 단순하게 '임의 실수'가 아니라 '음이 아닌 임의 실수'가 된다. 그러니 부등식 $t^2-at+b\geq 0$을 임의 실수 t에 대해 만족하는 절대 부등식으로 보면 안되는 것이다. 물론 조건 $b\geq\frac{1}{4}a^2$은 주어진 부등식 $x^2-a|x|+b\geq 0$이 성립

하기 위한 충분조건임에 틀림없다. 왜냐하면 조건 $b \geq \frac{1}{4}a^2$이 성립하면 모든 양수 x에 대해 절대값 기호가 없는 부등식 $x^2 - ax + b \geq 0$이 성립하기 때문에 임의 실수 x에 대해서도 절대값이 있는 부등식 $x^2 - a|x| + b \geq 0$이 성립한다. 그러나 $a = -1$, $b = 0$일 때 조건 $b \geq \frac{1}{4}a^2$은 성립하지 않지만, 주어진 부등식은 모든 실수 x에 대해

$$x^2 - a|x| + b = x^2 + |x| \geq 0$$

임을 알 수 있다. 따라서 주어진 부등식이 임의 실수 x에 대해 성립하기 위해 조건 $b \geq \frac{1}{4}a^2$이 반드시 필요한 것은 아니다. 즉 ㄱ)은 필요조건이 아님을 알 수 있다.

바른 풀이 식 (2.6)에서 $f(t) = t^2 - at + b$라 놓자. 그러면 완전제곱식으로 바꾸어

$$f(t) = \left(t - \frac{a}{2}\right)^2 + b - \frac{a^2}{4}$$

이라 쓸 수 있다. 따라서 $f(t)$를 실수 전체 위에서 정의된 이차함수로 볼 때, 그 그래프, 즉 포물선의 꼭지점 좌표는 $\left(\frac{a}{2}, b - \frac{a^2}{4}\right)$이고 대칭축의 방정식은 $x = \frac{a}{2}$이다. 문제 조건에 따라 모든 음이 아닌 수 t에 대해 이 부등식이 성립해야 하므로 다음같이 두 경우로 나누어 생각할 수 있다.

경우 1: 대칭축 $x = \frac{a}{2}$가 y-축 오른쪽이나 y-축 위에 있으면, 즉 $\frac{a}{2} \geq 0$이면, 이 포물선의 꼭지점 y-좌표 $b - \frac{a^2}{4}$이 음수여서는 안된다. 즉 조건

$$b - \frac{a^2}{4} \geq 0 \tag{2.7}$$

을 얻는다.

경우 2: 대칭축 $x = \frac{a}{2}$가 y-축 왼쪽에 있으면, 즉 $\frac{a}{2} < 0$이면, 이 포물선의 y-절편 $f(0) = b$가 음수여서는 안된다. 즉 조건

$$b \geq 0 \tag{2.8}$$

을 얻는다.

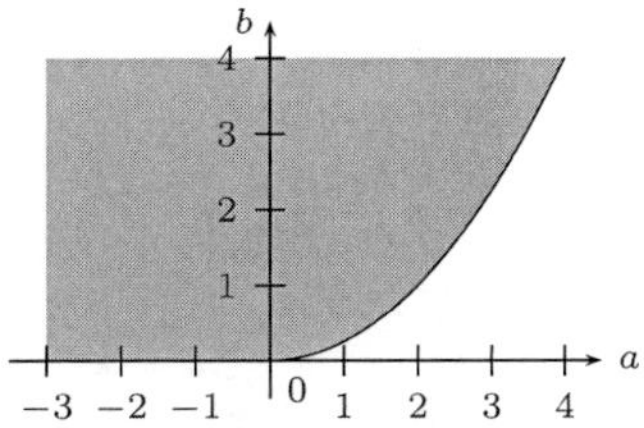

$$b \geq \frac{1}{16}(|a|+a)^2$$

그림 2.10: 모든 실수 x에 대해 $x^2 - a|x| + b \geq 0$일 필요충분조건

두 조건 (2.7)와 (2.8)을 합치면,

$$|a| + a = \begin{cases} 2a, & a \geq 0\text{일 때;} \\ 0, & a < 0\text{일 때} \end{cases}$$

이므로 $b \geq \frac{1}{16}(|a|+a)^2$이 되어 답은 ㄷ)이 된다. 이 조건을 만족하는 점 (a, b)를 좌표 평면 위에 나타내면 아래와 같다. ■

이차식을 완전제곱식으로 바꾸는데 익숙한 독자라면 다음같이 문제를 풀어도 좋을 듯하다.

다른 풀이 (1) 주어진 부등식의 왼쪽변에 있는 이차식을 완전제곱식으로 바꾸면

$$x^2 - a|x| + b = |x|^2 - a|x| + b = \left(|x| - \frac{a}{2}\right)^2 + b - \frac{a^2}{4}$$

이므로 부등식 $\left(|x| - \frac{a}{2}\right)^2 + b - \frac{a^2}{4} \geq 0$이 모든 실수 x에 대해 성립하기 위해 부등식

$$b \geq \frac{a^2}{4} - \left(|x| - \frac{a}{2}\right)^2$$

이 모든 실수 x에 대해 성립해야 한다. 이 때, $a \geq 0$이면 $\left(|x| - \frac{a}{2}\right)^2$은 $|x| = \frac{a}{2}$에서 최소값을 가지므로 $b \geq \frac{a^2}{4}$이고, 만약 $a < 0$이면 $\left(|x| - \frac{a}{2}\right)^2$ 은 $|x| = 0$에서 최소값을 가지므로 $b \geq 0$이 된다. 이를 합쳐쓰면, 풀이 2처럼 $b \geq \frac{1}{16}(|a|+a)^2$이 되어 답은 ㄷ)이 된다. ■

이차부등식이 절대 부등식일 필요충분조건이 이차식의 판별식 D가

음수여야 한다는 사실만 외우고 있었던 그 시절 많은 수험생들은 이 문제에 올바른 답을 하지 못했다. 아직도 이런 일을 주위에서 늘 볼 수 있는데, 공식만 암기하는 학습 버릇에 경종을 울린 본보기가 되었다. 유명한 교수들도 이차방정식을 풀 때 늘 완전제곱식을 사용하는 것을 필자는 자주 본다. 이차방정식을 풀 때, 가능한 공식을 쓰기보다 완전제곱식으로 바꾸어 풀도록 학생들에게 자주 이르지만, 이를 따르는 학생들은 거의 없으니 이 노릇을 어찌하면 좋을까.

이차방정식과 관련하여 다음 문제를 살펴보자.

a, b, c, d가 실수일 때, x의 2차방정식 $x^2+(a+bi)x+(c+di)=0$ $(i^2=-1)$이 하나의 실근을 가지기 위한 필요충분조건은 $abd=d^2+b^2c$인 것이다. 단, $bd \neq 0$.

(a) 이것을 증명하여라.

(b) 이 방정식은 두 근 모두 실수가 되는지의 여부를 음미하라.

– **수학세계 1981년 2월호(제4권 제12호) 24쪽 문제 27** –

이 문제는 당시 서울대학교 尹玉鏡 교수가고등학생들을 위해 월간 수학세계에 특집으로 실었던 문제들 가운데 하나로 이 문제의 풀이 가운데 두 번째로 딸린 문제의 답안은 틀린 답안이었다. 우선 수학세계에 실렸던 답안을 살펴보자.

그른 풀이

(i) 주어진 2차방정식이 하나의 실근 α를 가지면

$$(\alpha^2+a\alpha+c)+(b\alpha+d)i=0 \qquad \cdots\cdots①$$

따라서

$$\begin{cases} \alpha^2+a\alpha+c=0 \\ b\alpha+d=0 \end{cases} \qquad \cdots\cdots②$$

②의 제2식에서 $\alpha = -\frac{d}{b}\ (b \neq 0)$

이것을 ②의 제1식에 대입하여 양변에 b^2을 곱하면

$$d^2 - abd + cb^2 = 0$$

$$\therefore abd = d^2 + cb^2 \qquad \cdots\cdots③$$

역으로, 이 조건이 성립하면 가정 $bd \neq 0$에서 $b \neq 0$

따라서 ③의 양변을 b^2으로 나누면

$$\frac{ad}{b} = \frac{d^2}{b^2} + c$$

여기서 $\alpha = -\frac{d}{b}$라 하면

$$\alpha^2 + a\alpha + c = 0, \qquad b\alpha + d = 0$$

이므로 α는 ②. 따라서 ①의 근이다. 따라서 구하는 필요충분조건은

$$abd = d^2 + cb^2 \quad \text{이다. (증명끝)}$$

(ii) (1)에서 밝힌 바같이 실근은 $x = -\frac{d}{b}$ 뿐이다. 따라서 두 근 모두 실근이 되기 위해서는 ②의 제 1식이 등근을 갖지 않으면 안된다. 따라서 $a^2 - 4c = 0$이 성립한다.

답 이로부터 $abd = d^2 + cb^2$, $a^2 = 4c$일 때만 두 근 모두 실근이다. ■

두 번째 딸린 문제의 답이라 제시된 조건, 즉 $abd = d^2 + b^2c$와 $a^2 - 4c = 0$을 만족하는 값 $c = \frac{a^2}{4}$, $d = \frac{ab}{2}$를 원래 방정식에 대입하여 풀면 두 근은 $x = -\frac{a}{2}$와 $x = \frac{1}{2}(-a - 2b\boldsymbol{i})$로 방정식이 한 실근과 한 허근을 갖는다는 것을 알 수 있어, 두 실근을 갖는다는 조건에 어긋난다. 겉으로 보기에 그럴 듯한 답안이나 자세히 따져 보면 설명에 잘못이 있음을 알 수 있다. 이차방정식의 근과 계수 사이에 성립하는 관계식, 즉 Viète의 관계식을 사용하면 두 근이 실근일 때, 계수가 모두 실수이어야 하지만 이 문제에서 $bd \neq 0$이므로 일차항의 계수와 상수항은 모두 허수다. 즉 이 방정식의 근이 모두 실수일 수 없음을 알 수 있다.

다음 문제는 출전 뿐 아니라 많은 참고서들이 제시한 답이 천편일률로 바르지 못한 경우이다.

> 다음 연립방정식을 풀어라.
>
> $$\begin{cases} ax+y=a^2 \\ x+ay=1 \end{cases} \quad \text{단, } a\text{는 상수이다.}$$
>
> – 수학의 정석 (실력) 10-가, 212쪽, 필수예제 14-1 (洪性大 지음, 성지출판사) –

출전이 제시한 풀이를 옮겨본다.

그른 풀이

$$ax+y=a^2 \quad \cdots\cdots ① \qquad x+ay=1 \quad \cdots\cdots ②$$

① $\times a -$ ②하면 $(a^2-1)x = a^3-1 \therefore (a+1)(a-1)x = (a-1)(a^2+a+1)$

$\therefore$ $a \neq \pm 1$일 때 $x = \dfrac{a^2+a+1}{a+1}$, $y = -\dfrac{a}{a+1}$ (x의 값을 ①에 대입)

$a=1$일 때 부정 $(0\cdot x=0)$

$a=-1$일 때 불능 $(0\cdot x=-2)$ ■

출전의 풀이는 식을 정리하고 나서 주어진 조건을 적용하는 실수를 저지르고 있으며, 분명히 방정식을 풀라고 하였음에도 답은 구하지 않고 해가 존재함에도 '부정'이라고 답하고 멈춘 점에서 바른 풀이라 할 수 없다. 우선 '① $\times a -$ ②'같이 식을 연립하여 변형시키려면 식의 양변에 곱하는 수는 0이면 안된다. 따라서 이 경우 $a \neq 0$일 때만 풀이가 논리적으로 옳다. 다시 말해 $a=0$이면 두 번째 식만 사용하여 해를 구한 셈이 된다. 또한 $a=1$일 때 연립방정식의 해는 무수히 많지만 분명히 해는 존재한다. 따라서 이를 밝히는 것이 방정식을 푸는 것이지, '부정'이라 답하고 마는 것은 올바른 답안이라 할 수 없다. 참고로 여기서 '부정'이라는 뜻은 해가 무엇인지 정할 수 없다는 뜻이 아니라 해가 유일하게 정해지지 않거나 의미있는 해로 특별히 정해지지 않는다는 뜻이다. 올바른 풀이를 만들어보자.

바른 풀이 출전의 풀이같이 이제 $a \neq 0$일 때 첫 번째 식의 양변을 a-배 한 식에서 두 번째 식을 빼면

$$(a^2-1)x = a^3-1, \qquad 즉, \qquad (a+1)(a-1)x = (a-1)(a^2+a+1) \quad 다.$$

ㄱ) $a \neq \pm 1$이고 $a \neq 0$이면,

$$(x,\, y) = \left(\frac{a^2+a+1}{a+1},\, -\frac{a}{a+1}\right) \quad 다.$$

ㄴ) $a = -1$이면, 방정식은 $0 \cdot x = -2$가 되어 해가 존재하지 않는다.

ㄷ) $a = 1$이면, 원래 방정식에서 $x + y = 1$이므로 임의 실수 t에 대해

$$(x,\, y) = (t, 1-t) \quad 다.$$

ㄹ) $a = 0$이면, 원래 방정식으로부터 $(x,\, y) = (1,\, 0)$이 해다.

한편 $a = 0$인 경우 해는 $(x,\, y) = (1,\, 0)$이고 이는 ㄱ)에서 구한 식을 만족하므로 주어진 방정식의 풀이는 다음같이 정리할 수 있다.

(가) $a \neq \pm 1$일 때: $(x,\, y) = \left(\frac{a^2+a+1}{a+1},\, -\frac{a}{a+1}\right)$

(나) $a = -1$일 때, 해가 없다.

(다) $a = 1$일 때, 임의 실수 t에 대해 $(x,\, y) = (t, 1-t)$. ∎

문제를 푸는데 있어 올바른 답을 다는 일도 중요하지만 논리적, 수학적 근거를 바탕으로 문제를 다루는 능력 또한 이 못지 않게 중요하다. 학생들이 문제를 다루는 일에 좀 더 꼼꼼하고 수학 다운 접근법을 바로 익힐 수 있는 수학 교육이 되길 이 기회를 빌어 교육계에 간절히 요청한다.

방정식과 관련한 다음 문제는 어느 경시대회에 출제되었던 문제이다.

The equations $x^2+5x+6=0$ and $x^2+5x-6=0$ each have integer solutions whereas only one of the equations in the pair $x^2+4x+5=0$ and $x^2+4x-5=0$ has integer solutions.

(a) Show that if $x^2+px+q=0$ and $x^2+px-q=0$ both have integer solutions, then it is possible to find integers a and b such that $p^2 = a^2+b^2$. (i.e. (a, b, p) is a Pythagorean triple).

(b) Determine q in terms of a and b.

– Euclid Contest, Apr. 21, 1998 –

이 수학 문제풀이 대회는 Canada에 있는 Waterloo 대학교 수학과의CEMC⟨159⟩에서 주관하는 행사로 이 문제는 12학년 학생을 위한 대회에 출제되었다. Waterloo 대학교 수학과 전산망⟨160⟩에 올라있는 답안을 옮겨 적어본다.

그른 풀이

(a) We have that $x^2+px+q=0$ and $x^2+px-q=0$ both have integer solutions. For $x^2+px+q=0$, its roots are $\dfrac{-p\pm\sqrt{p^2-4q}}{2}$. In order that these roots be integers, p^2-4q must be a perfect square. Therefore, $p^2-4q=m^2$ for some positive integer m. Similarly for $x^2+px-q=0$, it has roots $\dfrac{-p\pm\sqrt{p^2+4q}}{2}$ and in order that these roots be integers p^2+4q must be a perfect square. Thus $p^2+4q=n^2$ for some positive integer n. Adding gives $2p^2=m^2+n^2$ (with $n\ge m$ since $n^2=p^2+4q\ge p^2-4q=m^2$) And so

$$p^2=\frac{1}{2}m^2+\frac{1}{2}n^2=\Big(\frac{n+m}{2}\Big)^2+\Big(\frac{n-m}{2}\Big)^2.$$

We note that m and n have the same parity since $m^2=p^2-4q\equiv p^2 \pmod 2$ and $n^2\equiv p^2+4q\equiv p^2 \pmod 2$. Since $\dfrac{n+m}{2}$ and $\dfrac{n-m}{2}$ are positive integers then $p^2 = a^2 + b^2$ where $a = \frac{n+m}{2}$ and $b = \frac{n-m}{2}$.

(b) From (a), $a = \frac{n+m}{2}$ and $b = \frac{n-m}{2}$ or $n = a+b$ and $m = a-b$. From before, $p^2 + 4q = n^2$

$$\begin{aligned} 4q^2 &= n^2 - p^2 \\ &= (a+b)^2 - (a^2+b^2) \\ 4q &= 2ab. \end{aligned}$$

Therefore, $q = \frac{ab}{2}$. ■

우선 이 문제에 대해 지적할 것은 문제 자체가 정확하지 않다는 점이다. 문제에서 다룰 이차방정식의 계수가 반드시 정수이어야 하는지 아니면 실수나 복소수도 가능한지, 그리고 방정식의 해가 모두 정수해이어야 하는지 아니면 각 방정식이 정수해를 적어도 하나씩 가지면 충분한지 문제만 살펴보아서 알 수 없다. 보기로 $p = -\frac{29}{5}$, $q = -\frac{42}{5}$일 때 두 방정식 $x^2 + px + q = 0$과 $x^2 + px - q = 0$은 각각 정수해 3과 7을 가지므로 이 경우가 문제에 제시한 조건을 만족하는 경우인지 따져 보아야 한다. 물론 문제 첫머리에 보기를 두 개 제시하여 이로부터 문제를 푸는 사람들이 추측할 수 있을지 모르지만, 모름지기 공식 대회용 문제로 미흡하다는 아쉬움이 남는다. 더욱 잘못된 것은 부분 문항 (b)의 답을 정할 수 없다는 것이며, 주최측이 제공한 풀이나 이에 대한 분석을 실은 수학 전문지의 풀이 또한 틀렸다는 점이다 [32]. 보기로 $p = 65$이고 $q = 750$인 경우 방정식 $x^2 + 65x + 750 = 0$의 해는 $x = -50$와 $x = -15$이고 방정식 $x^2 + 65x - 750 = 0$의 해는 $x = -75$와 $x = -10$으로 문제의 조건을 모두 만족한다. 따라서 풀이 (a)에 따라 $m^2 = p^2 - 4q = 1225$이고 $n^2 = p^2 + 4q = 7225$이므로 $m = 35$, $n = 85$다. 따라서

$$p^2 = 65^2 = 4225 = 3600 + 625 = \left(\frac{85+35}{2}\right)^2 + \left(\frac{85-35}{2}\right)^2$$

임을 얻는다. 물론 이 경우 $a = 60$, $b = 25$이므로 $q = 750 = \frac{60 \times 25}{2}$를 만족한다. 그러나 문제 (a)에서 증명한 사실은 $p^2 = a^2 + b^2$을 만족하는

자연수 a와 b가 존재한다는 것이지 반드시 $a = \dfrac{n+m}{2}$이고 $b = \dfrac{n-m}{2}$이어야 한다는 것은 아니다. 위 보기에서

$$\begin{aligned} p^2 &= 16^2 + 63^2 \\ &= 25^2 + 60^2 \\ &= 33^2 + 56^2 \\ &= 39^2 + 52^2 \end{aligned}$$

이므로 $(a, b) = (16, 63)$이면 $\dfrac{ab}{2} = 504 \neq q$이다. 따라서 $q = \dfrac{ab}{2}$라는 주장은 틀린 주장이고 이 문제의 답을 하나로 정할 수 없다. 참고로 답안 (b)에서 $4q^2 = n^2 - p^2$이라 하였는데 이는 교정 실수인 듯하다. CEMC에서 발행하는 문제집⟨161⟩은 이 부분을 $4q = n^2 - p^2$으로 바로잡고 있다.

방정식의 근을 사용하여 식의 값을 구할 때 반드시 주어진 방정식이 해가 무엇인지 확인하는 것이 중요하다. 가능하면 근을 직접 구하는 것이 바람직함에도 무작정 관계식만 사용하여 틀린 답을 구하고 있는 경우가 종종 있으니 걱정이다.

> 0이 아닌 유리수 x, y, z에 대하여
>
> $$2xy - x - y = 0 \tag{11-1}$$
>
> $$4yz - y - z = 0 \tag{11-2}$$
>
> $$6zx - z - x = 0 \tag{11-3}$$
>
> 일 때, $\dfrac{xy + yz + zx}{xyz}$의 값을 구하시오.
>
> **– 수학 영재로 중학교 2학년용, 제1호, 89쪽, 14번 문제 (영재교육방송 펴냄) –**

이 문제지가 소개하고 있는 풀이는 다음과 같다.

그른 풀이 주어진 식의 양변을 각각 xy, yz, xz로 나누면,

$$2 - \frac{1}{y} - \frac{1}{x} = 0 \qquad (2.9) \qquad\qquad \frac{1}{x} + \frac{1}{y} = 2 \qquad (2.12)$$

$$4 - \frac{1}{z} - \frac{1}{y} = 0 \qquad (2.10) \qquad \text{즉} \qquad \frac{1}{y} + \frac{1}{z} = 4 \qquad (2.13)$$

$$6 - \frac{1}{x} - \frac{1}{z} = 0, \qquad (2.11) \qquad\qquad \frac{1}{z} + \frac{1}{x} = 6 \qquad (2.14)$$

이므로 이 세 식을 변끼리 더하면 $2\left(\frac{1}{x} + \frac{1}{y} + \frac{1}{z}\right) = 12$임을 알 수 있다. 따라서

$$\frac{1}{x} + \frac{1}{y} + \frac{1}{z} = \frac{xy + yz + zx}{xyz} = 6$$

이다. ■

겉으로 보기에 삼원 이차 연립방정식의 근을 직접 구하지 않고 식의 답을 구했으니 꽤 훌륭한 답안이라 해도 손색이 없을 듯하다. 그러나 자세히 보면 시작부터 어색함을 알 수 있다. 식의 양변을 xy 따위로 나누려면 $xyz \neq 0$이어야 하는데, 분명 $(x, y, z) = (0, 0, 0)$은 주어진 방정식의 근이 된다. 직접 풀어보면 이 방정식은 $(x, y, z) = (0, 0, 0)$만 근으로 가짐을 알 수 있다. 이제 올바른 풀이를 달면 다음과 같다.

바른 풀이 일반적인 형태로 다루기 위해 상수 a, b, c에 대해 삼원 이차 연립방정식

$$\begin{cases} axy - x - y = 0 \\ byz - y - z = 0 \\ czx - z - x = 0 \end{cases}$$

을 풀어본다. 만약 $x = 0$이라 하면, 첫 번째 식에서 $y = 0$임을 얻고 따라서 두 번째 식으로부터 $z = 0$임을 얻는다. 즉, x, y, z 가운데 하나가 0이면 $x = y = z = 0$임을 알 수 있다. 또한 $(x, y, z) = (0, 0, 0)$은 분명히 이 방정식의 근이다. 이제 $xyz \neq 0$이라 하자. 각 식의 양변을 xy, yz, zx로 각각 나누면,

$$a - \frac{1}{y} - \frac{1}{x} = 0 \qquad \frac{1}{x} + \frac{1}{y} = a$$
$$b - \frac{1}{z} - \frac{1}{y} = 0 \qquad 즉 \qquad \frac{1}{y} + \frac{1}{z} = b$$
$$c - \frac{1}{x} - \frac{1}{z} = 0, \qquad \frac{1}{z} + \frac{1}{x} = c$$

임을 알 수 있다. 이제 세 식을 변끼리 더하면 $2\left(\frac{1}{x} + \frac{1}{y} + \frac{1}{z}\right) = a + b + c$이고, 따라서 $\frac{1}{x} + \frac{1}{y} + \frac{1}{z} = \frac{a+b+c}{2}$이다. 따라서 위에서 얻은 식의 변끼리 빼주면,

$$\frac{1}{x} = \frac{a-b+c}{2}, \qquad \frac{1}{y} = \frac{a+b-c}{2} \qquad 그리고 \qquad \frac{1}{z} = \frac{-a+b+c}{2}$$

을 얻는다. 만약 $(-a+b+c)(a-b+c)(a+b-c) \neq 0$이라면 이 방정식의 근은 $(x, y, z) = (0, 0, 0)$ 또는

$$(x, y, z) = \left(\frac{2}{a-b+c}, \frac{2}{a+b-c}, \frac{2}{-a+b+c}\right)$$

이다. 원래 문제에서 $(a, b, c) = (2, 4, 6)$이므로 $a + b - c = 0$이 되어 근은 $(x, y, z) = (0, 0, 0)$ 뿐임을 알 수 있다. ■

첫 번째 풀이에서 방정식의 근을 꼼꼼하게 따져 보았더라면 이런 잘못은 저지르지 않았을 터인데, 문제의 답만 구하기 위해 방정식을 푸는 일은 제쳐놓고 식의 값만 구하는데 치중하다 보면, 엉뚱한 답안을 만들 수가 있다. 문제가 요구하는 것은 분명 식 $\frac{xy+yz+zx}{xyz}$의 값이라기보다 방정식을 푸는 일임은 명백한 사실이다. 우리 교육현장은 이렇듯 지름길만 택하고 있으니 어찌 수학을 수학답게 배울 수 있을까 자뭇 걱정이 앞선다.

수학에서 흥미로운 부분 가운데 하나를 꼽으라면 역시 미분과 적분을 꼽을 수 있다. 자연 과학이나 공학을 공부하면서 미·적분 문제를 수없이 풀었던 기억을 전공자들은 다 갖고 있으리라.

> 미분가능한 함수 $f(x)$에 대하여 역함수 $g(x)$가 존재하여 $f(1) = 2$를 만족할 때, $g'(2)$의 값과 같은 것은?
>
> ① $f'(1)$　　② $\dfrac{1}{f'(1)}$　　③ $-\dfrac{1}{f'(1)}$　　④ $\dfrac{1}{f'(2)}$　　⑤ $f'(2)$
>
> **– 명품수학 고등학교 시리즈 수학거미 II(상), 262쪽, STEP 12 (안재찬 지음, 화인미디어 펴냄, 2004년) –**

출전은 $y = f(x)$와 $y = g(x)$의 그래프가 $y = x$로 주어진 직선에 대해 대칭이라는 성질을 사용하여 직관적으로 $g'(2) = \dfrac{1}{f'(1)}$이라 적고 있다. 그러나 일반적으로 미분 가능한 함수라도 그 역함수가 반드시 미분 가능한 함수일 필요는 없다. 보기로 $y = f(x) = (x-1)^3 + 2$는 다항함수로 미분 가능한 함수이지만 $y = f(x)$의 역함수는 $y = g(x) = \sqrt[3]{x-2} + 1$로 $x = 2$에서 미분 불가능한 함수다. 따라서 이런 경우 $g'(2)$는 존재하지 않는다. 더우기 복소수를 값으로 하는 실변수 함수에 대해서는 역함수를 갖는 연속 함수라 할지라도 그 역함수가 반드시 연속일 필요가 없다.

> 미분가능한 함수 $f(x)$의 역함수 $g(x)$가
>
> $$\lim_{x\to 1} \frac{g(x)-2}{x-1} = 3$$
>
> 을 만족시킬 때, 미분 계수 $f'(2)$의 값은?
>
> ① 1　　② $\dfrac{1}{2}$　　③ $\dfrac{1}{3}$　　④ $\dfrac{1}{4}$　　⑤ $\dfrac{1}{6}$
>
> **– 2004학년도 대학수학능력시험, 수리영역 자연계 홀수형 5번 문제 (2003년 11월 5일) –**

이 문제는 학력고사에 출제된 문제로 역함수의 성질과 미분가능성을 사용한 문제이다. 흔히 사람들은 '공자가 죽어야 나라가 산다'고 한다. 오랜 세월 유교 전통에 찌들려 산 탓에 공자의 유교 사상이 이 땅에서 사라지길 바라는 사람들이 많은 듯하다. 언제나 윗사람은 아랫사람에게 일을 시키는 위치에 있어서 그런지 문제의 표현같이 시키는 일에 무척이나 익숙해 보인다. 스스로 판단하여 행하기보다 늘 피동적 자세

를 벗어나지 못하는 우리의 모습을 이제 우리는 반성해야 한다. 그러나 아무리 그렇다 하더라도 역함수마저 특정한 값을 '만족하도록 시키고' 있으니 이 어찌 답답하지 않은가.

> 미분가능한 함수 $f(x)$의 역함수 $g(x)$가 조건
> $$\lim_{x\to 1}\frac{g(x)-2}{x-1}=3$$
> 을 만족할 때, 미분 계수 $f'(2)$의 값을 고르시오.

그건 그렇고 필자는 이 시험이 끝나고 방송이나 인터넷에서 많은 유명 수학 강사들이 제시한 이 문제의 풀이를 듣고 보면서 적잖게 실망했다. 우선 그들이 제시한 풀이를 살펴보면 기본적으로 다음과 같다.

그른 풀이 문제에 주어진 조건식 $\lim_{x\to 1}\frac{g(x)-2}{x-1}=3$에서 x가 1에 가까워질 때 분모가 0에 가까워짐에도 식의 극한값은 3으로 존재하기 때문에 $\lim_{x\to 1} g(x)=2$이어야 함을 알 수 있다. 따라서 $\lim_{x\to 1} g(x)=g(1)=2$이다. 따라서

$$g'(1)=\lim_{x\to 1}\frac{g(x)-g(1)}{x-1}=\lim_{x\to 1}\frac{g(x)-2}{x-1}=3$$

이다. 한편 두 함수 $f(x)$와 $g(x)$는 역함수 관계에 있으므로 $f(g(x))=x$이고 이를 x에 대해 미분하면 $f'(g(x))g'(x)=1$이다. 이제 $x=1$을 이 식에 대입하면 $f'(g(1))g'(1)=3f'(2)=1$이므로 $f'(2)=\frac{1}{3}$이다. ■

이 문제는 수험생들이 주어진 함수의 역함수의 미분 계수를 구할 수 있는지 묻는 문제로서 제대로 다듬어 졌다면 좋은 문제였을 것이다. 이 글을 읽는 독자는 지금 왜 필자가 이 풀이에 실망하고 있는지 궁금해 할 것이다. 겉으로 풀이 자체는 그럴듯하다. 그러나 이 풀이가 주장하고 있는 내용은 문제로부터 논리적으로 유도된 것이 아니라 답을 예견한 사람의 어설픈 주장과도 같다. 물론 짧은 시간에 많은 문제의 정답을 알려줘야 할 그들에게 자세한 설명을 기대한 다는 것은 불가능한 일 일지 모르지만, 적어도 수학 교사들 가운데 능력이나 자질로 보아도 내노라 하는 그들이 이 문제가 가진 잘못을 집어내지 못했다면 이 또한 오늘날 수학 교육이 지니고 있는 심각한 문제임에 틀림없다.

우선 이 문제는 국가 고사에 출제된 문제라 하기에 너무나 엉성하다. 앞에서 필자가 언급했듯이 미분 가능한 함수의 역함수가 늘 미분 가능하라는 법은 없기 때문이다. 또한 고교 과정에서 연속함수의 역함수가 연속임을 논리적으로 완벽하게 다루고 있지 않으므로 이 문제의 옳은 풀이라면 우선 역함수 $g(x)$가 미분 가능한 함수임을 증명해야 한다. 그렇지 않고서 $\lim_{x\to 1} g(x) = 2$이므로 $g(1) = 2$라 단정하는 것은 답을 보고 풀이를 꿰어 맞추는 꼴이다. 이 문제를 고등학교 과정에 알맞게 다듬으면 다음과 같다.

> 실수 전체로 이루어진 집합을 정의역과 공역으로 하는 미분 가능한 함수 $f(x)$의 역함수 $g(x)$가 모든 실수에 대해 역시 미분 가능하고 조건
> $$\lim_{x\to 1}\frac{g(x)-2}{x-1} = 3$$
> 을 만족할 때, 미분 계수 $f'(2)$의 값을 고르시오.

이제 이에 대한 올바른 답을 달아보자.

바른 풀이 문제에 주어진 조건식으로부터 $x \neq 1$이면 $g(x)-2 = \dfrac{g(x)-2}{x-1} \times (x-1)$이므로

$$\begin{aligned}\lim_{x\to 1}[g(x)-2] &= \lim_{x\to 1}\left[\frac{g(x)-2}{x-1}\times(x-1)\right]\\ &= \left(\lim_{x\to 1}\frac{g(x)-2}{x-1}\right)\times\left[\lim_{x\to 1}(x-1)\right]\\ &= 3\times 0 = 0\end{aligned}$$

이고 함수 $g(x)$가 모든 실수에 대해 미분 가능하므로 $g(x)$는 모든 실수에 대해 연속이며, 따라서 $g(1) = 2$이다. 이 사실로부터

$$\begin{aligned}g'(1) &= \lim_{x\to 1}\frac{g(x)-g(1)}{x-1}\\ &= \lim_{x\to 1}\frac{g(x)-2}{x-1} = 3\end{aligned}$$

이다. 한편 두 함수 $f(x)$와 $g(x)$는 역함수 관계에 있으므로 $f(g(x)) = x$이고 이

를 x에 대해 미분하면 $f'(g(x))g'(x) = 1$이다. 이제 $x = 1$을 이 식에 대입하면 $f'(g(1))g'(1) = 3f'(2) = 1$이므로 $f'(2) = \frac{1}{3}$이다. ■

독자들 가운데 이 조건을 만족하는 함수가 있을까 궁금해 할 듯하여 이를 만족하는 함수 하나를 소개한다. $f(x) = \frac{1}{3}(e^{x-2} + 2)$라 하면 함수의 역함수는 $g(x) = \ln(3x-2) + 2$다. 이 함수 f의 치역은 $\mathbb{R}$이 아닌데, 치역도 $\mathbb{R}$인 함수를 독자들이 직접 찾아보기 바란다.

앞에서도 거듭 설명했듯이 식을 계산할 때 까다로운 예외 사항을 놓치면 올바른 답을 구할 수 없다. 이런 까다로운 예외 사항을 놓치지 않기 위해서는 식 하나하나에 신경을 써야 한다. 다음은 수열의 극한값과 관련한 문제이다.

> 무한수열 $a_1, a_2, a_3, \ldots, a_n, \ldots$의 각항이 차례로 $a_n = \dfrac{a_{n-1}}{3 - a_{n-1}}$로 정의되었을 때, $\lim_{n\to\infty} a_n$을 구하여라. 단, $a_i \neq 3$ $(i = 1, 2, 3 \ldots)$, $a_1 \neq 0$이다.
>
> – α 테크닉 難題數學 II, 91쪽, 85번 (殷敏杓, 朴安鐘 지음, 百萬社, 1996년) –

우선 출전이 제시한 풀이를 살펴보자.

그른 풀이 주어진 조건에서 ($a_1 \neq 0$일 때 $a_n \neq 0$이니까)

$$\frac{1}{a_n} = \frac{3 - a_{n-1}}{a_{n-1}} = \frac{3}{a_{n-1}} - 1$$ ← 준 조건의 역수를 취했다.

$\frac{1}{a_n} = b_n$라 놓으면 $b_n = 3b_{n-1} - 1$. $\therefore b_{n-1} = 3b_{n-2} - 1$

변변 빼면 $b_n - b_{n-1} = 3(b_{n-1} - b_{n-2})$ ← 계차의 관계가 나왔다

여기서, 수열 $\{b_n\}$의 계차수열은 공차 3의 등비수열을 이루니

$$\begin{aligned} b_n &= b_1 + (b_2 - b_1)\frac{3^{n-1}-1}{2} \qquad (b_2 - b_1 = 2b_1 - 1) \qquad \leftarrow b_2 = 3b_1 - 1 \\ &= b_1 + (2b_1 - 1)\frac{3^{n-1}-1}{2} = \frac{1}{2} + \frac{1}{2}(2b_1 - 1)\cdot 3^{n-1} \end{aligned}$$

$$\therefore a_n = \frac{1}{b_n} = \frac{2}{\left(\frac{2}{a_1} - 1\right)3^{n-1} + 1} \cdots\cdots ① \qquad \leftarrow b_1 = \frac{1}{a_1}$$

i) $\boldsymbol{a_1 = 2}$ **일때** ①에서 $a_n = 2$ $\therefore \lim_{n\to\infty} a_n = 2$

ii) $\boldsymbol{a_1 \neq 2}$ **일때**, $\therefore \lim_{n\to\infty} a_n = 0$ ← 분모 → $\pm\infty$ ■

이 문제에 대한 풀이를 찬찬히 들여다 보면 문제에 주어진 조건 '$a_i \neq 3$'을 어디에 썼는지 의문이 든다. 어느 k에 대해 $a_k = 3$이면 $b_{k+1} = 0$이고 이 때 위에서 구한 b_n에 대한 식으로부터 $b_{k+1} = \frac{1}{2} + \frac{1}{2}(2b_1 - 1)\cdot 3^k = 0$이므로 $b_1 = \frac{3^k - 1}{2\cdot 3^k}$, 즉 $a_1 = \frac{2\cdot 3^k}{3^k - 1}$임을 알 수 있다. 거꾸로 자연수 k에 대해 $a_1 = \frac{2\cdot 3^k}{3^k - 1}$이면 $a_k = 3$이다. 따라서 $a_1 \neq 2$인 경우 이러한 예외 조항을 빠뜨린 출전의 답안은 완벽한 답안이 아니다. 이제 바른 답안을 달면 다음과 같다⟨162⟩.

i) $a_1 = 2$일 때 위 식에서 $a_n = 2$이므로 $\lim_{n\to\infty} a_n = 2$이고,

ii) $a_1 \notin \left\{ \frac{2\cdot 3^k}{3^k - 1} \,\middle|\, k \in \mathbb{N} \right\} \cup \{2\}$일 때, $\lim_{n\to\infty} a_n = 0$이다.

수열과 관련한 얘기가 나왔으니 수열과 관련한 문제를 몇 개 살펴보자.

> 다음 그림과 같이 도형을 만드는데 필요한 성냥개비의 개수를 차례로 $a_1, a_2, a_3, \cdots, a_n$이라 하자. 이 때 $\frac{a_{10}}{10}$의 값을 구하여라.
>
> 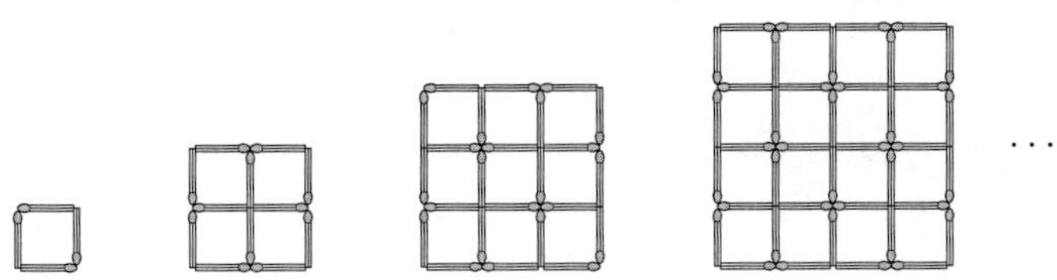
>
> $a_1 = 4$ $a_2 = 12$ $a_3 = 24$ $a_4 = 40$
>
> – 명품수학 고등학교 시리즈 수학거미 수학 I(하), 45쪽, STEP 4 (안재찬 지음, 화인미디어 펴냄, 2004년) –

출전이 제시한 풀이를 먼저 살펴보자.

그른 풀이 수열 $\{a_n\}$의 계차수열을 $\{b_n\}$이라 하자.

$$
\begin{array}{lccccccc}
\{a_n\} & 4 & & 12 & & 24 & & 40\cdots \\
\{b_n\} & & 8 & & 12 & & 16 & \cdots
\end{array}
$$

$b_n = 4n + 4$이므로

$$
\begin{aligned}
a_{10} &= a_1 + \sum_{k=1}^{9} b_k = 4 + \sum_{k=1}^{9}(4k+4) \\
&= 4 + 4\sum_{k=1}^{9} k + 36 = 4 + 4\cdot\frac{9\cdot 10}{2} + 36 \\
&= 220
\end{aligned}
$$

$\therefore \dfrac{a_{10}}{10} = 22$ ■

이런 문제를 푸는데 있어 교육자들이 간과하고 있는 것은 성냥개비를 어떻게 늘어 놓는냐는 것에는 주목하지 않은 채 성냥개비 갯수 자체가 가지는 유형으로부터 수열의 특성을 파악하도록 가르치고 있다는 점이다. 이는 올바르지 못한 접근 방법이다. 마치 성냥개비를 늘어 놓는 것이 갯수 자체에 의해 얻어진다고 여기고 있는 셈이기 때문이다. 수열에 앞서 무엇을 먼저 고려해야 하는가? 당연히 성냥개비를 어떻게 늘어 놓고 있으며 그 배열 방법으로 인해 성냥개비 갯수가 어떻게 변하고 있는지 먼저 주목해야 한다. 이를 무시한 접근 방법은 근본적으로 잘못된 것일 뿐 아니라 일반적으로 틀린 답을 얻을 수 있다. 수학이 귀납적 학문이 아니라 논리적 방법에 따른 연역적 학문임을 결코 잊어서는 안된다. 이와 관련하여 다음 예를 살펴보자.

> 자연수 $n \geq 2$에 대해 주어진 원의 둘레 위에 있는 서로 다른 n-개 점을 골라 두 점씩 연결한 선분, 즉 현들 전체로 원의 내부는 최대 몇 부분으로 나누어지는가?

이런 문제가 주어지면 구체적인 경우부터 하나씩 따져 보는 것이 바람직하다. 우선 n이 작은 값, 즉 $n = 2, 3, 4$일 때 각각 원의 내부가 최대 몇 조각으로 나누어 지는지 살펴보자.

바른 풀이 자연수 $n \geq 2$에 대해 원의 둘레 위에 있는 서로 다른 n-개 점을 서로 연결하여 만들어진 현들로 원의 내부가 최대한 S_n-개 부분으로 나누어진다 하자.

(가) $n = 2$일 때는 $S_2 = 2$임이 틀림없다.

(나) $n = 3$일 때는 $S_3 = 4$임을 그림을 통해 알 수 있다.

(다) $n = 4$일 때는 $S_4 = 8$임을 역시 그림을 통해 알 수 있다.

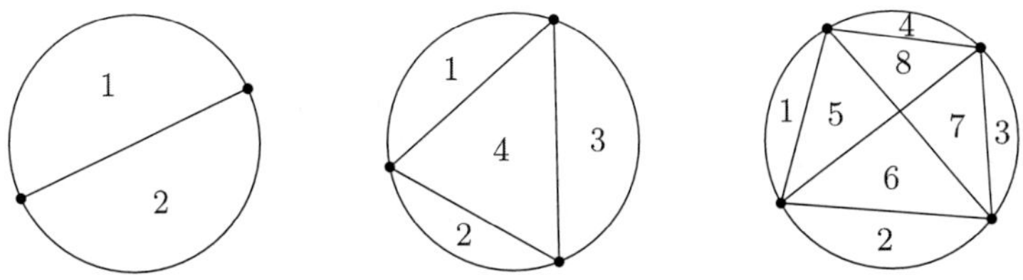

아마 눈치가 빠른 독자라면 S_n이 무엇인지 추측하기 어렵지 않을 것이다. 위에서 얻은 결과로 추론하건데 분명 $S_n = 2^{n-1}$임에 틀림없어 보인다. 이 추론이 맞는지 $n = 5$일 때 아래의 왼쪽같이 그림을 그려 확인하면 $S_5 = 2^{5-1} = 2^4 = 16$이 되어 수열로부터 추측한 결과가 맞을 것으로 보인다. 그럼 이제 안심하고 $S_n = 2^{n-1}$이라 결론지을 수 있을까? 불행히도 그렇지 않다. 바로 다음 값인 $n = 6$일 때부터 $S_6 = 31 \neq 2^5$이 되므로 우리가 추정한 S_n에 대한 식은 틀렸음을 알 수 있다. 이 과정도 앞에 제시한 문제같이 실제 현이 원의 내부를 분할하는 규칙이 아니라, 각 경우에 해당하는 값이 갖는 규칙을 유추하여 문제를 풀었기 때문에 빚어진 잘못이다.

이런 방법을 사용하여 답을 유추할 때 우리가 잊어서 안되는 것은 추정한 사실을 증명하기 전까지 답으로 인정해서는 안된다. 많은 경우 간단히 답만 얻고자 추정한 식이나 값을 바로 정답으로 판단하면 경우에 따라 답이 맞을 수도 있지만 논리적인 결함을 갖고 있어 옳은 결론이라

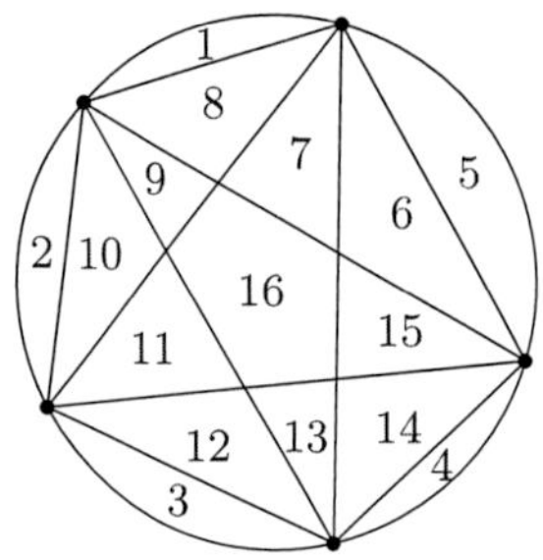

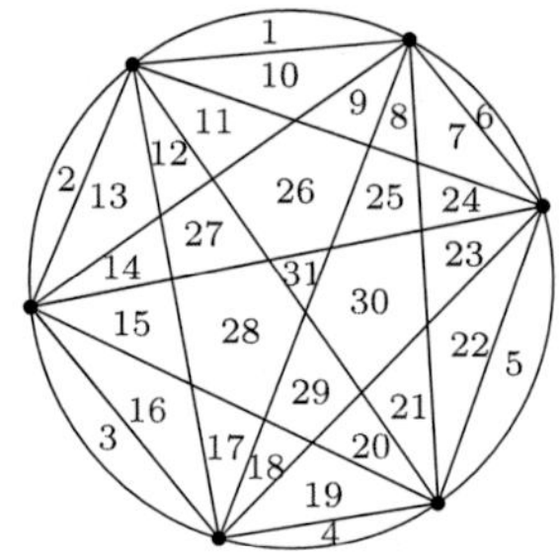

할 수 없을 뿐 아니라 틀린 답을 얻을 수도 있다. 또한 문제에 주어진 도형의 구성 방법이나 제시된 조건을 무시한 채 얻어진 결과만 가지고 추론을 하는 것은 당연히 바르지 않은 방법임을 이 기회에 잘 알아 두기 바란다. 이제 원의 내부를 현으로 나누는 문제의 답을 정확하게 구해보자. 원주 위에 놓인 점을 서로 빠짐없이 연결하여 원의 내부를 분할할 때, 분할된 원의 내부 영역의 개수가 최대가 되려면 원 안에서 어느 세 현도 한 점을 지나서는 안된다. 우선 이 최대값을 얻기 전에 독자들이 1보다 큰 임의의 자연수 n에 대해 원주 위에 놓인 n-개 점을 골라 이를 빠짐없이 연결하되 어느 세 현도 한 점을 지나지 않도록 점들을 원주 위에서 항상 고를 수 있는지 따져보기 바란다.

바른 풀이 앞에 있는 그림에서 보듯이 $S_6 = 31$임을 알 수 있으며, 우리의 추정이 틀렸음도 아울러 알 수 있다. 정확한 S_n을 구하기 위해 여기서 우리는 평면에 놓인 그래프에 대한 오일러 관계식을 사용하기로 한다. 평면에 놓인 그래프를 이루고 있는 꼭지점이 v-개, 연결선이 e-개, 그리고 이들로 둘러싸인 부분이 f-개라 하면, $v - e + f = 1$인 관계가 성립한다는 사실이 알려져 있다. 이제 원주 위에 서로 다른 n-개 점을 서로 연결하여 평면에 놓인 그래프를 얻으면, 원주 위에 놓인 n-개 서로 다른 점에서 임의로 네 개를 고를 때마다 원 내부에 생기는 교점 한 개를 찾을 수 있으므로 원주 위에 있는 n-개 점을 더하여 $v = \binom{n}{4} + n$임을 알 수 있다. 한편 원 내부에 있는 $\binom{n}{4}$-개 점을 끝 점으로 하는 연결선은 네 개씩 있으며, n-개 꼭지점을 한 끝점으로 하는 연결선은 현 $(n-1)$-개와 호 두 개로 이루어지므로 전부 $(n+1)$-개 있다. 각 경우 각 꼭지점은 두 번 씩 세어지므로 $2e = 4 \times \binom{n}{4} + n(n+1)$이다. 따라서

$$
\begin{aligned}
S_n &= f = e - v + 1 \\
&= \frac{1}{2}\left[4 \times \binom{n}{4} + n(n+1)\right] - \left[\binom{n}{4} + n\right] + 1 \\
&= \binom{n}{4} + \binom{n}{2} + 1 \\
&= \frac{1}{24}(n^4 - 6n^3 + 23n^2 - 18n + 24)
\end{aligned}
$$

이다. ■

위에 든 예와 같은 추론이 범할 수 있는 보기로 수학자들 사이에 널리 알려진 수열에 $a_n = \left\lceil e^{\frac{n-2}{2}} \right\rceil$로 정의된 무한수열 $\{ a_n \}$이 있다. 이 수열의 처음 열 항을 차례로 밝혀 적으면

$$1, 1, 2, 3, 5, 8, 13, 21, 34, 55, \ldots$$ ⟨163⟩⟨164⟩

이므로 유명한 **피보나치 수열** $\{ F_n \}_{n=1}^{\infty}$의 처음 열 항과 일치한다⟨165⟩. 그러나 $a_{11} = 91$이고 $F_{11} = 89$이므로 처음 열 항만을 가지고 수열 $\{ a_n \}$이 **피보나치 수열**이라 추정하는 것은 잘못이다.

이제 성냥개비를 늘어 놓는 문제로 되돌아가 올바른 답안을 완성해 보자.

바른 풀이 각 n 번째 구성에 쓰인 성냥개비 갯수를 문제에서 한 것같이 a_n이라 하면 n 번째 구성은 n^2-개 정사각형으로 이루어져 있으며, 따라서 $n+1$ 번째 구성에 추가되는 사각형은 전부 $(2n+1)$-개다. 따라서 새로이 필요한 성냥개비는 $2(2n+1)+(2n+2) = 6n+4$-개이며, 이 가운데 $(2n)$-개는 이미 전 구성에서 쓰였으므로 실제로 새로이 필요한 성냥개비는 $6n + 4 - (2n) = 4n + 4$이다. 따라서 $a_{n+1} = a_n + (4n+4)$이므로 이 수열의 계차수열 b_n의 일반항은 $4n+4$이

고 따라서 구하는

$$\begin{aligned} a_n &= a_1 + \sum_{k=1}^{n-1} b_k = 4 + \sum_{k=1}^{n-1}(4k+4) \\ &= 4 + 4(n-1) + 4 \times \frac{(n-1)n}{2} \\ &= 2n(n+1) \end{aligned}$$

이다. 따라서 $\frac{a_n}{n} = 2(n+1)$이므로 $\frac{a_{10}}{10} = 22$다. ■

귀납적 결론이 왜 정확하지 않은지 다른 문제를 보아도 잘 알 수 있다. '모든 자연수 n에 대해 $1141n^2+1$은 어느 자연수의 제곱이 아니다'라는 명제를 살펴보자. 이 명제는 참일까 아니면 거짓일까? 이를 알아보기 위해 변수 n에 차례로 1, 2, 3, 4, ...를 대입하여 계산해 본다. 그러면 각 n에 대해 $1141n^2+1$이 제곱수가 되지 않음을 쉽게 알 수 있다. 실제로 $1 \le n \le 30693385322765657197397207$인 모든 자연수 n에 대해서 $1141n^2+1$은 제곱수가 아니다⟨166⟩. 그러나 이 다음에 오는 $n = 30693385322765657197397208$에 대해

$$1141n^2 + 1 = 1036782394157223963237125215^2$$

이므로 이 명제는 거짓임을 알 수 있다. 다음과 같은 재미있는 방정식을 살펴보자.

> 다음 관계식을 만족하는 복소수 a, b, c에 대해 $a^4+b^4+c^4$의 값을 구하시오.
>
> $$a+b+c=1, \qquad a^2+b^2+c^2=2, \qquad a^3+b^3+c^3=3.$$

이 문제의 답이 무엇일까? 답을 4로 한 학생들은 아마도 식의 유형을 보고 판단한 것이리라. 그러나 불행하게도 4는 답이 아니다. 고등학교에서 배운 지식을 사용하여 차근차근 답을 구해보기 바란다. 참고로 $a^5+b^5+c^5=6$이다⟨167⟩.

수열과 관련한 문제가 나왔으니 무한급수에 대한 이야기를 빠뜨릴 수 없다. 무한히 많은 항을 더하거나 빼거나 곱하거나 나누는 경우 특별한 주의가 필요하다. 다음 문제는 아주 간단한 예에 불과하다.

> 수렴하는 다음 무한급수의 합을 구하여라.
>
> $$S = \frac{1}{1\cdot 3} + \frac{1}{3\cdot 5} + \frac{1}{5\cdot 7} + \frac{1}{1\cdot 9} + \cdots$$

이 무한급수의 합을 다음같이 두 방법으로 구해보자.

그른 풀이

$$\begin{aligned} S &= \left(\frac{1}{1} - \frac{2}{3}\right) + \left(\frac{2}{3} - \frac{3}{5}\right) + \left(\frac{3}{5} - \frac{4}{7}\right) + \left(\frac{4}{7} - \frac{5}{9}\right) + \cdots \\ &= 1 - \frac{2}{3} + \frac{2}{3} - \frac{3}{5} + \frac{3}{5} - \frac{4}{7} + \frac{4}{7} - \frac{5}{9} + \cdots = 1 \quad \blacksquare \end{aligned}$$

그른 풀이

$$\begin{aligned} S &= \frac{1}{2}\left(\frac{1}{1} - \frac{1}{3}\right) + \frac{1}{2}\left(\frac{1}{3} - \frac{1}{5}\right) + \frac{1}{2}\left(\frac{1}{5} - \frac{1}{7}\right) + \frac{1}{2}\left(\frac{1}{7} - \frac{1}{9}\right) + \cdots \\ &= \frac{1}{2} - \frac{1}{6} + \frac{1}{6} - \frac{1}{10} + \frac{1}{10} - \frac{1}{14} + \frac{1}{14} - \frac{1}{18} + \cdots = \frac{1}{2}. \quad \blacksquare \end{aligned}$$

분명히 주어진 무한급수가 수렴한다는 가정이 옳다면 두 풀이에 따른 답은 같아야 하지만 그렇지 못하다. 그 이유는 무엇일까? 어디엔가 잘못을 저지른 탓이다. 그 실수란 다름이 아니라 무한급수의 합에 대한 정의를 충실하게 따르지 않았기 때문이다. 이제 무엇이 옳은 답인지 두 방법을 올바르게 고쳐보자. 첫 번째 방법에서는

$$\frac{1}{(2n-1)(2n+1)} = \frac{n}{2n-1} - \frac{n+1}{2n+1}$$

이라는 성질을 사용하여 무한급수를 나타내었으므로,

바른 풀이

$$
\begin{aligned}
S &= \lim_{n\to\infty}\sum_{k=1}^{n}\frac{1}{(2n-1)(2n+1)} = \lim_{n\to\infty}\sum_{k=1}^{n}\left(\frac{n}{2n-1}-\frac{n+1}{2n+1}\right)\\
&= \lim_{n\to\infty}\left[\left(\frac{1}{1}-\frac{2}{3}\right)+\left(\frac{2}{3}-\frac{3}{5}\right)+\left(\frac{3}{5}-\frac{4}{7}\right)+\cdots\right.\\
&\qquad\left.+\left(\frac{n}{2n-1}-\frac{n+1}{2n+1}\right)\right]\\
&= \lim_{n\to\infty}\left(1-\frac{n+1}{2n+1}\right) = 1-\frac{1}{2} = \frac{1}{2}. \blacksquare
\end{aligned}
$$

두 번째 방법을 사용하면 다음과 같다. 이 방법에서는

$$\frac{1}{(2n-1)(2n+1)} = \frac{1}{2}\left(\frac{1}{2n-1}-\frac{1}{2n+1}\right)$$

이라는 성질을 사용하여 무한급수를 나타내었으므로,

$$
\begin{aligned}
S &= \lim_{n\to\infty}\sum_{k=1}^{n}\frac{1}{(2n-1)(2n+1)} = \lim_{n\to\infty}\sum_{k=1}^{n}\frac{1}{2}\left(\frac{1}{2n-1}-\frac{1}{2n+1}\right)\\
&= \lim_{n\to\infty}\left[\frac{1}{2}\left(\frac{1}{1}-\frac{1}{3}\right)+\frac{1}{2}\left(\frac{1}{3}-\frac{1}{5}\right)+\frac{1}{2}\left(\frac{1}{5}-\frac{1}{7}\right)+\cdots\right.\\
&\qquad\left.+\frac{1}{2}\left(\frac{1}{2n-1}-\frac{1}{2n+1}\right)\right]\\
&= \lim_{n\to\infty}\left(\frac{1}{2}-\frac{1}{2n+1}\right) = \frac{1}{2}-0 = \frac{1}{2}. \blacksquare
\end{aligned}
$$

여기서 살펴본 바같이 무한수열의 합을 구하는 경우 방법이 달라지면 그 합도 달라짐을 명심해야 한다. 흥미로운 것은 최근 이론 물리학에서 관심의 대상인 끈이론[string theory]과 관련하여

$$1+2+3+4+\cdots = -\frac{1}{12}$$

로 보아야 이론 전개에 무리가 없음이 알려져 있다⟨168⟩ [94]. 참고로 무한급수의 합에 대한 정의는 고등학교 과정에서 정의한 방법 외에 여러

가지 정의가 있다는 사실도 아울러 알아두기 바란다. 다음은 수학에서 무척이나 유명한 무한급수를 다룬 문제다.

> 두 무한급수 $S = \sum_{n=1}^{\infty} \frac{1}{n}$, $T = \sum_{n=1}^{\infty} \frac{1}{n^2}$의 수렴, 발산을 조사하기 위하여 다음과 같은 결과를 얻었을 때, 옳은 것은?
>
> | | |
> |---|---|
> | I. | $\frac{1}{1^2} + \frac{1}{2^2} + \frac{1}{3^2} + \cdots + \frac{1}{n^2} < 2 - \frac{1}{n}$ $(n \geq 2)$ |
> | II. | $\log_{10}(n+1) < 1 + \frac{1}{2} + \frac{1}{3} + \cdots + \frac{1}{n}$ $(n \geq 2)$ |
>
> ① S와 T가 모두 수렴한다.
>
> ② S와 T가 모두 발산한다.
>
> ③ S는 발산하고 T는 수렴한다.
>
> ④ S는 수렴하고 T는 발산한다.
>
> ⑤ S는 발산하나 T는 알 수 없다.
>
> **– 명품수학 고등학교 시리즈 수학거미 수학 I(하), 179쪽, STEP 6 (안재찬 지음, 화인미디어 펴냄, 2004년) –**

우선 출전의 풀이를 살펴보자.

그른 풀이 $a_n < b_n$이면 $\lim_{n\to\infty} a_n \leq \lim_{n\to\infty} b_n$이므로 I의 양변에 극한을 취하면

$$\lim_{n\to\infty}\left(\frac{1}{1^2} + \frac{1}{2^2} + \frac{1}{3^2} + \cdots + \frac{1}{n^2}\right) \leq \lim_{n\to\infty}\left(2 - \frac{1}{n}\right) = 2$$

$\therefore\ T \leq 2$ 따라서, T는 수렴한다.

II의 양변에 극한을 취하면

$$\lim_{n\to\infty} \log_{10}(n+1) \leq \lim_{n\to\infty}\left(1 + \frac{1}{2} + \frac{1}{3} + \cdots + \frac{1}{n}\right)$$

$\therefore\ \lim_{n\to\infty} \log_{10}(n+1) < S$ 그런데 $n \to \infty$이면 $\log_{10}(n+1) \to \infty$이므로 S는 발산한다. ■

교과과정 범위 안에서 이 두 급수의 수렴, 발산을 다루는 것은 조금

무리가 있으나 매우 흥미롭다는 점에서 자주 참고서나 문제집에서 다루어진다. 결론부터 말하면 출전이 제시한 것같이 S는 발산하고 T는 수렴하는 무한급수다. 그러나 이 문제는 무한급수 S와 T의 수렴성이나 발산성을 미리 알고 답하는 문제가 아니라 주어진 조건만을 사용하여 문제의 답을 구하는 문제이다. 따라서 Ⅱ에 대한 풀이는 옳으나 I의 풀이는 논리적으로 타당하지 않다. 이를 뒷받침하기 위해서는 무한급수의 수렴하기 위한 성질을 알아야 한다. 그 내용은 어렵지 않으므로 여기에 짧게 소개하면 다음과 같다.

> 실수로 이루어진 수열 $\{a_n\}$이 단조 증가수열일 때, 즉
>
> $$a_1 \le a_2 \le a_3 \le \cdots \le a_n \le a_{n+1} \le \cdots$$
>
> 이고 적절한 상수 C가 존재하여 모든 자연수 n에 대해 $a_n \le C$이면 이 수열은 수렴한다.

따라서 무한급수 T가 수렴한다는 것을 밝히기 위해서는 T의 부분합들로 이루어진 수열 $\{T_n\}$이 단조 증가수열임을 증명해야 한다. 이 부분은 거의 명백하므로 독자들이 직접 증명해 보기 바란다. 한편, 학교 과정을 넘어서지만 무한급수 T의 값은 $T = \dfrac{\pi^2}{6}$임이 알려져 있다. 그러나 무한급수 S는 발산하지만

$$S' = 1 - \frac{1}{2} + \frac{1}{3} - \frac{1}{4} + \cdots = \sum_{n=1}^{\infty} \frac{(-1)^{n-1}}{n} = \ln 2$$

이고

$$\sum_{k=1}^{n} \frac{1}{k} - \ln n$$

은 수렴한다. 이 극한값을 수학에서 γ로 나타내며 그 값은

$$\begin{aligned} \gamma &= \lim_{n\to\infty} \left(\sum_{k=1}^{n} \frac{1}{k} - \ln n \right) \\ &= 0.5772156649\cdots \end{aligned}$$

이다[169].

다음 문제는 급수의 합을 구하는 문제로 고등학교 과정을 넘는다.

분모를 소인수분해하였을 때, 분모의 소인수가 2나 5뿐인 기약분수는 유한소수로 나타낼 수 있다. 이 사실을 이용하여 집합

$$A = \left\{ \frac{1}{2}, \frac{1}{3}, \frac{1}{4}, \frac{1}{5}, \cdots \right\}$$

의 원소 중에서 유한소수로 나타낼 수 있는 원소들의 합을 구하면?

① 1 ② $\frac{3}{2}$ ③ $\frac{5}{2}$ ④ 2 ⑤ 3

– 명품수학 고등학교 시리즈 수학거미 수학-I(하), 193쪽, STEP 9 (안재찬 지음, 화인미디어 펴냄, 2004년) –

앞에서도 필자가 여러번 강조했듯이 이런 문제를 다루고자 할 때는 이에 필요한 수학의 원리와 방법을 먼저 올바로 터득해야 한다. 이를 무시한 출전의 풀이를 살펴보자.

그른 풀이 유한소수로 나타낼 수 있는 A의 원소는 분모를 소인수분해하였을 때, 소인수가 2또는 5 뿐이어야 하므로 두 집합

$$\begin{aligned} B &= \left\{ 1, \frac{1}{2}, \frac{1}{4}, \frac{1}{8}, \cdots \right\} \\ C &= \left\{ 1, \frac{1}{5}, \frac{1}{25}, \frac{1}{125}, \cdots \right\} \end{aligned}$$

에서 각각 임의의 원소 하나씩을 뽑아 곱한 형태이고 이 때, 1×1은 제외하면 된다. 따라서

$$\begin{aligned} &(\text{유한소수로 나타낼 수 있는 원소들의 합}) \\ &= \left(1 + \frac{1}{2} + \frac{1}{2^2} + \cdots\right) \times \left(1 + \frac{1}{5} + \frac{1}{5^2} + \cdots\right) - 1 \\ &= \frac{1}{1-\frac{1}{2}} \times \frac{1}{1-\frac{1}{5}} - 1 = \frac{3}{2} \quad \blacksquare \end{aligned}$$

이 문제는 고등학교 교과과정을 넘어서는 문제로 이에 대한 충분한

지식을 갖추지 못한 고등학생들에게 이런 문제를 제시하는 일은 교육자로서 바람직스럽지 못한 행동이다. 우선 이 문제를 엄밀하게 다루기 위해서는 복잡한 해석학의 이론이 필요하다. 이런 문제와 그에 딸린 엉성한 풀이를 보고 있으면 어려운 문제의 답만 구하고 만다는 생각에 빠져 있는 우리 교육의 병인(病因)을 보는 듯하여 가슴이 저며 든다. 우선 문제에서 구하고자 하는 급수의 합부터 올바로 식으로 나타내어야 함에도 풀이는 그렇지 못하다. 구하고자 하는 급수의 합 S를 식으로 올바르게 나타내면

$$S = \sum_{\substack{x \in A \\ x\text{는 유한소수}}} x$$

이다. 유한소수로 나타낼 수 있는 분수는 기약분수로 그 분수의 분모를 소인수분해하였을 때, 2도 5도 아닌 소인수를 갖지 않아야 한다. 집합 A에 들어있는 모든 원소는 전부 기약분수이므로 A에 속한 유한소수는 $(m, n) \neq (0, 0)$인 임의 두 자연수 m, n에 대해 $x = \dfrac{1}{2^m 5^n}$이다. 따라서

$$T = \sum_{\substack{(m,n) \in \mathbb{N}_0 \times \mathbb{N}_0 \\ (m,n) \neq (0,0)}} \frac{1}{2^m 5^n}$$

에 대해 $S = T$라 말할 수 있을지도 모른다. 사실 두 급수의 합 S와 T는 같다. 즉 더하는 항의 순서를 바꾸어도 값이 같아진다는 뜻이다. 물론 모든 급수가 다 그런 것은 아니지만 항이 모두 양수인 경우는 한 급수의 합이 존재하면 그 급수를 이루는 항의 위치를 바꾸어 구한 다른 급수합과 같다는 사실이 해석학에서 알려져 있다.

이제 이 급수합 S나 T를 어떻게 구할 수 있을까? 이 급수는 고등학교 과정에서 배우는 내용과 사뭇 다르다. 특히 T와 같은 급수를 이중급수[double series]라 한다. 문제가 요구하는 S를 직접 구하는 것은 쉽지 않다. 급수 S의 각 항의 순서를 알지 못하기 때문이다. 따라서 S를 직접 구하는 것이 아니라 T를 먼저 구하여 해석학의 이론을 적용하여 얻어진 $S = T$라는 사실로부터 S를 구해야 한다. 그런데 T도 항들의 순서가

어떻게 되어 있는지 알 수 없다. 그렇다면 출전에서 사용한 것같이

$$S = \sum_{\substack{(m,n)\in\mathbb{N}_0\times\mathbb{N}_0 \\ (m,n)\neq(0,0)}} \frac{1}{2^m 5^n} = \left(\sum_{m=0}^{\infty}\frac{1}{2^m}\right)\left(\sum_{n=0}^{\infty}\frac{1}{5^n}\right) - 1$$

이 될 수 있을까? 이 값과 중복급수[iterated series]라 불리는 다음 급수와 무엇이 다를까?

$$S_1 = \sum_{n=0}^{\infty}\left(\sum_{m=0}^{\infty}\frac{1}{2^m 5^n}\right), \qquad S_2 = \sum_{m=0}^{\infty}\left(\sum_{n=0}^{\infty}\frac{1}{2^m 5^n}\right).$$

복잡한 설명은 이 책의 범위를 넘어서므로 결론만 말하자면 임의 수열 $a_{m,n}$에 대해 이중급수가 항상 중복급수와 같다고 주장할 수도 없으며 심지어 두 중복급수의 합도 다를 수 있다. 이는 무한급수에서 항의 위치를 바꾸는 일이 그리 자유롭지 못함에 기인한다. 또한 이중급수를 출전이 제시한 것같이 두 무한급수의 곱으로 항상 나타낼 수 있는 것도 아니다. 자그럼 이제 고등학교 과정에서 배운 지식을 사용하여 이 문제의 답을 구해보자. 우선 이를 위해 $\mathbb{N}_0 \times \mathbb{N}_0$ 위에 거리 개념을 두어 무한급수 속에서 각 항이 어떠한 순서로 배열될 지 결정해야 한다. 임의 순서쌍 $(m, n) \in \mathbb{N}_0 \times \mathbb{N}_0$에 대해 (m, n)을 좌표 평면 위에 놓인 점으로 보아 원점 $(0, 0)$에서 이 점까지 거리를 $d(m, n) = \max\{|m|, |n|\}$이라 하자. 이제 T 대신

$$T' = \lim_{N\to\infty} \sum_{\substack{(m,n)\in\mathbb{N}_0\times\mathbb{N}_0 \\ d(m,\,n)\leq N \\ (m,n)\neq(0,0)}} \frac{1}{2^m 5^n}$$

을 먼저 구한다. 우선 임의 자연수 $N \geq 1$에 대해 $d(m, n) \leq N$을 만족하고 음이 아닌 정수로 이루어진 쌍으로 이루어진 집합은

$$\{(m, n) \mid 0 \leq m,\, n \leq N\} \quad \text{이므로}$$

다음 식을 얻는다.

$$\begin{aligned}\sum_{\substack{(m,n)\in\mathbb{N}_0\times\mathbb{N}_0\\ d(m,\,n)\le N\\ (m,n)\neq(0,0)}} \frac{1}{2^m5^n} &= \sum_{m=0}^{N}\left(\sum_{n=0}^{N}\frac{1}{2^m5^n}\right)-1\\ &= \sum_{m=0}^{N}\left(\frac{1}{2^m}\sum_{n=0}^{N}\frac{1}{5^n}\right)-1 = \sum_{m=0}^{N}\frac{1}{2^m}\left[\frac{1-\left(\frac{1}{5}\right)^{N+1}}{1-\frac{1}{5}}\right]-1\\ &= \frac{5}{4}\left(1-\frac{1}{5^{N+1}}\right)\sum_{m=0}^{N}\frac{1}{2^m}-1 = \frac{5}{4}\left(1-\frac{1}{5^{N+1}}\right)\left[\frac{1-\left(\frac{1}{2}\right)^{N+1}}{1-\frac{1}{2}}\right]-1\\ &= \frac{5}{2}\left(1-\frac{1}{5^{N+1}}\right)\left(1-\frac{1}{2^{N+1}}\right)-1.\end{aligned}$$

따라서

$$\begin{aligned}T' &= \lim_{N\to\infty}\sum_{\substack{(m,n)\in\mathbb{N}_0\times\mathbb{N}_0\\ d(m,\,n)\le N\\ (m,n)\neq(0,0)}}\frac{1}{2^m5^n}\\ &= \lim_{N\to\infty}\left[\frac{5}{2}\left(1-\frac{1}{5^{N+1}}\right)\left(1-\frac{1}{2^{N+1}}\right)-1\right]\\ &= \frac{3}{2}\end{aligned}$$

이다. 한편 각 항이 양수인 무한급수는 더하는 순서에 관계없이 그 합이 항상 똑같으므로 $S = T = T'$이다. 따라서 구하는 값은 $S = \dfrac{3}{2}$임을 알 수 있다. 계산은 이보다 복잡하지만 좌표 평면 위에서 점 $(m,\,n)$까지 거리를 $d_1(m,\,n) = \sqrt{m^2+n^2}$이나 $d_2(m,\,n) = |m|+|n|$으로 정하여도 급수합은 똑같다. 이에 대해서는 관심있는 독자들이 직접 계산해 보기 바란다.

이제 화제를 다른 곳으로 옮겨 보자. 다음 문제는 미분과 관련한 문제이다.

다음 함수관계에서 $\dfrac{dy}{dx}$를 t의 함수로 표시하여라.

$$\begin{cases} x = \sin t \\ y = \cos 2t \end{cases}$$

– α 테크닉 **難題數學 II, 207쪽, 문제 185 (2)-② (殷敏杓, 朴安鐘 지음, 百萬社, 1996년)**

–

출전이 제시한 풀이를 살펴보자.

그른 풀이 $\dfrac{dx}{dt} = \cos t$, $\dfrac{dy}{dt} = -2\sin 2t$

$$\therefore \frac{dy}{dx} = -\frac{2\sin 2t}{\cos t} = -4\sin t$$

(위에서 $\sin 2t = 2\sin t\,\cos t$ 사용) ∎

이 문제는 우선 매개변수 t의 범위가 구체적으로 제시되어 있지 않은 것이 아쉽다. 물론 이 경우 t를 실수 전체에서 값을 취할 수 있다고 보지만, 실제 이 함수를 **그래프**로 나타내면 $-1 \le x \le 1$인 범위에 놓인 포물선 $y = -2x^2+1$의 일부이다. 이 경우 매개변수의 범위를 $-\frac{\pi}{2} \le t \le \frac{\pi}{2}$라 놓는 것이 더욱 매끄럽고 문제를 풀기도 쉽다. 왜냐하면 제시한 것 만을 바탕으로 생각하면 모든 실수 t에 대해 $\dfrac{dx}{dt} = \cos t$이지만, t의 범위를 위에서 한 것처럼 제한하면 $-\frac{\pi}{2} < t < \frac{\pi}{2}$에서 $\dfrac{dx}{dt} = \cos t$이다. 즉, $t = \pm\frac{\pi}{2}$에서 $\dfrac{dx}{dt}$는 존재하지 않는다. 이는 $\dfrac{dy}{dt}$도 마찬가지이다. 한편 $\dfrac{dy}{dx}$를 계산함에 있어

$$\frac{dy}{dx} = \frac{\frac{dy}{dt}}{\frac{dx}{dt}}$$

이려면 $\dfrac{dx}{dt} \neq 0$이어야 한다. 그런데 t가 임의 실수 값을 취할 수 있을 때, $\dfrac{dx}{dt} = \cos t$는 정수 n에 대해 $t = \dfrac{2n-1}{2}\pi$에서 0이 되어 이 경우 $\dfrac{dy}{dx}$는 존

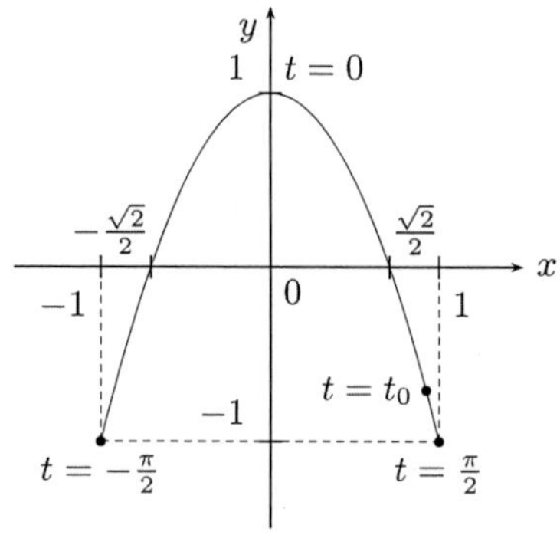

$x=\sin t,\ y=\cos 2t$

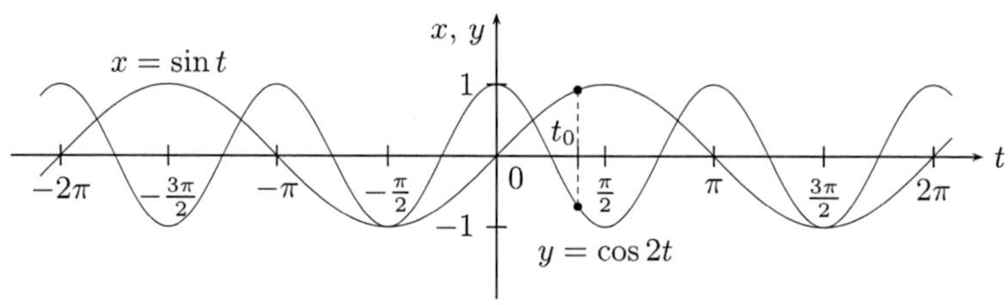

$x=\sin t$와 $y=\cos 2t$의 그래프

그림 2.11: 매개변수 함수 $x=\sin t,\ y=\cos 2t$의 그래프

재하지 않는다. 그렇다면 이 경우 문제의 답은

$$\frac{dy}{dx}=-4\sin t \qquad t\neq\frac{2n-1}{2}\pi,\quad n\in\mathbb{Z}$$

라 해야 한다. 만약 추가 조건을 달고 싶지 않다면 식을 간단히 하지말고 $\dfrac{dy}{dx}=-\dfrac{2\sin 2t}{\cos t}$로 하면 충분하다. 당연히 그래프의 끝점에서는 함수의 미분값이 존재하지 않기 때문이다. 위 그림 2.11의 그래프를 보면 이해할 수 있다.

역시 미분과 관련한 다음 문제를 살펴보자.

> Determine $\dfrac{dy}{dx}$ for each relation.
>
> a) $x^2y^2 = x^2 + y^2$ b) $x^2y - xy^2 + x^2 + y^2 = 0$
>
> c) $x^2 - xy + y^2 = 0$
>
> **– Advanced Functions and Introductory Calculus 12, Ontario Ed. 281쪽, 24번 (Robert Alexander 외 5명 지음, Addison Wesley 펴냄, 2003) –**

위 문제는 음함수[implicit function]를 사용한 미분법을 다루는 문제이다. 출전이 제공한 답은 다음과 같다.

그른 풀이

$$\text{a) } \frac{dy}{dx} = \frac{x(1-y^2)}{y(x^2-1)} \quad \text{b) } \frac{dy}{dx} = \frac{y^2-2xy-2x}{x^2-2xy+2y} \quad \text{c) } \frac{dy}{dx} = \frac{y-2x}{2y-x} \quad \blacksquare$$

간단한 미분 계산을 해 보면 위 식이 모두 맞는 것처럼 느껴진다. 그러나 c)의 답은 틀린 답으로 $\dfrac{dy}{dx}$가 존재하지 않는다. 왜냐하면 관계식 $x^2 - xy + y^2 = 0$을 만족하는 점을 그래프로 나타내면 오직 한 점 뿐이기 때문이다. 그 이유는 고등학교에서 이차방정식을 배운 학생이면 다 알 수 있는 사실로, $x^2 - xy + y^2 = \left(x - \dfrac{y}{2}\right)^2 + \dfrac{3}{4}y^2 \geq 0$이고 이 값이 0이기 위해서는 $x = \dfrac{y}{2}$이면서 $\dfrac{3}{4}y^2 = 0$이어야 하므로 $(x, y) = (0, 0)$ 만이 이 관계를 만족하는 점이다. 한편 a)에서 $(0, 0)$은 관계식 $x^2y^2 = x^2 + y^2$을 만족하지만 이 점에서 미분계수가 존재하지 않는다. 따라서 이를 밝혀

$$\frac{dy}{dx} = \frac{x(1-y^2)}{y(x^2-1)}, \quad (x, y) \neq (0, 0)$$

이라 함이 더욱 바람직하며, b)와 같은 경우도 마찬가지다. 즉, b)의 바람직한 답안은

$$\frac{dy}{dx} = \frac{y^2-2xy-2x}{x^2-2xy+2y}, \quad (x, y) \neq (0, 0), \left(2(-1 \pm \sqrt{2}), -2\right)$$

이다. 자세한 내용은 289쪽에 실린 그래프를 참조하기 바란다. 참고로 마지막 관계식 '$x^2 - xy + y^2 = 0$'을 복소수 관계식 '$z^2 - zw + w^2 = 0$'으

로 보면 이 관계식의 **그래프**는 2차원 복소수 공간에서 서로 만나는 두 직선으로 나타난다. 즉, $\rho = \frac{1}{2}(1+\sqrt{3}\,\boldsymbol{i})$와 켤레복소수 $\bar{\rho}$에 대해

$$\{\,(z,\,w) \in \mathbb{C}^2 \,|\, z^2 - zw + w^2 = 0\,\}$$
$$= \quad \{\,(z,\,w) \in \mathbb{C}^2 \,|\, w = \rho z \quad \text{또는} \quad w = \bar{\rho} z\,\}$$

이다. 이에 대한 **그래프**는 290쪽에 실린 그림과 같다. 다른 표현을 쓰자면 두 복소수의 실수부와 허수부를 각각 축으로 하는 4차원 실수 공간에서 서로 만나는 두 평면으로 나타난다. 즉,

$$\{\,(x,\,y,\,u,\,v) \in \mathbb{R}^4 \,|\, z^2 - zw + w^2 = 0,\, z = x + y\,\boldsymbol{i},\, w = u + v\,\boldsymbol{i}\,\}$$
$$= \quad \left\{ (x,\,y,\,u,\,v) \in \mathbb{R}^4 \,\middle|\, u = \frac{1}{2}(x \pm \sqrt{3}y),\, v = \frac{1}{2}(y \mp \sqrt{3}x) \right\} \quad \text{이다.}$$

이에 대한 **그래프**는 290쪽에 실린 그림을 참조하기 바란다.

음함수에 관한 얘기가 나왔으니 한 마디 덧붙이고 싶다. 우선 '수학의 정석'이 설명하고 있는 다음 문장을 살펴보자.

> 일반적으로 x의 함수 y가 $F(x,\,y) = 0$의 꼴로 주어졌을 때, y를 x의 음함수라 하고, 이에 대하여 x의 함수 y가 $y = f(x)$의 꼴로 주어졌을 때, y를 x의 양함수라 한다.
>
> **– 수학의 정석 (기본), 미분과 적분, 89쪽 (洪性大 지음, 성지출판사) –**

여기서 음함수니 양함수니 하여 마치 함수의 부호가 음수이고 양수인 듯 착각하는 사람들을 종종 본다. 이 때, 양이나 음은 부호를 의미하는 것이 아니라, 음함수[implicit function]란 x와 y의 관계를 나타내는 식에서 y가 x에 대한 식으로 드러나 있지 않은 식, 즉 $x^2 + y^2 = 5$ 따위와 같은 식에서 y를 x에 대한 함수로 고려함을 의미하며, $y = \sqrt{x+2}$ 따위같이 y가 x에 대한 식을 사용하여 구체적으로 정의된 함수를 양함수[explicit function]라 한다. 그러나 자세히 따져 보면 $x^2+y^2 = 5$와 같은 관계에서 y는 결코 x에 대한 함수가 아님을 알 수 있다. 왜냐하면 $x = 1$일 때 $y = \pm 2$같이 두 값에 대응하기 때문이다. 그럼 여기서 음함수라는 표현은 적절하지 않은 것 아닐까? 그렇다. 이 표현은 적절하지 못하다. 올

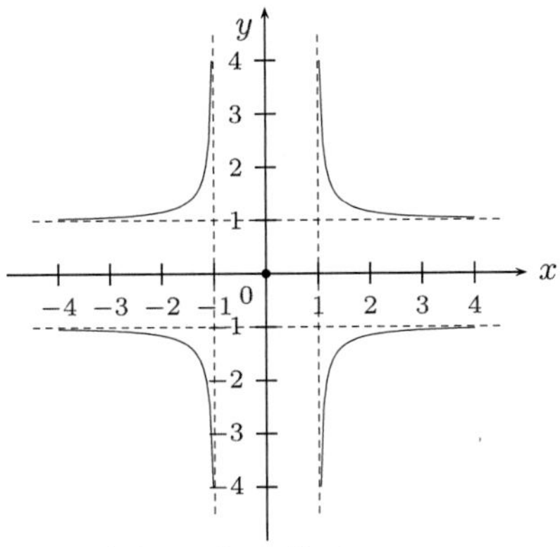

$x^2y^2 = x^2 + y^2$의 그래프

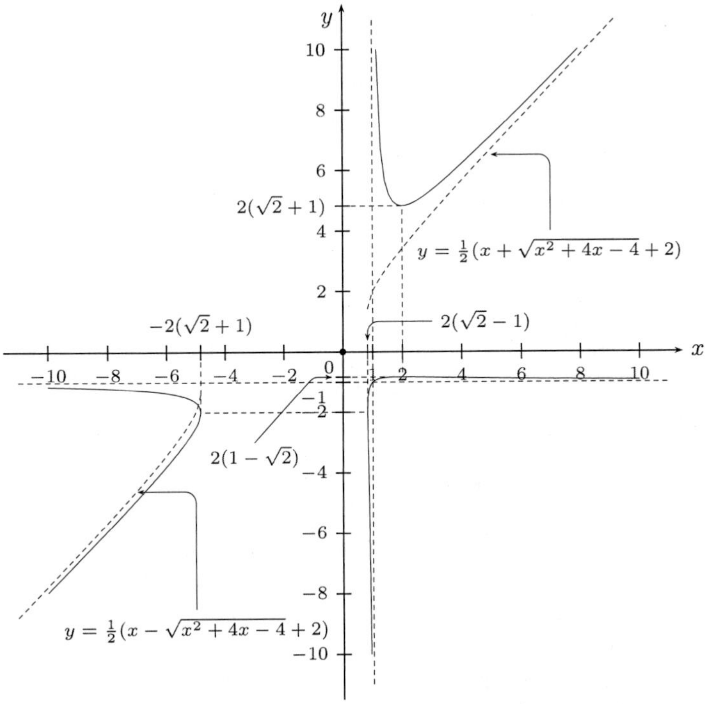

$x^2y - xy^2 + x^2 + y^2 = 0$의 그래프

그림 2.12: $x^2y^2 = x^2 + y^2$과 $x^2y - xy^2 + x^2 + y^2 = 0$의 그래프

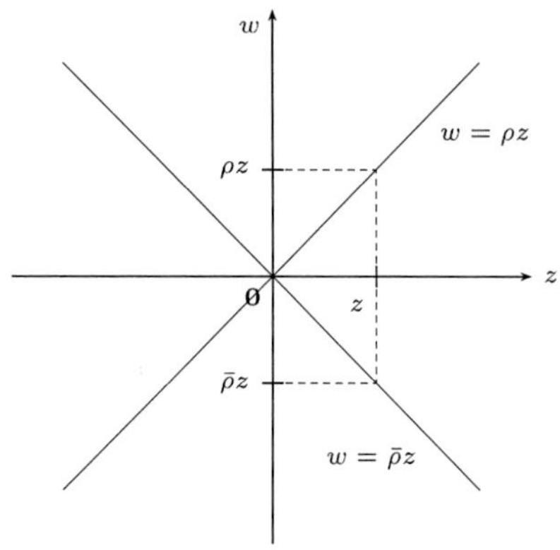

$\mathbb{C}^2$에서 $z^2 - zw + w^2 = 0$의 그래프

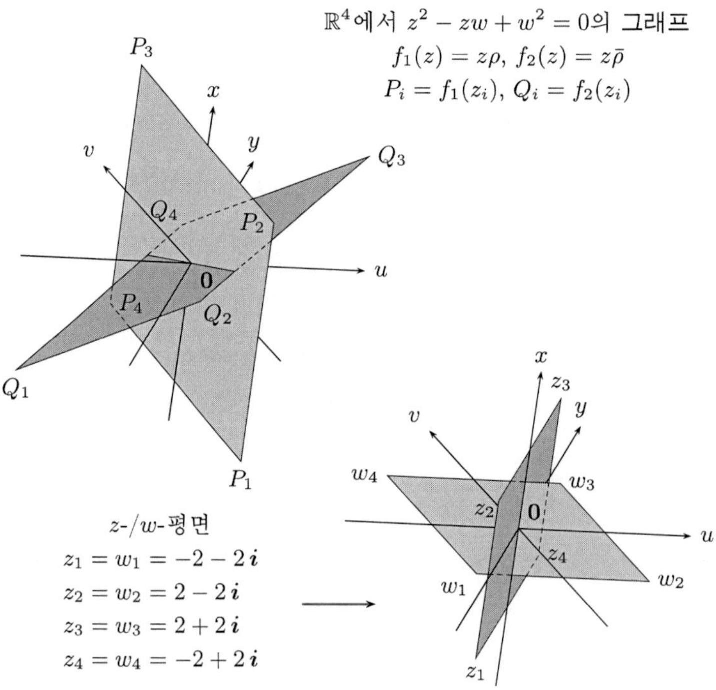

그림 2.13: $z^2 - zw + w^2 = 0$의 그래프

바른 표현은 '양', '음'을 살리자면 '양관계', '음관계'라 하는 것이 적절하다. 그럼 왜 '양함수'니 '음함수'니 하는 말을 쓰는 것일까? 음관계로 정의된 관계식 $f(x, y) = 0$에서 $\dfrac{dy}{dx}$라는 표현은 의미가 정확하지 않다. 왜냐하면 x에 대해 y는 두 개 이상 값을 가질 수도 있으므로 그 경우 x의 미세한 변화에 대한 y의 미세한 변화의 비, 즉 미분값이 정해지지 않기 때문이다. 그러나 미분을 올바로 배운 사람은 잘 알고 있듯이 미분이란 조건을 만족하는 한 점 근처에서 일어나는 함수의 변화 현상을 계산하는 과정으로 매우 국소적 성질을 갖는다. 그러니 음함수에 대한 미분을 정확히 설명하자면 관계식 $F(x, y) = 0$을 만족하는 한 점 (x_0, y_0) 부근에서 $\tilde{y}(x_0) = y_0$과 $F\big(x, \tilde{y}(x)\big) = 0$을 만족하는 함수 $\tilde{y}$를 고려하여 이에 대한 도함수를 구하는 것이 바로 $\dfrac{dy}{dx}$를 구하는 과정이다. 보기로 평면 위에서 원을 나타내는 관계식 $x^2 + y^2 = 5$에 대해 $(x_0, y_0) = (1, 2)$ 근처에서 정의된 함수 $\tilde{y}_1(x) = \sqrt{5 - x^2}$을 생각하여 $\dfrac{d\tilde{y}_1}{dx} = -\dfrac{x}{\sqrt{5 - x^2}}$를, $(x_0, y_0) = (1, -2)$ 근처에서는 새로운 함수 $\tilde{y}_2(x) = -\sqrt{5 - x^2}$을 생각하여 $\dfrac{d\tilde{y}_2}{dx} = -\dfrac{x}{\sqrt{5 - x^2}}$를 각각 도함수로 구하는 것이다. 이를 x와 y에 대한 음관계식으로 나타내어 '$\dfrac{dy}{dx} = -\dfrac{x}{y}$, $(x, y) \neq (\pm\sqrt{5}, 0)$'같이 나타낸다. 따라서 표현은 비록 정확하지 않지만 이런 뜻을 담고 우리는 음함수라는 말을 쓰고 있다 이해하면 된다. 이제 출전의 표현을 복잡하지만 좀 더 적절히 바꾸면 다음과 같다.

> 변수 x에 대응하는 y가 $F(x, y) = 0$과 같은 식으로 주어질 때, 관계식 $F(x, y) = 0$을 '음관계식'이라 일컫고, $F(a, b) = 0$을 만족하는 한 점 (a, b) 부근에서 정의된 함수 $\tilde{y}$가 존재하여 그 점 부근에서 $F(x, y) = 0$을 만족하는 모든 (x, y)가 $F\big(x, \tilde{y}(x)\big) = 0$를 만족할 때, $\tilde{y}$를 x에 대한 '음함수'라 한다. 이에 대하여 x에 대응하는 y가 $y = f(x)$와 같은 함수 관계로 주어졌을 때, y를 x의 '양함수' 또는 간단히 '함수'라 한다.

미분계수와 관련한 문제를 살펴보자.

> $f(2)=4$, $f'(2)=3$일 때, 함수 $y=x^2\sqrt{f(x)}$의 $x=2$에서의 미분계수를 구하여라
>
> – 수학의 정석 (기본), 미분과 적분, **94쪽, 4-9** (洪性大 지음, 성지출판사) –

출전의 풀이를 살펴보면 다음과 같다.

그른 풀이

$$\begin{aligned} y' &= 2x\sqrt{f(x)}+x^2\cdot\frac{f'(x)}{2\sqrt{f(x)}} \\ \therefore\ y'_{x=2} &= 2\cdot 2\sqrt{f(2)}+2^2\cdot\frac{f'(2)}{2\sqrt{f(2)}} \\ &= 2\cdot 2\cdot\sqrt{4}+2^2\cdot\frac{3}{2\sqrt{4}}\ =\ 11 \quad \blacksquare \end{aligned}$$

출전의 풀이같이 문제의 답은 간단히 구할 수 있다. 그러나 이는 수학을 배우는 것이라기보다 미분 규칙만 외워 계산만 한 것에 지나지 않는다. 물론 작은 공간에 자세한 것까지 다 설명하여 적을 수 없다는 점을 감안하여 이해할 수도 있지만, 적어도 수학을 전공하고 수학을 가르치는 일을 업으로 삼는다면, 학생들에게 계산 방법 못지 않게 공식을 적용하는데 타당한 근거를 제시해야 할 것이다. 함수 f에 대해 문제로부터 알아낼 수 있는 정보는 그리 많지 않다. 따라서 $y=x^2\sqrt{f(x)}$이 $x=2$ 근처에서 미분가능하다는 것을 알지 못하고 미분 공식을 함부로 사용할 수 없다. 우선 함수 f는 $x=2$에서 미분이 가능하고 연속인 함수다. 따라서 $f(2)=4>0$이므로 적절한 양수 δ가 존재하여 구간 $(2-\delta, 2+\delta)$ 위에서 항상 $f(x)>0$임을 알 수 있다. 따라서 $\sqrt{f(x)}$는 $x=2$에서 역시 연속이고 미분이 가능한 함수임을 알 수 있다. 그러나 만약 $f(2)=0$이라면 함수 $y=x^2\sqrt{f(x)}$는 $x=2$에서 미분이 불가능할 수도 있다.

수학은 계산을 하기 위한 과목이 아니라 수학이 가진 논리적 구조를 배우고 이용할 수 있는 능력을 길러주는 과목이다. 학교 교육이 답만 구

하는 입시 준비용 교육에서 벗어나 하루 빨리 참된 교과 교육으로 자리잡길 간절히 바란다.

복잡한 식을 미분할 때 양변에 대수(對數), 즉 로그를 취해 식을 간단히 한 뒤 미분하는 방법이 있다. '대수를 이용한 미분법[logarithmic differentiation]'이라 흔히 일컫는데, 많은 교재는 수학적 사고와 관계가 먼 설명을 달고 있다. 다음 문제를 보자.

> 다음 함수를 미분하여라.
>
> (가) $y = x^x \ (x > 0)$
>
> (나) $y = \sqrt[3]{\dfrac{x^2 - 1}{x^2 + 1}}$
>
> – α 테크닉 難題數學 Ⅱ, 206쪽, 184 (4), (5) (殷敏杓, 朴安鐘 지음, 百萬社, 1996년) –

출전은 모두 양변에 자연대수[natural logarithm]를 취해 풀고 있다.

그른 풀이 양변에 로그를 취하여라.

(가) $\log y = x \log x$ 양변을 x에 관해서 미분한다.

$$\frac{d}{dx}(\log y) = \frac{d}{dy}\frac{dy}{dx} = \frac{1}{y}\cdot\frac{dy}{dx} \qquad \text{에서}$$

$$\frac{1}{y}\cdot\frac{dy}{dx} = \log x + x\cdot\frac{1}{x} = \log x + 1$$

따라서 $\dfrac{dy}{dx} = x^x(\log x + 1)$

(나) $\log y = \dfrac{1}{3}\{\log(x^2 - 1) - \log(x^2 + 1)\}$

$$\therefore \frac{y'}{y} = \frac{1}{3}\left(\frac{2x}{x^2 - 1} - \frac{2x}{x^2 + 1}\right) = \frac{4x}{3(x^2 - 1)(x^2 + 1)}$$

따라서 $$y = \sqrt[3]{\frac{x^2 - 1}{x^2 + 1}}\,\frac{4x}{3(x^2 - 1)(x^2 + 1)} = \frac{4x}{3(x^2 - 1)^{\frac{2}{3}}(x^2 + 1)^{\frac{4}{3}}} \quad ■$$

우선 참고로 출전에서 사용한 대수는 자연대수 $\log_e x$를 나타낸다⟨170⟩. 첫 번째 풀이는 $x > 0$일 때, $x^x > 0$이므로 양변에 대수를 취함에 아무 문제가 없다. 그러나 두 번째 문제는 사정이 다르다. $-1 \le x \le 1$이면 $y \le 0$이므로 이 경우 양변에 대수를 취할 수 없어, 등식

$$\log y = \frac{1}{3}\{\log(x^2-1) - \log(x^2+1)\}$$

은 $|x| > 1$인 경우에만 얻을 수 있는 식이다. 따라서 구한 도함수는 $|x| > 1$에서 정의된 함수다. 그럼 만약 $|x| \le 1$인 구간에서 도함수를 구하려면 어떻게 해야할까? 실제로 대수를 사용하여 함수를 미분할 때, 0이 아닌 실수에서 정의된 $y = \ln|x|$의 도함수는 $y' = \dfrac{1}{x}$이라는 성질을 쓰는 것이 좋다. 이제 주어진 함수의 양변에 절대값을 취하면 $|y| = \left|\sqrt[3]{\dfrac{x^2-1}{x^2+1}}\right|$이고 $x \ne \pm 1$일 때 $|y| \ne 0$이므로 양변에 자연대수를 취해

$$\ln|y| = \ln\left|\sqrt[3]{\frac{x^2-1}{x^2+1}}\right| = \frac{1}{3}\left[\ln|x^2-1| - |x^2+1|\right]$$

을 얻을 수 있다. 이제 양변을 x에 대해 미분하면 음함수 미분법과 자연대수의 도함수를 사용하여

$$\frac{1}{y}\cdot\frac{dy}{dx} = \frac{1}{3}\left(\frac{2x}{x^2-1} - \frac{2x}{x^2+1}\right) = \frac{4x}{3(x^2-1)(x^2+1)}$$

이다. 따라서

$$y' = \sqrt[3]{\frac{x^2-1}{x^2+1}} \times \frac{4x}{3(x^2-1)(x^2+1)} = \frac{4x}{3(x^2-1)^{\frac{2}{3}}(x^2+1)^{\frac{4}{3}}} \quad (x \ne \pm 1)$$

이다. 문제는 $x = \pm 1$일 때 이 함수의 미분계수를 어떻게 구할 것인가 하는 문제이다. 결과를 보니 $x = \pm 1$일 때는 도함수의 분모가 0이 되어 미분계수가 존재하지 않는 듯하다. 실제로 이 함수의 그래프를 보면 $x = \pm 1$에서 도함수가 존재하지 않음을 알 수 있다.

이와 비슷한 다음 문제를 살펴보자.

> 다음 함수를 미분하여라. $y = \dfrac{x(x-1)^2}{(x+1)^3}$
>
> **– 수학의 정석 (기본), 미분과 적분, 104쪽, 기본 문제 5-5, (2) (洪性大 지음, 성지출판사) –**

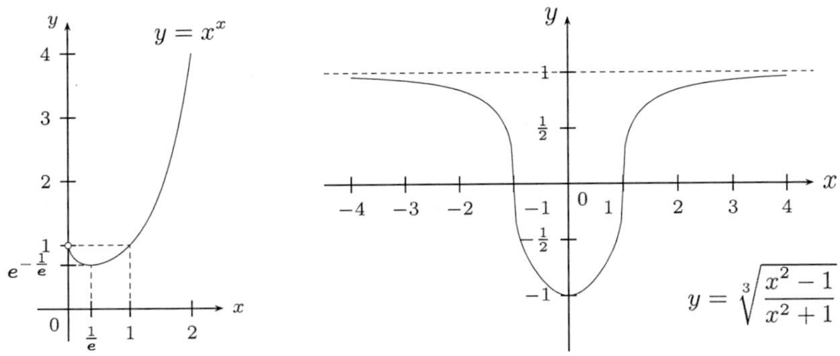

그림 2.14: $y = x^x$ $(x > 0)$과 $y = \sqrt[3]{\dfrac{x^2-1}{x^2+1}}$의 그래프

출전의 풀이를 살펴보자.

그른 풀이 양변의 절대값을 잡으면

$$|y| = \left|\frac{x(x-1)^2}{(x+1)^3}\right| \qquad 곧, \quad |y| = \frac{|x||x-1|^2}{|x+1|^3}$$

양변의 자연로그를 잡으면

$$\ln|y| = \ln|x| + 2\ln|x-1| - 3\ln|x+1|$$

양변을 x에 관하여 미분하면

$$\frac{1}{y}\cdot\frac{dy}{dx} = \frac{1}{x} + \frac{2}{x-1} - \frac{3}{x+1}$$

$$\begin{aligned} \therefore \frac{dy}{dx} &= y\cdot\frac{5x-1}{x(x-1)(x+1)} \\ &= \frac{x(x-1)^2}{(x+1)^3}\cdot\frac{5x-1}{x(x-1)(x+1)} \\ &= \frac{(5x-1)(x-1)}{(x+1)^4} \end{aligned}$$

Note 몫의 미분법을 써서 도함수를 구한 다음 비교하여 보아라. ■

유리식이 복잡한 경우 자연대수를 취한 함수를 미분하여 원래 함수의 도함수를 구하는 것이 훨씬 쉽다. 그러나 출전의 풀이는 완벽하지 않

다. 우선 표현에서 '양변의 절대값을 잡으면', '양변의 자연로그를 잡으면'이라는 표현부터 눈에 거슬린다. 양변에서 잡을 것이 절대값이고 자연로그일까? 우리글 답게 바꾸어 보면 '양변의 절대값을 비교하면', '양변의 자연대수값을 비교하면' 따위로 쓰는 것이 바람직하다. 앞에서도 지적하였듯이 이 풀이는 자연대수의 정의역을 고려하여 구한 도함수다. 따라서 풀이가 구한 도함수는 엄격히

$$\frac{dy}{dx} = \frac{(5x-1)(x-1)}{(x+1)^4} \quad (\text{단}, \ x \neq 0, \ \pm 1)$$

이다. 따라서 $x \neq -1$에 대해 $\dfrac{dy}{dx} = \dfrac{(5x-1)(x-1)}{(x+1)^4}$이기 위해서 $x = 0$과 $x = 1$에서 원래 함수의 미분계수가 이 식으로 얻어지는지 확인해야 한다. 이런 번거러움을 없애려면 유리함수는 정의구역 안에서 무한히 미분이 가능하다는 성질을 사용해야 한다. 따라서 y'은 정의구역 안에서 연속함수다. 따라서

$$\lim_{x\to 0} \frac{dy}{dx} = \left.\frac{dy}{dx}\right|_{x=0} \quad \text{이고} \quad \lim_{x\to 1} \frac{dy}{dx} = \left.\frac{dy}{dx}\right|_{x=1}$$

이다. 풀이에서 구한 도함수는 $x = 0$과 $x = 1$에서 연속이므로 원래 함수의 도함수가 연속이라는 성질로부터 $\dfrac{dy}{dx} = \dfrac{(5x-1)(x-1)}{(x+1)^4}$임을 알 수 있다.

다음은 적분과 관련한 문제를 풀어보자.

함수 $f(x)$가 항상 $\displaystyle\int_0^x f(t)\,dt = xe^x$을 만족시킬 때,

$$\lim_{h\to 0} \frac{f(1+3h) - f(1)}{h}$$

의 값을 구하여라.

– 수학의 정석(기본), 미분과 적분, 258쪽, 유제 15-3 (洪性大 지음, 성지출판사) –

역시 출전의 풀이를 먼저 살펴보자.

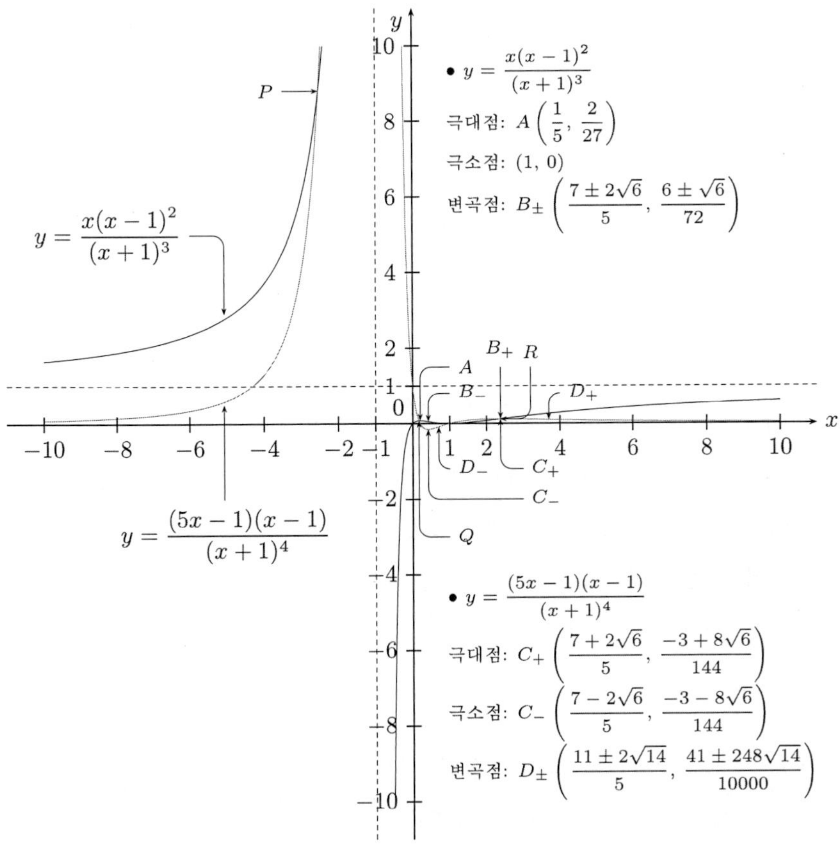

• 곡선의 교점

$P\left(\sqrt[3]{\alpha}\,\omega + \sqrt[3]{\bar{\alpha}}\,\bar{\omega},\ \frac{1}{3}\left(\sqrt[3]{\beta} + \sqrt[3]{\bar{\beta}}\right) + 3\right)$ $\quad Q\left(\sqrt[3]{\alpha}\,\bar{\omega} + \sqrt[3]{\bar{\alpha}}\,\omega,\ \frac{1}{3}\left(\sqrt[3]{\beta}\,\omega + \sqrt[3]{\bar{\beta}}\,\bar{\omega}\right) + 3\right)$

$R\left(\sqrt[3]{\alpha} + \sqrt[3]{\bar{\alpha}},\ \frac{1}{3}\left(\sqrt[3]{\beta}\,\bar{\omega} + \sqrt[3]{\bar{\beta}}\,\omega\right) + 3\right)$ $\quad (1, 0)$

$\alpha = \frac{-1 + \sqrt{31}\,\boldsymbol{i}}{2},\ \bar{\alpha} = \frac{-1 - \sqrt{31}\,\boldsymbol{i}}{2},$ $\quad \beta = \frac{1325 + 3\sqrt{31}\,\boldsymbol{i}}{2},\ \bar{\beta} = \frac{1325 - 3\sqrt{31}\,\boldsymbol{i}}{2}$

$\omega = \frac{-1 + \sqrt{3}\,\boldsymbol{i}}{2},\ \bar{\omega} = \frac{-1 + \sqrt{3}\,\boldsymbol{i}}{2}$

그림 2.15: 함수 $y = \frac{x(x-1)^2}{(x+1)^3}$과 도함수 $y = \frac{(5x-1)(x-1)}{(x+1)^4}$의 그래프

그른 풀이 $\int_0^x f(t)\,dt = xe^x$의 양변을 x에 관하여 미분하면 $f(x) = e^{-x} - xe^{-x} = (1-x)e^{-x}$

이 식의 양변을 x에 관하여 미분하면

$f'(x) = -e^{-x} - (1-x)e^{-x} = (-2+x)e^{-x}$ ······①

$$\begin{aligned}\therefore\ &\lim_{h\to 0}\frac{f(1+3h)-f(1)}{h}\\ =\ &\lim_{h\to 0}\frac{f(1+3h)-f(1)}{3h}\times 3\\ =\ &3f'(1)\\ =\ &3(-2+1)e^{-1} = -\frac{3}{e}\ \blacksquare\end{aligned}$$

풀이는 흔히 학교에서 하는 방법을 따르고 있다. 그러나 출전에 실린 다른 문제는 '다항함수'라든가 아니면 '미분가능한 함수'와 같은 조건이 있음에도 이 문제에는 그런 제한이 없다. 수학에서 연속함수 f에 대해 구간 $[a, x]$가 정의역의 부분집합일 경우

$$F(x) = \int_a^x f(t)\,dt$$

는 미분이 가능한 함수라는 사실이 알려져 있다. 그러나 f가 연속이 아닌 곳에서 f는 미분이 불가능하다. 여기서 $f(x)$를 다음같이 정의하면 f는 $x = 1$에서 연속이 아니고 따라서 미분이 불가능하지만 $\int_0^x f(t)\,dt = xe^x$은 여전히 성립한다.

$$f(x) = \begin{cases}(1-x)e^{-x}, & x \neq 1\text{일 때;}\\ 1, & x = 1\text{일 때.}\end{cases}$$

따라서 이 경우 문제의 극한값은 존재하지 않는다.

지금까지 우리는 여러 계산 문제와 그에 딸린 응용문제를 살펴 보았다. 문제를 만드는 일이 얼마나 쉽지 않은 일인지 독자들이 잘 알 수 있었으리라 믿는다. 뿐만 아니라 주어진 문제에 얼마나 논리 정연하고 수학의 방법답게 정확히 접근할 수 있는가 하는 것 또한 수학을 배우고 가

르치는데 있어 매우 중요한 일임도 이 글을 읽는 모든 사람들이 잘 깨달았으리라 생각한다. 특히 응용 문제를 만들 때는 현실 상황과 잘 들어맞아야 바람직하다.

끝으로 이와 관련한 응용 문제 두세 가지를 보기로 들고 이 절을 맺고자 한다.

For a parachutist in training from a height of 3.3 m, the distance fallen, s, in metres, after t seconds is $s = 4.9t^2$.

(1) State the position function.
(2) Find the velocity function.
(3) Determine the velocity of the parachutist when she hits the ground.
(4) Determine the velocity of the parachutist after 1 s.

– Calculus & Advanced Functions, 200쪽, Example 3 (Chris Dearling 외 여덟 명, McGraw-Hill, Ryerson 펴냄 (2002)) –

문제는 미분과 관련한 응용문제로 가장 쉬운 형태를 띤 문제이다. 우선 출전이 밝히고 있는 풀이 가운데 일부를 살펴보자.

그른 풀이

(1) The position formula, $s = 4.9t^2$, is valid only until the parachutist lands. To find the time to land, let $4.9t^2 = 3.3$, then, $t = 0.82$ s

Thus

$$s(t) = \begin{cases} 4.9t^2 & t \in [0,\ 0.82] \\ 3.3 & t \in (0.82,\ \infty) \end{cases}$$

(2) The velocity function is

$$v(t) = s'(t) = \begin{cases} 9.8t & t \in [0,\ 0.82] \\ 0 & t \in (0.82,\ \infty) \end{cases}$$

(3) $v(0.82) = 9.8(0.82) = 8.036$

The velocity of the parachutist when she hits the ground is 8.036 m/s.
(여기서 (4)에 대한 풀이는 생략한다.) ■

이 풀이 방법은 널리 사용되고 있는 방법으로 큰 문제는 없어 보인다. 그러나 자세히 들여다 보면 계산에 큰 착오를 일으키고 있음을 알 수 있다. 우선 첫 번째 문제에 대해 설명을 보충하면 물리에서 거리[distance]는 위치함수의 절대값을 적분하여 얻을 수 있는 값으로 물리량을 다룰 때는 거리 자체보다 위치함수[position function] 또는 변위함수[displacement function]가 더 중요하게 사용된다. 낙하지점에서 낙하자가 수직으로 떨어진 거리를 $s = 4.9t^2$이라 하면 다행스럽게도 이 경우 이 함수는 낙하자의 위치함수이자 동시에 거리함수가 된다. 그러나 이것은 일반적으로 그렇지 않다. 보기로 물체를 위로 곧바로 던진 경우를 살펴보자. 지면에서 h_0 (m) 떨어진 곳에서 초속도 v_0 (m/s)로 물체를 곧바로 위로 던지면, 지구의 중력 가속도 $g \approx 9.8$ m/s^{2}에 대해 던진 뒤 t초 뒤 물체의 위치는 물체가 다시 땅에 떨어질 때까지 함수 $h = -\frac{g}{2}t^2 + v_0 t + h_0$으로 주어진다. 물리에서 배워 잘 알고 있듯이 이 물체는 물체를 던진 뒤 $t_{최고점} = \dfrac{v_0}{g}$초 뒤에 가장 높은 곳인 $\left(h_{최고점} = \dfrac{v_0^2}{2g} + h_0\right)$ m까지 올라갔다가 떨어지기 시작하여, $t_{지면} = \dfrac{v_0}{g} + \dfrac{\sqrt{v_0^2 + 2gh_0}}{g}$초 뒤에 땅에 떨어진다. 이 때 물체를 던져 t 초에 이를 때까지, 즉 물체가 움직인 거리는 속력을 $0 \le t \le t$인 시간 t에 대하여 적분하여

$$s(t) = \int_0^t |\, v_0 - gt \,|\, dt = \frac{(v_0 - gt)^2}{2g} \operatorname{sgn}(t - t_{최고점}) + \frac{v_0^2}{2g}$$

임을 알 수 있다.

당연히 위치 함수는 기준점을 어디로 잡느냐에 따라 달라진다. 출전의 풀이는 낙하지점을 기준점으로 하여 t 초 뒤에 낙하자의 위치를 나타내는 함수로 낙하 방향을 양인 방향으로 고려하여 기술하고 있다. 또한 낙하자가 땅에 착지한 뒤에는 낙하지점에서 거리가 항상 3.3 m를 유지

한다 가정하고 있다. 그러나 거꾸로 지면으로부터 낙하자의 높이를 나타낼 수도 있으며 이 경우 흔히 위방향을 양인 방향으로 택하게 된다. 이 경우 새 위치함수 s_1은 $4.9t_0^2 = 3.3$인 $t_0 = \dfrac{\sqrt{33}}{7} = 0.8206518066\cdots$에 대해

$$s_1(t) = \begin{cases} 3.3 - 4.9t^2, & t \in [0,\, t_0] \\ 0, & t \in (t_0\, \infty) \end{cases}$$

같이 나타낼 수도 있다. 참고로 이 문제는 응용 문제답게 유효숫자를 고려하고 있다. 3.3이나 4.9는 모두 유효숫자가 두 자리로 t_0도 유효숫자가 두 자리인 0.82를 사용하고 있다. 이와 관련하여 문제를 좀 더 다듬는다면 '1 초'대신 '1.0 초'라 했으면 하는 아쉬움이 있다. 현실과 관련한 문제를 다룰 때, 주어지는 값은 모두 측정값이므로, 측정값에 대한 오차의 한계를 무시한다면 이는 무의미한 문제가 되고 만다. 이런 내용이 과학 과목 뿐 아니라 수학 과정에도 충분히 반영되길 바란다. 이제 문제가 있는 두 번째와 세 번째 문항을 살펴보자.

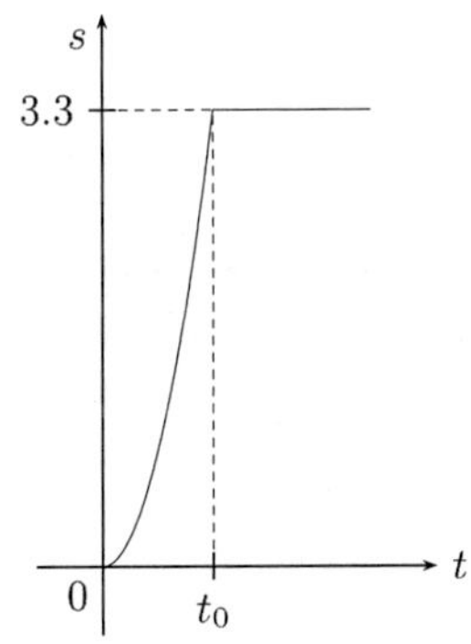

출전에서 s의 도함수를 구한 결과는 수학적으로 틀린 식이다. 우선 위치함수 $s(t)$의 그래프를 살펴보자. 오른쪽 그림에서 보듯이 $t = t_0$, 즉 낙하자가 땅에 착지하는 순간에 위치함수는 미분이 불가능하다. 이는 t_0에서 $s(t)$의 왼쪽 미분값과 오른쪽 미분값이 서로 다르기 때문이다. 뿐만 아니라 낙하자가 낙하지점에서 뛰어내리는 순간에도 위치함수는 미분이 불가능하다. 이는 $t = 0$에서 $s(t)$의 오른쪽 미분값 만이 존재하기 때문이다. 따라서 출전이 제시한 답은 틀린 답으로 다음같이 고쳐야 옳다. 즉 $t \in (0,\, \infty)$이고 $t \neq t_0$일 때,

$$v(t) = s'(t) = \begin{cases} 9.8t, & t \in (0,\, t_0) \\ 0, & t \in (t_0\, \infty) \end{cases}$$

따라서 세 번째 문항에서 낙하자가 착지하는 순간의 속력 $v(t_0)$은 단순히 $s'(t_0)$이 될 수 없다. 이제 착지 순간의 순간 속력을 v_0이라 하자. 그러면 v_0은 물리적으로 다음같이 계산하여야 정확하고 수학적으로도 올바른 풀이가 된다. 즉

$$\begin{aligned} v_0 &= \lim_{h\to 0^-} \frac{s(t_0+h)-s(t_0)}{h} = \lim_{h\to 0^-} \frac{4.9(t_0+h)^2-4.9t_0^2}{h} \\ &= \lim_{h\to 0^-} \frac{4.9h^2+9.8t_0h}{h} = \lim_{h\to 0^-}(4.9h+9.8t_0) \\ &= 9.8t_0 = \frac{7}{5}\sqrt{33} = 8.0423877051\cdots \end{aligned}$$

로 답으로 제시한 결과와 오차를 무시하면 같은 결과를 얻는다. 이 때 극한값을 구하는 과정에서 '$h \to 0$' 대신 '$h \to 0^-$, 즉 우리 교과과정에서 사용하듯 '$h \to -0$'을 사용하여 왼쪽 극한값 만을 택해야 한다. 오른쪽 극한값은 물리적으로 낙하자의 낙하운동과 무관한 값임을 지나쳐서는 안된다. 이 경우도 유효숫자를 고려하여 8.0 m/s이라 하는 것이 더 좋다. 실제로 모든 측정값은 오차가 있으며, 이 때 오차의 한계가 무엇인지 고려하지 않는 측정값은 과학에서 의미가 없다.

다음 문제는 연립방정식과 관련한 문제이다.

> 어떤 회사의 버스 x대가 끊임없이, 일정한 배차 간격으로 순환하는 노선이 있다. 배차 간격은, 만약 버스 1대가 감소하면 2분 40초 연장되고, 버스 1대가 증가하면 1분 36초가 단축된다고 한다. 버스의 평균 시속이 $30km$일 때, 버스의 대수 x와 이 순환 노선의 주행거리를 구하여라. **– 중학 A級 數學 2, 69쪽, 29번 (임대섭 지음, 에이급 출판사, 1996년) –**

우선 표현을 지적하자면 '어떤 회사'가 아니라 '어느 회사'라 해야 옳고, '버스 1대가 감소/증가하면'이 아니라 '버스가 한 대 감소/증가하면'이어야 하며 '$30km$'가 아니라 '30␣km'가 옳다. 또한 '순환노선의 주행거리'를 구해야 하는 것이 아니라 '순환노선의 길이'를 구해야 한다. 이제 출전이 제시한 풀이를 살펴보자.

그른 풀이 순환노선의 주행거리를 ykm라고 하면, 버스 x대, $(x-1)$대일 때의 버스와 버스 사이의 거리는 각각 $\frac{y}{x}km$, $\frac{y}{x-1}km$ 이므로 각각의 간격을 주행할 때에 걸린 시간의 차가 2분 40초이므로

$$\frac{y}{30(x-1)} - \frac{y}{30x} = \frac{2}{45}$$

양변에 $90x(x-1)$을 곱하여 정리하면 $3y = 4x(x-1)$ ……①

같은 방법으로

$$\frac{y}{30x} - \frac{y}{30(x+1)} = \frac{2}{75}$$

양변에 $150x(x+1)$을 곱하여 정리하면 $5y = 4x(x+1)$ ……②

①, ②에서 $x = 4$(대)

①에 $x = 4$를 대입하면 $y = 16(km)$ ■

위 문제는 日本 兵庫県(ひょうごけん) 神戸市(こうべし)에 있는 灘高等学校(なだこうとうがっこう)[171] 입시문제로 출제된 문제를 우리글로 번역한 것이다[172]. 이제 출전의 풀이를 자세히 살펴보자. 풀이에 따르면 버스는 정류장에 서지도 않고, 손님을 태우거나 내려주지도 않은 채 노선을 따라 계속 운행하고 있기만 한다. 풀이에서 버스의 정차시간을 고려하지 않고 있기 때문이다. 이는 현실 문제와 매우 동떨어진 현상이다. 그렇다고 이를 고려하려면 문제는 복잡해진다. 따라서 이런 경우 문제에 적절한 단서를 달아 문제를 푸는 사람이 쉽게 답에 접근할 수 있도록 배려할 필요가 있다.

필자가 참고로 한 日本 문제집에 따르면 차량이 정차하여 승객을 태우고 내리는데 걸리는 시간을 무시하도록

‘ただし, 客の乗降時間は無視してよい。’[173]

라 조건을 달아 놓은 점으로 보아 한국어 출전의 저자가 실수로 이 부분을 번역에서 빠뜨렸을 것으로 보인다. 이런 사소한 조건 하나도 문제를 푸는데 중요한 구실을 한다는 점에서 문제를 다루는 꼼꼼함을 잊어서는 안되겠다. 특히 외국 출판물을 번역한 자연과학 서적에 등장하는 수식이나 전문용어에서 오류가 자주 발생함을 본다. 번역작가의 전문성

과 출판사의 꼼꼼함이 절실히 요구되는 부분임에 틀림없다.

다음 문제는 초등학교 수학 문제풀이 대회에 출제되었던 질문이다.

> 직육면체 모양의 얼음을 물에 넣으면 높이의 $\frac{1}{10}$만큼 물 위로 떠오른다고 한다. 이 때, 얼음의 물 위에 떠 있는 부분만을 잘라 내고 다시 물에 넣었더니 45cm만큼 물 위에 떠올랐다면, 처음 얼음의 높이는 얼마인가?
>
> 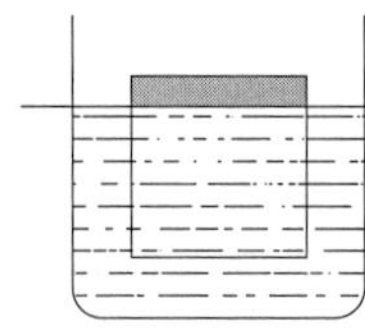
>
> **– 대교주최 제5회 전국 초등학생 수학 올림피아드 5학년, 1교시, 문제 5번 (1993년 실시) –**

주최측이 발간한 기출 문제집에 실린 답안을 살펴보자⟨174⟩.

그른 풀이 잘리고 남은 얼음의 높이는 $45 \times 10 = 450$(cm)이다. 이것은 처음 얼음의 높이의 $\frac{9}{10}$이므로 처음 얼음의 높이는 $450 \div \frac{9}{10}$, 즉 $450 \times \frac{10}{9} = 500$(cm)이다.

Αρχιμηδης⟨175⟩

풀이는 비례식을 사용하여 간단하게 문제를 해결하고 있다. 그러나 이 문제는 단순한 수학 문제가 아니라 유체 안에서 물체가 받는 힘과 관련한 물리 문제이다. 물리 원리에 아직 익숙하지 않은 초등학생들에게 물리 원리를 무시한 채 단순하게 비례식 만을 이용하여 문제를 풀게 가르친다면 그들에게 과학하는 관찰력과 수학다운 논리 전개 방법을 어찌 기대할 수 있을까. 학생들에게 수학에 깊은 애정과 관심을 갖도록 하고 수학 분야에 우수한 학생들에게 도전할 수 있는 기회를 마련해 주겠다는 교육자들의 열의도 좋지만, 그 열성 자체보다 더 중요한 것은 대회가 아니라 올바르게 사고하고 논리적으로 판단할 수 있는 능력을 길러주는데 있다.

이 문제는 매우 잘 알려진 옛 희랍의 물리학자, 수학자, 천문학자, 철학자요, 기술자이자 공학자였던 Αρχιμηδης[Archimedes]의 일화와 깊은 관련이 있다. 그는 기원전 287년 희랍의 식민지였던 오늘날 Sicilia[Sicily]의 항구도시 Συραχõσαι[Syracuse]에서 천문학자였던 아버지 Φειδίας[Phidias]의 아들로 태어났다. 한 때 Alexandria에 있는 Euclid-학파에서 공부한 것을 제외하고 거의 평생을 고향인 Syracuse에서 활동했다 한다. 그의 친구인 Ηραχλείδης[Heracleides]가 그에 대한 전기를 남겼다고 하나 불행하게도 지금은 전해지지 않고 있다. 그에 관한 많은 일화는 Syracuse의 왕 Ιερωνος[Hieron] 2세와 그의 아들 Γελωνος[Gelon]와 많은 관계를 갖고 있다⟨176⟩. 위 문제와 관련한 일화는 기원전 1세기 경에 활동한 옛 Roma 제국의 건축가 Marcus Vitruvius Pollio가 쓴 '*De Architectura*[The Ten Books of Architecture]에 실린 내용으로 역시 Hieron 2세와 관련되어 있다.

어느 날 왕은 왕관을 새로 만들고자 금을 세공하는 대장장이에게 왕관을 만들 수 있도록 필요한 금을 정확하게 달아 주었다. 대장장이는 왕관을 만들어 임금에게 올렸고 그 무게는 정확했다. 그러나 왕관에 금이 아닌 은이 섞였을 것이라는 의혹이 제기되자 왕은 이 문제를 Archimedes에게 풀도록 하였다. 이 문제로 고심하던 그는 어느 날 목욕탕에서 물이 든 탕에 잠긴 몸의 부피가 늘어날수록 더 많은 물이 넘치는 것을 깨닫고는 발가벗은 채 탕에서 뛰쳐나와 Syracuse 거리를 지나 집으로 향하며 'Hΰρηχα[Eureka]⟨177⟩'를 큰 소리로 외쳤다 한다. 오늘날 '아르키메데스의 원리'라 일컬어지는 이 원리는 유체 안에서 물체가 받는 힘, 즉 부력을 설명하는 원리로 이어졌다. 이를 정리하면 다음과 같다.

> 중력장에서 액체나 기체와 같은 유체 안에 전체 또는 일부가 잠겨 있는 물체는 유체 안에 잠겨있는 물체의 부피와 똑같은 양에 해당하는 유체의 무게와 크기가 같고 중력과 반대 방향인 힘을 받는다.

위 문제를 물리 원리에 충실하게 풀어보자.

바른 풀이 우선 직육면체 모양을 한 얼음의 부피를 $V_{얼음}$이라 하고 얼음과 물의 밀도를 각각 $\rho_{얼음}$, $\rho_{물}$이라 하자. 그러면 g를 중력가속도라 할 때, 얼음의 무게는 $W_{얼음} = V_{얼음}\rho_{얼음}g$이고 따라서 얼음이 물에 잠긴 부분에 해당하는 물의 무게

그림 2.16: 탕에 들어가는 Archimedes: 조각가 Peter Flotner의 목판화로 독일어 번역본 *Vitruvius Teutsch* (Johann Petretus/Nürnberg 펴냄, 1548년)에 실려있는 그림.

는 그 부피를 $V_{\text{물}}$이라 할 때 $V_{\text{물}} = \dfrac{9}{10}V_{\text{얼음}}$이므로 $W_{\text{물}} = V_{\text{물}}\rho_{\text{물}}g = \dfrac{9}{10}V_{\text{얼음}}\rho_{\text{물}}g$이다. 한편 얼음은 가라앉지 않고 물에 떠 있으므로 아르키메데스의 부력에 관한 원리에 의해 얼음에 작용하는 부력의 크기는 $W_{\text{물}}$과 같다.

$$W_{\text{얼음}} = W_{\text{물}}, \quad \text{즉} \quad \rho_{\text{얼음}} = \frac{9}{10}\rho_{\text{물}}$$

이다. 이제 물 위에 올라온 부분, 즉 전체의 $\dfrac{1}{10}$을 제거하고 남은 얼음의 무게는 $W'_{\text{얼음}} = \dfrac{9}{10}V_{\text{얼음}}\rho_{\text{얼음}}g$이다. 이제 새 얼음이 물에 잠긴 부분이 전체의 r이라 하면 역시 얼음이 잠긴 부분에 해당하는 물의 무게는 그 부피를 $V'_{\text{물}}$이라 할 때, $V'_{\text{물}} = \dfrac{9r}{10}V_{\text{얼음}}$이므로 $W'_{\text{물}} = \dfrac{9r}{10}V_{\text{얼음}}\rho_{\text{물}}g$이다. 다시 아르키메데스의 부력에 관한 원리를 적용하면 $W'_{\text{얼음}} = W'_{\text{물}}$, 즉

$$W'_{\text{얼음}} = \frac{9}{10}V_{\text{얼음}}\rho_{\text{얼음}}g = \frac{9r}{10}V_{\text{얼음}}\rho_{\text{물}}g$$

이다. 따라서 $\rho_{\text{얼음}} = r\rho_{\text{물}}$이므로 $r = \dfrac{9}{10}$임을 알 수 있다. 그러므로 잠긴 깊이는 원래 얼음의 높이의 $\left(\dfrac{9}{10}\right)^2 = \dfrac{81}{100}$이고 따라서 새 얼음이 물 위로 나온 부분은

처음 높이의 $\frac{9}{100}$이다. 이 관계로부터 얼음의 처음 높이 H는

$$H = \frac{100}{9} \times 45 = 500 \text{ cm}$$

다. ∎

초등학생에게는 받아들이기 매우 어려운 풀이가 되었다. 초등학생을 위해 조금 더 쉽게 풀이를 고치려면 부력에 관한 **아르키메데스**의 원리를 잘 이해시켜야 한다. 결국 부력의 원리는 물체가 유체에 떠 있을 경우 물체의 무게와 이 물체가 유체로부터 받는 부력의 크기가 서로 같다는 법칙고 그 부력의 크기는 물체가 유체 속에 잠긴 부분의 부피에 해당하는 유체의 무게와 같다. 따라서 물체의 전체 부피를 V, 물체의 밀도를 ρ라 하면 물체의 무게 $W = V\rho g$이고 물체가 물에 잠긴 부분의 부피를 V', 유체의 밀도를 ρ'라 할 때, 이 물체에 작용하는 부력은 $V'\rho' g$이며 이 두 값은 서로 같으므로 $V\rho = V'\rho'$이 성립한다. 따라서 물체의 부피에 대해 유체에 잠긴 부분의 비는 물체의 밀도에 대한 유체의 밀도 비의 역수, 즉

$$\frac{V'}{V} = \left(\frac{\rho'}{\rho}\right)^{-1}$$

인 관계가 성립한다. 이 때 밀도의 비가 일정하므로 해당 부피의 비는 일정하다. 이 성질을 사용하면 풀이를 좀 더 쉽게 바꾸어 쓸 수 있다.

다른 풀이 (1) **아르키메데스**의 부력에 관한 원리에 따라 얼음 전체의 부피에 대해 얼음이 물에 잠긴 부분의 부피 비는 일정하므로 처음 얼음의 부피와 물에 잠긴 부분의 부피를 각각 V_1, V_1'이라 하고, 잘라 내고 남은 얼음의 부피와 이 때 물에 잠긴 부분의 부피를 각각 V_2, V_2'라 하면

$$\frac{V_1'}{V_1} = \frac{V_2'}{V_2}$$

이고 문제에 주어진 그림에 따라 직육면체의 밑면이 수면과 나란하므로 부피의 비는 결국 높이의 비와 같아서 $\frac{V_1'}{V_1} = \frac{9}{10}$이다. 한편 얼음을 밑면과 나란하게 잘라내었으므로 잘래내기 전과 잘라낸 뒤의 직육면체의 밑넓이는 같아서 결국

$\frac{V_2'}{V_2}$는 잘라내고 남은 직육면체의 높이 h에 대해 물에 잠긴 부분의 높이 h'의 비 $\frac{h'}{h}$과 같다. 문제의 조건에 따라 $h - h' = 45$이므로

$$\frac{9}{10} = \frac{h'}{h} = \frac{h-45}{h} \quad \text{임을}$$

얻고 따라서 $h = 450\,\mathrm{cm}$다. 이는 원래 직육면체의 높이의 $\frac{9}{10}$이므로 따라서 자라내기 전 직육면체의 높이 H는

$$H = \frac{10}{9} \times 450 = 500 \text{ cm}$$

다. ■

이런 상세한 설명도 없이 단순히 높이가 이루는 비와 관련지어 문제를 기계처럼 푸는 일은 수학과 과학을 배우고 익히는데 아무런 도움을 주지 못한다. 이 문제를 초등학생에게 맞게 출제하고자 한다면 부력에 관한 간단한 원리를 명시하여 이를 사용하여 문제를 풀 수 있는지 보는 것이 바람직하다. 참고로 0 °C에서 물의 밀도는 0.9998 $\mathrm{g/cm^3}$이고, 육각형 결정을 한 얼음 ($\mathrm{I_h}$)의 밀도는 0.917 $\mathrm{g/cm^3}$다⟨178⟩.

2.4 도형

수학에서 도형을 다루는 학문을 기하학[geometry]이라 한다. 사람들이 잘 알고 있듯 'geometry'라는 낱말은 '땅'을 뜻하는 희랍어 'γεω(geo)'와 '측량'을 뜻하는 'μετρία(metria)'가 합쳐져 만들어진 단어이다. 기하를 생각하면 늘 머리에 떠오르는 글이 있다. 무애(无涯, 無涯) 梁柱東이 쓴 수필 '몇 어찌'는 개화기 서양 문물을 접하면서 그가 느낀 감정을 적은 글로 여기서 '몇 어찌'란 '幾何'를 그대로 뜻풀이 한 것이다. '멋모르고 "예, 예." 하다보니 어느덧 대정각[179]이 같아져 있지 않은가!' 기하 수업을 통해 과학적이고 실증적 서양 학풍 앞에서 아찔한 현기증을 느꼈던 그가 나라 잃은 슬픔과 이에 대한 자신의 결의를 아울러 피력한 글이다. 늘 기하책을 대할 때면 그의 글이 문득 떠오르는데, 그 실증적이고 과학적인 학풍이 오랜 세월을 지나며 얼마나 우리 정신과 삶 속에 깊이 배어들고 나는지 궁금해진다. 일찍이 도형에 대한 연구는 측량 기술이나 항해와 깊은 관계를 갖고 있었다. 옛 희랍을 중심으로 한 논증 기하학의 발달은 الإسكندرية[Alexandria] 출신인 Euclid에 의해 집대성되었다. 그는 'Stoikeia[Elements]'에서 기본 용어에 대한 정의와 주요 공리를 바탕으로 도형의 성질을 논리적인 방법으로 유도하려 하였다. 한편 기하학은 17세기 초에 들어서면서 René Descartes와 Pierre de Fermat에 의해 좌표에 의한 새로운 기하학의 방향이 정해지면서 눈부신 발전을 거듭하기 시작했다.

René Descartes[180]

Pierre de Fermat[181]

19세기에 들어서면서 가장 뛰어난 진보는 바로 비유클리드 기하학의 등장이었다. 오랜 세월 동안 평행선의 존재를 Euclid가 제시한 공리로부터 유도할 수 없음을 점차 확인한 수학자들은 새로운 기하학의 가능성을 예견하게 되었다. Россия[Russia] 수학자인 Николай Иванович Лобачевский[N. I. Lobachevsky], Magyarország[Hungary] 수학자 Bolyai János[182], 독일 수학자 Johan Carl Friedrich Gauß에 의해 쌍곡기하학이 등장한 것이 19세기 초요, 독일 수학자였던 Georg Friedrich Bernhard Riemann의 타원기하학의시작을 알리는 강연이 있었던 것도 1854년으로 역시 19세기였다. 이에 뒤를 이어 독일 수학자 Felix Christian Klein은 사영기하학이라는 새로운 구조와 기하학적 변환을 통해 기하학의 기본 성질을 통합하려 시도했다. B. Riemann은 리만 기하학을, Jules Henri Poincaré는 공간의 위상적 성질을 대수학을 통해 접근하는 방법을 소개했다. 최근 들어 기하학은 해석학, 대수학과 같은 성격이 다른 수학의 접근 방법을 다양하게 받아들이면서 눈부신 발전을 이루고 있을 뿐만 아니라 기하학의 여러 방법을 통해 다른 분야에서 제기된 여러 복잡한 문제를 해결하는 쾌거를 거두고 있음을 본다. 이제 우리가 학교에서 배우는 기하 문제들을 차근차근 살펴보기로 하자.

Н. И. Лобачевский[183]

Bolyai János[184]

J. C. F. Gauß[185]

F. C. Klein

G. F. B. Riemann

J. H. Poincaré

다음 도형의 색칠한 부분의 넓이를 구하여라.

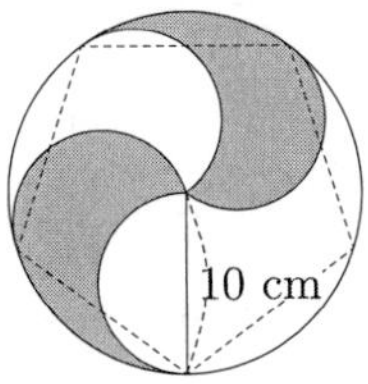

– 해법수학 경시대회 6학년 (실전편), 18쪽, 5-(2) (해법수학 영재교육 연구소 지음, 천재교육(주)) –

출전이 소개하고 있는 풀이를 살펴보자.

그른 풀이

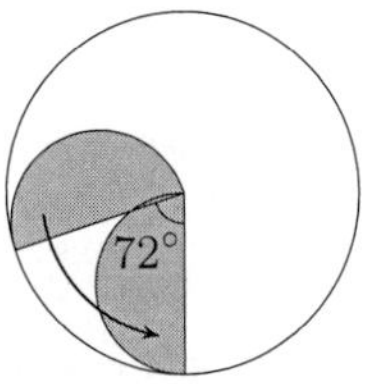

그림에서 부분의 넓이와 부분의 넓이가 같으므로 1개의 넓이는 반지름의 10cm이고 중심각이 72°인 부채꼴의 넓이와 같다.

$$\left(10 \times 10 \times 3.14 \times \frac{72°}{360°}\right) \times 2 = 125.6(\mathrm{cm}^2) \quad \blacksquare$$

그러나 그림을 정확하게 그린다면 (출전이 제시한 풀이에는 그림이 정확하게 그려져 있지 않다) 두 반원의 지름이 72°를 이루며 일부가 겹쳐있음을 알 수 있다. 답을 알아 맞추는 것보다 더 중요한 것은 얼마나 논리적으로 정확히 그 답의 타당성을 설명하는가가 더 중요하다. 이 풀이보다 더 정확한 풀이를 만들어보자.

바른 풀이 반원 한 개의 넓이를 A, 두 반원이 겹친 부분의 넓이를 B, 반지름이 10 cm이고 중심각이 72°인 부채꼴 한 개의 넓이를 S라 하면 구하는 도형의 아래 부분 하나만의 넓이는 $(A-B)+[S-(A-B)]=S$이므로 부채꼴 한 개의 넓이와 같다. 이하 계산은 출전의 풀이와 같다. $\blacksquare$

늘 풀이 자체에 신경을 쓰고 자신이 구한 답에 대한 근거를 올바르게 제시하는 훈련은 수학을 배우는데 가장 중요한 일임에도 불구하고 무엇보다 기초를 튼튼히 다져야 할 초등학교 시절부터 답만 구하는 일에 몰두하도록 한다면 수학 문제나 푸는 기계를 양산하는 꼴에 지나지 않는다.

문제를 출제할 경우 문제가 얼마나 타당한지 늘 살펴보아야 한다. 다음 문제는 겹치는 넓이를 사용하여 알려져 있지 않은 곳의 넓이를 구하는 문제 가운데 하나이다.

> 정사각형 안에 다음과 같이 $\frac{1}{4}$원과 반원을 그리면 (가) 부분의 넓이가 20.4cm^2, (다) 부분의 넓이가 4.2cm^{2}가 된다. 색칠한 (나) 부분의 넓이를 구하여라.
>
> 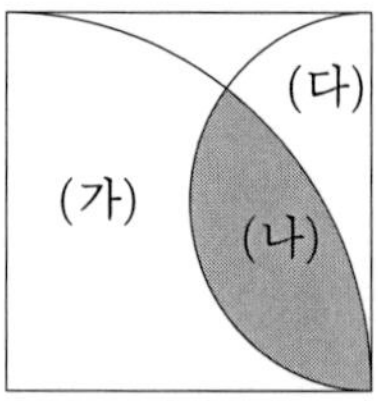
>
>
> **– 해법수학 경시대회 6학년 (실전편), 71쪽, 20 (해법수학 영재교육 연구소 지음, 천재교육(주)) –**

출전이 밝힌 이 문제에 대한 풀이는 아래와 같다.

그른 풀이 어떤 한 변을 반지름으로 하는 $\frac{1}{4}$원은 그 한 변을 지름으로 하는 반원의 2배이므로

$$(\text{나}) + 20.4 = ((\text{나}) + 4.2) \times 2$$

$$(\text{나}) = 20.4 - 8.4 = 12(\text{cm}^2) \quad ■$$

지적할 것이 없어 보이는 풀이로 풀이 자체보다 문제 자체에 잘못이 숨어 있는 문제다. 이제 이 정사각형의 한 변의 길이를 s라 하고 색칠된 부분의 넓이를 구해보도록 하자.

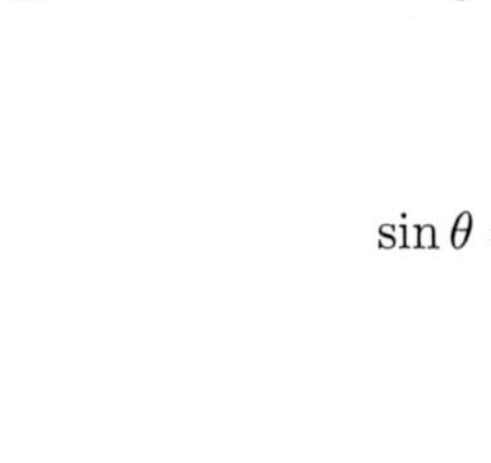

주어진 사각형을 $ABCD$라 하고 반원의 중심을 E라 하자. 반원과 사분원이 만나는 점을 P라 하면, $\triangle PBE \equiv \triangle CBE$이고 따라서 $\angle EPB = \angle ECB = \frac{\pi}{2} = 90°$이다. 이제 $\theta = \angle EBC$라 하면 $\angle BEC = \frac{\pi}{2} - \theta$이다. $\overline{BC} = s$, $\overline{CE} = \frac{s}{2}$, $\overline{BE} = \frac{\sqrt{5}\,s}{2}$이므로

$$\sin\theta = \frac{1}{\sqrt{5}}, \quad \cos\theta = \frac{2}{\sqrt{5}}, \quad \tan\theta = \frac{1}{2}$$

이다. 따라서 사분원의 호 $\widehat{PC}$로 이루어진 활꼴의 넓이 A_1은

$$A_1 = \frac{1}{2}s^2(2\theta) - \frac{1}{2}s^2 \sin 2\theta = s^2(\theta - \sin\theta\,\cos\theta) = s^2\left(\theta - \frac{2}{5}\right)$$

이고 반원의 호 $\widehat{PC}$로 이루어진 활꼴의 넓이 A_2는

$$\begin{aligned} A_2 &= \frac{1}{2}\left(\frac{s}{2}\right)^2(\pi - 2\theta) - \frac{1}{2}\left(\frac{s}{2}\right)^2 \sin(\pi - 2\theta) \\ &= \frac{s^2}{8}(\pi - 2\theta - 2\sin\theta\,\cos\theta) \\ &= \frac{s^2}{8}\left(\pi - 2\theta - \frac{4}{5}\right) \end{aligned}$$

이다. 따라서 구하고자 하는 (나) 부분의 넓이 A는

$$A = A_1 + A_2 = \frac{s^2}{8}(\pi - 4 + 6\theta)$$

이다. 이 사실로부터 (가)와 (다)의 넓이는 각각 다음과 같다.

$$\begin{aligned} \text{(가)의 넓이} &= \frac{\pi s^2}{4} - \frac{s^2}{8}(\pi - 4 + 6\theta) = \frac{s^2}{8}(\pi + 4 - 6\theta) \\ \text{(다)의 넓이} &= \frac{\pi}{2}\left(\frac{s}{2}\right)^2 - \frac{s^2}{8}(\pi - 4 + 6\theta) = \frac{s^2}{4}(2 - 3\theta). \end{aligned}$$

여기서

$$\theta = \tan^{-1}\frac{1}{2} = 0.4636476090\cdots = (26.5650511770\cdots)^\circ$$

이다. 그런데 만약 (가)의 넓이가 20.4 cm^2이라면 방정식 $\frac{s^2}{8}(\pi+4-6\theta) =$ 20.4로부터

$$s = \frac{4\sqrt{51}}{\sqrt{5(\pi + 4 - 6\theta)}} = 6.1183092662\cdots\ (\mathrm{cm})$$

이고, 만약 (다)의 넓이가 4.2 cm^2이라면 방정식 $\frac{s^2}{4}(2 - 3\theta) = 4.2$로부터

$$s = \frac{2\sqrt{51}}{\sqrt{5(2 - 3\theta)}} = 5.2520107904\cdots\ (\mathrm{cm})$$

이어서 문제가 성립하지 않는다. 문제를 출제하는 것이 얼마나 까다로운지 잘 보여주는 예다. 정사각형 내부에서 (가), (나) 그리고 (다)를 모두 제외한 나머지 부분, 즉 이름이 붙어있지 않은 부분의 넓이를 독자들이 직접 구해보기 바란다.

이와 비슷한 문제를 하나 더 살펴보자.

> 넓이가 30cm^2인 직사각형 3개를 오른쪽 그림과 같이 겹쳤을 때, 가, 나, 다의 넓이를 구하여라. (ㄱ $=$ 12cm^2, ㄴ $=$ 10cm^2, ㄷ $=$ 12cm^2, ㄹ $= 4\text{cm}^2$)
>
> 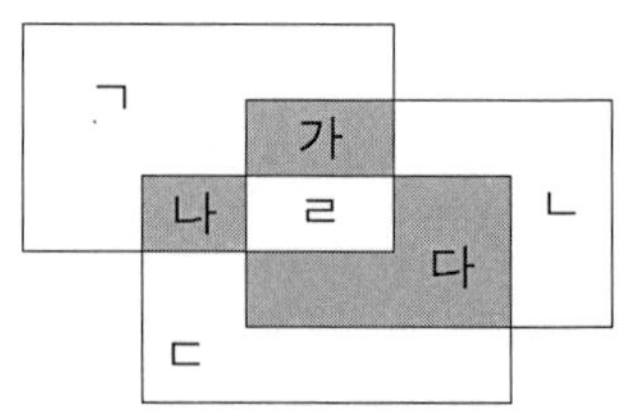
>
>
> **– 초등학교 수학 올림피아드, 51쪽, 72번 (한국 초등수학 교육 연구회 편저, 재능교육 펴냄, 2000년) –**

출전의 풀이는 다음과 같다.

그른 풀이 문제에서 주어진 조건을 정리하면 다음과 같다.

$$\begin{array}{rrcl} & \text{가} + \text{나} & = 30-(12+4) & = 14 \\ & \text{가} + \text{다} & = 30-(10+4) & = 16 \\ +\,) & \text{나} + \text{다} & = 30-(12+4) & = 14 \\ \hline & (\text{가}+\text{나}+\text{다})\times 2 & & = 44 \end{array}$$

따라서 가 $= 8$, 나 $= 6$, 다 $= 8$이다. ■

이 풀이가 지닌 잘못 또한 문제를 철저히 분석해 보지도 않은 채 단순히 계산만 거쳐 답을 구한 점에 있다. 사실 출전의 풀이 방식은 답을 구하는 지름길이기는 하지만 문제를 올바로 파악하고 논리적인 답을 구하는 과정으로는 적절하지 않다. 수학을 배우는 이유는 문제를 논리적으로 분석하고 문제의 올바른 해결 방법을 찾기 위한 것임에도, 우리는 주어진 문제의 정해진 답을 빠른 시간 안에 찾는 일에 몰두하고 있는 셈이다. 필자는 과연 이런 조건을 만족하는 직사각형이 존재하는지 조사해 봤다. 우선 오른쪽 그림같이 각 부분의 길이를 정하면 다음 여덟 가지 관계식을 얻는다.

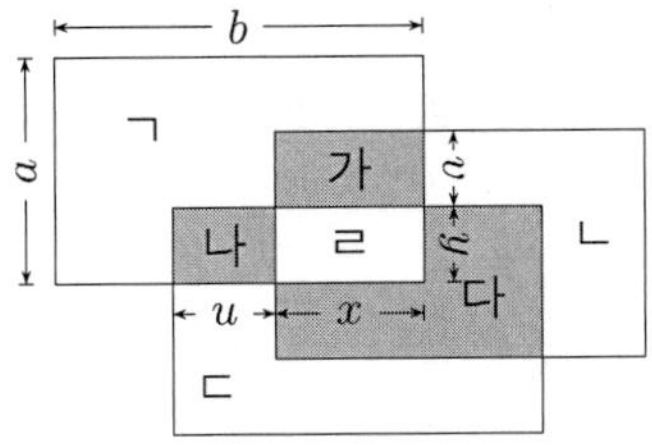

(가의 넓이): $xv = 8$

(나의 넓이): $uy = 6$

(다의 넓이): $(b-u)(a-v) - xy = 8$

(ㄱ의 넓이): $ab - xy - xv - uy = 12$

(ㄴ의 넓이): $au + (b-u-x)v = 10$

(ㄷ의 넓이): $bv + (a-y-v)u = 12$

(ㄹ의 넓이): $xy = 4$　　　　(직사각형 넓이): $ab = 30$

이 방정식을 풀면 임의 양수 u에 대해 다음 결과를 얻는다⟨186⟩.

$$a = \frac{3(5 \pm \sqrt{15}\,\boldsymbol{i})}{u}, \quad b = \frac{u(5 \mp \sqrt{15}\,\boldsymbol{i})}{4}, \quad x = \frac{2}{3}u, \quad y = \frac{6}{u}, \quad v = \frac{12}{u}.$$

따라서 주어진 조건을 만족하는 직사각형은 존재하지 않음을 알 수 있다. 언젠가 자신이 만든 참고서를 광고하는 참고서 저자의 강의를 들은 적이 있다. 그는 강의에서 어느 조건을 만족하는 경우의 수를 구하는 문제를 풀면서, 직접 하나씩 세어 가는 것은 틀리기 쉽지만 자신이 풀이에 적은 공식을 사용하면 문제를 틀리지 않고 답을 쉽게 구할 수 있다고 설명했다. 수학을 배우는 사람은 새로운 문제가 주어질 경우 문제를 분석하고 문제에 주어진 조건에 알맞은 경우를 하나씩 따져 보는 일부터 몸에 익혀야 한다. 공식만 알아서 문제의 답만 틀리지 않게 구하면 무엇하는가. 그것은 수학을 배우는 것이 아니라 공식을 외우는 암기 연습에 지나지 않는다. 비록 구한 답이 틀리더라도 다시 세어보면서 그 문제의 특징을 파악하고 스스로 그런 공식까지 만들 수 있는 단계에 다다른다면 수학을 배우는 맛도 있고, 수학의 참다운 멋을 느낄 수도 있다. 필자가 어린 시절 피아노를 배우던 기억이 떠오른다. Ferdinand Beyer의 기초 교본부터⟨187⟩ 시작하여 Karl Czerny, Johann Friedrich Franz Burgmüller의 연습곡집, 그리고 Charles Louis Hanon의 연습곡집을 배우던 시절 필자는 연습곡같이 따분한 곡이 아닌 교실에서 선생님께서 풍금으로 들려주시던 동요를 치고 싶다는 욕심에 혼자 이 동요, 저 동요를 연주하며 즐거워하기도 했는데, 훗날 돌이켜 생각해보니 결국 그것은 엉터리 연주에 지나지 않은 것이었다. 기본부터 착실히 쌓아가지 않고 더 높은 단계만 좇다보면 결국 기초마저도 엉망이 되고 만다는 사실을 염두에 두어야 한다.

삼각형은 변의 길이에 따라서, 그리고 내각의 크기에 따라 구분할 수 있다. 내각의 크기에 따라 예각삼각형, 직각삼각형, 둔각삼각형이 그것이다. 한편 변의 길이에 따라서 세 변의 길이가 모두 다른 삼각형, 즉 부등변삼각형⟨188⟩과 길이가 같은 변을 가진 삼각형, 즉 이등변삼각형⟨189⟩으로 구분할 수 있다. 특히 이등변삼각형 가운데 세 변의 길이가 모두 같은 삼각형을 정삼각형[equilateral triangle]이라 한다⟨190⟩.

다음 문제는 합동인 삼각형이 그림 안에 몇 쌍이 있는지 묻는 문제다. 잘 알고 있듯이 두 삼각형이 합동이라는 뜻은 두 삼각형의 대응하는 각 변 길이가 모두 서로 같고, 대응하는 각 내각의 크기가 모두 서로 같은 경우를 일컫는다. 이를 위해 일반적으로 SSS, SAS, ASA라 이름붙은 합동조건을, 두 직각삼각형에 대해서는 특별히 RHA, RHS라 이름붙은 합동조건을 추가로 사용하여 삼각형의 합동을 증명한다.

(그림)의 정삼각형 ABC에서 $\overline{BE} = \overline{CD}$인 점 D, E를 잡고 $\overline{CE}$와 $\overline{BD}$의 교점을 F라 할 때, 서로 합동인 삼각형은 모두 몇 쌍인가?

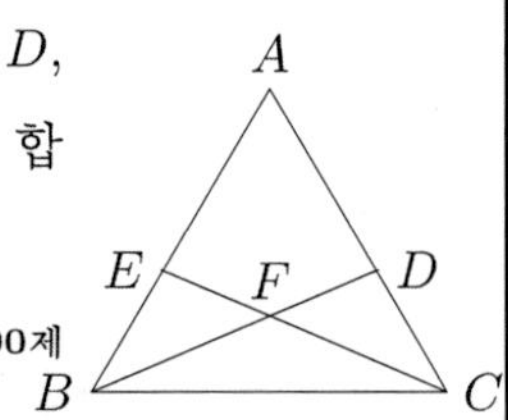

– 3000제 탄탄수학 (7-나), 97쪽, 10번 (김인종 외 7명, 3000제 편찬 위원회 펴냄, 2002년) –

문제의 출전은 $\triangle ABD \equiv \triangle ACE$, $\triangle EBC \equiv \triangle DCB$, 그리고 $\triangle FBE \equiv FCD$를 들어 답을 세 쌍으로 하고 있다. 물론 서로 다른 두 점을 더 연결함으로써 합동인 삼각형을 한 쌍 더 찾을 수 있다. 바로 $\triangle AFD \equiv \triangle AFE$가 그 쌍이다. 주어진 그림만 사용해야 한다면 합동인 삼각형은

출전같이 세 쌍인 듯하다. 그러나 이는 논리적으로 바르지 못하다. 두 삼각형의 합동 관계는 동치 관계이다. 즉 삼각형 자신은 자신에 합동이고, 삼각형 (가)가 삼각형 (나)에 합동이면 (나)는 (가)에 합동이며, 삼각형 (가)와 (나)가 합동이고 동시에 (나)와 (다)가 합동이면 삼각형 (가)와 (다)도 합동인 것이다. 따라서 $\triangle ABD \equiv \triangle ABD$, $\triangle ACE \equiv \triangle ACE$ 따위와 같은 쌍도 합동인 쌍을 이룬다. 만약 이런 쌍을 무시한다면 이는 마치 방정식 $x^2 - y^2 = 0$의 해 (x, y)들 가운데 $x = y$인 것은 해가 아니라는 것과 다를 것이 없다. 따라서 문제에 주어진 쌍이 순서를 무시한 쌍을 뜻할 때, 이 문제는 세 쌍이 답이 아니라 아홉 쌍이 답이다. 얼핏 보기에 억지 주장같기도 하지만, 수학은 때로 지나치게 억지인 듯한 경우가 많다. 단지 그것이 논리적이기만 하면 된다. 그러나 이런 혼란을 피하고 싶다면 '서로 합동인 삼각형···'이란 말 대신 '합동이고 서로 다른 삼각형···'으로 바꾸면 된다. 또한 D와 E가 각 변의 중점이라면 $\triangle CAE \equiv \triangle CBE$, $\triangle BAD \equiv \triangle BCD$도 합동인 쌍이 된다. 이런 혼동을 피하기 위해 문제는 적절한 조건을 제시해야 한다.

다음 문제는 삼각형의 합동을 이용한 문제로 널리 알려진 문제이다.

오른쪽 그림과 같이 $\overline{AB}$ 위에 점 C를 잡아 $\overline{AC}$, $\overline{CB}$를 각각 한 변으로 하는 정삼각형 DAC와 ECB를 $\overline{AB}$에 대하여 같은 쪽에 그리면, $\triangle ACE \equiv \triangle DCB$이다. 이 설명에서 사용되는 삼각형의 합동 조건은?

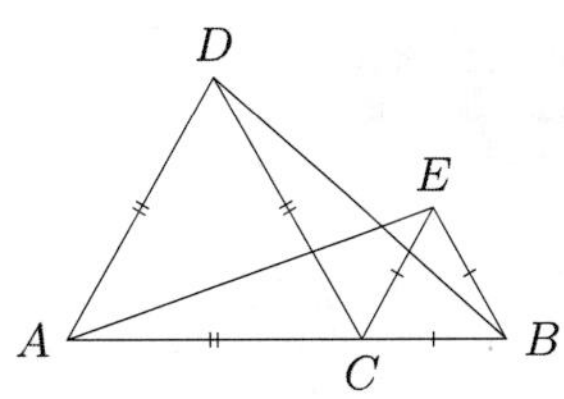

– KBS 중학수학 1학년, 173쪽 13번 (KBS 문화사업단 펴냄, 1995년) –

이 문제의 답은 흔히 알려진 바같이 삼각형에 대한 SAS 합동조건이고 출전도 이것을 답으로 제시하고 있다. 조건에 의해 $\triangle ADC$가 정삼각형이므로 $\overline{AC} = \overline{DC}$이고, $\triangle ECB$도 정삼각형이므로 $\overline{CE} = \overline{CB}$다. 한

편 $\angle ACD = 60° = \angle BCE$이므로

$$\angle ACE = \angle ACD + \angle DCE = \angle BCE + \angle DCE = \angle DCB$$

이다. 따라서 $\triangle ACE$와 $\triangle DCB$은 합동이다. 그럼 다른 합동조건은 쓸 수 없을까? 언젠가 학교 시험에 SAS 합동조건만 정답으로 처리하는 것을 보았고, 많은 참고서도 SAS 합동조건만 답으로 제시하고 있으니 한 번 생각해 볼 일이 아닐까 싶다.

D. Hilbert

결론부터 말하자면 SAS 합동조건이 아닌 다른 합동 조건, 즉 ASA, SSS 합동조건을 사용해도 위 성질을 증명할 수 있다. 참고로 David Hilbert에 의해 완성된 **유클리드** 기하의 공리에서 SAS 합동조건은 공리로 받아들여져야 함이 알려졌다. 그 이유는 다른 공리를 모두 만족하면서 SAS 합동조건을 만족하지 않는 기하 구조를 구성할 수 있기 때문이다. 물론 SAS 합동조건을 공리로 받아들일 경우 SSS, ASA 합동조건은 정리로 유도된다. 이제 ASA 합동조건을 써서 위 성질을 증명해 본다.

바른 풀이

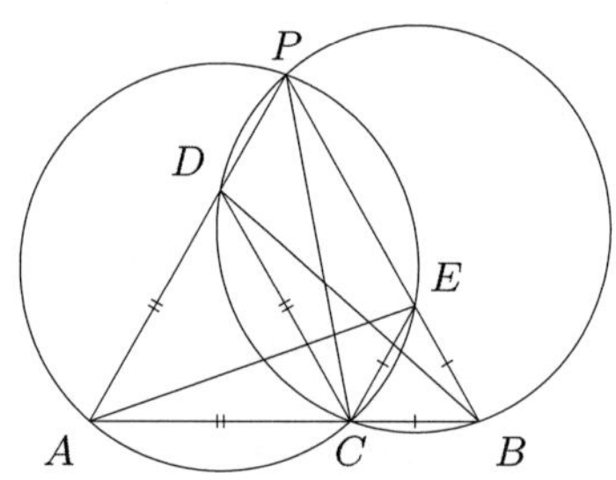

오른쪽 그림처럼 $\overline{AD}$와 $\overline{BE}$의 연장선이 만나는 점을 P라 하면 $\angle APB = 60°$이므로 $\triangle APB$는 정삼각형이다. 한편 $\angle DCB = 180° - \angle ACD = 120°$이므로 네 점 P, D, C, B는 한 원 위에 있다. 마찬가지 방법으로 네 점 P, A, C, E도 한 원 위에 있다. 따라서

$$\angle CDB = \angle CPB = \angle CPE = \angle CAE \quad \text{이고}$$

앞에서와 마찬가지로 $\overline{AC} = \overline{DC}$, $\angle ACE = \angle DCB$이므로 ASA 합동조건에 의해 $\triangle ACE$와 $\triangle DCB$은 합동이다. ■

여기서 사각형의 마주하는 두 내각의 크기가 같으면 사각형은 원에 내접한다는 사실과 같은 현 (또는 호) 위에 세워진 원주각의 크기는 서로 같다는 성질을 썼다. 이 두 성질은 삼각형의 합동을 사용하지 않고 증명할 수 있는 것이다.

이제 SSS 합동조건을 써서 증명할 수 있는지 살펴보자.

다른 풀이 (1) 앞에서 한 것같이 $\overline{AD}$와 $\overline{BE}$의 연장선이 만나는 점을 P라 하자. 그러면 $\angle CPB = \angle BAE$이고 $\angle PBC = \angle ABE = 60°$이며, $\overline{PB} = \angle AB$이므로 $\triangle PCB = \triangle AEB$이다. 따라서 $\overline{PC} = \overline{AE}$다. 마찬가지 방법으로 $\triangle PAC = \triangle BAD$이므로 $\overline{PC} = \overline{DB}$이므로 결국 $\overline{AE} = \overline{DB}$임을 알 수 있다. 따라서 $\overline{AC} = \overline{DC}$이고 $\overline{CE} = \overline{CB}$이므로 SSS 합동조건에 의해 $\triangle ACE$와 $\triangle DCB$은 합동이다. ■

이상에서 살핀 것같이 이 경우 삼각형의 합동조건 세 가지를 모두 사용할 수 있음을 알 수 있다. ASA 합동조건이나 SSS 합동조건을 틀린 답으로 간주하기 위해서는 이 합동조건을 써서 증명할 수 없다는 사실을 밝혀야 한다. 알려진 것에 집착하여 한 가지만 고집하는 독선은 학문을 배우는데 도움이 되지 못한다.

삼각형을 분류하는 방법보다 사각형을 분류하는 방법은 조금 더 까다롭다. 우선 네 점과 이를 이어 만들어진 사각형에 대해 사각형이 오목사각형일 수도 있고 두 변이 한 점을 공유할 수도 있다. 이런 특수한 것을 제외하더라도 분류는 역시 까다롭다. 사각형을 분류하기 위해 우선 생각할 수 있는 것은 평행한 대변 한 쌍이 존재하는가 아닌가로 분류하는 것이 첫 번째 방법이다. 日本이나 한국, 그리고 유럽 여러 나라들은 이 방법을 사용하여 사각형을 분류한다. 평행한 대변이 없는 경우 우리는 특별한 이름을 갖고 있지 않지만 미국 영어에서는 이를 'trapezium'이라 하고 영국 영어에서는 이를 'trapezoid'라 일컫는다. 한편 평행한 대변이 한 쌍 존재하는 경우를 우리는 사다리꼴이라 부르고 독일에서는 'Trapez', 불란서에서는 'Trapèze'라 한다. 한편 中國에서는 '梯形[tīxíng]', 日本에서는 '台形'라 한다. 사다리꼴에 대해 주의해야 할 것은 미국 영어에서 'trapezoid'라 하는 것의 정의가 우리가 사용하는 사다리꼴과 차이가 있다는 것이다. 미국 영어에서 'trapezoid'란 '평행한 대변이 오직 한 쌍 뿐인 볼록사각형'을 뜻한다. 따라서 독일이나 불란서, 日本 그리고 우리가 일컫는 사다리꼴에는 평행사변형이 들어가지만, 미국이나 Canada에서 trapezoid라 하면 평행사변형은 제외된다. 또한 평행한 대변을 두 쌍 가진 사각형을 평행사변형[parallelogram]이라 한다. 한편 변의 길이가 모두 같은 평행사변형을 마름모[rhombus], 내각의 크기가 모두 같은 평행사변형을 직사각형[rectangle]이라 하고 마름모이면서 직사각형인 것을 정사각형[regular tetragon, square]이라 한다. 학교 과정에서 조금은 벗어나지만 사각형이 원에 내접하는 경우와 그렇지 않은 경우, 또는 원에 외접하는 경우와 그렇지 않은 경우로 나눌 수도 있다. 또한 사각형의 두 대각선의 길이가 같은 경우와 아닌 경우, 또는 두 대각선이 서로 수직으로 만나는 경우와 그렇지 않는 경우, 뿐만 아니라 두 대각선 각각이 다른 대각선을 이등분하는 경우와 그렇지 않은 경우로도 나눌 수 있다.

교과과정에서는 '등변사다리꼴'에 대한 정의를 명확하게 다루지 않는데, 참고서마다 조금씩 다른 정의를 내리고 있다. 앞에서 말했듯이 사다리꼴에는 평행사변형도 들어가므로 '등변사다리꼴'을 단순히 '평행하지 않은 두 변의 길이가 같은 사다리꼴'로 정의하면 직사각형이나 마름모 따위는 등변사다리꼴에 들지 않는다. 물론 '등변사다리꼴'의 밑각의 크기가 같기를 원하므로 순수한 평행사변형은 제외될 수밖에 없지만 말이다. 이는 미국 등의 교과서에서 'isosceles trapezoid'에 대한 정의를 무작정 배낀 탓에 생긴 현상이다. 따라서 단순하게 변의 길이가 같은 것으로 정의할 수도 없으며 평행이 아닌 변이 있는 사다리꼴만 다룰 수도 없다. 따라서 우리 실정에 맞게 정의를 하자면 다음같이 정의할 수 있다.

> 사다리꼴로서 평행한 대변 한 쌍을 제외한 다른 두 변의 길이는 같고, 이들 변이 평행한 대변의 한 변과 이루는 내각이 서로 같은 것

을 등변사다리꼴이라 한다.

이는 도형의 이름이 '등변사다리꼴'이라 변을 사용하여 정의한 것이지만 각 만을 사용해서도 정의할 수 있다.

> 사다리꼴로서 평행한 대변 한 쌍을 제외한 다른 두 변이 평행한 대변 가운데 한 변과 이루는 내각이 서로 같은 것을 등변사다리꼴이라 한다.

사실 두 정의는 동치이다. 어느 수학자는 다음같이 대칭을 사용하여 정의하기도 한다.

> 사다리꼴로서 평행한 대변의 두 중점을 연결하는 직선에 의해 나뉘어진 두 사각형이 합동인 경우 이를 등변사다리꼴이라 한다.

그러나 이는 매우 강한 조건을 가진 정의이며, 등변사다리꼴을 변 만을 사용하여 정의할 경우 평행사변형이 포함되어 일반적으로 기대되는 '밑각이 같다'는 성질을 잃게되므로, 각 만을 사용한 두 번째 정의가 바람직하다. 참고로 이 경우 '등각사다리꼴'로 이름을 바꾸어 부르는 편이 정의와 헷갈리지 않아 좋을 수도 있다. 미국이나 Canada에서 사용하는 'isosceles trapezoid'에 대한 정의는 '평행하지 않은 두 변의 길이가 서로 같은 trapezoid'로 그들의 정의에서 평행사변형은 이미 논외이므로 아무 문제 없이 변 만을 사용하여 정의할 수 있고 아울러 'isosceles'라는 표현도 정의와 잘 어울린다. 우리는 일찍이 日本 강점기를 지나오면서 日本을 통해 유럽을 중심으로 발달한 서구 문명을 받아들였지만 점차 미국의 영향으로 옛 내용과 잘 맞지 않는 곳이 생겨나게 되었다. 이런 차이를 우리 환경에 알맞게 고치고 다듬는 일 또한 과학과 수학을 장려하는 일임을 명심할 필요가 있다.

다음 문제는 삼각형의 합동과 관련한 문제다.

오른쪽 도형과 합동인 것은?

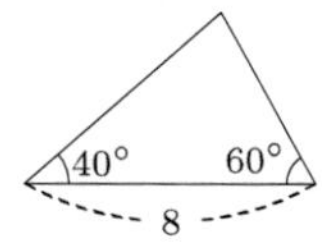

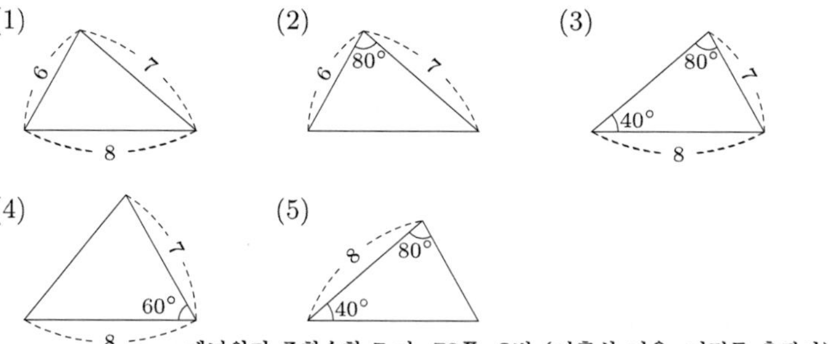

– 개념원리 중학수학 7-나, 78쪽, 2번 (이홍섭 지음, 디딤돌 출판사) –

이 문제는 삼각형의 합동과 관련한 문제로 그림에 의존하지 않고 합동에 관한 성질 만을 사용하여 서로 합동인 삼각형을 보기 가운데서 골라내는 문제다. 출전의 풀이는 다음같이 간단하다.

그른 풀이 한 변의 길이와 그 양 끝각의 크기가 같은 것을 찾는다. 답 (3) ■

우선 풀이의 표현이 어색하다. 한 변의 길이와 각의 크기가 같은 것이 무엇일까? 길이와 각이 같을 수 있다는 말이 이해가 되지 않는다. 표현부터 적절하지 않게 적어 놓고 모범답안이라 하면 학생들은 그저 베껴 쓰기 바쁜 마당에 언제 옳은 표현을 익힐 수 있는가 말이다. 풀이의 설명으로 적절하게 고쳐 쓰면

> 두 삼각형의 대응하는 변 한 쌍의 길이가 같고, 그 변들의 양 끝각으로 서로 대응하는 각 한 쌍의 크기가 각각 같은 삼각형을 찾는다.

표현을 고치더라도 이 문제는 함정이 있다. 그림을 믿지 않고 조건만을 사용하여 문제를 풀려고 하면 위 풀이가 과연 적절한가 물어야 한다. 그 이유는 간단하다. 풀이의 조건만 따져 (3)번을 답으로 할 수는 있어도 (3)에 주어진 삼각형이 원래 삼각형과 합동이 아니기 때문이다. 출제자들에게 문제를 출제함에 있어 거듭 꼼꼼히 검토하는 자세를 바라고 싶

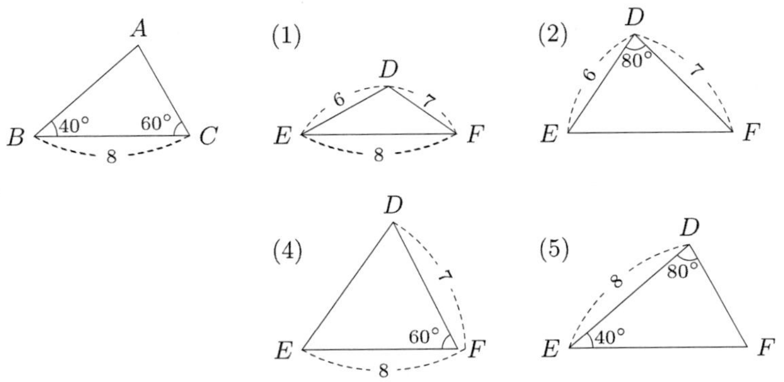

그림 2.17: 축소율을 유지하여 그린 삼각형들

다. 실제로 보기로 주어진 삼각형의 모습이 어떠한지 축소율을 원래 삼각형과 똑같이 하여 그려보면 그림 2.17과 같다. 그림에서 보듯이 세 번째 보기에 든 삼각형을 제외하고 원래 삼각형과 합동이 되는 것은 없다. 특히 삼각형 (5)는 원래 삼각형과 닮은 삼각형으로

$$\begin{aligned} \overline{EF} &= \frac{16}{\sqrt{3}} \sin 80° \approx 9.10 \\ \overline{FD} &= \frac{16}{\sqrt{3}} \sin 40° \approx 5.94 \end{aligned}$$

이기 때문에 원래 삼각형과 합동이 되지 않는다. 더욱이 답으로 제시된 (3)번과 같은 삼각형은 존재하지 않는다. 삼각비를 사용하여 계산하면

$$\overline{DF} = \frac{8 \sin 40°}{\sin 80°} \approx 5.22$$

이므로 보기에 제시된 $\overline{DF} = 7$과 들어맞지 않기 때문이다. 따라서 이 문제의 정답은 없다.

다음 문제도 합동인 삼각형에 관한 문제이다.

다음 중 오른쪽 삼각형과 합동인 것은?

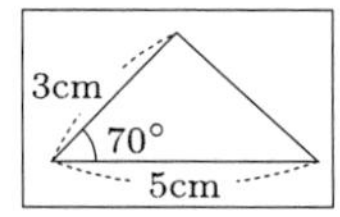

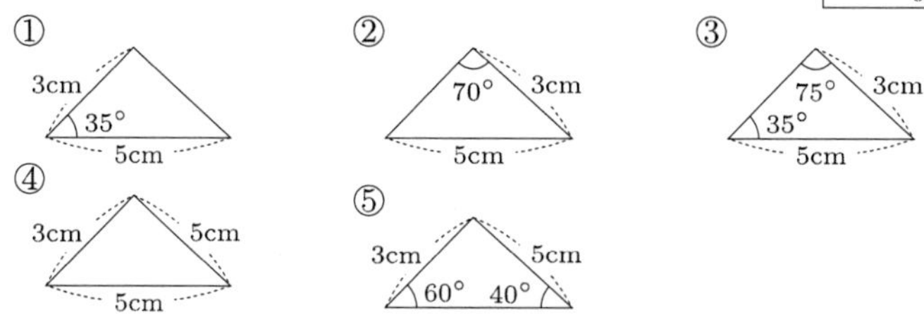

– **3000제 탄탄수학 7-나, 124쪽, 5번 (김인종 외 7명, 3000제 편찬위원회 펴냄, 2002년)** –

주어진 삼각형에서 길이를 모르는 한 변의 길이 s를 삼각형에 대한 두 번째 코사인 법칙을 사용하여 구하면

$$s^2 = 3^2 + 5^2 - 2 \cdot 3 \cdot 5 \cdot \cos 70° = 34 - 30\ \cos 70°$$

로부터

$$s = \sqrt{34 - 15\sqrt{2 - \sqrt[3]{\omega} - \sqrt[3]{\bar{\omega}}}} = 4.8723090727\cdots$$

이다. 여기서 $\cos 70° = \dfrac{\sqrt{2 - \sqrt[3]{\omega} - \sqrt[3]{\bar{\omega}}}}{2}$이고 $\omega = \dfrac{-1+\sqrt{3}\,\boldsymbol{i}}{2}$, $\bar{\omega} = \dfrac{-1-\sqrt{3}\,\boldsymbol{i}}{2}$이다. 이제 삼각형에 대한 사인 법칙을 사용하여 크기를 모르는 두 각 α, β를 구하면

$$\frac{s}{\sin 70°} = \frac{3}{\sin\alpha} = \frac{5}{\sin\beta}$$

로부터

$$\alpha = (35.3515550992\cdots)°, \qquad \beta = (74.6484449007\cdots)°$$

다. 따라서 답으로 제시한 ⑤번 삼각형은 주어진 삼각형과 합동이 아님을 알 수 있다. 학생들의 편의를 위해 근사값을 사용한 듯 보이지만 엄밀히 말해 두 삼각형은 합동이 될 수 없다. 좀 더 친절하고 정확한 표현

을 해야 한다면 각 수치의 오차의 한계를 정하고 그 범위에서 합동을 찾도록 하는 것도 좋을 듯하다. 주어진 각 단위, 즉 cm와 °로 얻은 수치를 소수 첫째 자리에서 반올림한 것으로 처리하여 그 범위에서 합동인 삼각형을 찾는다면 주어진 삼각형에서 길이가 알려져 있지 않은 변의 길이는 반올림하여 $s \approx 5$ cm이므로 ④번도 답으로 처리해야 마땅하다.

두 삼각형이 서로 합동이 되기 위한 세 조건은 삼각형을 구성하는 방법과도 깊은 연관이 있다. 다음 문제를 살펴보자.

> 다음 중 $\triangle ABC$가 하나로 결정되는 것을 모두 고르면?
>
> 1. $\angle A = 70°$, $\angle B = 60°$, $\angle C = 50°$
> 2. $\overline{BC} = 5\text{cm}$, $\angle B = 130°$, $\angle C = 20°$
> 3. $\overline{AB} = 8\text{cm}$, $\overline{BC} = 9\text{cm}$, $\angle A = 40°$
> 4. $\overline{AB} = 3\text{cm}$, $\overline{BC} = 6\text{cm}$, $\overline{CA} = 9\text{cm}$
> 5. $\overline{BC} = 2\text{cm}$, $\angle B = 70°$, $\overline{AB} = 8\text{cm}$
>
> – 개념원리 중학수학 7-나, 91쪽, 15번 (이홍섭 지음, 디딤돌 출판사) –

우선 출전의 풀이를 살펴보자.

그른 풀이

(1) 세 각의 크기가 주어질 때, 삼각형은 하나로 결정되지 않는다.

(3) $\angle A$가 두 변 AB, BC의 끼인각이 아니다.

(4) $3 + 6 = 9$이므로 삼각형을 작도할 수 없다.

답: 2, 5 ■

우선 문제의 지문을 '다음 중 $\triangle ABC$가 하나로 결정되는 것을 모두 고르면?'이라 하기보다 '다음 중 $\triangle ABC$가 오직 하나로 결정되는 경우를 모두 고르시오'같이 '오직'이라는 한정 부사를 넣어 표현을 정확하게 다듬는 편이 더욱 바람직하다. 이제 풀이를 살펴보면 3번 경우에 대한 해설을 빼면 큰 문제점은 없다. 3번 경우에 삼각형이 오직 하나로 정해지지 않는 다는 이유로 $\angle A$가 두 변 $\overline{AB}$, $\overline{BC}$에 사이에 끼인 각이 아니라는 근거를 제시하고 있다. 그러나 한 각이 두 변 사이에 끼인 각이 아닌 경우 삼각형이 오직 한 개로 결정되지 않는다는 주장은 옳지 않다. 이 경우 일반적으로 삼각형이 오직 하나로 결정되지 않지만 늘 그런 것은 아니기 때문이다. 실제로 보기가 제시한 조건으로 결정되는 삼각형은 오른쪽 그림같이 오직 하나 뿐이다. 여기서

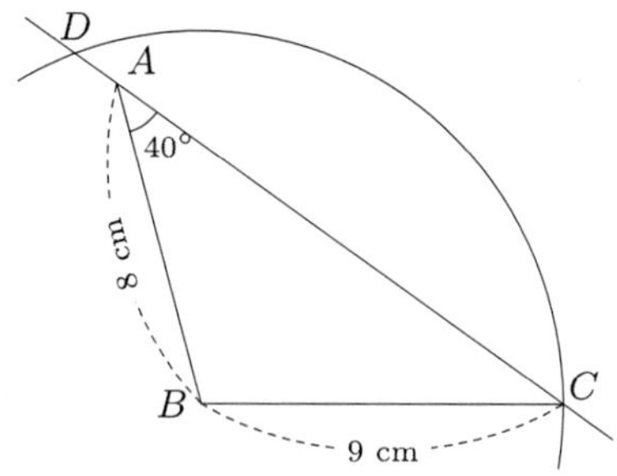

$$\angle C = (34.8455894694\cdots)^\circ, \qquad \angle B = (105.1544105305\cdots)^\circ,$$
$$\overline{AC} = (13.5146091071\cdots)\,\mathrm{cm}$$

이다. 흔히 이 경우 두 변과 그 변 사이에 끼지 않은 각이 주어지면 삼각형이 하나로 결정되지 않는 것으로 알고 있지만, 이 경우 서로 다른 삼각형이 두 개 생기는 경우도 있으며, 오직 한 개만 만들어지는 경우도 있고, 삼각형이 되지 않는 경우도 있다. 이는 마치 세 변의 길이가 주어져 있다고 항상 삼각형이 오직 하나로 결정되지 않는 것과 비슷한 이치이다. 삼각형이 정해지는 경우 오직 한 개로 결정되는 것은 SSS, SAS, ASA 조건을 만족할 때 뿐이며, 이같이 SSA로 조건이 주어진 경우에는 삼각형의 모양을 세심하게 따져 보아야 한다. 이를 위해 삼각비가 필요한데, 이 부분을 삼각비 부분에서 한 번은 반드시 다루도록 하는 것이 바람직하다⟨191⟩.

다음 문제는 작도와 관련한 문제이다.

> 다음 중 작도할 수 없는 각은?
>
> ① 15° ② 22.5° ③ 30° ④ 75° ⑤ 140°
>
> **– 3000제 탄탄수학 7-나, 124쪽, 1번 (김인종 외 7명, 3000제 편찬위원회 펴냄, 2002년) –**

우선 작도할 수 있는 각에 무엇이 있는지 살펴보자. 물론 여기서 '작도[geometric construction]란 눈금 없는 자와 **컴퍼스** 만을 유한 번 사용하여 작도하는 것을 뜻한다. 우선 주어진 직선에 수선을 작도할 수 있으니 $90°$는 언제나 작도 가능하고, 임의 각을 이등분하는 작도가 가능하므로 임의 자연수 n에 대해 $\left(\frac{90}{2^n}\right)^{\circ}$는 모두 작도가 이론적으로 가능하다 (만약 n이 점점 커지면 실제로 작도는 거의 불가능해지지만 여기서 이론적인 것만 다루므로 이는 모두 가능한 것으로 여긴다.). 따라서

$$90^{\circ}\ 45^{\circ},\ 22.5^{\circ},\ 11.25^{\circ},\ 5.625^{\circ},\ 2.8125^{\circ},\ 1.40625^{\circ},\ \cdots$$

는 모두 작도 가능한 각이다. 또한 정삼각형을 작도하는 것도 가능하므로 $60°$를 작도하는 것은 가능하며 마찬가지로 임의 자연수 n에 대해 $\left(\frac{60}{2^n}\right)^{\circ}$는 모두 작도가 가능하다. 따라서

$$60^{\circ},\ 30^{\circ},\ 15^{\circ},\ 7.5^{\circ},\ 3.75^{\circ},\ 1.875^{\circ},\ 0.9375^{\circ},\ \cdots$$

도 작도할 수 있다. 한편 두 각이 주어지면 두 각의 크기를 더한 각도 작도가 가능하므로 $75^{\circ} = 30^{\circ} + 45^{\circ}$도 작도가 가능하다. 그렇다고 위에 든 각을 사용하여 $140°$를 얻을 수 없으니 $140°$를 작도할 수 없다고 한다면 이는 잘못 가르치고 있는 것이다. 진짜 $140°$는 작도할 수 없을까? 각 $140°$를 작도할 수 있다면 $180°$를 작도할 수 있다는 사실로부터 $40°$를 작도할 수 있게 된다. 따라서 $40°$를 작도하는 것이 불가능함을 증명하면 된다. 그러나 이를 증명하기란 중학생 수준에서 무척 어려운 일이다. 단지 우리가 알고 있는 지식을 활용한다면 $60°$를 삼등분하는 것이 불가능함이 알려져 있으므로 $20°$를 작도할 수 없음을 알고 있다면 문제는 간단해진다. 만약 $40°$를 작도할 수 있다면 이를 이등분한 각의 크기 $20°$를 작도할 수 있으니 알려진 사실에 위배되기 때문이다. 따라서 $40°$를 작도하는 일은 불가능하며 따라서 $140°$를 작도하는 것도 불가능한 셈이다. 고등학교에서 배우는 삼각함수를 사용하면 $40°$가 작도 가능한 경우 $\sin 40°$, $\cos 40°$도 작도 가능하다. 따라서 관계식 $\sin\theta = 3\sin\theta - 4\sin^3\theta$를 사용

하면 $\theta = 40°$, $\alpha = \sin\theta$라 할 때, α는 유리수 위에서 기약[irreducible]인 육차방정식

$$64x^6 - 96x^4 + 36x^2 - 3 = 0$$

을 만족한다. 대수학의 이론에 따르면 α가 작도 가능하면 이를 만족하는 기약다항식의 차수는 2^n-꼴이어야 함이 알려져 있다. 이 다항식은 6차이므로 따라서 이 방정식의 실근은 작도 불가능하다. 따라서 α도 작도할 수 없고 40°도 작도 할 수 없다. 참고로 $\varrho = \dfrac{1+\sqrt{3}\,i}{2}$, $\bar{\varrho} = \dfrac{1-\sqrt{3}\,i}{2}$라 할 때 $\varrho^3 = \bar{\varrho}^3 = -1$이고 $(\varrho-1)^3 = (\bar{\varrho}-1)^3 = 1$이며

$$\sin 40° = \frac{1}{2}\sqrt{2 - \varrho\sqrt[3]{\varrho} - \bar{\varrho}\sqrt[3]{\bar{\varrho}}}, \quad \cos 40° = \frac{1}{2}\left(\sqrt[3]{\varrho - 1} + \sqrt[3]{\bar{\varrho} - 1}\right)$$

다. 여기서 $\beta = \cos 40°$는 유리수 위에서 기약인 삼차방정식 $8x^3 - 6x + 1 = 0$을 만족한다.

작도 문제는 옛 희랍에서 제시한 유명한 작도문제 세 개와 정다각형 작도 문제와 관련하여 오랜 세월 많은 사람들을 괴롭힌 문제다. 독일의 수학자 J. C. F. Gauß는 1796년 3월 30일자 그의 일기를 통해 정십칠각형[heptadecagon, heptakaidecagon]을 작도할 수 있음을 증명했다 밝히고 있다.

> Principia quibus innititur sectio circuli, ac divisibilitas eiusdem geometrica in septemdecim partes etc⟨192⟩.– **J. C. F. Gauß [41, 41쪽]** –

옛 희랍시대부터 정삼각형, 정사각형, 정오각형, 정육각형 등을 작도하는 방법은 알려져 있었으나, 정칠각형 따위는 작도가 이루어지지 못했다. 오랜 세월이 지난 뒤 약관도 채 되지 않은 젊은 J. C. F. Gauß는 정십칠각형이 작도 가능함을 증명한 것이다. 이를 계기로 수학자가 되기로 결심했다는 그는 훗날 작도할 수 있는 정다각형의 변의 개수 n은 $k \geq 1$인 자연수 k와 $r \geq 2$과 $s \geq 0$인 두 정수 r, s에 대해 오직

$$n = 2^r \quad \text{이거나} \qquad 2^s F_1 F_2 \cdots F_k$$

꼴이어야 함을 증명했다. 여기서 F_i는 서로 다른 페르마-솟수로 음이 아

닌 정수 m에 대해 $(2^{2^m}+1)$-꼴인 솟수를 뜻한다. 이 결과에 따르면 오늘날까지 알려진 페르마-솟수는 3, 5, 17, 257, 65537이므로 작도 가능한 다각형의 변의 개수 n은

$$n = 3,\ 4,\ 5,\ 6,\ 8,\ 10,\ 12,\ 15,\ 16,\ 17,\ 20,\ 24,\ 30,\ 32,\ 34,\ 40,\ \cdots$$ [193]

등이 있다[194]. 필자가 어렸을 때, 어느 주간지에서 60°를 삼등분 하는데 성공한 사람에 대한 기사를 본 적이 있다. 필자도 한 달 동안 자와 컴퍼스를 들고 많은 종이를 버려가며 60°각을 삼등분해 보겠다고 씨름하기도 했다. 물론 결과는 뻔한 일이었다. 실패! 여러 수학책이 일러주듯이 60°각을 삼등분하여 20°를 작도하는 것은 불가능함이 이미 수학자들 손에 의해 명백하게 증명되어 있기 때문이다. 필자가 대학을 갓 졸업하고 어느 고등학교의 교사로 있을 때 학교로 찾아온 그 주간지의 인물을 만날 수 있었다. 그분의 부탁도 있었고 결과도 궁금하여 시간을 내어 그분께 연구 결과를 발표할 수 있는 기회를 드리기로 했다. 해가 서산으로 기울던 어느 쌀쌀한 겨울 몇몇 수학과 학부생들이 참석한 필자의 모교의 작은 강의실에서 자신에 찬 모습으로 색분필을 손에 쥔 채 원과 직선을 그려가며 자신이 성공했다는 결과를 발표하는 그를 나는 가만히 지켜보고 앉아 있었다. 물론 필자는 그의 증명이 잘못되었다는 증거를 이미 머리에 갖고 있었지만 오랜 세월 가산마저 탕진해 가며 연구한 결과라도 원없이 발표할 수 있는 기회를 그분께 마련해 드리고 싶었고, 또 작도 방법도 궁금했기에 나는 묵묵히 그의 발표를 경청하고 있었다. 그런데 그분이 분필만 들고 칠판에 직선과 원을 그리기 시작하자 나는 속에서 탄성이 절로 튀어 나왔다. 얼마나 많은 선과 원을 그동안 그렸을까. 자나 컴퍼스로 그린 어느 직선이나 원보다 더 똑바르고 정확했다. 중심을 잡고 원을 그리면 그 원은 지나야 할 점들을 반드시 지나고 있었고 직선을 그으면 직선이 뻗어가야 할 방향을 정확히 향하고 있었다. 인간 CAD라고나 할까? 작도에 대해서는 아마 그분을 따라갈 사람이 없을 듯했다. 발표가 끝나고 그분과 저녁밥을 먹으면서 당신의 답답

한 심경을 들을 수 있었는데, 수학을 전공한 한 사람으로 마음이 무척이나 아팠다. 그 뒤 몇 번 그분을 만나 뵐 기회가 있었고, 신문을 통해 새로운 결과를 접할 수 있었는데[195] 그 때마다 필자는 마음이 아렸다. 수학을 전공한 사람들을 포함한 식자들은 그의 결과가 당연히 틀렸다며 쳐다보려 하지도 않았음에 틀림없다. 그는 많은 상처를 받고 있었고 분노에 가득 차 있었다. 일부 교사들을 비롯한 몇몇 사람들의 서명이 든 인정서를 내게 건네주시면서 자신의 증명이 옳지 않냐며 작도로 60°를 삼등분 할 수 있다는 확신에 찬 그에게 수학을 전공한 필자는 삼등분이 불가능함을 그가 납득할 수 있도록 쉽게 설명해줄 수 없는 평범한 사람에 지나지 않았다. 수학을 모르는 이에게 수학을, 그것도 전문적인 내용을 가르치는 일은 무척이나 어려운 일임에 틀림없다. 아무리 논리적으로 설명을 해도 선입견을 가진 사람들과 입씨름하는 일은 사람을 쉬 지치게 만든다.

최근 페르마-예상을 증명했다는 한 사람이 수학자들을 괴롭힌다 들었다. 기초조차 준비되어 있지 않은 그들에게 아무리 쉬운 설명을 들려주어도 되돌아 오는 것은 공허한 메아리요, 이는 마치 '소귀에 경 읽기'요, 馬耳東風[196], 吾不關焉, 對牛彈琴인[197] 셈이다. 수학자들과 교육자들은 이런 그들에게 평생을 허비하며 결코 성공할 수 없는 일에 매달리지 않도록 무엇인가 준비해야 하지 않을까? 자신이 그들보다 아는 것이 더 있다고 그들을 무시하는 지식인도 사라져야 할 뿐더러 안타깝게 시간과 정렬을 허비하는 이들도 이제 우리 사회에서 더 이상 생겨나지 않아야 한다. 아무쪼록 헛된 일에 고귀한 생을 허비하지 않길 바라며, 수학을 수학답게 이해해야 함을 짧게나마 그들에게 조언삼아 건네고 싶다.

다음은 평행선 사이에 놓인 두 삼각형에서 평행선과 공유하는 밑변의 길이가 서로 같을 때, 두 삼각형의 넓이도 서로 같다는 성질을 사용한 문제이다. 그러나 단순히 이 성질만 사용해서는 풀 수 없는 문제다.

문제의 요구 조건이 너무 강한 탓도 있지만, 문제 자체가 불완전한 탓도 있다. 차근차근 살펴보기로 하자.

〈그림〉의 평행사변형 $ABCD$에서 $\overline{BD}//\overline{EF}$일 때, $\triangle ABE$와 같은 넓이를 가진 삼각형을 모두 써라.

– 3000제 탄탄수학 7-나, 123쪽, 9번 (김인종 외 7명, 3000제 편찬 위원회 펴냄, 2002년) –

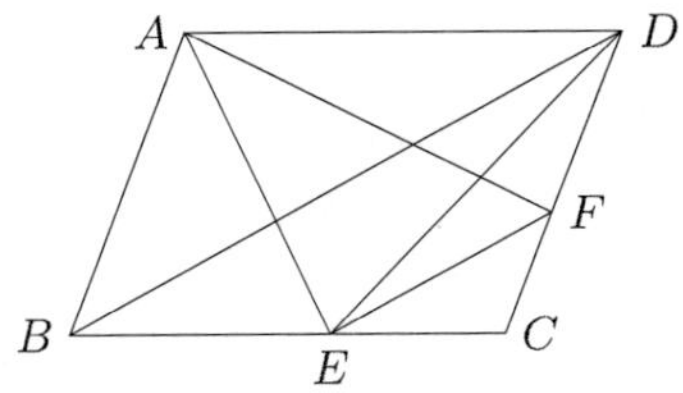

출전의 답은 특별한 풀이 없이 $\triangle DBE$, $\triangle DBF$, $\triangle ADF$를 제시했다. 물론 교과과정에서는 이 정도로도 답으로 만족할 수 있지만, 문제에서 $\triangle ABE$와 넓이가 같은 것을 모두 찾아서 답하라고 요구하고 있으므로 이 풀이는 당연히 불완전한 답이다. 출전이 든 답안은 학교에서 가르치고 있듯이 임의 평행사변형에 대해, 그리고 점 E와 점 F가 평행사변형의 꼭지점을 제외한 각 변 위 어디에 놓이더라도 그 넓이가 늘 $\triangle ABE$와 같다는 사실에 근거를 둔 것이다. 그러나 문제같이 평행사변형이나 점 E, F에 대한 조건이 없는 경우 $\triangle ABE$와 넓이가 같은 것을 모두 찾아 쓰라 한다면, 특정한 경우에 이와 다른 답도 가능하다. 주어진 조건이 일반적인 경우에 한한 것인지 아니면 특수한 경우도 아우르고 있는 것인지 위 지문은 이를 정확히 설명하고 있지 않다.

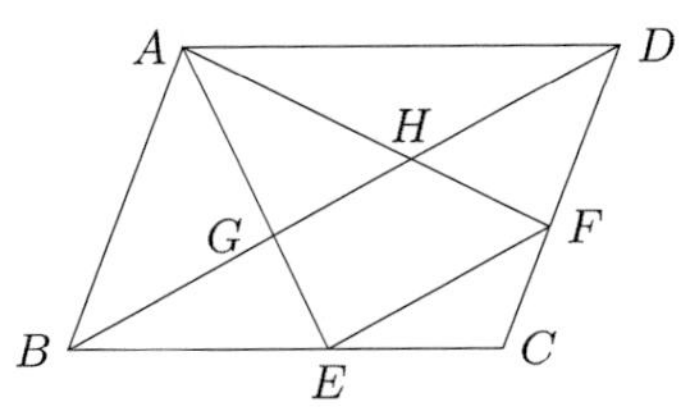

풀이를 위해 우선 $\overline{AE}$와 $\overline{AF}$가 대각선 $\overline{BD}$와 만나는 점을 각각 G, H라 하면 여덟 개 점으로 만들어지는 삼각형은 모두 48개 있다. 삼각형 ABE의 넓이를 $S>0$이라 하고 양수 r에 대해 $\overline{BE} : \overline{EC} = \overline{DF} : \overline{FC} = 1 : r$이라 하면 48개 삼각형의 넓이는 일반적으로 열한 개 유형으로 구분할 수 있다. 자세한 계산은 독자들

넓이	주어진 넓이를 갖는 삼각형
$\frac{1}{r+2}S$	$\triangle BEG$, $\triangle BFG$, $\triangle DEH$, $\triangle DFH$
$\frac{r}{r+2}S$	$\triangle CEG$, $\triangle CFH$, $\triangle EGH$, $\triangle FGH$
$\frac{r}{r+1}S$	$\triangle BEF$, $\triangle DEF$, $\triangle EFG$, $\triangle EFH$
$\frac{r+1}{r+2}S$	$\triangle ABG$, $\triangle ADH$, $\triangle BCG$, $\triangle BEH$, $\triangle BFH$, $\triangle CDH$, $\triangle DEG$, $\triangle DFG$
S	$\triangle ABE$, $\triangle ADF$, $\triangle BDE$, $\triangle BDF$
$\frac{r^2}{r+1}S$	$\triangle CEF$
$\frac{r(r+1)}{r+2}S$	$\triangle ACG$, $\triangle ACH$, $\triangle AGH$, $\triangle CEH$, $\triangle CFG$, $\triangle CGH$
rS	$\triangle ACE$, $\triangle ACF$, $\triangle AEH$, $\triangle AFG$, $\triangle BCF$, $\triangle CDE$
$\frac{(r+1)^2}{r+2}S$	$\triangle ABH$, $\triangle ADG$, $\triangle BCH$, $\triangle CDG$
$\frac{r(r+2)}{r+1}S$	$\triangle AEF$
$(r+1)S$	$\triangle ABC$, $\triangle ABD$, $\triangle ABF$, $\triangle ACD$, $\triangle ADE$, $\triangle BCD$

에게 맡기면서 결과만 적으면 다음 표와 같다. 따라서 위 문제의 정확한 답은 다음과 같다. 집합

$$T_0 = \{\triangle ABE, \triangle ADF, \triangle BDE, \triangle BDF\}$$

이라 할 때, 넓이가 같은 삼각형들 전체로 이루어진 집합 T는 아래와 같다.

$$T = \begin{cases} T_0 \cup \{\triangle ABH, \triangle ADG, \triangle BCH, \triangle CDG, \triangle AEF\}, \\ \qquad r = \frac{-1+\sqrt{5}}{2} = 0.61803\cdots \text{ 일 때;} \\ T_0 \cup \{\triangle ACE, \triangle ACF, \triangle AEH, \triangle AFG, \triangle BCF, \triangle CDE\}, \\ \qquad r = 1\text{일 때;} \\ T_0 \cup \{\triangle ACG, \triangle ACH, \triangle AGH, \triangle CEH, \triangle CFG, \triangle CGH\}, \\ \qquad r = \sqrt{2}\text{일 때;} \\ T_0 \cup \{\triangle CEF\}, \qquad r = \frac{1+\sqrt{5}}{2} = 1.61803\cdots \text{ 일 때;} \\ T_0, \qquad \text{나머지 경우.} \end{cases}$$

언젠가 위 사실을 동료 교사에게 제안했더니 이런 것을 학생들에게 가르치는 일은 현실적으로 거의 불가능하다는 얘기를 하였다. 그러나 문제가 그렇게 주어진 이상 답은 이런 방식으로 달아야 정확하다. 출전이 답으로 제시한 네 삼각형의 넓이는 $\triangle ABE$와 늘 같지만 다른 삼각형의 넓이가 이와 다르라는 증거는 제시하고 있지 않다. 중학교 수준에 맞도록 문제를 출제하고자 한다면 다음같이 문제를 바꾸는 것이 바람직하다.

> 〈그림〉의 평행사변형 $ABCD$에서 $\overline{BD}//\overline{EF}$일 때, 점 E, F의 위치에 관계없이 $\triangle ABE$와 넓이가 항상 같은 삼각형 네 개를 찾아 적으시오.

참고로 $\square GEFH = \frac{r(2r+3)}{(r+1)(r+2)}S$이며 $r = \sqrt{2}$이면 $\square GEFH = \triangle ABE$다.

다음으로 공간도형과 관련한 문제를 살펴보자. 아래 문제는 피타고라스 정리를 공간도형에 적용한 문제이다.

오른쪽 그림과 같이 한 모서리의 길이가 12cm인 정육면체가 있다. $\overline{AE}$의 중점을 M, $\overline{CG}$의 중점을 N이라 할 때, $\square MFND$의 넓이는?

– A⁺이크! 중학수학 3-2 (교사용), 67쪽, 2번 (김미혜 외 다섯 명, 중앙교육문화사 펴냄, 2001년) –

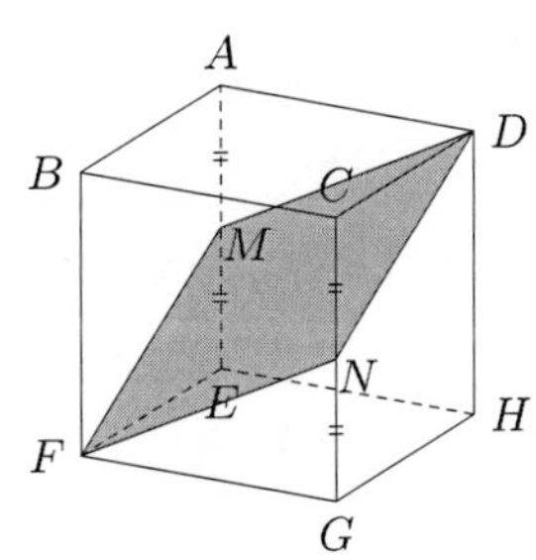

출전은 풀이에서 다른 부연 설명도 없이 $\square MFND$가 마름모라 하였다. 이 사실로부터 사각형 $MFND$의 넓이는 두 대각선 길이의 곱의 절반이므로 $\overline{DF} = \sqrt{12^2 + 12^2 + 12^2} = 12\sqrt{3}$ (cm)과 $\overline{MN} = \overline{AC} = \sqrt{12^2 + 12^2} = 12\sqrt{2}$ (cm)이므로 구하는 넓이는 $\square MFND = \frac{1}{2} \times 12\sqrt{3} \times 12\sqrt{2} = 72\sqrt{6}$ (cm^2)임을 알 수 있다. 그러나 $\square MFND$가 마름모임을

도형을 배우는 동안 한 번쯤은 엄밀히 증명해 볼 필요가 있다.

바른 풀이 모서리 $\overline{AE}$의 중점 M과 두 꼭지점 D, F를 지나는 평면이 모서리 $\overline{CG}$를 포함한 직선과 만나는 점을 오른쪽 그림같이 N'이라 하자.

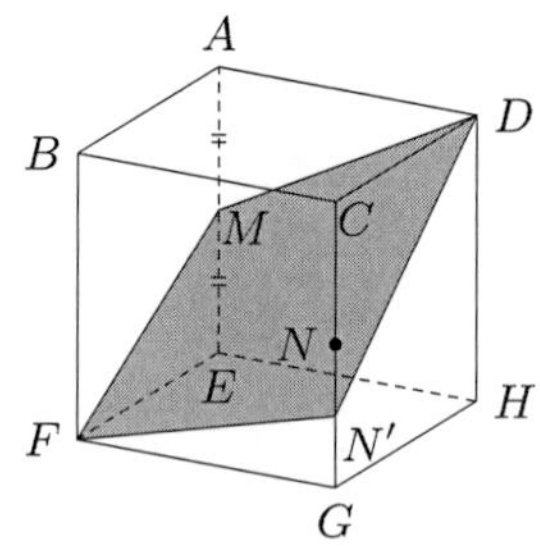

그러면 $\square MFN'D$에서 $\overline{MD}$와 $\overline{FN'}$을 품는 직선은 $\square AEHD$와 $\square BFGC$를 각각 품는 서로 평행한 두 평면 위에 놓여 있으므로 두 직선은 만나지 않는다. 한편 $\overline{MD}$와 $\overline{FN'}$을 품는 직선은 $\square MFN'D$를 품는 한 평면 위에 놓여 있으므로 $\overline{MD}//\overline{FN'}$임을 얻는다. 마찬가지로 $\overline{MF}//\overline{DN'}$이므로 $\square MFN'D$는 평행사변형이다.

(1) 만약 $N' = C$이면 $\overline{AB}//\overline{CD}$이고 $\overline{N'D}//\overline{FM}$이므로 $\overline{FM}//\overline{AB}$이어야 하나 이는 모순이다. 비슷한 방법으로 $N' \neq G$임을 알 수 있다.

(2) 이제 $N' \neq C$이고 $N' \neq G$라 하자. 앞에서 살펴 본 바같이 $\square MFN'D$는 평행사변형이므로 $\overline{MD} = \overline{FN'}$이다. 또한 $\overline{FG} = \overline{AD}$이고 $\angle MAD = \angle N'GF$이므로 $\triangle AMD \equiv \triangle GN'F$이다. 따라서 $\overline{AM} = \overline{GN'}$이다. 마찬가지 방법으로 $\triangle CN'D \equiv \triangle EMF$이고 따라서 $\overline{EM} = \overline{CN'}$이다. 이상으로부터 $\overline{GN'} = \overline{CN'}$이고 따라서 N'은 $\overline{CG}$의 중점 즉 N이다.

한편 $\overline{CD} = \overline{GF}$, $\overline{GN} = \overline{CN}$이고 $\angle FGN = \angle DCN$이므로 $\triangle FGN \equiv \triangle DCN$이다. 따라서 $\overline{FN} = \overline{DN}$이고 $\square MFND$는 평행사변형이므로 결국 $\square MFND$는 마름모이다. ■

한편 출전은 $\overline{MN} = \overline{AC}$라 하였는데, 이 또한 엄밀한 증명이 필요한 부분이다. 이 부분은 어렵지 않으므로 독자들이 직접 증명해 보기 바란다.

다음 문제는 네 지점이 한 평면에 있는지 확실하지 않아 답을 달기 곤란한 문제이다. 흔히 사각형이란 말을 쓰면 네 점이 모두 한 평면 위에 놓여있다 여기지만, 공간도형을 다룰 때는 이 점에 신경을 쓰지 않으면 실수를 범하기 쉽다. 출전의 답을 보면 네 지점이 모두 한 평면에 있는 것으로 가정하고 있는 듯하지만, 문제의 어느 곳에도 그런 조건은 보이지 않는다.

> The Stikine Canyon in central British Columbia is often referred to as Canada's Grand Canyon. Two points X and Y are sighted from a baseline AB of length 30 m on the opposite side of the canyon. The angle measurements recorded from position A and B where $\angle XAY = 31.3°$, $\angle XBY = 18.5°$, $\angle ABX = 25.6°$, and $\angle BAY = 27.9°$. Find the distance from X to Y to the nearest metre.
>
> 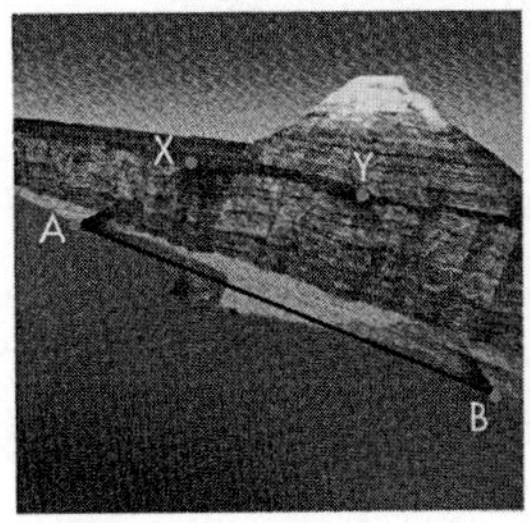
>
>
> **– Mathematics 11, 294쪽, 14번 (George Knill 외 여덟 명, McGraw-Hill Ryerson, 2001) –**

설명을 간단히 하기 위해

$$\angle XAY = \alpha = 31.3°, \quad \angle XBY = \beta = 18.5°,$$

$$\angle BAY = \phi = 27.9°, \quad \angle ABX = \varphi = 25.6°;$$

$$\overline{AB} = d = 30\,\mathrm{m}, \quad \overline{BY} = a, \quad \overline{AX} = b, \quad \overline{XY} = c, \qquad \text{그리고}$$

$$\overline{AY} = x, \quad \overline{BX} = y$$

라 하자. 이 때 다음 관계식이 성립한다.

$$a^2 = x^2 + d^2 - 2dx \cos\phi, \quad b^2 = y^2 + d^2 - 2dy \cos\varphi,$$

$$c^2 = x^2 + b^2 - 2bx \cos\alpha = y^2 + a^2 - 2ay \cos\beta.$$

위 식들을 묶어 정리하면

$$x(d \cos\phi - b \cos\alpha) = y(d \cos\varphi - a \cos\beta)$$

를 얻는다.

우선 네 지점 A, B, X, Y가 한 평면에 놓여 있다 가정하여 문제를 풀어보자.

바른 풀이

삼각형 XAB에 삼각형에 대한 사인 법칙을 적용하면,

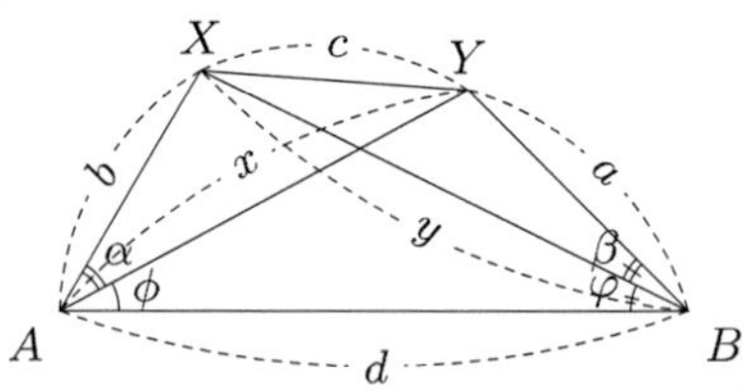

$$\frac{b}{\sin\varphi} = \frac{d}{\sin\angle AXB} = \frac{d}{\sin(\alpha+\phi+\varphi)}$$

이고 따라서 $b = \dfrac{d\sin\varphi}{\sin(\alpha+\phi+\varphi)} = 13.0161417149\cdots$ (m)이다. 같은 방법으로 삼각형 YAB로부터

$$\frac{a}{\sin\phi} = \frac{d}{\sin\angle AYB} = \frac{d}{\sin(\beta+\phi+\varphi)}$$

임을 얻어 $a = \dfrac{d\sin\phi}{\sin(\beta+\phi+\varphi)} = 14.7603156986\cdots$ (m)이다. 역시 같은 방법을 $\triangle YAB$에 적용하면,

$$\frac{x}{\sin(\beta+\varphi)} = \frac{d}{\sin\angle AYB} = \frac{d}{\sin(\beta+\phi+\varphi)}$$

이고 그러므로 $x = \dfrac{d\sin(\beta+\varphi)}{\sin(\beta+\phi+\varphi)} = 21.9517805094\cdots$ (m)이며, $\triangle XAB$로부터,

$$\frac{y}{\sin(\alpha+\phi)} = \frac{d}{\sin\angle AXB} = \frac{d}{\sin(\alpha+\phi+\varphi)}$$

이 성립하여 $y = \dfrac{d\sin(\alpha+\phi)}{\sin(\alpha+\phi+\varphi)} = 25.8752892843\cdots$ (m)임을 알 수 있다.

삼각형 XAY에 삼각형에 대한 코사인 법칙을 적용하면

$$c^2 = b^2 + x^2 - 2bx\cos\alpha = 163.0158658188\cdots$$

이므로 $c = 12.7677666731\cdots$ (m)이다. 출전의 답은 반올림한 값 13 m를 제시하고 있다. 한편 삼각형 XBY에 삼각형에 대한 cosine-법칙을 적용하면

$$c^2 = a^2 + y^2 - 2ay\cos\beta = 163.0158658188\cdots$$

이므로 결과가 일치함을 근사값으로나마 검증할 수 있다. ■

그러나 네 지점 A, B, X, Y가 한 평면에 놓여있지 않아도 다음같이 가능한 해가 존재한다. (단위는 모두 m다.)

$$a = 14.0378944278\cdots,\ b = 13.1778479763\cdots,\ c = 16.7189989386\cdots,$$

$$x = 26.5129689026\cdots, \quad y = 29.4271883465\cdots.$$

이 때, 관계식 $x^2 = a^2 + d^2 - 2ad\cos(\beta+\varphi)$와 $y^2 = b^2 + d^2 - 2bd\cos(\alpha+\phi)$는 성립하지 않음을 쉽게 확인할 수 있다. 만약 독자가 측량기사였다면 이 자료만 가지고 두 점 사이의 길이 $\overline{XY}$를 계산할 수 없다. 이제 독자들이 직접 측량기사가 되었다 여기고 $\overline{XY}$의 길이를 결정하려면 무슨 각을 더 재어야 하는지 직접 따져보기 바란다⟨198⟩.

위 문제같이 착각을 일으키기 쉬운 것으로 다음 문제도 여기에 속한다.

> (그림)은 좌우가 사다리꼴이고 그 외의 모든 면은 직사각형인 육면체이다. 직선 CG와 꼬인 위치가 아닌 것은?
>
> ① $\overleftrightarrow{AB}$ ② $\overleftrightarrow{AD}$ ③ $\overleftrightarrow{EH}$ ④ $\overleftrightarrow{AE}$ ⑤ $\overleftrightarrow{BF}$
>
> **– 3000제 탄탄수학 7-나, 74쪽, 5번 (김인종 외 7명, 3000제 편찬 위원회 펴냄, 2002년) –**
>
> 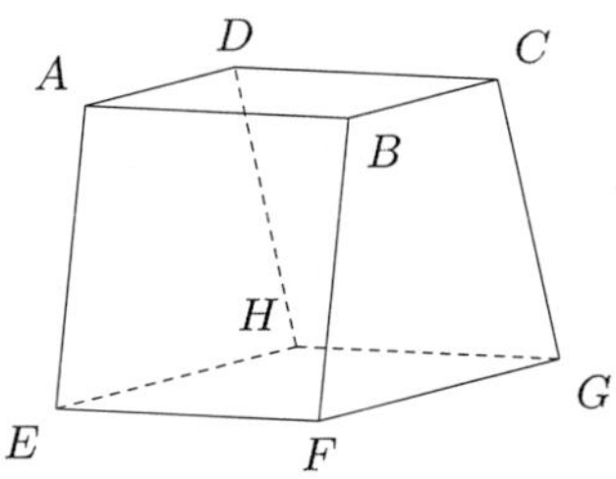
>

출전이 소개한 간단한 해설은 아마도 도형의 모양을 잘 살피지 못한데서 오는 것이 아닌가 싶다. 정답으로 ④와 ⑤를 제시하였으나 정답은 ⑤ 뿐이다.

그른 풀이 $\overleftrightarrow{AE}$는 $\overleftrightarrow{CG}$와, $\overleftrightarrow{BF}$는 $\overleftrightarrow{CG}$와 각각 한 평면에 있으므로 꼬인 위치가 아니다. ■

이 답안은 아마도 그림 2.18에서 볼 수 있듯이 직선 AC와 직선 EG를

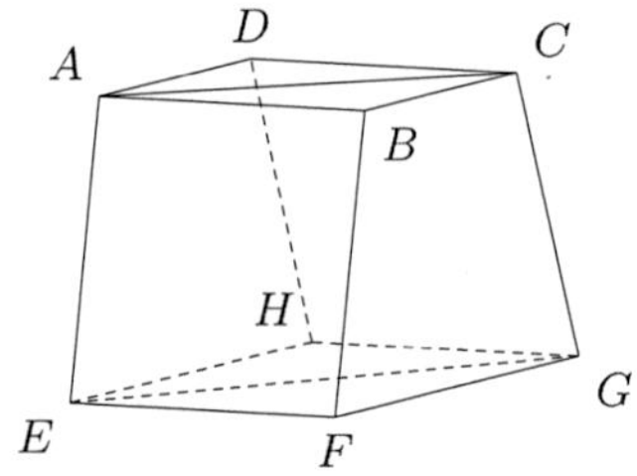

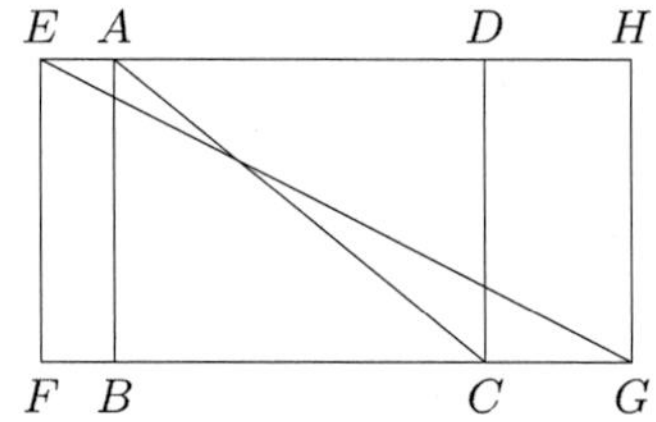

그림 2.18: 그림에서 $\overleftrightarrow{AE}$는 $\overleftrightarrow{CG}$가 한 평면 위에 있다면 두 직선 $\overleftrightarrow{AC}$와 $\overleftrightarrow{EG}$도 한 평면 위에 있어야 하나 옆면 □$AEHD$와 □$BFGC$이 직사각형이 아닌 사다리꼴이면 이는 불가능하다.

보고 섣불리 판단한 듯하다. 그러나 직선 DH와 직선 BF의 위치 관계를 보면 $\overleftrightarrow{AC}$와 $\overleftrightarrow{EG}$가 한 평면 위에 놓일 수 없음을 알 수 있다. 물론 직사각형도 사다리꼴이므로 두 면 □$AEHD$와 □$BFGC$가 모두 직사각형이면 $\overleftrightarrow{AC}$와 $\overleftrightarrow{EG}$는 한 평면 위에 놓이고 나란하다. 문제를 좀 더 잘 다듬으면 다음같이 바꿀 수 있다.

> (그림)에서 두 면 □$AEHD$와 □$BFGC$는 직사각형이 아닌 사다리꼴이고 나머지 다른 면은 모두 직사각형인 육면체다.

오늘날 전산기가 보급되면서 이에 못지않게 소프트웨어의 성능도 눈부시게 발전하고 있다. 이제 수학자들도 전산기가 가져다 준 도움을 많이 받고 있다. 뿐만 아니라 예전에는 꿈도 꾸지 못했던 복잡한 문제를 해결해 줌으로써 과학과 기술은 더욱 빠른 발걸음으로 발전하고 있다. 이에 따라 출판도 활자를 이용하던 시절을 지나 전산기를 통해 빠른 시간 안에 품질 좋은 서적을 찍어낼 수 있게 되었다. 그럼에도 다음 예는 아직까지 참고서에서 볼 수 있는 그림이다. 필자가 이 그림을 보고 직접 모형을 만들어 보고 나서야 이 그림이 틀린 그림임을 알았던 중학교 시절이 언제인데, 컴퓨터 그래픽의 위용을 전 세계에 과시하는 우리의 교재에 정확하지 않은 그림이 고쳐지지 않은 채 그대로 실리고 있음은 교육자들의 무관심도 한 몫 하고 있음을 보여준다. 이제 이 그림의 잘못을 바로 잡아 보자.

> 오른쪽 그림은 밑면의 반지름이 $\sqrt{2}$이고 높이가 4인 직원뿔이다. 이 직원뿔의 밑면의 둘레 위의 한 점 P가 이 직원뿔의 옆면을 한 바퀴 돌 때, 그 최단거리를 구하여라.
>
> **– 수학의 정석 (기본) Ⅱ, 310쪽, 기본문제 19-11 (洪性大 지음, 성지출판사) –**

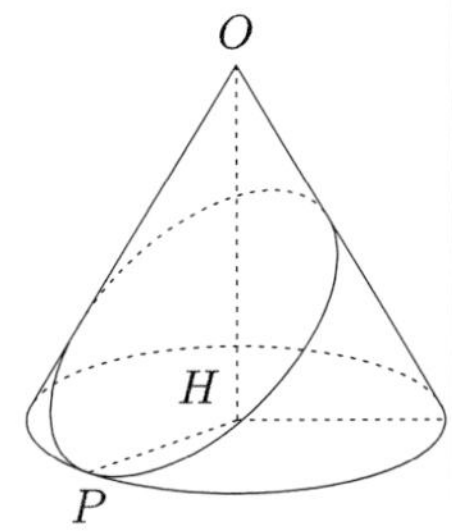

출전이 소개하고 있는 일반적 풀이를 살펴보자.

바른 풀이

점 P를 지나는 모선 OP로 직원뿔을 잘라 펼치면 그 전개도는 오른쪽 그림과 같은 부채꼴이 되고 최단거리는 선분 PP'의 길이와 같다. 문제의 그림에서

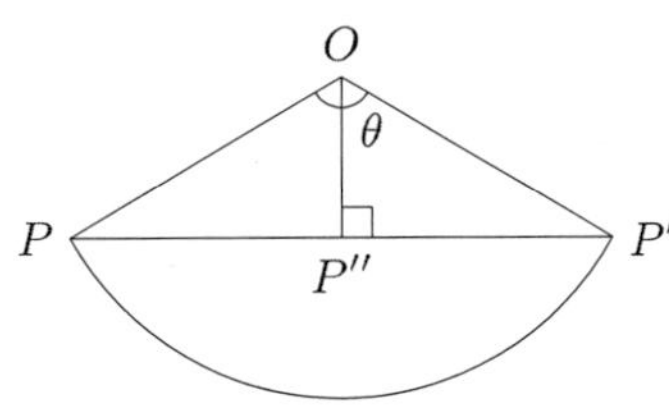

$$OP = \sqrt{OH^2 + PH^2} = \sqrt{4^2 + (\sqrt{2})^2} = 3\sqrt{2}$$

한편 위의 부채꼴에서 중심각을 θ rad이라 하면 ⇦ $l = r\theta$

$$2\pi \cdot \sqrt{2} = OP \cdot \theta$$

곧, $2\pi \cdot \sqrt{2} = 3\sqrt{2}\theta \therefore \theta = \frac{2}{3}\pi$

O에서 선분 PP'에 내린 수선의 발을 P''라 하면 $\angle POP'' = \frac{1}{3}\pi$

$$\therefore PP'' = OP \sin\frac{1}{3}\pi = 3\sqrt{2} \cdot \frac{\sqrt{3}}{2} = \frac{3\sqrt{6}}{2}$$

$$PP' = 2PP'' = 3\sqrt{6} \quad \blacksquare$$

이 문제를 처음 보는 사람은 답을 어떻게 구해야 할 지 막막하기만 한 문제이다. 겉면이 평면으로 이루어져 있다면 모를까 곡면인데 어떻게 길이를 구할 수 있을까 필자도 처음에는 무척이나 의아하게 여겼다.

그러나 그 방법을 알고 나면 '이렇게 쉬울 수가!'하는 감탄사가 절로 나온다. 이 풀이의 타당성을 따지는 것은 그리 쉽지 않다. 왜냐하면 전개도에서 구한 직선의 길이가 곡면인 원뿔의 옆면에서 잰 길이와 같으며 그 값이 옆면을 지나는 곡선들 가운데 가장 작은 값인지 살피는 일은 곡면 위에서 두 점 사이의 길이를 구하는 방법을 모르고서는 불가능하기 때문이다. 그러나 이 풀이는 직감적으로 타당해 보이며 실제로도 틀리지 않은 방법이다. 그럼에도 불구하고 이 문제에서 제시하고 있는 그림은 어딘지 이상하다. 실제로 원뿔을 만들고 가는 실을 사용하여 점 P를 지나 원뿔의 주위를 한바퀴 휘감은 뒤에 실을 팽팽하게 잡아 당기면 실은 그림과 같은 곡선을 그리지 않고 점 P에서 서로 교차한다는 사실을 알 수 있다. 즉 위 출전을 비롯하여 많은 교재들이 소개하고 있는 그림은 잘못된 그림이다. 문제에서야 그렇다 치더라도 답에는 정확한 그림을 그려 넣어 이를 배우는 사람들이 그른 지식을 갖지 않도록 해야 함에도 이를 가르치는 어느 누구도 이 그림의 실체를 알아보려 하지 않았기에 이를 배운 많은 사람들은 가장 짧은 곡선이 그림같이 원뿔을 평면으로 잘라 생기는 평면의 둘레, 즉 타원이라 여기고 있다.

이제 정확한 그림이 어떤 모양을 하는지 살펴보자. 밑면이 반지름 $r > 0$인 원이고 높이가 $h > 0$인 곧은 원뿔, 즉 직원뿔을 고려하자. 이 원뿔의 모선은 길이가 $s = \sqrt{h^2 + r^2}$으로 일정한 값을 갖는다. 이제 밑면의 원주 위에 있는 한 점 P에서 시작하여 원뿔의 옆면을 돌아 점 P로 다시 돌아오는 가장 짧은 거리가 무엇인지 살펴보자. 밑면의 중심이 원점에, 그리고 점 P가 점 $(r, 0, 0)$에 오도록 그림 2.19같이 원뿔을 삼차원 직교 좌표계로 옮긴다. 이 때 원뿔의 꼭지점 O는 점 $(0, 0, h)$에 놓임을 알 수 있다. 이제 원뿔 옆면에 놓인 임의 점을 X라 하면 직선 $\overleftrightarrow{OX}$와 밑면의 둘레가 만나는 점을 점 A라 할 때, 점 P로부터 점 A까지 시계 바늘 돌아가는 반대 방향으로 잰 각 ω와 원뿔의 꼭지점에서 점 X까지 이르는 직선 거리 σ로 X를 나타낼 수 있다. 여기서 $0 \le \omega < 2\pi$이고 $0 \le \sigma \le s$이

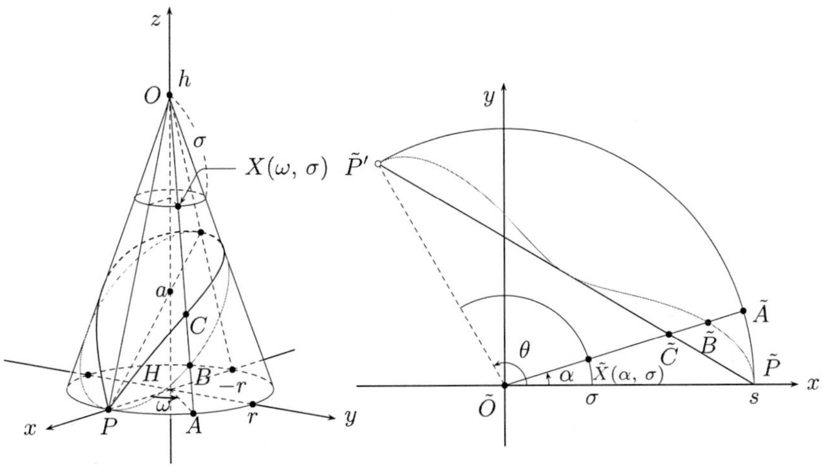

원뿔 곡면 위의 올바른 측지선 전개도 위의 측지선

그림 2.19: 직교좌표계에 놓여진 원뿔과 전개도

다. 그러면

$$X(\omega,\,\sigma) = \left(\frac{r\sigma}{s}\cos\omega,\,\frac{r\sigma}{s}\sin\omega,\,h\left(1-\frac{\sigma}{s}\right)\right)$$

다. 한편 원뿔 옆면을 직선 $\overleftrightarrow{OP}$를 따라 자른 뒤 펼친 도형, 즉 전개도를 점 O가 좌표평면의 원점 $\tilde{O}$에, 그리고 점 P가 좌표 $(s,\,0)$에 오도록 그림같이 놓자. 이 때 전개도는 반지름이 모선의 길이 s와 같고 중심각이 $\theta = 2\pi\dfrac{r}{s}$인 부채꼴이다. 이 때 부채꼴의 중심각 θ는 밑면의 둘레 $2\pi r$과 이 부채꼴의 호의 길이 θs가 같다는 관계를 사용하면 구할 수 있음은 잘 알려진 사실이다. 참고로 여기서 각은 '도'가 아닌 '라디안'을 단위로 해서 잰 값이다. 이제 원뿔의 옆면에 놓인 점 X가 전개도에 대응하는 점을 $\tilde{X}$라 하면 $\overrightarrow{\tilde{O}\tilde{X}}$가 x축의 양인 부분과 이루는 각을 α, 원점 $\tilde{O}$에서 점 $\tilde{X}$에 이르는 거리를 $\tau = \overline{\tilde{O}\tilde{X}}$라 할 때,

$$\tilde{X}(\alpha,\,\tau) = (\tau\cos\alpha,\,\tau\sin\alpha)$$

다. 이 때 $0 \le \alpha \le \theta$이고 $0 \le \tau \le s$이다. 그러면 두 점 X와 $\tilde{X}$는 다음과

같은 대응관계가 있다.

$$X(\omega,\,\sigma) = \left(\frac{r\sigma}{s}\cos\omega,\ \frac{r\sigma}{s}\sin\omega,\ h\left(1-\frac{\sigma}{s}\right)\right)$$

$$\downarrow$$

$$\tilde{X}\left(\frac{r\omega}{s},\,\sigma\right) = \left(\sigma\,\cos\frac{r\omega}{s},\ \sigma\,\sin\frac{r\omega}{s}\right)$$

이고

$$\tilde{X}(\alpha,\,\tau) = (\tau\cos\alpha,\ \tau\sin\alpha)$$

$$\downarrow$$

$$X\left(\frac{s\alpha}{r},\,\tau\right) = \left(\frac{r\tau}{s}\,\cos\frac{s\alpha}{r},\ \frac{r\tau}{s}\,\sin\frac{s\alpha}{r},\ h\left(1-\frac{\tau}{s}\right)\right)$$

이다. 이제 원뿔의 중심축인 z-축 위에 있는 한 점 $(0,\,0,\,a)$와 점 A를 지나고 y-축과 평행한 평면

$$p:\ z = a\left(1-\frac{1}{r}x\right)$$

가 원뿔과 만나 이루는 곡선의 모습을 살펴보자. 물론 이 때 $0<a<h$이다. 이 곡선 위에 있는 임의 점을 B라 하면, $\lambda_\omega = \dfrac{h-a}{h-a\,\cos\omega}$라 할 때, $\overline{\tilde{O}\tilde{B}} = \lambda_\omega s$이므로

$$B(\omega) = \left(\lambda_\omega r\,\cos\omega,\ \lambda_\omega r\,\sin\omega,\ h(1-\lambda_\omega)\right)$$

이다. 따라서 펼친 그림에서 점 B가 대응하는 점 $\tilde{B}$를 나타내면 그림같이 직선이 아닌 곡선이 된다. 관심이 있는 독자들은 평면으로 잘린 원뿔의 면이 타원이라는 사실을 직접 증명해 보기 바란다. 타원에 대한 정의를 사용하여 약간 복잡한 식을 계산하면 가능하다.

한편 거꾸로 펼친 그림에서 두 점 $\tilde{P}$와 $\tilde{P}'$을 잇는 거리가 가장 짧은 선분 $\overline{\tilde{P}\tilde{P}'}$은 원뿔 옆면에서 어떤 모양으로 나타나는가 살펴보자. 선분 $\overline{\tilde{P}\tilde{P}'}$ 위에 있는 점 $\tilde{C}$는 $\overrightarrow{\tilde{O}\tilde{C}}$이 x-축의 양인 부분과 이루는 각 α와 점 $\tilde{O}$에

서 $\tilde{C}$에 이르는 거리 $\tau = \overline{\tilde{O}\tilde{C}}$로 나타낼 수 있으며, 이 때

$$\frac{\tau}{s} = \frac{\cos\frac{\theta}{2}}{\cos\left(\alpha - \frac{\theta}{2}\right)} = \frac{\cos\frac{\pi r}{s}}{\cos\left(\alpha - \frac{\pi r}{s}\right)}$$

인 관계가 있다. 이에 대응하는 점 C를 원뿔 위에 나타내면 그림과 같다. 이 그림에서 보듯 원뿔이 평면과 만나 이루는 곡선은 타원으로 문제에서 요구한 거리가 가장 짧은 곡선, 즉 측지선[geodesic curve]이 아니며, 원뿔 옆면을 휘감는 측지선은 그림같이 점 P에서 서로 교차하게 된다. 전산기술과 전산기 성능이 점점 좋아져 영화도 전산기를 사용하여 제작하고 있는 지금, IT-기술이 세계 선두에 있다고 자부하는 우리 교육현장에 수학에 등장하는 그림 하나 제대로 실리지 못하고 있다면 우리는 한번쯤 반성해야 한다.

이제 전개도 위에서 계산한 직선 거리 $\overline{\tilde{P}\tilde{P}'}$과 원뿔 옆면 위에서 계산한 거리가 같은지 계산을 통해 직접 알아보자. 이 부분은 고등학교 과정보다 어려우므로 관심이 없는 독자는 이 부분을 읽지 않고 넘어가도 된다. 그러나 미분과 적분에 자신이 있는 사람들은 직접 자세한 계산에 도전해 보는 것도 좋으리라.

바른 풀이 우선 전개도 위에서 $\overline{\tilde{P}\tilde{P}'}$을 구하자. 전개도에서 $\tilde{P}(s, 0)$이고 $\tilde{P}'(s \cos\theta,\ s \sin\theta)$이므로 $u = 1 - \cos\theta$라 하면,

$$\left(\overline{\tilde{P}\tilde{P}'}\right)^2 = (s - s\cos\theta)^2 + (s\sin\theta)^2 = 2s^2(1-\cos\theta) = 2us^2$$

이므로 $\overline{\tilde{P}\tilde{P}'} = s\sqrt{2u}$이다. 다음으로 $\overline{\tilde{P}\tilde{P}'}$ 위에 있는 임의 점 $\tilde{X}$의 좌표는 이를 사용하여 $\tilde{X}(\tau\cos\alpha,\ \tau\sin\alpha)$로 나타낼 수 있으므로 이 점을 매개변수 t를 사용하여 나타내 보자. 식을 간단히 하기 위해 $v = \sin\theta$라 한다. 우선 $\tilde{X}$이 $\overline{\tilde{P}\tilde{P}'}$ 위에 있으면, $0 \le t \le 1$인 적절한 실수 t에 대해

$$\overrightarrow{\tilde{O}\tilde{X}} = (1-t)\overrightarrow{\tilde{O}\tilde{P}} + t\,\overrightarrow{\tilde{O}\tilde{P}'} = (1 - ust,\ vst)$$

이고, 거꾸로 $0 \le t \le 1$인 임의 실수 t에 대해서도 $\overrightarrow{\tilde{O}\tilde{X}} = (1-t)\overrightarrow{\tilde{O}\tilde{P}} + t\,\overrightarrow{\tilde{O}\tilde{P}'}$으로 정의된 점 $\tilde{X}$는 $\overline{\tilde{P}\tilde{P}'}$ 위에 있으므로 다음과 같은 매개변수 관계식을 얻는다.

$$\tau\cos\alpha = 1 - \alpha st, \qquad \tau\sin\alpha = \beta st \qquad (0 \le t \le 1).$$

또한 앞에서 설명한 바같이 $\tilde{X}(\tau\cos\alpha, \tau\sin\alpha)$에 대응하는 원뿔 옆면 위에 놓인 점 X는

$$X(x, y, z) = \left(\frac{r\tau}{s}\cos\frac{s\alpha}{r}, \frac{r\tau}{s}\sin\frac{s\alpha}{r}, h\left(1-\frac{\tau}{s}\right)\right)$$

이다. 이 때 X에 의해 정해진 곡선의 길이는

$$\int_0^1 \sqrt{\left(\frac{dx}{dt}\right)^2 + \left(\frac{dy}{dt}\right)^2 + \left(\frac{dz}{dt}\right)^2}\, dt$$

이다. 각 좌표함수의 t에 대한 도함수를 구하면 다음과 같다.

$$\begin{aligned}\frac{dx}{dt} &= \left(\frac{r}{s}\cos\frac{s\alpha}{r}\right)\frac{d\tau}{dt} - \left(\tau\sin\frac{s\alpha}{r}\right)\frac{d\alpha}{dt}\\ \frac{dy}{dt} &= \left(\frac{r}{s}\sin\frac{s\alpha}{r}\right)\frac{d\tau}{dt} - \left(\tau\cos\frac{s\alpha}{r}\right)\frac{d\alpha}{dt}\\ \frac{dz}{dt} &= -\frac{h}{s}\cdot\frac{d\tau}{dt}.\end{aligned}$$

이상을 정리하면 $s^2 = r^2 + h^2$이므로

$$\left(\frac{dx}{dt}\right)^2 + \left(\frac{dy}{dt}\right)^2 + \left(\frac{dz}{dt}\right)^2 = \left(\frac{d\tau}{dt}\right)^2 + \tau^2\left(\frac{d\alpha}{dt}\right)^2$$

이다. 한편 매개변수 관계식에서 $u^2+v^2 = 2u$이므로 $\tau^2 = (1-ust)^2 + (vst)^2 = 2us^2t^2 - 2ust + 1$이고, 따라서

$$\tau\frac{d\tau}{dt} = us(2st-1) \quad \text{이고} \quad \left(\frac{d\tau}{dt}\right)^2 = \frac{u^2s^2(2st-1)^2}{\tau^2}$$

이다. 또한 $\tau\sin\alpha = vst$로부터

$$vs = (\sin\alpha)\left(\frac{d\tau}{dt}\right) + (\tau\cos\alpha)\left(\frac{d\alpha}{dt}\right)$$

이고 따라서 $\sin\alpha$와 $\cos\alpha$를 대입하여 정리하면 $\left(\tau\frac{d\alpha}{dt}\right)^2 = \frac{v^2s^2}{\tau^2}$이다. 이로부터

$$\left(\frac{dx}{dt}\right)^2 + \left(\frac{dy}{dt}\right)^2 + \left(\frac{dz}{dt}\right)^2 = 2us^2$$

이고 따라서 구하고자 하는 곡선의 길이는

$$\int_0^1 \sqrt{\left(\frac{dx}{dt}\right)^2 + \left(\frac{dy}{dt}\right)^2 + \left(\frac{dz}{dt}\right)^2}\, dt = \int_0^1 s\sqrt{2u}\, dt = s\sqrt{2u}$$

이므로 원뿔 옆면에서 잰 길이와 전개도에서 잰 길이는 같다. ■

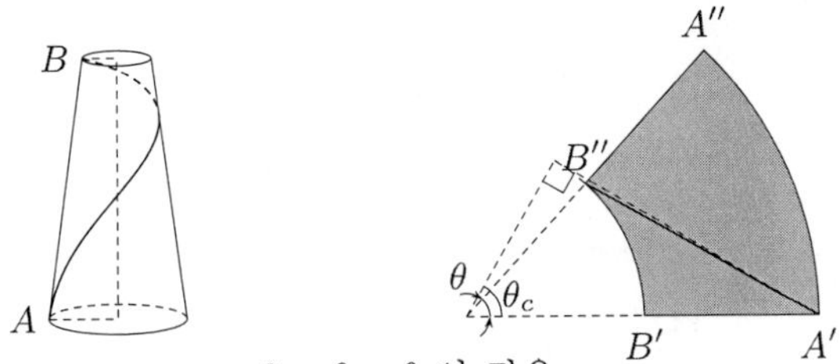

$0 < \theta < \theta_c$인 경우

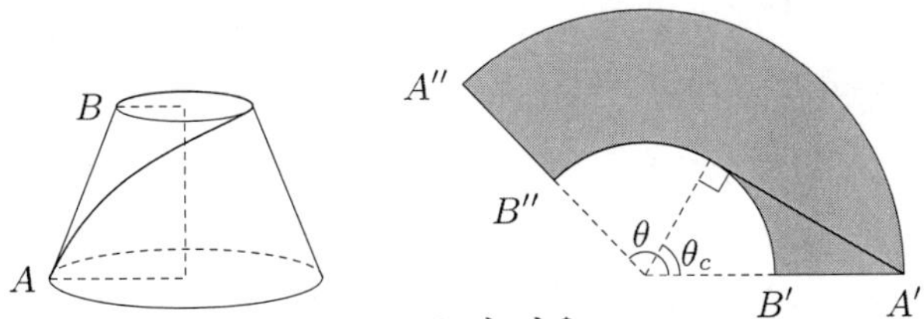

$\theta > \theta_c$인 경우

그림 2.20: 직원뿔대의 옆면을 휘감는 측지선

원뿔대에 대한 다음 문제 또한 비슷한 문제점을 갖고 있다.

(그림)과 같은 원뿔대의 점 A에서 같은 모선 위의 점 B까지 실로 원뿔대의 옆면을 한 바퀴 감아 그 길이를 가장 짧게 하려고 한다. 이 실이 지나간 선을 아래 오른쪽 원뿔대의 전개도에 나타내어라.

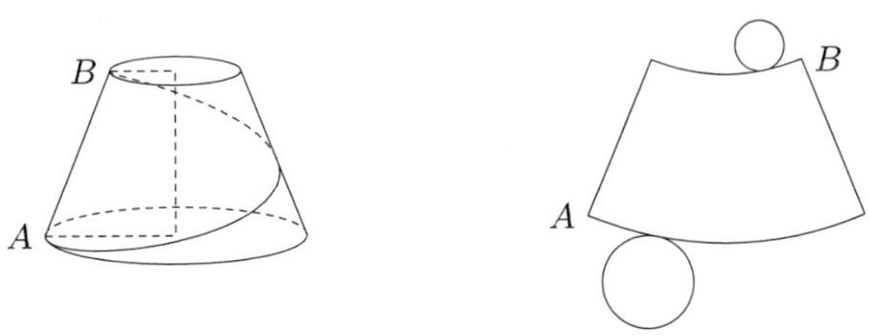

– 3000제 탄탄수학 7-나, 124쪽, 5번 (김인종 외 7명, 3000제 편찬 위원회 펴냄, 2002) –

이 문제의 답은 출전이 제시한 것같이 유일하지도 그리 간단하지도 않다. 왜냐하면 직원뿔대의 모양에 따라 답이 달라지기 때문이다. 직원뿔대의 전개도를 그려보면 그림 2.20에서 보듯 전개도 위에서 점 A,

B에 각각 대응하는 점 A'과 점 B''까지 직선으로 연결할 수 있는 경우 $(0 < \theta \le \theta_c)$와 그렇지 못한 경우 $(\theta > \theta_c)$가 있다. 여기서 θ는 원뿔대 옆면의 전개도에서 부채꼴 $O\text{-}A'A''$의 중심각이고, θ_c는 임계각으로 점 A'에서 호 $\widehat{B'B''}$를 포함하는 원주에 접하는 점이 이루는 각이다. 물론 실제로 실을 두 점 A와 B를 이어 원뿔대를 휘감은 채 팽팽하게 잡아 당긴다면 $\theta > \theta_c$인 경우 실은 결코 원뿔대를 휘감지 못하고 원뿔대를 벗어나 모선 $\overline{AB}$를 따라 놓이게 된다. 물론 이 경우 실이 원뿔대의 위쪽 밑면을 통해 벗어나지 않는다는 가정을 하면 그림에서 보듯 실의 일부가 위쪽 밑면의 둘레를 따라 놓임을 알 수 있다. 이제 직원뿔대의 두 밑면의 반지름을 각각 r과 R이라 하고 $(R > r)$, 한 모선과 이 원뿔대의 큰 밑면이 이루는 각을 φ라 할 때, $\theta = 2\pi \cos\varphi$이고 $\cos\theta_c = \dfrac{r}{R}$이므로 직원뿔대를 휘감아 두 점 A, B를 잇는 가장 짧은 거리는 $\cos\varphi \le \dfrac{1}{2\pi}\cos^{-1}\dfrac{r}{R}$일 때만 원뿔대의 옆면을 따라 얻어지고 그렇지 않은 경우는 두 점 A, B를 잇는 모선이 가장 짧은 거리가 된다.

2.5 함수

G. W. Leibniz[199]

함수를 흔히 두 집단에 속한 구성원끼리 대응하는 관계로 이해하기도 하고 한 변수의 값이 변할 때 상대 변수의 값이 변화하는 관계로 이해하기도 한다. 또한 함수를 주어진 특정한 작업을 수행하는 처리장치로 여겨 임의 값을 이 장치에 입력할 경우 주어진 작업에 따라 새로운 값을 생성하여 출력하는 가상 기계로 여기기도 한다. 어느 것이나 함수를 이해하기에 매우 좋은 방법임에 틀림없다. 함수를 영어로 'function'이라 하는데, 이 말을 처음 쓴 사람은 1673년 Gottfried Wilhelm Leibniz로 알려져 있다. 그는 곡선과 관련한 값을 설명하기 위해 이 표현을 사용했는데, 그가 사용한 이 표현은 오늘날 우리가 말하는 '미분가능한 함수'를 뜻한다. 한편 18세기 중엽에 들어 Leonhard Euler는 그가 쓴 '*Introductio in analysin infinitorum*'에서 함수를 변수가 있는 수식으로 설명했다. 그러나 수식이 아니라 개념만으로 함수를 고려한다면 함수에 대한 개념은 옛 희랍시대까지 거슬러 올라갈 수도 있다. Κλαύδιος Πτολεμαῖος[Claudius Ptolemaeus, Ptolemy]가 별과 행성에 대한 수학적 고찰을 적은 '*Almagest*[200]'에서 삼각비를 계산하고 있는 부분은 함수에 대한 개념을 도입했던 것으로 이해할 수 있다. 또한 Galileo Galilei는 물체의 운동을 변수들 사이의 관계로 파악했는데, 이는 물리 현상을 함수를 사용하여 설명하려는 시도였다.

우리가 함수를 배움에 있어 잊지 말아야 할 것은 함수를 단순한 대응관계가 아니라 이런 대응을 원소 하나하나로 나타낸 순서쌍들로 이루어진 모임 가운데 함수로서 갖추어야 할 성질을 만족하는 집합으로 이해한다는 점이다. 이런 정의는 불란서 수학자 Edouard Jean-Baptiste Goursat에 따른 것이다. 즉 함수란 순서쌍으로 이루어진 집합

$$A = \left\{ (-2,\ \sqrt{2}),\ (1,\ 2)\ (2,\ -5),\ (3,\ 4) \right\}$$

와 같은 것이다. 흔히 학습 과정에서 함수를 독립변수[independent variable]와 종속변수[dependent variable]로 이루어진 관계식 $y = x^2 + 1$ 따위에 집착하는 경향이 있으나 이는 함수를 사용하여 여러 문제를 푸는 경우에 적절하지 못할 수도 있다. 보기로 함수를 나타내는 세 집합

$$
\begin{aligned}
A &= \{(1, 2), (2, 5), (3, 10), (4, 17)\}, \\
B &= \{(x, x^2 + 1) \mid x \in \mathbb{R}\}, \\
C &= \{(z, z^2 + 1) \mid z \in \mathbb{C}\}
\end{aligned}
$$

는 같은 관계식 $y = x^2 + 1$로 나타낼 수 있지만 서로 다른 세 집합은 전혀 다른 함수를 나타내고 있다. 뿐만 아니라 어느 교재에는 역함수를 갖는 함수 f에 대해 (I는 항등함수[identity function])

$$f \circ f^{-1} = f^{-1} \circ f = I$$

인 관계가 성립한다고 적고 있는데 이 또한 엄연히 틀린 표현이다. 보기로 $A = \{1, 2, 3, 4\}$이고 $B = \{1, 3, 5, 7\}$이라 할 때, 함수 관계 $f(n) = 2n - 1$로 정의된 집합 A에서 집합 B로 대응하는 함수 $f : A \to B$는 일대일대응으로 역함수가 존재하고 $f^{-1}(n) = \dfrac{n+1}{2}$이다. 따라서 함수식 자체에만 의존한다면

$$
\begin{aligned}
(f \circ f^{-1})(n) &= f\left(\frac{n+1}{2}\right) = n, \\
(f^{-1} \circ f)(n) &= f^{-1}(2n - 1) = n
\end{aligned}
$$

이므로 $f \circ f^{-1} = f^{-1} \circ f = I$라 여길 수 있지만, 자세히 보면 합성함수 $f \circ f^{-1}$는 B에서 A로 대응하는 함수요, $f^{-1} \circ f$는 A에서 B로 대응하는 함수로

$$
\begin{aligned}
f \circ f^{-1} &= \{(1, 1), (3, 3), (5, 5), (7, 7)\}, \\
f^{-1} \circ f &= \{(1, 1), (2, 2), (3, 3), (4, 4)\}
\end{aligned}
$$

이다. 즉 이 두 합성함수는 항등함수라는 면에서 동일하지만 서로 다른 항등함수다. 따라서 이 경우 $f \circ f^{-1} = I_B$와 $f^{-1} \circ f = I_A$라 나타내는 것이 바람직하다. 물론 여기서 I_X는 집합 X에서 X로 대응하는 항등함수, 즉 모든 $x \in X$에 대해 $I_X(x) = x$인 함수를 뜻한다.

함수를 배움에 있어 정의역[domain]은 치역[range]과 더불어 매우 중요한 개념이므로 늘 신경써야 한다. 이제 다음 두 함수를 살펴보자.

$$f(x) = \sqrt{x-1}\sqrt{x+1} \qquad g(x) = \sqrt{(x-1)(x+1)} = \sqrt{x^2-1}.$$

일반적으로 학교 과정에서 함수 f의 정의역은 $D_f = \{\, x \mid x \geq 1,\, x \in \mathbb{R} \,\}$이지만 함수 g의 정의역은 $D_g = \{\, x \mid |x| \geq 1,\, x \in \mathbb{R} \,\}$로 하고 있다. 그러나 실제로 $x < -1$일 때도 f는 실수값을 갖는다. 보기로

$$f(-2) = \sqrt{-2-1}\sqrt{-2+1} = (\sqrt{3}\,\boldsymbol{i})(\boldsymbol{i}) = -\sqrt{3}$$

이기 때문이다. 그럼 $x = -2$도 정의역에 속해야 하지 않을까? 이 경우 함수 f를 어떻게 해석하느냐에 따라, 좀 더 정확히 말하자면 f의 정의역과 공역[co-domain]이 무엇이냐에 따라 대답은 달라진다. 앞에서 설명한 바같이 관계식에만 의존하는 것은 함수를 올바로 이해하는데 걸림돌이 되며 이는 잘못이다. 먼저 $f(x)$에 대한 식이 실수값을 갖는 두 무리함수 $f_1(x) = \sqrt{x-1}$과 $f_2(x) = \sqrt{x+1}$을 서로 곱한 것이라 여긴다면 당연히 $x = -2$는 f_1과 f_2의 정의역 어디에도 들지 않으므로 f의 정의역에도 들지 않는 것으로 볼 수 있다. 그러나 함수 f를 $\mathbb{R}$의 부분집합에서 $\mathbb{R}$로 대응되는 관계로 이해한다면 계산 도중에 허수가 나타난다 하더라도 그 최종값이 $\mathbb{R}$에 속한다면 올바로 정의된 함수라 여길 수 있다. 따라서 이 경우 f의 정의역은 $D_f = \{\, x \in \mathbb{R} \mid |x| \geq 1 \,\}$이 된다. 만약 이런 경우라면 식으로 인한 혼동을 피하기 위해 함수식을

$$f(x) = \begin{cases} -\sqrt{x^2-1}, & x \leq -1\text{인 경우;} \\ \sqrt{x^2-1}, & x \geq 1\text{인 경우} \end{cases}$$

같이 구별하여 나타내는 것이 바람직하다. 또한 함수 g의 정의역은 다른 제한을 두지 않는 한 함수 g의 정의역은 $D_g = \{ x \mid |x| \geq 1,\ x \in \mathbb{R} \}$이다. 이 관계를 그래프를 사용하여 확인하면 다음과 같다.

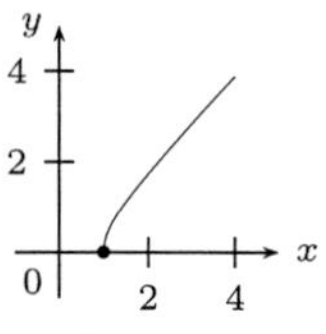

$y = \sqrt{x-1}\sqrt{x+1}$

$D = \{ x \mid x \geq 1,\ x \in \mathbb{R} \}$

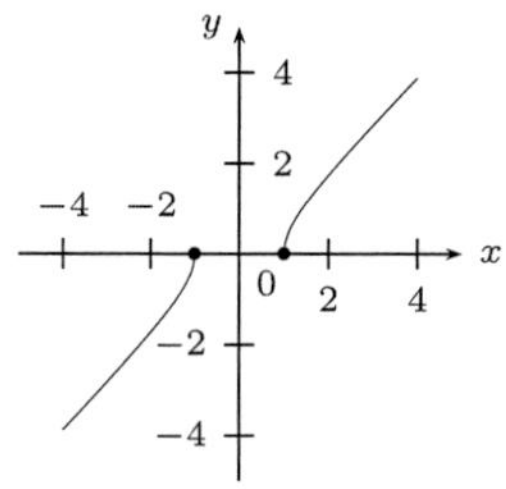

$y = \sqrt{x-1}\sqrt{x+1}$

$D = \{ x \mid |x| \geq 1,\ x \in \mathbb{R} \}$

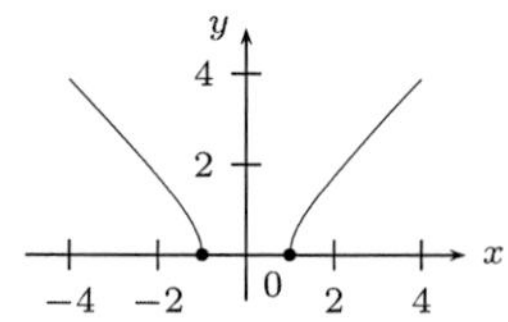

$y = \sqrt{x^2-1}$

$D = \{ x \mid |x| \geq 1,\ x \in \mathbb{R} \}$

> 세 함수 $f(x)$, $g(x)$, $h(x)$를 $f(x) = \begin{cases} \sqrt{x-1}+1 & (x \geq 1) \\ 2x-1 & (x < 1) \end{cases}$, $g(x) = -x^2$, $h(x) = (g^{-1} \circ f)(x)$로 정의할 때, $h^{-1}(3)$의 값은?
>
> **– 명품수학 고등학교 시리즈 수학거미 10-나(하), 108쪽, STEP 7 (안재찬 지음, 화인미디어 펴냄, 2004년) –**

이 문제에서 세 함수의 정의역은 모두 실수 전체로 보인다. 그렇다면 g의 역관계[inverse relation]는 함수가 되지 않는다. 실제로 g^{-1}을 구하면 이 관계의 정의역은 $D_{g^{-1}} = \{ x \mid x \leq 0,\ x \in \mathbb{R} \}$이고 관계식은 다음 같이 주어진다.

$$g^{-1}(x) = \begin{cases} \sqrt{-x} \\ -\sqrt{-x}. \end{cases}$$

따라서 관계 h도 함수가 아니다. 좀 더 자세히 살펴보면 h가 정의되기 위해 $f(x) \in D_{g^{-1}}$, 즉 $2x - 1 \leq 0$이므로 관계 h의 정의역은 $D_h =$

$\left\{ x \,\middle|\, x \le \frac{1}{2},\, x \in \mathbb{R} \right\}$이고 관계식은 구체적으로

$$h(x) = \begin{cases} \sqrt{-(2x-1)} \\ -\sqrt{-(2x-1)} \end{cases}$$

이다. 따라서 h의 역관계를 구하면 모든 실수 x에 대해 $h^{-1}(x) = \frac{1-x^2}{2}$이다. 물론 답만 보자면 출전은 틀린 곳이 없다. 그러나 주어진 관계가 함수인지 아닌지 꼼꼼하게 따져 보지 않으면 이런 어처구니 없는 실수를 저지를 수 있다. 참고로 흔히 '함수 $f(x)$'라는 표현을 쓰는데, '함수 f'라 하는 것이 더 바람직하다. 여기서 $f(x)$란 x에서 f의 값을 나타내거나 함수식을 나타내므로 $f(x)$를 함수라 일컫는 것은 옳지 않다.

다음 문제는 사람들이 함수를 다룸에 있어 너무 가벼운 마음을 갖고 대한다는 느낌을 준다.

> 함수 f에 대하여 $f\left(\frac{x}{x-1}\right) = 2x$가 성립할 때, $f^{-1}(4)$의 값을 구하면? (단, $f^{-1}(x)$는 $f(x)$의 역함수이다.)
>
> **– 명품수학 고등학교 시리즈 수학거미 10-나(상), 348쪽, STEP 6 (안재찬 지음, 화인미디어 펴냄, 2004년) –**

출전의 풀이를 살펴보자.

그른 풀이 $f\left(\frac{x}{x-1}\right) = 2x$에서 $f^{-1}(2x) = \frac{x}{x-1}$. $t = 2x$라 놓으면

$$f^{-1}(t) = \frac{\frac{t}{2}}{\frac{t}{2}-1} = \frac{t}{t-2}$$

$\therefore\ f^{-1}(x) = \frac{x}{x-2}$ $\therefore\ f^{-1}(4) = 2$ ■

출전의 풀이와 비슷한 방법으로 $t = \frac{x}{x-1}$라 놓으면 $x = \frac{t}{t-1}$이다. 따라서 $f(t) = \frac{2t}{t-1}$임을 알 수 있다. 그런데 이 때 $t \ne 1$이다. 따라서 $t = 1$일 때 $f(t)$의 값은 알 수 없다. 만약 $f(1) = 4$같이 약속한다면 함수

f는 역함수가 존재하지 않는다. 물론 문제 끝에 f^{-1}이 f의 역함수임을 단서로 달아 놓아 f가 역함수를 가진다는 것을 암시하고 있지만, 더 정확하게 표현을 바꾸려면 '역함수가 존재하는 함수 f에 대하여'로 시작하는 것이 바람직하다. 주어진 조건 $f\left(\frac{x}{x-1}\right) = 2x$는 $x \neq 1$인 임의 실수 x에 대해서도 성립하는 성질을 나타내는 것이지 함수 자체를 정의하는 식으로 보는데는 무리가 있다. 만약 f가 역함수를 갖고 실수 전체에서 정의된 함수라면 $f(1) = 2$일 수도 있다.

다음은 함수와 관련하여 틀린 표현을 쓰고 있는 문제이다.

> 함수 $f(x) = \frac{\sqrt{1+\cos x+\tan x}}{2+\sin x}$가 모든 실수 x에 대하여 $f(x+p) = f(x)$를 만족할 때, $\frac{\sqrt{1+\cos 2p+\tan 2p}}{2+\sin 2p}$의 값은? (단, p는 0이 아닌 상수)
>
> **– 명품수학 고등학교 시리즈 수학거미 10-나(하), 221쪽, STEP 5 (안재찬 지음, 화인미디어 펴냄, 2004년) –**

문장 가운데 '모든 실수 x에 대하여 $f(x+p) = f(x)$를 만족할 때'라는 표현은 틀린 표현이다. 왜냐하면 함수 f는 $1+\cos x+\tan x \geq 0$인 실수 x에 대해 정의되기 때문이다. 정의역을 구해보면 $u = 19+3\sqrt{33}$, $\bar{u} = 19-3\sqrt{33}$과

$$\alpha = -\arccos\left[-\frac{1}{3} - \frac{1}{9}\left(\sqrt[3]{u} + \sqrt[3]{\bar{u}} - \sqrt[3]{u^2} - \sqrt[3]{\bar{u}^2}\right)\right]$$

에 대해

$$\begin{aligned} D_f \;=\; & \left\{x \in \mathbb{R} \,\middle|\, (2k-1)\pi \leq x < \left(2k - \frac{1}{2}\right)\pi \quad \text{또는} \right. \\ & \left. \alpha + 2\pi k \leq x < \left(2k + \frac{1}{2}\right)\pi,\ k \in \mathbb{Z}\right\} \end{aligned}$$

이다. 따라서 바른 표현으로 바꾸면 '정의역 D_f에 속하는 임의 실수 x에 대하여 $x+p \in D_f$이면 $f(x+p) = f(x)$를 만족할 때'라 바꾸어야 한다.

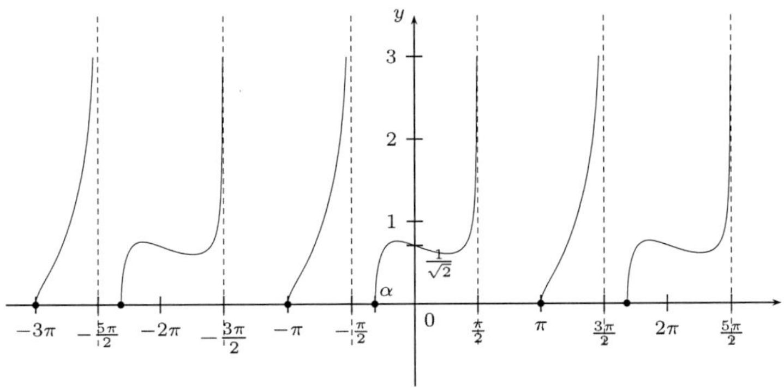

그림 2.21: $y = \dfrac{\sqrt{1+\cos x + \tan x}}{2+\sin x}$의 그래프. 주기는 2π다.

참고로 이 함수의 주기는 2π이다.

다음 문제는 주기함수와 관련한 문제로 주기에 대한 정의를 제대로 알지 못하고 푼 풀이다.

> 함수 $f(x) = \cos x$일 때, 합성함수 $(f \circ f)(x)$는 주기가 π인 주기함수임을 증명하여라.
>
> **– 명품수학 고등학교 시리즈 수학거미 10-나(하), 222쪽, PLUS PROBLEM 1 (안재찬 지음, 화인미디어 펴냄, 2004년) –**

출전의 풀이를 살펴보자.

그른 풀이 $(f \circ f)(x) = \cos(\cos x)$에서 $\cos(\pi + x) = -\cos x$, $\cos(-x) = \cos x$이므로

$$(f \circ f)(x+\pi) = \cos(\cos(x+\pi)) = \cos(-\cos x) = \cos(\cos x) = (f \circ f)(x)$$

따라서 모든 x에 대하여 $(f \circ f)(x+\pi) = (f \circ f)(x)$이므로 합성함수 $(f \circ f)(x)$의 주기는 π이다. ∎

우선 출전의 증명은 $(f \circ f)(x+\pi) = (f \circ f)(x)$임을 증명한 것으로 이것만 가지고 주어진 함수의 주기가 π라 주장할 수 없다. 임의 주기함수

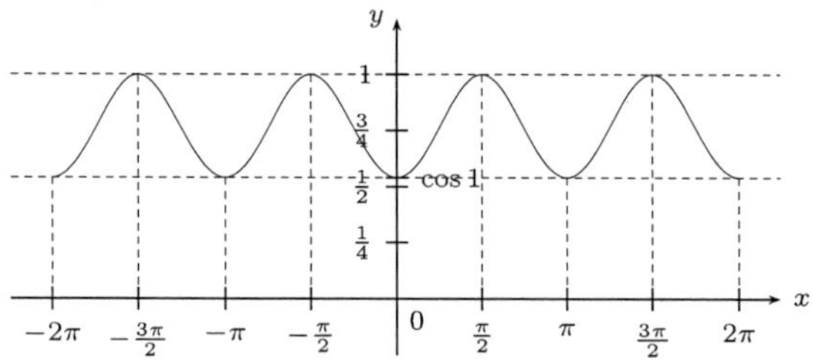

$y = \cos(\cos x)$의 그래프. 주기는 π다. 여기서 $\cos 1 = 0.5403023058\cdots$다.

g의 주기란 정의역에 속한 임의 x에 대해서도 $g(x+p) = g(x)$를 만족하는 양수 p의 최소값을 일컫는다. 따라서 π가 주기임을 보이기 위해 π가 함수의 주기성을 만족하는 가장 작은 양수임을 보여야 한다⟨201⟩. 참고로 $-1 \le k \le 1$인 실수 k에 대해 $\cos x = k$를 만족하는 x는 $\alpha = \cos^{-1} k$와 임의 정수 n에 대해 $x = \pm\alpha + 2\pi n$이다. 따라서 $\cos x = \cos y = k$이면 $x - y = 2\pi n$이거나 $x - y = 2\alpha + 2\pi n$이다. 증명을 보충해 보자.

바른 풀이 모든 실수 x에 대해 $\cos[\cos(x+p)] = \cos(\cos x)$가 성립한다고 하자. 출전의 설명에 따라 $p = \pi$는 이 관계를 만족하므로 이제 $0 < p < \pi$라 하자. 그러면 관계식 $\cos[\cos(x+p)] = \cos(\cos x)$로부터 적절한 정수 n에 대해 $\cos(x+p) = \pm\cos x + 2\pi n$이다. 코사인 함수는 그 값이 항상 -1과 1 사이에 오므로 모든 x에 대해 $-1 \le \pm\cos x + 2\pi n \le 1$이려면 $n = 0$이고 따라서 모든 실수 x에 대해 $\cos(x+p) = \cos x$이거나 $\cos(x+p) = -\cos x$이다. 그러나 이를 만족하는 가장 작은 p는 $p = \pi$이므로 이는 잘못이다. 따라서 합성함수 $f \circ f$의 주기는 π이다. ■

주기는 우리 생활에서 빼놓을 수 없는 중요한 개념이다. 태양 주위를 지구가 한 바퀴 도는 것을 주기로 계절의 변화가 반복되며 이로서 24절기가⟨202⟩ 정해진다. 달이 차고 이지러지는 현상은 마치 우리에게 자연의 생명력을 보여주는 듯하기도 하다. 이런 생명력에 대한 상징성은 곧잘 여성에 비유되기도 했다. 보기로 新羅시대부터전해오는 '延烏郎과 細烏女'에관한 전설에도 이런 사상이 들어있음을 우리는 잘 알고 있다⟨203⟩.

또한 이런 달과 해의 움직임은 바다를 생계의 터전으로 삼는 사람들에게도 역시 중요하다. 되풀이 되는 해와 달의 운행으로 인해 밀물과 썰물이 생기며, 이런 조수 간만의 차이, 즉 조차(潮差)⟨204⟩는 벌을 삶의 터전으로 삼는 그들에게 당연히 중요한 의미를 갖는다. 조차가 큰 때를 일러 '사리' 또는 소조(小潮)라 하고, 조차가 가장 작은 때를 일러 '조금' 또는 대조(大潮)라 하는데, 이는 지구 주위를 도는 달의 인력에 의해 주로 일어난다. 따라서 사리는 삭(朔, 월령 0일께)이나 망(望, 월령 14일께)에, 조금은 상현(上絃, 월령 7일께)과 하현(下絃, 월령 22일께)에 일어난다. 한편 여성의 생리주기⟨205⟩는 삶에서 빼놓을 수 없는 중요한 주기현상 가운데 하나로 이는 난소에서 분비되는 스테로이드계⟨206⟩ 호르몬인 estrogen(oestrogen)류와⟨207⟩ progesteron ($C_{21}H_{30}O_2$)의 양이 변하므로 일어난다. 수학에서도 함수값이 일정한 간격을 두고 반복하여 나타나는 경우 이 함수를 주기함수라 일컫는다. 즉, 상수함수가 아닌 함수 f에 대해 양인 상수 p가 존재하여 $x, x+p \in D_f$일 때 $f(x+p) = f(x)$를 만족하면 이 함수를 주기함수라 하는 것이다. 주기함수로 대표할 만한 것에 우리가 잘 알고 있는 삼각함수가 있다. 더불어 우리가 주위에서 볼 수 있는 많은 자연현상은 이런 삼각함수를 사용하여 설명할 수 있음도 잘 알려져 있는 사실이다.

실수에서 정의된 두 함수 f, g가 $f(x) = x + \sin 4x$, $g(x) = \cos 6x$일 때, 다음 보기 중 주기함수인 것은 몇 개인가?

보기

Ⅰ. $f(x) + g(x)$ Ⅱ. $f(x)g(x)$ Ⅲ. $\dfrac{f(x)}{g(x)}$

Ⅳ. $(f \circ g)(x)$ Ⅴ. $(g \circ f)(x)$

– 명품수학 고등학교 시리즈 수학거미 10-나(하), 312쪽, PRACTICE 3 (안재찬 지음, 화인미디어 펴냄, 2004년) –

출전의 풀이를 살펴보자.

그른 풀이 $f(x) = x + \sin 4x$는 주기함수가 아니고, $g(x) = \cos 6x$는 주기가 $\frac{\pi}{3}$인 주기함수이므로, $f(x)+g(x)$, $f(x)g(x)$, $\frac{f(x)}{g(x)}$ 모두 주기함수가 아니다. (이하 생략) ■

문제는 주기함수가 아님을 증명하는 방법에 논리적 잘못이 있다. 함수 f_1과 f_2에 대해 함수 f_1이 주기함수가 아니고 f_2가 주기함수이면 함수 $f_1 + f_2$와 $f_1 f_2$, $\frac{f_2}{f_1}$이 주기함수가 아니라 했는데, 이는 논리적으로 올바른 추론이 아니다. 예를 들어 f_1을 0이 아닌 상수함수라 하고 $f_2(x) = \sin x$라 하면, 상수함수를 주기함수로 보지 않을 경우, f_1은 주기함수가 아니고 f_2는 주기함수이지만 $f_1 + f_2$, $f_1 f_2$, $\frac{f_1}{f_2}$, $\frac{f_2}{f_1}$는 모두 주기함수다. 물론 상수함수 f에 대해 비록 최소주기는 존재하지 않지만 임의 실수 p에 대해 $f(x+p) = f(x)$이므로 이를 주기함수의 한 종류로 여긴다면 이 예는 반례에 들지 않는다. 이보다 조금 더 복잡한 예도 있다. 두 함수 u와 v를 다음같이 정의하자.

$$u(x) = \begin{cases} 0, & x \in \mathbb{Q}\text{일 때;} \\ \sin x, & x \notin \mathbb{Q}\text{일 때} \end{cases}, \qquad v(x) = \begin{cases} \sin x, & x \in \mathbb{Q}\text{일 때;} \\ 0, & x \notin \mathbb{Q}\text{일 때} \end{cases}$$

만약 u가 주기함수이면 모든 실수 x에 대해 $u(x+p) = u(x)$인 양수 p가 존재한다. 따라서 $x = 0$이면 $u(p) = u(0) = 0$이므로 p는 유리수이거나 아니면 $\sin p = 0$을 만족해야 한다. 그런데 만약 p가 유리수이면 2π와 $2\pi + p$는 무리수이므로 $u(2\pi + p) = \sin(2\pi + p) = \sin p$이고, $u(2\pi) = \sin 2\pi = 0$이어서 $\sin p = 0$이어야 한다. 그러나 p가 양인 유리수이므로 $\sin p = 0$을 만족하는 양인 유리수 p는 존재하지 않는다. 만약 p가 무리수이면 $\sin p = 0$이어야 하므로 자연수 n에 대해 $p = n\pi \neq 0$이다. $n\pi$는 무리수이므로 $\frac{1}{2} + n\pi$는 무리수이고 따라서 $u\left(\frac{1}{2} + n\pi\right) = \sin\left(\frac{1}{2} + n\pi\right)$이며 $u\left(\frac{1}{2}\right) = 0$이므로 적절한 정수 m에 대해 $\frac{1}{2} + n\pi = m\pi$, 즉 $\frac{1}{2} = (m-n)\pi$이다. 왼쪽변은 유리수이므로 오른

쪽변이 유리수이려면 $n = m$일 때 뿐이나, 이 경우 $\frac{1}{2} = 0$이 되어 모순이다. 따라서 u는 주기함수가 아니다. 이와 비슷한 방법으로 v도 주기함수가 아님을 알 수 있다. 그러나 $u+v$는 $(u+v)(x) = u(x)+v(x) = \sin x$이므로 주기함수가 아닌 두 함수를 더해도 주기함수일 수 있다. 반대로 $w(x) = \sin x + \sin(\sqrt{2}\,x)$는 주기가 각각 2π와 $\sqrt{2}\pi$인 두 주기함수를 더한 함수이지만 이 함수는 주기함수가 아니다.

만약 $w(x) = \sin x + \sin\sqrt{2}\,x$가 주기함수로 주기가 $p > 0$이라 하자. 만약 $x = 0$이면 $w(0) = 0$이고 $w(0) = w(p)$이므로 $\sin p + \sin\sqrt{2}\,p = 0$, 즉 $\sin p = \sin\bigl(-\sqrt{2}\,p\bigr)$이다. 따라서 적절한 정수 $n \in \mathbb{Z}$에 대해

$$-\sqrt{2}\,p = p + 2n\pi \quad \text{이거나} \quad -\sqrt{2}\,p = -p + (2n+1)\pi$$

이다. 즉

$$p = 2(1-\sqrt{2})n\pi \quad \text{이거나} \quad p = (1-\sqrt{2})(2n+1)\pi$$

이다. 한편,

$$\begin{aligned} w\bigl(\sqrt{2}\,\pi\bigr) &= \sin\sqrt{2}\,\pi = w\bigl(\sqrt{2}\,\pi + p\bigr) \\ &= \sin\bigl(\sqrt{2}\,\pi + p\bigr) + \sin\bigl(2\pi + \sqrt{2}\,p\bigr) \\ &= \sin\bigl(\sqrt{2}\,\pi + p\bigr) + \sin\bigl(\sqrt{2}\,p\bigr) \\ &= \sin\bigl(\sqrt{2}\,\pi + p\bigr) - \sin p \end{aligned}$$

이므로

$$\sin p = \sin\bigl(\sqrt{2}\,\pi + p\bigr) - \sin\sqrt{2}\,\pi$$

이다. 여기서 $\sin 2\alpha = 2\sin\alpha\,\cos\alpha$이고

$$\sin\alpha - \sin\beta = 2\cos\frac{\alpha+\beta}{2}\,\sin\frac{\alpha-\beta}{2}$$

인 관계를 사용하면,

$$2\sin\frac{p}{2}\,\cos\frac{p}{2} = 2\cos\frac{2\sqrt{2}\,\pi + p}{2}\,\sin\frac{p}{2}$$

이고, $\sin\frac{p}{2} \neq 0$이므로, 결국

$$\cos\frac{p}{2} = \cos\frac{2\sqrt{2}\,\pi + p}{2}$$

임을 알 수 있다. 따라서 적절한 정수 $m \in \mathbb{Z}$에 대해

$$\frac{2\sqrt{2}\,\pi + p}{2} = \pm\frac{p}{2} + 2m\pi$$

가 성립한다. 따라서 $2\sqrt{2}\,\pi + p = \pm p + 4m\pi$이고 이를 정리하면

$$2m\pi = \begin{cases} \sqrt{2}\,\pi \\ p + \sqrt{2}\,\pi \end{cases}$$

이다. 첫 번째 경우는 $2m = \sqrt{2}$가 되어 m이 정수라는 사실과 모순을 일으키고, 두 번째 경우는

$$(2m - \sqrt{2})\pi = p = \begin{cases} 2(1-\sqrt{2})n\pi \\ (1-\sqrt{2})(2n+1)\pi \end{cases}$$

이나, 어느 경우나 n과 m이 정수라는 사실과 모순을 일으킨다. 따라서 $w(x) = w(x+p)$를 만족하는 실수 p는 존재하지 않고, 결국 $w(x)$는 주기함수가 아님을 알 수 있다.

이 사실로부터 주기함수 두 개를 더해도 주기함수가 아닐 수도 있다. 뿐만 아니라 w는 주기함수가 아니고 $-\sin x$는 주기함수이지만 $w(x) + (-\sin x) = \sin(\sqrt{2}\,x)$은 주기함수다. 물론 위 문제에서 주기함수는 Ⅳ와 Ⅴ뿐으로 출전이 제시한 답과 같다.

도형과 관련하여 벡터를 빼놓을 수 없다. 수학-Ⅱ에서 다루고 있지만 자연과학이나 공학 그리고 다른 여러 분야에서 두루 쓰이는 개념이며 수학에서도 당연히 중요한 분야 가운데 하나이다. 필자가 처음으로 벡터에 대한 내용을 이론적으로 다루는 과목인 '선형대수학[linear algebra]' 강의를 들었을 때, 그 아름다움에 푹 빠졌던 기억이 난다. 기하학적 도형의 구조가 간단한 대수식으로 표현될 수 있음은 정말로 멋있었다.

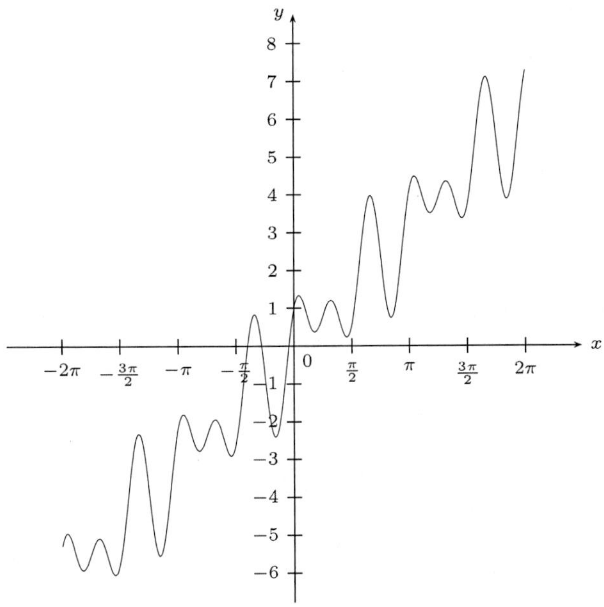

$f(x) = x + \sin 4x + \cos 6x$

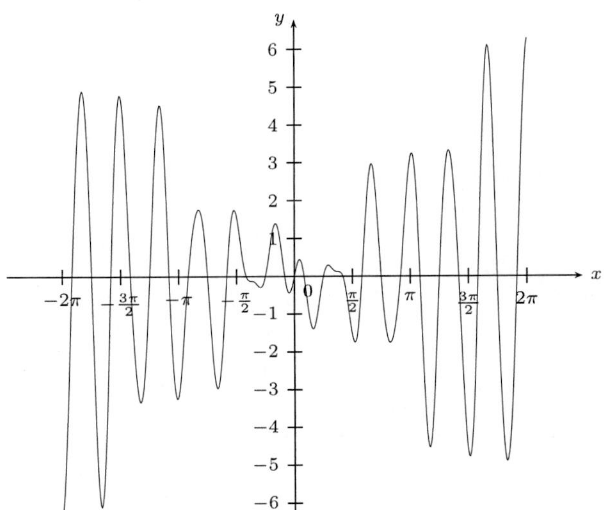

$f(x) = (x + \sin 4x)(\cos 6x)$

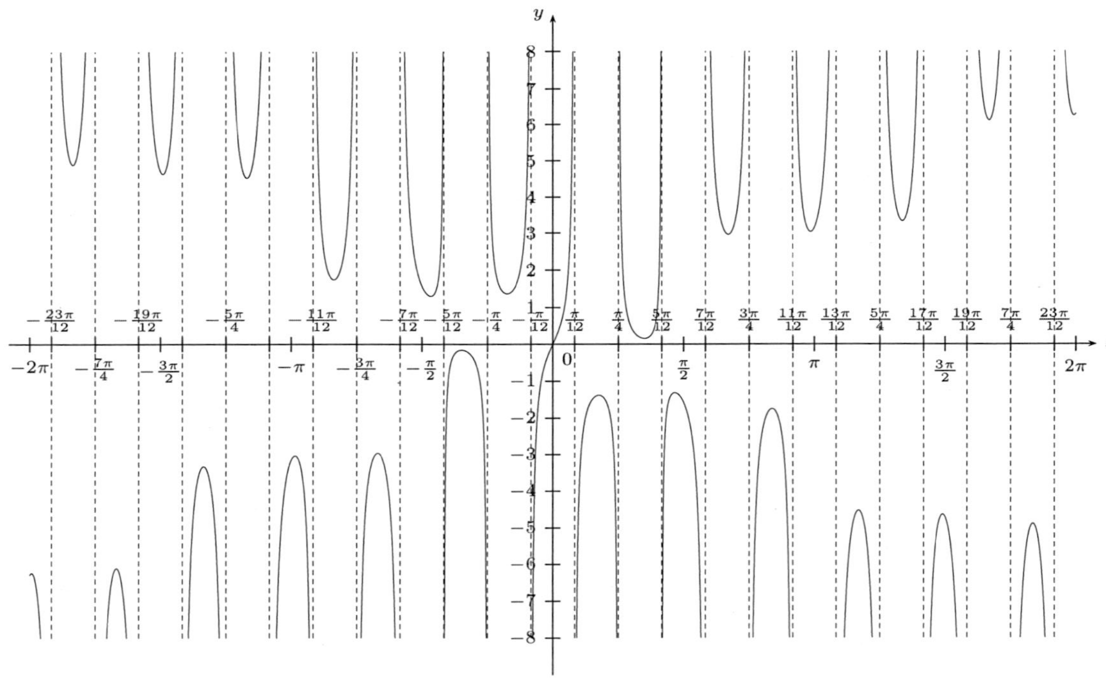

$$f(x) = \frac{x + \sin 4x}{\cos 6x}$$

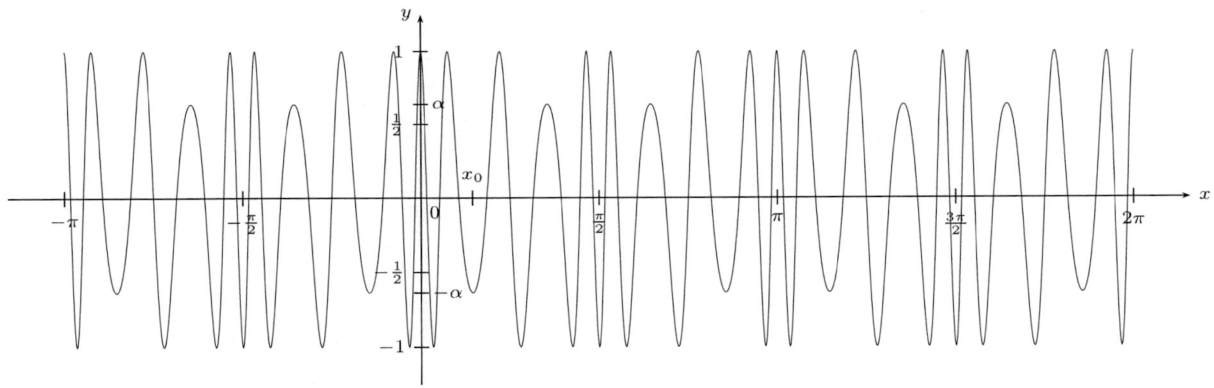

$y = \cos[6(x + \sin 4x)]$의 그래프. x-절편은 정수 $n \in \mathbb{Z}$에 대해 $x + \sin 4x = \dfrac{(2n-1)\pi}{12}$의 근이다. $n = 1$일 때 근은 $x_1^{(1)} = 0.0526709111\cdots$, $x_1^{(2)} = 0.9889321856\cdots$, $x_1^{(3)} = 1.2355284661\cdots$으로 각 정수 n에 대해 근은 $x_n^{(1)}$, $x_n^{(2)}$, $x_n^{(3)}$세 개 뿐이다. $x_0 = \dfrac{1}{4}\cos^{-1}\left(-\dfrac{1}{4}\right) = 0.4558691454\cdots$일 때, $\alpha = f\left(\dfrac{\pi}{2} - x_0\right) = -\cos\left[\dfrac{3}{2}\cos^{-1}\left(-\dfrac{1}{4}\right) + \dfrac{3\sqrt{15}}{2}\right] = 0.6370832638\cdots$이다. 이 함수의 주기는 π이다.

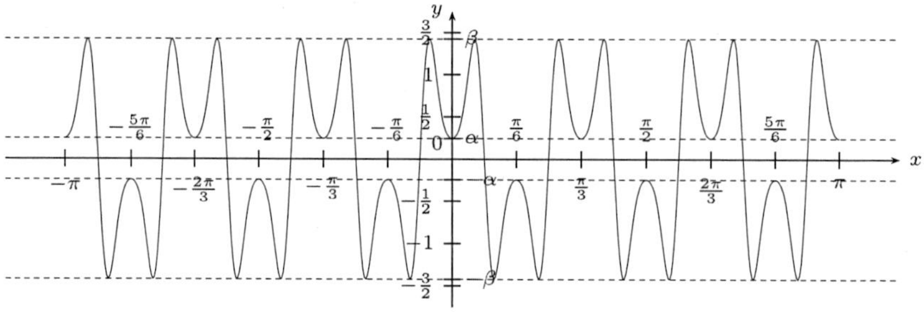

$y = \cos 6x + \sin(4\cos 6x)$의 그래프. x-절편: $\dfrac{(2n+1)\pi}{12}$, $n \in \mathbb{Z}$, $\alpha = 1 + \sin 4$이고, $x_0 = \dfrac{1}{6}\cos^{-1}\left[\dfrac{1}{4}\cos^{-1}\left(-\dfrac{1}{4}\right)\right] = 0.1829079733\cdots$일 때, $\beta = f(x_0) = \dfrac{1}{4}\cos^{-1}\left(-\dfrac{1}{4}\right) + \dfrac{\sqrt{15}}{4} = 1.4241149820\cdots$이다. 주기는 $\dfrac{\pi}{3}$이다.

화살표를 사용하여 나타내는 벡터에 대한 개념이 정확히 언제부터 쓰였는지는 알려진 것이 거의 없다. 아마 'Αριστοτέλης[Aristotle]의 분실된 저작에서 쓰였을 지도 모를 일이다. 왜냐하면 증기 기관의 초기 형태인 'aeolipile(αιολόσφαιρα)'을 고안했던 'Ηρων ὁ Αλεξανδρεύς[Hero]의 '역학[Μηχανική, Mechanica]'에 관련 내용이 등장하고 있기 때문이다⟨208⟩. 물론 이 자료는 현재 전해지지 않으며 아랍어로 번역된 것만 남아 있다. 영국의 물리학자이자 수학자였던 Isaac Newton 경도 그의 명저인 *Principia*⟨209⟩에서 사용하고 있는데, 비록 벡터라는 개념을 도입하지 않았지만 '속도', '힘'과 같은 물리량을 벡터형으로 다루고 있다. 벡터가 본격적으로 다루어진 시기는 19세기 이후이다. 벡터는 19세기에 들어서 복소수를 다루는 과정에서 등장하기 시작했다. 이를 대표하는 인물로 Caspar Wessel, Jean Robert Argand, Johan Carl Friedrich Gauß 등이 있다. 1837년 William Rowan Hamilton 경이 복소수가 두 수로 이루어진 순서쌍, 즉 이차원 수로 나타낼 수 있음을 발견한 뒤로 삼차원이나 사차원 수와 같은 것에 대한 관심이 쏠렸고, 이 물음에 답을 준 이도 바로 W. R. Hamilton 경 자신이었다. Martin Luther의 후손이자 J. C. F. Gauß 밑에서 수학을 공부했던 독일 수학자 August Ferdinand Möbius는 1827년에 출간한 그의 저서 '*Der barycentrische Calcül: ein neues Hilfsmittel zur analytischen Behandlung der Geometrie*'에서 방향을 가진 선분, 즉 유향선분이라는 개념을 도입하였고, 사영기하[projective geometry]의 성질을 설명하고자 오늘날과 같은 이 유향선분의 연산법, 즉 유향선분끼리 더하는 방법과 유향선분에 실수를 곱하는 것에 대한 개념을 완성했다.

W. R. Hamilton, Sir

삼차원 수와 사차원 수에 대한 해답이 얻어진 것은 1843년 10월 16일이었다. W. R. Hamilton 경의[210] 회고에 따르면 그는 Éire (Ireland)의 수도 Baile Átha Cliath (Dublin)의 Royal Canal 위를 지나는 Broom Bridge (그에 따르면 Brougham Bridge)를 건너던 중 사차원 수, 즉 사원수[quaternion]의 기본 항등식을 떠올렸다 한다[211]. 이즈음 역시 독일의 한 중등학교 교사였던 Hermann Günther Grassmann은 1844년 '*Ausdehnungslehre*'라는 저서에서 평면이나 3차원 공간에서 다루던 **벡터**에 대한 개념을 n-차원 공간까지 확장하였다. 학계에 이름조차 알려지지 않았던 그의 이론은 Joseph Louis de Lagrange의 '*Mécanique analytique*'나 Pierre-Simon, Marquis de Laplace의 '*Méchanique céleste*'의 내용을 더욱 간단히 설명하기 위해 도입한 것이었지만 너무도 추상적이고 복잡했던 탓에 당시 그의 이론은 주목받지 못했다. 1860년대 말에 이르러 그의 이론들이 점차 수학계와 물리학계에서 인정받기 시작하여 그도 명성을 얻는 듯했지만 '*Ausdehnungslehre*'의 제3판이 나오기도 전에 그는 세상을 떠나고 말았다[212]. 또한 사원수를 전자기 이론에 적용한 사람은 Peter Guthrie Tait였다. 그러나 전자기 법칙을 완성한 James Clerk Maxwell은 그의 설명을 늘 비판적으로 대했다 한다. 오늘날 사원수를 비롯한 **벡터**는 물리에서 없어서 안 될 중요한 설명도구로 발전했다. 물리에서 다루는 전기장이나 자기장, 힘과 가속도, 속도와 변위, 시공간 좌표 등은 모두 **벡터**이다. 또한 앞에서 설명했듯이 수학에서 복소

그림 2.22: W. R. Hamilton 경과 그의 이론을 기리기 위해 발행한 우표 (왼쪽) 과 Broom Bridge에 새겨진 명판 (오른쪽)

수도 벡터로 다루어지며, 함수들로 이루어진 집합도 덧셈과 상수배 연산에 의해 벡터공간을 이룬다.

물리 얘기가 나왔으니 교과서에 실린 벡터와 관련한 물리 문제를 하나 살펴보자.

> 어떤 물체에 힘 F(N)을 가하여 S(m)만큼 이동했을 때, 힘 F가 이 물체에 한 일 W는 $W = |F|S\cos\theta$(J)이다. 아래 그림과 같이 수레에 2N의 일정한 힘을 작용하여 그 힘의 방향으로 수레를 5m 이동시켰을 때, 수레에 한 일을 구하여라.
>
> 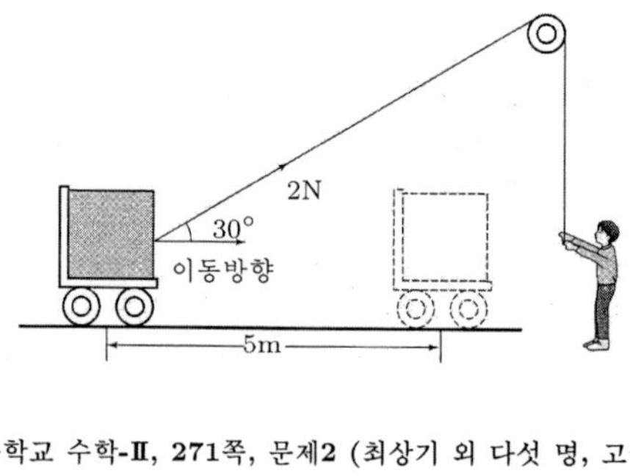
>
>
> – **고등학교 수학-II, 271쪽, 문제2 (최상기 외 다섯 명, 고려출판, 2004년)** –

이 문제는 고등학교 현행 교과서에서 뽑은 것으로 수학-II의 벡터 단원에 실린 문제다. 우선 표기에서 문제점을 지적하고 싶다. 물리에서 배우듯 힘은 방향과 크기를 가진 물리량으로 벡터양이다. 그런데 다른 곳도 아니고 벡터를 설명하고 있는 단원에서 벡터양은 문자 위에 화살표를 적기로 하였음에도 $\vec{F}$ 대신 F라 적고 있는 이유는 무엇인지 궁금하다. 벡터양이 아닌 일의 양 W도 같은 표기법을 따르고 있음은 옳지 않다. 또한 그림에서 보면 수레는 지면을 따라 5 m 이동하였음에도 설명은 수레가 힘의 방향을 따라 움직였다고 적고 있다. 여기서 '힘의 방향'은 '물체에서 물체에 힘을 가하고 있는 사람쪽'을 뜻하는 표현이 될 수 없고, 벡터양인 힘 $\vec{F}$가 가리키는 방향임을 잊어서는 안된다. 또한 수레에 2 N으로 일정한 힘을 작용했다 적고 있는데, 여기서 2 N은 힘의 방향을 무시한 힘의 크기이므로 '크기가 일정하게 2 N인 힘'이라 해야 옳다. 더욱이 이 경우 도르래를 사용하고 있는데, 도르래는 힘의 방향을 바꾸는 기능을 한다⟨213⟩. 이 때 물체를 움직이기 위해 사람이 아래로 당기는 힘이 물체를 움직이는데 한 일은 0 J이다. 왜냐하면 물체는 수평방향으로 움직이는데 반해 수직방향으로 작용한 힘은 물체를 움직이는데 쓰이지 않았기 때문이다. 따라서 이 문제를 올바로 바꾸어 보면 다음과 같다.

> 크기가 F (N)으로 일정한 힘 $\vec{F}$를 어느 물체에 가하여 이 물체를 S (m)만큼 움직였을 때, 힘 $\vec{F}$가 이 물체에 한 일 W는 $W = FS\cos\theta$ (J)이고, 여기서 θ는 힘의 방향과 물체가 움직인 방향이 이루는 각의 크기다. 아래 그림같이 수레에 그 크기가 일정하게 2 N인 힘을 들여 수레를 지면을 따라 일직선으로 5 m 움직였을 때 물체에 직접 작용한 힘이 수레에 한 일의 양은 얼마인가?

수레에 가해지는 힘의 방향은 수레와 연결된 줄과 나란하게 도르래로 향하는 방향이다. 물론 줄을 당기는 사람은 줄을 밑으로 당기고 있는데 도르래는 힘의 크기를 유지한 채 힘의 방향만 바꾸는 작용을 한다. 그런데 힘의 방향이 물체의 위치에 따라 변하고 있는 이 문제의 답을 과연 어떻게 구할 수 있을까? 단순히 $W = |\vec{F}|\,S\cos\theta$를 사용하여

$W = 2 \times 5 \times \cos 30° = 5\sqrt{3}$ J로 할 수 없기 때문이다. 이에 대한 올바른 풀이를 살펴보자.

바른 풀이 그림같이 수레에 힘이 작용하는 점에서 도르래에 줄이 걸리는 곳까지 수직거리를 h, 그리고 줄과 수평면이 이루는 각을 θ라 하자. 물체가 만약 도르래 바로 아래 지점에서 d 만큼 떨어진 곳에 멈추었다면 $h = (d+5)\tan 30° = (d+5)\sqrt{3}$이다. 한편 물체가 처음 위치에서 x (m)만큼 움직였다면 $0 \le x \le 5$이고 $\tan\theta = \dfrac{h}{d+5-x} = \dfrac{(d+5)\sqrt{3}}{d+5-x}$이다. 이제 $1 + \tan^2\theta = \sec^2\theta$인 관계를 사용하여 $\sec\theta > 0$를 구하면

$$\sec\theta = \frac{1}{\cos\theta} = \frac{\sqrt{x^2 - 2(d+5)x + 4(d+5)^2}}{d+5-x}$$

이므로 $\alpha = d+5$라 하면 $\cos\theta = \dfrac{\alpha - x}{\sqrt{x^2 - 2\alpha x + 4\alpha^2}}$이다. 따라서 구하는 일의 양 W는

$$W = \int \vec{F} \cdot d\vec{x} = \int_0^5 \frac{2(\alpha - x)}{\sqrt{x^2 - 2\alpha x + 4\alpha^2}}\, dx$$

이다. 이제

$$\frac{d}{dx}\left(-2\sqrt{x^2 - 2\alpha x + 4\alpha^2}\right) = \frac{\alpha - x}{\sqrt{x^2 - 2\alpha x + 4\alpha^2}}$$

이므로

$$\begin{aligned} W &= \int_0^5 \frac{2(\alpha - x)}{\sqrt{x^2 - 2\alpha x + 4\alpha^2}}\, dx \\ &= \left[-2\sqrt{x^2 - 2\alpha x + 4\alpha^2}\right]_0^5 \\ &= 4\alpha - 2\sqrt{4\alpha^2 - 10\alpha + 25} \\ &= 4(d+5) - 2\sqrt{4d^2 + 30d + 75} \end{aligned}$$

이고, 따라서 $d = 0$, 즉 $\alpha = 5$이면

$$W = 10(2 - \sqrt{3}) = 2.6794919243\cdots \text{ (J)}$$

이다. ■

참고로 제곱근 안에 들어간 이차식은 x-값에 관계없이 $x^2 - 2(d+5)x + 4(d+5)^2 > 0$이다.

많은 학생들이 읽고 배우는 교재의 표현이 이렇듯 엉성하다면 이 또한 큰 문제가 아닐까 싶다. 상황을 말이나 글로 설명해야 하는 일에 이토록 정확하지 않고 서툴다면 어찌 우리의 미래를 그들에게 맡길 수 있을까. 필자와 가까이 지내는 분의 경험을 들어 보아도 알 수 있다. 아이가 '두 수의 차'가 무엇이냐고 물어도 그 뜻을 선뜻 설명하지 못했다는 그 분의 얘기는 학교에서 '두 수의 차'를 계산하는 일은 밥 먹듯 하면서도 정작 그 의미가 무엇인지 설명하는 일은 한 번도 해 보지 못한 탓이다. 이 물음에 그저 '큰 수에서 작은 수를 뺀 것'이라는 정도 밖에 설명할 수 없다면, 수학 공부가 헛일이었다 해도 과언이 아니리라. 수업을 통해 우리가 사용하는 개념들을 자신의 언어로 직접 표현해 볼 기회도 갖지 못한 채 문제의 답만 구하기 급급하였으니 말이다. 문제는 잘 풀면서도 간단한 용어의 의미는 설명할 줄 모르는 사람들을 길러내는 우리 교육 현실에 경종을 울려야 할 이유가 바로 여기에 있다.

다음은 미분과 적분에 관련한 문제를 몇 개 살펴보자.

> $f(x)$는 다음같이 정의된 함수이다.
>
> $$f(x) = \begin{cases} ax^2 + 1 & (x \le 1) \\ \ln bx & (x \ge 1) \end{cases}$$
>
> $f(x)$가 $x = 1$에서 미분가능할 때, 상수 a, b의 값을 구하여라.
>
> **– 수학의 정석 (기본), 미분과 적분, 124쪽, 기본 문제 7-2 (洪性大 지음, 성지출판사) –**

우선 출전의 풀이를 살펴보자.

그른 풀이 $f_1(x) = ax^2 + 1$, $f_2(x) = \ln bx$로 놓으면

$$f_1'(x) = 2ax, \quad f_2'(x) = \frac{1}{x}$$

(a) $f(x)$는 $x = 1$에서 연속이므로

$f_1(1) = f_2(1) \quad \therefore\ a + 1 = \ln b$ ······①

(b) $f(x)$는 $x = 1$에서 미분계수가 존재하므로

$$f_1'(1) = f_2'(1) \quad \therefore\ 2a = 1 \qquad \cdots\cdots ②$$

①, ②에서 $a = \frac{1}{2}$, $b = e^{\frac{3}{2}}$ ■

독자들은 이 답안 자체에 무슨 문제가 있다 여기는가? 엄격히 말해 논리적으로 옳은 풀이는 아니다. 또한 문제에 따르면 f가 실수 위에서 정의된 함수일 경우 $f_1(1) = f_2(1)$이 연속성과 무관하게 당연히 성립해야 한다. 즉, f를 정의하기 위해 사용한 두 부등식 $x \leq 1$과 $x \geq 1$ 가운데 적어도 하나는 등호를 포함하지 않아야 문제의 의도와 잘 어울린다. 우선 (a)에서 함수 f가 $x = 1$에서 연속이므로 $f_1(1) = f_2(1)$이라는 주장은 적절하지 않다. 이 부분은 연속의 정의를 살려

$$\begin{aligned}\lim_{h\to1-0} f(x) &= \lim_{h\to1-0}(ax^2+1) = a+1 \\ &= \lim_{h\to1+0} f(x) = \lim_{h\to1+0} \ln bx = \ln b\end{aligned}$$

이라 설명해야 한다. 또한 (b)에서 $f_1(x) = ax^2 + 1$은 실수 전체에서 정의된 함수로, $f_2(x) = \ln bx$는 양수 전체에서 정의된 함수로 여기고 도함수를 구하고 있다. 그러나 문제에서 $f_1(x)$는 $x \leq 1$에서 $f_2(x)$는 $x \geq 1$에서 정의된 함수로 약속하였다. 따라서 $f(x)$가 $x = 1$에서 미분가능하기 위해서는 $f_1'(1) = f_2'(1)$이 아니라

$$\lim_{h\to1-0} \frac{f_1(1+h) - f_1(1)}{h} = \lim_{h\to1+0} \frac{f_2(1+h) - f_2(1)}{h}$$

이어야 한다. 왜냐하면 $f_1'(1)$ 따위는 문제에 주어진 정의로 볼 때 존재하지 않기 때문이다. 실제로

$$f'(x) = \begin{cases} 2ax, & x < 1\text{일 때;} \\ \dfrac{1}{x}, & x > 1\text{일 때} \end{cases}$$

이다. 한편 많은 경우에 $f(x) = \ln x$의 도함수를 $f'(x) = \frac{1}{x}$이라 하고 만다. 그러나 이는 엄연히 틀린 표현이다. 왜냐하면 자연대수의 정의역은 양수 전체이므로 도함수의 정의역도 양수 전체의 부분집합이어

야 한다. 그러나 함수 $g(x) = \frac{1}{x}$의 정의역은 0이 아닌 실수 전체로 단순히 f의 도함수를 '$f'(x) = \frac{1}{x}$'이라 하는 것은 적절하지 않다. 올바로 잡자면 '$f'(x) = \frac{1}{x}$, $x > 0$'이라 하여야 한다. 그러나 다 알다시피 $f(x) = \ln|x|$의 도함수는 $f'(x) = \frac{1}{x}$이다. 마찬가지로 $x = 0$에서 미분이 불가능한 $f(x) = \sqrt{x}$의 도함수는 $f'(x) = \frac{1}{2\sqrt{x}}$이 아니라 '$f'(x) = \frac{1}{2\sqrt{x}}$, $x > 0$'임도 잊어서는 안된다.

극한과 관련하여 재미있는 이야기 하나를 소개하면서 극한에 대해 살펴보자. 똘칠이는 괴짜여서 늘 아이들에게 말도 되지 않는 억지를 부리기로 학교에서 유명한 아이였다. 어느 쉬는 시간 똘칠이는 칠판 앞에 서더니 친구들에게 무엇인가 굉장한 것을 발견한 양 떠벌이기 시작했다.

똘칠이: "얘들아! 어제 내가 사람들이 모두 깜짝 놀랄 새로운 사실을 발견했는데···"

친구들: "오늘은 또 뭔데?"

친구들: "네 얘기는 이제 안 믿어! 또 무슨 황당한 얘기를 하려고···"

똘칠이: "이번엔 진짜 놀라운 발견이야! 아마도 내가 수학에서 Nobel 상을 받게 될거라고."

친구들: "하여튼, 또 헛소리군. 그건 그렇고 수학에는 Nobel 상이 없어 이 바보야!"

똘칠이: "그래? 아무튼 너희들 여태까지 삼각형의 두 변의 길이를 더하면 나머지 한 변의 길이보다 길다고 믿었지?"

친구들: "그야 당근 아니냐?"

똘칠이: "아니야! 여태껏 우린 수학 선생님한테 속은 거야. 어제 내가 새로 계산을 다시 했는데, 삼각형의 두 변의 길이를 더한 값은 정확하게 나머지 한 변의 길이와 똑같아."

친구들: "뭐라고? 그러면 그렇지 네 입에서 나오는 소리라곤···"

똘칠이는 분필을 잡더니 칠판에 삼각형 하나를 큼지막하게 그렸다. 어느 수학 선생님이 그리신 것보다 더 크고 반듯하게 말이다. 오늘따라 자신감이 넘쳐 보이는 똘칠이를 보는 반 친구들은 어쩐지 예전과 다른 똘칠이를 보는 듯하여 진짜 무엇인가 새로운 것을 발견한 것이 아닐까 의아해 했다.

똘칠이: "여기 삼각형 ABC가 있다. 이제 두 변의 중점을 잇는 선을 따라 삼각형을 접으면···" (칠판에 꼭지점 A가 변 $\overline{BC}$ 위에 오도록 두 변의 중점을 잇는 선을 따라 삼각형을 접은 모양을 그린다.)

친구들: "늘 시작은 그럴듯한데."

똘칠이: "자. 여기서 두 변 $\overline{AB}$와 $\overline{AC}$의 중점을 각각 A_{11}, A_{12}라 하자. 그리고 점 A가 변 $\overline{BC}$ 위로 옮겨진 점을 A'이라 하면, 이제 원래 삼각형 $\triangle ABC$의 두 변의 길이 $\overline{AB}$와 $\overline{AC}$를 더한 것은 그림에서 보듯 $\overline{A_{11}B} + \overline{A_{11}A'} + \overline{A_{12}A'} + \overline{A_{12}C}$와 같지?"

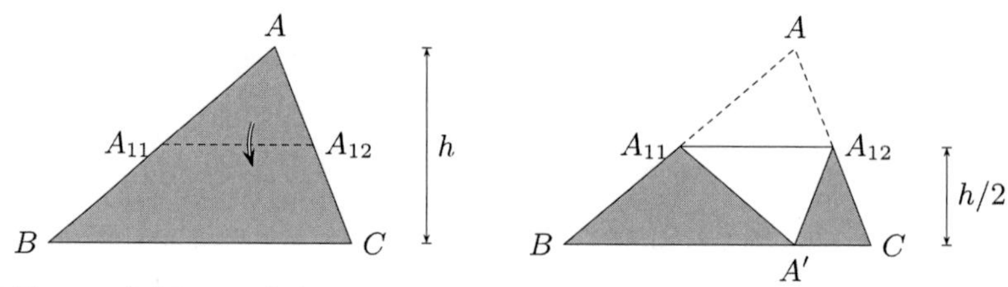

친구들: "그래서?" "그렇지."

똘칠이: "그런데 새로 얻어진 삼각형의 높이는 처음 삼각형의 절반으로 줄고, 이런 작업을 계속하면···" (각 삼각형의 꼭지점이 마주하는 변에 놓이도록 두 변의 중점을 잇는 선을 따라 접은 그림을 계속하여 그린다.)

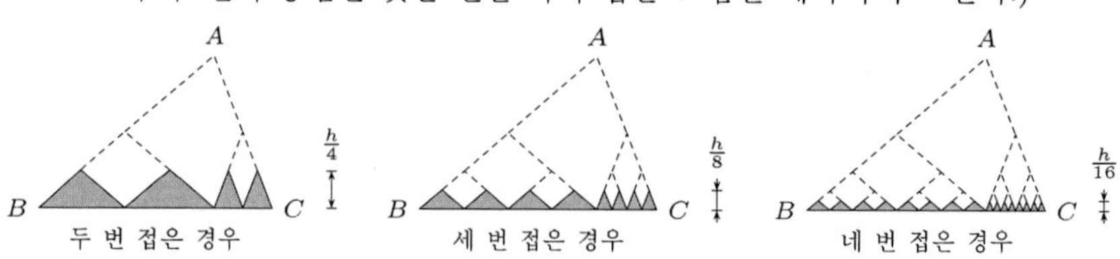

똘칠이: "이를 끝없이 반복하면 결국 모든 삼각형의 높이는 0으로 되어 톱니 모양을 한 부분은 밑변 $\overline{BC}$에 가까워지니까 결국 처음 삼각형의 두 변의 길이를 더하면 바로 $\overline{BC}$가 된다 이 말씀이야. 어때?"

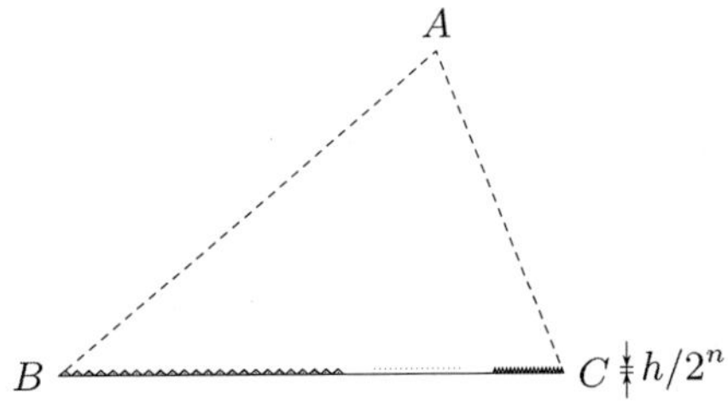

n-번 접은 경우

친구들: "어 그러네··· 그렇지만 어딘가 좀 이상한데."

똘칠이: "에헴!!" (똘칠이가 어깨에 힘을 주며 으쓱거리고 있을 때 수학 선생님께서 문을 스르르 열고 들어오신다.)

수학 선생님: (칠판에 그려진 그림을 보시며) "똘칠이가 또 엉뚱한 소릴 했구나! 그래 무슨 헛소릴 또 한게냐? 어디 들어보자."

반 아이들은 똘칠이가 발견했다는 말도 안 되는 주장을 선생님께 들려드렸다. 한참을 듣고 계시던 선생님 가라사대, "똘칠이가 또 이상한 생각을 했구나. 그럴듯한데!" "그렇죠? 제 이론이 성공한 거죠, 선생님?" 똘칠이는 자신의 발견이 위대한 것이라 여기며 즐거워했다. "그런 것도 같긴 한데···" "선생님, 똘칠이 주장은 틀린거죠? 쟤는 늘 그래요!" 반 아이들이 미심쩍은 듯 선생님께 질문을 했다. "논리적으로 한 가지 결함이 있는걸." "예?" 똘칠이는 놀라고 말았다. "그럼 또 실패가?" "하하하. 그것 봐, 못 말리는 똘칠이라니까." 반 아이들은 또 엉터리 주장을 늘어놓은 똘칠이를 향해 깔깔거리고 있었다.

똘칠이의 생각에 무슨 잘못이 있는 것일까? 얼핏 보면 똘칠이의 주장이 일리있어 보인다. 그러나 무한한 것을 다룰 때 우리는 주의하지 않으면 안된다. 주어진 삼각형을 똘칠이의 방법에 따라 n-번 접고 나면 톱니 모양으로 생긴 부분의 길이는 항상 $\overline{AB}+\overline{AC}$가 된다. 그러니 아무리 무수히 이 작업을 하여도 그 길이는 언제나 일정한 값, 즉 $\overline{AB}+\overline{AC}$를 갖게 되므로 이것이 $\overline{BC}$와 같다 주장하는 것은 논리적으로 타당하지 않다. 얼핏 보기에 높이가 0으로 가까이 가니 두 변의 길이가 밑변과 같아진다 착각할 수 있지만 말이다.

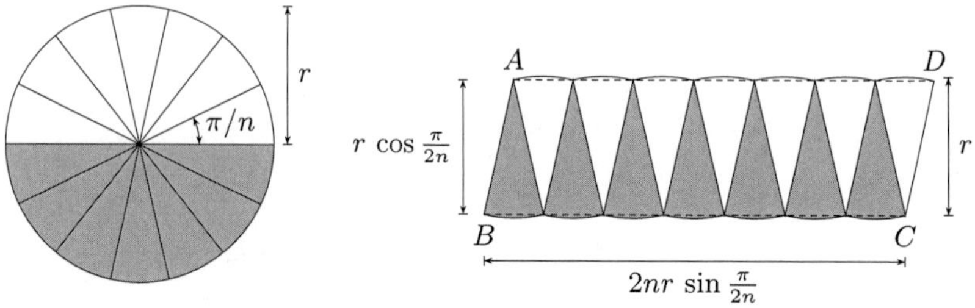

그림 2.23: 주어진 원을 이등분하여 각 반원을 n-등분하여 오른쪽 그림같이 다시 배열하면 평행사변형 $\square ABCD$의 넓이는 n이 커질 수록 πr^2에 가까운 값이 된다.

위 그림은 초등학교 과정에서 반지름이 r인 원의 둘레가 $2\pi r$임을 알고 그 원의 넓이가 πr^2임을 설명하는 그림이다. 물론 초등학교에서는 π 대신 그 근사값인 3.14를 사용한다. 우선 원을 이등분하여 각 반원을 n-등분한 뒤 각 부채꼴을 그림같이 다시 배열하면 n이 충분히 커질 때 도형의 넓이는 가로의 길이가 πr, 즉 반원의 호의 길이이고 세로의 길이가 반지름 r인 직사각형의 넓이와 같아지는데 이 넓이는 구성방법에 따라 주어진 원의 넓이와 같아야 한다. 따라서 원의 넓이는 $\pi r \times r = \pi r^2$임을 알 수 있다는 주장이다.[214] 그림으로 보기에는 매우 그럴듯하지만 차근히 살펴보면 이 방법 또한 똘칠이가 사용한 논법을 그대로 사용하고 있음을 알 수 있다. 우선 오른쪽 그림에서 평행사변형 $\square ABCD$의 밑변의 길이는 각 부채꼴의 현의 길이를 n-번 더한 것이므로 $2nr\sin\dfrac{\pi}{2n}$이고 높이는 부채꼴에서 활꼴을 뺀 이등변삼각형의 높이와 같으므로 $r\cos\dfrac{\pi}{2n}$가 되어 그 넓이는

$$\begin{aligned}\square ABCD &= 2nr\sin\frac{\pi}{2n} \times r\cos\frac{\pi}{2n} \\ &= \pi r^2 \times \frac{\sin\frac{\pi}{2n}}{\frac{\pi}{2n}} \times \cos\frac{\pi}{2n}\end{aligned}$$

이다. 따라서 $\displaystyle\lim_{\theta\to 0}\frac{\sin\theta}{\theta} = 1$이고 $\displaystyle\lim_{\theta\to 0}\cos\theta = 1$인 성질을 사용하면 평행사변형 $ABCD$의 넓이는 n이 커짐에 따라 그 값이 πr^2에 가까워짐을 알

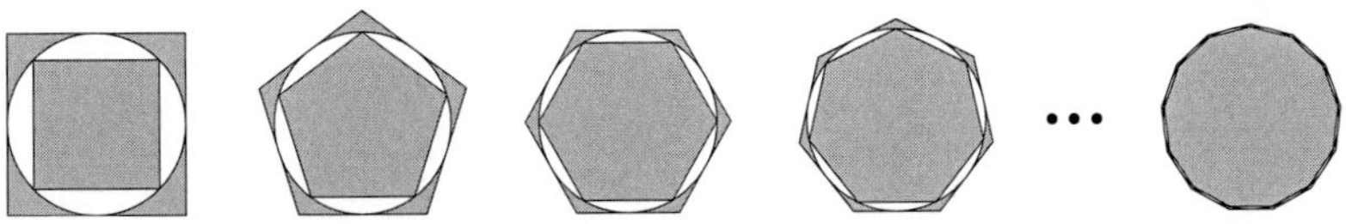

정사각형 정오각형 정육각형 정칠각형 정 n-각형

그림 2.24: 반지름이 r인 원에 내접하는 정 n-각형의 넓이를 A_n이라 하고, 원에 외접하는 정 n-각형의 넓이를 B_n이라 하면 $A_n = \frac{nr^2}{2}\sin\frac{2\pi}{n}$이고 $B_n = \frac{nr^2}{2}\sin\frac{2\pi}{n}\sec^2\frac{\pi}{n}$ 이다. 따라서 원의 넓이 S는 모든 3 이상인 자연수 n에 대해 $A_n < S < B_n$이고 $\lim_{n\to\infty} A_n = \lim_{n\to\infty} B_n = \pi r^2$이므로 $S = \pi r^2$이다.

수 있다. 따라서 위 방법으로 원의 넓이가 πr^2임을 알기 위해서는 오른쪽 도형에서 평행사변형 $\square ABCD$를 제외한 부채꼴의 활꼴로만 이루어진 부분의 넓이가 n이 커짐에 따라 0에 한없이 가까워져야 함을 우선 알아야 한다. 그림에서 보듯이 이는 당연한 듯 하지만 똘칠이가 사용한 논법같이 수학적으로 엄밀한 설명이 필요한 부분이다. 교과서에서 설명하고 있듯이 n이 커짐에 따라 평행사변형의 밑변의 길이가 주어진 원주의 절반, 즉 반원의 호의 길이에 한없이 가까워진다는 주장은 똘칠이가 저지른 오류처럼 엄밀한 설명이 따르지 않는 한 그리 쉽게 단정할 수 있는 사항은 아니다. 다시 말해 이 방법은 미리 원의 넓이에 대한 식을 알고 있는 경우에 한해 이 공식의 타당성을 설명하기 위한 직관적 수단일 뿐, 원의 넓이를 나타내는 식을 유도하는 증명으로 부적절한 방법이다.

원의 넓이를 처음으로 구한 수학자로 알려진 사람은 옛 희랍의 수학자 Αρχιμηδης[Archimedes]로 그는 그림같이 원에 내접하는 정다각형과 외접하는 정다각형을 그리면 원의 넓이는 내접한 정다각형의 넓이보다 크고 외접한 정다각형의 넓이보다 작다는 성질로부터 각 정다각형의 변의 수를 늘려감에 따라 이들 정다각형의 넓이가 원의 넓이에 무한히 가까워진다는 성질을 사용했다.

> 밑면의 반지름의 길이가 r이고, 높이가 h인 직원뿔의 부피 V를 구분구적법으로 구하여라.
>
> **– 고등학교 수학-II, 117쪽, 예제 1, (최상기 외 다섯 명 지음, 고려출판, 2004년) –**

곧은 원뿔의 부피가 이 원뿔에 외접하는 곧은 원기둥의 부피의 $\frac{1}{3}$임은 이미 잘 알려진 사실이다. 이 관계를 구하기 위해 현대 수학은 적분을 사용하는데, 이는 일찍이 옛 희랍의 수학자였던 Αρχιμηδης[Archimedes]가 사용한 방법, 즉 '착출법(搾出法)'에 기초를 두고 있다⟨215⟩. 앞에서 살펴본 원의 넓이를 구하는 방법이 바로 그 방법을 사용한 것으로 이것이 후에 극한의 개념과 만나 구분구적법으로 발전한 것이다. 즉 구분구적법을 사용하여 어느 양 S를 구하려 할 때, 임의 자연수 n에 대해 구분구적법으로 얻은 두 양 $\underline{S}(n)$과 $\overline{S}(n)$이 부등식 $\underline{S}(n) < S < \overline{S}(n)$을 만족하고 $\lim_{n\to\infty} \underline{S}(n) = \lim_{n\to\infty} \overline{S}(n) = S_0$이면 $S = S_0$이라는 사실을 사용하여 직접 S를 구하는 대신 두 양 $\underline{S}(n)$과 $\overline{S}(n)$의 극한값으로 S를 구한다. 그런데 언제부터인지 필자도 정확히 알 수는 없으나 원뿔의 부피를 구하는 방법이 여러 교재에서 다음에 제시한 것처럼 반쪽만, 즉 한쪽 극한값만을 구하는 것으로 증명을 끝맺고 있다.

그른 풀이

오른쪽 그림과 같이 직원뿔의 높이를 밑면에 평행한 평면으로 n등분하여 자르면, 잘린 면의 반지름은 위에서부터 차례로

$$\frac{r}{n},\quad \frac{2r}{n},\quad \dots,\quad \frac{nr}{n}$$

이다. 또 높이는 모두 $\frac{h}{n}$이므로 원기둥의 부피는 위에서부터 차례로

$$\pi\left(\frac{r}{n}\right)^2\frac{h}{n},\quad \pi\left(\frac{2r}{n}\right)^2\frac{h}{n},\quad \dots,\quad \pi\left(\frac{nr}{n}\right)^2\frac{h}{n}$$

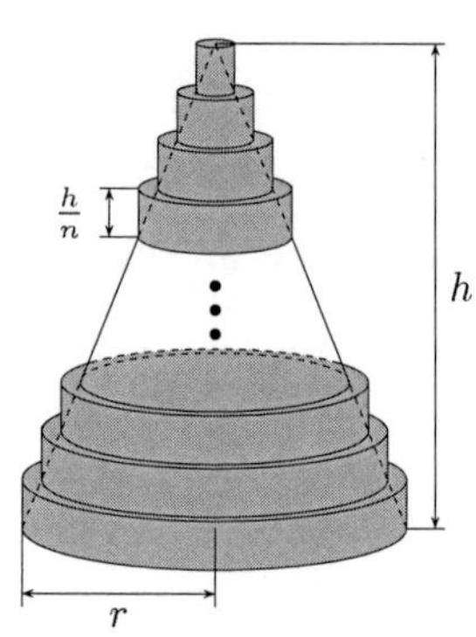

이다. 이 때 이들 원기둥의 부피의 합을 V_n이라 하면

$$\begin{aligned} V_n &= \pi\left(\frac{r}{n}\right)^2\frac{h}{n}+\pi\left(\frac{2r}{n}\right)^2\frac{h}{n}+\cdots+\pi\left(\frac{nr}{n}\right)^2\frac{h}{n} \\ &= \frac{\pi r^2 h}{n^3}(1^2+2^2+\cdots+n^2) \\ &= \frac{\pi r^2 h}{n^3}\sum_{k=1}^{n}k^2 \\ &= \frac{\pi r^2 h}{n^3}\cdot\frac{n(n+1)(2n+1)}{6} \end{aligned}$$

따라서, 구하는 부피 V는

$$V=\lim_{n\to\infty}V_n=\frac{1}{3}\pi r^2 h \blacksquare$$

이 풀이 또한 적절한 풀이가 아니다. 구하는 부피 V가 V_n의 극한값이라는 근거가 불충분하다. 즉 결론으로 내린 마지막 식에서 첫 번째 등식에 대한 근거가 부족하다는 뜻이다. 물론 그림을 통해 살피면 직감적으로 그럴 것으로 보이지만 앞에서 똘칠이가 저지른 오류를 범하지 않기 위해서 이 등식이 성립함을 증명해야 구분구적법을 사용한 완전한 증명이 된다.

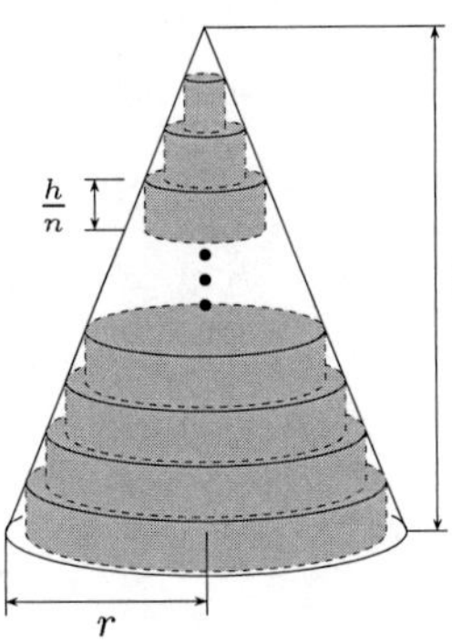

마지막 주장에 정당한 근거를 대기 위해 왼쪽 그림처럼 주어진 원뿔을 밑면에 평행한 평면으로 n-등분하여 이제 원뿔 안쪽에 생기는 원기둥의 부피를 모두 더한 값을 V'_n이라 하면, 원기둥의 밑면의 반지름은 위에서부터 차례로

$$\frac{r}{n},\quad \frac{2r}{n},\quad \ldots,\quad \frac{(n-1)r}{n}$$

이다. 또 높이는 모두 $\frac{h}{n}$이므로 원기둥의 부피는 위에서부터 차례로

$$\pi\left(\frac{r}{n}\right)^2\frac{h}{n},\quad \pi\left(\frac{2r}{n}\right)^2\frac{h}{n},\quad \ldots,\quad \pi\left[\frac{(n-1)r}{n}\right]^2\frac{h}{n}$$

이다. 따라서

$$\begin{aligned} V_n' &= \pi\left(\frac{r}{n}\right)^2\frac{h}{n}+\pi\left(\frac{2r}{n}\right)^2\frac{h}{n}+\cdots+\pi\left[\frac{(n-1)r}{n}\right]^2\frac{h}{n} \\ &= \frac{\pi r^2 h}{n^3}[1^2+2^2+\cdots+(n-1)^2] \\ &= \frac{\pi r^2 h}{n^3}\sum_{k=1}^{n-1}k^2 \\ &= \frac{\pi r^2 h}{n^3}\cdot\frac{(n-1)n(2n-1)}{6}. \end{aligned}$$

따라서 $\lim_{n\to\infty} V_n' = \frac{1}{3}\pi r^2 h$임을 알 수 있다. 한편 n에 관계없이 항상 $V_n' < V < V_n$이므로 $V = \frac{1}{3}\pi r^2 h$라 결론지을 수 있다. 교과서에서 사용한 구분구적법은 완전한 것이 아니며 증명의 반쪽만 보여주고 있는 셈이다. 충분하지 않은 근거로 마치 V가 V_n의 극한값으로 결정된다는 억지를 쓰고 있는 셈이다. 물론 원뿔의 부피에 관한 공식은 오래 전부터 이미 올바른 구분구적법을 사용하여 구해졌으므로 간단한 계산을 통해 우리가 알고 있는 식이 어느 정도 타당함을 짐작하는 정도에서 그치고자 한다면 어려운 계산이나 복잡한 증명 과정을 피할 수 있어 배우는 이들에게 부담을 덜어 줄 수 있을 지는 모르지만, 적어도 수업을 통해 이 풀이가 논리적으로 완전하지 못하다는 사실마저도 지적하지 않고 넘어간다면 배우는 사람은 적분의 개념조차 정확하게 사용할 줄 모르고 넘어가는 셈이 되고 만다. 예전에는 교과서든 참고서든 완벽한 증명을 싣고 있었는데 참고서는 물론이요 한국교육과정평가원의 심의를 거친 교과서마저 논리적으로 완전하지 않은 증명을 소개하고 있으니, 수학을 가르치자는 뜻인지 계산 연습만 하고 넘어가자는 뜻인지 걱정과 함께 아리송할 따름이다. 한걸음 더 나아가 고교 수학의 경전이라고까지 불리는 '수학의 정석'의 저자는 수학-Ⅱ의 구분구적법을 설명한 곳에서 두 극한값 가운데 어느 한 극한만 생각하면 된다는 타당하지 않은 주장까지 하고 있다⟨216⟩.

극한과 관련하여 다음 문제는 황당하기 이를 데 없다.

$A = \begin{pmatrix} 1 & 0 \\ 1 & \frac{1}{2} \end{pmatrix}$에 대하여 $\lim_{n\to\infty} A^n$을 구하여라.

– 수학의 정석 (기본), 수학 I, 262쪽, 연습 문제 16-18 (洪性大 지음, 성지출판사) –

우선 출전이 소개한 답안을 살펴보자.

그른 풀이

$$A^2 = AA = \begin{pmatrix} 1 & 0 \\ 1+\frac{1}{2} & \left(\frac{1}{2}\right)^2 \end{pmatrix},$$

$$A^3 = A^2 A = \begin{pmatrix} 1 & 0 \\ 1+\frac{1}{2}+\left(\frac{1}{2}\right)^2 & \left(\frac{1}{2}\right)^3 \end{pmatrix},$$

$$\cdots$$

$$A^n = \begin{pmatrix} 1 & 0 \\ 1+\frac{1}{2}+\left(\frac{1}{2}\right)^2+\cdots+\left(\frac{1}{2}\right)^{n-1} & \left(\frac{1}{2}\right)^n \end{pmatrix}$$

그런데

$$\lim_{n\to\infty}\left\{1+\frac{1}{2}+\left(\frac{1}{2}\right)^2+\cdots+\left(\frac{1}{2}\right)^{n-1}\right\} = \frac{1}{1-(1/2)} = 2$$

$$\therefore \lim_{n\to\infty} A^n = \begin{pmatrix} 1 & 0 \\ 2 & 0 \end{pmatrix} \blacksquare$$

이런 문제가 등장하고 나면 조만간 $\frac{d}{dx}A = \left(\begin{smallmatrix} 0 & 0 \\ 0 & 0 \end{smallmatrix}\right)$와 같은 표현도 나올 수 있을 듯하다. 도대체 아무런 근거도 없이 행렬의 극한값을 어찌 구할 수 있단 말인가. 자연수 n에 대해 $\lim_{n\to\infty} a_n = L$이라는 뜻은 임의 양수 $\epsilon > 0$에 대해 적절한 수 N이 존재하여 $n > N$인 모든 자연수 n에 대해 $|a_n - L| < \epsilon$이라는 뜻이다. 그런데 행렬에서 절대값의 의미는 무엇인가? 행렬 X의 절대값으로 행렬식의 절대값을 고려한다면 주어진 행

렬의 극한값 $L = \left(\begin{smallmatrix} a & b \\ c & d \end{smallmatrix}\right)$가 존재하려면

$$A_n - L = \begin{pmatrix} 1-a & -b \\ (2-c) - \dfrac{1}{2^{n-1}} & \dfrac{1}{2^n} - d \end{pmatrix}$$

이므로 임의 양수 $\epsilon > 0$에 대해서도 $n > N$인 자연수 n에 대해

$$|\det(A_n - L)| = \left| \frac{1-a-2b}{2^n} + (2-c)b - d(1-a) \right| < \epsilon$$

을 만족하는 수 N이 존재하려면 $(2-c)b - d(1-a) = 0$, 즉 $(2-b)c = d(1-a)$이어야 하며, 따라서 a, b, c, d가 유일하게 정의되지 않는다.

무슨 뜻인지도 모르고, 왜 그렇게 계산해야 하는지도 묻지도 않은 채, 그럴듯해 보이는 풀이만 따라가는 학업이 무슨 가치를 발휘할 수 있을까. 행렬의 극한을 다루려면 행렬은 주어진 차원을 갖는 벡터공간의 어느 선형변환을 나타내므로 선형변환과 관련하여 그 의미를 살펴보거나, 행렬을 벡터공간의 한 벡터로 간주하여 설명해야 함에도 그냥 겉보기에 그럴듯하다는 이유 하나로 답만 구하는 일은 이제 사라져야 할 일이다.

각 항이 벡터인 수열 $\vec{v}_n = (a_n, b_n)$에 대해 $\lim_{n\to\infty} a_n = a$이고 $\lim_{n\to\infty} b_n = b$일 때, $\lim_{n\to\infty} \vec{v}_n = (a, b)$라 약속하자. 이 때 문제에 주어진 행렬 A와 임의 자연수 n에 대해

$$A^n \begin{pmatrix} x \\ y \end{pmatrix} = \begin{pmatrix} x \\ \left(2 - \dfrac{1}{2^{n-1}}\right)x + \dfrac{y}{2^n} \end{pmatrix}$$

이므로

$$\lim_{n\to\infty} \left[A^n \begin{pmatrix} x \\ y \end{pmatrix} \right] = \begin{pmatrix} x \\ 2x \end{pmatrix} = \begin{pmatrix} 1 & 0 \\ 2 & 0 \end{pmatrix} \begin{pmatrix} x \\ y \end{pmatrix}$$

이다. 따라서 $\lim_{n\to\infty} A^n = A$인 행렬 A가 존재한다면, 모든 실수 x, y에 대해

$$\lim_{n\to\infty} \left[A^n \begin{pmatrix} x \\ y \end{pmatrix} \right] = A \begin{pmatrix} x \\ y \end{pmatrix} \quad \text{일}$$

것으로 보이므로—물론 엄밀한 설명이 더 필요하지만— $\lim_{n\to\infty} A^n = \left(\begin{smallmatrix}1 & 0\\ 2 & 0\end{smallmatrix}\right)$ 이라 할 수 있다.

부등식을 만족하는 영역을 좌표평면에 나타내는 다음 방법은 이미 널리 알려진 방법이다. 이해하기 쉬워 자주 사용하지만 엄격히 말해 틀린 표현이다.

> $f(x, y) \cdot g(x, y) > 0$또는 $f(x, y) \cdot g(x, y) < 0$ 꼴의 부등식 영역은
> - 첫째: $f(x, y) = 0$, $g(x, y) = 0$의 **그래프를 그린다.**
> - 둘째: 그래프 위에 있지 않은 **간단한 한 점 (x_1, y_1)을 대입**한다.
> - 셋째: 대입한 결과가 부등식을 **만족**할 때, **그 점을 포함하는 영역**과 **이웃하지 않는 영역**(**건너뛴 영역**)이 바로 구하는 영역이다.
>
> **– 개념원리 공통수학, 290쪽, 개념원리 이해 1번 (이홍섭 지음, 디딤돌 출판사, 2003년) –**

이 방법을 따라 보기로 $h(x, y) = (x^2+y^2-4)^2(x-y^2) > 0$을 만족하는 영역을 구하기로 하자. 우선 $f(x, y) = (x^2+y^2-4)^2$과 $g(x, y) = x-y^2$이라 놓고 $f(x, y) = 0$과 $g(x, y) = 0$의 그래프를 그리면 이 그래프에 따라 (x, y)-평면은 네 부분으로 나뉜다. 이 때 $f(1, 0) = 9 > 0$이고 $g(1, 0) = 1 > 0$이므로 결국 $h(1, 0) = 9 > 0$이기 때문에 점 $P(1, 0)$은 주어진 부등식을 만족하므로 위에 설명한 두 번째 단계로부터 $P(1, 0)$을 포함하는 영역이 구하는 영역이고, 따라서 세 번째 설명에 따라 이웃하지 않은 영역을 취하면 부등식을 만족하는 영역이 된다. 그러나 이렇게 구한 영역에 속하지 않는 점 $Q(3, 0)$에 대해 $h(3, 0) = 5 \times 3 = 15 > 0$으로 역시 $h(x, y) > 0$을 만족함을 알 수 있다. 즉 틀린 답이 된다. 자세히 살펴보면 $f(x, y) = 0$을 만족하는 원 위에 놓인 점을 제외하고 좌표평면에 있는 모든 점 (x, y)가 부등식 $f(x, y) > 0$을 만족한다. 따라서 구하는 영역은 결국 $g(x, y) > 0$이고 $f(x, y) \neq 0$을 만족하는 영역이 됨을 알 수 있다. 설명을 지나치게 간단히 하다보면 이를 배우는 이들에게 그릇

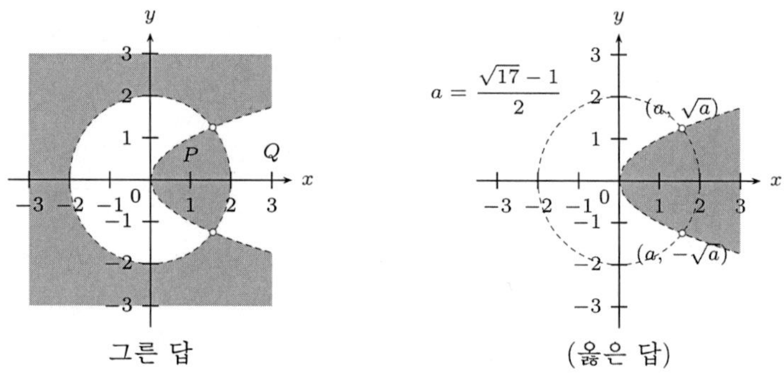

그림 2.25: 부등식 $(x^2+y^2-4)^2(x-y^2)>0$을 만족하는 영역

된 사고방법을 전해주게 된다. 주로 다루어지는 문제들이 비록 설명같이 풀린다 하더라도 이것이 모든 경우에 통하는 만능 해법이 아님을 학생들에게 깨닫게 해 주어야 한다. 지나치게 도식화되거나 공식처럼 사용되는 문구를 너무 믿어서는 안되겠다.

도형과 방정식에 관한 얘기가 나온 김에 교재들마다 틀린 설명을 달고 있는 것 하나를 살펴보자.

(a) m을 상수라 할 때, $(x^2+y^2+Ax+By+C)m+(x^2+y^2+A'x+B'y+C')=0$은 m의 값에 관계없이 항상 두 원 $x^2+y^2+Ax+By+C=0$, $x^2+y^2+A'x+B'y+C'=0$의 교점을 지난다.

(b) 두 원 $x^2+y^2+Ax+By+C=0$, $x^2+y^2+A'x+B'y+C'=0$의 교점을 지나는 원의 방정식은 임의의 상수 m에 대하여 $(x^2+y^2+Ax+By+C)m+(x^2+y^2+A'x+B'y+C')=0$으로 나타내어진다.

특히 두 원의 교점을 지나는 직선의 방정식은 위 식에서 $m=-1$인 경우이다. 이상은 두 원이 서로 만나는 경우에 한한다.

– 수학의 정석 (기본), 10-나, 64쪽 (洪性大 지음, 성지출판사) –

이는 서로 다른 두 점에서 만나는 다른 두 원의 두 교점을 지나는 원의 방정식에 관한 성질을 설명한 것인데, 역시 그 표현에 있어 앞의 설명처럼 지나치게 문제 풀이에 맞추어진 느낌을 줄 뿐 아니라 적절하지도 못한 설명 방법이다. 이 내용을 다루고 있는 단원에서 학생들이 배워야 할 것은 두 교점을 지나는 원의 성질을 정확히 파악하여 다양한 문제에 적용해 보는 것임에도 불구하고 문제 풀이를 위한 방법 자체에 너무 초점을 맞추고 있어 학생들에게 정확하지 않은 내용을 전달해 줄 수 있다.

설명을 간단히 하기 위해 실수 m, n에 대해

$$\begin{aligned} C \quad &: \quad x^2+y^2+Ax+By+C=0 \\ C' \quad &: \quad x^2+y^2+A'x+B'y+C'=0 \\ C_{m,n} \quad &: \quad m(x^2+y^2+Ax+By+C)+n(x^2+y^2+A'x+B'y+C')=0 \end{aligned}$$

이라 하자. 우선 이차식 $x^2+y^2+Ax+By+C=0$의 **그래프**가 원이기 위한 필요충분조건은 $A^2+B^2-4C>0$임이 잘 알려져 있는 사실이므로 이에 대한 언급은 하지 않는다. 이는 주어진 이차식의 왼쪽변을 원의 방정식에 대한 일반형[217]으로 고치면 곧바로 얻을 수 있는 조건이다. 따라서 우리는 C와 C'을 나타내는 두 식의 **그래프**가 모두 원이라 가정한다. 당연히 주어진 두 원 C와 C'은 서로 다른 원이어야 한다. 뿐만 아니라 지문의 마지막에 출전이 밝힌 바같이 두 원이 서로 만난다고 가정하자. 물론 첫 번째 주장은 옳은 주장이다. 왜냐하면 두 원이 $P(x_0, y_0)$에서 만난다고 하면 P는 C와 C'의 식을 만족하므로 m, n에 관계없이 등식 $C_{m,n}$을 만족하고 따라서 m에 관계없이 등식 $C_{m,1}$을 만족하기 때문이다. 그러나 두 번째 설명을 바르지 않은 설명이다. 당연히 $m=-1$인 경우를 제외해야 원의 방정식이 됨은 물론이요, 등식 $C_{m,1}$은 m이 어느 값을 갖더라도 두 원의 교점을 지나는 원 C를 나타낼 수 없기 때문이다. 또한 원의 방정식이 '임의의 상수 m'에 대해 주어지는 것이 아니라 '적절한 상수 m'에 따라 주어진다는 점도 위 설명은 무시하고 있다. 이와

더불어 출전은 위 지문에 딸린 'Advice'는 '일반적으로는

$$(x^2 + y^2 + Ax + By + C)h + (x^2 + y^2 + A'x + B'y + C')k = 0$$

의 꼴로 나타내야 하지만, 위같이 나타내어도 별로 틀리지 않는다.'라 적고 있다. 수학에서 다루는 명제는 참 아니면 거짓이므로 '별로 틀리지 않는다'는 표현은 수학을 가르치는 교재에 적절하지 않다. 이보다 '일반적으로는 $\cdots$ 나타내야 하지만, 주어진 두 원을 제외할 경우 위같이 나타내면 충분하다'로 정확하게 밝혀 적어야 바람직하다. 한편 이 경우 주어진 두 원은 오직 서로 다른 두 점에서 만나야 한다. 만약 두 원이 한 점에서 만나면 $C_{m,n}$이 점원, 즉 반지름이 0인 원이 될 수 있기 때문이다. 따라서 지문에서 (2)의 표현을 정확하게 나타내면 다음과 같다.

> 오직 서로 다른 두 점에서 만나는 서로 다른 두 원 $x^2 + y^2 + Ax + By + C = 0$, $x^2 + y^2 + A'x + B'y + C' = 0$의 교점을 지나는 원의 방정식은 둘 다 동시에 0이 되지는 않는 적절한 상수 m과 n이 존재하여 $m \neq -n$일 때
>
> $$m(x^2 + y^2 + Ax + By + C) + n(x^2 + y^2 + A'x + B'y + C') = 0$$
>
> 같이 나타낼 수 있다. 한편 $m = -n$이면, 위 식은 주어진 두 원의 교점을 지나는 직선이 된다.

2.6 확률과 통계

확률이 무엇일까? 우리는 살아가면서 '확률'이라는 표현을 자주 사용한다. 행운을 기다리는 사람들은 복권에 자신이 당첨될 확률이 얼마인지 궁금해 하기도 하고, 보험회사는 사람들이 교통사고로 사망할 확률이 얼마인지 알아야 한다. 매일 듣고 보는 기상예보에서 우리는 오늘 비나 눈이 올 확률이 얼마인지 알 수 있다. 도박을 즐기는 이들은 도박에서 딸 돈이 얼마인지 알고 싶기도 하다. 흔히 '확률의 역사'를 '도박의 역사'라 단정지어 말한다. 적은 돈을 걸고 큰 행운을 건지려는 도박사들에게 승률이나 기대금액을 정확히 구할 수 있는 계산법이 있다면 정말로 반가운 일일 것이다. 그러나 필자는 이 주장에 좀 다른 의견을 달고 싶다.

Blaise Pascal

도박과 확률을 이어주는 얘기의 주인공은 유명한 수학자 Blaise Pascal과 Pierre de Fermat로 그들은 도박사였던 De Méré가 B. Pascal에게 질의한 문제를 놓고 서신을 통해 의견을 서로 주고 받았다. 서신 자체는 공개되지 않았지만 그 내용은 Paris의 과학자 모임을 통해 알려져 있었다. 흔히 'problème des partis'라 불리는 이 문제는 다음과 같다.

> 솜씨가 서로 비슷한 두 사람 갑과 을이 각각 32피스톨[218]을 걸고 내기를 하고 있다. 한 번 이기면 1점을 얻는 경기에서 먼저 3점을 얻는 사람이 판돈 64피스톨을 전부 따기로 하였다. 그런데 갑이 2점, 을이 1점을 딴 상황에서 경기가 중단되었을 때, 64피스톨을 두 사람에게 얼마씩 떼어주는 것이 가장 바람직할까?

이 상황에서 내기를 계속하여 갑이 이기면 판돈 전부를 갖게 되고, 을이 이기면 두 사람의 이긴 회수의 비는 2대 2이므로 판돈의 절반, 즉 32피스톨씩 나누어 가진다 가정해 보자. B. Pascal은 다음과 같은 제안을 하고 있다.

> Considérez donc, Monsieur, que, si le premier gagne, il lui appartient 64; s'il perd, il lui appartient 32. Donc s'ils veulent ne point hasarder cette partie et se séparer sans la jouer, le premier doit dire: je suis sur d'avoir 32 pistoles, car la perte même me les donne; mais pour les 32 autres, peut-être je les aurai, peut-être vous les aurez; le hasard est égal; partageons donc ces 32 pistoles par la moitié et me donnez, outre cela, mes 32 qui me sont sures. Il aura donc 48 pistoles et l'autre 16. **– Pascal, B., [67, vol 2, 1138쪽] –**

즉, 갑은 다음 내기에서 이기든 지든 32피스톨을 가지게 되어 있으므로 우선 갑에게 32피스톨을 주고, 남은 판돈은 이기고 질 가능성이 $\frac{1}{2}$이므로 남은 판돈의 절반인 16피스톨씩 나누어 가지면 결국 갑은 48피스톨을, 을은 16피스톨을 각각 나누어 가지면 된다고 설명하고 있다.

필자가 보기에 이 이야기를 토대로 확률과 도박을 굳이 연관시킬 필요가 있을까 의구심이 든다. 도박에서 확률이란 매우 중요한 개념이긴 하지만, 이 문제는 승률과 같은 도박에 직접 관련한 것이라 보기보다 남은 판돈을 어떻게 공정하게 나누어 가질 수 있는가 하는 분배 문제에 주안점을 두고 있다. 공정함이 아쉬운 오늘날, 판돈을 놓고도 공정한 분배를 생각했던 당시 서구 사람들의 생각을 배우는 것이 도박을 배우는 것보다 훨씬 현명한 자세가 아닐까? 도박사업으로 돈을 벌어 보겠다고 사업을 펴는 국가가 있는 판에 교육을 위한 가치관만이라도 건전했으면 하는 것이 필자의 바램이다. 확률에 대한 B. Pascal의 업적은 사후에 발간된 '*Traité du triangle arithmétique*'를 통해 알려졌으며, 이 책에서 그는 유명한 '파스칼 삼각형'에 대해 다루고 있다. 그보다 앞서 Girolamo Cardano는 주사위 던지기와 관련한 확률의 개념을 소개했다. B. Pascal과 Pierre de Fermat가 주고 받은 서신의 내용을 바탕으로 Christiaan Huygens는 확률에 관한 책을 집필했는데⟨219⟩, 이는 확률에 관한 첫 번째 책이 되었다.

주사위 한 개를 던져 1이 눈으로 나올 확률이 $\frac{1}{6}$이라는 뜻이 무엇을 뜻할까? 이에 대해 많은 사람들은 궁금해 한다. 우리는 이 확률을 '이론에 따른 확률[theoretical probability]'이라 일컫는데, 표본공간[sample space]이 유한하고 각 사건의 일어날 정도가 같을 때 표본공간의 크기에 대해 특정 사건 갯수가 이루는 비를 말한다. 즉 주사위⟨220⟩를 던질 때 표본공간은 $\{1, 2, 3, 4, 5, 6\}$으로 그 크기가 6이고, 각 눈이 나올 정도가 같다고 한다면 눈이 1일 경우는 표본공간에서 오직 한 개 뿐이므로 이론에 따른 확률은 $\frac{1}{6}$인 것이다. 그러나 이 값이 주사위를 직접 던져서 1이 나오는 것과 무슨 관계가 있을까. 이 값은 다음같이 해석할 수 있다. 첫 번째로 각 주사위 눈이 나올 정도가 같다면 그 값은 $\frac{1}{6}$이며, 두 번째로 주사위를 던지는 실험을 여러번 할 때 전체 실험 회수에 대하여 눈이 1이 나온 회수가 이루는 비가 거의 $\frac{1}{6}$이라는 것이다. 즉 이 경우 확률이란 주사위를 한 번 던지는 실험에 의한 결과가 아니라 이론적으로 무수히 많은 실험을 통해 얻어지는 값으로 풀이할 수 있다. 물론 이 값을 주사위를 던질 때 1이 나올 정도는 여섯 가지 가능한 결과 가운데 동등한 정도로 다른 눈들이 나올 확률과 각각 같다는 뜻으로 해석할 수도 있다. 필자도 학창 시절 동전을 2000번 던지는 실험을 통해 동전의 앞면이 나오는 경우는 전체 던진 회수 가운데 거의 절반이 됨을 볼 수 있었다. 우연한 일치일까? 필자의 아들도 지금 내 곁에서 동전을 던지는 실험을 하고 있다. 즉 확률이란 '가능성'이라는 애매한 뜻을 가진 값이 아니라 실험에 의해 주어지는 구체적 비임을 꼭 알아두기 바란다. 물론 이 비를 사용하여 문제를 분석할 때, 가능성에 대한 지표로 삼을 수는 있다. 한편 이론에 따른 확률을 구할 때 우리가 사용한 식은 각 사건이 일어날 정도가 같다는 것을 전제로 한 것이다.

필자는 중학교 시절 윷놀이에 관한 확률이 이해되지 않아 고심한 기억이 있다. 표본공간은 당연히 $S = \{$도, 개, 걸, 윷, 모$\}$이니 윷을 던져

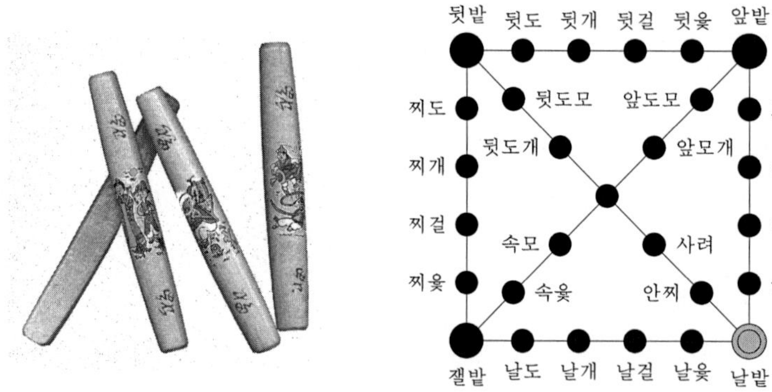

윷가락과 윷판: 그림이 나타내는 말은 '도'다.

'모'가 나올 확률은 $\frac{1}{4}$이어야 한다고 생각했다. 그러나 이를 실제로 실험해 보면 확률은 $\frac{1}{4}$과 다르다. 명절에 서로 모여 윷놀이를 해 보면 모가 도나 개보다 잘 나오지 않는다는 것을 우리는 이미 알고 있다. 그럼 필자의 어린 시절 고민은 어디에 잘못이 있었을까? 그렇다 바로 각 사건, 즉 도, 개, 걸, 윷, 모가 일어날 정도가 같지 않다는 점이다. 그러니 단순히 각 확률이 $\frac{1}{4}$이라 할 수 없는 것이다.

윷놀이⟨221⟩와 관련한 다음 문제를 살펴보자.

> 윷짝 4개를 동시에 던질 때 '걸'이 나올 확률은? **– 내신급소 중학수학 2-2 (연구검토용), 20쪽, 37번 (신송임 외 두 명, 한성교육연구소, 2001) –**

윷은 가락윷, 밤윷, 콩윷 등으로 구분되며 가락윷에 장작윷과 싸리윷이 있다. 장작윷은 길이가 약 20 cm, 지름이 3~5 cm인 소나무를 두 쪽으로 쪼개어 만들며, 싸리윷은 길이가 약 10 cm, 지름이 2 cm인 싸리나무로 만들며 가락윷은 주로 중부지방에서 많이 가지고 논다. 밤윷은 주로 경상도 지역에서 가지고 노는 윷으로 굵기가 새끼손가락 정도이며 길이는 3 cm인데 윷을 종지에 담아 손으로 움켜쥐고 흔들어 바닥에 붓는 식으로 논다. 콩윷이나 팥윷은 콩알이나 팥알을 두 쪽으로 쪼개어 만든 윷으로 주로 관서, 관북지방에서 쓰인다. 윷패는 윷을 던져서 엎어지고 젖혀진 상태에 따라 도, 개, 걸, 윷, 모로 구분한다. 윷 세 개가 엎어지고 다른 한 개가 잦혀진 것을 '도'라 하여 윷판에서 한 밭을 가고, 두 개가 엎어지고 나머지 두 개가 잦혀진 것을 '개'라 하여 두 밭을 나아가며, 한 개가 엎어지고 다른 세 개가 잦혀진 것을 '걸', 윷 네 개가 모두 잦혀진 것을 '윷', 윷 네 개가 모두 엎어진 것을 '모'라 하여 각각 세 밭, 네 밭, 다섯 밭 나아간다. 또한 윷과 모가 나왔을 때 '사리'라 하여 윷을 한 번 더 던진다. 여기서 각 윷패는 가축을 상징하는데, 도는 돼지, 개는 개, 걸은 양, 윷은 소, 모는 말을 나타내며 각 동물의 걸음걸이에 따라 윷패의 밭수와 윷말의 움직임이 결정된다. 말을 놓는 자리에 이름이 붙어 있는데 처음에 놓는 자리를 '도, 개, 걸, 윷, 모'라 하고 네모로 된 밭만을 고려했을 때 '모' 다음 자리부터 '뒷'을 붙여 '뒷도, 뒷개, 뒷걸, 뒷윷, 뒷모'라 한다. 뒷모 다음 자리부터는 '찌'를 붙여 '찌도, 찌개, 찌걸, 찌윷, 찌모'라 하고, 마지막으로 말이 나기 바로 전 자리에 '날'을 붙여 '날도, 날개, 날걸, 날윷'이라 한다. '방'은 윷판의 맨 가운데 자리로 '안찌'는 '방'으로부터 두 자리 더 나는 쪽으로 가며 마지막 자리의 바로 앞자리를 가리킨다.

출전이 밝힌 위 문제의 답은 $\frac{1}{4}$이다. 그러나 이를 답으로 처리하기에 문제는 너무 엉성하다. 출전이 제시한 풀이를 옮겨 본다.

그른 풀이 윷짝 한 개는 2가지 경우가 생기므로 윷짝 4개로는 모두 $2^4 = 16$(가지)경우가 있다. 걸이 되는 경우는 아래와 같으므로 4가지이다.

$$(H, T, T, T), \quad (T, H, T, T), \quad (T, T, H, T), \quad (T, T, T, H)$$

$\therefore P = \frac{4}{16} = \frac{1}{4}$ ■

이 문제는 동전 던지기 경우와 다르다. 동전의 앞면[head]과 뒷면[tail]이 각각 나올 정도는 서로 같다. 물론 동전을 던져 동전이 서는 경우도 있을 수 있고 필자도 이런 경우를 직접 본 적이 있지만 매우 드물기 때문에 각 면이 나올 확률을 $\frac{1}{2}$로 보아도 큰 차이는 없다. 아울러 윷짝에 대해 'head'를 뜻하는 H와 'tail'을 뜻하는 T를 사용하여 표본공간을 기술한 것은 윷에 대한 표현으로 볼 때 아무래도 적절하지 않다. 어느 교재는 '겉면'과 '안면'이란 표현을 썼는데 이 또한 바르지 못한 표현이다⟨222⟩. 문제의 답이 적절하지 않은 이유는 윷짝이 엎어지는 경우와 젖혀지는 경우가 나올 정도가 서로 같다고 하기 어렵기 때문이다. 윷 한 개를 던져 배(편평한 쪽)가 나올 확률, 즉 윷이 잦혀질 확률을 p라 하면 $0 < p < 1$이고 따라서 등(볼록한 쪽)이 나올 확률, 즉 윷이 엎어질 확률은 $q = 1 - p$다. 이 때 윷짝 네 개를 던져 각 윷패가 나올 확률은 다음과 같다.

$$\text{도: } 4pq^3, \quad \text{개: } 6p^2q^2, \quad \text{걸: } 4p^3q, \quad \text{윷: } p^4, \quad \text{모: } q^4$$

흔히 많은 참고서나 교재들은 $p = \frac{1}{2}$이라 가정하고 있지만, 아직 이에 대한 정확한 연구는 없는 듯하다. 이 경우, 즉 $p = \frac{1}{2}$일 때, 확률이 높은 윷패부터 적어보면 '개, (도, 걸), (모, 윷)' 순서이고 도와 걸, 그리고 모와 윷이 나올 확률은 각각 $\frac{1}{4}$과 $\frac{1}{16}$로 같다. 당연히 p 값에 따라 윷패가 나올 확률이 변하며, 모든 윷패는 p에 따라 가장 높은 확률을 가질 수도 있다. 보기로 $\frac{4}{5} < p < 1$일 때 확률이 높은 윷패부터 적어보면 '윷, 걸, 개, 도, 모' 순서다. 1995년 許明會는 윷짝이 가진 독특한 모양을 고려해 새로운 확률값을 제시하기도 했다. 그는 윷이 바닥에 닿은 순간 어느 면이 나올지 정해지고 윷짝이 더 이상 구르거나 튀지 않는다고 가정하여 윷짝의 역학을 고려했다. 윷짝을 가로지는 단면인 반원의 무게중심을 구하고 이를 바탕으로 반원의 회전 운동을 계산했으며 또한 윷짝이 완전히 반원이 아니라는 점도 참작했다. 그 결과 등이 나올 확률에 대하여 배가 나올 확률의 비가 대략 $p : q = 3 : 2$ 정도로 이에 따라 윷짝을 던지면 윷이 잦혀질 가능성이 더 큼을 알 수 있다. 이 비를 토대로 가능성이 높은 윷패부터 적으면 '걸, 개, 윷, 도, 모' 순서로 모가 나올 확률이

가장 적고 걸이 나올 확률이 가장 높다 [16].

고등학교 과정에서 확률을 배우면 확률밀도 함수[probability density function]를 배운다. 연속 확률변수[continuous random variable] X에 대해 $P(a \le X \le b) = \int_a^b f(x)\,dx$를 만족하는 함수 f를 확률변수 X에 대한 확률밀도 함수라 한다. 널리 알려져 있듯이 평균이 μ이고 분산이 σ^2인 정규분포의 확률밀도 함수는

$$f(x) = \frac{1}{\sigma\sqrt{2\pi}} e^{-\frac{(x-\mu)^2}{2\sigma^2}}, \quad x \in \mathbb{R}$$

다. 다음 문제를 살펴보자.

> 길이 $2a$인 선분 AB 위에 임의로 두 점 C, D를 잡을 때, CD의 길이가 a 이하가 될 확률 P를 구하여라.
>
> – 수학의 정석 (기본), 수학 I, 326쪽, 기본문제 21-6 (洪性大 지음, 성지출판사) –

이 문제는 도형의 성질을 사용하여 확률을 구하는 문제로 널리 알려진 문제다. 출전의 풀이를 살펴보자.

바른 풀이

$AC = x$, $AD = y$라 하면

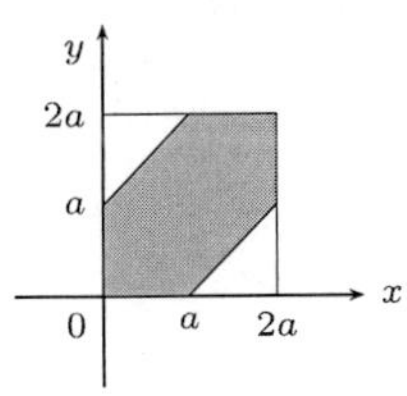

$$0 \le x \le 2a, \qquad 0 \le y \le 2a \cdots\cdots ①$$

을 만족시키는 점 (x, y)의 영역은 한 변이 $2a$인 정사각형의 내부(경계포함)이다. 한편 $CD \le a$인 경우는

$$|x - y| \le a \qquad \cdots\cdots ②$$

을 만족시키는 점 (x, y)로 ①, ②를 만족시키는 것은 점 찍은 부분이다.

$$P = \frac{(\text{점 찍은 부분의 넓이})}{(\text{정사각형의 넓이})} = \frac{(2a)^2 - a^2}{(2a)^2} = \frac{3}{4} \quad ■$$

이 풀이는 조건을 만족하는 도형 (즉, 정사각형과 칠해진 부분)을 사용하여 확률을 구하는 것으로 이는 확률밀도 함수를 사용하여 나타낼

수도 있다. 이에 대한 풀이를 알아보기 전에 예전 서울대학교 본고사에 출제되었던 이와 비슷한 문제를 하나 살펴보자.

> 길이가 a인 선분을 임의로 세 선분으로 나눈다. 나누어진 세 선분들이 삼각형의 세 변이 될 확률을 구하라.
>
> – **1977**학년도 서울대학교 입학 본고사 **4**번 –

당시 서울대학교 수학과 교수로 문제의 출제를 맡았던 崔至薰 교수는 확률밀도 함수를 찾아 답을 구하는 것이 어려워 고등학생들에게 적절하지 않다 여겼다는 뒤평을 한 적이 있다. 그는 아울러 확률밀도 함수를 찾아 답안을 해결하기를 내심 기대도 했다며, 결과는 그렇게 풀이를 한 학생이 없어 서운하기도 했다 덧붙였다⟨223⟩. 지금까지 이 문제를 비롯하여 많은 문제를 단순히 도형을 사용한 접근에 그치고 있어 필자도 아쉬운 감이 있다. 확률밀도 함수를 배우지 않는 것도 아닌데, 풀이가 천편일률이니 배우는 사람들이 느끼기에 이런 문제는 도형만 사용하면 된다고 여길 수도 있기 때문이다. 이제 이 문제에 대한 답으로 수학세계가 제시한 답안을 살펴보자.

바른 풀이

– **수학세계 제1권 제3호 1977년 6월호, 99쪽** –

아래 그림에서 $AB = a$, M을 AB의 중점이라 하자. 두 점 중 왼쪽 점을 P, $AP = x$라 하고 오른쪽 점을 Q, $AQ = y$라 하면 x, $y - x$, $a - y$가 삼각형의 세 변의 길이가 될 조건은

$$x + (y - x) > a - y \qquad \therefore \frac{a}{2} < y \qquad \cdots\cdots ①$$

$$y - x + a - y > x \qquad \therefore x < \frac{a}{2}$$

$$x + a - y > y - x \qquad \therefore 2y < 2x + a \qquad y < x + \frac{a}{2} \qquad \cdots\cdots ②$$

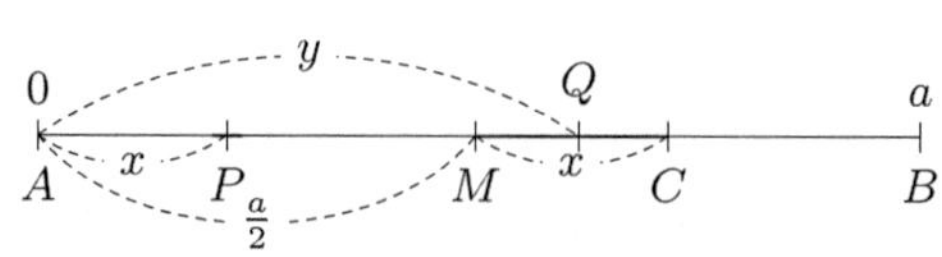

①, ②에서 $\frac{a}{2} < y < x + \frac{a}{2}$이므로, Q는 그림의 선분 MC 위에 있을 때이다. P는 AM 위에서 움직이고 Q는 MB 위에서 움직이므로, 한 점 P의 위치에 올 확률은 $\frac{dx}{a}$, Q가 MC 위에 올 확률은 $\frac{x}{\frac{a}{2}}$이므로

$$P = \int_0^{\frac{a}{2}} \frac{x}{\frac{a}{2}} \cdot \frac{dx}{a} = \int_0^{\frac{a}{2}} \frac{2x}{a^2}\, dx = \left[\frac{x^2}{a^2}\right]_0^{\frac{a}{2}} = \frac{1}{4} \quad \blacksquare$$

위 풀이의 설명은 무엇인가 좀 부족한 느낌이다. 우선 $\frac{dx}{a}$의 뜻이 무엇인지 정확하지 않다. 흔히 미적분학에서 무한소 길이를 dx로 나타내는데 이를 고등학생에게 그럴듯하게 설명하기란 그리 쉽지 않다. 이는 미분 기하학에서 '미분형식[differential form]'으로 이해할 수 있는 것으로 대학과정에서 배울 내용이다. 기왕 위 풀이에서 사용했으니 우리가 아는 범위에 드는 길이는 아니나 '무한소 길이'라는 양을 갖는 것으로 받아들이면 될 듯하다. 이 때 Q가 $\overline{MC}$ 위에 올 확률은 단순한 확률이 아니라 조건부 확률이다. 즉 점 P가 $\overline{AP} = x$일 때 점 Q가 $\overline{MC}$ 위에 올 확률이다. 따라서 그 확률은 $\frac{x}{\frac{a}{2}}$가 되는 셈이다. 위 계산을 기하학적 확률로 바꾸면 다음과 같다. 이를 위해 x, y에 대한 조건을 정리하면

$$0 < x < y < a, \qquad x < \frac{a}{2}, \qquad \frac{a}{2} < y < x + \frac{a}{2}$$

이다.

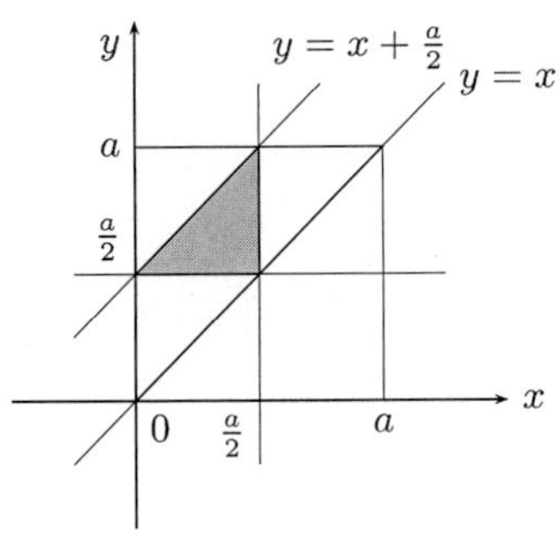

한편 이 결과를 사용하여 수학세계는 이 문제에서 확률밀도 함수

는 $g(x) = \frac{2x}{a^2}$이고, 구간은 $0 \le x \le a$라 주장하였다. 즉, $\int_0^a \frac{2x}{a^2}\,dx = \left[\frac{x^2}{a^2}\right]_0^a = 1$이기 때문에 이 문제에 대한 확률밀도 함수라 주장하고 있다. 그러나 이것은 문제의 조건을 만족하는 확률밀도 함수라 할 수 없다. 그 이유는 간단하다. 선분을 세 조각으로 나누는 경우 선분의 길이를 나타낼 변수 두 개가 필요함에도 한 개 변수를 사용하여 확률밀도 함수를 구성하는 것은 일반적이지 못하다. 또한 수학세계가 확률밀도 함수라 주장하는 함수는 각 x가 일어날 경우가 고르게 분포하지 않고 있고 x가 a에 가까워질 수록 그 밀도는 증가하고 있어 x를 표본공간에서 고르게 고른다는 일반적 경우와 차이를 보이고 있기 때문이다. 위 문제에서 수학세계가 제공하고 있는 풀이를 따르면 표본공간은

$$S = \{\,(x,\, y) \in \mathbb{R} \times \mathbb{R} \mid 0 \le x < y \le a\,\}$$

이고 함수 $f(x,\, y)$가 풀이에 등장하는 두 점 P, Q에 대한 확률변수 X, Y에 대한 확률밀도 함수이기 위해서는 임의 부분집합 A에 대해

$$P\big((X,\, Y) \in A\big) = \int_A f(x,\, y)\,dxdy$$

를 만족해야 한다. 한편 각 순서쌍 $(x,\, y)$가 고르게 일어나므로 이 경우 확률밀도 함수는 전사건에 대한 확률이 1이라는 성질, 즉 $\int_S f(x,\, y)\,dxdy = 1$로부터 $(x,\, y) \in S$에 대해 $f(x,\, y) = \frac{2}{a^2}$이고, 문제의 조건을 만족하는 사건 $(x,\, y)$들로 이루어진 집합은

$$A = \left\{\,(x,\, y) \in S \;\middle|\; \frac{a}{2} < y < x + \frac{a}{2}, x < \frac{a}{2}\,\right\}$$

이므로 따라서

$$\begin{aligned} P\big((X,\, Y) \in A\big) &= \int_0^{\frac{a}{2}} \int_{\frac{a}{2}}^{x+\frac{a}{2}} \frac{2}{a^2}\,dydx \\ &= \frac{1}{4} \end{aligned}$$

이다. 사실 수학세계가 주장한 함수 $g(x) = \frac{2x}{a^2}$는 확률밀도 함수 $f(x, y)$를 적분하는 중간 과정에 등장하는 함수로 조건부 확률밀도 함수이다.

다시 처음 '수학의 정석'에서 뽑은 문제의 답을 확률밀도 함수를 사용하여 구해보자. 이 경우 표본공간 S는

$$S = \{ (x, y) \in \mathbb{R} \times \mathbb{R} \,|\, 0 \le x \le 2a,\, 0 \le y \le 2a \}$$

이고 따라서 확률밀도 함수는 $(x, y) \in S$에 대해 $f(x, y) = \frac{1}{4a^2}$이다. 따라서 적분 계산을 하면 출전의 풀이와 같고 답도 일치한다. 그런데 만약 확률변수를 $Z = |X - Y|$로 정의하면 이 때 Z에 대한 확률밀도 함수 g는 어떻게 될까? 즉

$$P(Z \le z_0) = \int_0^{z_0} g(z)\,dz \quad \text{를}$$

만족하는 함수 g를 찾아야 한다. 이 경우 구하는 답은 당연히 $P(Z \le a)$다.

바른 풀이 확률밀도 함수 g를 구하기 위해 확률변수 Z를 길이가 $2a$인 선분 AB 위에 임의로 고른 두 점 C와 D의 길이라 하자. 이 때 문제에서 구하고자 하는 값은 $P(Z \le a)$다. 이 경우 $0 \le Z \le 2a$이므로 $0 \le k \le 2a$인 실수 k에 대해 점 C의 좌표가 x일 때, 점 y가 $|x - y| \le k$를 만족할 확률을 구해보자. 값 z가 가질 수 있는 범위는 역시 $0 \le z \le 2a$이므로 확률변수 Z에 대한 표본공간은 $\tilde{S} = \{ z \,|\, 0 \le z \le 2a,\, z \in \mathbb{R} \}$이다. 좌표 C와 D에 대한 확률변수를 각각 X와 Y라 하면, 이들의 표본공간도 $\tilde{S}$이고 이 두 확률변수의 확률밀도는 상수이므로 (일반적인 가정임) 이들의 확률밀도 함수는 똑같이 $\frac{1}{2a}$이고 두 변수는 서로 독립이다.

(a) $0 \le x < k$일 경우 $|x - y| \le k$이려면 $0 \le y \le x + k$이므로 y가 이 범위를 취할 확률은 $\frac{x + k}{2a}$이다. 따라서 이 경우 두 확률변수 X와 Z는 독립이므로

$$P[(0 \le Z \le k) \text{ 이고 } (0 \le X \le k)] = \int_0^k \frac{x + k}{4a^2}\,dx$$

이다.

(b) $k \le x \le 2a-k$일 경우 $|x-y| \le k$이려면 $x-k \le y \le x+k$이므로 y가 이 범위를 취할 확률은 $\frac{2k}{2a} = \frac{k}{a}$이다. 따라서 위와 마찬가지로

$$P[(0 \le Z \le k) \text{ 이고 } (k \le X \le 2a-k)] = \int_0^k \frac{k}{2a^2}\, dx$$

이다.

(c) $2a-k < x \le 2a$일 경우 $|x-y| \le k$이려면 $x-k \le y \le 2a$이므로 y가 이 범위를 취할 확률은 $\frac{2a-x+z}{2a}$이고 따라서

$$P[(0 \le Z \le k) \text{ 이고 } (2a-k \le X \le 2a)] = \int_0^k \frac{2a-x+k}{4a^2}\, dx$$

이다.

위 사실로부터

$$\begin{aligned} P(0 \le Z \le k) &= \int_0^k \frac{x+k}{4a^2}\, dx + \int_0^k \frac{k}{2a^2}\, dx + \int_0^k \frac{2a-x+k}{4a^2}\, dx \\ &= \frac{3k^2}{8a^2} + \frac{(a-k)k}{a^2} + \frac{3k^2}{8a^2} \\ &= \frac{(4a-k)k}{4a^2} \quad \text{이다.} \end{aligned}$$

이 경우 확률변수 Z에 대한 확률밀도 함수는 $\frac{d}{dz}\left(\frac{(4a-z)z}{4a^2}\right) = \frac{4a-2z}{4a^2}$이고 전사건의 확률은 $P(Z \in \tilde{S}) = \int_0^{2a} \frac{4a-2z}{4a^2}\, dz = 1$임을 알 수 있다. 따라서 $k=a$이면 $P(0 \le Z \le a) = \frac{3}{4}$이다. 참고로 이 결과를 전산기를 사용하여 열 번에 걸쳐 모의시행한 결과를 적으면 다음과 같다. 각 시행마다 백만 번에서 이백만 번 사이에 임의 수를 골라 시행회수로 정했다. 결과에 따르면 이론에 따른 확률과 실험 확률이 거의 일치함을 알 수 있다. ∎

다음 문제는 불란서 수학자, 생물학자, 천문학자이자 작가였던 Georges Louis Leclerc Comte de Buffon이 1777년에 출판한 '*Sur le jeu de franc-carreau*'에서 다루었던 문제로 여러 참고서에서 자주 인용하고 있다.

순서	총 시행 회수	성공 회수	실험 확률
1	1731562	1297622	$\frac{648811}{865781} = 0.7493938998\cdots$
2	1982591	1486165	$\frac{1486165}{1982591} = 0.7496074581\cdots$
3	1587293	1190163	$\frac{1190163}{1587293} = 0.7498067464\cdots$
4	1147531	860910	$\frac{860910}{1147531} = 0.7502280984\cdots$
5	1104436	829008	$\frac{207252}{276109} = 0.7506166043\cdots$
6	1908863	1431615	$\frac{1431615}{1908863} = 0.7499831051\cdots$
7	1506363	1129639	$\frac{1129639}{1506363} = 0.7499115419\cdots$
8	1047190	785360	$\frac{78536}{104719} = 0.7499689645\cdots$
9	1186563	890221	$\frac{890221}{1186563} = 0.7502517776\cdots$
10	1173351	880123	$\frac{880123}{1173351} = 0.7500935355\cdots$

표 2.3: 길이 $2a$인 선분 AB 위에 임의로 두 점을 잡을 때, 그 길이가 a 이하일 될 확률에 대한 모의실험 결과

한 변이 10cm인 정사각형의 타일을 빈틈없이 깔아 둔 넓은 마루가 있다. 여기에 반지름이 1cm인 동전을 던질 때, 동전이 한 장의 타일 위에 완전히 얹힐 확률을 구하여라.

– 수학의 정석 (기본), 확률과 통계, 85쪽, 연습문제 5-18 (洪性大 지음, 성지출판사) –

우선 출전의 풀이를 살펴보자.

그른 풀이

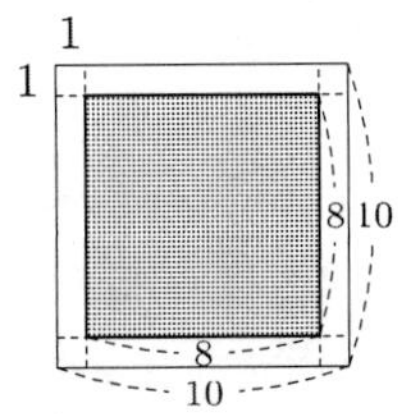

동전의 중심이 한 장의 타일 위에 떨어질 영역의 넓이는 10^2cm^2이다. 또, 동전이 한 장의 타일 위에 완전히 얹히는 경우는 동전의 중심이 그림의 점 찍은 부분에 존재할 때이고, 그 넓이는 8^2cm^2이다. 따라서 구하는 확률은 $\dfrac{8^2}{10^2} = \dfrac{16}{25}$ ∎

위 문제 또한 도형을 사용하여 확률을 구하는 문제다. 그러나 이 문제는 정확한 상황을 설명하지 않고 있어 확률을 어떻게 계산하여야 할

지 막연할 뿐 아니라 그 풀이도 적절하지 않다. 막연히 마루라 하면 마루의 크기가 얼마인지 알 수 없어 표본공간의 크기를 정할 수 없다. 뿐만 아니라 마루의 모양에 따라 타일의 일부만 사용될 수도 있어 마루에 깔린 타일이 모두 정사각형이란 보장을 받을 수 없다. 따라서 다양한 상황을 참작하여 스스로 문제에 접근해야 하는 과제라면 모를까 정확한 답을 요구하는 문제라면 좀 더 정확한 정보가 주어져야 옳다. 또한 동전을 던진다면 특정한 방향만 고려할 수도 있고 마루의 크기에 따라 던지는 곳에서 먼 곳은 동전이 떨어질 정도가 가까운 곳보다 상대적으로 낮을 수밖에 없다. 확률문제를 풀기 위해 동전의 중심이 마루의 임의 지점에 놓일 확률이 어떻게 분포하는지, 즉 확률밀도 함수에 대한 정보가 없다는 것도 문제가 지닌 결함이다. 이런 점을 고려하여 문제를 적절하게 바꾸면 다음과 같다.

> 한 변이 10 cm인 정사각형 타일이 빈틈없이 깔린 직사각형 모양을 한 마루가 있다. 마루의 가로와 세로가 각각 5 m와 3 m이고 타일은 잘린 곳이 없이 사용되었다 하자. 이제 반지름이 1 cm인 동전을 던질 때, 동전의 중심이 마루의 임의 점에 놓일 정도가 모두 같다면 동전의 온 부분이 타일 한 장의 안쪽에 완전히 놓일 확률을 구하여라.

이제 이 문제의 풀이를 달아보자.

바른 풀이 전체 마루의 넓이는 150000 cm^2이므로 이 때 확률밀도 함수는 문제의 조건에 따라 $\dfrac{1}{150000}$이다. 물론 이 경우 마루 둘레로 벽이 있다면 벽쪽에서 1 cm 떨어진 지점부터 벽쪽으로는 동전이 위치할 수 없으므로 동전의 중심이 떨어질 수 있는 지역의 넓이를 구하려면 사방 벽쪽에서 1 cm 씩 제외해야 하고 따라서 $498 \times 298 = 148404\ \text{cm}^2$이 동전의 중심이 놓일 수 있는 부분의 전체 넓이다. 따라서 이 경우 확률밀도 함수는 $\dfrac{1}{148404}$이라 해야 한다. 그러나 문제를 간단히 하기 위해 필자가 문제에 제시한 바같이 동전의 중심이 마루 임의 지점에 떨어질 수 있으며 그 정도는 고르다고 가정한다. 그러면 동전의 온 부분이

한 타일 안 쪽에 놓일 때 동전의 중심이 위치할 부분의 전체 넓이는 출전의 풀이처럼 계산하여 각 타일마다 $8^2 = 64\ \text{cm}^2$이고 마루에 깔린 타일이 전부 1500개이므로 $1500 \times 64 = 96000\ \text{cm}^2$다. 따라서 구하는 확률은 $\frac{96000}{150000} = \dfrac{16}{25} = 0.64$다. 만약 전체 표본공간의 넓이를 $148404\ \text{cm}^2$로 제한한다면 구하는 확률은

$$\frac{96000}{148404} = \frac{8000}{12367} = 0.\underbrace{\dot{6}468828333\cdots105037600\dot{0}}_{6068\ \text{자리}}$$

이다.

Comte de Buffon[224]

필자의 이 풀이와 '수학의 정석'이 제안한 풀이가 지닌 중요한 차이는 전체 표본공간을 충실하게 고려하였는가 아닌가 하는 점이다. 도형의 크기를 사용하여 확률을 구하는 경우 출전같이 타일 한 장을 전체 표본공간으로 하는 것은 일반적으로 올바르지 않다. 표본공간이 얼마나 되는가에 따라 답은 달라질 수 있기 때문이다. 한편 풀이에서 설명한 바같이 마루의 크기는 유한한 것으로 여기므로 문제에서 마루 전체에 동전이 골고루 떨어진다는 사실을 가정하면 문제를 풀기 쉬워진다. 도형을 이용한 확률 계산에서 표본공간은 사건이 일어나는 전체 영역의 넓이나 길이요 이 때 구하는 확률은 해당 사건이 일어나는 영역의 넓이나 길이임을 잊어서는 안된다. 표본공간을 달리하면 답이 달라질 수 있음을 이와 관련한 다른 출전의 문제를 통해 살펴보자. 언제 어떤 경위로 이 문제가 참고서에 실렸는지 알 수는 없으나 필자가 학창시절 이 풀이를 보며 왜 하필 타일 한 장을 표본 공간으로 했을까 하는 의심과 더불어 타일이 깔린 바닥이 유한하다면 가장자리에 동전이 놓이는 것을 다루지 않은 점과, 바닥이 무한할 경우 바닥의 각 점에 동전의 중심이 놓일 확률밀도가 동일할 수 있는지 무척 궁금했었다. 바닥이 무한할 경우는 뒤에서 다루기로 하고, 우선 바닥이 직사각형이라 가정하여 문제에 접근해 보자.

한 변의 길이가 10cm인 정사각형의 타일을 깐 바닥에 반지름의 길이가 1cm인 동전을 던질 때, 동전이 다음과 같이 놓일 확률을 구하여라.

(1) 한 장의 타일 위에 완전히 놓인다.

(2) 두 장의 타일에 걸친다.

(3) 세 장의 타일에 걸친다.

(4) 네 장의 타일에 걸친다.

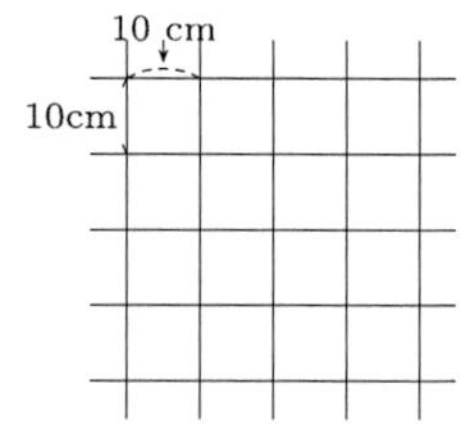

– 명품수학 고등학교 시리즈 수학거미 I(하), 318쪽, PLUS PROBLEM 5 (안재찬 지음, 화인미디어 펴냄, 2005년) –

이 문제도 분명히 '수학의 정석'에서 설명하고 있는 것처럼 타일이 깔린 바닥의 크기와 동전의 중심이 무슨 확률밀도를 갖고 분포하는지에 대한 언급이 없다. 출전이 제시한 각 확률은 (1) $\dfrac{16}{25}$, (2) $\dfrac{8}{25}$, (3) $\dfrac{4-\pi}{100}$, (4) $\dfrac{\pi}{100}$이다. 필자의 답안과 비교해 보기 바란다. 우선 앞에서 필자가 제안했듯이 바닥은 가로와 세로의 길이가 각각 5 m, 3 m인 직사각형 모양을 하고 있다 가정하자. 이 경우 앞에 필자가 제안한 방법같이 생각하면 풀이는 다음과 같다.

바른 풀이

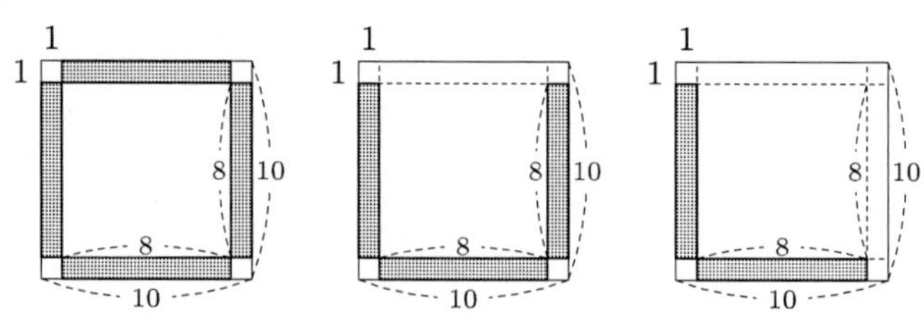

전체 마루의 넓이는 역시 150000 cm^2이므로 이 경우에도 확률밀도 함수는 문제의 조건에 따라 $\frac{1}{150000}$이다. 앞에서와 마찬가지로 마루 둘레에 벽이 있다고 하면 벽쪽에서 1 cm 떨어진 지점으로부터 벽쪽으로는 동전이 위치할 수 없기 때

문에 확률밀도 함수는 $\frac{1}{148404}$이다. 동전이 타일 두 장에만 걸칠 때, 동전의 중심이 위치할 수 있는 영역은 네 벽에 각각 인접하지 않은 모든 타일 각각에 대해 다음 그림의 첫 번째같이 색칠한 부분이고 그 넓이는 $4 \times (8 \times 1) = 32\ \mathrm{cm}^2$이다. 그러나 벽쪽에 위치한 타일인 경우 모서리에 위치한 타일 네 장을 제외하면 동전의 중심이 위치할 수 있는 부분은 두 번째 그림과 같고 따라서 이 경우 각 타일마다 그 넓이는 $3 \times (8 \times 1) = 24\ \mathrm{cm}^2$이다. 또한 네 구석에 위치한 타일은 동전의 중심이 위치할 부분이 타일의 두 변에 위치한 부분을 제외한 세 번째 그림과 같으므로 각 타일마다 그 넓이는 $2 \times (8 \times 1) = 16\ \mathrm{cm}^2$이다. 따라서 동전이 타일 두 장에 걸칠 때, 동전의 중심이 위치할 수 있는 전체 넓이는

$$32 \times (48 \times 28) + 24 \times (48 \times 2 + 28 \times 2) + 16 \times 4 = 46720\,\mathrm{cm}^2 \quad \text{이다.}$$

따라서 구하는 확률은 $\frac{46720}{150000} = \frac{584}{1875} = 0.3114\dot{6}$이다. 만약 전체 표본공간의 넓이를 $148404\ \mathrm{cm}^2$로 한다면 구하는 확률은

$$\frac{46720}{148404} = \frac{11680}{37101} = 0.\underbrace{\dot{3}148163122\cdots8444516320\dot{}}_{6068\text{ 자리}}$$

이다. ■

엄밀히 말해 출전의 문제만 보아서는 마루 주변으로 벽이 있는 것을 고려해야 하는지 아닌지 정확하지 않다. 그러나 분명한 것은 무한히 넓은 바닥을 고려하고 있지 않으므로 설사 벽이 없더라도 마루 가장자리 밖으로 동전이 걸치는 경우를 어떻게 처리해야 하는지 출전은 정확하게 설명하고 있지 않다. 따라서 출전인 '수학거미'를 비롯하여 이 문제를 다루고 있는 많은 참고서들이 제시하고 있는 풀이는 올바른 설명이라 할 수 없다. 동전이 타일 두 장에 걸칠 경우가 출전이 제시한 바같이 어찌 타일 한 장만을 고려하여 얻은 확률이 된단 말인가. 이런 오류는 문제가 정확하지 않다는 점에도 기인하지만 많은 참고서들이

$$(\text{기하학적 확률}) = \frac{(\text{기대하는 사건이 일어나는 영역의 넓이})}{(\text{사건이 일어나는 전체 영역의 넓이})} \quad \text{라}$$

설명하고도 이 정의에 따라 확률을 계산하고 있지 않기 때문이다. 물론

이 성질도 각 점을 고를 확률이 고르게 주어진 경우에 한한다. 나머지 마지막 두 경우는 독자들이 해결해 보기 바란다.

앞에서 우리는 타일이 깔린 마루 또는 바닥의 크기가 유한한 경우를 살펴 보았다. 그런데 만약 수학에서 자주 사용하는 방법대로 마루가 사방으로 무한히 넓다면 어떨까? 우리에게 '*Alice's Adventures in Wonderland*'로 잘 알려진 영국 작가이자 수학자인 Lewis Carroll은 불면증에 시달렸던 모양이다. 널리 알려진 그의 이름 Lewis Carroll은 필명으로 그의 본명은 Charles Lutwidge Dodgson인데, 잠 못 이룬 밤의 여러 이야기를 그는 '*Pillow problems: Thought out during wakeful hours*'를 통해 전하고 있다. 그의 이 이야기 가운데 58 번째로 다음 문제가 있다.

> Three Points are taken at random on an infinite Plane. Find the chance of their being the vertices of an obtuse-angled Triangle.
>
> – **Lewis Carroll,** *Pillow problems* **[28, 14쪽]** –

Dodgson, C. L.

확률을 다룰 때 L. Carroll이 전제한 것같이 전체 표본공간이 무한히 넓으면서 각 점을 고를 확률 분포가 고르다고 가정하는 것은 바람직하지 않다. 현실적으로도 무한히 넓은 공간에서 점을 고르게 고를 수 있는 방법은 알려져 있지 않다. 이와 마찬가지로 타일이 깔린 마루에 동전을 던지는 문제도 무한히 넓은 마루를 고려해야 한다면 마루 위에 놓인 점을 고르게 고를 수 없다. 즉, 이런 가정은 실제 경우와 맞지 않을 뿐더러 수학에서도 이를 만족하는 적절한 확률분포가 존재하지 않는다⟨225⟩. 그러나 타일이 무한히 많이 깔린 바닥 위에 동전을 던지는 문제는 L. Carroll이 제안한 문제와 달리 타일 한 개 위에 동전을 던지는 문제로 제한 해석하여 다룰 수 있다. 실제로 자세한 설명을 빠뜨리고 있지만 위 출전들이 제공한 풀이는 이런 해석을 따르고 있으며, 이 해석에 따라 구한 각 확률은 타당성이 있다. 물론 이 경우 원래 문제와 조건을 제한하여 다룬 문제가 현실적으로 얼마나 일치하는지 따져 보지 않으면 안된다. 이 경우의 타당성은 독자들이 곰곰이 따져 보는 것도 흥미 있으리라.

연속확률 분포로 그 크기가 무한히 큰 표본공간에 대해 고려할 만한 확률분포로 정규분포[normal distribution]가 있다.이 분포의 표본공간은 실수 전체로 그 길이는 무한하다. 실제로 무한히 넓은 마루의 한 지점에서 동전을 던진다면 그 지점에서 멀어질수록 동전이 떨어질 확률은 점점 작아져 0에 가깝다고 본다. 따라서 이 경우 원점에서 특정한 방향으로 늘어진 모든 점들에 대해 동전의 중심이 이들 각 점 위에 놓일 확률밀도가 정규분포에 따른다면 전체 무한 평면 $\mathbb{R}^2 = \mathbb{R} \times \mathbb{R}$ 위에 정의된 확률밀도 함수로 각 점 (x, y)에 대해

$$f_\sigma(x, y) = \frac{e^{-\frac{x^2+y^2}{2\sigma^2}}}{2\pi\sigma^2}$$

라 가정할 수도 있다. 물론 이 경우 확률밀도 함수는 분포의 특성에 따라 다양할 수 있으며, 여기서 σ는 표준편차로 $\sigma > 0$이고

$$\int_{-\infty}^{\infty}\int_{-\infty}^{\infty} f_\sigma(x, y)\, dxdy = 1$$

이다. 첫 번째 경우 동전의 온 부분이 타일 한 장 내부에 놓일 영역 전체는

$$\begin{aligned} D_1 \;\; = \;\; & \{(x, y) \in \mathbb{R}^2 \mid 10m + 1 \le x \le 10m + 9, \\ & \qquad 10n + 1 \le y \le 10n + 9,\, m,\, n \in \mathbb{Z}\} \end{aligned}$$

이므로 구하는 확률은 $\sigma = 1$일 때,

$$\int_{D_1} f_1(x, y)\, dxdy = 0.1006859584\cdots \quad \text{이다.}$$

한편 $\sigma = 100$일 때 확률은 $0.6399999999\cdots$ (순환소수는 아님)으로 앞 문제의 출전이 제시한 답인 $\frac{16}{25} = 0.64$와 비슷한 값이다. (왜 이런 현상이 일어나는지 독자들이 깊게 생각해 보기 바란다.) 위에 든 두 출전 뿐

아니라 이 문제를 소개한 많은 출전이 마치 무한히 넓은 마루 위에 동전을 던질 때 그 확률을 아무런 근거도 없이 오직 타일 한 장 만을 고려하여 구하고 있는데 이는 바르지 못한 풀이 방법이다. 그 타당성에 대한 엄밀한 설명이 빠져 있기 때문이다. 학교 교과과정에서 다루기 위해 마루의 크기가 유한한 것으로 가정하는 것이 바람직하며, 또한 마루의 가장자리 부분에 동전이 놓이는 경우를 어떻게 다루어야 할지 세심한 고려가 필요하다. 아울러 마루가 무한하게 넓은 경우 다음과 같은 풀이를 제안하는 사람도 있을 것 같아 그 풀이가 옳지 않음을 아울러 밝혀두고자 한다.

그른 풀이 우선 임의 자연수 n에 대해 가로 세로의 길이가 각각 $10n$ cm인 정사각형 모양을 한 마루를 고려한다면 동전의 온 부분이 타일 한 장 내부에 놓일 확률은 n에 관계 없이 앞의 풀이같이 $P_{10n} = \frac{16}{25}$이므로 무한히 넓은 마루에 떨어진 동전의 온 부분이 타일 한 장 내부에 놓일 확률 P는

$$P = \lim_{n \to \infty} P_{10n} = \frac{16}{25}$$

이다. ■

겉으로 보기에 얼핏 그럴듯해 보이는 이 풀이는 사실 바르지 못한 풀이다. 그 이유를 독자들이 곰곰이 따져 보기 바란다. 이를 위해 우리는 무한히 넓은 마루의 각 점에 동전의 중심이 놓일 가능성이 모두 똑같을 수 없다는 사실, 즉 상수인 확률밀도를 가질 수 없다는 점과 일반적으로 극한과 적분의 계산 순서를 바꿀 수 없음도 아울러 상기할 필요가 있다.

반드시 일어날 사건의 확률은 1이고 결코 일어나지 않는 사건의 확률은 0임을 우리는 이미 잘 알고 있다. 그러나 그 역은 항상 그렇지 않다. 물론 현실에서 직접 경험할 수 없는 일이지만 구간 [0, 1]에서 각 수가 골라질 가능성이 모두 같다면, 고른 수가 유리수일 확률과 무리수일 확률을 생각해 보자. 이 경우 확률을 계산하기 위해 가능한 사건의 모든 개수를 알아야 하지만 알다시피 구간 [0, 1]에는 무수히 많은 수가 있으므로 이는 불가능하다. 또한 도형을 이용하면 구간 [0, 1]의 길이는 1이

나 일어날 사건, 즉 유리수 전체나 무리수 전체를 도형으로 나타낼 수 도 없고 아울러 그 길이를 잴 수도 없다. 그러나 학교 과정을 넘어서지만 이를 잴 수 있는 적절한 방법이 수학에서 알려져 있고, 이에 따르면 유리수 전체의 양은 0이며 무리수 전체의 양은 1로, 결국 고른 수가 유리수일 확률은 0이고, 무리수일 확률은 1이다. 따라서 확률이 0이라 하여 사건이 결코 일어나지 않는 것도 아니며, 확률이 1이라 하여 사건이 반드시 일어나는 것도 아니다. 그러나 전체 사건이 유한하다면 역은 성립한다. 이와 관련하여 오류를 범하고 있는 문제로 다음과 같은 것이 있다.

> 어떤 사건 A가 일어날 확률을 p, 일어나지 않을 확률을 q라 할 때, 다음 중 옳지 않은 것은?
>
> ① $0 \le p \le 1$
> ② $p = 1$이면 사건 A는 반드시 일어난다.
> ③ $q = 1$이면 사건 A는 반드시 일어난다.
> ④ $p + q = 1$
> ⑤ $0 \le q \le 1$
>
> – **중학 최고 수학 2학년, 111쪽, 2번 (두산동아 편집국 엮음, 동아출판사 펴냄, 1997년)** –

독자들은 이 문제의 답이 무엇이라 여기는가? 우선 출전의 설명부터 살펴보자.

그른 풀이 하나의 사건 A가 일어날 확률과 일어나지 않을 확률의 합은 1이다. 따라서 $q = 1$이면 $p = 0$이 되어서 사건 A는 반드시 일어나지 않는다. ■

앞에서 살펴보았듯이 일어날 확률이 1이라고 하여 반드시 그 사건이 일어나는 것도 아니며, 확률이 0이라 하여 그 사건이 절대 일어나지 않는 것도 아니다. 참고로 풀이의 표현에서 '~이 반드시 일어난다'의 부정은 '∼이 반드시 일어나지 않는다'가 아니라 '∼이 결코 일어나지 않는다' 임도 함께 지적하고 싶다. 이와 관련하여 다음 예는 확률이 0이지만 사건이 일어날 수도 있는 예를 잘 보여준다.

> 한 변의 길이가 1인 정사각형 $ABCD$의 내부의 한 점 P를 임의로 택할 때, 다음 물음에 답하여라.
> (a) $\triangle ABP$가 둔각삼각형이 될 확률을 구하여라.
> (b) $\triangle ABP$가 예각삼각형이 될 확률을 구하여라.
> 수학의 정석 (기본), 확률과 통계, 82쪽, 기본문제 5-5 (洪性大 지음, 성지출판사) –

이 문제도 엄밀히 말해 점 P를 고를 확률밀도가 무엇인지 알려져 있지 않다. 흔히 '임의로 고른다'는 말을 확률이 같게, 또는 확률밀도 함수가 상수함수가 되도록 고른다는 뜻으로 사용하고 있지만, 이 말은 엄밀히 두 점을 고르는 사건이 서로 독립임을 뜻한다. 따라서 이 경우도 '정사각형 안에서 점을 고를 정도가 모두 같다고 하면···'이라는 단서가 있어야 정확한 문제가 된다. 이 문제의 답은 널리 알려져 있으므로 생략하고 답만 적으면 삼각형이 둔각삼각형일 확률은 $\frac{\pi}{8} = 0.3926990816\cdots$ 이고 삼각형이 예각삼각형일 확률은 $1 - \frac{\pi}{8} = 0.6073009183\cdots$ 이다. 그러나 의심스러운 것은 삼각형이 둔각삼각형이 아니라 하여 반드시 예각삼각형이 되는 것은 아니다. 직각삼각형일 수도 있기 때문이다. 따라서 예각삼각형일 확률이 단순히 $1 - \frac{\pi}{8}$이라 하기는 논리적으로 온당하지 않다. 그러나 기하학적 확률로 미루어 이 관계는 옳다. 그렇다면 삼각형 ABP가 직각삼각형이 될 확률은 얼마일까? 위 사실로 미루어 보아 구하는 확률은 0이어야 한다. 왜냐하면 삼각형 ABP가 직각삼각형일 경우는 $\triangle ABP$가 둔각삼각형도 예각삼각형도 아닐 경우이므로 확률의 성질에 따라 그 확률은 $1 - \left[\frac{\pi}{8} + \left(1 - \frac{\pi}{8}\right)\right] = 0$이어야 하기 때문이다. 이 사실을 확률밀도 함수를 사용하여 다음같이 구해보자. 점 P를 정사각형 안에서 고를 정도가 같다면 확률밀도 함수는 $-\frac{1}{2} \le x \le \frac{1}{2}$, $-\frac{1}{2} \le y \le \frac{1}{2}$인 (x, y)에 대해 $f(x, y) = 1$이다. 삼각형 ABP가 직각삼각형이 되기 위해서는 점 P가 변 AB를 한 변으로 하고, 즉 반지름이 $\frac{1}{2}$이고 정사각형 내부에 놓인 원주 위에 있어야 하므로 P의 좌표는 $0 < x < 1$에 대해 $\left(x, \sqrt{\frac{1}{4} - x^2}\right)$이다. 따라서 이 경우 확률은

$$\int_{-1}^{1} \sqrt{\frac{1}{4} - x^2}\, dx = \frac{\pi}{8}$$

이다. 어디에 문제가 있을까? 이 적분은 원주를 따라 점 P를 고를 정도가 같다는 전제 아래에서 계산식에 쓰인 확률밀도로 정사각형 전체에 대해 구한 확률밀도를 쓴 오류를 범했다. 이를 올바르게 고친다면 다음 같이 계산해야 한다.

$$\begin{aligned}\lim_{\varepsilon\to 0}\int_0^{\pi}\int_{\frac{1}{2}-\varepsilon}^{\frac{1}{2}+\varepsilon} 1\, dr d\theta &= \lim_{\varepsilon\to 0}\int_0^{\pi} \varepsilon\, d\theta \\ &= \lim_{\varepsilon\to 0} \pi\varepsilon \\ &= 0.\end{aligned}$$

이같이 확률이 0이어도 사건은 일어날 수도 있고, 확률이 1이어도 사건이 일어나지 않을 수도 있다. 따라서 '최고 중학 수학'이 제시한 문제의 정답은 ②, ③이다.

Bertrand, J. L. F.

확률밀도 함수를 제대로 파악하지 못하면 다음과 같은 잘못을 저지르기 쉽다. 다음 예는 '베르뜨랑의 역설[le paradoxe de Bertrand]'로 널리 알려진 것으로 어느 수학 참고서에서 그것도 잘못 다루고 있기에 여기 실어 본다. 불란서 수학자 Joseph Louis François Bertrand는 1888년 출간된 '*Calcul des probabilitiés*'에서 다음 문제를 제안하였다.

> On trace *au hasard* une corde dans un cercle. Quelle est la probabilité pour qu'elle soit plus petite que le côte du triangle équilatéral inscrit?⟨226⟩
>
> – **J. Bertrand [20, 4쪽]** –

이 문제를 다루고 있는 다음 출전의 풀이를 살펴보자.

그른 풀이

– 명품수학 고등학교 시리즈 수학거미 I(하), 319쪽 (안재찬 지음, 화인미디어 펴냄, 2005년) –

현의 길이는 원의 중심으로부터의 거리에 의하여 결정된다. 이 때, 거리 d는 $0 < d < r$ (r는 원의 반지름)이다. 원의 중심에서 정삼각형의 변까지 거리는 $\frac{r}{2}$이다. 원의 중심에서 임의의 현까지의 거리를 d라고 하면, 구하는 확률은

$$P\left(d < \frac{r}{2}\right) = \frac{\frac{r}{2}}{r} = \frac{1}{2}$$

이다. ∎

이 경우 확률을 구한 식을 살펴보면 마치 한 방향으로 놓인 현에 대해서만 고려한 느낌이 든다. 이는 확률밀도 함수를 밝히지 않아 생기는 현상이다. 이 경우 현의 중심이 내부에 위치할 확률밀도가 원의 중심에서 점이 위치한 방향에 관계없이 원의 중심에서 거리와 상관없이 항상 일정하다 가정하고 있다. 즉 이 경우 원 내부에 있는 한 점 P가 원의 중심에서 ρ만큼 떨어져 있고 이 점과 원점을 연결한 직선이 x-축의 양인 부분과 시계바늘 도는 반대 방향으로 이루는 각을 ϕ라 할 때 확률밀도 함수 f_1은 $0 \le \rho \le r$과 $0 \le \phi \le 2\pi$에 대해

$$f_1(\rho, \phi) = \frac{1}{2\pi r}$$

이다. 따라서 이 경우 구하는 확률 P_1은

$$P_1 = \int_0^{2\pi}\int_{\frac{r}{2}}^{r} \frac{1}{2\pi r}\, d\rho d\phi = \frac{1}{2\pi r} \times \left(2\pi \times \frac{r}{2}\right) = \frac{1}{2}$$

이다. 많은 경우 이 확률을 출전같이 계산하고 있지만 확률밀도 함수에 대한 충실한 고려가 없는 위 풀이는 올바른 풀이라 할 수 없다. 아울러 첨언하자면 출전에서 제시한 d의 범위 '$0 < d < r$'는 '$0 \le d < r$'로 바꾸어야 하며 $P\left(d < \frac{r}{2}\right)$도 $P\left(0 < d < \frac{r}{2}\right)$으로 고쳐야 한다.

참고로 '베르뜨랑의 문제'에 역설이라 이름 붙은 데에는 다음과 같은 결과가 가능하기 때문이다. 이에 관해 위 참고서가 제안한 풀이를 계속

하여 살펴보자.

그른 풀이 임의 현의 한 끝점에서 접선을 긋고 현과 접선이 이루는 각의 크기를 θ라 하자. 이 때, θ는 $0^\circ < \theta < 180^\circ$이다. 현의 길이가 내접하는 정삼각형의 한 변의 길이보다 크게 되려면 $60^\circ < \theta < 120^\circ$가 되어야 한다. 따라서 구하는 확률은

$$P(60^\circ < \theta < 120^\circ) = \frac{120-60}{180} = \frac{1}{3}$$

이다. ■

이 경우도 앞의 보기처럼 현의 한 끝점을 고정하여 놓고 확률을 구했다는 느낌을 준다. 알려진 결과만 소개한다는 판단에서 만들어진 교재라면 풀이를 간단히 다루기 위해 택할 수 있는 방법일 수는 있어도 확률의 개념이 정확하지 않은 고등학생을 위해 이런 풀이를 제시하는 것은 바람직스럽지 못하다. 이에 대한 적절한 풀이를 달아보자.

바른 풀이 원주 위에서 점을 고를 정도가 모두 같고 각 점에서 접선과 이루는 각이 θ인 현을 고를 정도가 고르다고 하자. 이제 원주 위에 점과 원의 중심을 연결한 직선이 x-축 양인 부분과 시계바늘 도는 반대 방향으로 이루는 각을 ϕ라 하면 확률밀도 함수는 $0 \le \phi \le 2\pi$, $0 \le \theta \le \pi$에 대해

$$f_2(\phi, \theta) = \frac{1}{2\pi^2}$$

이다. 따라서 이 경우 구하는 확률은

$$P_2 = \int_0^{2\pi} \int_{\frac{\pi}{3}}^{\frac{2\pi}{3}} \frac{1}{2\pi^2}\, d\theta d\phi = \frac{1}{6\pi} \times 2\pi = \frac{1}{3}$$

이다. ■

분명히 똑같은 사건을 고려하고 있음에도 확률이 다르게 나온 것은 현이 어느 확률분포를 갖고 선택되는가에 달려 있기 때문이다. 그렇다면 '임의로 고른 현'이 무엇을 뜻하는 것인지 다시 살펴보자. 앞에서도 언급한 바같이 임의로 고른다는 뜻이 우리가 늘 사용하듯 대상을 같은 확률로 고른다는 뜻이 아니라 고르는 것이 서로 독립이어서 한 선택에 의해 다른 선택이 확률적 의미에서 영향을 받지 않는다는 뜻이다. 따라

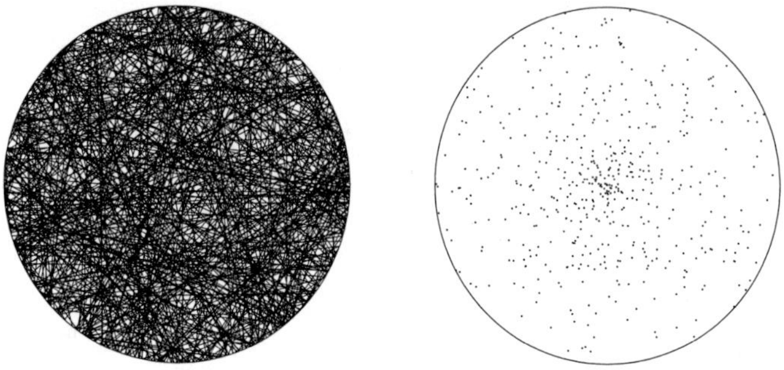

그림 2.26: Bertrand 문제: 첫 번째 접근 방법, 시행횟수: 500, 성공횟수: 256, 확률 $\frac{64}{125} = 0.512$

서 이 경우 위 참고서의 결론이 설명하고 있듯 '임의로 고른다'는 뜻 자체가 애매한 것이 아니라 고르는 정도가 어떻게 분포하느냐가 주어지지 않았기에 이렇듯 서로 다른 답이 가능한 것이다. 따라서 이는 역설이라 보기보다 조건이 불충분한 문제로 보는 것이 옳다. 전산기를 사용하여 두 방법을 모의 실험한 결과를 그림으로 나타내면 위 그림 2.26, 409쪽 그림 2.27과 같다. 각 시행횟수는 500번 씩이고, 각 그림의 오른쪽 그림은 임의로 골라진 현을, 왼쪽 그림에서 점들은 골라진 현들의 중심을 나타낸다.

모집단의평균과 표준편차를구하고자 주어진 모집단에서 n-개 표본을 추출한 경우 추출된 n-개 변량 $X_1, X_2, X_3, \ldots, X_n$이 서로 독립일 때, 이들의 평균, 즉 표본평균은

$$\bar{X} = \frac{1}{n}(X_1 + X_2 + \cdots + X_n)$$

으로 정의한다. 그런데 표본분산에 대한 정의는 책마다 방식이 조금씩 다르다. 우선 현행 교과서는⟨227⟩ 물론 많은 통계학 교재는 [55, 61, 88] 표본분산을

$$S_{n-1}^2 = \frac{1}{n-1}[(X_1 - \bar{X})^2 + (X_2 - \bar{X})^2 + \cdots + (X_n - \bar{X})^2]$$

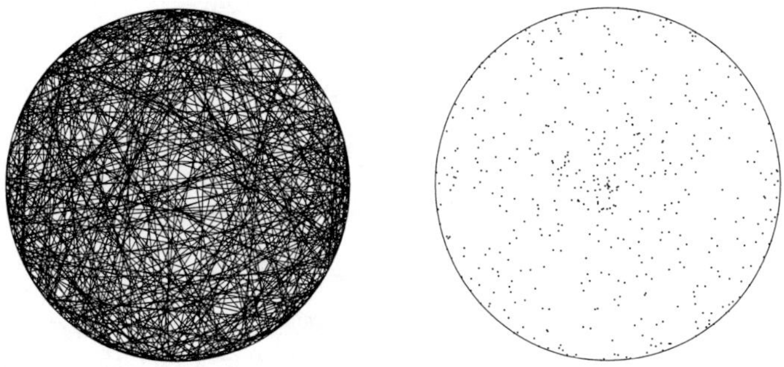

그림 2.27: Bertrand 문제: 두 번째 접근 방법, 시행횟수: 500, 성공횟수: 165, 확률 $\frac{33}{100} = 0.33$

이라 정의하고 있고, 고등학교 수학 10-가, 수학 I 그리고 실용수학 교과서를 포함하여 일부 통계학 교재는 [48] 표본분산을

$$S_n^2 = \frac{1}{n}[(X_1 - \bar{X})^2 + (X_2 - \bar{X})^2 + \cdots + (X_n - \bar{X})^2]$$

으로 정의하고 있다. 쉽게 느끼기에 표본의 크기가 n이므로 S_n^2이 더 의미가 있어 보인다. 그렇다면 왜 이런 차이가 생긴 것일까?

일반적으로 모집단[population]의 특성은 잘 알려져 있지 않다. 이런 모집단의 특성, 특히 평균과 분산을 알기 위해 모집단에서 표본[sample]을 골라 이를 가지고 모집단의 특성을 추정하게 된다. 모집단에서 임의로 고른 n-개 확률변수 X_i $(1 \leq i \leq n)$에 대해 $\hat{\theta} = \hat{\theta}(X_1, X_2, \ldots, X_n)$을 통계량 θ에 대한 점추정량[point estimator]이라 한다. 이 때 추정량의 평균, 즉 그 기대값과 모수[parameter]가 일치하는 경우 이 추정량은 불편향성[unbiased]을 갖는다 하고, 그렇지 않은 경우 이 추정량이 편향성[biased]을 갖는다 한다. 우리가 이미 잘 알고 있듯이 평균이 μ이고 분산이 σ^2인 정규분포를 갖는 모집단에서 임의로 추출한 값의 평균은 모평균 μ와 항상 일치하지 않는다. 그러나 이런 추출을 여러번 시행할 경우, 또는 이론적으로는 모든 가능한 경우를 독립적으로 모두 시행할 경우, 이들 각 표본들의 평균들은 μ를 기대값으로 갖는다. 이 때 $\hat{\mu}$는 모평균 μ의 점추정량이고 따라서 $\hat{\mu}$는 불편향성을 갖는 추정량이다. 또한 $\hat{\theta}_1$과 $\hat{\theta}_2$가 모두 불편향성을 갖는 추정량이라도 이들의 분산이 다르다면 둘 다 효과적인 추정량이라 말하기 어렵다. 왜냐하면 분산이 큰 추정량일수록 추정량은 모통계량에 가까이 분포한다 할 수 없기 때문이다. 이 때 S_{n-1}^2은 불편추정량[unbiased estimator]이고 S_n^2은 편의 추정량[biased estimator]이다. 즉 평균이 μ이고 분산이 σ^2인 정규분포를 따르는 모집단에서 임의로 추출한 n-개 표본 X_i에 대해

$$E(S_n^2) = \frac{n-1}{n}\sigma^2 \quad \text{이고} \quad E(S_{n-1}^2) = \sigma^2$$

이다. 또한 각 추정량의 분산을 구하면

$$V(S_n^2) = \frac{(n-1)^2}{n^2}\frac{2\sigma^4}{n-1} \quad \text{이고} \quad V(S_{n-1}^2) = \frac{2\sigma^4}{n-1}$$

이므로 그 효율성[effectiveness]을 비교할 때, 확률적으로 모분산에 수렴하는 편의 추정량 S_n^2이 더 효율적이다. 한편, 불편 추정량인 S_{n-1}^2은 우리가 알고 있는 분산에 관한 일반 법칙에 잘 들어 맞지 않는다. 보기로 S_n^2은 분산의 대표할 만한 성질인 '평행축에 관한 성질', 즉

$$S_n^2 = \frac{1}{n}\sum_{k=1}^{n}(X_i - \bar{X})^2 = \frac{1}{n}\sum_{k=1}^{n}X_i^2 - \bar{X}^2$$

을 만족하지만 불편 추정량 S_{n-1}^2은 이 성질을 만족하지 않는다.

$$S_{n-1}^2 = \frac{1}{n-1}\sum_{k=1}^{n}(X_i - \bar{X})^2 = \frac{1}{n-1}\sum_{k=1}^{n}X_i^2 - \frac{n}{n-1}\bar{X}^2.$$

또한 n이 작은 경우 평균제곱오차[mean square error, MSE] 입장에서 편의 추정량 S_n^2이 불편 추정량 S_{n-1}^2보다 좋다는 것이 모의실험을 통해 알려져 있기도 하다 [12]. 아울러 모집단이 정규분포를 따르면 $S_{n+1}^2 = \frac{1}{n+1}\sum_{i=1}^{n}(X_i - \bar{X}^2)$이 가장 작은 평균제곱오차를 가진다는 것이 알려

져 있다 [73, 654-655쪽]. 참고로 모집단이 유한한 모집단이 되면 오히려 S_n^2이 모분산 σ^2에 대한 불편 추정량이 된다 [73, 260-262쪽].

점추정에 관한 내용은 교과서에서 다루지 않지만 구간추정에 관한 내용은 고등학교 교과과정에서 다루고 있다. 평균이 μ이고 분산이 σ^2인 정규분포를 따르는 모집단에서 임의로 추출한 n-개 표본에 대한 확률변수 X_i $(1 \le i \le n)$의 평균, 즉 표본평균 $\bar{X} = \dfrac{1}{n}\displaystyle\sum_{i=1}^{n} X_i$은 새로운 확률변수이고 이 확률변수는 평균이 $E(\bar{X}) = \mu$이고 분산이 $V(\bar{X}) = \dfrac{\sigma^2}{n}$인 정규분포를 따른다는 사실이 알려져 있다. 이제 평균 μ를 모르고 분산 σ^2 만 알려진 모집단의 평균 μ를 추정하고자 한다. 이 때, 표본으로부터 n-개 표본을 추출하여 이들의 평균을 구한다고 하자. 각 n-개 표본에 대한 확률변수를 각각 X_i라 하면 표본 평균에 대한 확률변수 $\bar{X}$에 대해 $Z = \dfrac{\sqrt{n}(\bar{X} - \mu)}{\sigma}$는 앞에서 본 바같이 표준 정규분포를 따른다. 이 때 모평균 μ의 구간추정은

$$P\left(\bar{X} - z_{\frac{\alpha}{2}}\frac{\sigma}{\sqrt{n}} \le \mu \le \bar{X} + z_{\frac{\alpha}{2}}\frac{\sigma}{\sqrt{n}}\right) = 1 - \alpha$$

이고 이 때, $z_{\frac{\alpha}{2}}$는

$$\int_0^{z_{\frac{\alpha}{2}}} \frac{e^{-\frac{t^2}{2}}}{\sqrt{2\pi}}\, dt = \alpha, \quad \text{즉,}$$

$$P(Z \ge z_{\frac{\alpha}{2}}) = \alpha$$

을 만족한다. 흔히 많이 사용하는 α는 다음과 같다.

α	0.200	0.100	0.050	0.020	0.010
$z_{\frac{\alpha}{2}}$	1.2816	1.6449	1.9600	2.3263	2.5758

그런데 여기서 신뢰계수[confidence coefficient]라 불리는 $1 - \alpha$는 무슨 뜻을 가질까? 실제로 표본에서 얻은 값 $X_i = x_i$에 대해 $\bar{x} = \dfrac{1}{n}(x_1 + x_2 + \cdots + x_n)$이라 하자. 분명한 것은 이 경우

$$P\left(\bar{x} - 2\frac{\sigma}{\sqrt{n}} \le \mu \le \bar{x} + 2\frac{\sigma}{\sqrt{n}}\right) = 0.954$$

는 성립하지 않는다. 그렇다면 이 구간추정의 의미는 무엇일까? 또한 비록 μ를 모른다고 하지만 이 값은 이미 정해져 있는 상수이므로 어느 상수가 두 상수 사이에 있을 확률로 구간추정을 이해하는 것도 옳지 않다. 여기서 확률변수 $\bar{X}$에 대해 주어진 구간이란 확률분포에 따른 임의 구간으로 이 구간들이 모평균을 포함할 확률이 바로 $1-\alpha$라는 뜻이다. 또한 모분산마저 모른다면 표본의 크기가 충분히 클 때, 즉 $n > 30$인 경우는 표본분산이 모분산에 수렴하므로 $Z = \dfrac{\sqrt{n}(\bar{X}-\mu)}{S_{n-1}}$도 표준 정규분포를 따른다 볼 수 있다. 이 경우 모평균의 구간추정은

$$P\left(\bar{X} - z_{\frac{\alpha}{2}}\frac{S_{n-1}}{\sqrt{n}} \le \mu \le \bar{X} + z_{\frac{\alpha}{2}}\frac{S_{n-1}}{\sqrt{n}}\right) = 1-\alpha$$

이다. 더욱이 표본의 크기가 충분히 크지 않다면, 즉 $n \le 30$이면, S_{n-1}^2은 σ^2과 상당히 다른 값을 갖게 된다. 한편 $T = \dfrac{\sqrt{n}(\bar{X}-\mu)}{S_{n-1}}$는 표본의 크기에 따라 다른 값을 갖는 함수로 이해할 수 있고 통계 이론에서 T는 n에 의존하는 확률변수로 자유도가 $n-1$인 Student의 t-분포를 따른다는 것이 알려져 있다⟨228⟩. 따라서 이 경우 구간추정은

$$P\left(\bar{X} - t_{n-1,\frac{\alpha}{2}}\frac{S_{n-1}}{\sqrt{n}} \le \mu \le \bar{X} + t_{n-1,\frac{\alpha}{2}}\frac{S_{n-1}}{\sqrt{n}}\right) = 1-\alpha$$

이다. 마찬가지로 $t_{n,\frac{\alpha}{2}}$는

$$\int_0^{t_{n,\frac{\alpha}{2}}} \frac{\Gamma\left(\frac{n+1}{2}\right)}{\Gamma\left(\frac{n}{2}\right)\sqrt{n\pi}}\left(1+\frac{t^2}{n}\right)^{-\frac{n+1}{2}} dt = \alpha$$

이다. 여기서 $\Gamma(x) = \displaystyle\int_0^{\infty} t^{x-1}e^{-t}\,dt$로 '감마-함수'라 일컬어진다. 특히 자연수 n에 대해 $\Gamma(n) = (n-1)!$이다.

신뢰도를 $1-\alpha$하여 추정하여 얻은 모평균의 신뢰구간 길이는 표본의 크기가 늘어날수록 짧아진다. 이 때, 앞에서 설명한 바같이 신뢰도를 모평균이 주어진 구간에 들어 있을 확률이라 설명하는 것은 옳지 않다⟨229⟩. 이런 분석은 확률과 통계에 대한 깊은 이해가 없는 설명이다.

2006년 5월 31일에 있은 지방 자치단체장 선거에서 유례없이 여당인 열린우리당은도지사 선거는 물론 시장, 군수 선거에서도 31개 지역 가

운데 楊平과 加平을 제외한 29 곳에 후보를 냈지만 한 명도 당선시키지 못한 이변이 생겼다. 같은 해 6월 1일 하루에 걸쳐 한국갤럽 조사연구소⟨230⟩는 개표결과에 대한 국민의 의견을 묻는 조사를 실시했는데, 이 때 모집단은 전국에 거주하는 19세 이상 사람이었고, 전화번호부를 사용하여 인구 비례에 따라 무작위로 추출한 표본의 크기는 1022 (남자: 505명, 여자: 517명)명이었다. 설문지에 따른 전화 설문을 통해 대통령의 직무 수행에 대한 국민의 만족도는 다음과 같았다.

설문: ○○님께서는 요즘 노무현 대통령이 대통령으로서의 직무를 잘 수행하고 있다고 보십니까? 혹은 잘못 수행하고 있다고 보십니까?						
구 분	사례수	잘하고 있다	잘못하고 있다	보통이다	모름/무응답	계
전 체	1022	20.2%	69.7%	4.7%	5.3%	100.0%
성 별						
남자	505	21.9%	69.6%	4.5%	4.0%	100.0%
여자	517	18.6%	69.9%	5.0%	6.6%	100.0%
출처: 한국갤럽 (http://file.chosun.com/article/2006/0604_pol.HWP)						

한국갤럽 조사연구소는 이 결과에 대한 '신뢰도는 95%이고 표본오차는 ±3.1%'라 밝혔다. 여기서 말하는 신뢰도는 바로 모비율에 대한 신뢰도로 전체 1022명 가운데 설문에 대하여 '잘하고 있다'를 답할 모집단의 비율 p가 $0.1774 \le p \le 0.2266$임을 뜻한다. 이 때 모비율이 이 신뢰구간에 들어간다는 사실을 95 % 믿을 수 있다는 뜻으로 해석할 수 있으며, 이는 이런 표본조사를 무작위로 하여도 얻어지는 구간들 가운데 모비율 p를 포함하는 구간이 전체 구간들 중에 95 %를 차지한다는 뜻이다. 따라서 모비율 p가 이 구간에 들 확률이 95 %라는 뜻은 아니다. 또한 여기서 표본오차란 '최대 허용 표본오차'를 뜻하는 것으로 모비율 구간추정에서는 $\hat{q} = 1 - \hat{p}$일 때, $e = z_{\frac{\alpha}{2}}\sqrt{\frac{\hat{p}\hat{q}}{n}}$로 주어지는데 $\hat{p} = \hat{q} = \frac{1}{2}$일 때 $\sqrt{\frac{\hat{p}\hat{q}}{n}}$의 최대값은 $\sqrt{\frac{1}{4n}}$이므로 $e_{\max} = \frac{z_{\frac{\alpha}{2}}}{2}\sqrt{n^{-1}}$로 주어지며, $n = 1022$이므로 이 값은 $e_{\max} = 0.031$이다. 따라서 모비율에 대한 가장 긴 신뢰구간은 $\hat{p} - e_{\max} \le p \le \hat{p} + e_{\max}$, 즉 $0.1713 \le p \le 0.2327$로 볼 수 있다는 뜻이다. 이 때 오차의 한계를 '%'를 사용하여 나타내는 것이 흔한 일인데 이는

엄밀히 말해 바르지 못한 표현이다. 앞에서 비에 관해 설명했듯이 비나 비율은 기준이 되는 값이 있어야 하는데, 이 경우 오차는 단지 신뢰 구간의 양 끝값의 차를 둘로 나눈 값일 뿐 어느 기준에 대한 비가 아님을 알아 두어야 한다. 즉 모비율 p는 모집단 전체 가운데 '잘하고 있다'라 답할 사람수의 비요, 표본비율 $\hat{p}$이란 표본 1022명 가운데 '잘하고 있다'라 답한 응답자수의 비지만, 오차는 모비율 p에 대한 최소 추정값 $\hat{p}_0$와 최대 추정값 $\hat{p}_1$에서 $\frac{\hat{p}_1 - \hat{p}_0}{2}$를 나타내는 값일 뿐이다. 따라서 전체 인구 또는 표본의 크기 가운데 3.1 %가 오차를 보인다는 따위로 볼 수 없다. 아울러 보고서가 밝힌 ±3.1 %은 모비율에 대한 상대오차인 듯 적고 있지만 모비율의 값을 모르기 때문에 이 또한 적절하지 않다. 또한 백분율로 적을 경우 모비율 값의 3.1 %가 오차라는 오해를 불러일으킬 수도 있으므로 '오차의 한계는 0.031이다'로 적는 것이 바람직하다. 또한 보고서는 사용자가 이해하기 쉽도록 오차를 ±3.1%로 적고 있는데 e나 $e_{\max}$는 오차의 한계이므로 항상 양수값을 가진다. 이 내용은 중학교 2학년 과정을 충실히 배우고 이해했다면 금방 이해할 수 있는 상식이다. 참고로 한국갤럽 조사연구소의 조사 보고서에 따르면 설문으로 '……직무를 잘 수행하고 있다고 보십니까? 혹은 잘못 수행하고 있다고 보십니까?'라 했는데, 잘 수행하는 것에 반대 되는 것은 '잘 수행하지 못하는 것'이어야 함에도 '잘못 수행하고 있다'로 적고 있어 설문으로 적절하지 않은 문장이다. 대통령이 직무를 '잘못' 수행하고 있다면 이에 대한 문책이 반드시 뒤따라야할 것이나 수행 능력이 서툴러 직무를 행하는데 어려움이 있다면 여러 정치가와 전문가 그리고 국민이 한 마음으로 대통령을 도와야 한다. 이 설문의 뜻이 정확히 무엇인지 한국갤럽 조사연구소에 직접 물어보고 싶다.

많은 고등학교 수학 I 교과서⟨231⟩가 '모평균을 추정할 때 신뢰도는 높을수록, 신뢰구간의 길이는 작을수록 좋다'라 적고 있는데 이는 분명히 잘못이다⟨232⟩. 신뢰도가 높을수록 좋다면 100 %로 추정하면 되는데,

이 경우 모든 임의 추정구간이 모평균을 포함한다. 또한 신뢰구간의 길이가 작을 수록 좋다면 신뢰도를 0 %로 하거나 모집단 전체를 표본 전체로 하면 신뢰구간의 길이가 0이 된다.

第7차 교육과정이 실시되면서 수학에서 선택과목이 '미분과 적분', '확률과 통계' 그리고 '이산수학'으로 나누어졌고 이에 따른 학생들의 선택폭도 넓어졌음은 물론 자신의 전공과 맞추어 필요한 과목을 들을 수 있는 길이 열린 것은 사실이다. 그러나 실제로 학생들이 선택과목을 택하는 비율을 살펴보면 '확률과 통계'나 '이산수학'을 택하는 비율이 '미분과 적분'을 택하는 비율보다 현저하게 저조하다. 오늘날 통계학과 이산수학은 자연계열은 물론 공학, 인문학에 두루 쓰이는 중요한 학문으로 각광받고 있음에도 아직 우리나라의 교육 현황은 이에 대한 인식이 부족함은 물론 이를 전문적으로 가르칠 교사도 턱없이 부족한 실정이다. 다음 쪽에 실린 표는 2004년 11월 17일, 2005년 11월 23일 그리고 2006년 11월 16일에 각각 실시한 대학 수학능력 시험에 각 선택과목을 택한 응시자수와 그 비율이다. 이 표를 통해 확률과 통계에 대한 교사와 학생들의 인식 수준이 어떠한지 짐작할 수 있다.

인문계 고등학교에서 수학을 가르치는 교사 39명을 대상으로 심화 선택과목으로 추천한 과목이 무엇인지 조사한 결과 전 교사가 모두 미분과 적분을 추천한 것으로 조사되었다 [8]. 추천 이유로 '기본적으로 해야 하는 과목이라고 생각해서'가 29명으로 74.4 %를, '공과대학 진학시 선수학습을 위해서'가 9명으로 23.1 %를, '서울대학교 공과대학이 선택과목으로 '미분과 적분'을 한정했기 때문에'가 1명으로 2.5 %를 차지하는 것으로 나타나 대학 진학을 염두에 두었다기보다 '미분과 적분' 과목을 기본 과목으로 여기는 것이 주요 이유인 것으로 드러났다. 한편 金熙坤과 孫重權은 이에 덧붙여 수학교사 대부분이 수학과나 수학교육과를 졸업한 사람이라는 것도 한 몫을 하고 있다고 여겼으며 [8], 실제로 그들이 조사한 39명 가운데 통계학과를 졸업한 사람은 한 명도 없었고, 25명

수리 영역 선택과목별 응시자 현황

유형	선택 과목	과목별, 년도별 응시 인원과 비율						년도별 총 응시 인원과 비율					
		2005학년도		2006학년도		2007학년도		2005학년도		2006학년도		2007학년도	
		인원 (명)	비율 (%)	인원 (명)	비율 (%)	인원 (명)	비율 (%)	인원 (명)	비율 (%)	인원 (명)	비율 (%)	인원 (명)	비율 (%)
가형	미분과 적분	13 9326	95.5	12 7138	96.5	11 3018	96.4	14 5823	28.9	13 1769	26.4	11 7273	23.4
	확률과 통계	5393	3.7	3794	2.9	3379	2.9						
	이산수학	1104	0.8	837	0.6	876	0.7						
나형								35 8435	71.1	36 7016	73.6	38 3196	76.6
계								50 4258	100.0	49 8785	100.0	50 0469	100.0

출전: 한국 교육과정 평가원 보도자료 (대학 수학능력 시험 연구 관리처 기획분석부)
2005학년도 대학수학능력시험 채점결과 보도자료 (2004년 12월 14일 발표), 4쪽
2006학년도 대학수학능력시험 채점결과 보도자료 (2005년 12월 16일 발표), 4쪽
2007학년도 대학수학능력시험 채점결과 보도자료 (2006년 12월 13일 발표), 4쪽

이 수학교육과를, 14명이 수학과를 졸업한 것으로 조사되었다. 좀 더 폭넓은 조사가 있었으면 하는 아쉬움이 있지만 이렇듯 '미분과 적분'만을 수학의 중요한 과목으로 여기는 풍조는 하루 빨리 사라져야 한다.

다시 교과과정으로 되돌아와 보자. 서로 독립이고 사건이 성공과 실패(또는 1과 0)로 주어지는 시행을⟨233⟩ n-회 시행하였을 때, 성공이 k-번 일어날 확률은 이항분포를 따른다. 즉, $1 \le i \le n$인 자연수 i에 대해 i 번째 시행의 결과에 대한 확률변수 X_i를

$$X_i = \begin{cases} 0, & i \text{ 번째 시행의 결과가 실패인 경우;} \\ 1, & i \text{ 번째 시행의 결과가 성공인 경우.} \end{cases}$$

라 하고 각 시행에서 성공할 확률이 p, 실패할 확률이 $q = 1 - p$로 같다면 새로운 확률변수 $X = X_1 + X_2 + \cdots + X_n$에 대해 $X = k$일 확률은

$$P_{n,p}(X = k) = \binom{n}{k} p^k q^{n-k} = \frac{n!}{k!(n-k)!} p^k (1-p)^{n-k}$$

이다. 그런데 이 경우 n이 매우 크다면 이 값을 구하는 일은 매우 번거롭다. 다음 문제를 살펴보자.

> 하나의 주사위를 720번 던질 때 5의 눈이 나오는 횟수의 평균과 표준편차를 각각 m, σ라 한다. 이 때, 확률 $P(100 \le X \le 130)$의 값을 구하면? – **명품수학 고등학교 시리즈 수학거미 수학-I(하), 435쪽, STEP 2 (안재찬 지음, 화인미디어 펴냄, 2004년)** –

이 문제에서 우선 지적할 수 있는 것은 주사위의 각 눈이 나올 확률이 같은지 아닌지에 대한 언급이 없다는 점이다. 또한 문제와 관계가 없는 m, σ에 대한 설명을 달아 놓고도 정작 X가 무엇인지는 설명하지 않고 있다. 이 문제는 다음같이 바꾸는 것이 바람직하다.

> 1에서 6까지 각 눈이 나올 확률이 고른 주사위 한 개를 720번 던질 때 눈으로 5가 나오는 회수를 나타내는 확률변수를 X라 하자. 이 때 확률 $P(100 \le X \le 130)$을 구하여라.

이 문제는 베르누이-시행으로 각 시행에서 성공할 확률, 즉 눈으로 5가 나올 확률은 $\frac{1}{6}$이므로 $0 \leq k \leq 720$인 자연수 k에 대해

$$\begin{aligned} P_{720,\frac{1}{6}}(X=k) &= \binom{720}{k}\left(\frac{1}{6}\right)^k\left(\frac{5}{6}\right)^{720-k} \\ &= \frac{720!}{k!(720-k)!}\left(\frac{1}{6}\right)^k\left(\frac{5}{6}\right)^{720-k} \end{aligned}$$

이다. 따라서 구하는 확률은

$$\begin{aligned} P_{720,\frac{1}{6}}(100 \leq X \leq 130) &= \sum_{k=100}^{130} P_{720,\frac{1}{6}}(X=k) \\ &= \frac{b}{a} = 0.8345833548\cdots \end{aligned}$$

이다. 여기서

$$\begin{aligned} a &= \underbrace{6191259701\cdots 2499412992}_{560\text{ 자리}} \\ b &= \underbrace{5167122292\cdots 9970703125}_{560\text{ 자리}} \end{aligned}$$

이다. 이와 달리 출전은 이항분포를 정규분포로 바꾸어 계산하고 있다. 출전의 풀이를 따라가 보자⟨234⟩.

그른 풀이 이항분포 $B\left(720, \frac{1}{6}\right)$에서 $n=720$이므로 충분히 크므로 정규분포에 가깝다. $m = np = 720 \times \frac{1}{6} = 120$, $\sigma = \sqrt{npq} = \sqrt{720 \times \frac{1}{6} \times \frac{5}{6}} = 10$
즉, X는 $N(120, 10^2)$을 따른다.
$Z = \frac{X-120}{10}$에서 $X=100$일 때, $Z=-2$, $X=130$일 때, $Z=1$이므로

$$\begin{aligned} P(100 \leq X \leq 130) &= P(-2 \leq Z \leq 1) \\ &= P(0 \leq Z \leq 1) + P(0 \leq Z \leq 2) \\ &= 0.34 + 0.48 = 0.82 \quad \blacksquare \end{aligned}$$

좀 더 정확한 답을 구해보면

$$\begin{aligned} P_{720,\frac{1}{6}}(100 \le X \le 130) &\approx P(100 \le X \le 130) \\ &= P(-2 \le Z \le 1) \\ &= P(Z \le 1) - P(Z \le -2) \\ &= \frac{1}{2}\left[\text{erf}\left(\frac{\sqrt{2}}{2}\right) + \text{erf}(\sqrt{2})\right] \\ &= 0.8185946141\cdots \end{aligned}$$

이다. 여기서

$$\text{erf}(z) = \frac{2}{\sqrt{\pi}}\int_0^z e^{-t^2}\,dt$$

다. 그런데 풀이에서 설명하고 있는 것같이 n이 충분히 크기 때문에 정규분포를 쓸 수 있다는 것은 올바른 설명일까? 그렇다면 얼마나 큰 것을 충분히 크다고 할 수 있을까? 현행 교과과정에서는 이 부분에 대한 언급이 없다. 실제로 문제같이 $n = 720$이어도 $p = \frac{1}{6}$인 경우와 $p = \frac{1}{240}$인 경우를 놓고 이항분포와 정규분포를 비교하여 **그래프**로 나타내면 그 차이를 확실히 느낄 수 있다.

그림에서 보듯 n이 크다 하여 이항분포를 정규분포로 보고 계산하는 것은 옳지 않다. 시행횟수 n이 크다고 하여도 p가 0.5에 비해 크게 차이가 나면 이항분포에 대한 **그래프**는 한 쪽으로 치우치게 된다. 즉 n이 일정할 때 p가 0.5보다 작을 수록 **그래프**는 오른쪽이 가라앉은[skewed right] 모습을 띠고, 반대로 p가 0.5보다 클 수록 **그래프**는 왼쪽이 가라앉은[skewed left] 모습을 띤다. 이런 문제를 고려하여 일반적으로 np와 $nq = n(1-p)$가 모두 5 이상인 경우에 이항분포를 정규분포로 바꾸어 계산하는 것이 바람직함이 알려져 있다. 이런 성질은 일찍이 Abraham de Moivre와 Pierre-Simon, Marquis de Laplace에 의해 알려져 있는데 이를 '**드 므와브르/라플라스-**정리'라 일컫는다. 일반적으로 '중심극한 정리[central limit theorem]'에 따르면 모집단의 확률분포가 무엇이든 상관없이 모집단의 평균이 μ, 분산이 σ^2일 때, 표본의 크기가 충분히 크다면, 즉 $n > 30$이면,

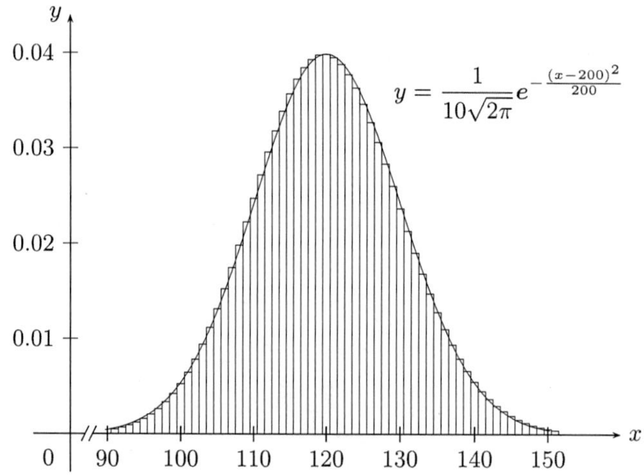

그림 2.28: $n = 720$이고 $p = \frac{1}{6}$일 때 이항분포 $B\left(720,\, \frac{1}{6}\right)$과 정규분포 $N(120,\, 10^2)$

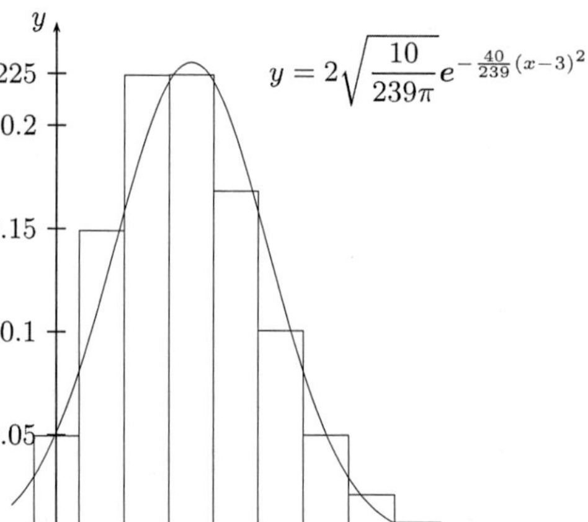

그림 2.29: $n = 720$이고 $p = \frac{1}{240}$일 때 이항분포 $B\left(720,\, \frac{1}{240}\right)$과 정규분포 $N\left(3,\, \frac{239}{80}\right)$

$\bar{X}_n = \frac{1}{n}(X_1 + X_2 + \cdots + X_n)$에 대해 확률변수

$$Z_n = \frac{\bar{X}_n - \mu}{\sigma/\sqrt{n}} = \frac{\sqrt{n}(\bar{X}_n - \mu)}{\sigma}$$

은 평균이 0이고 표준편차가 1인 정규분포에 가깝다는 사실이 알려져 있다. 즉

$$\lim_{n\to\infty} P\left(\frac{\sqrt{n}(\bar{X}_n - \mu)}{\sigma} \le c\right) = \int_{-\infty}^{c} \frac{e^{-\frac{t^2}{2}}}{\sqrt{2\pi}}\,dt$$

이다. 뿐만 아니라 Suomi(Finland) 수학자 Jarl Waldemar Lindeberg와 소련 수학자 Александр Михайлович Ляпунов(A. N. Lyapunov)에 따르면 확률분포가 같지 않은 표본에서 추출한 경우에도 특정한 조건이 성립하면 중심극한 성질이 성립함을 증명하였다. 한편 교과과정에서 배우지는 않지만 p가 작을 때 이항분포는 포와송-분포⟨235⟩를 사용하여 계산할 수 있음도 아울러 알려져 있다.

다시 출전이 제시한 문제로 돌아가 보자. 출전의 풀이가 제시했듯 단순히 이항분포를 정규분포로 바꾸어 계산하는 것만으로 정확한 값을 얻을 수 없다. 즉 이항분포 함수를 사용하여 얻은 확률은 $P_{720,\frac{1}{6}}(100 \le X \le 130) \approx 0.8345833548$이지만 이를 단순히 정규분포로 바꾸어 얻은 값은 $P(100 \le X \le 130) \approx 0.8185946141$이므로 상대오차는 약 -0.0156이다. 이항분포는 이산분포이고 정규분포는 연속분포이므로 이산분포를 연속분포로 바꾸면 오차가 발생하는 것은 당연하다. 따라서 이를 보정해야 하는데, 이 보정 방법을 '연속성 보정[continuity correction]'이라 한다. 이제 연속성 보정을 해 보면 다음같이

$$\begin{aligned} P_{720,\frac{1}{6}}(100 \le X \le 130) &\approx P(99.5 < X < 130.5) \\ &= P(-2.05 < Z < 1.05) \\ &= P(Z < 1.05) - P(Z < -2.05) \\ &= 0.8329587282\cdots \end{aligned}$$

로 상대오차는 약 −0.0016이다. 따라서 이항분포를 정규분포로 고쳐 계산할 때 발생하는 오차를 줄이기 위해 연속성 보정과정을 반드시 고려해야 한다. 2007학년도 대학 수학능력 시험이 2006년 11월 16일에 치러졌다. 발표된 시험문제를 살펴보면 확률과 통계에 실린 문제는 예전과 마찬가지로 이런 상황을 여전히 고려하지 않고 있다. 시험의 답안은 0.1587이라 하였는데, 독자들이 직접 연속성 보정을 하여 답을 구해 보자.

어느 문구점에 진열되어 있는 공책 중 10% 는 A 회사의 제품이라고 한다. 한 고객이 이 문구점에서 임의로 100권의 공책을 구입했을 때, A 회사 제품이 13권 이상 포함될 확률을 오른쪽 표준정규분포표를 이용하여 구한 것은?

z	$P(0 \le Z \le z)$
0.75	0.2734
1.00	0.3413
1.25	0.3944
1.50	0.4332

– 2007학년도 대학 수학능력 시험, 수리영역 가형 (홀수) 28번 (2006년 11월 16일 실시) –

그 동안 시행해 온 교과과정은 확률과 통계를 너무나 소홀히 다루고 있었다는 느낌을 준다. 그러나 오늘날 통계는 삶을 살아가는데 없어서는 안될 중요한 도구임을 우리는 잘 알고 있다. 신문, 방송은 물론 여러 단체와 기업, 그리고 공공기관이 생산하고 있는 수 많은 통계자료가 이미 우리 삶 곳곳에 깊게 파고들어 있기 때문이다. 이론마저도 엉성하고 쓰임새도 없이 문제 풀이만 치중했던 과거 교육 방식을 과감히 떨쳐 버리고 논리적으로는 엄밀하고 내용으로 보아도 쓸모있는 살아있는 통계 교육으로 거듭나지 않는다면 점점 복잡해지는 정보사회에서 낙오자가 될 것이 뻔한 일이다. 통계학 과정이 대학의 자연계열이나 공학계열 학과 뿐 아니라 인문계열 학과에도 개설되고 있는 사실만 보더라도 통계의 중요성은 단순히 수학 이론 그 자체에 머물지 않고 각 분야에서 두루 쓰이는 필요한 지식임을 우리에게 시사한다. 이미 접어든 정보사회에 절실하게 필요한 통계 교육은 이제 자료를 수집하고 이를 처리, 분석하여 새로운 정보를 만들어 내는 견인차 노릇을 하기 위해 현실성과 현장감이 생생한 쓸모있는 교육으로 변모해야 한다. 이와 더불어 전산기가 널리 보급된 오늘날 이를 사용한 통계 교육 또한 매우 중요하다. 통계 **프로그램**마저 한 번도 쓰지 않고 통계를 배우고 가르치고 있다면 오늘날 IT-강국이라 감히 떠벌이기 부끄러운 현실임을 자성해야 한다[236].

2.7 그래프 이론과 이산수학

전산망 설계, 자료 구조, 도시 공학 등 여러 분야에서 그래프 이론은 오늘날 매우 중요한 이론으로 그 가치를 발휘하고 있다. 제7차 교육과정 시행으로 이산수학(離散數學)[discrete mathematics]이라는 과목이 추가되면서 과거 중학교 과정에서 짧게 등장했던 내용이 한 과목으로 자리잡게 되었다. 한붓그리기나 연결상태가 같은 도형, 오일러 관계식 ($v - e + f = 2$) 등을 기억하는 사람들은 아마 이산수학이 무엇을 배우는 과목인지 조금이나마 짐작할 수 있으리라. 그래프 이론[graph theory]은 조합이론[combinatorics]과 더불어 오늘날 이산수학에서 중요한 분야 가운데 하나이다. 여기서 '이산수학'이란 낱낱으로 떨어진 대상을 수학의 여러 방법을 사용하여 연구하는 수학의 한 분야인데, 보기로 물체의 운동과 같은 연속적 대상이 아니라 입자로 이루어진 구조나 여러 정거장으로 이루어진 지하철 노선과 같은 대상이 지닌 수학적 특징을 다루는 분야인 셈이다. 오늘날 전산기와 전산망이 발달함에 따라 연속적인 대상마저도 이산적 구조로 변환하여 다루는 일이 빈번해지면서 이산수학의 중요성은 더욱 강조되고 있다. 복잡하고 풀기 힘든 난제를 전산기를 사용하여 해결하는데 필요한 좋은 계산법을 개발하려는 전산학에서 이산수학은 이미 중요한 연구 대상으로 받아들여지고 있다.

인도 மதுரை[Madurai] 출신 영국 수학자이자 '드 모르간의 법칙'으로 유명한 Augustus de Morgan의 제자였던 Francis Guthrie가 1852년에 제안한 문제에서 출발한 '사색문제[four colour problem]'는 이산수학의 문제, 특히 그래프 이론을 사용한 문제로 발전하였고, 마침내 전산기의 도움으로 그 증명이 이루어지기도 했다. 1879년 7월 17일 Alfred Bray Kempe에 의해 이론적 증명법이 소개 되었으나, 1890년 영국 수학자인 Percy John Heawood에 의해 그 증명에 잘못이 있음이 알려졌다. 그 후 여러 차례에 걸친 시도에도 불구하고 본격적인 증명은 1976년 미국 Urbana-Champaign에 있는 Illinois 대학교의 수학자 Kenneth Appel과 Wolfgang

F. Guthrie

A. B. Kempe

K. Appel (좌)과 W. Haken (우)⟨237⟩

N. Robertson⟨238⟩

D. Sanders⟨239⟩

P. Seymour⟨240⟩

R. Thomas⟨241⟩

Haken에 의해 전산기를 사용하여 이루어졌다. 1996년 Neil Robertson, Daniel Sanders, Paul Seymour 그리고 Robin Thomas는 1976년에 사용되었던 계산법을 개량하고 그 동안 발전한 이론 등을 적용하여 전산기의 도움을 받아 새로운 증명을 내어 놓기도 했다. 그러나 아직 이론적 방법을 사용한 증명이 이루어지지 않고 있어 이에 대한 기대는 물론, 전산기를 사용한 증명에 대한 불신도 남아 있다. **프로그램**을 수행하는 전산기의 핵심 기계 구조와 **컴파일러**에 대한 논리적 검증이 필요하기 때문이다. 이와 관련하여 John Horgan은 'proof which offers a probability of truth—and not certainty—is an oxymoron'이라 했다 [49].

이산수학이 수학 교과목 가운데 하나로 개설되기는 했지만, 아직도 이에 대한 교사나 학생들의 인식은 멀기만 한 듯하다. 아직도 대학수학능력시험에서 선택과목으로 '확률과 통계'나 '이산수학'을 택하기보다 '미분과 적분'을 더 많이 택하고 있는 것을 보아도 알 수 있다. 그러나 옛날 공업 중심이었던 사회 분위기에서 미·적분학이 인기를 누렸다면, **디지털**에 의한 정보사회에서는 미분과 적분 못지 않게 확률, 통계 그리고 이산수학이 그 특성에 맞게 인기를 누릴 수밖에 없다. 물론 그렇다고 미·적분학의 지위가 떨어졌다는 뜻은 아니다. 하지만 과거와 달리 이산수학의 중요성이 산업의 특성으로 인해 더욱 부각되고 있음을 강조하고 싶을 뿐이다. 아무튼 이산수학은 수학을 기초로 하여 이산자료의 특성을 이해하고 이를 사용하여 여러 응용분야에서 현실 문제를 푸는 중요한 열쇠를 제시하고 있음을 잊어서는 안된다. 따라서 학교 현장에서도 단순히 과목만 개설하는데 그칠 것이 아니라 과목의 유용성, 필요성 그리고 나아가 다른 분야와 어떠한 연계성을 맺고 있는지 충분한 홍보와 교육이 뒤따라 주어야 한다.

대학수학능력시험 모의평가에 출제되었던 것을 첫번 문제로 골라 보았다.

해밀턴회로를 갖는 그래프의 인접행렬은?

① $\begin{bmatrix} 0 & 0 & 1 & 1 & 1 \\ 0 & 0 & 1 & 1 & 0 \\ 1 & 1 & 0 & 1 & 0 \\ 1 & 1 & 1 & 0 & 0 \\ 1 & 0 & 0 & 0 & 0 \end{bmatrix}$ ② $\begin{bmatrix} 0 & 1 & 1 & 1 & 1 \\ 1 & 0 & 0 & 1 & 0 \\ 1 & 0 & 0 & 0 & 1 \\ 1 & 1 & 0 & 0 & 0 \\ 1 & 0 & 1 & 0 & 0 \end{bmatrix}$ ③ $\begin{bmatrix} 0 & 1 & 0 & 0 & 0 \\ 1 & 0 & 1 & 1 & 1 \\ 0 & 1 & 0 & 1 & 1 \\ 0 & 1 & 1 & 0 & 0 \\ 0 & 1 & 1 & 0 & 0 \end{bmatrix}$

④ $\begin{bmatrix} 0 & 1 & 1 & 1 & 1 \\ 1 & 0 & 1 & 1 & 1 \\ 1 & 1 & 0 & 0 & 0 \\ 1 & 1 & 0 & 0 & 0 \\ 1 & 1 & 0 & 0 & 0 \end{bmatrix}$ ⑤ $\begin{bmatrix} 0 & 1 & 1 & 1 & 1 \\ 1 & 0 & 1 & 1 & 1 \\ 1 & 1 & 0 & 1 & 1 \\ 1 & 1 & 1 & 0 & 0 \\ 1 & 1 & 1 & 0 & 0 \end{bmatrix}$

– 2007학년도 대학수학능력시험 6월 모의평가, 수리영역, 이산수학 (가형), 28번 (2006년 6월 1일 시행) –

위 문제는 수학능력 시험을 위한 모의평가 시험에 출제된 것으로 이 시험을 주관하고 있는 한국 교육과정 평가원이 제시한 답은 ⑤이다. 우선 보기마다 주어진 행렬을 인접행렬로 갖는 **그래프**를 그려보자. 이해를 쉽게 하기 위하여 첫 번째 행부터 다섯 번째 행까지 순서대로 1에서 5까지 번호를, 그리고 첫 번째 열에서 다섯 번째 열까지 순서대로 1에서 5까지 번호를 매기면 각 행렬의 (i, j)-원소는 **그래프**에서 꼭지점 i와

j가 변으로 연결되어 있으면 1을, 그렇지 않으면 0을 나타내므로 각 그래프는 다음과 같다.

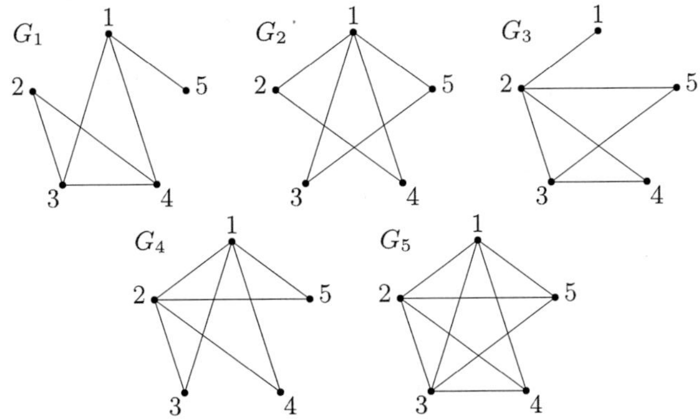

보기 ⓘ에 주어진 행렬을 인접행렬로 갖는 **그래프** G_i

이 때 ⑤에 해당하는 **그래프** G_5는 다음같이 여섯가지 해밀턴-회로를 가짐을 알 수 있다⟨242⟩.

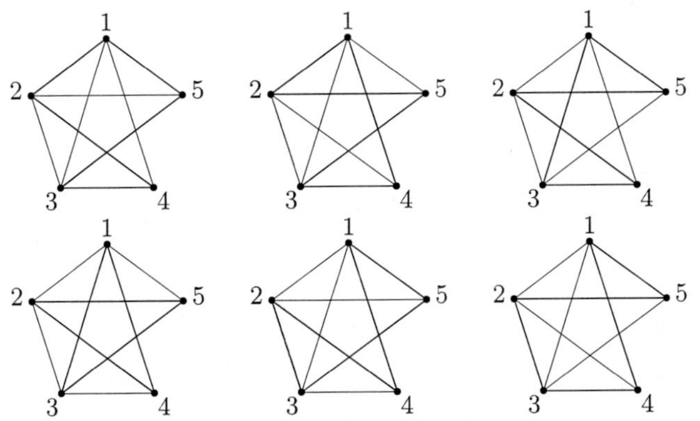

그래프 G_5가 가지는 모든 해밀턴-회로

그런데 올바른 풀이를 달자면 나머지 다른 **그래프**들이 해밀턴-회로를 갖지 않음을 살펴보아야 한다. 앞서 든 많은 문제들에서 보듯이 흔히 이런 경우 답이 구해지면 다른 것은 답이 아닐 것으로 여기고 넘어가는데 이는 새로운 것을 배우고 가르침에 있어 바른 태도가 아니다. 일반적으로 주어진 **그래프**가 해밀턴-회로를 갖는지 아닌지 판단하는 일은 그

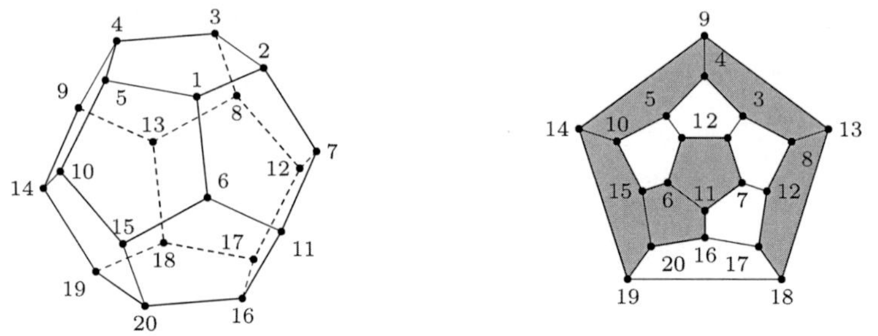

그림 2.30: 정십이면체의 모서리와 꼭지점은 Hamilton-회로를 가진다.

래프가 복잡해질수록 더욱 어려워진다. 만약 **그래프**가 간단하다면 가능한 모든 경로를 검사하면 되겠지만 늘 이런 식으로 문제의 답에 접근할 수는 없다.

1856년 William Rowan Hamilton 경이 그의 친구인 John T. Graves에게 보낸 편지에서 정십이면체[regular dodecahedron]의 모서리를 따라 모든 꼭지점을 오직 한 번씩 거쳐 출발점으로 다시 돌아올 수 있는지 언급했다. 이를 흔히 'The Icosian Game'이라 부르는데, 그는 이 놀이에 대한 지적 소유권을 'John Jaques and Son'에 £25를 받고 팔았다 한다. 오늘날 **그래프** 이론에서 변을 따라 모든 꼭지점을 지나 출발점으로 다시 돌아오는 회로를 그의 이름을 따 **해밀턴-회로**[Hamiltonian circuit]라 일컫는다. **해밀턴-회로**에 관해 1952년 물리학자 Paul Adrien Maurice Dirac의 양자였던 수학자 Gabriel Andrew Dirac은 세 개 이상 꼭지점을 갖는 단순 연결 **그래프**[simple connected graph]의 최소차수, 즉 각 꼭지점에 연결된 변들 개수의 최소값 δ가 꼭지점 개수 n에 대해 $\delta \geq \frac{n}{2}$이면 **그래프**는 **해밀턴-회로**를 갖는다는 것을 증명했다⟨243⟩. 이 사실로부터 ⑤는 $\delta = 3$이므로 $3 \geq \frac{5}{2}$이어서 **해밀턴-회로**를 가짐을 알 수 있다. 이 사실은 인접행렬을 사용해서도 구할 수 있는데, 한 행에 있는 원소를 다 합한 값이 그 행에 해당하는 꼭지점의 차수이므로 행마다 구한 이 값들의 최소값이 바로 δ이고 이 값과 $\frac{n}{2}$을 비교하면 된다. 이와 비슷한 성질로 Øystein Ore는 1960년 그래프 G가 꼭지점을 세 개 이상 가진 단순 연결 그래프이면 꼭지점의 개수를 n이라 할 때, 변으로 연결되지 않은 임의 두 꼭지점의 차수를 더한 값이 항상 n 이상이면 그래프 G는 해밀턴-회로를 갖는다는 것을 증명하였다. 이 성질을 사용하여도 ⑤가 해밀턴-회로를 가진다는 사실을 증명할 수 있다. 한편 1974년 Adrian Bondy와 Vašek Chvátal은 그래프 G가 해밀턴-회로를 가질 필요충분조건이 G의 닫힌 그래프 $c(G)$가 해밀턴-회로를 갖는 것임을 증명하였다. 여기서 $c(G)$는 G에서 변으로 연결되지 않은 두 꼭지점 u, v로 $d(u) + d(v) \geq n$인 꼭지점을 모두 변으로 연결하여 얻어진 그래프를 이른다. 그러나 불행하게도 ②, ③, ④에 대해 $G = c(G)$이므로 이 방법을 적용하기 불가능하다. 한편 ⑤의 닫힌 그래프는 모든 꼭지점들 쌍이 변으로 연결된 완전 그래프[complete graph]이므로 이는 Dirac-정리에 의해 해밀턴-회로를 가지고 따라서 ⑤도 해밀턴-회로를 갖는다.

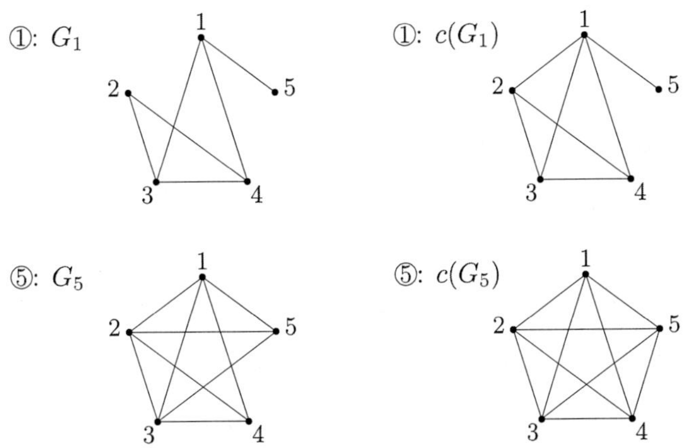

그래프 G_1과 G_5의 닫힌 그래프

주어진 그래프 G가 해밀턴-회로를 갖는지 아닌지 판단하는데 다음과 같은 간단한 사실을 사용할 수도 있다. 만약 그래프 G가 해밀턴-회로를 가지면 꼭지점들의 집합 $V = V(G)$의 공집합이 아닌 임의 진부분

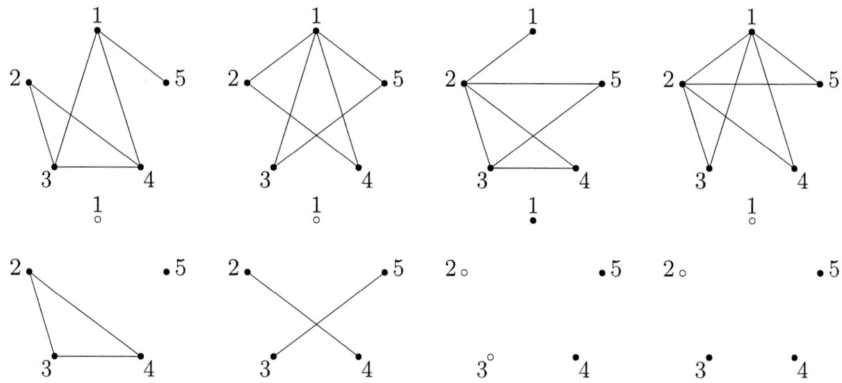

$G-\{v_1\}$ $G-\{v_1\}$ $G-\{v_2, v_3\}$ $G-\{v_1, v_2\}$

집합 S에 대해서도 $\omega(G-S) \le n(S)$이다. 여기서 $\omega(H)$는 그래프 H에서 연결되지 않고 분리된 부분들 개수이고 $G-S$는 그래프 G에서 S에 속한 꼭지점을 제외하고 이와 연결된 변들도 제외하여 얻어진 그래프이다. 보기로 ①의 그래프 G_1에서 $S=\{v_1\}$이라 하면 G_1-S는 그림같이 연결되지 않은 두 부분으로 나뉘고 따라서 $\omega(G_1-S)=2>n(S)=1$이므로 G_1은 해밀턴-회로를 갖지 않는다. 위에 든 여러 내용 가운데 학교 현장에서 엄밀히 증명하기 쉽지 않은 것도 더러 있다. 그러나 이런 성질을 직접 여러 문제에 적용하여 봄으로써, 이론에 대한 이해를 도울 뿐 아니라 엉성한 풀이가 아닌 정확한 문제 풀이 접근법을 깨칠 수 있음을 아울러 강조하고 싶다.

참고로 W. R. Hamilton 경이 제시한 'The Icosian Game'과 관련하여 학교에서 배우는 정다면체 다섯 개, 즉 정사면체, 정육면체, 정팔면체, 정십이면체 그리고 정이십면체는 꼭지점을 그래프의 꼭지점으로 하고 각 모서리를 그래프의 변으로 하는 그래프가 모두 해밀턴-회로를 갖는다. 독자들이 한 번 그 회로를 직접 찾아보기 바란다.

2006년 11월 16일에 치러진 시험에서는 모의시험에 출제된 이 문제를 사용한 문제가 출제되었다.

꼭지점이 5개인 그래프 G의 인접행렬을 A라 할 때, 다음은 A^2을 나타낸 것이다.

$$\begin{bmatrix} 4 & 3 & 3 & 2 & 2 \\ 3 & 4 & 3 & 2 & 2 \\ 3 & 3 & 4 & 2 & 2 \\ 2 & 2 & 2 & 3 & 3 \\ 2 & 2 & 2 & 3 & 3 \end{bmatrix}$$

그래프 G에 대한 ⟨보기⟩의 설명에서 옳은 것을 모두 고르시오.

⟨보기⟩

ㄱ. 차수가 3인 꼭지점은 2개이다.

ㄴ. 해밀턴회로를 갖는다.

ㄷ. 서로 다른 두 꼭지점을 잇는 2개의 변으로 이루어진 경로는 2개 이상이다.

– 2007학년도 대학 수학능력 시험, 수리영역, 이산수학 (가형), 29번 (2006년 11월 16일 시행) –

이와 관련하여 교육방송 (EBS)가 '2007년 수능 논스톱 서비스'를 통해 제공한 풀이를 살펴보자.

그른 풀이 `http://w60601.ebsi.co.kr/01exam/20061116/h3_math1_ga_hsj.hwp`

행렬 A^2의 (i, j) 성분은 그래프에서 꼭지점 i와 꼭지점 j를 잇는 2개의 변으로 이루어진 경로의 수와 같다. 그런데, $A^2 = \begin{pmatrix} 4&3&3&2&2 \\ 3&4&3&2&2 \\ 3&3&4&2&2 \\ 2&2&2&3&3 \\ 2&2&2&3&3 \end{pmatrix}$에서 (1, 1)성분은 4이므로 2개의 변을 이용하여 1에서 1로 가는 경로의 개수는 4개이다. 따라서 꼭지점 1의 차수는 4이다. 이와 같은 방법으로 꼭지점 2, 3의 차수도 각각 4이고, 꼭지점 4, 5의 차수는 각각 3임을 알 수 있다. 따라서 그래프 G는 그림과 같다.

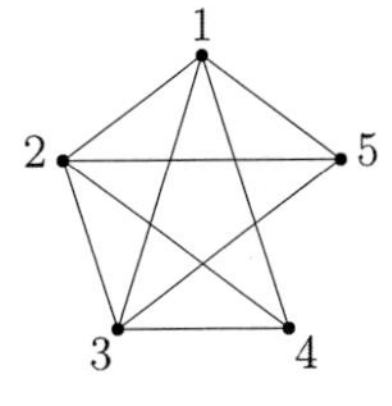

ㄱ. 차수가 3인 꼭지점은 꼭지점 4와 꼭지점 5의 2개이다. (참)

ㄴ. 경로 1-2-4-3-5-1과 같이 모든 꼭지점을 한 번씩만 지나 원래의 꼭지점으로 되돌아오는 해밀턴회로를 갖는다. (참)

ㄷ. 그래프에서 서로 다른 임의의 두 꼭지점을 잇는 2개의 변으로 이루어진 경로는 2개 이상임을 알 수 있다. (참)

이상에서 옳은 것은 ㄱ, ㄴ, ㄷ이다. ■

위 풀이는 **그래프**가 고리[loop], 즉, 끝점이 한 개 뿐인 변을 갖지 않고 아울러 어느 두 꼭지점도 변을 두 개 이상 갖지 않는 단순 **그래프**[simple graph] 만을 고려하고 있다. 물론 학교 과정에서 특별한 경우를 제외하고 단순 **그래프**를 다루는 것이 보편적이지만, 적어도 국가 고사이고 공식 시험이라는 점에서 이를 위해 '꼭지점이 5개인 단순 그래프 $G\cdots$'라 밝히는 것이 바람직하다. 그렇지 않다면 풀이는 다음같이 복잡해 질 수 있기 때문이다.

바른 풀이 인접행렬은 대칭행렬이므로 $1 \le i, j \le 5$인 자연수 i, j에 대해 행렬 A의 (i, j)-성분을 a_{ij}라 하면 a_{ij}는 음이 아닌 정수이고 $a_{ij} = a_{ji}$이다. 행렬 A^2의 (i, j)-성분을 b_{ij}라 하면

$$b_{ii} = \sum_{k=1}^{5} a_{ik}a_{ki} = \sum_{k=1}^{5} {a_{ik}}^2$$

이므로 $b_{11} = b_{22} = b_{33} = 4$로부터 $i = 1, 2, 3$에 대해 $0 \le a_{ik} \le 2$임을 알 수 있다. 만약 $1 \le p \le 4$인 p에 대해 $a_{1p} = a_{p1} = 2$라면 $k \ne p$인 k에 대해 $a_{1k} = a_{k1} = 0$이다. 따라서 만약 $p \ge 4$이면

$$3 = b_{pp} = \sum_{k=1}^{5} {a_{pk}}^2 \ge 4$$

이므로 모순이 된다. 따라서 $1 \le p \le 3$임을 알 수 있다. 그러나 $p \ne 1$이면

$$3 = b_{p1} = \sum_{k=1}^{5} a_{pk}a_{k1} = a_{pp}a_{p1} = 2a_{pp}$$

이므로 이 또한 모순이 되어 $p = 1$, 즉 $a_{11} = 2$이다. 마찬가지로 방법으로 $a_{22} = a_{33} = 2$임을 알 수 있다. 이 때 $1 \le i, j \le 5$이고 $i \ne j$인 i, j에 대해

$a_{ij}=0$이므로 $b_{ij}=0$이 되어 모순을 일으킨다. 따라서 $1 \le i, j \le 5$에 대해 $a_{ij} \le 1$이다. 특히 $i=1, 2, 3$에 대해 $b_{ii}=4$이므로 각 i에 대해 $a_{ik}=1$인 k는 네 개 있으며, $j=4, 5$에 대해 $b_{jj}=3$이므로 역시 각 j에 대해 $a_{jk}=1$인 k는 세 개 있다. 따라서 차수가 3인 꼭지점은 4번과 5번 뿐으로 ㄱ은 옳다. 또한 행렬 A^2의 각 원소 b_{ij}는 꼭지점 i와 j를 두 변으로 연결할 수 있는 개수를 나타내므로 $b_{ij} \ge 2$로부터 ㄷ도 옳음을 알 수 있다. 이제 해밀턴 회로를 구성해 보자. $b_{44}=b_{55}=0$이므로 $a_{45}=a_{54}=0$와 $a_{44}=a_{55}=0$이고 꼭지점 1, 2, 3의 차수는 4이므로 1-4-3-5-2-1이나 1-3-4-2-5-1로 구성하면 둘 가운데 하나는 반드시 성립한다. 만약 1-4-3-5-2-1이 회로를 이루지 못한다면, 꼭지점 2와 1이 연결되지 않은 상태이다. 이 경우 꼭지점 1과 2의 차수가 4이어야 하므로 꼭지점 1과 2는 각각 자신과 연결된 고리를 하나씩 가져야 한다. 또한 $a_{11}=a_{22}=1$이므로 이 경우도 꼭지점 1과 2는 각각 꼭지점 3, 4, 5와 다 연결되어 있어야 한다. 따라서 이 경우 1-3-4-2-5-1이 회로를 이룬다. 실제로 주어진 A^2을 행렬로 하는 인접행렬은 다음같이 네 종류가 있다.

$$\begin{bmatrix} 0&1&1&1&1 \\ 1&0&1&1&1 \\ 1&1&0&1&1 \\ 1&1&1&0&0 \\ 1&1&1&0&0 \end{bmatrix}, \quad \begin{bmatrix} 0&1&1&1&1 \\ 1&1&0&1&1 \\ 1&0&1&1&1 \\ 1&1&1&0&0 \\ 1&1&1&0&0 \end{bmatrix}, \quad \begin{bmatrix} 1&0&1&1&1 \\ 0&1&1&1&1 \\ 1&1&0&1&1 \\ 1&1&1&0&0 \\ 1&1&1&0&0 \end{bmatrix}, \quad \begin{bmatrix} 1&1&0&1&1 \\ 1&0&1&1&1 \\ 0&1&1&1&1 \\ 1&1&1&0&0 \\ 1&1&1&0&0 \end{bmatrix}.$$

여기서 첫 번째 인접행렬은 고리가 없는 그래프고 두 번째, 세 번째, 네 번째 인접행렬은 순서대로 고리가 꼭지점 2와 3에, 꼭지점 1과 2에 그리고 꼭지점 1과 3에 있는 그래프이다. 따라서 세 번째 행렬에 해당하는 그래프는 1-3-4-2-5-1을 해밀턴 회로를 갖고, 나머지 행렬에 해당하는 그래프는 1-4-3-5-2-1을 해밀턴 회로로 갖는다. 이를 그래프로 나타내면 순서대로 다음과 같다.

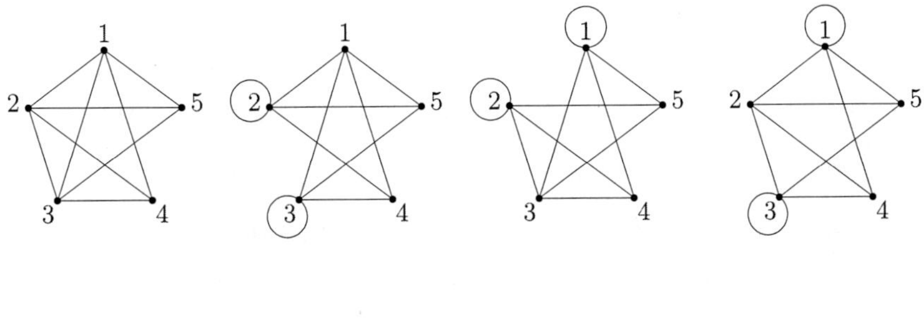

L. Euler[244]

그래프와 관련하여 유명한 이야기는 한붓그리기와 관련한 Leonhard Euler의 얘기일 것이다. 옛 Preußen 시절 오늘날 Калининград[Kaliningrad]에 위치한 도시 Königsberg에 Pregel[Преголя] 강이 흐르고 그 강 가운데 Kneiphof[Кнайпхоф]라 불린 섬이 있었다[245]. 그 섬과 강 주변을 연결한 일곱 개 다리가 놓여져 있었는데, 당시 사람들은 이 다리를 오직 한 번씩만 건너 다시 출발점으로 돌아올 수 있는지 궁금해 했다. 이에 대해 L. Euler는 **그래프**의 모든 꼭지점이 짝수 차수를 가지면 이것이 충분하다는 일반적 사실을 증명하였다. 1736년 발표된 논문 '*Solvtio problematis ad geometriam situs pertinentis*[246]'에서 그는 단순히 충분조건만 제시하였고 필요조건과 함께 문제가 완벽히 해결된 것은 1873년 Carl Hierholzer에 의해서였다.

① Krämer Brücke (Лавочный Мост)
② Grüne Brücke (Зелёный Мост)
③ Köttel Brücke (Рабочий Мост[247])
④ Schmiede Brücke (Кузнечный Мост)
⑤ Holz Brücke (Деревяный Мост)
⑥ Hohe Brücke (Высокий Мост)
⑦ Honig Brücke (Медовый Мост)

㉠ Kneiphof (Кнайпхоф)
㉡ Altstadt (Альтштадт)
㉢ Vorstadt (Форштадт)
㉣ Lomse (Ломсе)

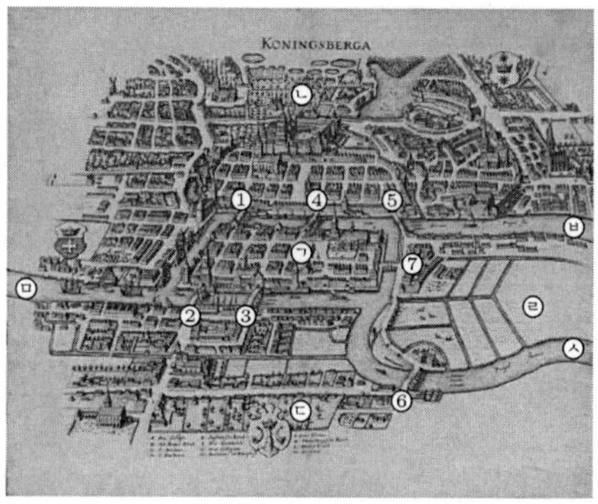

㉤ Pregel (Преголя) ㉥ Neuer Pregel ㉦ Alter Pregel[248]

Henry Earnst Dudeney는 1907년 '*The Canterbury Puzzles*'에 다음같이 평면 **그래프**[planar graph]와 관련한 재미있는 문제를 제안하였다.

> The puzzle is to lay on water, gas, and electricity, from W, G, and E, to each of the three houses, A, B, and C, without any pipe crossing another. – **Amusements in Mathematics, 73쪽, 1917** –

이를 그림으로 나타내면 위 그림과 같다.

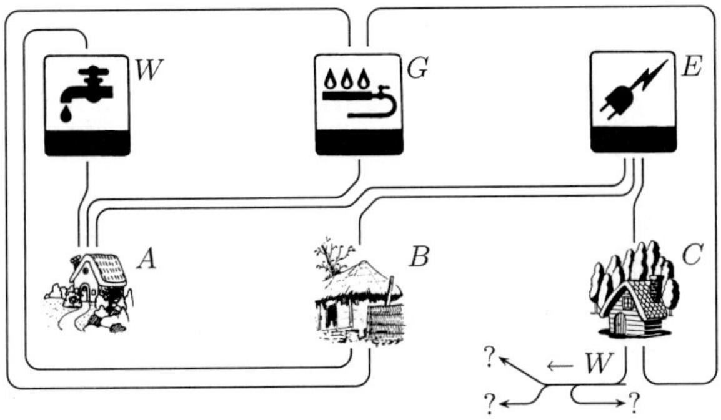

그림 2.31: 평면 그래프에 대한 Dudeney의 문제

Kazimierz Kuratowski는 1930년 주어진 그래프가 평면 그래프일 필요충분조건으로 주어진 그래프가 K_5나 $K_{3,3}$를 부분분할로 갖지 않는 것임을 증명하였다. 어느 그래프의 '부분분할'이란 주어진 그래프의 변 위에 꼭지점을 추가하여 변을 분할함으로써 얻을 수 있는 그래프를 일컫는다. 한편 오일러 관계식으로부터 꼭지점을 세 개 이상 가지는 단순 그래프 G가 평면 그래프이면 꼭지점 개수가 v이고 변의 개수가 e일 때 $e \leq 3v-6$임이 알려져 있다. 이 사실로부터 K_5와 $K_{3,3}$은 평면 그래프가 아님을 쉽게 알 수 있고 따라서 H. E. Dudeney가 제안한 문제는 이분 그래프[bipartite graph] $K_{3,3}$이므로 답은 '불가능'임을 바로 알 수 있다. 한편 G가 단순 평면 그래프이면 차수가 5 이하인 꼭지점이 적어도 한 개 존재해야 한다. 따라서 완전 그래프 K_n이 평면 그래프이기 위해서는 꼭지점 개수가 네 개 이하여야 함을 알 수 있다. 그러나 H. E. Dudeney의 문제에서 만약 세 집과 세 공급처 W, G, E가 원환면[toroidal surface]이나 뫼비우스-띠 위에 놓여 있다면 연결관이나 선이 서로 교차하지 않도록 설치할 수 있다.

다음 문제는 이산수학보다 정수론에 더 가까운 문제로 교과서에서 고른 것이다.

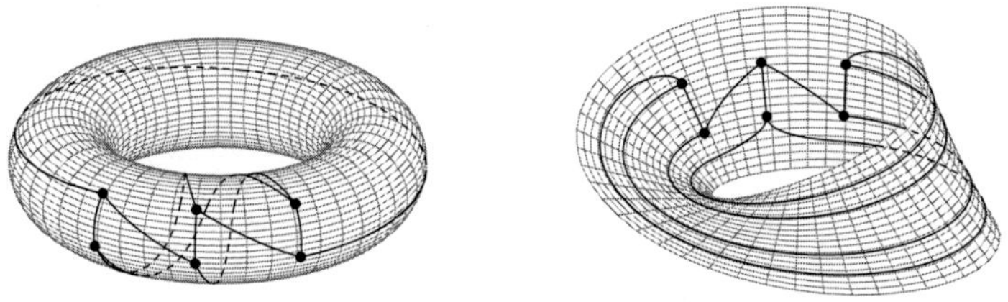

그림 2.32: 원환면과 Möbius-띠 위에서 풀리는 H. E. Dudeney의 문제

> $\frac{1}{7} = 0.142857142857\cdots$ 임을 이용하여 $\frac{3}{7}$과 $\frac{6}{7}$을 순환소수로 나타내어라. 또, $\frac{1}{13} = 0.076923076923076923\cdots$ 임을 이용하여 $\frac{10}{13}$과 $\frac{3}{13}$을 순환소수로 나타내어라. **– 고등학교 이산수학, 128쪽, 종합문제 3 (교육인적자원부, 강원대학교 국정 도서 편찬 위원회 편찬, (주)천재교육 발행) –**

교과서 끝에는 다음과 같은 답이 실려있다.

$$\frac{3}{7} = 0.\dot{4}2857\dot{1}, \quad \frac{6}{7} = 0.\dot{8}5714\dot{2}, \quad \frac{10}{13} = 0.\dot{7}6923\dot{0}, \quad \frac{3}{13} = 0.\dot{2}3076\dot{9}.$$

그러나 직접 나눗셈을 하지 않고 주어진 분수를 소수로 적으라 했으니 어찌 풀이를 달아야 할까? 단순하게 답만 구하고 넘어가기란 무엇인가 빠뜨린 듯한 느낌을 준다. 답을 구하기 위해 $\frac{1}{7}$과 $\frac{1}{13}$의 반복되는 부분을 두 번 이상 적은 뒤 실제로 곱셈을 하여 값을 구할 수 있다. 물론 자연스럽지는 않지만 이를 통해 두 분수 $\frac{1}{7}$과 $\frac{1}{13}$은 비슷한 성질을 갖고 있음을 알 수 있다. 즉 분자가 1인 단위분수에서 얻은 $\frac{3}{7}$이나 $\frac{3}{13}$ 따위는 $\frac{1}{7}$이나 $\frac{1}{13}$의 소수부분에 나타나는 숫자가 배열만 달리하여 나타난다는 것이다. 그러나 여기서 그치고 나면 틀린 결론을 참으로 여길 수 있다. 좀 더 깊게 살펴보면 $\frac{1}{7}$과 $\frac{1}{13}$은 다른 성질을 갖고 있다. 우선 $\frac{1}{7}$을 소수로 나타내면 순환소수의 순환주기가 $7 - 1 = 6$임을 알 수 있지만 $\frac{1}{13}$을 소수로 나타내면 순환소수의 순환주기가 $13 - 1 = 12$보다 작은 6이다. 이 차이점은 $\frac{1}{7}$에 1부터 6까지 곱하여 얻은 분수를 순환소수로 나타내면 순환마디가 $\frac{1}{7}$을 순환소수로 나타낼 때 그 순환마디에 나타나는 숫자들과 같고 단지 배열만 다르나 $\frac{1}{13}$은 그렇지 못하다는 특징을 준다. 보기로 $\frac{7}{13} = 0.\dot{5}3846\dot{1}$으로 $\frac{1}{13} = 0.\dot{0}7692\dot{3}$에 나타나는 숫자와 다름을 알 수 있으나 $\frac{k}{7}$은 표같이 위에 적은 성질을 만족한다.

k	1	2	3	4	5	6
$\frac{k}{7}$	$0.\dot{1}4285\dot{7}$	$0.\dot{2}8571\dot{4}$	$0.\dot{4}2857\dot{1}$	$0.\dot{5}7142\dot{8}$	$0.\dot{7}1428\dot{5}$	$0.\dot{8}5714\dot{2}$

일반적으로 주어진 솟수 p에 대해 $\frac{1}{p}$이 이런 특징을 갖기 위한 필요충분조건은 10^k을 p로 나눈 나머지가 1이 되는 $p-1$보다 작은 자연수 k가 존재하지 않는 것이다. 여기서 $1 \le k \le 6$인 자연수 k에 대해 10^k을 7로 나누면 1이 남지 않지만, 10^6을 13으로 나누면 1이 남는다. 이런 성질을 갖는 솟수를 순서대로 적으면 다음과 같다.

$$7, 17, 19, 23, 29, 47, 59, 61, 97, 109 \ldots .$$ ⟨249⟩

$$\frac{1}{7} = 0.\dot{1}4285\dot{7}$$
$$\frac{1}{17} = 0.\dot{0}58823529411764\dot{7}$$
$$\frac{1}{19} = 0.\dot{0}5263157894736842\dot{1}$$
$$\frac{1}{23} = 0.\dot{0}43478260869565217391\dot{3}$$
$$\frac{1}{29} = 0.\dot{0}344827586206896551724137931\dot{1}$$
$$\frac{1}{47} = 0.\dot{0}21276595744680851063829787234042553191489361\dot{7}$$
$$\frac{1}{59} = 0.\dot{0}16949152542372881355932203389830508474576271186440677966\dot{1}$$
$$\frac{1}{61} = 0.\dot{0}16393442622950819672131147540983606557377049180327868852459\dot{9}$$
$$\frac{1}{97} = 0.\dot{0}10309278350515463917525773195876288659793814432\ 98969072164948453608247422680412371134020618556\dot{7}$$
$$\frac{1}{109} = 0.\dot{0}09174311926605504587155963302752293577981651376146788\ 99082568807339449541284403669724770642201834862385321\dot{1}$$

단순히 답만 구하기보다 좀 더 호기심과 관심을 갖고 문제에 깊게 접근해 보고자 하는 자세를 가지는 것도 수학을 제대로 배울 수 있는 태도다. 교육은 이런 탐구욕을 길러주고, 주어진 문제를 통해 이와 비슷한 여러 성질을 탐구할 수 있는 기회를 마련해 주도록 힘써야 옳다. 그럼에도 미리 주어진 보기에서 정답만 골라내는 복권 추첨기와도 같은 인간형을 기르는데 늘 혈안이 되어 있는 오늘의 교육을 나 몰라라 뒷짐만 진 채 통렬한 비판을 하지 못하는 많은 식자들의 무능을 필자는 힐난하고 싶다.

이제 이산수학에서 주로 다루는 수열에 대한 문제를 살펴보자.

> 영복이네 학교에는 많은 계단이 있다. 영복이는 이 계단을 한 번에 최대 3계단까지 올라갈 수 있다고 한다. 영복이가 n개의 계간을 오르는 방법을 a_n가지라고 할 때, 10개의 계단을 오르는 방법은 어떤 관계식을 가지는가?
>
> ① $a_{10} = a_7 + a_8 + a_9$ ② $a_{10} = a_8 + a_9$ ③ $a_{10} = 2a_8 + a_9$
> ④ $a_{10} = a_8 + 2a_9$ ⑤ $a_{10} = 2a_8 + 3a_9$
>
> – **해법문제집 이산수학, 83쪽, 6번 (이장주 외 세 명, (주)천재교육 발행)** –

우선 문제의 표현부터 살펴보자. '영복이네 학교에는 많은 계단이 있다'는 무슨 뜻일까? 교정 여러 곳에 계단이 있다는 뜻인지, 아니면 한 계단에 단이 많아 계단이 높다는 뜻인지 정확하지 않다. 또한 '많은 계단이 있다'라 하기보다 '계단이 많이 있다'고 하는 것이 더 자연스럽다. 또 '3계단'도 무척이나 어색한 표현이다. 이 경우 문제의 의도에 맞추려면 '세 단'이라 해야 적절하다. 이보다 간단한 경우로 계단을 한 번에 최대한 두 단까지 오를 수 있다 하면, n-개 단을 오르는 서로 다른 방법을 b_n이라 할 때,

$$b_1 = 1, \quad b_2 = 2, \quad b_n = b_{n-1} + b_{n-2}$$

와 같은 관계를 가지며, 수열 b_n은 잘 알려진 피보나찌 수열과 그 배열이 같다. 위 문제는 이를 '한 번에 최대한 세 단까지' 오를 수 있는 경우

로 바꾼 문제로 출전이 풀이로 제시하고 있는 것같이

$$a_1 = 1, \quad a_2 = 2, \quad a_3 = 4, \quad a_n = a_{n-1} + a_{n-2} + a_{n-3}$$

을 만족한다. 따라서 문제의 답은 ①이 된다. 실제로 $a_{10} = 274$다. 앞에서 설명한 바같이 수열 b_n은 피보나찌 수열과 배열이 같아서 $b_n = F_{n+1}$, 즉 $\phi = \dfrac{1+\sqrt{5}}{2}$와 $\bar{\phi} = 1 - \phi$에 대해

$$b_n = \frac{\phi^{n+1} + \bar{\phi}^{n+1}}{\sqrt{5}}$$

이다. 그러면 a_n의 일반항은 무엇일까? 학생들이 이따금 물어오지만 학교 범위 안에서 다루기는 어렵다. 여기에 그 답만 적는 것으로 답에 대신하기로 한다. $\alpha = \sqrt[3]{19+3\sqrt{33}}$, $\bar{\alpha} = \sqrt[3]{19-3\sqrt{33}}$; $\beta = \dfrac{1}{22}\sqrt[3]{847-33\sqrt{33}}$, $\bar{\beta} = \dfrac{1}{22}\sqrt[3]{847+33\sqrt{33}}$라 하고, $\omega = \dfrac{-1+\sqrt{3}\boldsymbol{i}}{2}$ $\bar{\omega} = \dfrac{-1-\sqrt{3}\boldsymbol{i}}{2}$라 할 때, $n \geq 1$에 대해

$$\begin{aligned} a_n &= \frac{1}{3^{n+1}}\big[(1+\beta+\bar{\beta})(1+\alpha+\bar{\alpha})^n + (1+\beta\omega+\bar{\beta}\bar{\omega})(1+\alpha\omega+\bar{\alpha}\bar{\omega})^n \\ &\qquad + (1+\beta\bar{\omega}+\bar{\beta}\omega)(1+\alpha\bar{\omega}+\bar{\alpha}\omega)^n\big] \end{aligned}$$

이다. 수열 a_n의 처음 열다섯 항을⟨250⟩ 적으면 다음과 같고, 따라서 위 문제에 주어진 나머지 보기는 성립하지 않음을 알 수 있다. 출전은 이를 확인하지 않고 있는데, 문제를 풀 때 이를 확인하지 않는 것은 바르지 못한 습관이다. 만약 보기로 $a_{10} = 5a_2 + 6a_7$이 있었다면 이를 어떻게 찾을 수 있을까. 늘 꼼꼼하게 따져 보는 습관을 길러야 한다.

$$1,\ 2,\ 4,\ 7,\ 13,\ 24,\ 44,\ 81,\ 149,\ 274,\ 504,\ 927,\ 1705,\ 3136,\ 5768,\ \cdots$$ ⟨251⟩

이다.

2.8 맺음말

앞에서 우리는 지난 날 그리고 오늘에 이르기까지 수학을 배우고 가르치면서 알게 모르게 저질렀던 잘못이 무엇이었는지 실제 문제를 통해 짧게나마 살펴보았다. 추정 통계에 따르면 2005년도 출판 시장의 내수 규모는 약 2조 6939억 원으로 그 가운데 학습 참고서 시장 규모가 약 2770억 원에 달해 규모면에서 아동, 문학, 사회과학 분야의 뒤를 이어 네 번째요, 전체 내수 시장 규모의 약 10.3 %를 차지하는 것으로 알려졌다⟨252⟩. 입시를 목표로 하는 우리 교육 환경에서 학원을 비롯한 사교육 시장과 참고서 시장은 교육 산업의 두 중심축을 이루고 있다. 그만큼 우리의 교육 환경은 학원과 참고서에 지나치게 의존하고 있는 셈이다. 사실 기억을 되살려 보아도 각 과목마다 적어도 한두 권은 책꽂이에 꽂혀 있는 참고서가 없었더라면 과연 학교 생활을 무사히 마무리 할 수 있었을까 의아하기도 하다. 스스로 풀이 방법을 찾아 고민하고 탐구하며 과제 해결에 힘쓰기보다 참고서에 실린 설명과 답만 골라 숙제를 끝내는 데 여념이 없었고, 수 많은 문제집을 통해 답 구하는 연습으로 치른 시험이었음은 부인할 수 없는 일이다. 물론 참고서가 학습에 유해하기만 한 것은 아니다. 참고서의 도움으로 배운 지식을 잘 요약, 정리할 수도 있고, 잊고 넘어가기 쉬운 내용을 조목조목 짚어주니 학습에 유용한 것은 사실이다. 그러나 분명한 것은 참고서는 여전히 참고서일 뿐 그것이 학습의 기본 도구가 될 수는 없다는 사실이다. 고등학교 시절 필자에게 국어를 가르치시던 어느 선생님께서는 국어 숙제를 참고서에서 베껴 오는 것을 엄격히 금하셨다. 제출한 숙제가 참고서와 비슷하거나 그 양이나 내용이 불충분할 경우 어김없이 손바닥은 벌겋게 달아 오르고 수업 시간 내내 교실 바닥에 무릎을 꿇고 있어야 했다. 국어과 평균이 40점 안팎이었을 정도로 선생님께서는 참고서나 문제집과 거리가 먼 문제를 시험에 출제하셨다. 참고서를 베껴 외우고 문제집의 풀이를 통해서만 다져진 지식은 결국 자신에게 무용지물이다. 배우고 시험을 치르고 나면 이내 잊혀지기 마련인 지식을 위해 지친 몸을 책상머리에 기댄 채 밤잠도 설쳐가며 공부에 여념이 없었던 지난 시절이 필자도 안타깝기 마찬가지다. 이제 우리 교육도 참고서를 벗어나 폭 넓고 깊이 있는 교육에 매진해야 할 때다.

수학 교육을 위해 평생 정열을 바친 훌륭한 스승들이 우리 곁에 늘 계셨음을 우리는 잊을 수 없다. 그럼에도 어느덧 수학 교육이 깊은 수렁에 빠져 헤어나지 못하고 있다는 느낌이 드는 것은 어찌 된 일인가. 2006년 7월 12일과 13일에 걸쳐 Slovenija의 수도 Ljubljana에서 열린 제47회 국제 수학 올림피아드에서 한국은 금메달 4개, 은메달 2개를 수상하여 총점 170점으로 종합 3위를 기록하면서 대회 출전 사상 가장 좋은 성적을 기록하기도 했다⟨253⟩. 어찌 기쁘지 않은 소식인가. 국내·외에서 좋은 성과를 올릴 우수한 두뇌들이 점점 더 늘어나야 하는 것은 두말 할 필요도 없는 우리의 바램이다. 하지만 이보다 더욱 절실하고 시급한 일은 수학과 과학이 우리 삶 속에 뿌리를 내려야 한다는 점이다. 시험을 치르기 위해 억지로 배우는 과목으로 전락한 채 깊은 이해도 없이 어려운 문제만 기계적으로 척척 풀기 위한 연습문제로 수학을 바라보는 한 우리에게 수학은 늘 먼 나라 이야기일 뿐이다. 수학을 수학 자체로 보지 못하고 다른 학문이나 기술을 위한 도구로만 여긴다면 수학은 그 가치를 발휘할 수 없다. 척박한 땅에 아무리 좋은 나무를 심은들 무슨 영양분을 그로부터 섭취하여 탐스런 열매를 맺게 할 수 있단 말인가. 과학 문화가 듬뿍 스며든 비옥한 우리 문화의 토양을 마련하기 위해 지금 우리가 해야 할 일은 우리의 문화를 올바로 이해하고 이를 이어 발전시키는 일은 물론 올바른 과학 문화와 정신을 바탕으로 새롭고 찬란한 우리의 문화를 일구는 것이다.

필자는 끝으로 이 절에서 우리의 언어 생활을 짧게나마 언급하고 싶다. 인류는 언어를 사용할 수 있게 되면서 부단한 도전을 통해 많은 것을 이루어 왔다. 언어가 없었다면 우리는 아직도 밀림에 터전을 삼거나 동굴이나 나무 위에 움을 틀고 다른 야생 동물처럼 무리를 지어 다니며 먹이를 사냥하는 삶을 그대로 누리고 있을지도 모를 일이다. 그만큼 언어란 우리에게 주어진 값진 선물임에 틀림없다. 그럼에도 오늘날 우리 언어 교육은 어떠한가? 영어라면 아낌없이 투자하고 글자 한 자, 발음 한 곳이라도 틀릴까 바로잡기에 여념이 없지만, 정작 우리가 올바로 알고 다듬어야 할 우리말과 우리글은 문 밖으로 내팽게쳐진지 오래다. 우리의 발음은 이제 더 이상 정확하지도 않고 우리의 문장 표현력은 점점 엉망으로 되어간다. 존칭어법 하나 올바로 쓸 줄 모르는 젊은이들이 날로 늘어가고 거칠고 상스러운 말만 내뱉는 것이 일상인 세태를 그저 억눌려 지낸 지난 날을 보상받으려는 탈출구로만 보기에 지나친 느낌이다. 논술고사 제도가 대학 입시로 도입되었다 하지만 이도 결국 시험 제도로 이해될 뿐 진정한 가치는 아직도 우리에게 그리 깊게 인식되지 못하고 있다. 책을 읽고 글을 쓰는 일이 시험을 위한 일로 여겨지는 한 그 성과는 여전히 다른 과목과 다를 바 없을 것이기 때문이다. 아울러 몸은 서구 체형을 닮아가고 있다지만 그들의 사고와 표현력은 점점 유아 수준에 머물고 있음도 부인할 수 없다. 필자가 어느 작은 기업의 연구소 소장으로 있을 때, 새 연구원을 모집하고자 받은 많은 자기 소개서를 읽으며 대학을 졸업한 젊은이들의 문장 실력에 한숨지었던 기억이 난다. 언어란 우리가 늘 사용하는 여러 표현을 통해 사물이나 세상을 바라보고 이해하는 방식을 고스란히 드러낸다. 그럼에도 우리는 언어 교육에 대해 너무도 지나치리만큼 무관심하다.

지금은 어느 국책 연구소에 근무하는 필자의 벗은 학창시절 '오늘 버스 몇 번 타냐?'고 물으면 늘 '한 번' 아니면 '두 번'과 같은 식으로 대답했다. 상황으로 보아 어느 버스를 타냐고 묻는 질문임은 뻔함에도 늘 이런 식으로 답을 다는 그 친구를 주위 사람들은 이상히 여겼다. 그러나 가만히 따져 보면 그의 답은 틀리지 않았음을 알 수 있다. '버스를 몇 번 타냐?'는 질문은 차를 타는 횟수를 묻고 있는 것이지 결코 어느 노선을 이용할 것인지 묻는 질문은 아니기 때문이다. 이렇듯 무의식 중에 우리가 사용하는 언어 속에 정확하지 않은 표현이 자리잡고 있음을 자주 보고 들을 수 있다.

어느 해인가 현충일 낮에 방송에서 나오는 하루 소식을 듣고 있었다. 현충일 전국의 모습을 설명하던 진행자가 '많은 집에서 조기를 내걸고···'라 말하는 것을 듣고 나는 갑자기 왜 사람들이 생선을 문에 내걸었을까 의아해 했다. 계속 이어지는 내용으로 보아 진행자가 말한 '조기'란 생선이 아닌 '조기(弔旗)'를 가리키는 말이었다. 생선인 '조기'를 발음할 때 '조'는 짧은 발음이요, 조의(弔意)를 표하기 위해 깃봉과 깃면 위부분 사이를 깃면 너비만큼 내려 다는 것을 가리키는 '조기(弔旗)'에서 '조'는 발음이 길기 때문에 진행자가 말한 짧은 발음을 들은 필자로서 기사를 제대로 이해할 수 없었던 것은 당연한 일이었다. 이런 일은 우리 주위에서 아주 흔히 볼 수 있다. 한국 사람들이 좋아하는 '산낙지'도 그 가운데 하나다. 사람들은 주로 '산낙지'를 발음하면서 '산'을 짧게 발음하여 산낙지를 '산에서 나는 낙지'로 알고 있는 사람들마저 있다. 물론 쓰기에 '산 낙지'라 쓰는 것이 바른 표현일테지만 이미 '산낙지'처럼 붙여 쓰는 일이 굳어진 터에 발음이라도 정확하면 하는 아쉬움이 드는 말이다. 표현을 정확하게 하는 일, 이는 국어 실력과 더불어 과학다운 사고 기틀을 갖추는 첫 번째 길이다. 외국 문물이 마구잡이로 쏟아지는 작금의 모습은 영어를 못하면 바보 취급을 당하고 옛 것을 고집하면 시대에 뒤떨어진 사람으로 따돌림 받기 쉽상인 우스꽝스러운 상황임에 틀림없지만, 우리말과 우리글을 잘 다듬어 놓아야 우리의 문화를 더욱 찬란히 일굴 수 있고, 그래야 빛나는 전통과 함께 올바른 지혜와 지식을 후손들에게 당당하게 물려줄 수 있지 않겠는가. 그래야 그 위에 서구의 과학 사상도 올바로 뿌리를 내릴 수 있다.

어느 날 지하철을 타고 가다 출입문 위에 붙어 있는 발모제 광고를 보게 되었다. 머리카락이 빠지면서 점점 대머리로 변하는 남편을 위해 좋은 발모제를 권한다는 취지에서 만들어진 그 광고 문구로 '이제 남편을 확 바꿨어요!'라는 아내의 대사가 적혀 있었다. 도대체 남편을 바꿨다면 요즈음 암암리에 성행한다는 'swapping'이라도 한다는 뜻인가? 아니면 이혼이라도 하고 새 남편을 맞아들였다는 뜻인가? 이럴 때 우리는 '남편의 모습이 확 달라졌어요!'라 해야 할 것이다. 아무리 광고 효과를 노리고 한 표현이라 치더라도 이는 정말 이해할 수 없는 표현이다. 이와 비슷한 예로 전화 통화가 있다. 전화가 울려 송·수화기를 들면 들려오는 말; '○○ 좀 바꿔주세요!' 이제는 귀에 무척이나 익숙한 표현이라 필자도 가끔 실수할 때가 있지만, 만약 누가 '엄마 좀 바꿔라!'라 한다면 도대체 누가 내 부모를 함부로 바꾸라 한단 말인가? '○○ 계십니까?', '○○와 통화할 수 있을까요!' 따위가 적절한 표현임에도 우리는 무심코 상대방의 가족을 바꾸라 주문하는 어처구니없는 표현을 서슴없이 하고 있는 셈이다. 이런 어처구니없는 표현은 도로변에서도 자주 볼 수 있다. 차를 몰고 가노라면 '사망사고 다발지점'이란 경고문을 자주 볼 수 있기 때문이다. 무심코 지나친다면 그리 대수롭지 않은 경고판 같지만 그 의미를 되새기면 경고문이 아니라 그 지점에는 사망사고가 빈번하게 일어나야 한다는 뜻으로 들려 섬뜩하기 이를 데 없다. 그 경고문이 거짓이 아닌 한 '사망사고 다발지점'이라는 선언은 그 곳에서 사고는 자주 일어나야 함을 뜻하기 때문이다. 아무리 무뎌진 우리의 감각을 일깨우고자 한다고 하더라도 사고나 나라는 뜻으로 들리기도 하는 이 경고문에 어느 누구도 반응을 보이지 않는 것은 아마도 더 살벌한 경고가 나와야 함을 암시하는 듯하기도 하다. 경고 표지라면 '사고 위험 지역'이나 '운전 조심하세요' 정도가 논리적으로 무리도 없고 알맞지 않을까?

필자는 어느 날 길을 걷다가 근처 파출소에서 붙인 듯한 안내문을 읽은 적이 있다. '저희는 5분 거리에 있습니다.' 안내도나 주소도 보이지 않고 무작정 '5분 거리에 있다'고 적고만 있으니 어떻게 그 파출소를 찾을 수 있을까? 뿐만 아니라 이 문구를 잘 살펴보면 시간을 뜻하는 '5분'

과 '거리'라는 표현은 어울리지 않는다. 걸어서 갈 때 5분이 걸릴지 아니면 차를 타고 가면 5분이 걸릴지 알 수 없기 때문이다. 이렇듯 우리 주위에서 사용하는 표현은 상황을 정확하고 논리 정연하게 나타내는데 무척이나 부족하다. 흔히 하는 말 가운데 '틀리다'는 표현도 이와 같은 예이다. 늘 시험에서 답을 맞추는 일에 몰두하다 보니 미리 정해 둔 답과 내 답안이 다르면 '틀리다'는 표현을 쓴다. 즉 내 답안이 잘못되었다는 뜻이다. 그러다보니 서로 다른 것을 두고도 '틀리다' 한다. '내 것과 네 것은 틀린 물건이다'가 그 보기이다. 이 경우 '내 것과 네 것은 다른 물건이다'가 옳음에도 틀리고 맞는 것을 찾는데 늘 얽매어 있어서 그런지 표현조차 상황을 정확히 구분하지 못한 채 우리의 언어 습관은 단순해 지고 말았다. 이런 잘못으로 역시 '너무'라는 부사가 있다. '아이가 너무 예쁘네요!' 말하는 사람의 속 뜻은 그렇지 않겠지만 듣는 사람의 기분은 묘해질 수밖에 없다. 부사인 '너무'는 사전에 '한계가 정도에 지나치게' 또는 '분에 넘게'라 풀이하고 있다. 예쁜 정도가 지나치게 심하다는 뜻이니 예뻐서 좋지 않다는 뜻으로 들리기 때문이다. 이 경우 '아이가 아주 예쁘네요!'같이 '매우', '아주' 같은 부사를 쓰는 것이 바람직함에도 우리의 언어 생활을 보면 그 뜻도 모르고 이상한 표현을 쉽게 입 밖으로 내뱉고 있음을 알 수 있다.

우리말을 배운지 얼마 되지 않은 한 외국인이 식당에서 주인이 '식탁 좀 훔쳐라'라 하는 말을 듣고 놀랬다는 우스개 이야기가 있다. 우리의 표현은 오늘날 극도로 단순해졌다. 지저분한 식탁을 말끔하게 치우는 일을 그저 '식탁을 닦다'라 말하고 있으니 말이다. '훔치다'와 '닦다'가 힘겨루기를 하여 '닦다'로 바뀌고 만 셈이다. 이런 단순화는 언론을 통해 더욱 빨리 진행되고 있다. '빨리빨리'를 좋아하는 우리 특성을 그대로 드러내듯 조금이라도 길다 싶은 낱말은 영락없이 줄이기 대상이다. 우리말 대부분은 한자어로 줄여 쓸 경우 그 말이 지닌 뜻은 사라지고 만다. 심지어 사람 이름도 DJ니 YS니 하는 식으로 불리며 사람들 귀에 익

어버린지 오래다. DJ라면 'disc jockey'를 뜻하는 것인가? '국립과학수사연구소'를 '국과수'라 하면 그 뜻이 무엇인지 궁금해진다. 무슨 음료수나 나무의 이름 같기도 하기 때문이다. 대학 이름도 '성균관 대학교'를 '성대'라 하면서 '서울 대학교'는 '서대'라 하지 않는 이유는 무엇일까? 우리말 쓰기를 주장하는 사람은 '이화여자대학교'를 '배꽃 계집 높게 배우는데'라 하자는데, 한 쪽에서는 '이대'라고 하니 둘 다 극단을 달리고 있는 모습이다. '성균관', '이화'는 모두 고유명사이므로 가능한 이를 밝혀 적는 것이 바람직하다. 단순화도 좋지만 내용도 모르고 마구잡이로 줄여쓰는 우리의 습관은 바로잡아야 할 일임에 틀림없다. 식탁을 깨끗이 하는 경우 '훔치다'가 올바른 표현이지만 우리는 이를 잊고 사는 것이다. 영어 단어는 몇 만 단어씩 외워야 함에도 오늘날 우리가 알고 있는 한국어 단어는 정녕 얼마나 될지 의심스럽기 짝이 없다.

어릴 때 외국으로 나온 탓에 우리글에 약간은 서툰 아들 녀석이 수학책을 들고 쪼르르 내게로 왔다. 문제의 뜻을 잘 몰라서 물어보고자 들고 온 책에는 다음과 같은 문제가 실려 있었다.

> 분수 가와 나가 있다. 가의 분모와 분자를 바꾼 분수가 나라고 할 때, 가 − 나의 값은 $\frac{9}{20}$였다. 분수 가를 구하여라[254].
>
> **− 대교주최 제6회 수학 올림피아드 문제, 5학년 1교시, 문제 7번 (1994년 실시) −**

아들의 질문이란 다름이 아니라 '분모와 분자를 바꾸었다'는 뜻이 분모와 분자를 다른 수로 바꾸었다는 뜻인지 아니면 분모와 분자를 맞바꾸었다는 뜻인지 묻는 것이었다. 수학 문제의 구성으로 보아도 답을 보아도 분명 두 번째 해석이 옳은 듯하다. 그렇다면 문장은 분명히 '분모와 분자를 바꾼 분수'라 하기보다 '분모와 분자를 맞바꾼 분수'라 하는 것이 옳다. 영어를 배우면서 'change'와 'exchange'의 뜻은 엄격히 구분하면서도 우리말은 이토록 무심하기 짝이 없으니 정말 안타깝다. 비단 수학 뿐 아니라 모든 분야에서 정확한 표현을 사용하지 않는 우리 습관은 과학 사상이 싹트는데 장애 요소임에 틀림없다. 우리말은 서양 언어와 달리 과학적인 표현에 가끔 적절하지 않은 경우가 있다. 이런 부족한 점을 개선할 생각은 못하고 오히려 있는 말마저 엉터리로 쓴다면 어찌 바른 과학 사상이 움트겠는가. 표현력을 기르는 언어 교육이 시급한 시점이다. 자신이 의도한 바를 글로 바르게 나타낼 수 없다면 문맹자 수준과 다를 바 없다. 영어를 비롯한 외국어 교육도 마찬가지이다. 문법이나 간단한 표현도 중요하지만 제대로 된 글 하나 쓸 수 없다면 비록 회화에 능통하다 하여도 속 빈 강정일 뿐이다. 외국 교수들을 보면 바쁜 시간을 쪼개 좋은 글을 자주 쓰는 것을 본다. 어린 시절부터 글쓰기를 열심히 가르치는 그들의 바른 교육관이 이를 가능하게 한 것임을 우리 모두 잘 알아야 한다. 다른 문제를 살펴보자.

주스 3병이 있다. 이 주스를 한 사람에게 0.24L씩 27명에게 나누어 주었더니 $\frac{1}{3}$병이 남았다. 주스 한 병에는 몇 L씩 들어있었나?

– 우등생 해법수학 **6-2, 81**쪽 **5**번 (저자 미상, (주)천재교육 **2001**년) –

우리가 시중에서 보는 많은 참고서에 유명 저자 한 사람이 지은 것이 많이 있다. 그런데 위 참고서의 저자는 과연 누구인지 궁금해진다. 참고서란 한 사람의 역량으로 만들어질 수도 있지만 여러 사람이 참여하여 만들어지는 것도 매우 바람직한 일이다. 펴낸이가 '최용준'으로만 되어 있는 위 참고서를 과연 누가 직접 집필하고 누가 참여하여 만들었는지 궁금하다. 유명한 참고서임에도 그 질을 가늠할 수 있는 저자와 편집인에 대한 소개가 없다는 사실은 이를 믿고 교재로 체택하기 꺼려지는 부분이 아닐 수 없다. 엄연히 참고서도 서적임에 틀림없건만 서지 사항이 정확한 참고서를 눈 씻고 찾아도 보이지 않는 까닭은 이에 대한 우리의 인식이 터무니없이 부족한 탓이다. 이런 사소한 것만 보아도 과학을 받아들이기에 우리는 아직도 부족하다는 느낌을 필자는 받는다. 다시 문제로 되돌아와 문장을 살펴보면 '주스 3병이 있다'보다 '주스 세 병이 있다'가 바람직하다. 숫자를 밝힐 경우 '3'으로, 그 값이나 양을 적을 때는 수사를 사용하는 것이 바람직하다. 또한 '이 주스를 한 사람에게 0.24L 씩 27명에게'보다 '이 과즙을 한 사람마다 0.24 L씩 27명에게'라 해야 한다. '스물일곱 명에게'라 적기에는 너무 복잡하므로 '27명에게'는 허용할 수도 있으리라. 아울러 양을 나타내는 수와 그 단위는 띄어 쓰도록 국제 표준과 한국 표준은 규정하고 있으므로 반드시 띄어 써야 한다. 다른 문제를 계속하여 살펴보자.

> 길이 9.6m의 굵기가 일정한 파이프가 있다. 이 파이프의 무게가 8.064kg이면 이 파이프 1.5m의 무게는 몇 kg인가?
>
> – 초등학교 수학올림피아드 예상문제집, 25쪽, 18번 (이재철 지음, 재능교육 펴냄, 2000년) –

문제를 올바로 이해하고 풀기 위해서 '굵기가 일정한 파이프'란 표현은 부족하다. '바깥 지름과 두께가 일정하고 균일한 관이 있다'라 해야 문제를 올바로 접근할 수 있다. '굵기'는 속이 꽉 찬 막대에 어울리는 표현이지만 속이 빈 관일 경우 관의 '두께'도 일정해야 이런 문제를 다루기에 적합하다. 또한 관의 재질이 균일하지 않다면 학교 과정에서 답을 구하는데 많은 어려움이 있을 것임은 명백한 사실이다. 한편 '이 파이프 1.5m의 무게'보다 '1.5 m짜리 관의 무게'라 하는 것이 더욱 우리글 답고 바른 표현이다.

문제를 고를 때 그 소재가 적절하지 못하면 문제를 이해하는데 어려움이 있다. 다음 문제를 살펴보자.

> 어떤 고물줄을 10등분한 것은 12등분한 것보다 8cm가 길다고 한다. 이 고무줄을 6등분한 것은 8등분한 것보다 몇 cm 길겠는가?
>
> – 초등학교 수학올림피아드 예상문제집, 44쪽, 13번 (이재철 지음, 재능교육 펴냄, 2000년) –

고무줄은 그 길이를 단정하기 힘든 대상이다. 쉽게 늘어나기 때문이다. 이런 경우 고무줄보다 길이가 그리 변하지 않는 노끈이나 밧줄과 같은 것을 문제의 소재로 사용하는 것이 적절하다. '어떤 고무줄'도 눈에 거슬린다. '어느 고무줄'이나 간단히 '고무줄 한 개'같이 나타내면 된다. 물론 단위도 숫자와 띄어 써야 한다는 것은 필자가 누누이 한 말이다. 소재를 얘기하니 연립방정식이나 연립부등식 단원에서 자주 다루고 있는 다음 문제가 떠오른다.

> A그릇에는 8% 소금물 200g, B그릇에는 12%의 소금물이 300g이 들어있다. A, B 두 개의 그릇에서 같은 양의 소금물을 퍼내어 A의 것은 B로, B의 것은 A로 옮겼더니, A, B 양쪽의 농도가 같게 되었다. 몇 g씩 퍼내었는가? – **KBS 중학수학 1학년, 105쪽, 9번 (KBS 문화사업단)** –

위 문제는 방정식과 관련하여 자주 다루어지는 문제이다. 그러나 왜 하필 소금물이 그리도 자주 문제에 등장하는지 궁금해 하는 사람은 별로 없는 듯하다. 일반적으로 화학에서 어느 혼합물의 농도[concentration]는 용액[solution]의 양에 대해 용매[solvent]에 녹아 있는 용질[solute]의 양이 이루는 비로 나타낸다. 이 때 그 양을 물질의 특성에 따라 질량이나 부피로 나타낸다. 그러나 이를 섞어 쓰는 것은 올바르지 않다. 화학에서 주로 다루는 농도로 다음과 같은 것이 있다.

ㄱ. 몰 농도[molarity]: 용액 1 L에 녹아 있는 용질의 몰 수 비를 일컫는 말로 주어진 용질을 용매에 섞을 때 유용한 단위다. 기호로 M 또는 mol/L를 쓴다.

$$(\text{몰 농도}) = \frac{(\text{용질의 몰 수})}{(\text{용액의 부피 (L)})}$$

보기로 물 2.0 L에 에틸렌 글리콜 ($HOCH_2CH_2OH$)[ethylene glycol][255] 0.20 mol이 녹아 있다면 이 경우 몰 농도는

$$\frac{0.2\,\text{mol}}{2.0\,\text{L}} = 0.10\,\text{M}\ C_2H_4(OH)_2$$

이다.

ㄴ. 중량 몰 농도: 용액 1 kg에 녹아 있는 용질의 몰 수의 비로

$$(\text{중량 몰 농도}) = \frac{(\text{용질의 몰 수})}{(\text{용액의 질량 (kg)})}$$

이다. 기호로 m 또는 mol/kg을 쓴다. 보기로 물 25.2 g에 포도당 ($C_6H_{12}O_6$)[glucose] 5.67 g이 녹아있을 때, 포도당의 몰 수가 0.0315 mol이므로 중량 몰 농도는

$$\frac{0.0315}{25.2 \times 10^{-3}\,\text{kg}} = 1.25\,\text{m } C_6H_{12}O_6$$

이다.

ㄷ. 용질의 질량 백분율[mass percentage of solute]: 용액의 질량과 용질의 질량비를 백분율로 나타낸 것으로

$$\begin{aligned}(\text{용질의 무게 백분율}) &= \frac{(\text{용질의 질량})}{(\text{용매의 질량}) + (\text{용질의 질량})} \times 100 \\ &= \frac{(\text{용질의 질량})}{(\text{용액의 질량})} \times 100\end{aligned}$$

같이 정의한다. 보기로 2.40 %짜리 아세트산나트륨[sodium acetate] ($NaC_2H_3O_2$) 수용액 425 g을 만들기 위해 물 415 g과 $NaC_2H_3O_2$ 10.2 g이 필요하다.

순수한 소금 (염화나트륨[sodium chloride], NaCl)이 물 100 g에 녹는 양은 25 °C에서 약 35.9 g으로 이 때 소금물의 농도는 약 26.4 %다. 한편 0.9 % 소금물을 생리식염수[physiological solution]라 일컫는다. 소금은 용액의 온도가 올라가도 용해도가 거의 일정하여 온도를 떠져볼 필요가 없는 수학 문제의 소재로 알맞은 대상임에 틀림없다⟨256⟩. 다음 표는 물 100 g에 녹는 순수 소금과 설탕 ($C_{12}H_{22}O_{11}$)의 질량을 나타낸 것이다[33, 8-108, 8-116쪽].⟨257⟩ 표에서 알 수 있듯이 설탕은 온도에 따라 녹는 양이 크게 변하므로 온도와 무관하게 풀어야 하는 수학 문제에는 적절하지 않다.

온도 (°C)		0	20	40	60	80	100
녹는 양 (g)	NaCl	35.6	35.9	36.4	37.0	37.9	39.0
	$C_{12}H_{22}O_{11}$	184.8	204.0	237.1	291.0	372.4	488.2

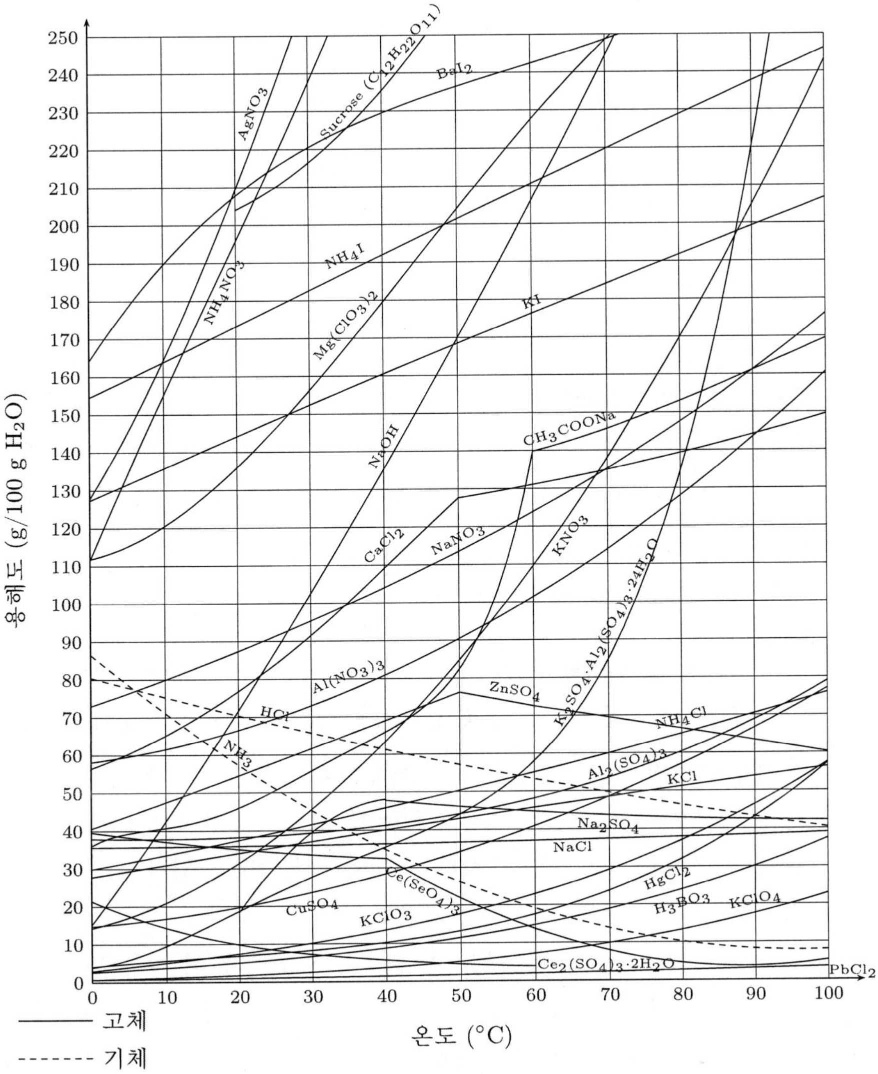

그림 2.33: 화합물의 용해도 곡선 [33, 8-108, 8-112~8-121쪽]

잠시 위 문제에서 지적하고 싶은 것은 '같은 양의 소금물'을 퍼냈다는 표현이다. 이 문장에서 '양(量)'이 나타내고 있는 것이 과연 질량인지 부피인지 정확하지 않다. 역시 표현이 정확하지 않은 부분이다. 만약 부피로 같은 양을 뜻한다면 퍼낸 소금물의 질량은 달라질 터이니 문제가 복잡해진다. '같은 질량을 갖는 소금물'이라 하는 것이 정확한 표현이 된다.

수학 교재에 실린 문장을 살피다 보면 눈에 거슬리는 문장을 자주 볼 수 있는데, 다음 문제들은 어색한 영어 문장과 함께 다룰 수 있어 여기에 실어 본다. 민족사관 고등학교가 입시 문제로 출제한 수학 문제 가운데서 문장이 어색한 것을 몇 개 골라 살펴보자.

> 서로 다른 실수 x, y에 대하여 $x^2 = x + 1$, $y^2 = y + 1$가 성립할 때, $x^5 + y^5$의 값은.
>
> (If $x^2 = x + 1$ and $y^2 = y + 1$ for two different real numbers x, y, then $x^5 + y^5 =?$)
>
> **– 2000년도 제5기 신입생 선발 제1차 전형 (자연) 21번 문제 (영재 장학생 선발 기출문제, 민족사관고 출판사, 2001) –**

이 문제를 어느 영어 문제집에서 그대로 따왔는지 아니면 교사가 직접 출제한 것인지 알 수 없지만, 공식 시험이라는 점에서 문제의 형식은 매우 조잡하다는 느낌을 지울 수 없다. 물론 문제를 출전에 옮겨 실으면서 오류를 범했을 가능성도 있지만 그래도 무척 실망스럽기는 마찬가지다. 우선 우리말 문장은 분명히 의문문임에도 불구하고 물음표가 사라졌다. 아울러 '$x^5 + y^5$의 값은'이란 표현보다 '$x^5 + y^5$의 값은 얼마인가?'로 맺는 것이 더 우리말 답고 형식을 갖춘 입시문제 답다. 이제 영문 지문을 살펴보자. 이런 경우 'different'보다 'distinct'가 더 적절하며, 특히 수학에서 구별하여 쓰인다. 영어 단어 'different'는 두 식이나 값의 차이를 주로 나타내는 반면 'distinct'는 서로 다른 값이나 다른 표현임을 나타낸다. 문법적으로 살펴보아도 영어 문장은 평서문 구조를 갖고 있는데 반해 물음표만 끝에 붙여 의문문을 만들고 있는 조잡한 문장이다. 일상 대화라면 그렇게 말할 수 있지만 공식 시험에 사용할 문장으로 적절치 않다. 아울러 그 내용이 국문과 달라서는 안됨에도 불구하고 한글 지문에 없는 '두 실수'가 영문에는 'two real numbers'같이 사용된 점도 작문 과정에서 범한 오류로 볼 수 있다. 필자가 적절해 보이는 표현 세 가지를 여기에 소개한다.

ㄱ. For two distinct real numbers x and y satisfying $x^2 = x + 1$ and $y^2 = y + 1$, what is the value of $x^5 + y^5$?

ㄴ. For two distinct real numbers x and y with $x^2 = x + 1$ and $y^2 = y + 1$, determine the value of $x^5 + y^5$.

ㄷ. For two distinct real numbers x and y with $x^2 = x + 1$ and $y^2 = y + 1$, evaluate the expression $x^5 + y^5$.

뜻에 큰 차이가 없다면 이런 문제에서 'if'-절보다는 'for'를 사용한 구를 쓰는 쪽이 더 자연스럽고 매끄러운 문장이 된다. 같은 해에 출제된 다른 문제를 계속하여 살펴보자.

오른쪽 그림과 같은 한 변의 길이가 1인 정오각형 $ABCDE$에서 $\overline{AF}$의 길이는?
(In the regular pentagon $ABCDE$ whose side is 1, find the length of $\overline{AF}$.) – **2000년도 제5기 신입생 선발 제1차 전형 (자연) 23번 문제 (영재 장학생 선발 기출문제, 민족사관고 출판사, 2001) –**

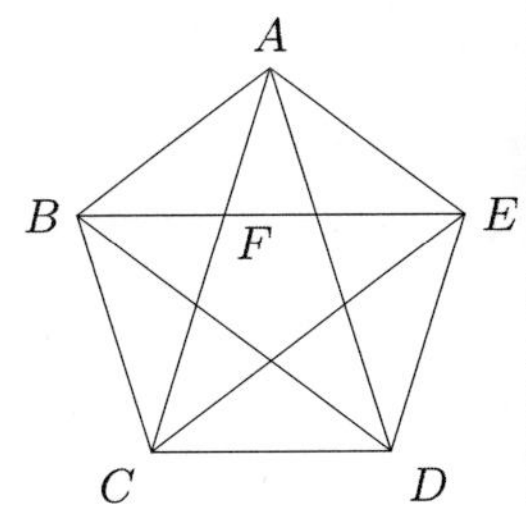

역시 한글 지문에서 '길이는?'이라 끝맺기보다 '길이는 얼마인가?'로 마치는 편이 올바른 문장으로 공식 시험에 더 적절하다. 한편 교과과정에서 $\overline{AF}$는 '선분' 그 자체를 얘기하기도 하지만 '선분의 길이'를 나타

내기도 하므로 '$\overline{AF}$는 얼마인가?'로 표현해도 충분하다. 이제 영어 지문을 살펴보자. 첫머리에 'In the regular pentagon···'이라 했는데 여기서 정관사 'the'를 사용하면 그림에 제시된 오각형만을 일컫게 되어 $\overline{AF}$의 길이를 직접 자로 재어 답을 해야 할지도 모른다. 아울러 한 변의 길이가 1인 정오각형이 한 개만 있는 것도 아니니 정관사는 어울리지 않는다. 필자도 그렇고 한국 사람에게 관사 사용법은 무척이나 까다롭다. 우리 말에 관사가 없기 때문이다. 이 경우 'In *a* regular pentagon···'이라 하는 것이 옳다. 또한 'regular pentagon whose side is 1'이라는 관계대명사 절을 쓰기보다 간단하게 'regular pentagon with side length of 1'이라 하는 것이 더 자연스럽고 평범하다. 아울러 'pentagon whose side is 1'이란 '오각형의 변이 1이다'는 뜻이 되어 틀린 표현이다. '변'이 1이 아니라 '변의 길이'가 1이기 때문이다. 아울러 '오른쪽 그림과 같은'에 해당하는 영문은 어디에도 없으니 번역에 오류가 있는 문제이며, 점 F가 어떻게 얻어진 것인지 밝히는 것이 바람직한 문제라 하겠다. 다음 문제도 역시 같은 해에 실린 문제인데, 과연 수학 교사가 출제했는지 의심스럽기까지 한 문제다.

> 연속하는 세 홀수의 합은 55보다 크고, 세 수 중 큰 두 수의 합에서 가장 작은 수를 빼면 28보다 작아진다고 한다. 이 세 수를 구하면?
> (The sum of any continuous three odd numbers is bigger than 55. And the difference of the sum of the two bigger numbers minus smallest number is smaller than 28. Find these three numbers.)
>
> **– 2000년도 제5기 신입생 선발 제1차 전형 (자연) 24번 문제 (영재 장학생 선발 기출문제, 민족사관고 출판사, 2001) –**

역시 문장도 앞에 실린 문제같이 '이 세 수를 구하면 얼마인가?'로 맺어야 바람직하다. 그러나 이 경우 평서문으로 '이 세 수를 구하여라'처럼 표현하는 것도 간결하고 부드럽게 느껴져 좋다. 문제같이 '이 세 수를 구하면?'으로 맺으면 이 글을 읽는 사람은 생각하길 구해서 어쩌라는 것인지 새로운 의문을 제기할 수밖에 없다. 당연히 '구하면 적어라' 쯤으로 이해해야 하겠지만 공식 문장에서 바람직 하지 않은 표현이다. 또한 '28보다 작아진다고 한다'는 표현은 작아진다는 것을 설명하는 주체, 즉 주어가 없으니 적절하지 않은 표현이다. 간단하게 '28보다 작다'로 하면 충분하다. 그리고 '작아지는 것'은 '작아지고 있는 상태'를 나타내므로 수학 문제에 쓰일 표현으로 적합하지 않다. 필자는 문체보다 놀라운 표현을 접했다. '연속하는 세 홀수'. 거의 모든 참고서가 이런 경우 '연속'이란 말을 쓴다. 설령 우리말로 '연속'이라는 말을 썼다 치더라도 이를 영어로는 'continuous'라 쓰지 않는다. 이 말은 이 경우 적절하지 않은 표현이다. '연속'이란 말은 '끊이지 않고 죽 이어진'을 뜻하는 말로 특히 수학에서 '연속 함수'같이 함수의 위상적 성질을 나타내는데 사용하는 말이다. 이에 적절한 말로 '연이은 세 홀수'라는 표현이 있고 이에 해당하는 영어는 'consecutive'라는 말이 있다. 여기서 '연(連)'은 '계속하여' 또는 '잇대어'라는 뜻을 가진 접두사다. 그 다음으로 이어진 표현은 요즘 초등학생도 이렇게 번역하지 않지 싶다. 영문 'the difference of the sum of the two bigger numbers minus smallest number'이 도대체 무슨 말인지 필자는 이해할 수 없다. 두 수의 차이면 'difference of A and B'나 'difference between A and B'가 맞을텐데 전치사 'of'는 없고, 난데 없이 'minus'는 어디서 나타났는지 알 수 없다. 수사 'two' 앞에 관사 'the'를 붙이지 않는 것은 중학생도 아는 얘기이고, 'the poet and writer'와 'the poet and the writer'의 의미 차이는 모든 영문법 책에 다 나오는 얘기니 굳이 여기서 설명하지 않아도 될 듯하다. 한국어 문장에 맞추어 영어로 옮기려면 'the difference of the sum of biggest two numbers and the smallest number'쯤으로 해야 옳다. 여기서 biggest라는 최상급을 쓰는 것이 더 일반적인데, 한글 지문에서는 그냥 '큰 수'라 표현하여 문제가 정확하지 않은 반면 영문은 그런대로 그 의미를 살리고 있는 셈이다. 여기서 'biggest two numbers'와 'two biggest numbers'를 독자들이 비교해 보는 것도 좋을 듯하다. 아울러 문장을 'And'로 시작하는 것은 세련된 표현이 아니니 빼는 것이 좋다. 무슨 난데 없는 문장 분석을 하고 있느냐고 반문할 독자도 있을 것이요, 필자 자신도 영문에 그리 밝지 못하니 엄밀한 분석을 한다는 것도 무리일 수 있다. 그러나 중요한 것은 말과 글을 통해 인간이 사고하고 행동하며 말에 따라 그 사람의 됨됨이가 드러나는 법이요, 우리가 무심코 쓰고 있는 엉터리 표현에서 우리의 그릇된 사고 방식을 읽을 수 있기에 지적해 보았다. 다음 문제는 출전이 정말로 시험 문제지를 그대로 옮겨 실은 것인지 의심이 들 정도이다. 실전 문제가 정말로 이와 같았다면 아무런 준비도 없이 만들어진 시험이라 여길 도리밖에 없다.

> $991^n + 992^n + 993^n + 994^n$이 10으로 나누어 떨어지지 않을 자연수 n의 조건을 구하여라. (Find the condition of n such that the number $991^n + 992^n + 993^n + 994^n$ can be divided by 10.) **– 2000년도 제5기 신입생 선발 제1차 전형 (자연) 25번 문제 (영재 장학생 선발 기출문제, 민족사관고 출판사, 2001) –**

분명히 문제는 $991^n + 992^n + 993^n + 994^n$이 10으로 나누어 떨어지지 않을 조건을 구하는 것임에도 영문은 영문도 모르게 '$991^n + 992^n + 993^n + 994^n$ can be divided by 10'이라 했으니 이 어찌 큰 실수가 아닐까. 그런데 이 정도 실수를 애교로 본다 하여도 이 문장은 수학 과목을 가르치는 이의 문장으로 보기 어렵다. 이제 $N = 991^n + 992^n + 993^n + 994^n$이라 할 때, N이 10으로 나누어질 조건을 구하라는 영어 문장은 적절한 표현이 아니기 때문이다. 자연수 n이 무엇이든 N은 10으로 나누어진다. 보기로 $n = 4$이면 $N = 3881372814354$이고 이 수를 10으로 나누면 388137281435.4이지 않은가. 한글 지문처럼 이 문제가 다루고 있는 것은 N이 '10으로 나누어지지 않을 조건'이 아니라 '10으로 나누어 떨어지지 않을 조건'을 찾는 것이다. 그렇다면 영문은 다음같이 고치는 것이 바람직하다.

> Determine some sufficient and necessary condition(s) so that $991^n + 992^n + 993^n + 994^n$ cannot be divided by 10 *evenly.*

이 문제의 답은 출전이 제시하듯 'n이 4의 배수'이다. 만약 어느 학생이 'n은 8의 배수'라 답했다면 이는 N이 10으로 나누어 떨어지지 않기 위한 충분조건은 되지만 필요조건은 아니다. 이에 대해 채점위원은 어떻게 채점을 했는지 궁금하지만 만약 이에 대해 점수를 얼마라도 깎았다면 옳지 않다. 왜냐하면 학생의 답은 문제에서 요구한 조건들 가운데 하나이기 때문이다. 만약 '모든 조건을 다 찾으시오'라 했다면 몰라도 문제가 요구한대로 답을 했음에도 점수를 깎는다는 것은 분명 억지에 불과하다. 문제가 요구하는 'n이 4의 배수'를 정답으로 처리하여 만점을 주고자 한다면 '필요충분조건'이라는 구체적인 표현이 문장에 들어가야 한다. 물론 이와 동치인 조건을 단 답에는 당연히 만점을 주어야 할 일이지만 말이다. 표현이란 이토록 중요하다. 우리가 무심코 보고 듣는 표현 하나하나에 주의를 기울이지 않고 있다면 우리는 그저 엉성하게 답만 구하는 연습으로 아까운 젊은 시간을 허비하고 있는 셈이다. 우리말에 "'아' 다르고 '어' 다르다"는 표현이 있다. 이와 관련하여 마음에 깊게 다가서는 교훈이 될 만한 이야기가 있다.

> 어느날 유대인 학생들이 함께 모여 탈무드[תלמוד]를 공부하고 있었는데, 도중에 담배와 관련한 논쟁이 생겼다. 어느 학생은 담배를 피워도 괜찮다고 하는가 하면, 다른 학생은 담배를 절대로 피워서는 안된다고 주장했다. 결론을 내리지 못한 그들 가운데 한 명이 스승에게 나아가 물었다.
>
> "스승이시여, 탈무드를 공부할 때 담배를 피워도 괜찮습니까?"
>
> 이에 스승은 냉정한 말투로 '안된다' 하셨다. 이를 지켜본 한 학생은 얼굴에 미소를 머금으며 무슨 좋은 방법이라도 있는 듯 다음같

이 말했다.

"너가 스승께 여쭌 질문은 옳지 않아. 내가 하는 걸 잘 보도록 해!"

그는 스승에게로 다가가 부드러운 목소리로 이렇게 여쭈었다.

"스승님! 담배를 피우는 동안에도 탈무드를 열심히 읽어야죠?"

이에 스승은 그가 대견하다는 듯 고개를 끄덕이며 말하길,

"물론이지. 열심히 읽어야 하고말고."

이 글은 현재 부산 소재 동래초등학교 박성철 교사가 지은 '행복한 아침을 여는 101가지 이야기⟨258⟩' 가운데 나오는 글을 조금 각색한 것으로 그는 상황에 따라 독이 되기도 하고 금이 되기도 하는 말의 위력을 잘 알아 가슴 속에 담아둔 말을 꺼내야 할 때 적절한 표현을 살리는 지혜가 중요함을 독자들에게 일러주고 있다.

다음 그림과 같이 정육면체의 면에 몇 개의 선분을 그렸다. 이 정육면체의 전개를 그렸을 때, 이 선분들을 아래의 전개도 위에 나타내어라. (ㅈ, ㅊ, ㅌ,은 각각 모서리 ㄴㄷ, ㄷㅅ, ㅅㅇ의 중점이다.)⟨259⟩

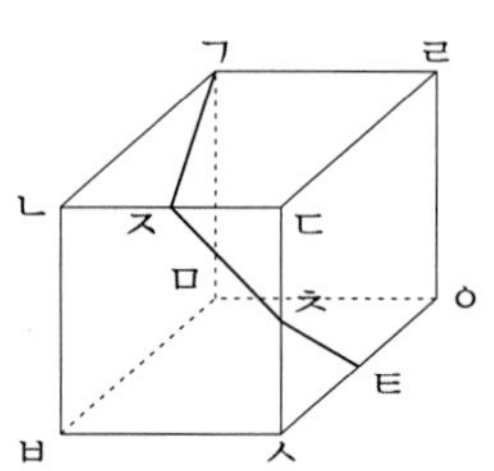

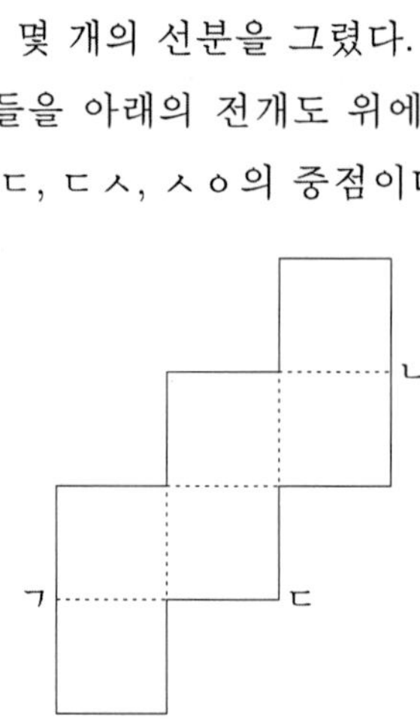

– 제6회 전국 초등학생 수학 올림피아드 (1994년 실시) 6학년 1교시, 15번 –

이 문제는 필자가 책을 마무리하고 있는 동안 필자와 나란히 앉아 수학 문제를 열심히 풀고 있던 아들이 물어 온 문제다. 처음 보는 전개도라며 이것을 접으면 정육면체가 되냐고 묻는 아들에게 나는 '접어보면

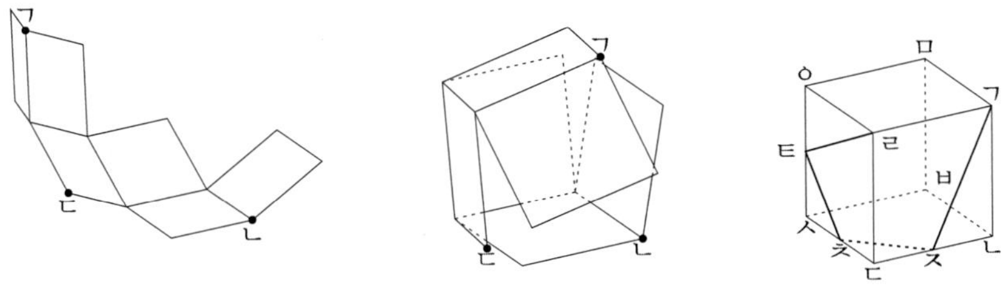

그림 2.34: 접는 선이 골이 되도록 접은 정육면체

알 수 있지'라며 스스로 문제를 해결하라 일러주었다. 접는 선을 따라 머리 속으로 접는 것을 몇 번 거듭하더니 이내 정육면체가 된다는 것을 확인하고는 기뻐했다. 그런데 문제는 여기에 있지 않았다. 접은 정육면체를 아무리 돌려도 문제에 제시된 정육면체가 나오지 않았다. 꼭지점 이름의 순서가 맞지 않는 것이었다. 필자는 직접 만들어 보라며 종이를 잘라 주었다. 머릿속에서 접었던 정육면체를 직접 접어 보더니 역시 문제에 실린 정육면체와 같은 꼭지점 배열을 얻을 수 없다며 아들은 연신 고민에 빠져 있었다. 나도 따라서 접어 보았지만 아니나 다를까 문제와 똑같은 꼭지점 배열을 얻는데 실패했다. 아들과 필자가 접은 방법은 접는 선이 골이 되도록 접은 것이었다. 얼마간 골똘하게 생각에 잠겨있던 아들 녀석이 알았다는 듯 '아빠! 다른 방법을 찾았다!'며 기뻐했다. 머릿속으로 전개도를 다시 접은 아들 녀석은 종이 위에 문제에 그려진 정육면체와 같은 모양을 그려 놓았다. 아들의 방법이란 바로 전개도의 접는 선, 즉 점선을 골이 아니라 산이 되도록 접는 것이었다. 전개도가 주어진 경우 접는 선을 골로 만들든 산으로 만들든 정육면체는 만들어진다. 그러나 꼭지점에 이름을 미리 붙여 둔 경우라면 접는 방법에 따라 꼭지점의 배열이 서로 다른 정육면체를 얻을 수 있다. 무심코 늘 하던 방식에 따라 문제에 접근하지 않고 늘 새로운 방법을 찾아내려는 아들 녀석을 꼭 안아주며 우리가 깊게 생각하지 않은 곳에 우리가 모르던 것들이 숨어 있다는 사실을 잊으면 안됨을 다시 깨닫는 순간이었다. 어릴 때 중

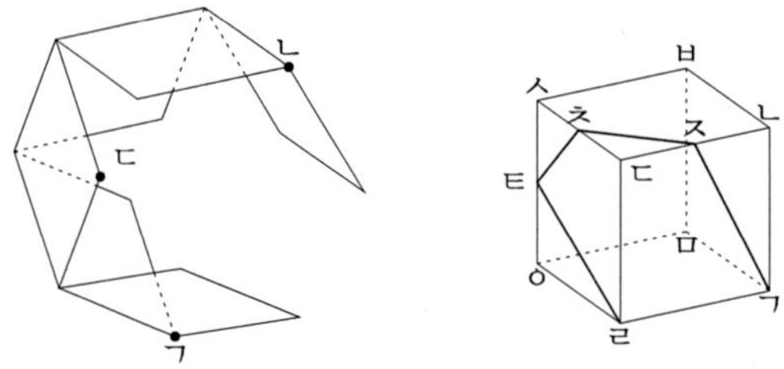

그림 2.35: 접는 선이 산이 되도록 접은 정육면체

요한 것은 출제자가 미리 정해 놓은 답을 찾아내는 것이 아니라 상황을 파악하고 문제의 답에 접근하는 논리적 방법을 꼼꼼하게 짚어가는 버릇을 기르는 것이다. 아무런 생각 없이 늘 하던 식으로 전개도에 답을 그려 넣었다면, 답은 맞았을지 몰라도 결국 배우고 머리에 남는 것은 하나도 없는 셈이다. 위 문제의 풀이를 싣고 있는 풀이집[260]에는 이런 상황도 고려하지 않은 채 부연 설명도 없이 다음 그림만 답으로 실어 놓았다. 가끔 교재가 저지른 실수가 독자에게 큰 깨침이 될 수도 있음을 깨닫는 순간이었다.

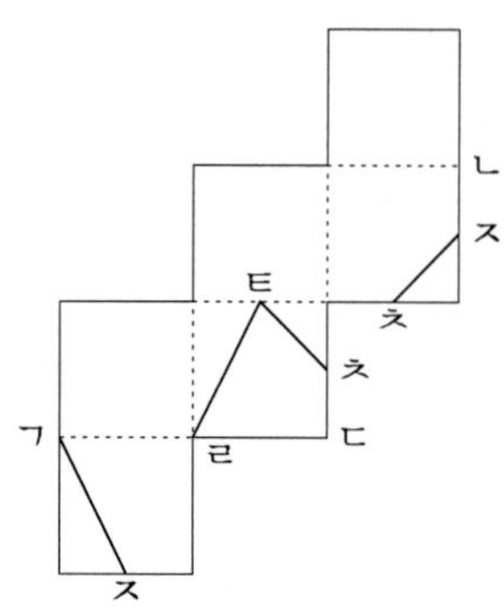

다음 문제는 우리가 흔히 쓰고 있는 말과 수학에서 쓰고 있는 말을 혼동한 경우다. 수학은 정의에서 출발한다 하여도 과언이 아니다. 수학에서 쓰는 표현이 우리가 늘 쓰고 있는 말과 그 뜻이 다른 경우가 많다. 물론 표현이 일상에서 쓰는 표현의 뜻과 관련을 맺고 있다 하여도 수학

에서 쓰이는 표현을 정확히 알기 위해서는 각 표현의 뜻을 정확하게 파악해 둘 필요가 있다.

> 다음에서 반비례 관계인 것을 모두 골라라[261].
>
> ① 일정하게 나오는 수도물의 양과 시간
>
> ② 평행사변형의 일정한 넓이에서 밑변과 높이
>
> ③ 산수 점수와 반에서의 등 수
>
> ④ 가격이 일정한 과일 한 상자에서 과일의 개수와 과일 한 개의 가격
>
> **– 1991년도 해법수학 경시대회 6학년, 14번 –**

천재교육사가 펴낸 풀이집에 따르면 위 문제의 답은 ②, ③, ④다[262]. 그러나 불행하게도 ③은 답이 아니다. 흔히 점수와 등수는 반비례한다고 말하지만 수학에서 두 변수 x, y에 대해 y가 x에 반비례한다는 것은 0이 아닌 상수 k가 존재하여 $y = \dfrac{k}{x}$와 같은 관계를 만족할 때임을 잊으면 안된다. 일반적으로 학생의 점수와 등수가 이런 관계를 항상 만족하는 것은 아니다. 우리가 늘 쓰는 말과 수학에서 쓰는 말이 차이가 있음을 안다면, 수학에서 쓰이는 말의 정의나 뜻을 정확히 해 두어야 한다. 아울러 한글맞춤법 제30항 2-(2)에 따르면 순 우리말과 한자어로 된 합성어로서 앞말이 모음으로 끝나고 뒷말 첫소리 'ㄴ, ㅁ' 앞에서 'ㄴ' 소리가 덧나는 말에 사이시옷을 받쳐 적도록한 규정에 따라 문제에 쓰인 '수도물'은 '수돗물'로 써야 옳다. 교정과정에서 출판사측의 지적이 있었으나 인용한 원문은 그대로 싣고자 한 필자의 의도를 살려 이를 고치지 않고 '수도물'로 적없음을 밝혀둔다. 아울러 '가격이 일정한 과일'이란 과일 가격이 변하지 않는다는 뜻을 나타내므로, 사과의 가격이 늘 유지되고 있다는 사실보다 현재 판매되고 있는 사과의 값이 모두 같다는 것을 요구하는 문제에서는 '가격이 똑같은'으로 바꾸어 쓰는 것이 매끄러운

표현이 된다. 또한 '등 수'는 '등수'로 써야 한다.

다음 문제는 교정 과정에서 발견하지 못해 생긴 실수로 보인다.

> 여학생 3명, 남학생 4명이 일렬로 설 때,
>
> (1) 여학생끼리 이웃하여 서는 경우는 몇 가지인가?
>
> (2) 여학생은 이웃하지 않게 서는 경우는 몇 가지인가?
>
> **– 수학의 정석 (기본), 수학 I, 277쪽, 기본문제 18-3 (洪性大 지음, 성지출판사) –**

출전이 제시하고 있는 답은 (1) 720 가지, (2) 1440 가지이다. 그런데 남학생, 여학생 모두 일곱 명이 한 줄로 서는 방법은 모두 $7! = 5040$이므로 $720 + 1440 = 2160$임을 볼 때, 분명 경우 (1)이나 (2)에 들지 않는 경우가 있음에 틀림없다. 자세히 살펴보면 (1)의 풀이는 적절하지 않다. 출전은 (1)의 풀이로 여학생 세 명을 하나로 보고 전부 다섯 명이 서는 방법이 5!-가지이고 그 방법마다 여학생 세 명이 늘어서는 방법이 3!이므로 전체 경우는 $5! \times 3! = 720$이라 한 것이다. 그러나 문제에 따르면 여학생이 이웃하기만 하면 되므로 두 여학생만 이웃한 경우도 포함되어야 한다. 아울러 (1)과 (2)는 표현상 서로 여사건인 관계에 있으므로 출전이 제시하고 있는 풀이는 적절하지 않다. 이 문제를 출전이 제시한 풀이에 맞추고자 한다면 문제에서 '여학생끼리 이웃하여' 대신에 '여학생 세 명이 모두 이웃하여'로 바꾸어야 옳다. 표현에 따라 문제를 해석하는 방법이 달라지는 것은 당연한 일이다.

자본주의 사회에서 가장 중요한 개념을 들라면 아마도 경제 원리일 것이다. 특히 금융 활동이 더욱 활발해진 오늘날 금융에 대한 이해는 오늘을 살아가는 모든 이들에게 매우 중요한 일이 되었다. 그럼에도 아직 수학 교과는 이에 대한 충분한 검토가 이루어지지 않은 것 같다. 신용 불량자가 늘어나 사회가 시끄러웠던 일을 되돌아 보면서 금융에 대한 이해가 얼마나 중요한 것인가 깨달음과 동시에 수학 과목도 이에 대한 배려가 충분히 있기를 바란다. 다음 문제로 등비급수를 사용한 금융 문제를 하나 살펴보자.

> 240만원하는 컴퓨터를 우선 반값만 지불하고 구입하였다. 그리고 나머지 금액은 한 달 후부터 매월 일정한 금액씩 6회로 나누어 갚기로 하였다. 월이율 2%, 매달마다 복리로 계산할 때, 매월 갚아야 할 금액을 구하여라. 단, $1.02^{-6} = 0.89$로 계산한다.
>
> – 수학의 정석 (기본), 수학 I, 175쪽, 기본문제 11-10 (洪性大 지음, 성지출판사) –

우선 출전이 제시한 풀이를 살펴보자.

그른 풀이 120만원에 대한 6개월 후의 원리합계는 (이하 단위는 만원임)

$$120 \times 1.02^6 \qquad \cdots\cdots ①$$

한편 1개월 마다 x원씩 적립했다고 할 때, 이들의 6개월 후의 원리합계는

$$x + x \times 1.02 + x \times 1.02^2 + \cdots + x \times 1.02^5 = \frac{x(1.02^6 - 1)}{1.02 - 1} \qquad \cdots\cdots ②$$

①과 ②는 같아야 하므로 $\dfrac{x(1.02^6 - 1)}{1.02 - 1} = 120 \times 1.02^6$

$$\therefore\ x = \frac{120 \times 1.02^6 \times 0.02}{1.02^6 - 1} = \frac{120 \times 0.02}{1 - 1.02^{-6}} \fallingdotseq 22(\text{만원}) \ \blacksquare$$

출전은 답안 앞에 실린 정석연구에서 나머지 금액 120만원에 대한 육 개월 뒤의 원리합계와 다달이 갚는 월부금의 지급 완료일까지의 원리합계에 대한 총합이 서로 같아야 한다는 설명을 달고 있고 위 답안도 이에 따라 작성된 것이다. 식으로만 따지면 당연히 그래야 한다. 그러나 이 경우 물건을 산 시점을 현재로 하여 다달이 갚는 월부금의 현재가치(현가)가 내가 치러야 할 잔금 120만원과 같다고 여기는 것이 금융 관점에서 바람직하다. 그 이유는 120만원에 대한 실제 미래가치를 단순히 월이율 2 %에 따른 원리합계로만 볼 수 없기 때문이다. 즉 저자가 제시한 120만원에 대한 육 개월 뒤의 원리합계 $A = 120 \times 1.02^6$은 실제 금액이 아니라 단순히 계산을 위해 설정된 값일 뿐이다. 그러나 만약 육 개월 뒤에 잔금과 이자를 일시불로 지불하기로 하고 이를 준비하고자 고

객은 한 달 뒤부터 일정한 금액을 월이율 2 %인 계좌에 매달 적립하는 경우라면 위 풀이는 적절하다. 이 경우 컴퓨터 판매인인 채권자와 맺은 계약에 따라 소비자인 채무자는 총 A-원을 육 개월 뒤에 치르기로 계약했다 볼 수 있기 때문이다. 이 때 이 원리합계 A는 이 경제 활동에서 의미를 갖는 금액이다. 결국 답은 일치하지만 그 계산 방법에서 의미는 차이가 있다는 것을 알 수 있다⟨263⟩. 흔히 공식을 사용하려는 학생들이 이 문제의 상환 방식이 '기수불'인지 '기말불'인지 헷갈려 하는데, 당연히 이 경우는 기말불이다. 왜냐하면 지급 기간의 말에 금액이 지불되기 때문인데, 이 문제에서 첫 할부금을 지급하는 시기는 물건을 구매한 시점에서 한 달 뒤임을 이해하면 쉽게 알 수 있다. 오늘날 신용 거래와 비슷하다. 또한 계산기를 사용하지 않는 학교 현장에서 문제를 다루어야 하는 까닭에 친절하게 문제에 $1.02^{-6} = 0.89$로 하라고 했지만, 기간이 길어지는 경우 이런 계산에 오차가 커진다는 것도 아울러 학생들이 알고 넘어가야 옳다. 계산기를 늘 쓰는 사람들조차 계산기 사용시 생기는 오차를 줄이는 방법에는 관심을 갖지 않는다. 휴대할 수 있는 계산기가 널리 보급되어 있으므로 이에 대한 교육도 뒤따라 주어야 바람직하다. 실제로 x를 구하여 소수 첫째자리에서 반올림하면 21 4231원이고 소수 첫째자리에서 버림하면 21 4230원이다. 첫 번째 경우 구매자는 육 개월 시점에서 약 0.16원을 더 지급한 셈이되고 두 번째 경우 구매자는 육 개월 뒤에 약 1.21원을 더 지불해야 한다. 기간이 짧다보니 이 오차는 무시할 수 있지만, 큰 금액을 장기간 상환해야 하는 경우 이 오차는 커진다는 점도 경제 활동에서 알아두어야 할 점이다. 참고로 이 때 매달 21 4231원씩 갚은 경우 구매자가 지불한 총이자는 8 5380원이다.

자신이 알고 있는 지식을 누군가에게 전달할 때 조심해야 할 것이 있다면 바로 정확성일 것이다. 이제 살피고자 하는 글은 복잡한 설명을 피하고 독자들이 쉽게 이해할 수 있도록 나름대로 배려한 듯도 해 보이지만, 결국 글쓴이의 의도와 관계없이 이 글을 읽는 사람은 거짓 내용

을 사실로 받아들 수 밖에 없다. 우리는 이런 글을 여러 곳에서 자주 볼 수 있다. 한 예로 그 동안 많은 사람들이 '완전식품'으로 여겨왔던 우유에 대한 찬반 양론이 최근에 들어와 팽팽하게 대두되고 있다. 과연 우유가 우리 몸에 이로운가 아닌가, 그리고 더 나아가서 해로운 식품일 수도 있다는 가능성에 대한 지적이 바로 그것이다. 더욱이 생태계 파괴와 환경 오염, 소해면상뇌증⟨264⟩, 즉 광우병(狂牛病)과 같은 재앙으로 우리의 식생활이 날로 크게 위협받고 있는 근자에 들어 이런 주장은 우리의 귀를 솔깃하게 하고도 남음이 있다. 이런 시류 탓일까? 필자는 어느날 교차로에서 황당한 사설 제목을 보고 놀란 적이 있다. '우유 마시지 마세요!⟨265⟩' 그 사설을 쓴 사람이야 나름대로 많은 것을 공부하고 이것 저것 조사하여 썼겠지만, 아무래도 우유나 식품에 대한 해박한 전문 지식을 갖추었다 여겨지지 않는 글쓴이의 당돌한 제목과 그에 딸린 여러 주장은 실로 많은 사람들을 당혹스럽게 하기에 충분하다. 필자도 우유의 좋은 점을 들어 가족과 함께 즐겨 마시는 처지였으니 더욱 놀랄 수 밖에···. 이런 우유에 대한 믿거나 말거나 논쟁은 이 글을 마무리하는 지금 한층 열기가 끓어 오르는 듯하다. 그것은 2006년 말 미국 New York에 있는 Yeshiva 대학교 Albert Einstein 의과대학 교수이자 Beth Israel 병원에 근무한다는 日本인 의사 新谷(しんや) 弘実(ひろみ)의 책 '病氣にならない生き方'이 우리글로 번역되어 '병 안 걸리고 사는 법'이란 제목으로 출시되었기 때문이다. 번역에 앞서 日本에서 120만 부 이상이 팔렸으며, 국내에서 2007년 5월 현재 7쇄를 찍어내고 있다는 이 책의 저자가 주장하는 내용 가운데 하나는 바로 우유에 대해 일반인들의 상식과 배치되는 강한 비난이다. 그가 책을 통해 주장하는 우유의 폐해는 다음과 같다. '우유만큼 소화가 안 되는 식품은 없다,' '우유는 녹슨 지방 덩어리다,' '우유는 아토피[atopy]나 알레르기⟨266⟩, 백혈병[leukemia], 당뇨[diabetes] 등을 유발한다,' '우유를 많이 마시면 골다공증[osteoporosis]에 걸린다,' '요구르트를 마시면 장상(腸相)이 나빠진다.' 이미 2003년 국내에 소개된 Frank A. Oski의 책 '*Don't Drink Your Milk!*⟨267⟩'를 통해 이미 우유의 나쁜점을 아는 사람들도 있을 테지만, 학계의 의견을 거치지도 않은 어느 의사의 견해가 모든 사람들의 뇌리에 각인되어 남는다면, 그리고 관련 전문 분야를 전공하지도 않은 한 환경연합 전사무총장의 글귀가 만에 하나라도 사실과 다른 주장이었다면 이는 자칫 사회에 큰 피해를 안겨다 줄 수도 있다. 우유의 폐해가 그러하다면 마땅히 이에 대한 관련 여러 학계의 연구가 있어야, 그리고 있었어야 함에도 이에 대한 결과나 통계 자료 하나 제대로 갖추지 못한 채, 일부에서 제기한 담론을 마치 진리인 양 포장하고 과장하여 퍼뜨린다면 이는 '惑世誣民'과 다를 바 어디에 있겠는가? 다음은 위에 언급한 의사 *新谷 弘実*가 한 말이라 한다. "*あなたの身体は食べ物しだい。*" 글을 쓰는 많은 사람들에게 귀띔하고 싶은 표현이 있다면, '당신의 글은 독자의 삶이 됩니다.'

달력을 보지 않고 어느 날이 무슨 요일이라는 것을 계산해 낼 수 있을까? 날짜만 알면 요일을 계산해 낼 수 있는 신기한 식은 없을까? 이제 요일을 계산하는 식을 만들어 보자.
요일을 계산하는데 있어서 가장 중요한 개념은 7로 나누었을 때의 나머지이다. 즉, x년 a월 b일의 요일은 서기 1년 1월 1일의 출발이 월요일이므로 1년 1월 1일 이후의 날수를 계산하여 나머지가 0이면 일요일, 나머지가 1이면 월요일, $\cdots$, 나머지가 6이면 토요일이 된다. (뒷부분 생략)

– **경시올림피아드 수학, 기본편, 107쪽 (방승진, 전무근 지음, 홍익비젼 펴냄 (1999)** –

달력을 보지 않고 주어진 날의 요일을 계산하고 싶은 마음은 누구나 한 번쯤 가져 봤으리라. 위 글의 저자는 이를 위해 간단하고 신기한 공식을 제시하기 위해 요일이 일곱 날이 지나면 되돌아 온다는 성질을 사용하고자 했다. 그러나 불행하게도 신기한 공식이란 없다. 그저 논리적으로 정확한 공식 만이 있을 뿐이다. 그건 그렇고 글을 읽다보면 서기 1년 1월 1일이 월요일이었다는 것을 알 수 있다. 사실일까? 당연히 오늘날 우리가 널리 사용하는 달력은 그 기원이 옛 유럽에서 비롯했다. 기원전 46년 Gaius Iulius Caesar는 윤달의 길이가 너무 짧고 일 년의 길이가 해마다 심한 차이를 보이던 로마력[Roman calendar]을 Alexandria의 천문가 Sosigenes의 제안을 받아들여 일 년에 365일을 두고 사 년마다 하루를 더 두어 366일로 하는 새로운 역법을 채택하였다. 한편 그 뒤 서기 8년에 Gaius Iulius Caesar의 생질이었던 Augustus Caesar가 등극하면서 일 년에 드는 달수를 늘려 오늘과 같은 형태를 갖추었다. 이 역법은 그 뒤 약 1600여년 동안 유럽 각지에서 사용되었고 이를 우리는 '율리우스력[Julian calendar]'이라 일컫는다. 그러나 율리우스력으로 일 년이 365.25일인 반면 태양년[tropical year] 일 년은 365.2422일로 매 년 약 11분 14초 정도 차이가 벌어져 결국 이 역법으로 128년이 지나면 하루가 차이가 나게 된다. 실제로 Constantine 대제[Constantine the Great][268]는 자신의 치세 시절 서기 325년에 열린 Council of Nicaea[269] 때 춘분날이 3월 21일이었던 반면에 1582년 교황 Gregory XIII 시절에는 3월 11일로 옮겨졌다. 이는 그리스도교에서 개력을 요구하게 된 중요한 원인이었다. 왜냐하면 그리스도교의 가장 중요한 행사인 부활절이 춘분날 이후 첫 번째 만월 다음에 오는 첫 번째 일요일로 되어 있었기 때문이다. 따라서 Gregory XIII는 Council of Nicaea에서 결의한 바같이 춘분날을 3월 21일로 고정하기 위해 1582년 10월 4일 (목요일)의다음날을 10월 15일 (금요일)로 정하고 달력에서 열흘을 삭제했다. 이 때 4로 나누어 떨어지는 해는 윤년으로 하되 100으로 나누어 떨어지는 해는 평년으로 하며, 400으로 나누어 떨어지는 해는 다시 윤년으로 한다는 새로운 치윤법을 받아들여 오늘에 이르고 있다. 이를 우리는 '그레고리력[Georgian calendar]'이라 일컫는다. 영국이 낳은 유명한 수학자이자 물리학자인 Isaac Newton 경이 태어난 날을 보면 자료에 따라 1643년 1월 4일로 기록한 것도 있고, 1642년 12월 25일로 기록한 것도 있다. 마치 우리가 생일을 음력과 양력으로 쓰는 것과도 비슷해 보인다. 이렇듯 기록이 다른 까닭은 바로 그레고리력과 율리우스력을 혼용한데 있다. 당시 성탄절에 태어난 그 날은 그레고리력으로 1643년 1월 4일이 된다. 또한 이런 현상은 지역적으로도 발생하는데, '*Romeo and Juliet*'과 더불어 4대 비극과⟨270⟩ 5대 희극으로⟨271⟩ 유명한 William Shakespeare와 '*Don Quijote de la Mancha*⟨272⟩'로 유명한 Don Miguel de Cervantes Saavedra의 사망일은 1616년 4월 23일로 같은 듯 알려져 있으나 영국은 당시 **율리우스**력을 썼던 반면에 España는 새로운 **그레고리**력을 사용하고 있었다. 실제로 Cervantes가 Shakespeare보다 열흘 앞서 세상을 떴다. **그레고리**력을 받아들인 시기는 나라마다 달랐는데, 한국은 음력 11월 17일이었던 1896년 1월 1일이었고, 日本과 中國은 각각 明治 6년 1월 1일, 즉 1873년 1월 1일과 1912년 1월 1일이었다. 기왕 음력, 좀 더 정확히 태음태양력 이야기가 나온 김에 中國과 우리나라의 표준시 기준이⟨273⟩ 다른 까닭에 달의 합삭 시각도 차이를 보여 설날의 날짜가 서로 달라질 수 있음도 참고로 알아두자. 물론 日本은 현재 음력을 쓰지 않는다.

요일에 대한 기원은 정확히 알려진 것이 없으나 오랜 옛날부터 많은 사람들이 요일을 사용했던 것 같다. 그러나 오늘날처럼 요일이 정해진 것은 기원전 1세기에서 기원전 2세기에 걸쳐 시행된 **로마**력에서 찾아볼 수 있다. 우리나라는 1896년 양력을 채택하면서 요일을 쓰기 시작한 것으로 알려져 있다. 이제 서기 1년 1월 1일의 요일이 무엇일까? 알려져 있는 식을⟨274⟩ 사용하면 그 날은 토요일임을 알 수 있다. 따라서 위에 적은 설명은 틀린 주장이다. 설명을 간단히 하기 위해 취한 가정이라면 '서기 1년 1월 1일이 월요일이라 할 때'로 바꾸어야 옳다. 위 글을 읽은 사람들이 서기 1년 1월 1일이 월요일었다고 알게 될까 염려된다.

요일을 쉽게 찾는 방법에 대한 얘기가 나온 김에 필자가 중학교 시절 친구로부터 들은 방법을 소개한다. 원리는 이미 알려져 있던 사실로 이를 간단하게 손가락만을 사용하여 요일을 구할 수 있다는 점에서 매우 유용한 방법인 듯하다. 마치 어느 달이 큰 달(31일)이고 어느 달이 작은 달(30일)인지 알기 위해 주먹진 손의 등쪽 뼈마디, 즉 중수골(中手骨)[손허리뼈, metacarpals]과 기절골(基節骨)[첫마디뼈, proximal phalanges]이 연결된 관절과 그 사이에 있는 골을 짚어가며 차례로 세어가는 것과 비슷하다. 우선 이 방법을 쓰기 위해 외워 둬야 할 것은 다음 암송구[mnemonic]이다.

'고릴라 사냥 무섭다 발가락봐!'

여기서 각 음절은 달에 해당하는데 '고'는 1월에, '릴'은 2월에, 그리고 마지막 음절 '봐'는 12월에 해당한다. 또한 이 암송구의 각 음절 첫소리만 모으면 'ㄱㄹㄹㅅㄴㅁㅅㄷㅂㄱㄹㅂ'인데 여기에서 'ㄱ'은 1에, 'ㄴ'은 2에 각각 대응하여 마지막 자음 'ㅅ'은 7에 대응하고 이것은 그 달에 대응하는 번호이다. 그리고 요일을 구하고자 하는 날이 든 해에 다음과 같은 방법으로 수를 대응시킨는데, 미리 머리에 넣어두면 편하다.

ㄱ. $\delta = y - 1 + \left\lfloor \frac{y}{4} \right\rfloor - \left\lfloor \frac{y}{100} \right\rfloor + \left\lfloor \frac{y}{400} \right\rfloor \pmod 7$를 구한다. 이 식은 평년이 365일이므로 한 해가 지날 때마다 같은 날자의 요일이 하나씩 뒤로 밀려난다는 성질을 사용하고자 고안한 식이다. 즉, Gregory-력으로 가상한 서기 1년부터 y년까지 오늘날 우리가 사용하는 치윤법으로 윤년이 몇 번 있어야 하는지 구하여 이를 7로 나누어 나머지를 구하므로써 결국 해당 날자의 요일이 서기 1년일 때 요일에서 얼마나 밀려 났는지 알려주는 값이 δ다. 물론 이는 Gregory-력에만 해당하는 식이다.

ㄴ. $$w = \begin{cases} \delta - 1, & \text{날이 든 해가 윤년이고 달이 1월이나 2월인 경우;} \\ \delta, & \text{날이 든 해가 평년이거나 윤년인 해의 달이 3월 이상인 경우.} \end{cases}$$
만약 $w = -1$이면 $w = 6$으로 간주한다.

ㄷ. 1995년에서 2010년까지 w를 구하면 다음과 같다. 숫자가 두 개 든 해는 앞에 오는 수를 1월과 2월에, 뒤에 있는 수를 3월에서 12월까지에 사용한다. 이를 외워 두면 쓰기 편하다.

연도	1995	1996	1997	1998	1999	2000	2001	2002
w	6	0/1	2	3	4	5/6	0	1
연도	2003	2004	2005	2006	2007	2008	2009	2010
w	2	3/4	5	6	0	1/2	3	4

이제 요일을 구하는 법을 살펴보자. 가운뎃손가락이 제일 길고 엄지 손가락으로 가운뎃손가락 마디를 짚어가기 쉽기 때문에 오른손 가운뎃손가락을 사용하면 편리하다. 물론 왼손잡이인 경우 왼손 가운뎃손가락을 사용하면 된다. 단지 외국에서 이 방법을 사용하고자 한다면 가능한 다섯 손가락을 다 펴서 사용하는 것이 좋다. 가운뎃손가락만 내밀면 심한 욕이 되기 때문이다. 이제 가운뎃손가락의 안쪽, 즉 손바닥쪽의 맨 아래 마디부터 요일을 순서대로 붙여 가되 일요일부터 시작한다. 가운뎃손가락의 각 마디를 차례대로 하나씩 짚어 올라가는데, 이 때 가운뎃손가락 맨 끝이 수요일이 되고 다시 손의 등쪽을 따라 가운뎃손가락의 마디를 짚어 내려가며 세어 맨 아래에 다다르면 토요일로 끝난다.

이제 보기로 2005년 11월 19일이 무슨 요일인지 알고 싶다면, 11월에 해당하는 음절이 '락'이므로 11월에 해당하는 수는 'ㄹ', 즉 4이다. 앞에서 설명한 바와 같이 가운뎃손가락의 맨 아래 마디부터 순서대로 손가락 끝까지 세어 올라갔다가 다시 손의 등쪽으로 마디를 세어 내려오는 일을 거듭하는데, 처음 'ㄹ'인 넷을 세고–이 때 ㄱ, ㄴ 순으로 세면 쉽다–다음 19일인 열아홉을 센 뒤 다시 2005에 해당하는 다섯을 더 세면 그 마디가 가리키는 요일이 그 해 그 날의 요일이 된다. 이 경우 손가락의 등쪽 맨 아래 마디에서 세는 것을 멈추게 되므로 요일은 토요일이다. 2000년은 100으로 나누어 지므로 평년이어야 하지만 400으로 나누어지기 때문에 윤년이 된다⟨275⟩. 20세기 마지막 날인 2000년 12월 31일은 무슨 요일이었을까? 12월이 '봐'에 해당하여 'ㅂ'인 6에 해당한다. 가운뎃손가락의 안쪽 맨 아래 마디부터 순서대로 여섯을 센 뒤 다시 31을 세고 여기에 2000년 3월부터 해당하는 $w = 6$을 더 세면 가운뎃손가락 안쪽 맨 아래 마디에서 멈추게 되므로 일요일임을 알 수 있다. 2000년 2월 19일이 정월 대보름이었는데, 2000년이 윤년이고 해당하는 날이 2월에 들므로 표에서 보듯 $w = 5$다. 같은 방법으로 세어보면 가운뎃손가락의 등쪽 맨 아래 마디에서 멈추게 되어 토요일이 된다. 날수가 커지면 날수를 7로 나눈 나머지 만큼 셀 수도 있다. 즉, 앞의 보기에서 19나 31대신 이를 7로 나눈 나머지 5나 3을 사용할 수도 있다. 이 방법으로 1919년 3월 1일 기미년 독립만세 운동이 있었던 날의 요일을 독자가 직접 구해보기 바란다.

오른쪽 그림과 같은 원뿔대 모양의 그릇에 물을 부어 높이가 반이 되기 하였다. 이 때, 물의 부피와 그릇의 부피의 비를 구하여라.

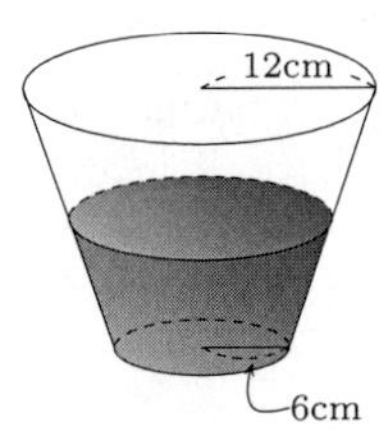

– 기고만장 중학수학 2-2 (교사용), 155쪽, 문제 13번 (김원 외 다섯 명 지음, 금성출판사 펴냄, 2001년) –

이 문제도 표현이 바르지 못한 경우로 많은 교재에서 흔히 발견할 수 있는 잘못이다. 이 문제의 풀이는 간단하다. 원뿔대는 원뿔을 밑면과 평행한 면으로 잘라 얻어지므로 원래 원뿔과 수면, 그릇의 밑부분을 밑면으로 하는 세 원뿔의 닮음비를 사용하여 (물의 부피) : (그릇의 들이) = 19 : 56을 얻는다. 그런데 이 문제는 두 곳에서 적절하지 못한 표현을 사용하고 있다.

ㄱ. 흔히 그릇의 부피라 하면 그릇에 담을 수 있는 액체 따위의 양을 일컫는 것으로 여기고 있다. 물론 일상 생활에서 이런 것은 크게 문제가 될 것은 없다. 그러나 분명히 그릇에 담기는 물건의 양을 일컫는 말로 '들이' 또는 '용량'이라는 말이 있다. 부피는 영어로 'volume'에, '들이'나 '용량'은 영어로 'capacity'에 해당하며 그 뜻은 사뭇 다르다⟨276⟩. '그릇의 부피'라 하면 그릇을 이루고 있는 재료의 양을 뜻하며, '그릇의 들이'라 하면 그릇에 가득 담을 수 있는

액체 따위의 양을 일컫는다. 따라서 이 문제에서는 '그릇의 부피'가 아니라 '그릇의 들이' 또는 '그릇의 용량'이라 해야 옳다.

ㄴ. 우리말 표현에 가끔 서양의 과학적 개념을 담아내기 적절하지 못한 것들이 있다. 그런 것 가운데 하나가 비를 나타내는 표현이다. 영어로 두 수나 두 양의 비 또는 비율을 'A to B'라 한다. 위 문제에서 이에 해당하는 부분을 영어로 옮긴다면 'the ratio of the volume of the water to the capacity of the bowl'이 된다. 분명히 이 비는 순서를 갖고 있다. 만약 'the ratio of the capacity of the bowl to the volume of the water'이라 한다면 답은 19 : 56이 아니라 56 : 19가 되어야 한다. 그런데 우리말로 '물의 부피와 그릇의 들이의 비'라 하면 그 순서가 애매해진다. 물론 나열한 순서에 따라 비의 순서를 잡는 것이 보통이지만 그렇게 하지 않았다고 틀리다 주장하기에 적절하지 않은 표현이다. 수학에서 다루는 비란 단순한 두 양을 나열하는 것이 아니라 기준이 되는 양과 비교하는 것이므로 두 수나 양을 비교할 때는 비교하는 기준이 반드시 있어야 한다. 그 기준이 영어에서 'to' 다음에 오듯 우리말도 이를 밝혀 드러내야 옳다. 이런 정확한 사고 하나하나가 모여 과학적 사고가 만들어짐을 잊어서는 안된다.

이제 문제를 바르게 다듬으면 다음과 같다.

> 오른쪽 그림같이 원뿔대 모양을 한 투명한 그릇에 물을 부어 그 높이가 그릇 높이의 절반이 되게 하였다. 이 때 그릇의 들이에 대해 담긴 물의 부피가 이루는 비를 구하여라.

다음 문제와 이에 대한 출전의 풀이를 보고 어디에 잘못이 있는지 독자들이 꼼꼼하게 따져보기 바란다.

A, B가 가지고 있는 폐휴지의 무게의 합이 15kg이다. 폐휴지 1.5kg을 가져가면 화장지를 1개씩 준다고 한다. A는 폐휴지를 주고 화장지 2개를 받았더니 A가 가진 남은 폐휴지의 무게가 B의 2배가 되었다. B는 화장지 몇 개를 받을 수 있겠는가?

– 3000제 탄탄수학 (7-가), 139쪽, 14번 (김인종 외 7명, 3000제 편찬 위원회 펴냄, 2002년) –

출전이 같은 교재 231쪽에 소개하고 있는 풀이는 다음과 같다.

그른 풀이

$$(\text{A의 양}) = x \qquad (\text{B의 양}) = 15 - x$$

$$x - 3 = 2(15 - x) \qquad x - 3 = 30 - 2x, \qquad 3x = 33$$

$$\therefore\ x = 11\text{kg}, \quad \text{B} = 4\text{kg}$$

$$4 \div 1.5 = 2 \cdots 1 \qquad\qquad 2\text{개} \ \blacksquare$$

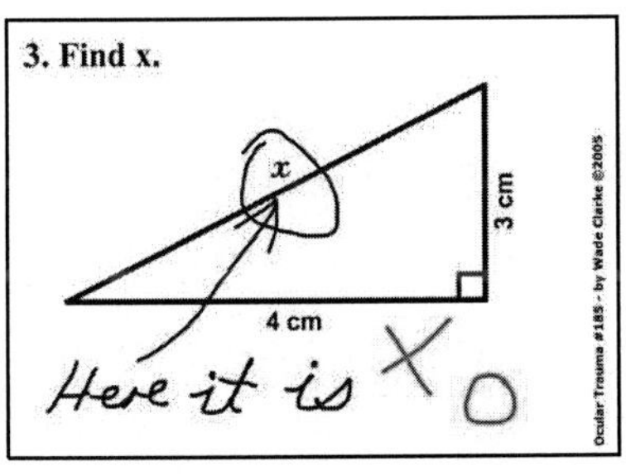

Find x

앞에서 든 예 말고도 표현에 있어 수학 교과에서 우리가 고치거나 자세히 살펴봐야 할 것은 얼마든지 있다. '양의 정수', '식을 만족시키는', '어떤 도형', '네 개의 사과' 따위같이 우리말 답지 못한 표현에서부터 '유리수'나 '등변사다리꼴', '정삼각형' 따위같이 그 정의와 용어 자체가 일치하지 않는 것, '루트', 플러스', '인테그랄'과 같이 외국어를 남용한 표현, 또는 '할·푼·리'나 길이 단위로 쓰는 '리'같이 우리 현실과 무관하게 외국으로부터 들어와 자리잡은 개념들은 교육자와 더불어 관련 전문가가 머리를 맞대고 고민해야 할 부분이다. 영어로 'a to b'라 하는 것을 우리는 단순히 'a와 b의 비'라 하는 것은 올바르지 않다고 앞에서 설명한 적이 있다. 이를 위한 적절한 표현이 정해져야 한다. 이런 비슷한 것으로 반올림에 대한 표현이 있다. 어느 책에서는⟨277⟩ 반올림과 관련하여 영어 'round to the nearest 10'이라는 뜻을 '10자리까지 반올림하라'고 번역하고 있다. 분명 이는 억지 번역으로 우리말에 이런 표현은 없다⟨278⟩. '10자리'도 틀린 표현으로 '10의 자리'가 옳다. 뿐만 아니라 'round 457 to the nearest 10'이라 하면 457을 일의 자리에서 반올림하라는 뜻으로 답은 460이다. 이 말은 '10을 단위로 하여 수를 적을 때 457이 어느 수에 가장 가까운지 구하라'는 뜻으로, 450, 460, 470 가운데 457에 가장 가까운 수는 460이므로 이 질문의 답이 460인 것이다. 따라서 '10의 자리까지 반올림한다'가 아니라 '1의 자리에서 반올림한다'라 해야 한다. 우리말은 '반올림하는 방법'에 치중하고 있는 표현이지만, 영어는 '반올림의 뜻에' 치중하고 있는 표현임을 알아두어야 한다. 결국 국어를 잘 알아야 영어 표현의 차이도 올바로 찾아낼 수 있는 셈이다. 표현의 중요성은 아무리 강조해도 지나치지 않다. 자신의 생각과 판단을 조리있고 논리 정연하게 그리고 이를 듣는 상대가 정확히 알아들을 수 있도록 표현할 수 있는 능력은 하루 아침에 이루어지지 않는다. 우리 모두 우리말, 우리글을 바르게 다듬는 것과 더불어 언어 교육에 더욱 힘써야 할 때다. 앞에 실린 포스터는 어느 인터넷 상점⟨279⟩에서 판매하고 있는 것으로 표현의 중요성을 우리에게 잘 전해 주리라 본다. 주어진 도형에서 'x를 찾으라'는 문제에 '여기 있어요!'라 답한 학생의 답안은 재치보다 출제자의 무관심을 힐난하고 있는 듯하다.

수학을 배우거나 가르치는 일이 단순하게 답을 구하여 입학 시험에서 좋은 성적을 얻고자 하는데 있는 것만은 아니다. 다른 학문이나 과목과 연계하여 수학이 어떻게 쓰이고 있는지 살펴보는 일도 중요하며, 수학 자체가 가진 특징을 올바로 이해하고 넘어가는 일도 중요하다. 간단한 문제라도 정확한 접근 방법과 논리 정연한 설명을 통해 답에 가까이 접근해 가는 자세를 길러주지 않고서 과학과 수학이 우리 삶 속에 뿌리내리길 바랄 수 없다. 아무리 어려운 문제를 잘 풀면 어디에 쓴단 말인가. 결국 시험에서 좋은 성적을 올리는 것에 머물고 마는 것을. 서태지[280]의 노래 가사가 떠오른다. 1994년 8월 3집 '발해를 꿈꾸며'에 실렸던 '교실 이데아.' 이 곡이 나왔을 때는 그는 반항아 같은 모습으로 사회에 큰 충격을 불러 일으킴과 더불어 기성 세대에게 '반성'이라는 책무를 던져주었다. 그 가사를 다시금 되뇌어 봐야하지 않을까?

> "됐어, 됐어, 됐어, 됐어, 이젠 그런 가르침은 됐어!"

우리 모두 수학을 통해 배운 지식과 지혜를 자신의 삶 곳곳에 꺼내어 쓸 수 있을 때, 교육은 가치가 있으며 배움에 보람이 깃든다. 시험을 위한 학과 공부에서 하루라도 빨리 벗어나 자신의 능력과 기예를 함양할 수 있는 참된 교육으로 우리 교육 현장이 거듭나길 애타게 바라며, 그리고 이들을 길러내는데 모자람이 없는 훌륭한 교육자들을 고대하며 부족하나마 딱딱하고 지루한 글을 끝까지 손에서 놓지 않은 독자 여러분께 충심어린 고마움을 표하며 글을 마치고자 한다.

ॐ सह नाववतु ।
सह नौ भुनक्तु ।
सहवीर्यं करवावहै ।
तेजस्वि नावधीतमस्तु ।
मा विद्विषावहै ॥
ॐ शान्तिः शान्तिः शान्तिः ॥

कठोपनिषत्

2.9 보충 해설

⟨1⟩ Спутник, 즉 Sputnik란 러시아어로 '여행의 동반자'라는 뜻을 가진 말이다.

⟨2⟩ Martin-Luther-Universität

⟨3⟩ 이 경우 함수값이 반드시 유한한 값일 필요는 없다.

⟨4⟩ Humboldt-Universität, Berlin

⟨5⟩ Σημεῖόν ἐστιν, οὖ μέρος οὐθεν. [81, Vol. I, 5쪽]

⟨6⟩ René Karl Wilhelm Johann Josef Maria Rilke. 후에 자신의 이름인 René를 Rainer로 바꾸었다. René란 불란서말로 '다시 태어남', '재생(再生)', '갱생(更生)'이란 뜻을 지닌 말이다.

⟨7⟩ 일반적으로 자연수 n에 대해 조건 '$x \in S$이면 $(n-x) \in S$'을 만족하고 그 원소가 자연수로만 이루어진 집합 S는 전부 $\left(2^{\lfloor \frac{n}{2} \rfloor}-1\right)$-개 존재한다. 이 때 S는 원소를 적어도 하나 갖고 있어야 하므로 공집합은 제외된다. 예를 들어 $n=8$이면 다음같이 $2^{\frac{8}{2}}-1=15$개 서로 다른 집합 S가 가능하다.

$n(S)$	조건을 만족하는 S들
$n(S)=1$	$\{4\}$
$n(S)=2$	$\{1, 7\}, \{2, 6\}, \{3, 5\}$
$n(S)=3$	$\{1, 4, 7\}, \{2, 4, 6\}, \{3, 4, 5\}$
$n(S)=4$	$\{1, 2, 6, 7\}, \{1, 3, 5, 7\}, \{2, 3, 5, 6\}$
$n(S)=5$	$\{1, 2, 4, 6, 7\}, \{1, 3, 4, 5, 7\}, \{2, 3, 4, 5, 6\}$
$n(S)=6$	$\{1, 2, 3, 5, 6, 7\}$
$n(S)=7$	$\{1, 2, 3, 4, 5, 6, 7\}$

⟨8⟩ 증명이나 풀이가 끝났음을 알리는 기호로 수학책에 이를 처음 사용한 사람으로 알려진 Paul Richard Halmos의 이름을 따 '할모스 막대[Halmos bar]'라 일컫는다. 흔히 이 기호 대신에 'Q.E.D'라는 말을 쓰기도 하는데, 이는 '증명된 것'이란 뜻을 지닌 Latin-어 표현 'quod erat demonstrandum'을 줄인 말이다. 이는 Euclid나 Archimedes가 주로 사용했던 희랍어 표현 'ὅπερ ἔδει δεῖξαι'를 번역한 것으로, 독일에서는 'wzbw' (was zu beweisen war), 불란서에서는 'c.q.f.d.' (ce qu'il fallait démontrer), Россия에서는 'ч. т. д' (что и требовалось доказать)'로 '증명끝'을 나타낸다.

⟨9⟩ 일반적으로 복소수까지 고려하면 $\omega = \dfrac{1+\sqrt{3}\,i}{2}$에 대해 $S_\omega = \{\omega\}$이고 $S_{\bar{\omega}} = \{\bar{\omega}\}$다. 뿐만 아니라 $S = \mathbb{R} - \{0, 1\}$은 무한집합으로 주어진 조건을 만족하는 집합이다.

⟨10⟩ 두 수 A와 B가 같다는 것은 두 수 사이에 일대일대응이 있다는 원리를 일컫는다. 이는 Adam Smith, Thomas Reid 등과 함께 1780년에서 1800년에 걸친 Scotland 여명기를 빛낸 Scotland 철학자, 역사학자 그리고 경제학자였던 David Hume의 저서 '*A Treatise of Human Nature*'에 나오는 내용을 논리학자인 Friedrich Ludwig Gottlob Frege가 그의 저서 '*Die Grundlagen der Arithmetik*'에 인용하면서 붙여진 이름이다.

⟨11⟩ 함수 g가 일대일대응임을 보이기 위해, 모든 자연수 m, n에 대해 $g(m+1, 1) - g(m, 1) = m$이고 $g(m+n-1, 1) \leq g(m, n) < g(m+n, 1)$임을 사용한다. 두 번째 부등식에서 주어진 두 자연수 m, n에 대해 $m+n$이 $g(m, n) < g(k, 1)$를 만족하는 가장 작은 자연수 k, 즉 $m+n=$

$\min\{\,k \mid g(m,\,n) < g(k,\,1)\,\}$임을 알 수 있다. 만약 $g(m_1,\,n_1) = g(m_2,\,n_2)$이라면

$$\begin{aligned} m_1 + n_1 &= \min\{\,k \mid g(m_1,\,n_1) < g(k,\,1)\,\} \\ &= \min\{\,k \mid g(m_2,\,n_2) < g(k,\,1)\,\} \\ &= m_2 + n_2 \end{aligned}$$

이므로

$$\begin{aligned} n_1 &= g(m_1,\,n_1) - \frac{(m_1+n_1-2)(m_1+n_1-1)}{2} \\ &= g(m_2,\,n_2) - \frac{(m_2+n_2-2)(m_2+n_2-1)}{2} \\ &= n_2 \end{aligned}$$

이고 따라서 $m_1 = m_2$가 되어 $(m_1,\,n_1) = (m_2,\,n_2)$이어서 g는 일대일함수다. 이제 $N \in \mathbb{N}$이라 하자. 이 때 $\kappa = \min\{\,k \mid N < g(k,\,1)\,\}$이라 놓으면 $g(1,\,1) = 1 \le N$이므로 $\kappa > 2$이어야 하고 κ의 정의로부터 $g(\kappa-1,\,1) \le N$이다. 즉,

$$0 \le N - g(\kappa-1,\,1) < g(\kappa,\,1) - g(\kappa-1,\,1) = \kappa - 1$$

이므로 $1 \le N - g(\kappa-1,\,1) + 1 < \kappa$이므로 $n = N - g(\kappa-1,\,1) + 1$이라 놓으면 $1 \le n < \kappa$이고 $m = \kappa - n$이라 놓으면 $g(m,\,n) = N$임을 알 수 있어 g는 $\mathbb{N}$ 위로 대응하는 함수가 되어 결국 g가 일대일대응임을 알 수 있다.

(12) 귀하가 그 제 증명을 인정하지 않는 한 제가 할 수 있는 말은 단지 '이 사실을 증명한 저도 믿을 수 없다'는 말 뿐입니다.

(13) 희랍어에서 'ϕ'는 'fee'라 읽고 영어로 'fai'라 읽는다.

(14) 1996년 단행된 Rechtschreibreform[맞춤법 개혁]은 장모음[langer Vokal]이나 복모음[Diphthong] 뒤에 오는 'ss'는 ß로 적으며 단모음[kurzen Vokal] 뒤에 오는 'ss'는 ß대신 ss로 적도록 하였다. 이에 따라 예를 들면 과거 'daß'로 적던 접속사는 'dass'로 적어야 한다. 따라서 수학자 'Gauß'의 이름도 Gauss로 적어야 하지만, 이 책에서 필자는 옛 사람의 이름으로 당시 쓰이던 형태를 따라 적기로 했다. 우리에게 소설 '*Die Blechtrommel*[양철북]'로 잘 알려졌고 1999년 Nobel 문학상을 받기도 한 Günter Graß는 이 개혁에 반대하면서 1996년 10월 6일 Frankfurter Buchmesse[Frankfurt 도서전]에서 열린 개혁 반대 서명 운동(Frankfurter Erklärung zur Rechtschreibreform)에 서명하기도 했다.

(15) 세계 최초로 금속활자를 사용하여 인쇄한 책은 1377년 高麗 禑王 3년 忠淸北道 興德寺에서 간행한 '백운화상초록불조직지심체요절(白雲和尚抄錄佛祖直旨心體要節)' 상·하권으로 상권은 전하지 않고 그 하권만이 현재 불란서 Paris에 있는 Bibliothèque nationale de France[불란서 국립도서관]에 보관되어 있다.

(16) $0 = 2^{\aleph_0}$ [45, 977쪽]: 이 식은 알려진 사실과 전혀 다른 뜻을 나타내고 있다. 이를 바로 잡으면 '$\mathfrak{o} = 2^{\aleph_0}$'이다

(17) Nicolas Bourbaki는 20세기 불란서 수학자들 모임을 일컫는 가명으로 공식적으로 *Association des collaborateurs de Nicolas Bourbaki*로 불린다. 1934년 말에 모임을 결성하기 위한 준비 모임이 있었는데, Jean Leray, Paul Dubreil이 참석했다. 초기 구성원은 주로 École Normale

Supérieure[고등사범학교, ENS-Paris] 출신으로 구성되었는데, Henri Cartan, Claude Chevalley, Jean Coulomb, Jean Frédéric Auguste Delsarte, Jean-Alexandre-Eugène Dieudonné, Charles Ehresmann, Lucien Alexandre Charles René Possel, Szolem Mandelbrojt, André Weil와 같은 유명한 수학자들이 초기 구성원이었다. 그 후 이 모임에서 활동했던 유명한 수학자로 Laurent-Moïise Schwartz, Jean-Pierre Serre, Alexander Grothendieck, Samuel Eilenberg, Serge Lang, Roger Godement 들이 있다. 그들이 남긴 가장 큰 업적 가운데 하나가 현대 수학을 기반으로 수학의 전반적 내용을 체계적인 틀로 설명하고 하나로 묶으려는 시도로 그 결실은 바로 '*Éléments de Mathématique*'라는 수학 백과전서로 소개되었다. 그들은 1938년 이 백과전서의 이름을 정하면서 'Mathématiques'라는 일반 표현 대신 단수형인 Mathématique를 사용하여 수학을 이 책 안에서 하나로 통일하려는 의지를 보여주기도 했다. 이 전서는 제1권 집합론[Théorie des ensembles], 제2권 대수학[Algèbre], 제3권 위상수학[Topologie générale], 제4권 일변수 실함수론[Fonctions d'une variable réelle], 제5권 위상 벡터 공간론[Espaces vectoriels topologiques], 제6권 적분이론[Intégration]으로 구성되었으며, 훗날 제7권인 가환대수론[Algèbre commutative], 제8권인 리-군론[Groupes et algèbres de Lie] 그리고 제9권 스펙트럼 이론[Théories spectrales]이 더해졌다. 한편 1948년 Séminaire Nicolas Bourbaki를 열어 새로운 연구분야의 성과와 동향을 알리는데 기여하기도 했다. 여기서 발표된 내용은 인쇄물로 발간되어 수학 연구자들의 주요 자료로 사용되고 있다.

⟨18⟩ 원소가 하나도 없는 E의 부분집합을 기호로 $\emptyset$으로 나타낸다.

⟨19⟩ 'Ø'를 자모로 사용하는 언어는 Norway-어와 Denmark-어[Danish]로 그 발음은 영어 bird나 hurt의 'ir'나 'ur'의 발음과 비슷하다.

⟨20⟩ 이 글에서 원전을 인용할 때 원문 그대로 싣는 것을 원칙으로 삼고 있으나 필요에 따라 필자가 고친 부분은 기울임체[italic script]로 나타냈다.

⟨21⟩ 이 공리계를 '쩨르멜로/프라엔켈 공리계[Zermelo-Fraenkel Axiomatic System]'라 부르며 줄여서 'ZF-공리계'라 일컫기도 한다.

⟨22⟩ '집합'이란 확연히 그리고 완전히 구분할 수 있는 우리의 직관이나 생각의 대상 m들로 이루어진 모임 M으로 이 대상을 M의 '원소'라 일컫는다.

⟨23⟩ 삼과와 사과를 아울로 'Septem artes liberales[자유 칠과(七科)]'라 일컫는다. 이에 반해 기사들도 역시 일곱 개 기예를 익혀야 했는데 이를 'Septem probitates[칠예(七藝)]'라 하며 승마[Equitare], 수영[Natare], 궁술[Sagittare], 검술[Cestibus Certare], 사냥[Aucupari], 서양장기(체스)[Scaccis Ludere], 작시(作詩)[Versificare]를 일컫는다.

⟨24⟩ 논리는 모든 학문이 공통으로 사용하는 방법이다. 학문이나 원리의 학문적 특성을 판단하는 기본으로 이를 사용하며, 따라서 논리를 무시한 '학문'은 더 이상 학문이 아니다.

⟨25⟩ $8^{99}+8^{98}=8^{98}(8+1)=2^{294}\cdot 3^2$을 계산하면 다음과 같다.

$$\begin{aligned} n &= 8^{99}+8^{98} \\ &= 28645\,81841\,72037\,10588\,15001\,74932\,56880\,38978\,62742 \\ &\quad\ 85927\,22852\,45707\,25069\,04598\,70279\,21922\,43070\,40256 \end{aligned}$$

⟨26⟩ 예를 들어 $x=\pi^e$에 대해 $x\in\mathbb{I}$인지 $x\in\mathbb{Q}$인지 아직 알려져 있지 않으므로 주어진 명제의 참과 거짓은 우리가 모른다. 이 예를 보면 '참이나 거짓을 판정할 수 있는 식이나 문장을 명제라 한다'는 책의 설명도 엄밀히 정확한 표현은 아니다. 이와 달리 e^π는 무리수이다.

(27) 이를 논리학 기호를 빌려 쓰면 $(x = y \to x \in z) \nvdash (y \in z)$이다. 즉 논리체계에서 '$x = y \to x \in z$'로부터 '$y \in z$'는 유도되지 않는다.

(28) The High Cost of a Right Answer, (5. Sep. 1997) Science **277** Nr. 5331, p. 1441.

(29) Letter to the Editor, Mathematical Intelligencer, (1997) **19** Nr. 3, pp. 4-5.

(30) 李又英은 2003년 2월 14일부터 현재 서울대학교 수리과학부 교수로 재직하고 있다.

(31) '사립학교법'과 '교육공무원법'에 따르면 재임용이 거부된 교원은 교원소청심사위원회에 재심을 청구하거나 법원에 소송 제기도 할 수 있도록 정하고 있다.

(32) 처음 이름은 Filippo Bruno

(33) 우리 은하계에 존재하고 있으며 언젠가 우리와 신호를 주고 받을 수 있는 문명세계의 개수 N에 관한 관계식 $N = R^* \times f_p \times n_e \times f_l \times f_i \times f_c \times L$을 생각해 보자. 미국 천문학자인 Frank Drake가 1960년대에 주장한 이 식에서 R^*는 우리 은하계에서 별이 생성되는 비율로 대체로 10개/년을 값으로 하며, f_p는 별이 행성을 가지는 비율로 F. Drake는 0.5로 추정했고, n_e는 행성을 가지는 별에 생명이 살 수 있는 조건을 갖춘 별의 평균 개수로 F. Drake는 2로 추정했다. 한편 f_l, f_i, f_c는 각각 이런 별에 실제로 생명이 살 확률, 그 생명이 지능을 가진 생명체로 발전할 가능성, 그리고 그 생명체가 외부와 통신을 할 수 있거나 할 의향이 있을 확률로 F. Drake는 $f_l = 1$, $f_i = 0.01$, $f_c = 0.01$로 추정했다. 마지막으로 L은 이 문명 세계에 사는 생명체의 기대수명으로 F. Drake는 1 0000년으로 추정했다. F. Drake가 추정한 값을 사용할 경우 $N = 10$이며 최근 NASA가 추정한 $R^* = 6$개/년, 2002년 Charles H. Lineweaver와 Tamara M. Davis가 추정한 $f_1 > 0.13$, Michael Shermer가 추정한 $L = 420$년과 $f_i = 10^{-7}$로 사용할 경우 $N = \frac{819}{2500000000} = 3.276 \times 10^{-7}$이다.

(34) Padua, (Latin) Patavium

(35) Università degli Studi di Padova: 1222년 설립된 Padova에 있는 대학교.

(36) 1592년 1월 30일부터 1605년 3월 3일까지 교황을 지냈으며 본명은 Ippolito Aldobrandini이다.

(37) Roberto Francesco Romolo Cardinal Bellarmino

(38) Index Librorum Prohibitorum

(39) 1978년 10월 16일부터 2005년 4월 2일까지 교황을 지냈으며 본명은 Karol Józef Wojtyła다.

(40) Università di Pisa: 1343년에 설립된 Pisa에 있는 대학.

(41) 이 네 위성을 오늘날 Galileo 위성[Galilean Satellites]이라 일컫는다. 그러나 옛 Babylonia에서 목성을 일컫는 신 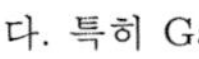 [AN.AMAR.UTU, Marduk]는 개 네 마리를 거느렸다고 하였으며, 역시 목성을 상징하는 옛 Egypt 신 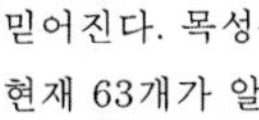 [Horus($\d{h}r$)]가 네 아들을 두었다는 얘기로 보아 이미 오래 전부터 이들 위성을 관찰하였을 것으로 여겨진다. 한편 최근 齊[Qí]나라 출신 천문학자 甘德[Gān dé]는 기원전 364년에 목성의 위성 가운데 하나를 눈으로 관찰하였다는 기록을 남기고 있다. 특히 Ganymede와 Callisto는 지구에 가까울 때 그 밝기가 각각 4.6에서 5.6으로 당시 이들을 눈으로 관찰할 수 있었을 것으로 믿어진다. 목성은 태양계에서 크기가 가장 큰 행성으로 위성도 가장 많이 가지고 있으며 2007년 1월 현재 63개가 알려져 있다. 이 가운데 Galileo 위성 네 개가 가장 먼저 발견되었는데 이들의 물리적 특성을 표로 나타내면 다음과 같다. 처음에 G. Galilei는 Toscana의 Cosimo II de' Medici 대공[Grand-Duke]을 기려 이 위성들을 'Cosmica Sidera'라 불렀으며 후에 그의 네 형제를 기려 'Medicea Sidera'라 하였다. 오늘날처럼 희랍신 Ζεύς[Zeus]의 연인 Ἰώ(Io), Ευρώπη(Europa), Γανυμήδης(Ganymede), Καλλιστώ(Callisto)의 이름을 붙인 것은 독일 천문학자 Simon Marius로 그는 1614년 발표한 '*Mundus Iovialis*'에서 Galileo보다 앞서 이들 위성을 발견

했다고 주장하기도 했다.

위성	적도반지름 (km)	질량 (kg)	궤도 반지름 (km)	공전주기 (년)
Io	1830 × 1818.7 × 1815.3	8.9316×10^{22}	42 2000	1.769137786
Europa	1565	4.79982×10^{22}	67 1000	3.551181041
Ganymede	2634	1.48186×10^{23}	107 0000	7.15455296
Callisto	2403	1.07593×10^{23}	188 3000	16.6890184
출처: JPL/NASA, http://sse.jpl.nasa.gov				

⟨42⟩ G. Galilei의 온도계는 Archimedes가 발견한 부력의 원리를 이용한 것으로 온도 변화에 따라 유리공의 밀도는 거의 변하지 않으나 공이 든 물의 밀도는 변하므로 온도가 낮아지면 물의 밀도는 높아져서 유리공이 받는 부력은 커지므로 유리공이 떠오르게 되고, 반대로 온도가 높아지면 물의 밀도는 낮아져서 유리공이 받는 부력은 작아지므로 유리공은 물 밑에 가라앉는다. 물의 밀도는 0 °C에서 0.999841 g/cm^{3}로 값은 증가하여 4 °C에서 0.999973 g/cm^{3}로 최대값에 이르며 밀도는 다시 점점 내려가 10 °C, 20 °C, 30 °C에서 각각 0.999700 g/cm^3, 0.998203 g/cm^3, 0.995646 g/cm^{3}이다.

⟨43⟩ 망원경[telescope]은 크게 세 종류로 나눈다. 첫 번째는 굴절식 망원경[refractor]으로 볼록렌즈가 빛을 모으는 성질을 사용하여 만든 망원경으로 색수차를 줄이기 위해 렌즈를 두 개 겹쳐 사용하는 achromatic-형과 세 개 이상을 사용하는 apochromatic-형이 있다. 한편 접안렌즈로 오목렌즈를 사용하는 Galilei-식과 볼록렌즈를 사용하는 Kepler-식으로 나누기도 한다. 두 번째는 반사 망원경[reflectors]으로 흔히 발명자 I. Newton 경의 이름을 따 Newton-식 망원경이라 일컫는데, 오목거울이 빛을 모으는 성질을 사용하여 만든 망원경이다. 최근에 등장한 형태로 반사-굴절 망원경[catadioptrics]가 있는데 이는 렌즈와 거울을 함께 사용한다. 여기에 흔히 두 종류가 있는데, Schmidt-Cassegrain-식과 Maksutov-Cassegrain-식이 그것이다.

⟨44⟩ 그래도 움직인다. G. Galilei가 이 말을 했을 것이라는 확실한 증거는 없다. 그가 죽은 뒤 18세기 경에 지어 낸 이야기일 것으로 여겨지고 있으나, 1640년대 G. Galilei가 그려진 España 그림에 이 문구가 적혀 있음이 최근 발견되면서 이 말은 적어도 그가 죽기 전후하여 이미 알려져 있었음을 알 수 있다.

⟨45⟩ 안일도/구용회/황성연/최문섭, 디딤돌 경시수학 (기본편), (2001) 디딤돌 넷스쿨 펴냄.

⟨46⟩ 미국을 비롯한 많은 나라에서 소수점으로 온점(.)을, 유럽 여러 나라들은 반점(,)을 사용한다. 한편 자연수 16039649는 1033503 번째 솟수다.

⟨47⟩ 수 128468643043731391252 = $2^2 \cdot 10657 \cdot 592073 \cdot 5090107133$의 각자리 수를 21제곱하여 모두 더하면 원래 수가 되고, 30을 각 자릿수만큼 거듭제곱하여 모두 더하면 솟수가 된다.

$$\begin{aligned}128468643043731391252 \quad = \quad & 1^{21}+2^{21}+8^{21}+4^{21}+6^{21}+8^{21}+6^{21}\\ & +4^{21}+3^{21}+0^{21}+4^{21}+3^{21}+7^{21}+3^{21}\\ & +1^{21}+3^{21}+9^{21}+1^{21}+2^{21}+5^{21}+2^{21},\end{aligned}$$

$$30^1+30^2+30^8+30^4+\cdots+30^1+30^2+30^5+30^2=21018554840791$$

⟨48⟩ '백(百)'과 '천(千)'에 해당하는 순 우리말은 '온'과 '즈믄'으로 중세 문헌인 '月印釋譜', '月印千江之曲', '龍飛御天歌', '釋譜詳節' 등에서 확인되며, 고려 가요인 '西京別曲', '鄭石歌'에서도 '즈믄'이 나타난다. 낱말 '온갖'에서 '온'은 백을 뜻하는 말에서 유래한 것이다. 한편 中國 宋朝에서 高麗에 사신

으로 온 孫穆[Sūn Mù]가 肅宗 8년 (1103년)에 書狀官 자격으로 開城에 머무르면서 당시 高麗에서 쓰이던 어휘 353개를 모아 '鷄林類事'라는 책을 내었는데 그곳에 '百曰醞'이라 적고 있어 당시 高麗에서는 '백'을 '온'으로 썼음을 알 수 있다. 그러나 '千曰千', '萬曰萬'으로 한 것으로 보아 '천'과 '만'에 해당하는 우리말 수사는 거의 쓰이지 않았음을 짐작하게 한다. 또한 '龍飛御天歌'에 따르면 '女眞俗語謂萬爲豆漫'이라 하여 世宗 시절 女眞에서는 '만'을 '두만(豆漫)'이라고 하였으리라 짐작할 수 있다. 한편 19세기 초 육당(六堂) 崔南善이 지은 '新子典'에 '萬 數名十天골'과 '億 數名즘잘'이라 하여 만을 '골'로 억을 '즘잘'로 풀이하기도 하였으며, 백연(白淵) 金枓奉의 '조선말본' (1916, 新文館)이나 '깁더 조선말본' (1922, 상해 새글집사)에 따르면 '만'이나 '억' (또는 '십만')에 해당하는 고유어 수사로 '골'과 '잘'이 있었다 하나 이에 대한 정확한 근거는 아직 없다. 崔南善의 풀이라 하여 이를 온전히 받아들일 수는 없지만 지금도 흔히 쓰여지고 있는 '골백번'이란 표현과 만의 우리 고유어가 'ㄹ' 받침으로 끝난다는 국어학자나 구결(口訣) 연구가들의 주장에 비추어 만에 해당하는 우리 고유어는 아마 '골'이 아니었을까 싶기도 하다. 이와 관련하여 국어연구원은 '만', '억', '조'에 해당하는 순 우리말로 '골/거믄', '잘', '올'이 있다고 하나 이를 문헌에서 확인하기는 어렵다는 답변을 필자에게 보내왔다. 이에 대한 연구가 더 있었으면 하는 바램이다.

⟨49⟩ 藤澤 利喜太郎, 算術教科書, (1882) 攻玉社/東京

⟨50⟩ 藤澤 利喜太郎의 算術教科書 (1882)에는 소수 단위로 分, 釐, 毫, 絲 를 각각 소수 첫째자리, 둘째자리, 셋째자리 그리고 넷째자리로 하여 10^{-3}을 '毫'로 하고 있으나 新式 實用算術教科書에는 이를 毛로 적고 있다. 이렇듯 '毫'의 약자로 '毛'를 쓴 것은 吉田 光由가 지은 '塵劫記' (1627년)에 이미 나타나고 있다.

⟨51⟩ 최용준/신현성, 수학I, (2003) 천재교육사.

⟨52⟩ 적경: $14^{h}\ 29^{m}\ 42.9487^{s}$, 적위: $-62°\ 40'\ 46.141''$

⟨53⟩ 적경: $01^{h}\ 33^{m}\ 50.9^{s}$, 적위: $30°\ 39'\ 36''$

⟨54⟩ International Astronomical Union

⟨55⟩ 적경: $12^{h}\ 42^{m}\ 38.5^{s}$, 적위: $-11°\ 19'\ 21''$

⟨56⟩ **Savage, Donald/De Marchi, Guido/Watzke, Megan**, Giant Black Hole Rips Apart Star, NASA 보도자료 번호: 04-061, 2004년 2월 18일

⟨57⟩ 적경: $00^{h}\ 42^{m}\ 44.3^{s}$, 적위: $41°\ 16'\ 9''$

⟨58⟩ 미국 전산학자 Claude Elwood Shannon이 1948년 그의 논문에서 사용하면서 알려진 단어로 미국 통계학자 John Wilder Tukey이 만든 것으로 알려져 있다.

⟨59⟩ 中國 淸朝 대학사(大學士) 張玉書[Zhǎng Yùshū], 陳廷敬[Chéng Tíngjìng] 등이 康熙帝의 칙명을 받고 다섯 해에 걸쳐 만든 자전으로 1716 (康熙 55)년에 완성되었다. 전부 42권으로 이루어져 있다.

⟨60⟩ `http://www.mojikyo.org/`

⟨61⟩ 갑골문자(甲骨文字), 서하문자(西夏文字) 등을 모두 아우르면 2002년 10월을 기준으로 12 6560자가 수록되어 있다.

⟨62⟩ 한글은 朝鮮 제4대 왕인 世宗 25년 (1443년) 음력 12월에 만들어져 世宗 28년 (1446년) 음력 9월 상순에 '訓民正音'이라는 이름으로 반포되었다. 1940년 安東에서 발견된 '훈민정음 해례본'은 1962년 12월 20일 국보 제70호로 지정되었으며 1997년 10월 UNESCO 세계문화유산으로 등록되었다. 世宗이 서문을 쓰고 集賢殿 八學士, 즉 학역재(學易齋) 鄭麟趾, 보한재(保閑齋) 申叔舟, 매죽헌(梅竹軒) 成三問, 태허정(太虛亭) 崔恒, 취금헌(醉琴軒) 朴彭年, 인재(仁齋) 姜希顔, 백옥헌(白玉軒) 李塏, 李善老가 집필한 것으로 되어있다. 한글은 오늘날 닿소리 (자음) 14자와 홀소리 (모음) 10자를 사용한다.

각 소리마디 (음절)는 첫소리 (초성), 가운뎃소리 (중성), 끝소리 (종성)으로 이루어지며, 첫소리로 닿소리 14자와 겹닿소리 다섯 글자를 합하여 전부 19자가 쓰이며, 가운뎃소리로 홀소리 10자와 겹홀소리 11자를 합하여 전부 21자가 쓰이고, 받침인 끝소리로 겹닿소리 ㄲ, ㅆ을 비롯한 겹받침 11자를 합하여 27자가 쓰이므로 이론적으로 조합 가능한 글자수는 $19 \times 21 \times (27+1) = 11172$개다. 그러나 현행 맞춤법에서 겹홀소리 아래에 쓰이는 겹받침은 'ㄲ', 'ㅆ'만 허용하므로 $19 \times 11 \times 11 = 2299$개가 쓰이지 못하며, 한국어 문자집합으로 산업표준인 KS X 1001:2002에는 2350자 만이 실려 있다. 끝소리는 '칠종성법'에 따라 발음이 없는 경우와 더불어 여덟 가지로 소리가 나므로 소리로 보면 전부 $19 \times 21 \times 8 = 3192$가지 소리가 있다. 참고로 KS X 1001:2002가 가진 '채움문자' 기능을 사용하면 등록되지 않은 글자도 입력할 수 있으나 많은 전산 프로그램들이 이를 지원하지 않고 있다.

⟨63⟩ 2007년 현재 6.0판이 나와있다.

⟨64⟩ 이 말은 1956년 Werner Buchholz가 처음 사용한 것으로 알려져 있다.

⟨65⟩ International Electrotechnical Commission

⟨66⟩ Institute of Electrical and Electronics Engineers

⟨67⟩ Comité international des poids et mesures (영어: International Committee for Weights and Measures)

⟨68⟩ IEC는 'exbi-'까지 접두어를 정의하고 있으나 국제 표준 단위계에서 사용하는 접두어를 빌면 'zebi-(Zi)', 즉 2^{70} = 11 8059 1620 7174 1130 3424와 'yobi-(Yi)', 즉 2^{80} = 1 2089 2581 9614 6291 7470 6176도 생각할 수 있다.

⟨69⟩ 팔괘(八卦)는 음효(陰爻) (⚋)와 양효(陽爻) (⚊)를 세 개씩 짜맞추어 만들어진 것으로 건(乾), 태(兌), 이(離), 진(震), 손(巽), 감(坎), 간(艮), 곤(坤)이라 일컫고 다음과 같다.

☰	☱	☲	☳	☴	☵	☶	☷
건	태	이	진	손	감	간	곤

육십사괘란 이 팔괘를 각각 상괘와 하괘로 짝을 이루어 $8^2 = 2^6$즉 64개 괘로 이루어진다. 中國의 伏義[Fúxī]가 만들었다고도 하고 商나라 말엽 周族의 수령이었던 周文王이 만들었다고도 한다. 또한 中國의 '周易本義'에는 南宋 시절 학자 朱熹[Zhūxī] (朱子)가 지었다는 八卦를 담은 歌訣이 실려 전한다. 태극기에 사용되는 괘는 건, 이, 감, 곤으로 그 순서는 태극의 모양인 '∽'과 같은 흐름으로 왼쪽 맨 위에서 시작하여 오른쪽 맨 아래로 끝나도록 배열되어 있다. 이를 흔히 '사괘(四卦)'라 일컫는다. 각 팔괘에서 가운데 효를 빼어 위 아래 효가 서로 같으면 '정양(淨陽)'이라 하고, 위 아래 효가 서로 다르면 '정음(淨陰)'이라 한다. 따라서 태극기에서 사용하는 괘는 모두 정양이다.

⟨70⟩ 금종해/이만금/이미라/김영주, 중학교 수학 7-가, 51쪽 (2001) 고려출판사.

⟨71⟩ ... that arithmetic has a very great and elevating effect, compelling the soul to reason about abstract number, and rebelling against the introduction of visible or tangible objects into the argument. Πλάτων, Πολιτεία [69, 2권,114∼115쪽][70, 188쪽]

⟨72⟩ 1881년 여름 پاکستان[Pakistan]의 پشاور[Peshawar]의 Bakhshālī 마을에서 발견된 자작나무 껍질[birch bark]에 쓰여진 필사본이다. 대부분이 망실되고 70여장이 남아 있다. 현재 영국 Oxford에 있는 Bodleian Library에 보관되어 있다.

⟨73⟩ 기원전 1200년 경에서 기원전 400년 경에 걸쳐 Mexico 중남부 열대림에 살았던 민족으로, Aztec 말로 '고무 인간'이란 뜻을 갖고 있다.

⟨74⟩ أبو عبد الله محمد بن موسى الخوارزمي (ابو جعفر) Abu Abdullah Muhammad ibn Musa al-Khwarizmi(Abu Jafar)

⟨75⟩ Kungliga Vetenskapsakademien

⟨76⟩ 보기로 사원수에서 $\boldsymbol{ij} = \boldsymbol{k}$이지만 $\boldsymbol{ji} = -\boldsymbol{k}$로 교환법칙이 성립하지 않는다. 또한 양자역학에서 곱셈의 교환법칙은 성립하지 않는다.

⟨77⟩ 금종해/이만근/이미라/김영주, 중학교 수학 7-가, 48쪽, (2001) 고려출판사.

⟨78⟩ 이 조건을 만족하는 집합 A는 $\frac{4}{3} \circ \frac{4}{3} = 1$로부터 적어도 $\left\{ 1,\ \frac{4}{3} \right\} \subset A$를 만족하고, 임의의 $a \in A$에 대해 $-\frac{2}{3}a \notin A$이어야 한다. 따라서 $0 \notin A$다. 행렬 $M = \left[\begin{smallmatrix} 3 & 2 \\ 2 & 3 \end{smallmatrix}\right]$에 대해

$$A_0 = \left\{ \frac{p}{q} \,\middle|\, M^n \left[\begin{smallmatrix} 4 \\ 3 \end{smallmatrix}\right] = \left[\begin{smallmatrix} p \\ q \end{smallmatrix}\right],\ n \geq 0 \right\} \bigcup \{\, 1 \,\} = \left\{ \frac{7 \cdot 5^{n-1} + 1}{7 \cdot 5^{n-1} - 1} \,\middle|\, n \geq 1 \right\} \bigcup \{\, 1 \,\}$$

라 하면 $A_0 \subset A$이다.

⟨79⟩ 오늘날 مصر[Miṣr, Egypt]의 도시 الإسكندرية[Alexandria]에서

⟨80⟩ Εισ άτοπο απαγωγή

⟨81⟩ 1과 130 사이에 모두 31개 솟수가 있다. 이를 순서대로 적으면 다음과 같다: 2, 3, 5, 7, 11, 13, 17, 19, 23, 29, 31, 37, 41, 43, 47, 53, 59, 61, 67, 71, 73, 79, 83, 89, 97, 101, 103, 107, 109, 113, 127.

⟨82⟩ 흔히 '두 번째 플라톤'으로 불리는 Ερατοσθένης[Eratosthenes]가 소개한 방법으로 1부터 주어진 범위 안에 드는 솟수를 모두 가려내는 방법이다. 희랍어로 'Κοσχινον Ερατοσθενους'라 하고 Latin-어로 'cribrum arithmeticum'이라 한다.

⟨83⟩ 배수 판정법을 쓰면 된다. 어느 수가 7의 배수일 필요충분조건은 일의 자릿수를 제외한 나머지 자리로 이루어진 수에서 제외한 일의 자릿수의 두 배를 뺀 값이 7의 배수라는 것이다. 131에서 $13 - 1 \times 2 = 11$은 7의 배수가 아니므로 131도 7의 배수가 아니다. 또한 어느 수가 11의 배수일 필요충분조건은 주어진 수의 각 자릿수를 순서대로 번갈아 더하고 뺀 값이 11의 배수라는 것이다. 131에서 $1 - 3 + 1 = -1$은 11의 배수가 아니므로 131도 11의 배수가 아니다. 참고로 131과 같은 꼴로 솟수인 것에 151, 181, 191이 있다.

⟨84⟩ 250 이하인 솟수는 다음과 같다. 2, 3, 5, 7, 11, 13, 17, 19, 23, 29, 31, 37, 41, 43, 47, 53, 59, 61, 67, 71, 73, 79, 83, 89, 97, 101, 103, 107, 109, 113, 127, 131, 137, 139, 149, 151, 157, 163, 167, 173, 179, 181, 191, 193, 197, 199, 211, 223, 227, 229, 233, 239, 241 참고로 61681은 6207 번째 솟수다.

⟨85⟩ Proth의 계산법을 사용하면 $n = 4278255361$에 대해 $11^{\frac{n-1}{2}} \equiv -1 \pmod{n}$이므로 n은 솟수다. 참고로 n은 2 0252 6985번째 솟수다.

⟨86⟩ 개념원리 공통수학 Vol.1, 102쪽, 연습문제 125번/풀이집 90쪽 (이홍섭 지음, 디딤돌 출판사)

⟨87⟩ 青海省[Qīhǎishěng], 四川省[Sìchuānshěng], 甘肅省[Gānsùshěng], 寧夏省[Níngxiàshěng], 內蒙古 自治區[Nèiměnggǔ Zìzhìqū], 山西省[Shānxīshěng], 陝西省[Shǎnxīshěng], 河南省[Hénánshěng], 山東省[Shāndōngshěng]을 이른다.

⟨88⟩ 揚子江[Yángzǐ Jiāng]의 오늘날 이름으로 中國에서 제일 긴 강 (6211 km)이자 Nile 강과 (6695 km) Amazon 강에 (약 6400 km) 이어 세계에서 세 번째로 가장 긴 강이다.

⟨89⟩ 中國의 다음 수학서적 열 권을 이르는 말로 '十部算經[Shíbùsuànjìng]'이라 하기도 한다. 周髀算經[Zhōubìsuànjìng], 九章算術[Jiǔzhāngsuànshù], 海島算經[Hǎidǎosuànjìng], 孫子算經[Sūnzǐsuànjìng], 張邱建算經[Zhāngqiūjiànsuànjìng], 五曹算經[Wǔcáosuànjìng], 五經算術[Wǔjìngsuànshù], 緝古算經[Jīgǔsuànjìng], 夏候陽算經[Xiàhòuyángsuànjìng], 綴術[Zhuìshù]를 일컬으며 綴

術대신 數術記遺[Shǔshùjìyí]를 넣기도 한다.

⟨90⟩ أبو علي الحسن الهيثم(Abu Ali al-Hasan ibn al-Haytham). 그의 출생지인 العراق[Iraq] 남부 도시인 البصرة[Basra]의 이름을 따서 البصري[Al-Basri]라 일컫기도 한다.

⟨91⟩ 출전도 이 답을 구하고 있다.

答曰 鷄翁四 値錢二十 鷄母十八 値錢五十四 鷄雛七十八 値錢二十六. 又答 鷄翁八 値錢四十 鷄母十一 値錢三十三 鷄雛八十一 値錢二十七. 又答 鷄翁十二 値錢六十 鷄母四 値錢十二 鷄雛八十四 値錢二十八.

⟨92⟩ Problems Problems Problems, Vol. 4, p. 139, (1991) Univ. of Waterloo, Waterloo, Canada.

⟨93⟩

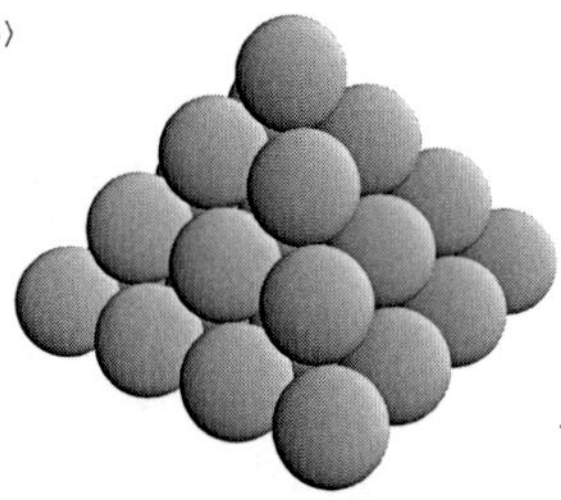

구를 규칙적 격자를 따라 쌓는 방법으로 첫 번째 켜는 각 구의 중심이 정사각형의 중심에 오도록 쌓고 두 번째 켜는 바로 아래 켜에 놓인 네 구가 이루는 홈마다 구를 놓아가며 쌓는데, 이런 식으로 나머지 켜도 구를 쌓을 때 얻어지는 배열 방법이다.

← Face-Centered Cubic Packing

⟨94⟩ Österreich, Krems의 Benediktinerkloster에 보관되어 있던 1610년 작품이 분실된 뒤에 그려진 복사본으로 작자는 알려져 있지 않다.

⟨95⟩ 훗날 불란서어 이름인 Joseph Louis de Lagrange로 더 널리 알려진 수학자로 이탈리아 북서쪽에 위치한 도시 Torino[Turin]에서 태어났으며, Giuseppe Lodovico Lagrangia는 그의 세례명이다. Preußen의 Friedrich der Große (Friedrich II)의 부름을 받고 1766년 Preußische Akademie der Wissenschaften[프로이센 학술회] (흔히 Berliner Akademie로 불린다)의 책임자로 Berlin으로 이주했으며, 그 뒤 Friedrich II세가 죽자 1787년 Paris로 이주했다.

⟨96⟩ *Untersuchungen über die Eigenschaften der positiven ternären quadratischen Formen*

⟨97⟩ Robert Garsuch Hart의 판화 (1904년), 미국 Washington, D.C.에 있는 Smithsonian의 Dibner Library 소장.

⟨98⟩ 출처: `http://www.math.pitt.edu/~thales/`, University of Pittsburgh, 수학과, Pittsburgh, Pennsylvania/USA.

⟨99⟩ 흔히 알고리즘이라 하지만 이는 'algorism'을 음역한 것이므로 전산학이나 수학에서 다루는 'algorithm'은 알고리듬으로 적어야 옳다. 여기서 'algorithm'이나 'algorism'은 아랍 수학자 الخوارزمي[Al-Khwarizmi]의 이름에서 온 말이다.

⟨100⟩ 반지름의 길이가 1인 원 일곱 개로 메울 수 있는 가장 작은 정사각형의 한 변의 길이는 $4+\sqrt{3}$이다. 이에 대한 증명은 1965년 J. Schaer와 A. Meier에 의해 소개되었다 [75].

⟨101⟩ Switzerland 출신 미국 수학 역사가 Florian Cajori가 쓴 책에는 다음같이 인용하고 있다. Die ganze Zahl schuf der liebe Gott, alles Übrige ist Menschenwerk. [26]

⟨102⟩ 정수는 사랑스런 신이 만든 것이요, 나머지 다른 것은 인간의 작품이다.

⟨103⟩ 수(數)란 인간의 영혼이 자유로이 만든 창조물로, 사물의 다양성을 더욱 쉽고도 면밀하게 이해할 수 있도록 도와주는 도구 구실을 한다.

⟨104⟩ Zürich, Switzerland에 있는 ETH 소장 자료.

⟨105⟩ Papyrus: Africa 습지나 강가에 자라는 외떡잎 식물[monocots]에 속하는 다년생[perennial] 풀 *Cyperus papyrus* L.를 사용하여 옛 Egypt 사람들이 만들어 쓰던 종이를 가리키는 말로 'papyrus'란 말은 희랍말 'παπυρος'를 옮긴 것으로 이 단어는 영어 bibliography, bible 따위와 관련이 있다. Madagascar나 Sicilia[Sicily]에서도 자라며 50년 경에 활동한 Gaius Plinius Secundus가 쓴 '*Naturalis Historia*[자연의 역사])'에 따르면 Niger 강이나 الفرات[Al-Furat, Euphrates] 강 지역이 원산이라 했으며, 기원전 300년 경에 활동한 Θεόφραστος[Theophrastus]는 그의 저서 '*Historia Plantarum*'에서 이는 سوريا[Syria]에서 주로 자란다 했다.

⟨106⟩ 대영 박물관 소장 번호 BM10057, BM10058. 일부 작은 조각들은 미국 New York에 있는 Brooklyn Museum of Art에 보관되어 있다. 옛 Egypt  [Parao]인  [Ramses II($R^{ʿ}msj$-sw mrj-Jmn)]의 궁전 근처 무덤이 도굴되면서 발견된 것으로 여겨지며, 옛 Egypt 역사의 두 번째 중간기인 기원전 약 1800년 경에 씌여진 것으로 보인다. 19세기 말에 와서야 번역이 완료되었다.

⟨107⟩ 이 외에도 다른 파피루스가 알려져 있는데, 주요한 것으로 [53] 그 소장지의 이름을 따서 '모스코바 파피루스' (러시아 푸쉬킨 예술 박물관[Государственный Музей Изобразительных Искусств им. А. С. Пушкина] 소장, E4676), '베를린 파피루스' (Ägyptisches Museum und Papyrussammlung zu Berlin 소장, 6619), 또 발견된 곳 كاهون[Kahun] (오늘날 اللاهون[El-Lahun])의 이름을 딴 '카훈 파피루스' 조각 (영국 London 대학[University College London]에 있는 Petrie Museum of Egyptian Archaeology에 보관되어 있다. 소장 목록 번호는 UC32114, UC32118B, UC32134A, UC32134B, UC32159 ∼ UC32162이며 이집트 학자 William Matthew Flinders Petrie가 발견했다.) 그리고 Leather 두루마리 (British Museum 소장, BM10250)가 있다. 이 중에서도 Moscow 파피루스는 دير البحري[Deir el-Bahri]에 있는 무덤을 발굴한 Egypt 형제 두 명으로부터 1893년 소련의 Egypt 학자 Владимир Семенович Голенищев(V. S. Golenishchev)가 구입한 것으로 그의 이름을 따 '골레니쳬프 파피루스'라 하기도 한다.

⟨108⟩ 이는 Pál Erdős와 E. G. Straus가 제안한 것으로 [38] Allan Swett (1999년 10월 28일)에 따르면 $2 \le n \le 10^{14}$인 n에 대해 세 자연수 a, b, c가 존재함이 계산을 통해 알려져 있다.

⟨109⟩ 여기 언급한 계산 방법은 이 책이 다루고자 하는 범위를 넘어서므로 생략한다.

⟨110⟩ 해법수학 경시대회 5학년 (실전편), 해답 및 풀이 58쪽, (2001) 해법수학 영재교육 연구소 지음, 천재교육 출판사.

⟨111⟩ 여러 교재에서 실수 a에 대해 'a를 넘지 않는 가장 큰 정수'를 기호로 $[a]$로 나타내고 있다. 이는 오래된 기호로 흔히 '가우스-기호'라 불린다. 그러나 오늘날 수학이나 전산학에서 이 기호는 더 이상 그리 자주 쓰이지 않는다. 최근 많은 논문이나 책에서 실수 a에 대해 'a보다 크지 않은 가장 큰 정수'를 $\lfloor a \rfloor$로, 'a보다 작지 않은 가장 작은 정수'를 $\lceil a \rceil$로 나타낸다. 첫 번째 것을 영어로 'floor function'이라 하고 두 번째 것을 영어로 'ceil function'이라 한다. 그러면

$$\lfloor a \rfloor \le a < \lfloor a \rfloor + 1 \quad \text{이고} \quad a \le \lceil a \rceil < a + 1 \quad \text{이다.}$$

이제 교재들도 옛날 방식에서 벗어나 새로운 기호를 소개하였으면 하는 바람이다.

⟨112⟩ 영어로 alpaca 또는 nickel silver라고도 불리는 구리 합금 가운데 하나로 니켈(Nickel, $_{29}$Ni)이 16∼20 %, 아연(Zinc, $_{29}$Zn)이 15∼35 % 함유된 구리(Copper, Cuprum, $_{29}$Cu) 합금을 이르는 말로 식기에 사용될 경우 양은(洋銀)이라 일컫기도 한다. 전기 저항의 온도 계수가 작아 전류 조정용 저항체나 온도 조정용[thermostats]의 바이메탈로도 사용된다. 예전부터 식기나 장식품을 만드

는데 널리 쓰였다.

⟨113⟩ 이 값을 흔히 연비(燃費)라 하는데, 여기서 연비란 '연료 소비 효율'을 줄인 말로 단위 연료양에 대한 자동차의 주행 가능 거리의 비로 나타내는데, 수학에서 쓰는 연비(連比)와 혼동하면 안된다. 우리나라에서 자동차의 연비는 자동차 공해 연구소, 자동차 부품 연구원, 자동차 성능 시험 연구소, 에너지 기술 연구소에서 측정하며, 자동차의 배기량을 기준으로 차량을 여덟 개 무리로 나누고 연비에 따라 다섯 등급으로 구분하고 있다. 일반, 승용화물형, 승용자동차의 배기량이 2500 cc를 넘고 3000 cc 이하인 경우 (제7군) 연비가 9.4 km/L 이상이면 1등급 차량이다. 연비를 나타내는 단위로 우리나라에서는 'km/ℓ'을 사용하는 경우가 있는데 오늘날 부피나 들이를 나타내는 단위로 'ℓ' 대신 'L'을 쓰고 있으며, 비록 국제 표준 단위는 아니나 보조 단위로 대문자로 쓰도록 국제 표준안은 권고하고 있다. 한편 배기량에 흔히 쓰이는 'cc'는 'cubic centimetre'를 이르는 말로 국제 표준단위인 'cm^3'로 바꾸어 써야 한다. 연비와 관련하여 다른 뜻을 가진 말에 연비(燃臂)가 있다. 이는 불교에서 승려가 되는 첫 단계 의식인 득도식을 치르기 위해 삭발과 함께하는 의식으로 이는 부처님이 가르쳐 주신 진리를 깨닫고자 자신의 몸까지도 바칠 것을 맹세하는 의식이다. 연비에 얽힌 이야기로 널리 전해지는 것에 中國 선종(禪宗)의 제1대 조사(祖師)인 बोधिधर्म[Bodhidharma](菩提達摩[Pútídámó])가 불법을 간절히 원한다면 그 믿음을 보이라고 말했을 때, 제자 慧可[Huì Kě]가 자신의 팔을 칼로 끊어서 菩提達摩에게 바쳤다는 일화가 있다. 그는 후에 中國 선종의 제2대 조사가 되었다. 그 뒤부터 불법에 대한 믿음을 나타내고 모든 중생을 제도하겠노라는 서원을 표하고자 팔뚝의 일부나 손가락을 불에 태우는 의식이 공식적으로 행해지게 되었다 한다.

⟨114⟩ 명품수학 고등학교 시리즈 수학거미 수학-I(하), 158 ~ 159쪽, (안재찬 지음, 화인미디어 펴냄, 2004년)

⟨115⟩ 이 식은 실제로 $0 \le x \le \pi$에 대해 성립한다.

⟨116⟩ **Euler, L.**, *Institutiones calculi differentialis*, (1775) 103쪽

⟨117⟩ 어느 제곱이 제곱근을 한 개 이상 가질 수도 있다. 정수 부분을 제곱하여 제곱근에 동등한 수들을 빼야한다. 그 남은 부분은 제곱근이 되어야 한다. 이 제곱근을 정수 부분에 더한 것과 뺀 것을 각각 2로 나누어 두 제곱근을 얻는다. 만약 다른 제곱근이 제곱 안에 남아 있으면 두 제곱근 가운데 하나를 고정하고 이 방법을 반복한다.

⟨118⟩ 물론 이 방정식의 근은 4 외에도 $-2 \pm \sqrt{3}$도 근이다.

⟨119⟩ 한 변의 길이가 각각 a, b인 정사각형을 두 밑면으로 하고 옆 모서리의 길이가 c인 똑바른 정사각뿔대의 높이 h는

$$h = \sqrt{c^2 - 2\left(\frac{a-b}{2}\right)^2}$$

이다.

⟨120⟩ *Bījagaṇita* 4쪽

⟨121⟩ 이 글은 원래 수학세계 1978년도 8월호 (제2권 제6호) 89 ~ 90쪽에 실렸던 것으로 원래 출전은 알려져 있지 않아 문체만 약간 고쳐 여기에 싣는다.

⟨122⟩ 극좌표 방정식으로 $r = a\theta$ $(a > 0,\ \theta \ge 0)$으로 쓰여지는 소용돌이 곡선을 일컫는다.

⟨123⟩ 주어진 한 직선 (준선[directrix])과 주어진 한 점 (초점[focus, *pl.* foci])에서 각각 이르는 거리가 같은 점들의 자취를 일컫는 말이다. 0이 아닌 실수 p에 대해 주어진 직선의 식이 $y = -p$이고 주어진 점의 좌표가 $(0,\ p)$일 때 포물선의 식은 $y = \dfrac{1}{4p}x^2$이다. 이 때 $|p|$는 포물선의 꼭지점 $(0,\ 0)$에서 초점까지 이르는 거리이자 준선까지 이르는 거리이다.

⟨124⟩ 어느 책에는 bi를 허수부라 일컫기도 하지만 이는 적절하지 않다.

⟨125⟩ 자세한 설명을 달기에는 이 책의 범위를 넘지만 $(a,\ 0)$을 실수 a로 여길 수 있다.

⟨126⟩ $z = a + b\,\boldsymbol{i} + c\,\boldsymbol{\varepsilon} + d\,\boldsymbol{i_0}$와 같은 꼴을 가지는 수를 원뿔형 사원수[conical quaternion]라 부르며 여기서 $\boldsymbol{i}^2 = -1$, $\boldsymbol{\varepsilon}^2 = 1$, $\boldsymbol{i_0} = \boldsymbol{i\varepsilon} = \boldsymbol{\varepsilon i}$로 이는 모두 실수가 아닌 수이다. 복소수같이 행렬로 나타내면 $1 = \begin{bmatrix} 1 & 0 \\ 0 & 1 \end{bmatrix}$, $\boldsymbol{i} = \begin{bmatrix} i & 0 \\ 0 & i \end{bmatrix}$, $\boldsymbol{\varepsilon} = \begin{bmatrix} 0 & 1 \\ 1 & 0 \end{bmatrix}$, $\boldsymbol{i_0} = \begin{bmatrix} 0 & i \\ i & 0 \end{bmatrix}$이다.

⟨127⟩ 상용 전산기용 도구로 Maplesoft (`http://www.maplesoft.com/`)의 Maple® (2007년 현재 제11판)과 Wolfram Research (`http://www.wolfram.com/`)의 Mathematica® (2007년 현재 제6판)가 널리 알려져 있으며, 휴대용 계산기로 Texas Instrument (`http://www.ti.com/`)의 TI-계열 계산기와 Voyage 200™이 있다.

⟨128⟩ 1986년 11월 9일부터 1994년 11월 13일까지 문화방송 (MBC)에서 일요일 아침에 방영한 '한지붕 세가족'에 등장하는 전파사 주인(林玄植 역)의 별명이다.

⟨129⟩ 영화 Titanic에서 여주인공 Rose DeWitt Bukater로 출연했던 Kate Elizabeth Winslet은 "Daniel Day-Lewis in 'My Left Foot?' Oscar. Dustin Hoffman, 'Rain Man?' Oscar. Seriously, you are guaranteed an Oscar if you play a *mental.*"이라 하기도 했다. 그런데 이 여배우는 정말로 영화를 보고 한 말인지 의심이 든다. 'My Left Foot'가 정신 질환을 연기한 영화였던가?!

⟨130⟩ Europe 핵물리 연구소로 불란서어로 'Organisation Européenne pour la Recherche Nucléaire', 독일어로 'Europäische Organisation für Kernforschung'이라 하며 약자인 CERN은 열한 개 Europe 정부가 합심하여 위원회로 발족하던 초기에 붙여진 1952년 당시 이름 'Conseil Européen pour la Recherche Nucléaire'를 그대로 쓰고 있는 것이다. 오늘날 입자 물리의 여러 이론을 검증하게 될 대형 중입자 가속기 (LHC)[Large Hadron Collider]가 2007년 가동을 목표로 건립되고 있다. 둘레가 27 km에 달하는 원형 가속기로 지하 100 m 지점에 건설된다. 이 가속기가 완공되어 가동되면 그 동안 물리의 표준 모형에서 기본 입자가 질량을 얻는 과정인 Higgs 과정이나 초대칭성 입자의 존재 여부, 다른 차원의 존재 가능성과 같은 물리의 기본 문제를 해결하는데 큰 도움을 줄 것으로 물리학자들은 기대를 걸고 있다. 한편 1989년 Timothy John Berners-Lee 경이 ENQUIRE라는 이름으로 수행한 과제를 통해 처음으로 World Wide Web을 선 보인 곳이기도 하다.

⟨131⟩ Zweites Deutsches Fernsehen

⟨132⟩ $87^{12} = 188031682201497672618081$

⟨133⟩ 이를 확장하여

$$\begin{aligned}
(a_1 + a_2 + a_3 + a_4 + \cdots)^2 &= a_1^2 + 2a_1a_2 + 2a_1a_3 + 2a_1a_4 + \cdots \\
&\quad + a_2^2 + 2a_2a_3 + 2a_2a_4 + \cdots \\
&\quad + a_3^2 + 2a_3a_4 + \cdots \\
&= a_1^2 + a_2(2a_1 + a_2) + a_3[2(a_1 + a_2) + a_3] \\
&\quad + a_4[2(a_1 + a_2 + a_3) + a_4] + \cdots
\end{aligned}$$

이 성립함을 이용하여 주어진 수의 제곱근을 구한다.

⟨134⟩ 가장 마지막 홀수 번째 자리에서 가장 큰 제곱수를 빼고 그 제곱근을 적는다. 짝수 번째 자릿수를 제곱근의 두 배로 나누고 그 몫의 제곱을 홀수 번째 자리에서 뺀다. 이 때 몫을 이미 구한 제곱근 옆에 나란히 적는다. 이것이 제곱근이다.

⟨135⟩ $\sqrt{123456.789} = 351.3641828644\cdots$

⟨136⟩ 洪吉周가 쓴 수학 관련 문헌으로 원래 '峴首甲藁'에 실렸던 것으로 보이는 '幾何新說'과 '孰遂念'에 실려 있는 幾何新說에 부기된 '雜碎隨鈔', '沆瀣丙函' 제10권에 실린 '弧角演例'가 있다. 峴首甲藁은 그의 나이 30세 이전의 작품을 모은 것으로 幾何新說이 이 문집 제9권에 목차로 실려 있어 이미 젊은 나이에 기술된 것으로 보이나 현재 전하는 峴首甲藁에는 幾何新說이 실려 있지 않다. 洪吉周의 문집은 그의 형 연천(淵泉) 洪奭周의 외손인 韓章錫에 의해 '沆瀣集'이란 이름으로 20권 10책이 만들어졌으며, 위당(爲堂) 鄭寅普는 이에 대한 해제를 통해 幾何新說은 '雙推臆算法', '測量捷說', '數器', '無錐衡'으로 이루어졌다고 하였으나 孰遂念에 실린 幾何新說은 '雙推臆算'과 '開放蒙求' 두 부분으로 이루어져 있다 [14].

⟨137⟩ 開放廉隅之商 所稱至難 至於立方三乘方尤甚煩亂 今新立一捷法 雖蠢兒頑童 皆可以與能 (孰遂念 제14관)

⟨138⟩ 朝鮮 시대 小科終場에 합격한 사람을 일컫는 말이다.

⟨139⟩ 進士科에 급제한 사람을 일컫는 말이다. 朝鮮 초기에는 小科로 生員試만 시행되었으며 世宗 20년(1438년)에 처음으로 進士試 제도가 실시되었으며 1444년 잠시 폐지되었던 進士試는 端宗 1년(1453년) 다시 실시되어 과거제도가 폐지된 高宗 31년 (1894년)까지 지속되었다. 生員試는 高麗의 陞補試를 이은 것으로 五經義와 四書疑란 제목으로 유교 경전에 관한 지식을 시험했으며 初試와 復試의 두 단계로 치러졌다. 이는 朝鮮 초기부터 실시하고 있던 進士試가 詞章만을 숭상하던 高麗 말엽의 폐습을 답습한다는 비판에 따라 經學을 장려하고자 文科初場에 四書五經을 부과하면서 생겨났다. 生員試의 시험 과목은 四書疑 한 편과 五經義 한 편이었으며 正祖 때 이르러 五經義 가운데 春秋義를 빼고 四經義만 치러졌다. 또한 進士試는 賦 한 편과 古詩·銘·箴 가운데 한 편으로 정해져 있었으나 銘이나 箴이 출제되는 경우는 드물었다. 제도상 進士와 生員의 신분의 우열은 없었으나 朝鮮 초기에는 生員이 進士보다 우대되는 경향이 짙었고, 후기로 오면서 經學보다 詞章을 중시하는 분위기로 進士가 生員보다 사회적으로 우대되는 경향을 보였다. 한편 朝鮮 말엽에 이를수록 進士는 주로 漢城을 중심으로 배출되었으며, 生員은 주로 지방 출신자들이었다.

⟨140⟩

YBC 7289

기원전 1800년에서 기원전 1600년 경에 만들어진 것으로 추정되는 점토판 YBC 7289 (미국 Yale 대학교, Sterling Memorial Library의 Babylonia Collection 소장)에는 $\sqrt{2}$의 근사값을 60진법으로 소숫점 아래 세 자리까지 적고 있다.

$$\sqrt{2} \approx 1 + \frac{24}{60} + \frac{51}{60^2} + \frac{10}{60^3} = \frac{30547}{21600} = 1.41421\overline{296}.$$

점토판의 내용은 한 변의 길이가 0.5인 정사각형의 대각선 길이가 $\frac{42}{60} + \frac{25}{60^2} + \frac{35}{60^3} = \frac{30547}{43200} = 0.707106\overline{481}$임을 기록하고 있다. 이 점토판은 1912년 J. P. Morgan이 구입하여 Yale 대학교에 기증한 것이다. 위 사진은 Canada의 Vancouver에 있는 British Columbia 대학교 수학과 교수인 Bill Casselman 교수가 Nikon CoolPix 990으로 찍은 것으로, 그의 동의를 얻어 여기에 싣는다.

⟨141⟩ 무한히 미분가능한 함수 $f = f^{(0)}$에 대해

$$f(x) = \sum_{n=0}^{\infty} \frac{f^{(n)}(0)}{n!} x^n$$

을 함수 f의 테일러 급수라 한다.

⟨142⟩ 이에 대한 해석은 대학에서 수학을 전공하면 배울 수 있다.

⟨143⟩ 두 실수 a, b에 대해 복소수 $a+b\boldsymbol{i}$는 행렬로 $\left[\begin{smallmatrix} a & -b \\ b & a \end{smallmatrix}\right]$같이 쓸 수 있다. 이에 대한 타당성은 대학에서 배우므로 여기서는 설명하지 않는다. 한편 복소 이차 정사각행렬 X와 그 단위행렬 I에 대해 $X^2=-I$을 만족하는 행렬 X는 $X=\left[\begin{smallmatrix} \pm i & 0 \\ 0 & \pm i \end{smallmatrix}\right]$이거나 $a^2=-1-bc$를 만족하는 세 복소수 a, b, c에 대해 $X=\left[\begin{smallmatrix} \pm a & b \\ c & \mp a \end{smallmatrix}\right]$다.

⟨144⟩ 이 경우 θ_0는 구체적으로 다음과 같다.

$$\theta_0=\begin{cases} \tan^{-1}\dfrac{b}{a+1}, & a=b=0\text{이고 } a+1>0\text{일 때;} \\ (\operatorname{sgn} b)\dfrac{\pi}{2}, & a=-1\text{이고 } b\neq 0\text{일 때;} \\ -\pi, & b=0\text{이고 } a+1<0\text{일 때;} \\ (\operatorname{sgn} b)\pi+\tan^{-1}\dfrac{b}{a+1}, & b\neq 0\text{이고 } a+1<0\text{일 때.} \end{cases}$$

⟨145⟩ 두 복소수 z, w에 대해 거듭제곱 z^w를 $z^w=\boldsymbol{e}^{w\ln z}$으로 정의한다. 복소수에 대한 자연대수의 리만-면으로 $(2k-1)\pi\le\theta<(2k+1)\pi$인 범위에서 θ의 편각을 구하기로 하면 $\ln z=\ln|z|+\theta\boldsymbol{i}$이다.

⟨146⟩ 여기서 $\ln\dfrac{r}{3}$은 실수 $\dfrac{r}{3}$의 자연대수로 실수다.

⟨147⟩ 그래프에서 $W(z)$를 $z=w\boldsymbol{e}^w$를 만족하는 값, 즉 $W(z)=w$라 할 때,

$$\alpha_n=\frac{(4n+1)\pi}{2}\left[W\left(\frac{(4n+1)\pi}{6}\right)\right]^{-1}\ (n\ge 0),\qquad \beta_n=2n\pi\left[W\left(\frac{2n\pi}{3}\right)\right]^{-1}\ (n>0)$$

이다.

⟨148⟩ 흔히 'Y2K problem', 'the millennium bug' 또는 간단히 Y2K라 일컫는 전산기 프로그램의 오류로 전산기가 연도를 끝자리 두 수만을 인지함으로써 일어나는 오류를 일컫는다. 2000년 1월 1일을 기해 닥칠 이 대형 사고는 일찍이 Jerome Murray와 Marilyn Murray가 '*Computers in Crisis*'라는 책에서 언급하였다. 이와 비슷한 문제가 주민등록번호 체계에서도 나타났는데, 이는 연도의 끝자리 두 수만을 사용하는 주민등록번호에서 2000년 이후 출생자들의 주민등록번호와 1900년대 출생자들의 번호와 혼선을 일으킬 수 있기 때문이다. 정부는 성별을 나타내는 값인 주민등록번호 일곱번째 자릿수를 조정하여 이 문제를 해결했다.

⟨149⟩ 미국 NASA가 추진한 화성탐사 1998년 사업[[]Mars Surveyor '98 program]의 일환으로 1998년 12월 11일[Mars Surveyor '98 program] 미국 Florida주 Cape Canaveral 공항 발사대를 떠난 'Mars Climate Orbiter'는 탐사선 설계사인 Lockheed Martin이 미터법을 사용하지 않고 영연방 단위로 제원을 표시함에 따라 이를 미터법 단위로 나타낸 수치로 여긴 탓에 임무를 완수하지 못하고 1999년 9월 23일 교신이 끊겼다. NASA 측은 단위 환산 문제로 고도 산출이 잘못됨에 따라 629 kg 짜리 탐사선이 대기권에 진입하여 불길에 휩싸인 것으로 보고있다.

⟨150⟩ '뚱딴지'란 흔히 우둔하고 무뚝뚝한 사람을 일컫는 말로 '뚱딴지 같다'하면 엉뚱하다는 뜻으로 여겨진다. 그러나 이 뜻 외에도 전기 절연체로 쓰기 위해 사기로 만든 통을 일컫기도 하고 국화과 해바라기속에 속하는 여러해살이 풀로 잎과 줄기는 해바라기와 비슷하나 땅속 줄기는 감자처럼 생긴 덩이줄기[塊莖]이고, 늦여름에 황색꽃이 피는 식물을 뜻하기도 한다. 이 식물의 덩이줄기는 사료나 알코올의 원료로 쓰이며 흔히 '돼지감자'라 일컬어진다. 학명은 '*Helianthus tuberosus* L.'이고 영어 이름은 'Jerusalem artichoke' 또는 'Jerusalem sunflower'라 한다.

⟨151⟩ 수학세계, 1983년 4월호, 제7권 제2호 (통권 64호), 94쪽 질문교실.

⟨152⟩ $$\begin{aligned} P_5(a,\, b,\, c) &= 10abc[ab(a-b)+bc(b-c)+ca(c-a)] - a^5(b-c) - b^5(c-a) - c^5(a-b) \\ &= (c-b)a^5 - 10bc(c-b)a^3 + 10bc(c^2-b^2)a^2 - (c^5+10b^2c^3-10b^3c^2-b^5)a \\ &\quad + bc(c^4-b^4). \end{aligned}$$

⟨153⟩ 내 작품이 '추상적'이라 일컫는 사람들은 치우(痴愚)이다. 그들이 '추상'이라 부르는 것은 실상 순수한 실재요, 그것의 실재성은 겉으로 드러난 양식에 의해 표현되는 것이 아니라 그 뒤에 숨겨진 관념에 의해 나타내어 진다. 이 관념이 작업의 본질이다.

⟨154⟩ 시를 나타내는 문자판이 1에서 12까지만 나타내는 시계인 경우 문제에 주어진 가정만 고려할 때, 이 시계는 12를 기준으로하여 같은 숫자를 가리키므로 $p \geq 0$인 두 정수 p, q에 대해 $t_1 - t_0 = 12p$, $t_1' - t_0' = 12q + \dfrac{12}{60}$라 하는 것이 옳으나, 하루 뒤에 시계를 봤다는 상황으로부터 $p = q = 2$라 하는 것이 일반적이라 본다. 출전의 풀이로 보아 이 경우 하루란 (가) 시계로 24시간일 것으로 여겨진다. 문제의 지문에서 조금 더 정확하게 다듬어져야 할 부분이다. 만약 $p = 0$이면 시계 (가)는 멎은 시계이고 $p = 1$이면 (가)는 정확한 시계로 하루가 지나도록 12시간을 재는 시계인 셈이다.

⟨155⟩ 임대섭, 에이급 수학 중3, 248쪽, 풀이 20번 (2001) 에이급 출판사.

⟨156⟩ '거룻배'란 돛을 달지 않은 작은 배를 일컫는 말로, 돛이 있다면 바람의 영향으로 배의 속력이 강물의 속력에만 의존하지 않는다.

⟨157⟩ '체(體)'란 실수와 그 위에 정의된 두 연산 (덧셈, 곱셈)과 같은 성질을 갖는 닫혀있는 두 연산 (역시 이를 각각 덧셈, 곱셈이라 부르기로 하자.)이 존재하여 각 연산이 교환법칙과 결합법칙을 만족하며 아울러 덧셈에 대한 곱셈의 분배법칙이 성립하고, 각 연산에 대한 항등원은 물론 모든 원소의 덧셈에 대한 역원이, 그리고 0이 아닌 모든 원소의 곱셈에 대한 역원이 존재하는 대수 구조를 뜻한다. '체'라는 이름은 영어인 'field'와 어울리지 않는데, 이는 독일어로 Körper, 불란서어로 'corps'라는 말을 자국어로 옮긴 日本의 영향을 받은 때문이다. 그러나 물리에서 '장(場)'을 뜻하는 'field'와 다른 번역을 한 덕분에 낱말을 씀에 혼동이 없어 다행이기도 하다. '체'를 日本말로 体(たい), 中國말로 域[yù]라 하고, '장'을 日本말로 場(ば), 中國말로 場[cháng]이라 한다.

⟨158⟩ 여기서 덧셈과 곱셈을 다음같이 정의하면 이 집합은 대수적 구조인 '체'가 된다. 이 연산 규칙은 각 연산을 자연수에 대한 덧셈, 곱셈이라 여기고 계산한 뒤에 3으로 나눈 나머지를 구한 것으로 여기면 이해하기 쉽다.

+	0	1	2
0	0	1	2
1	1	2	0
2	2	0	1

×	0	1	2
0	0	0	0
1	0	1	2
2	0	2	1

⟨159⟩ The centre for education in mathematics and computing

⟨160⟩ `http://cemc.uwaterloo.ca/english/contests/euclid.shtml`

⟨161⟩ Problems Problems Problems, Vol. 8, pp. 173-174, (2002) CEMC, Univ. of Waterloo, Canada.

⟨162⟩ $a_1 = 2$이면 모든 n에 대해 $a_n = 2$이고, $a_1 = 1$일 때, 처음 열 항을 적으면 다음과 같다.

$$1,\ \frac{1}{2},\ \frac{1}{5},\ \frac{1}{14},\ \frac{1}{41},\ \frac{1}{122},\ \frac{1}{365},\ \frac{1}{1094},\ \frac{1}{3281},\ \frac{1}{9842},\ \frac{1}{29525},\ \ldots.$$

⟨163⟩ `http://www.research.att.com/~njas/sequences/A000045`

⟨164⟩`http://www.research.att.com/~njas/sequences/A005181`

⟨165⟩ 자연수 n에 대해 초기조건 $F_1 = F_2 = 1$과 귀납식 $F_{n+2} = F_{n+1} + F_n$으로 정의된 수열 F_n을 피보나치 수열이라 한다. 피보나치 수열의 일반항 F_n은 황금비[golden ratio] $\phi = \frac{1+\sqrt{5}}{2} = 1.6180339887\cdots$와 $\bar{\phi} = 1 - \phi = \frac{1-\sqrt{5}}{2} = -0.6180339887\cdots$에 대해

$$F_n = \frac{\phi^n + \bar{\phi}^n}{\sqrt{5}}$$

이다. 이 수열은 처음으로 기원전 400년에서 기원전 200년 경에 활동한 것으로 여겨지는 인도의 범어 문법학자 Piṅgala가 쓴 '*Chanḍahs-śāstra*'에 등장한다. 이후 6세기에서 8세기 사이에 살았던 것으로 알려진 विरहाङ्क[Virāhañka]는 음율단위[mora]에 대한 연구에서 이 수열을 사용하고 있다. 또한 이 수열은 1200년 경에 활동한 Italia의 Pisa 출신 수학자 Leonardo Pisano의 저서 '*Liber Abaci*'에 등장하는 번식하는 토끼의 마릿수에 관한 내용에도 쓰이고 있다. 이 수열의 이름은 그의 별칭 Leonardo Fibonacci에서 온 것으로 여기서 'Fibonacci'란 'Bonaccio의 아들'이란 뜻을 가진 'filius Bonacci'에서 생겨난 별칭이다. 자연의 많은 현상이 이 수열과 깊은 관계가 있음이 알려져 있고, 이를 다루는 전문 학술지 '*The Fibonacci Quarterly*'도 발행되고 있다. 최근 미국 작가인 Dan Brown의 문제작 '*The Da Vinci Code*에서 주인공 Jacques Saunière가 남긴 암호[anagram]에 사용되기도 했다.

⟨166⟩ 이를 하나하나 검증하는 것은 무리다. 왜냐하면 1초에 1억 개 수를 검증할 수 있는 계산기라 해도 1부터 30 6933 8532 2765 6571 9739 7207 (약 30자(秭)까지 처리하려면 약 3.07×10^{17}초가 걸리며 이는 해수로 약 9.73×10^9년 즉 97억 년이 넘게 걸리기 때문이다. 그럼 수학자들은 이를 어떻게 검증했을까? 자못 궁금하지 않은가? 부정방정식 $m^2 - 1141n^2 = 1$의 일반 해 (m, n)은 $\alpha = 1036782394157223963237125215$, $\beta = 30693385322765657197397208$이라 하면 임의 정수 k에 대해 다음 관계식을 만족한다.

$$\begin{aligned} m &= \frac{1}{2}\left[(\alpha+\beta\sqrt{1141})^k + (\alpha-\beta\sqrt{1141})^k\right], \\ n &= \frac{1}{2\sqrt{1141}}\left[(\alpha+\beta\sqrt{1141})^k - (\alpha-\beta\sqrt{1141})^k\right]. \end{aligned}$$

⟨167⟩ 주어진 연립방정식의 근 (a, b, c)는 삼차방정식 $6x^3 - 6x^2 - 3x - 1 = 0$의 근으로 a, b, c는 서로 다르고

$$\{a, b, c\} = \left\{ \frac{1}{3}\left(1 + \sqrt[3]{\alpha} + \sqrt[3]{\bar{\alpha}}\right), \frac{1}{3}\left(1 + \omega\sqrt[3]{\alpha} + \bar{\omega}\sqrt[3]{\bar{\alpha}}\right), \frac{1}{3}\left(1 + \bar{\omega}\sqrt[3]{\alpha} + \omega\sqrt[3]{\bar{\alpha}}\right) \right\}$$

를 만족하며, 여기서 $\alpha = \frac{22+3\sqrt{26}}{4}$, $\bar{\alpha} = \frac{22-3\sqrt{26}}{4}$이다. 또한 ω와 $\bar{\omega}$는 1의 허수인 세제곱근이다.

⟨168⟩ 실수부가 1보다 큰 복소수 s에 대해

$$\zeta(s) = \sum_{n=1}^{\infty} \frac{1}{n^s}$$

을 '리만의 ζ-함수'라 일컬으며, 이 함수는 $s = 1$을 제외한 모든 복소수로 확장하여 정의할 수 있다. 이 때 $\zeta(-1) = -\frac{1}{12}$이고 $\zeta(-1)$을 물리학자들은 무한급수 $1 + 2 + 3 + 4 + \cdots$로 해석한 것이다.

⟨169⟩ 이 수를 오일러/마셰로니-상수라 일컫는다. 이 수를 처음 소개한 사람은 1735년 Leonhard Euler로 그는 그의 저서 '*De Progressionibus harmonicus observationes*'에서 이 수의 값을 소수점 이하 여섯째 자리까지 계산하였고, 기호로 γ를 처음 사용한 것은 1790년 Italia 수학자 Lorenzo Mascheroni로 그는 소수점 이하 32-째 자리까지 계산하였다. 이 수가 유리수인지 무리수인지 아직 알려져 있지 않다. 이 수가 유리수라면 이 수를 기약분수로 쓸 경우 분모는 10^{242080}보다 크다는 사실이 알려져 있으며, 미국 Illinois-주의 Evanston에 있는 Northwestern 대학교 대학생인 Alexander J. Yee는Yee, A. J. 2006년 12월 γ의 값을 소수점 아래 1 1658 0041자리까지 계산하였다.

⟨170⟩ 자연대수란 오일러의 수 e를 밑으로 하는 대수(對數)[logarithm], 즉 로그로 $\log_e x$로 나타내며 $\log x$로 쓰기도 하나, 상용대수 $\log_{10} x$를 $\log x$로 쓰기도 하여 이와 구별하기 위해 $\ln x$로 나타내는 것이 일반적이다. 여기서 'ln'은 'logarithmus naturalis'를 줄인 말로 Nicholas(Nikolaus) Mercator가 미적분학이 생겨나기 이전에 이미 쓰고 있다. 이를 '자연대수'라 일컫는 것은 자연 현상을 설명하는데 자주 등장하며, 계산이 밑이 다른 대수보다 자연스럽다 할 정도로 간단하기 때문이다. 이 밖에도 전산학에서 자주 쓰이는 이진대수[binary logarithm]가 있는데 이는 밑이 2인 대수로 $\log_2 x$를 $\lg x$같이 쓰기도 한다. 영어인 'logarithm'은 옛 희랍어로 '이성(理性)'을 뜻하는 'λόγος'와 '수'를 뜻하는 'αριθμός'의 합성어에서 온 말이다.

⟨171⟩ 2001년 부제합성(不齊合成)[chiral synthesis]이라는 방법을 사용하여 Rh-BINAP와 Ru-BINAP와 같은 촉매를 개발한 공로를 인정받아 Nobel 화학상을 받은 野依(のより) 良治(りょうじ)를 배출하기도 한 이 고등학교는 1928년 설립되었으며 2005년 東京大学校에 100명을 입학시키기도 한 이름난 고등학교로 해마다 日本 명문대학에 많은 졸업생을 입학시키고 있다. 한편 이와 관련하여 고등학교 입학시험도 특히 어려운 것으로 정평이 나있다. 일반적으로 특정한 손지기성[chirality]을 갖는 광학 이성체[enantiomers]를 만드는 일은 화학공학에서 매우 어려우나 적절한 촉매를 사용하면 특정한 손지기성을 갖는 화합물 만을 효율적으로 만들 수 있는 방법이 알려져 있다. 부제합성이란 이러한 방법을 일컫는 말이다. 여기서 BINAP란 유기화학[organic chemistry]에서 2,2′-bis(diphenylphosphino)-1,1′-binaphthyl을 일컫는 줄임말로 비대칭 합성[asymmetric synthesis]에 널리 쓰이는 손지기성을 띈 배위자(配位子)[ligand](비공유 전자쌍을 가진 분자나 이온)다. 보기로 촉매인 (S)Ru-BINAP $(Ru(OAc)_2)$를 첨가하여 알켄계[alkene] 물질 (이중결합을 가진 탄화수소로 분자식이 C_nH_{2n} 꼴인 유기 화합물을 일컫는 말)에 비대칭 수소화 반응을 일으키면 순수하게 한 가지 손지기성을 가진 naproxen $(C_{14}H_{14}O_3)$과 같은 소염제를 만들 수 있다.

⟨172⟩ High Level 入試ハイレベル問題集, 数学, 29쪽, 15-(2) (富士教育 펴냄)

⟨173⟩ 단, 손님이 오르고 내리는 시간은 무시하여도 좋다.

⟨174⟩ **대교 교육정보 연구소**, 대교 주최 초등 수학 올림피아드 기출문제집(1992∼1999년 기출문제 수록), 50쪽 (대교출판 발행, 2000년)

⟨175⟩ Italia Naples에 있는 국립박물관에 소장되어 있는 흉상으로 흔히 Archimedes의 흉상으로 알려져 있다. 그러나 이 동상은 기원전 3세기경 Σπάρτα[Sparta]의 왕이었던 Ἀρχίδαμος[Archidamos] Ⅲ의 흉상이다. Herculaneum (현재: Ercolano/Italia)의 거주지 Villa dei Papiri[Villa of the Papyri]에서 발견되었으며, 현재 Museo Archeologico Nazionale Napoli[National Archaeological Museum, Napels]/Italia에 보관되어 있다. (소장번호: 6156)

⟨176⟩ 그의 유명한 작품인 Ψαμμιτης[The Sand Reckoner]는 Gelon에게 헌정되었다.

⟨177⟩ 오늘날 Εὕρηκα라 하기도 하며 '나는 발견했다' 또는 '나는 발견중이다'는 뜻을 갖는다. 미국 California-주의 표어이기도 하다.

⟨178⟩ 과학자들은 얼음을 현재 열네 상태로 구분짓고 있는데, 우리가 주로 주위에서 볼 수 있는 것은 I_h이다. 예를 들어 온도가 −130 °C이고 압력이 200 ∼ 400 MPa에서 만들어지는 얼음 (IX)은 정사면체 결정으로 그 밀도는 약 1.16 g/cm^{3}다. 사자자리에서 위치하고 태양에서 약 33.48광년 떨어져 있으며 태양 질량의 약 0.44배에 달하는 적색왜성[red dwarf]인 GJ436 (Gliese 436)의 (적경: $11^h\ 42^m\ 11.09^s$, 적위: 26° 42′ 23.65″) 주위를 도는 행성 GJ436b (Gliese 436b)의 표면은 고온임에도 불구하고 높은 압력으로 인해 물이 얼음 상태로 덮여 있을 것이라는 기사가 최근 있었다 [77]. 이 행성은 Washington D.C.에 있는 Carnegie Institute의 Paul Butler와 Berkeley에 있는 California 대학교의 Geoffrey Marcy가 2004년 발견한 외계행성[extrasolar planet]으로 해왕성[Neptune]과 비슷한 크기를 갖고 있으며, 중심별인 Gliese 436에서 0.0285 광년 떨어진 궤도를 약 2.64385일에 한 번씩 공전한다. 표면온도는 약 250°C 정도이며, 질량은 지구의 약 22.6배요, 반지름은 지구 반지름의 3.95배이고 밀도는 지구의 30배에 달할 것으로 여겨지고 있다. 2007년 5월 Switzerland의 Genève 대학교에 재직하는 Michael Gillon은 Switzerland의 Saint-Luc에 있는 Observatoire François-Xavier Bagnoud (OFXB)의 망원경을 사용하여 이 행성이 중심별인 Gliese 436 앞을 지나가는 것을 관찰하여 얻은 자료를 토대로 이 같은 결론을 내리고 있는데, 일반적으로 아주 높은 온도에서도 압력이 높은 상태라면 물은 고체인 얼음 상태로 존재할 수 있음이 알려져 있다.

⟨179⟩ 對頂角: '맞꼭지각'을 이르는 한자어로 두 직선이 한 점에서 만나 마주하는 두 각을 가리킨다.

⟨180⟩ Frans Hals그림 (1650년 경), Musée du Louvre 소장

⟨181⟩ L'Académie des Sciences, Inscriptions et Belles-Lettres de Toulouse

⟨182⟩ Hungary에서는 다른 서양과 달리 성과 이름을 우리와 같은 순서로 적는다. 여기서 'Bolyai'는 성이요, 이름은 'János'이다.

⟨183⟩ **Struik, Dirk Jan**, *A Concise History of Mathematics*, 166쪽, (1985) Dover. Музей Истории Казанского Университета[Museum of History of Kazan University]에 Л. Круков [L. Krukov]가 1830년 경에 그린 유화가 소장되어있다.

⟨184⟩ Târgu-Mureş[magyar nyelv (Hungarian): Marosvásárhely]/România에 있는 Palatul Culturii[Hungarian: Kultúrapalota, Palace of Culture]벽면에 만들어진 부조다. România와 Magyarország에서 발행한 우표와 여러 문헌에 나오는 Bolyai J.의 모습은 1864년 Mór Adler가그린 그림 바탕으로 한 것으로 이 그림에는 Bolyai János라는 이름이 들어 있지 않았으나 훗날 Károly Linzdorf가 이 그림을 모사하여 'Bolyai J.' 이름을 적어 넣으면서 그 그림을 Bolyai J.의 모습으로 여기게 되었다. 현재 이 원본과 모사본은 모두 Bolyai János Matematikai Társulat[The János Bolyai Mathematical Society] 소유로 되어있다. 불행하게도 Bolyai János의 모습을 알 수 있는 것은 오직 그가 48세에 만든 신분증에 묘사된 내용으로 보통 키에 푸른 눈을 가졌고 얼굴이 길었다 한다. Marosvásárhely 대학의 Koncz Józsefnek에 따르면 Klapka Győrgy 장군과 매우 비슷하며, Bolyai J.의 아들 Bolyai Dénes도 아버지를 상당히 많이 닮았다 한다. Marosvásárhely에 있는 Kultúrapalota 벽면에는 유명한 과학자들의 부조가 있는데, 이를 바라보는 사람의 위치에서 왼쪽부터 Dósa Elek, Teleki Sámuel, Bolyai Farkas, Bolyai János, Mentovich Ferenc 그리고 Pentelei István가 새겨있다. 오직 Bolyai J.를 제외하고 이들의 사진이 전해지므로 사진과 부조를 비교하여 볼 때, 부조의 모습은 실물과 매우 흡사한 것으로 여겨지므로 Bolyai J.의 부조도 그가 살아있을 때 모습과 닮았으리라 짐작된다.

⟨185⟩ Christian Albrecht Jensen 그림 (1840), Пулковская Астрономическая обсерватория[The Pulkovo Space Observatory]/Россия 소장

⟨186⟩ 식을 정리하면 결국 연립방정식 $ab = 30$, $xy = 4$, $uy = 6$, $xv = 8$, $au + bv - uv = 18$과 원래 방정식은 동치다.

⟨187⟩ 흔히 바이엘 교본으로 불리는데 Ferdinand Beyer는 독일 사람으로 '바이에르' 또는 '바이어'라 하는 것이 옳다. 비슷한 경우로 1863 Friedrich Bayer와 동료 Johann Friedrich Weskott가 설립하여 aspirin (acetylsalicylic acid, $C_9H_8O_4$)을 개발 생산했던 'Bayer AG'를 '바이엘 제약회사'로 부르는데 이 또한 '바이에르' 또는 '바이어'라 함이 옳다.

⟨188⟩ 부등변삼각형을 영어로 'scalene triangle'이라 하는데, 영어 'scalene'은옛 희랍어 'σκαληνός'에서 온 말로 원래는 '휘젓다'는 뜻을 가지고 있으며, 물을 휘저으면 그 수면이 고르지 않게 되므로 이로부터 '고르지 않다'는 뜻으로 바뀌었다.

⟨189⟩ 이등변삼각형을 영어로 'isosceles triangle'이라 하는데 영어 'isosceles'는옛 희랍어로 '같다'는 뜻을 가진 'ἴσος'와 '다리[脚]'를 뜻하는 'σκέλος'에서온 말이다.

⟨190⟩ 흔히 정삼각형을 '세 변의 길이가 모두 같은 삼각형' 또는 세 변이 모두 합동인 삼각형'으로 정의하지만, '정삼각형'이란 말은 영어의 'regular triangle'을 번역한 것으로 여겨진다. 따라서 정삼각형은 정다각형, 즉 '변의 길이가 모두 같고 내각의 크기가 모두 같은 다각형' 가운데 변의 길이가 세 개인 다각형을 일컫는 것으로 보아야 한다. 한편 세 변의 길이가 모두 같은 삼각형은 영어로 'equilateral triangle'이라 하므로 이를 '삼등변삼각형'으로 이름 붙이는 것이 타당하다. 물론 이론에 따르면 모든 정삼각형은 삼등변삼각형이며 거꾸로 모든 삼등변삼각형은 항상 정삼각형이다. 한국 교과과정에서는 이를 구분하지 않지만, 논리적으로 더욱 정확하게 다루려면 이를 구분하는 것이 바람직하다. 논리적 관찰없이 결과만 맞추어 배우는 것으로 과학적 사고를 키울 수 없기 때문이다. 영어 'equilateral'은 라틴어로 '고르다'는 뜻을 가진 'æquus'와 옆을 뜻하는 'latus'에서 온 말이다.

⟨191⟩ 주어진 세 변의 길이가 a, b, c이고 주어진 세 각의 크기가 각각 A, B, C일 때, 이 조건들 가운데 일부 조건이 구체적으로 주어진 경우 삼각형 ABC의 결정 여부를 판단하면 다음과 같다.

조건	주어진 조건	삼각형이 결정될 조건	가능한 삼각형 개수
SSS	a, b, c	$\lvert a-b \rvert < c < a+b$일 때[†]	1
SAS	A, b, c	$0^\circ < A < 180^\circ$일 때	1
AAS	A, B, a	$0^\circ < A,\ B < 180^\circ$이고 $0^\circ < A+B < 180^\circ$	1
ASA	A, B, c	$0^\circ < A,\ B < 180^\circ$이고 $0^\circ < A+B < 180^\circ$	1
SSA	A, a, b	$0^\circ < A < 90^\circ$이면서 $a = b\sin A$이거나 $a \geq b$	1
		$0^\circ < A < 90^\circ$이고 $b\sin A < a < b$	2
		$90^\circ \leq A < 180^\circ$이고 $a > b$일 때	1

- [†] 조건 '$\lvert a-b \rvert < c < a+b$'와 동치인 조건
  1. 가장 긴 변의 길이가 c이고 $c < a+b$
  2. $a < b+c$, $b < c+a$, $c < a+b$
- 각 조건이 삼각형의 결정조건을 만족하지 않는 경우에는 삼각형이 존재하지 않는다.

⟨192⟩ 원을 분할하는 원리 그리고 원을 기하학적으로 17개로 분할하는 것 등.

⟨193⟩ `http://www.research.att.com/~njas/sequences/A003401`

⟨194⟩ 변이 많아지면 많아질수록 작도는 실제로 불가능해진다. 한 변의 길이가 1 cm인 정 257각형을 작도하려면 반지름이 40 cm인 원이, 정 65537각형을 작도하려면 반지름이 약 104 m인 원이 있어야 한다.

⟨195⟩ 새한신문 1983년 8월 22일; 한국일보 1982년 1월15일, 1986년 11월 11일, 1996년 6월 19일; 문

화일보 1996년 9월 3일; 세계일보 1997년 2월 10일, 1997년 9월 3일, 1998년 1월 21일; 조선일보 1997년 4월 16일, 1998년 12월 1일; 월간조선 1997년 7월호 (통권 208호), 老 발명가 崔益坤씨의 외침-『학자들은 답변할 의무가 있습니다』(車秉學 취재), 427-435쪽

⟨196⟩ 馬耳東風은 中國 唐朝때 시인인 青蓮居士 李白[Lǐ Bái]가 벗 王去一[Wáng Qùyī가] 자신의 불우함을 읊은 시 '寒夜獨酌有懷'에 화답한 '答王十二寒夜獨酌有懷'(李太白集 제18권)에 나오는 표현으로 쓸쓸함에 젖어 휘영청 밝은 달을 바라보며 술잔을 기울이고 있을 벗에게 술로 벗을 삼아 고독을 달래고, 지금은 그대와 같이 고결하고 뛰어난 인물이 쓰일 시기가 아님을 알아 위안을 삼기를 권하면서, 세인들이 시인의 좋은 말을 알아주지 못함을 개탄하고 있다; 世人聞此皆掉頭, 有如東風射馬耳 (뭇 세인들은 이 말을 듣고 고개를 젓네, 마치 동쪽에서 부는 바람이 말의 귀를 쏘는 듯). 이 때가 749년 玄宗 시절로 李白의 나이 49세였다 한다.

⟨197⟩ 中國 梁나라 때 僧祐[Sēng Yòu]가 도·불·유 삼교 사이에 벌어진 논쟁과 저술을 모아 펴낸 '弘明集'에 나오는 이야기로 中國 後漢 말기에 불교에 대한 해박한 지식을 가진 牟融[Móu Róng]이라는 학자가 있었다. 하루는 그가 유학자들에게 불교에 대해 설하면서 불교 경전이 아닌 유학 경서를 인용하자 유학자들이 이를 꾸짖었다. 이에 牟融은 魯나라 公明儀[Gōng Míngyí]의 고사를 인용하였다. 고사인즉, 公明儀는 어진 사람으로 하루는 소를 향해 거문고를 탔다. 그러나 소는 이를 거들떠보지도 않고 마냥 풀만 뜯고 있었다. 그리하여 모기와 등애 소리, 그리고 젖을 먹고 있는 송아지의 울음소리를 흉내내었다. 그러자 소는 꼬리를 흔들면서 귀를 세워 그 소리를 듣기 시작했다. 이는 거문고 소리란 본디 소의 귀에 맞지 않는 것이요, 모기와 등애 소리, 그리고 젖 빠는 송아지의 울음 소리는 소의 심상에 어울리는 음이었기 때문이다. 즉, 牟融은 불교 경전보다 유학에 더 밝은 유학자들에게 불전이 전하는 얘기가 아닌, 그들이 잘 알아들을 수 있는 유학 경전의 이야기로 가르치려 했던 것이다.

⟨198⟩ 측량에서 어느 지점의 方位角(방위각)이나 올려본각[仰角(앙각)]을 재는 기구를 經緯儀(경위의)[theodolite]라 한다.

⟨199⟩ G. W. Leibniz 탄생 350주년을 기념하여 독일이 1996년에 발행한 우표다. 발행국: 독일, 발행일: 1996년 6월 13일, 도안: Elisabeth von Janota-Bzowski, 크기: 43 mm × 25.5 mm, 천공: 14, 액면가: 100Pf, Scott Nr.: 1933, MiNr. 1865.

⟨200⟩ Πτολεμαῖος의 작품으로 희랍어 제목은 'Μαθηματική σψντξις[Mathematical Treatise]'였으며 후에 'Η Μεγάλη Σύνταξις[The Great Treatise]'이라 바뀌었다. 9세기 경 아랍어로 번역되어 오늘날 'Almagest'라는 이름으로 더 널리 알려져 있다. 'Almagest'란 '위대한 책'이란 뜻을 가진 아랍어 'الكتاب المجسط[al-kitābu-l-miğisti]'를 라틴어로 옮긴 표현이다.

⟨201⟩ 실수 위에 정의된 상수함수는 임의 실수 p에 대해 조건 '모든 실수 x에 대해 $f(x+p) = f(x)$'를 항상 만족하므로 이 조건을 만족하는 가장 작은 양수 p란 존재하지 않는다. 상수함수를 주기함수로 보는 경우도 있으나, 주기함수로 보기에는 특성이 너무 평범하므로 상수함수는 주기함수로 보지 않는 것이 일반적이다. 이는 $y = 1^x$를 지수함수로 보지 않는 이유와 마찬가지다.

⟨202⟩ 황도(黃道)[ecliptic]는 천구 적도에 대해 약 $23°\ 26'$ 정도 기울어져 있으므로 태양은 적도 위로 올라오기도 하고, 아래로 내려가기도 한다. 이로 인해 지구에는 계절의 변화가 생기게 된다. 태음태양력은 사계절의 변화와 차이를 보이므로 계절을 구분하기 어려운 단점이 있다. 이를 보완하고자 춘분점[vernal equinox]을 기준으로 황도를 따라 $15°$ 간격마다 1기(氣)를 배정하여 24절기(節氣)로 계절을 가늠하였는데, 각 절기는 양력으로 거의 비슷한 날에 들게된다. 흔히 속담으로 '대한이 소한 집에 놀러갔다가 얼어죽었다' 또는 '소한 얼음 대한에 녹는다'라는 말을 쓰는데, 절기의 이름으로 보아 대한 때가 가장 추울 것으로 여겨짐에도 우리나라에서는 소한 때가 더욱 춥기 때문에 나온 말이다.

이는 24기가 우리 기후에 맞춘 것이 아니로 옛 中國의 周나라가 득세하던 시절 華北 지방의 기상상태에 맞추어 붙여진 이름이기 때문이다.

24 절기	태양의 황경	일자	24 절기	태양의 황경	일자
立春	315°	2월 4일 경	立秋	135°	8월 8일 경
雨水	330°	2월 19일 경	處暑	150°	8월 23일 경
驚蟄	345°	3월 6일 경	白露	165°	9월 8일 경
春分	0°	3월 21일 경	秋分	180°	9월 23일 경
淸明	15°	4월 5일 경	寒露	195°	10월 8일 경
穀雨	30°	4월 20일 경	霜降	210°	10월 23일 경
立夏	45°	5월 6일 경	立冬	225°	11월 7일 경
小滿	60°	5월 21일 경	小雪	240°	11월 22일 경
芒種	75°	6월 6일 경	大雪	255°	12월 7일 경
夏至	90°	6월 21일 경	冬至	270°	12월 22일 경
小暑	105°	7월 7일 경	小寒	285°	1월 6일 경
大暑	120°	7월 23일 경	大寒	300°	1월 22일 경

⟨203⟩ 朴寅亮의 '殊異傳'에 실려 있었다는 설화로, 오늘날 殊異傳은 전하지 않고, 대신 一然이 지은 '三國遺事'와 徐居正의 '筆苑雜記'에 실려 전해 온다. 이 설화의 내용은 다음과 같다.

新羅 제8대 阿達羅尼師今 4년 (157년, 丁酉) 동해 바닷가에 延烏와 細烏라는 이름을 가진 부부가 살고 있었다. 어느 날 延烏가 바다에서 바닷말을 따고 있는데 갑자기 바위 하나가 나타나더니 그를 싣고 日本으로 갔다. 이를 지켜본 日本 사람들은 그를 범상한 사람이 아니라 여기고 延烏를 그들의 왕으로 삼았다. 한편 남편이 돌아오지 않자 이를 걱정하던 細烏는 남편이 간 바닷가에서 延烏가 벗어놓은 신을 발견했다. 細烏가 신이 놓인 바위 위에 올랐더니 바위는 전같이 그를 싣고 日本으로 갔다. 이를 본 日本 사람들은 이 사실을 왕에게 아뢰었다. 마침내 해우한 두 부부는 기뻐하였고 細烏는 귀비(貴妃)가 되었다. 한편 이 때 신라에 뜨던 해와 달은 그 광채를 잃었고 日官이 왕에게 '해와 달의 정기를 가진 이들이 이 땅에 내려와 살았는데 그들이 日本으로 가자 이런 괴변이 생겼습니다'라 아뢰었다. 이 말을 들은 왕이 사자(使者)를 日本으로 보내 두 사람을 찾으니 延烏가 말하길,

> "내가 이 곳에 온 것은 하늘이 시킨 일인데 어찌 돌아갈 수 있으리오. 대신 내 비(妃)가 짠 고운 비단으로 하늘에 제사를 드리면 될 것이오."

하며 사자에게 비단을 주니 사자가 돌아와서 왕에게 이를 고하자 왕은 延烏가 이른대로 하늘에 정성껏 제사를 드렸더니 해와 달의 정기가 예전처럼 되었다. 이에 그 비단을 어고(御庫)에 소중히 간수하고 국보로 삼았으며 그 곳간을 '貴妃庫'라 하고, 하늘에 제사 지낸 곳을 '迎日縣' 또는 '都祈野'라 했다.

⟨204⟩ Canada 동부 해안에 위치한 Bay of Fundy는 조차가 17 m에 달해 지구상에서 조차가 가장 큰 지역으로 알려져 있다.

⟨205⟩ 생리를 시작한 날부터 다음 생리가 있기 직전까지 날수를 생리주기라 일컫는다. 보통 주기는 28일 전후이며 신체 상황이나 환경에 따라 불규칙하기도 하다. 생리가 끝나고 약 일 주일이 지나면 배란기에 들며 닷새 정도 이어지는데 이 시기에 난자가 자궁으로 배출되어 임신 가능기간이 된다.

⟨206⟩ steroid: 탄소고리를 네 개 갖는 지질을 일컫는다.

⟨207⟩ 대표할 만한 estrogen류로 estradiol ($C_{18}H_{24}O_2$), estriol ($C_{18}H_{24}O_3$), estrone ($C_{18}H_{22}O_2$)이 있다.

⟨208⟩ Ἥρων ὁ Ἀλεξανδρεύς의 다른 저작으로 기하학 책인 Μετρικά[Metrica] 제1권에는 우리가 잘 알고 있는 '헤론의 공식'이 실려있다. 헤론의 공식은 세 변의 길이가 주어진 삼각형의 넓이를 구하는 식으로, 세 변의 길이가 각각 a, b, c인 삼각형의 넓이 S는 $s = \dfrac{a+b+c}{2}$일 때,

$$S = \sqrt{s(s-a)(s-b)(s-c)} = \frac{1}{4}\sqrt{2(a^2b^2 + b^2c^2 + c^2a^2) - (a^4 + b^4 + c^4)}$$

이다. 이는 원에 내접하는 사각형의 넓이를 나타내는 '브라흐마굽타의 공식'과 이보다 더 일반적인 사각형의 넓이를 나타내는 '브렛슈나이더의 공식'의 특수한 경우다. 네 변의 길이가 각각 a, b, c, d인 사각형의 넓이 S는 $s = \dfrac{a+b+c+d}{2}$일 때

$$S = \sqrt{(s-a)(s-b)(s-c)(s-d) - abcd\cos^2\frac{A+C}{2}}$$

이다. 여기서 A와 C는 마주하는 두 내각이다. 사각형이 원에 내접하면 $A + C = \pi$이므로 브라흐마굽타의 공식 $S = \sqrt{(s-a)(s-b)(s-c)(s-d)}$를 얻는다. Metrica는 오랫동안 분실된 것으로 알려져 있다가 1894년 그 일부가 그리고 1896년 세 권 전부가 발견되었다.

⟨209⟩ 'Philosophiae Naturalis Principia Mathematica'를 줄여서 일컫는 이름으로 '자연과학의 수학적 원리'라 번역한다.

⟨210⟩ Éire (Ireland)는 2005년 UNESCO가 정한 '물리의 해'를 맞아 W. R. Hamilton 탄생 200주년을 기념하고자 우표를 발행했다. 발행국: Éire, 발행일: 2005년 3월 14일, 발행 장수: 33 0000장, 도안: Ger Garland, 크기: 60 mm × 24 mm, 천공: $13\frac{1}{2} \times 13\frac{1}{2}$, 액면가: 48c, 인쇄방식: 평판 인쇄[lithography], Scott Nr.: 1599.

⟨211⟩ 현재 다리에는 그를 기리는 글귀가 새겨져 있는데 거기에는 다음같이 적혀있다.

> Here as he walked by on the 16th of October 1843 Sir William Rowan Hamilton in a flash of genius discovered the fundamental formula for quaternion multiplication $i^2 = j^2 = k^2 = ijk = -1$ & cut it on a stone of this bridge.

⟨212⟩ 1877년 9월 26일 당시 독일 지역이었던 Stettin(오늘날 Baltic 해를 향한 Polska의 항구도시 Szczecin)에서 심장병으로 사망하였다.

⟨213⟩ '도르래'는 두 가지 뜻이 있는데, 얇고 갸름한 대쪽의 복판에 자루를 박아 이를 두 손바닥으로 비비다 날리거나, 붓두껍 따위에 꽂은 채 자루에 실을 감아 돌려서 날리는 장난감을 뜻하기도 하고, 가장자리에 홈을 낸 바퀴에 줄을 걸어 물체를 움지이는 장치를 일컫기도 한다. 여기서 일컫는 도르래는 두 번째 뜻으로 한자어로 '滑車'라 하기도 한다.

⟨214⟩ David Eugene Smith와 三上 義夫, 그리고 Petr Beckmann에 따르면 元禄 11년 (戊寅), 즉 1698년 3월에 佐藤 茂春이 쓴 算法天元指南에, 그리고 16세기 Leonardo di ser Piero da Vinci가 이 방법을 사용했다 한다 [19, 19쪽] [80, 130-132쪽]. 그러나 Smith, D. E.와 三上 義夫, 그리고 Beckmann, P.의 책에 실린 그림은 算法天元指南 초판이 아니라 훗날 藤田 貞資가 寛政 4년, 즉 1792년 2월에 이를 보완하여 改正天元指南이란 이름으로 다시 발표한 것으로 실제로 초판 算法天元指南에는 다른 그림이 실려있다. 다음 그림을 통해 이 차이를 알 수 있다. 참고로 이 그림은 東北大学 和算ポータル(`http://www2.library.tohoku.ac.jp/wasan/`)이 소장하고 있는 자료를 복사한 것이다.

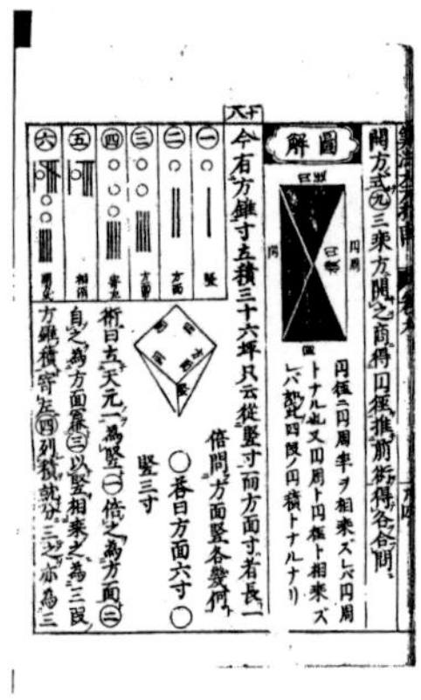

算法天元指南 (1698년)

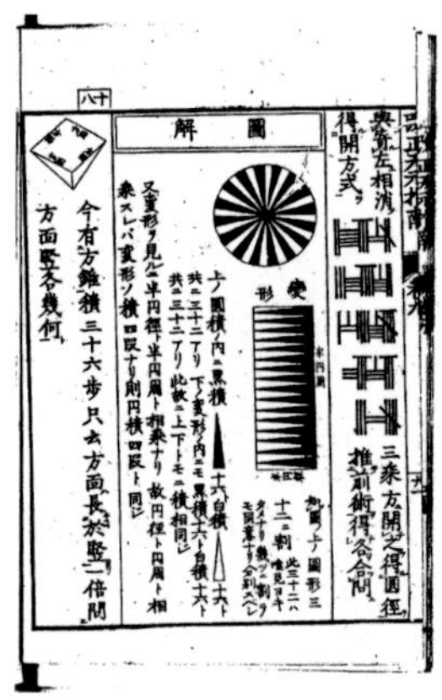

改正天元指南 (1792년)

⟨215⟩ 착출법(搾出法)[method of exhaustion]이란 '무한'을 사용하지 않고, 즉 구분구적법을 사용하지 않고 오늘날 적분의 결과를 얻을 수 있는 방법으로 일찍이 Αθήνα[Athens] 출신 sophist[σοφιστής] Ἀντιφῶν ὁ Ἀθηναῖος이 소개하였으며 Κνίδος[Cnidus] (오늘날 Türkiye의 Tekir) 출신 Εὔδοξος ὁ Κνίδος[Eudoxus]가 이론적으로 이를 발전시켰다. 착출법을 잘 활용한 사람은 바로 Archimedes로 그는 이 방법을 사용함에 있어 수학적인 지식과 더불어 물리 법칙에 대한 지식까지 그 바탕에 깔고 있었다. 보기로 포물선 위에 놓인 두 점을 지나는 현과 포물선의 일부로 둘러싸인 포물선 조각의 넓이는 현의 중점을 지나며 포물선의 축과 나란한 직선이 포물선과 만나는 점과 현의 두 끝점으로 이루어진 삼각형의 넓이의 $\frac{4}{3}$이라는 성질을 보이기 위해 그는 물리적 성질을 사용하여 이 사실을 먼저 확인한 뒤에 귀류법에 바탕을 둔 착출법을 사용하여 이를 증명하였다. 즉 삼각형을 포물선 조각에서 덜어 냄으로 인해 생기는 모순을 사용한 것이다.

⟨216⟩ 수학의 정석 (기본), 수학 Ⅱ, 158 ~ 159 쪽 (洪性大 지음, 성지출판사)

⟨217⟩ 중심이 (a, b)이고 반지름의 길이가 $r > 0$인 원의 방정식은

$$(x-a)^2 + (y-b)^2 = r^2$$

이다. 이 식을 원의 방정식에 대한 일반형이라 알컫는다.

⟨218⟩ 'Pistole'은 1537년부터 사용된 España 금화를 일컫는 말이다.

⟨219⟩ 책의 제목은 '*Van Rekeningh in Spelen van Geluck*'으로 1657년 그의 스승인 Frans van Schooten에 의해 Latin-어로 번역된 '*De Ratiociniis in Ludo Aleae*'이 출간되었다.

⟨220⟩ 주사위[die, (복수) dice]의 기원은 아직 확실하지 않으나 옛 이집트 등지에서 동물의 뼈 등으로 만든 주사위와 비슷한 것이 전해진다. 가장 오래된 주사위는 ایران[Iran] 남동부에 위치한 سیستان[Sistan] 지역에서 발굴된 옛 زاهدان[Zahedan] 유적인 شهرسوخته[Shahr-e-Sukhteh] (불탄 도시) 유적에서 발굴되었다. 이는 기원전 3000년 경 것으로 추정되며 오늘날 backgammon과 유사한 놀이기구와 더불어 이 놀이에 사용된 것으로 보여 주사위의 기원은 남부 Asia 지역일 것으로 여겨진다. 또한 이와 관련하여 주사위 던지기는 옛 인도 경전인 ऋग्वेद[Ṛgveda]에도 등장하며, रामायण[Rāmāyaṇa], हरिवंश[Harivaṃśa]와 더불어 인도 옛 삼대 서사시 가운데 하나인 महाभारत[Mahābhārata]에도 등장한다. 역사가 Gaius Suetonius Tranquillus의 '*Divus Iulius*에 따르면 옛 Roma의 황제였던 Gaius Iulius Caesar가 기원전 49년 1월 10일 Italia 북부에 위치한 Rubicone 강을 건너면서 '*Iacta alea est* (주사위는 던져졌다)'고 말했다 전해지는데, 옛 Roma에서 주사위 놀이는 매우 보

편적이었던 것으로 보인다. 우리가 사용하는 '주사위'란 말은 唐朝 때 玄宗이 楊貴妃[Yáng Guìfēi](楊玉環[Yáng Yùhuán])와 이를 가지고 놀이를 할 때, 질뻔한 순간에 '四'가 나와 이기게 되자 '四'가 적힌 위치에 붉은색을 칠하였다하여 '朱四位'라 일컬은 것이 그 유래라 한다. 朝鮮 중엽 허백당(虛白堂) 成俔이 쓴 수필집 '慵齋叢話'에 보면 '輪木'의 각 면에 '德, 才, 勤, 堪, 軟, 貪'이라 여섯 글자를 쓰고, 도판에는 일품(一品)에서 구품(九品)까지 벼슬을 차례로 두어 德과 才가 나오면 올라가고, 軟과 貪이 나오면 파직되는 '從政圖 놀이' 또는 '陞卿圖 놀이'가 있었음을 알 수 있다. 成俔에 따르면 河崙이 고안했다 하며, '亂中日記'에 따르면 忠武公 李舜臣도 이 놀이를 즐겼던 것으로 보인다. 뿐만 아니라 문헌에 따르면 주사위는 놀이를 넘어서 신의 뜻을 점치기 위해 쓰이기도 한 것으로 보인다.

⟨221⟩ 윷놀이는 사희(柶戱) 또는 척사희(擲柶戱)라 일컬어지기도 하는데, 그 기원은 아직 정확하게 알려진 것이 없다. 전해지는 바에 따르면 신라시대 궁녀들이 새해 초에 즐기던 놀이라 하기도 하고, 夫餘나 百濟의 관직명, 즉 저가(猪加), 구가(狗加), 우가(牛加), 마가(馬加), 대사(大使)와 관련이 있다 하기도 하며 高句麗의 오가(五加)에서 왔다 하기도 한다. 윷놀이와 관련하여 오래된 문헌인 中國의 '北史[Běishǐ]'나 '太平御覽[Tàipíngyùlǎn]'에 따르면 夫餘의 저포(樗蒲)나 악삭(握槊)과 같은 놀이가 소개되어 있어 아마도 윷놀이의 기원은 그 이전까지 거슬러 올라갈 것으로 보인다. 李延壽[Lǐ Yánshòu]의 '北史'에 따르면 에는 百濟에서 행해지던 놀이 가운데 저포(樗蒲)란 것이 있다 했다. 본래 나무로 만들어진 주사위 같은 것을 던져서 그 사위로 승부를 다툰 놀이였다 한다. 또한 李肇[Lǐ Zhào]의 '唐國史補[Tángguóshǐbǔ]'에 전하길 이 놀이는 말[馬] 여섯 개와 투(骰) 다섯 매를 가지고 노는 놀이라 했다. 또한 목은(牧隱) 李穡이 지은 '牧隱集'에 따르면 저포는 세시풍속 놀이로 오늘과 같은 윷판을 사용한 놀이로 여겨지며 그 변화가 다양하여 남녀노소가 어울려 논다 하였다. 金鰲新話를 지은 매월당(梅月堂) 金時習도 저포를 매우 좋아했다 전해진다. 우리나라 최초의 한문 소설인 그의 작품 '金鰲新話'에 실린 '萬福寺樗蒲記'을 보면 주인공 梁生은 부처에게 저포 놀이로 내기를 건다. 내기에서 이긴 梁生은 소원대로 배필을 맞아들이지만 그 여인이 왜군이 침략했을 때 죽은 처자의 영혼이었음을 안 梁生은 그를 위해 천도제를 정성껏 치러주고 地異山으로 들어간 뒤 소식이 끊어졌다 한다. 萬福寺는 全羅北道 南原市 王亭洞 麒麟山에 있었던 절로 新增東國輿地勝覽에 따르면 이 절은 高麗 文宗때 창건되었다 하나 丁酉再亂으로 소실되고 오늘날 그 터만 남아 있다. 또한 握槊은 옛 中國의 漢朝 漢武帝 시절 서역에서 전래된 놀이로 알려져 있으며 百濟로 전해져 부녀자들을 비롯하여 서민층에 널리 성행하였던 것으로 보인다. 雙陸이라고도 하나 나무를 정육면체로 다듬어 손에 쥐고 논다하여 握槊이라 하기도 한다. 沈守慶이 쓴 '遣閑雜錄'에도 등장하며 金時習도 '雙陸'이라는 시를 짓고 있다. 日本에서는 이를 双六(すごろく)라 한다. 한편 崔世珍의 '訓蒙字會'나 지봉(芝峰) 李睟光의 '芝峰類說'에도 윷놀이에 관한 기록이 있고, 성호(星湖) 李瀷이 지은 '星湖僿說'은 윷놀이를 고려의 유속(流俗)으로 보고 있다. 朝鮮 말엽에 나온 '東國歲時記'는 윷, 윷판과 윷패에 대해 상세히 설명하고 있다. 또한 朝鮮 문인이었던 金文豹의 '中京誌'나 소운거사(嘯雲居士) 李圭景의 '五洲衍文長箋散稿'는 주역과 성리학에 바탕을 두고 윷놀이를 설명하고 있다.

⟨222⟩ 이홍섭, 개념원리 중학수학, 34쪽, 14번, 디딤돌 출판사

⟨223⟩ 수학세계 제1권 제1호 1977년 4월호, 13쪽

⟨224⟩ 화가 Drouais François-Hubert가 1775년에 그린 초상화의 일부로 가로가 67.5 cm, 세로가 103 cm로 현재 불란서 Montbard에 있는 Musée Buffon에 소장되어 있다.

⟨225⟩ 물론 '이치원 **디락**-함수[Dirac function]'인 δ^2을 사용할 수도 있지만, 이는 원점에서 확률밀도가 무한대인 것으로 해석되는 함수이므로 적절하지 않고, 엄밀히 말해 δ^2은 우리가 알고 있는 정의에 따른 함수가 아니다. 이같이 개념이 확장된 함수는 19세기에 들어 **그린**-함수[Green function]나 **라플라스**-변환[Laplace transformation]과 같은 곳에서부터 태동되기 시작했고 Oliver Heaviside에

의해 깊게 소개되기도 했다. 디락-함수는 Paul Adrien Maurice Dirac이 공간에 분포하는 전하의 밀도를 생각하는 과정에서 도입되어 Сергей Львович Соболев(S. L. Sobolev)에 의해 체계적인 이론이 갖추어지면서 미분방정식 이론에 큰 기여를 했다.

⟨226⟩ 한 원에 임의로 현을 그린다. 그 현의 길이가 원에 내접하는 정삼각형의 한 변의 길이보다 작을 확률은 얼마인가?

⟨227⟩ 한국교원대학교 국정 도서 편찬 위원회, 확률과 통계 (고등학교), 131쪽, (2004) (주)천재교육.

⟨228⟩ Student의 t-분포는 영국의 화학자이자 통계학자인 William Sealy Gosset가 1908년 소개한 확률분포로, 역시 영국 진화 생물학자이자 통계학자인 Ronald Aylmer Fisher 경이붙인 이름이다. 여기서 'Student'는 W. S. Gosset의 필명[pseudonym]이다. 이를 잘 모르는 사람들이 'Student의 t-분포'를 '학생분포'로 번역하는데 이는 그른 번역이다. 예: 박형종, 지혜로운 수학, (2004년 4월 27일) 바다소 출판.

⟨229⟩ 최용준/신현성, 고등학교 수학-I, 301쪽, (2003) 천재교육.

⟨230⟩ '한국갤럽 조사연구소'는 1974년 6월 설립된 최초 법인 조사 전문회사로 1979년 국제 조사기관인 'Gallup International'에 가입하였다. Gallup International은 1947년 5월 회장 George H. Gallup을 회장으로 하여 회원 열한 명으로부터 시작한 국제 조사기관이다.

⟨231⟩ 수학 I 교과서 12종 (대표 저자명 순): **박규홍** 외 5명, (주)교학사; **박두일** 외 8명, (주)교학사; **박배훈** 외 6명, 법문사; **우정호** 외 5명, 대한교과서(주); **이강섭** 외 6명, (주)지학사; **임석훈** 외 3명, (주)천재교육; **임재훈** 외 9명, (주)두산; **정광식** 외 2명, 동아서적(주); **조태근** 외 4명, (주)금성출판사; **최봉대** 외 5명, (주)중앙교육진흥연구소; **최상기** 외 5명, (주)고려출판; **최용준** 외 1명, (주)천재교육

⟨232⟩ 우리나라에서 현재 쓰이고 있는 교과서는 세 종류로 나눌 수 있다. 교육인적자원부가 저작권을 갖는 제일종(흔히 '국정교과서'라 일컫는다) 교과서와 교육인적자원부 장관 명의로 검정을 받아 사용하는 제이종(흔히 '검정교과서'라 한다.) 교과서, 그리고 시·도 교육감이 인정하는 '인정교과서'가 있다. 제일종 교과서는 대학이나 관련 연구소에 위탁하여 편찬하는 교과서로 국가가 무상으로 지급하는 초등학교 교과서와 중·고등학교용 국어, 도덕, 국사 교과서가 여기에 포함되며, 2003년 통계 [1]에 따르면 국가가 무상으로 지급하는 초등학교 교과서 212종, 중학교 교과서 46종, 고등학교 372종 유치원과 특수학교용 91종을 아울러 전부 721권이 있다. 제이종 교과서는 민간 출판사가 대학 교수나 교과서 전문가 등과 계약을 맺고 제작하는데 중·고등학교 보통 교과 대부분의 교과서가 여기에 해당한다. 역시 2003년 통계에 따르면 중학교 65종 700권, 고등학교 122종 875권으로 전부 187종 1575권이 나와있다. 참고로 한국 제이종 교과서 협회에 등록된 민간 교과서 출판사는 현재 78개에 이른다. 교육부 장관의 위탁을 받은 한국 교육과정 평가원이 검정기준에 따라 심의·평가 과정을 거쳐 확정한다. 한편 인정교과서는 교과서가 없거나 보충할 필요가 있을 경우 사용되는 교과서로 시·도 교육감이 인정하는데 초등학교용 '우리들은 1학년', 종교, 생활경제교양 선택과목, 컴퓨터 관련 과목을 위해 발행되고 있으며 2003년 통계에 따르면 초등학교용 331권, 중학교용 30권, 고등학교용 121권을 아울러 전부 472권에 이른다. 오늘날 딱딱하고 생동감이 없는 교과서, 국가의 주도로 만들어지는 교과서에 대한 비판이 일면서 개성 있고 내용도 알찬 교과서를 만들자는 분위기가 고조되고 있다. 특히 국어과나 국사과 교과서에 대한 여러 사람들의 목소리는 높은 반면 예나 지금이나 변함없는 수학과 교과서에 대한 비판은 그리 많지 못한 것은 매우 유감스럽다. 확률과 통계 교과서를 만들면서 통계를 전공한 전문 인력이 거의 참여하지 못하고 있다는 비난은 우리가 다시 한 번 반성해야 할 내용이다 [13].

⟨233⟩ 이런 시행을 확률에서 베르누이-시행[Bernoulli trial]이라 한다. 이는 Jacob [James] Bernoulli의

이름을 딴 것이다.

⟨234⟩ 여기서 이 정규분포 값은 문제에 표로 다음같이 주어져 있다.

z	$P(0 \le Z \le z)$
0.5	0.19
1.0	0.34
1.5	0.43
2.0	0.48

⟨235⟩ 음인 정수가 아닌 정수 $n \geq 0$에 대해 $P(X = n) = \dfrac{e^{\lambda}\lambda^{n}}{n!}$으로 주어진 이산 확률분포를 일컫는다.

⟨236⟩ 교육용 통계 프로그램으로 미국 Key Curriculum Press가 (`http://www.keypress.com/`) 개발한 Fathom Dynamic Data™가 있고, 전문 프로그램으로 사회과학 분야의 통계 처리를 위해 개발되어 1968년 첫 판이 출시된 이후 현재 15판에 이른 SPSS®[Statistical Package for the Social Sciences] (`http://www.spss.com`), 1966년 Anthony J. Barr가 분산분석을 위한 프로그램 언어를 개발하기 시작하여 오늘에 이른 SAS®[Statistical Analysis System] (`http://www.sas.com`), Bell Labs의 John Chambers, Rick Becker, Allan Wilks이 통계 처리를 위해 개발한 프로그램 언어 S-언어에서 출발하여 1988년 Statistical Sciences Inc.가 상업용으로 출시되면서 오늘에 이르고 있는 S-PLUS® (`http://www.insightful.com/products/splus/default.asp`), 1972년 Pennsylvania 주립대학교 연구원이었던 Barbara F. Ryan, Thomas A. Ryan, Jr., Brian L. Joiner이 개발한 Minitab® (`http://www.minitab.com/`) 등이 있다.

⟨237⟩ European Mathematical Society Newsletter No. 46, December 2002, p. 19.

⟨238⟩ 출처: `http://www.math.ohio-state.edu/conferences/Neil65/indexInProgress.html`, N. Robertson의 65회 생일을 기념하여 2003년 12월 13 ~ 16일에 Ohio State University 수학과에서 가진 학회 'Advances in Graph and Matroid Theory'에서 찍은 사진

⟨239⟩ 출처: `http://www1.cs.columbia.edu/~sanders/`, Columbia University, 전산학과, New York, New York/USA

⟨240⟩ 출처: `http://www.math.princeton.edu/~pds/`, Princeton University, 수학과, Princeton, New Jersey/USA

⟨241⟩ 출처: `http://www.math.gatech.edu/~thomas/`, Georgia Institute of Technology, 수학과, Atlanta, Georgia/USA.

⟨242⟩ 시작점을 달리하면 전부 열두 가지 해밀턴-경로[Hamiltonian path]가 있다.

⟨243⟩ 이 성질의 역은 성립하지 않는다. 오른쪽 그래프는 해밀턴-회로 1-2-3-4-5-1을 갖지만 $\delta = 2 < \frac{5}{2}$다.

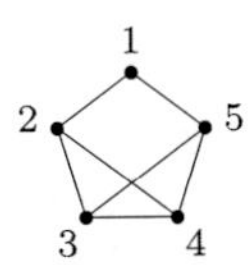

⟨244⟩ Jakob Emanuel Handmann 그림 (1753년), Kunstmuseum, Basel/Österreich 소장

⟨245⟩ 독일 철학자 Immanuel Kant가 묻혀있는 이 섬은 오늘날 'острова Канта[Kant 섬]'로 불린다.

⟨246⟩ 위치에 관한 기하학과 관련한 문제의 풀이

⟨247⟩ Потроховый라 하기도 함.

⟨248⟩ 위 지도는 Matthäus Merian의 동판화로 '*Theatrum Europaeum*'에 실린 것이다.

〈249〉http://www.research.att.com/~njas/sequences/A001913

〈250〉http://www.research.att.com/~njas/sequences/A000073

〈251〉http://www.research.att.com/~njas/sequences/A000073

〈252〉2005년 분야별 출판 시장 규모 (추정액), 대한출판문화협회

〈253〉제47회 국제 수학올림피아드에는 90개 나라 498명이 참가하였는데 1위는 214점으로 금메달 6개를 얻은 중국이 그리고 2위는 금메달과 은메달을 각각 세 개씩 얻은 Россия[Russia]가 차지했다. 이번 대회에서 금메달을 딴 사람은 서울과학고등학교 1학년인 李錫炯, 2학년인 崔仞煥, 경기과학고등학교 2학년인 南周康, 한성과학교등학교 1학년인 姜桓이며, 은메달 수상자는 민족사관고등학교 3학년인 南栗熙, 서울과학교 1학년인 梁濟河다. 한국은 1988년 7월 9일에서 7월 21까지 Australia의 Canberra에서 열린 제29회 대회부터 참가하여 꾸준히 좋은 결과를 낳고 있다. 한편 2007년 7월 19일에서 31일에 걸쳐 Việt Nam(越南)의 수도 Hà Nội(河内)에서 열린 제48회 국제 수학 올림피아드에서 한국은 금메달 2개, 은메달 4개를 얻어 Việt Nam과 더불어 총점 168점으로 종합 공동 3위를 차지했다. 이 대회에서 1위는 금메달 5개, 은메달 1개를 얻어 총점 184점을 얻은 Россия가, 2위는 금메달 4개, 은메달 2개를 따 총점 181점을 얻은 中國이 차지했다. 우리와 나란히 공동 3위를 기록한 Việt Nam은 금메달과 은메달을 각각 세 개씩 차지했다. 94개국 791명 학생이 참가하여 IMO 사상 가장 많은 나라가 참가한 이 대회에서 姜桓, 梁濟河가 금메달을, 서울과학고등학교 3학년에 다니는 金鐍柱, 같은 학교 2학년에 재학중인 沈鋌洙, 李錫炯 그리고 서울 중앙고등학교 1학년에 재학중인 李受泓이 각각 은메달을 수상하였다. 특히 이번 대회에는 1992년 Россия Москва[Moscow]에서 열린 제33회 대회를 끝으로 참석하지 않던 북한이 15년 만에 처음으로 참가하여 금메달 1개, 은메달 4개를 수상하여 총점 151점을 얻으면서 8위를 차지했다. 이 대회에서 북한의 안승철이 금메달을, 안옥송, 김진혁, 강충혁, 신금송이 은메달을, 그리고 평양 보통강제1중학교에 다니는 박일진이 명예상을 수상했다.

〈254〉대교주최 초등 수학 올림피아드 기출문제집 70쪽, 7번 (대교 교육정보 연구소, 대교출판, 2000)

〈255〉IUPAC(International Union of Pure and Applied Chemistry) 명명법으로 1,2-ethanediol이라 부르며 녹는점이 $-12.9°$C로 자동차 부동액에 사용된다. 색과 향이 없고 단맛을 낸다. 독성이 강하여 30 mL정도 양으로도 성인에게 치명적이다. 은으로 만든 음극을 사용한 전기분해 과정에서 열을 방출하는데, 1967년 1월 27일 아폴로 1호(Apollo/Saturn 204)에 일어난 화재도 이 반응 때문이었다.

〈256〉이온 결합으로 이루어진 염들 가운데 황산구리[copper(Ⅱ) sulfate] ($CuSO_4$), 질산칼륨[potassium nitrate] (KNO_3), 염화제이수은[mercury(Ⅱ) chloride] (승홍(昇汞), $HgCl_2$), 칼륨명반[potassium alum] (칼륨-明礬, $K_2SO_4 \cdot Al_2(SO_4)_3 \cdot 24H_2O$), 염화칼륨[potassium chloride] (KCl), 염화칼슘[calcium chloride] ($CaCl_2$), 붕산[boric acid] (硼酸, H_3BO_3) 등은 온도가 올라가면 용해도가 증가하고 세륨셀레네이트[cerium(Ⅲ) selenate] ($Ce_2(SeO_4)_3$)는 오히려 용해도가 줄어든다. 한편 황산나트륨[sodium sulfate] ($Na_2SO_4 \cdot 10H_2O$)은 0°C에서 약 32.4°C까지는 용해도는 증가하여 49.7 g까지 이르지만 그 이상 온도가 올라가면 용해도가 줄어들며, 특히 소금을 첨가하면 용해도는 더욱 가파르게 줄어든다. 반면에 설탕[sucrose] ($C_{12}H_{22}O_{11}$)은 20°C 물 100 g에 약 200 g까지 녹을 수 있으며 온도가 50°C까지 올라가면 260 g까지 녹는다.

〈257〉설탕의 용해도는 20°C, 50°C, 100°C에서 용해도와[33, 8-108쪽]이를 사용하여 얻은 보간식으로 삼차다항식

$$0.000141421\,x^3 + 0.00898979\,x^2 + 0.721155\,x + 184.801$$

을 사용하여 얻은 값이다.

⟨258⟩ **박성철**, 행복한 아침을 여는 101가지 이야기, (2004년 06월 16일) 정민미디어.

⟨259⟩ 대교주최 초등 수학 올림피아드 기출문제집 79쪽, 15번 (대교 교육정보 연구소, 대교출판, 2000)

⟨260⟩ 대교 주최 초등 수학 올림피아드 기출 문제집: 1992-1999년 기출 문제 수록, 96쪽 (대교 교육정보 연구소 엮음, 대교출판, 2000년)

⟨261⟩ 해법수학 경시대회 6학년 (실전편), 77쪽, 14번 (해법수학 영재교육 연구소, (주)천재교육 펴냄, 2001년)

⟨262⟩ 해법수학 경시대회 6학년 (실전편), 해답 및 풀이, 42쪽 (해법수학 영재교육 연구소, (주)천재교육 펴냄, 2001년)

⟨263⟩ 월부금의 현재가치를 구하여 계산하면

$$1200000 = \frac{x}{1.02} + \frac{x}{1.02^2} + \cdots + \frac{x}{1.02^6} = \frac{x(1-1.02^{-6})}{1.02-1} \quad \text{로부터}$$

x를 구하면 된다.

⟨264⟩ 小海綿狀腦症: 영어로 BSE(Bovine Spongiform Encephalopathy)라 하며, 흔히 '광우병', 즉 'mad cow disease'로 알려져 있다. 전염성해면상뇌증(TSE, Transmissible Spongiform Encephalopathy)의 한 종류로, 발병 원인에 대한 학설은 분분하나 주로 변형 prion(PrP^{sc}, protease-resistant protein, scrapie)에 의해 일어나는 것으로 여겨지고 있다. 정상 Prion(PrP^{c}, protease-resistant protein, cellular)은 정상적인 신경세포막에 들어있는 당단백질로 주로 α-나선(α-helix)으로 이루어져 있으며 β-판(β-sheet)이 적은 반면, PrP^{sc}는 α-나선이 β-판으로 변형된 형태를 갖는다. 이런 PrP^{sc}는 단백질 분해 효소에 의해 분해되지 않고, 열이나 자외선, 그리고 화학물질에 강한 내성을 보이나, 차아염소산나트륨[sodium hypochlorite](NaClO)이나 수산화나트륨[sodium hydroxide](가성(苛性)소다, caustic soda, lye, NaOH)에 의해 감염력이 사라진다. 'Prion'이란 단백질성 감염성 입자(proteinaceous infectious particle)로, 단백질을 뜻하는 'protein'과 '감염'을 뜻하는 'infecious' 그리고 알갱이를 뜻하는 접미사 '-on'으로 이루어진 합성어다. 1960년대 생물학자 Tikvah Alper와 물리학자 J. S. Griffith는 TSE가 단백질로 이루어진 전염성 인자에 의해 발현한다는 이론을 제기했으며, 미국 San Francisco에 있는 California 대학교의 신경학자이자 생화학자인 Stanley Ben Prusiner와 그가 이끄는 연구조는 1982년 이런 단백질을 분리하는데 성공하였다. 그는 이 공로를 인정받아 1997년 노벨 생리학과 의학상을 수상하였다. 한편 Danmark(Denmark)의 수도 København(Copenhagen)에 자리잡은 Carlsberg Laboratorium의 소장이자 생화학자였던 Kaj Ulrik Linderstrøm-Lang은 단백질 구조의 체계를 설명하고자 단백질의 일차, 이차, 삼차, 사차구조를 소개하였다. 여기서 'α-나선'과 'β-판'은 단백질의 이차구조에 해당한다. 참고로 인간에게 나타나는 TSE로 CJD(Creutzfeldt-Jakob Disease), FFI(Fatal Familial Insomnia), Kuru(Papua Niugini(Papua New Guinea) 고산지대에 사는 Fore-족 사람들이 쓰는 말로 '공포에 떤다'는 뜻을 갖고 있다), GSS(Gerstmann-Sträussler-Scheinker Syndrome) 따위가 있다.

⟨265⟩ 교차로 2004년 1월 3일자, 김혜정 씀

⟨266⟩ **알레르기**는 독일어 여성명사 'Allergie'를 음역한 것으로 영어로는 'allergy'라 한다. 'Allergie'는 옛 희랍어에서 '낯선', '외래의'를 뜻하는 'ἄλλος'와 '작용'을 의미하는 'ἔργον'이 합쳐서 만들어진 낱말이다.

⟨267⟩ 전체 제목은 '*Don't Drink Your Milk!: New Frightening Medical Facts About the World's Most Overrated Nutrient*'이다.

⟨268⟩ Gaius Flavius Valerius Aurelius Constantinus

⟨269⟩ 오늘날 Türkiye[Turkey]의 İznik.

⟨270⟩ '*The Tragicall Historie of Hamlet*', '*The Tragœdy of Othello, The Moore of Venice*', '*The Tragedy of King Lear*' 그리고 '*Macbeth*'을 일컫는다.

⟨271⟩ '*A Midsommer Nights Dreame*[한 여름밤의 꿈]', '*The Most Excellent Historie of the Merchant of Venice*[베니스의 상인]', '*Twelfth Night, or What You Will*[십이야]', '*As You Like It*[뜻대로 하세요]' 그리고 '*The Taming of the Shrew*[말괄량이 길들이기]'를 일컫는다.

⟨272⟩ 완전한 제목은 '*El ingenioso hidalgo Don Quijote de la Mancha*'다.

⟨273⟩ 朝鮮 시대는 동경 120°를 표준 자오선으로 사용했으며, 우리나라는 1908년 4월 1일부터 1911년 12월 31일까지 그리고 1954년 3월 21일부터 1961년 8월 9일까지 동경 127° 30′을 표준 자오선으로 쓰기도 했으나, 1961년 8월 10일부터 법률 제676호에 따라 日本과 함께 동경 135°를 표준 자오선을 사용하고 있다. 한편 中國은 동경 120°를 표준 자오선으로 정하여 中國 전역에 적용하고 있다. 따라서 中國은 우리나라보다 시계로 볼 때 한 시간 차이를 보인다.

⟨274⟩ 율리우스력으로 y년 m월 d일의 요일은 JDN을 7로 나누어 0이 남으면 월요일, 1이 남으면 화요일, 2가 남으면 수요일, ⋯, 6이 남으면 일요일이다. 여기서 $a = \left\lfloor \frac{14-m}{12} \right\rfloor$, $\tilde{y} = y + 4800 - a$, $\tilde{m} = m + 12a - 3$이라 할 때, JDN은 다음 식으로 계산된다.

$$\mathrm{JDN} = d + \left\lfloor \frac{153\tilde{m}+2}{5} \right\rfloor + 365\tilde{y} + \left\lfloor \frac{\tilde{y}}{4} \right\rfloor - 32083.$$

서기 1년 1월 1일에 대해 JDN = 1721424이므로 이를 7로 나눈 나머지는 5이고 따라서 그 날은 토요일이다.

⟨275⟩ 태양이 천구의 한 별을 기준으로 천구를 한 바퀴 돌아 다시 그 지점까지 오는데 걸리는 시간을 1항성년[sidereal year]라 일컫고, 태양이 천구의 황도를 완전히 한 바퀴 도는데 걸리는 시간을 1태양년[tropical year]이라 일컬으며 옛적에는 이를 세실(歲實)이라 하였다. 2000년 1월 1일 정오를 기준으로 1항성년은 365.256363051일이고 1평균태양년은 365.242189670일이다. 1년, 즉 365일을 1평균태양년에 기준을 맞추면, 매년 0.242189670이 모자란다. 이것이 매 해마다 쌓이면 계절과 역이 어긋나게 된다. 따라서 이를 막고자 일정한 규칙에 따라 1년의 길이를 보정해야 하는데 이 방법으로 이 방법을 치윤법(置閏法)이라 한다. 일정한 기간 동안 윤일을 얼마나 자주 두어야 하는지 알기 위해 0.242189670을 연분수로 고치면

$$0.242189670 = [0;\, 4,\, 7,\, 1,\, 3,\, 27,\, 1,\, 6,\, 1,\, 1,\, 1,\, 2,\, 1,\, 1,\, 1,\, 1,\, 1,\, 2,\, 1,\, 12]$$

이다. 이 연분수의 근사분수를 구하면 다음과 같다.

$$\begin{array}{llll}
P_1 = \frac{1}{4} & P_2 = \frac{7}{29} & P_3 = \frac{8}{33} & P_4 = \frac{31}{128} \\
P_5 = \frac{845}{3489} & P_6 = \frac{876}{3617} & P_7 = \frac{6101}{25191} & P_8 = \frac{6977}{28808} \\
P_9 = \frac{13078}{53999} & P_{10} = \frac{20055}{82807} & P_{11} = \frac{53188}{219613} & P_{12} = \frac{73243}{302420} \\
P_{13} = \frac{126431}{522033} & P_{14} = \frac{199674}{824453} & P_{15} = \frac{326105}{1346486} & P_{16} = \frac{525779}{2170939} \\
P_{17} = \frac{1377663}{5688364} & P_{18} = \frac{1903442}{7859303} & P_{19} = \frac{24218967}{100000000}. &
\end{array}$$

이 분수에서 분모는 전체 연수를, 분자는 그 동안 두어야 할 윤일수를 나타낸다. 즉 $\frac{31}{128}$은 128년 동안에 윤일을 31일 두어야 한다는 뜻이다. 실제로 이슬람-력이나 이로부터 영향을 받은 七政算外篇(世宗 27년, 1445)에서는 $\frac{31}{128}$을 채택하고 있다 [10]. 이 방법에 따라 역을 좀 더 정확하게 하기 위해 1 0000 0000년에 윤일을 2421 8967일 두면 되지만 이는 분명 계산하기 힘든 치윤법이다. 오늘날 사용하고 있는 치윤법은 $\frac{97}{400}$, 즉 400년 동안 97일을 윤일로 두는 것으로 이에 따르면 1년의 길이는 365.2425일, 즉 365일 5시간 49분 12초가 된다. 이는 분모가 간단하여 계산이 수월하며 위에 든 분수들 가운데 $\frac{8}{33}$과 $\frac{31}{128}$의 분모를 1 : 16으로 외분하는 수에 대해 분자를 1 : 16으로 외분하는 수의 비, 즉

$$\frac{97}{400} = \frac{8 \times 16 - 31 \times 1}{33 \times 16 - 128 \times 1} \quad \text{이다.}$$

지금 우리가 사용하고 있는 Gregory-력과 1태양년의 차이는 매년

$$0.2425\text{일} - 0.242189670\text{일} = 0.00031033\text{일} = 26.812512\text{초} \quad \text{이므로}$$

약 3222년 뒤에는 하루 차이가 생긴다. 이 치윤법에 따라 다음과 같은 규칙으로 윤년을 정한다. 우선 연수가 4로 나누어 떨어지는 해를 윤년으로 하되, 100으로 나누어 떨어지고 400으로는 나누어 떨어지지 않는 해를 평년으로 한다.

〈276〉 우리말이 지닌 뜻의 차이를 설명하기 위해 외국어를 사용해야 하는 현실에 필자는 무척이나 개탄스러울 따름이다.

〈277〉 정창규, SAT/SSAT 대비 필수 수학 영어, 22쪽, 다락원 펴냄, 2002년

〈278〉 이런 번역을 싣고 있는 책으로 김선주가 지은 'SSAT·SAT 수학 용어 사전: 영어로 배우는 수학' (이지북 펴냄, 2003년)이 있다. 이 책 256쪽에도 보기로 'If you round off 4238.567 to the nearest thousand(천 단위까지 반올림하면), · · ·'이라 싣고 있다. 우리말로 '~까지 반올림한다'는 표현은 없다. 반올림인 경우 '~에서 반올림한다'라 한다.

〈279〉 http://www.cafepress.com/

〈280〉 삼인조 악단인 '서태지와 아이들'의 일원으로 이 악단은 1991년 서태지 (본명: 鄭鉉哲)를 중심으로 梁鉉錫, 이주노 (본명: 李尙宇)가 결성한 악단이다. 서태지는 Metal Group인 시나위에서 base guitar를 연주했고, 梁鉉錫과 이주노는 각각 soul과 break dance로 명성을 얻었던 춤꾼들이었다. 1992년 '난 알아요'를 시작으로 가요계에 돌풍을 몰고 왔을 뿐 아니라, 당시에는 상상조차 할 수 없었던 반바지 차림의 무대 의상으로 상식을 벽을 허물었고, 힘이 넘치는 안무로 신세대의 불곪는 열기를 보여 주었다. 대표곡으로 '환상속의 그대', '하여가', '교실 이데아', '컴백홈' 등이 있으며 1998년 전원이 음악인 생활을 접을 의사를 밝혀 그들의 음악 활동은 막을 내렸다.

3

참고문헌

Wer das Dichten will verstehen,
Muß ins Land der Dichtung gehen;
Wer den Dichter will verstehen,
Muß in Dichters Lande gehen.
von Goethe, J. W. *Besserem Verständnis* [43]

[1] **교육인적자원부 학교정책실 교육과정정책과**, 우리교과서 이렇게 달라졌습니다, 서울 멀티넷, (2003년 4월)

[2] **金秉德**, 우리나라 命數法에 대한 小考 (I), 한국 수학사 학회지, (1995) **8** (1), pp. 35-40.

[3] **金秉德**, 우리나라 命數法에 대한 小考 (II), 한국 수학사 학회지, (1999) **12** (1), pp. 53-64.

[4] **金秉德**, 우리나라 命數法에 대한 小考 (III), 한국 수학사 학회지, (1999) **12** (2), pp. 55-62.

[5] **김용옥** 중고생을 위한 김용옥 선생의 철학강의, (1986) 통나무.

[6] **김용운/김용국**, 중국수학사, 대우학술총서 자연과학 109, 민음사 (1996) 서울.

[7] **金晉燮**, 生活人의 哲學, 宣文社, (1948) 서울.

[8] **김희곤/손중권**, 고등학교에서의 통계교육의 문제점 및 개선방향, 한국 통계학회 추계 학술대회 (2004년 11월 5일, 육군사관학교 흥무관, 2층 615호) 학술지, pp. 17-22.

[9] **이상하**, 성균관대학교 입시부정의 희생자, 김명호 사건, 현장에서 미래를, (2006년 1월 27일, 제116호) 한국노동이론정책연구소.

[10] **이은성**, 曆法의 原理分析, (1985년 2월 28일) 정음사.

[11] **李熙昇**, 국어대사전 (1994) 민중서림.

[12] **장대흥**, 표본분산에 대한 고찰, 한국 통계학회 추계 학술대회 (2004년 11월 5일, 육군사관학교 흥무관, 2층 613호) 학술지, pp. 141-148.

[13] **장대흥/이효정**, 제 7차 수학과 교육과정에 따른 실용수학 및 수학 I 확률 및 통계단원 분석, 한국 통계학회 추계 학술대회 (2004년 11월 6일, 육군사관학교 흥무관, 2층 613호) 학술지, pp. 249-254.

[14] **전용훈**, 洪吉周 數學研究와 그 淵源, 洌上古典研究, (2003) 17집, pp. 61-82.

[15] **안톤 슈낙, 車京雅 (譯)**, 우리를 슬프게 하는것들, 文藝出版社, (1976) 서울.

[16] **허명회/김미경**, 윷의 확률, 한국통계학회 춘계 학술발표회 논문집, (1995) pp.91-97.

[17] Shukla, Kripa Shankar, Āryabhaṭīya of Āryabhaṭa, Part 1, 2, 3, (1976) Sadhu Ashram (Hoshiarpur): The Vishveshvaranand Vedic Research Institute Press, Sadhu Ashram, Hoshiarpur, India.

[18] Abhyankar, S. K. (Trans.), Bhaskaracharya's Bijaganita and Its English Translation, (1980) Poona: Bhāskarāchārya Pratishthana, India.

[19] Beckmann, Petr, A History of π (Pi), (1971) New York: St. Martin's Press.

[20] Bertrand, Joseph, Calcul des Probabilites, (1972) Chelsea Publishing Company.

[21] Black, F./Scholes, M. S., *The Pricing of Options and Corporate Liabilities*, (1973) J. Political Econ. 81, pp. 637-659.

[22] Bourbaki, N., Éléments de mathématique Fasc.1: Les structures fondamentales de l'analyse; Liv.1: Theorie de ensembles. (Fascicule de resultants) (1939)

[23] Bourbaki, N., Éléments de Mathématique: Théorie des Ensembles, (1968), Paris, France: Hermann.

[24] Borges, Jorge Luis, Sobre el "Vathek" de William Beckford, (1943) La Nación: Buenos Aires literaria. [*Otras inquisiciones*, 1ra ed., pág. 159-163, (1952) Sur: Buenos Aires literaria.]

[25] de Bruijn, N., *Filling boxes with bricks*, (1969) Amer. Math. Monthly 76, pp. 37-40.

[26] Cajori, Florian, A History of Mathematics, (1919) New York: The Macmillan Co.

[27] Cajori, Florian, A History of Mathematical Notations Vol. I, II, (1993) New York: Dover.

[28] Carroll, L., Pillow Problems and a Tangled Tale, (1958) New York: Dover.

[29] Cantor, Georg, *Bebweis, dass eine für jeden reellen Wert von x durch eine trigonometrische Reihe gegebene Funktion $f(x)$ sich nur auf eine einzige Weise in dieser Form darstellen lässt*, Journal für die reine und angewandte Mathematik (1870) **72** pp. 139-142.

[30] Cantor, Georg, *Über eine Eigenschaft des Inbegriffes aller reelen algebraischen Zahlen*, Journal für die reine und angewandte Mathematik (1874) **77** pp. 258-262.

[31] Cantor, Georg, *Beiträge zur Begründung der transfiniten Mengenlehre*, (1895) Math. Ann. **46** pp. 481-512; (1897) Math. Ann. **49**, pp. 207-246. (English translation: Contributions to the Founding of the Theory of Transfinite Numbers, (1915) Dover.)

[32] Chui, Jimmy, *Problem of the Month*, Crux Mathematicorum with Mathematical Mayhem, (2000) **26** (8) p. 491.

[33] Lide, David R. (Ed.), CRC Handbook of Chemistry and Physics: A Ready-Reference Book of Chemical and Physical Data (85th), (2005) New York: CRC Press, Taylor & Francis Group.

[34] Datta, Bibhutibhusan/Singh Avadhesh Narayan, History of Hindu Mathematics; A Source Book Parts I and II, (1962) Baombay, Asia Publishing House.

[35] Dedekind, Richard, Was sind und was sollen die Zahlen? (1887) Braunsweig: Friedrich Vieweg & Sohn.

[36] Dickson, Leonard Eugene, *History of the Theory of Numbers*, (1966) New York: Chelsea Publishing Company.

[37] Dutens, L., Gothofredi Guillelmi Leibnitii Opera omnia, 6 Vols., (1768) Geneva, (1989) Hildesheim: Georg Olms.

[38] Erdős, P., *Az* $\frac{1}{x_1}+\frac{1}{x_2}+\cdots+\frac{1}{x_n}=\frac{a}{b}$ *egyenlet egész számú megoldásairól*, Mat. Lapok, (1950) 1, pp. 192-210.

[39] Sigler, Laurence, Fibonacci's Liber Abaci; A Translation into Modern English of Leonardo Pisano's Book of Calculation, (Series: Sources and Studies in the History of Mathematics and Physical Sciences), (2002) Springer Verlag.

[40] Galilei, Galileo, Il Saggiatore: Edizione Critica e Commento a Cura di Ottavio Besomi e Mario Helbing, (Originally Published: Il Saggiatore Nel Quale con Bilancia Esquisita e Giusta Siponderano le Cose Contenute Nella Libra Astronomica e Filosofica di Lotario Sarsi Sigensano, (1623) Roma: Giacomo Mascardi), (2005) Editrice Antenore, Roma-Padova.

[41] Gauss, C. F., Demonstratio nova theorematis omnem functionem algebraicam rationalem integram unius variabilis in factores reales primi vel secundi gradus resolvi posse. (Gauß Werke vol. I, pp. 1-56) (1799) First published Helmstad: Fleckeisen.

[42] Gauss, C. F., Disquisitiones Arithmeticae, translation by A.A. Clarke, (1966) New Haven: Yale University Press.

[43] **von Goethe, J. W.**, Noten und Abhandlungen zu besserem Verständnis des west-östlichen Divans (1819); in Goethes Werke, (Hg.) Trunz, E., Bd. 2, 6. Aufl., Hamburg, (1962) S. 187.

[44] Halmos, Paul R., Naive Set Theory, (1974) New York: Springer-Verlag.

[45] Hawking, Stephen W., God Created the Integers, (2005) Philadelphia: Running Press.

[46] Heine, E., *Ueber trigonometrische Reihen*, Journal für die reine und angewandte Mathematik (Crelle's Journal) (1870) **71** pp. 353-365.

[47] Herschfeld, A., *On Infinite Radicals*, Amer. Math. Monthly (1935) **42** pp. 419-429.

[48] Hogg, Robert V./Craig, Allen T., Introduction to Mathematical Statistics, 4th Ed., (1978) Macmillan Publishing Co.

[49] Horgan, J., *The death of proof*, Scientific American (1993) **269** 74-103.

[50] Mullis, Ina V. S./Martin, Michael O./Gonzalez, Eugenio J./Chrostowski, Steven J., TIMSS 2003 International Mathematics Report Findings: From IEA's Trends in International Mathematics and Science Study at the Fourth and Eighth Grades, (2004) IEA, TIMSS & PIRLS International Study Center, Lynch School of Education, Boston College.

[51] Mullis, Ina V. S./Martin, Michael O./Gonzalez, Eugenio J./Chrostowski, Steven J., TIMSS TIMSS 2003 International Science Report Findings: From IEA's Trends in International Mathematics and Science Study at the Fourth and Eighth Grades, (2004) IEA, TIMSS & PIRLS International Study Center, Lynch School of Education, Boston College.

[52] Ifrah, Georges, The Universal History of Numbers: from Prehestory to the Invention of the Computer, (2000) New York: John Wiley & Sons.

[53] Imhausen, Annette, *Egytian Mathematical Texts and Their Context*, Science in Context (2003) 16(3), pp. 367-389

[54] Jha, Parmeshwar, Ārybhaṭa I and His Contributions to Mathematics, (1988) Bihar Research Society.

[55] Johnson, Robert R./Kuby, Patricia J. Just the Essentials of Elementary Statistics, 9th Ed., (2004) Duxbury Press.

[56] Jones, D. J., *Continued Powers and a Sufficient Condition for Their Convergence*, Math. Mag. (1995) **68** pp. 387-392.

[57] Kim, Jeong Han, *Ramsey Number* $R(3,\, t)$ *Has Order of Magnitude* $\frac{t^2}{\log t}$, Random Structures and Algorithms (1995) **7** (3) pp. 173-207.

[58] Klarner, D., *Packing a rectangle with congruent n-ominoes*, (1969) J. Combin. Theory, 7, pp. 107-115.

[59] Locke, John, Second Reply to the Bishop of Worcester, (1699) London: printed by H.C. for A. and J. Churchill; and E. Castle.

[60] Mahler, Kurt, *On the Chinese Remainder Theorem*, (1958) Mathematische Nachrichten, 18, pp. 120-122.

[61] Mann, Prem S., Introductory Statistics, 6th Ed., (2006) New York:John Wiley.

[62] Matthiessen, L., (1874) Zeitschrift Math. Phys., 19, pp. 270-271; (1876) Zeitschrift Math. Naturw. Unterricht, 7, p. 80.

[63] Matthiessen, L., *Ueber die sogenannante Restproblem in den chinesischen Werken Swan-king von Sun-tsze und Tayen lei schu von Yih-hing*, (1881) Crelle's Journal, 91, pp. 254-261.

[64] Mikami, Y., *The Development of Mathematics in China and Japan*, (1913) Leipzig: B. G. Teubner.

[65] Gonzales, Patrick/Guzmán, Juan Carlos/Partelow, Lisette/Pahlke, Erin/Jocelyn, Leslie/Kastberg, David/Williams, Trevor, Highlights From the Trends in International Mathematics and Science Study (TIMSS) 2003, (December 2004) NCES.

[66] Noether, Emmy/Cavailles, Jean (Ed.), Briefwechsel Cantor-Dedekind, (1937) Paris: Hermann.

[67] Pascal, B., *Œuvres complètes*, (J. Mesnard ed.), 4 vol., 1964-1970.

[68] Pimm, David, Speaking Mathematically, *Language in Mathematical Education: Research and Practice*, Kevin Durkin/Beatrice Shire (Eds), pp. 17-23, (1991) Philadelphia: Open University Press.

[69] Plato (Ed. Adam, James/Rees, D. A.), The Republic of Plato: Edited with Critical Notes, Commentary and Appendices, Vol. I/II, (1963) Cambridge Univ. Press.

[70] Plato, (Trans. Jowett, Benhamin), The Republic, (2000) Mineola, New York: Dover Publications.

[71] Quine, Willard Van Orman, Set Theory and Its Logic, (1963) Cambridge: Harvard Uni. Press.

[72] Rmanujan, S. A., *Problems and Solutions*, Collected Works of S. Ramanujan, (1927) Cambridge: Cambridge University Press.

[73] Rohatgi, V. K., Statistical Inference, (1984) New York:John Wiley.

[74] Rowling, Joanne Kathleen, Harry Potter and the Chamber of Secrets, (1997) Markham, Ontario:Scholastic Canada Ltd.

[75] Schaer, J./Meier, A., *On a Geometric Extreme Problem*, Canadian Mathematical Bulletin (1965) **8**, pp. 21-27.

[76] Schnack, Anton, *Die Angel des Robinson*, Anton Schnack Werke in zwei Bänden, Bd. 2-Prosa, Herausgegeben von Hartmut Vollmer (2003) Berlin: Elfenbein-Verlag.

[77] Shiga, David, *Strange alien world made of "hot ice"*, New Scientist, 6 May 2007.

[78] Sizer, Walter S., *Continued Roots*, (Feb. 1986) Mathematics Magazine, **59** (1) p. 23-27.

[79] Smith, David Eugene, History of Mathematics, 2 Vols, (1958) New York: Dover Publications, Inc.

[80] Smith, David Eugene/Mikami, Yoshio, A history of Japanese mathematics, (1914) Chicago: Open Court Publishing.

[81] Stamatis, E. S., Evclidis Elementa, Vol, I, Ⅱ, Ⅲ, Ⅳ, V-1, V-2, (1969, 1970, 1972, 1973, 1977) Leipzig: BSB B.G. Teubner Verlagsgesellschaft.

[82] Stanley, Richard P., 2005년 9월 26일자 개인 서신.

[83] Swift, Jonathan, Travels into Sevral Remote Nations of the World, (1996) New York: Dover Publishing Inc.

[84] Szpiro, George G., Kepler's Conjecture: How Some of the Greatest Minds in History Helped Solve One of the Oldest Math Problems in the World, (2003) New Jersey: John Wiley & Sons.

[85] Tardos, Éva , *1997 Fulkerson Prize*, Notices of AMS (1998) **45** (8) p. 984.

[86] USA 기밀문서, *The US 6812th Division Report on the British Bombe*, (1944) The National Archives and Records Administration (NARA), 8601 Adelphi Road, College Park, Maryland, USA. (`http://www.codesandciphers.org.uk/documents/bmbrpt/`)

[87] Usiskin, Zalman, Mathematics as a Language, *Communication in Mathematics, K-12 and Beyond*, 1996 Yearbook of the National Council of Teachers of Mathematics (NCTM), Portia C. Elliott/Margaret J. Kenney (Eds.), pp. 231-243, (1996) Reston, Va.:NCTM.

[88] Wackerly, Dennis/Mendenhall, William/Scheaffer, Richard L., Mathematical Statistics with Applications, 6th Ed., (2001) Duxbury Press.

[89] Weber, Heinrich, *Leopold Kronecker*, Jahresberichte DMV 2 (1892) pp. 5-31.

[90] Weil, André, *Souvenirs d'apprentissage*, Series: Vita Mathematica, Vol. 6, (1991) Birkhäuser.

[91] Weil, André, (Trans. Jennifer Gage), The Apprenticeship of a Mathematician, (1992) Birkhäuser.

[92] Wylie, Alexander, *Jottings on the Science of the Chinese–Arithmetic*, (1852) North China Herald, nos. 108-113, 116, 117, 119-121. Reprinted in 'Shanghai Almanac' for 1853 and 'Miscellany, Shanghai', 1853; in 'Chinese and Japanese Repository' 1 (1864): 411-17, 448-57, 494-500; 2 (1864): 69-73; and in 'Chinese Researches' (Shanghai, 1897; London: K. Paul, Trench, Trubner & Co., 1937; Taipei: Ch'eng-wen, 1966, pp. 159-194).

[93] Zacher, Hans-Joachim, *Die Hauptschriften zur Dyadik von G. W. Leibniz*, (1972) Dissertation advised by Christoph Scriba, Published (1973) Frankfurt/Main.

[94] Zwiebach, Barton, *A First Course in String Theory*, (2004) Cambridge: Cambridge Univ. Press.

Les ouvrages bien écrits sont les seuls qui passeront à la postérité : la quantité des connaissances, la singularité des faits, la nouveauté même des faits ne sont pas des sûrs garants de l'immortalité ; si les ouvrages qui les contiennent ne roulent que sur de petits objets, s'ils sont écrits sans goût, sans noblesse et sans génie, ils périront, parce que les connaissances, les faits et les découvertes s'enlèvent aisément, se transportent et gagnent même à être mis en oeuvre par des mains plus habiles. [...] Le style ne peut ni s'enlever, ni se transporter ni s'alterer... Toutes les beautés intellectuelles qui s'y trouvent [...] sont autant de vérités aussi utiles et peut-être plus précieuses pour l'esprit humain, que celles qui peuvent faire le fond du sujet.

Rousseau, Jean-Jacques, Discours de réception à l'Académie Francaise, 1753, *"C'est la plus belle plume de ce siècle"*

4

찾아 보기

다음 작품 가운데 등장 인물의 집게손가락(검지)을 두드러지게 표현하지 않은 작품을 고르시오.

(가) The School of Athens (Raphael Sanzio 작)
(나) St. John the Baptist (Leonardo da Vinci 작)
(다) Portrait of Dr. Gachet (Vincent van Gogh 작)
(라) Isenheimer Altar 중 The Crucifixion (Matthias Grünewald 작)
(마) The Creation of Adam (Michelangelo 작)

〈문제의 풀이와 정답〉

(가)

제목: The School of Athens
(La scuola di Atene)
화가: Raphael Sanzio
크기/제작시기: 500 × 770 cm, 1509-1510
소장지: Apostolic Palace, Vatican City

(나)

제목: St. John the Baptist
(San Giovanni Battista)
화가: Leonardo di ser Piero da Vinci
크기/제작시기: 69 × 57 cm, 1513-1516
소장지: Muśee du Louvre, Paris, 불란서

(다)

제목: Portrait of Dr. Gachet
화가: Vincent Willem van Gogh
크기/제작시기: 67 × 56 cm, 1890
소장지: V.1 (왼쪽): 미상
V.2 (오른쪽): Le musée d'Orsay, Paris, France

첫번째 작품은 1990년 5월 15일 미국 New York에 있는 Christie's에서 미화 8250만 달러라는 당시 최고 가격으로 日本 사업가 齊藤(さいとう) 了英(りょうえい)에게 팔렸으나, 그가 죽은 뒤로 이 작품의 소재를 아는 사람은 나타나고 있지 않다.

(라)

제목: Isenheimer Altar
(Retable d'Issenheim)
화가: Matthias Grünewald
크기/제작시기: 269 × 307 cm, 1506-1515
소장지: Le musée d'Unterlinden, Colmar, France

(마)

제목: The Creation of Adam
(La creazione di Adamo)
화가: Michelangelo di Lodovico Buonarroti Simoni
크기/제작시기: 480 × 230 cm, 1511 경
소장지: Sistine Chapel (Cappella Sistina), Apostolic Palace, Vatican City

정답: (다)

저자 약력

김 용 무(金庸武)

고려대학교 이과대학 수학과 (학사)
경동고등학교 교사
포항공과대학교 수학과 (이학석사)
독일 Johannes Gutenberg Universität
수학/이론 물리학 전공(Doctor rerum naturalium)
한국전자통신연구원 연구원
건국대학교 정보통신대학원 강사
현재 Dr. Kim's Math 운영

우리가 잘못 배우고 있는 **수학**

2007년 9월 15일 1판 1쇄 발행
2024년 4월 15일 1판 4쇄 발행

저　자 / 김용무
발행자 / 오판근
발행처 / 교우사

주　소 / 서울 동대문구 제기2동 148-19
전　화 / 925-2861(代), 편집부 / 925-2825
팩　스 / 925-2860
E-mail / kyowoo@kyowoo.co.kr
http://www.kyowoo.co.kr

등록 / 1994. 3. 24 제6-0256호

ISBN 978-89-8172-709-3 (93410)

값 42,000 원